国家电网
STATE GRID

U0818022

电网企业专业技能考核题库

换流站直流设备检修工（二次）

国网宁夏电力有限公司　编

中国电力出版社
CHINA ELECTRIC POWER PRESS

内 容 提 要

本书编写依据国家职业技能鉴定、电力行业职业技能鉴定与国家电网有限公司技能等级评价（认定）相关制度、规范、标准，立足宁夏电网生产实际，融合新型电力系统构建及新时代技能人才发展目标要求。本书主要内容为电网企业技能人员技能等级认定与评价实操试题，包含技能笔答及技能操作两大部分，其中技能笔答主要以问答题形式命题，技能操作以任务书形式命题，均明确了各个环节的考核知识点、标准答案和评分标准。

本书为电网企业生产技能人员的培训教学用书，可供从事相应职业（工种）技能人员学习参考，也可作为电力职业院校教学参考书。

图书在版编目（CIP）数据

换流站直流设备检修工. 二次 / 国网宁夏电力有限公司编. —北京：中国电力出版社，2022.9
电网企业专业技能考核题库
ISBN 978-7-5198-6874-1

Ⅰ. ①换…　Ⅱ. ①国…　Ⅲ. ①换流站–直流输电–电气设备–检修–职业技能–鉴定–习题集　Ⅳ. ①TM63-44

中国版本图书馆 CIP 数据核字（2022）第 114067 号

出版发行：中国电力出版社
地　　址：北京市东城区北京站西街 19 号（邮政编码 100005）
网　　址：http://www.cepp.sgcc.com.cn
责任编辑：马　丹（010-63412725）　马雪倩
责任校对：黄　蓓　常燕昆　朱丽芳　马　宁
装帧设计：郝晓燕
责任印制：钱兴根

印　　刷：北京天宇星印刷厂
版　　次：2022 年 9 月第一版
印　　次：2022 年 9 月北京第一次印刷
开　　本：889 毫米×1194 毫米　16 开本
印　　张：28.75
字　　数：822 千字
定　　价：110.00 元

《电网企业专业技能考核题库
换流站直流设备检修工（二次）》

编　委　会

《电网企业专业技能考核题库 换流站直流设备检修工（二次）》

编 写 组

主　　编　刘若鹏

副 主 编　潘亮亮　陈　瑞

编写人员　刘　钊　李　昊　温　泉　毛春翔　刘廷堃
　　　　　宋海龙　柴　斌　刘书吉　杨　晨　安燕杰
　　　　　陈昊阳　陆洪建　崔　鹏　尹琦云　黄　欣

审稿人员　宋仕军　韦　鹏　徐　辉　窦俊廷　周广伟
　　　　　尹　松

前 言

国网宁夏电力有限公司以国家职业技能鉴定、电力行业职业技能鉴定与国家电网有限公司技能等级评价（认定）相关制度、规范、标准为依据，主要针对电网企业各类技能工种的初级工、中级工、高级工、技师、高级技师等人员，以专业操作技能为主线，立足宁夏电网生产实际，结合新型电力系统构建要求，编写了《电网企业专业技能考核题库》丛书。丛书在编写原则上，以职业能力建设为核心；在内容定位上，突出针对性和实用性，涵盖了国家电网有限公司相关政策、标准、规程、规定及现代电力系统新设备、新技术、新知识、新工艺等内容。

从书的深度、广度遵循了“适应发展需求、立足实践应用”的工作思路，全面涵盖了国家电网有限公司技能等级评价（认定）内容，能够为国网宁夏电力有限公司实施技能等级评价（认定）专业技能考核命题提供依据，也可服务于同类电网企业技能人员能力水平的考核与认定。本套丛书可供电网企业技能人员学习参考，可作为电网企业生产技能人员的培训教学用书，也可作为电力职业院校教学参考用书。

由于时间和水平有限，难免存在疏漏之处，恳请各位专家和读者提出宝贵意见。

目 录

第一部分
初级工

第一章　换流站直流设备检修工（二次）初级工技能笔答

Jb2001531001　《国家电网有限公司直流换流站验收管理规定》中对于直流分压器参数选型验收时，对于准确级和二次直流电压标称值有什么要求？（5分）

考核知识点：验收分类

难易度：易

标准答案：

（1）准确级等级：0.1、0.2、0.5、1.0。

（2）满足工程实际要求，优先选择5、6、8、10、12V。

Jb2001532002　直流输电的主要用途有哪些？（5分）

考核知识点：直流输电基本知识

难易度：中

标准答案：

（1）长距离大容量电能的输送。

（2）不同频率或频率相同但非同步运行的交流系统之间的互联。

（3）用地下电缆向大城市供电。

（4）系统互联或配电网增容时，作为限制短路电流的措施。

（5）配合新能源输电，例如风能、太阳能、潮汐能。

Jb2001531003　整流站的基本控制有哪些？（5分）

考核知识点：直流输电基本知识

难易度：易

标准答案：

最小触发角α_{min}控制、直流电流控制、直流功率控制、直流电压控制；降直流电压、低压限流控制等。

Jb2001531004　简述直流输电的优点（答出5点即可）。（5分）

考核知识点：直流输电基本知识

难易度：易

标准答案：

（1）有利于改善两侧交流系统的稳定性。

（2）具有良好的故障恢复特性，甚至针对绝缘的恶化，可以在降压情况下继续运行。

（3）调节速度快，可以进行功率紧急支援。

（4）不会增大交流系统的短路容量。

（5）可实现交流系统的非同步运行。

（6）相对交流线路来说，直流输电的线路造价低。

（7）线路的损耗小。

（8）适合长距离电缆输电，尤其是跨海输电以及地下电缆输电。

（9）适合进行长距离，大容量的功率输送。

Jb2001531005　高压直流输电的基本原理是什么？（5分）

考核知识点：直流输电基本知识

难易度：易

标准答案：

直流输电线路的基本原理是从交流系统Ⅰ向系统Ⅱ输电能时，换流站CS1把送端系统送来的三相交流电流换成直流电流，通过直流输电线路把直流电流（功率）输送到换流站CS2，再由CS2把直流电流变换成三相交流电流。

Jb2001531006　《国家电网有限公司直流换流站验收管理规定》中对交流光电流互感器参数选型的额定二次输出有哪些具体要求？（5分）

考核知识点：验收分类

难易度：易

标准答案：

（1）数字输出量应满足保护用测量电流高达50倍额定一次电流或25倍额定一次电流无任何溢出，测量用测量电流达2倍额定一次值电流无任何溢出。

（2）模拟输出量应满足在一次额定电流下额定二次电压方均根值标准值。

Jb2001531007　什么是整流器和逆变器？（5分）

考核知识点：直流输电控制原理

难易度：易

标准答案：

实现交流电转换为直流电的设备称为整流器，而直流电转换为交流电的设备称为逆变器，它们统称为换流器。整流器和逆变器的设备可以基本相同，只是控制方式不同。当换流器触发角$\alpha<90°$时，换流器运行于整流工况，为整流器；而$\alpha>90°$时，换流器运行于逆变工况，就为逆变器。

Jb2001531008　低电压限制电流功能的作用有哪些。（5分）

考核知识点：直流输电控制原理

难易度：易

标准答案：

（1）保护换流阀。

（2）避免逆变器换相失败。

（3）有利于交流系统电压恢复。

Jb2001532009　直流控制系统的故障等级是什么？（5分）

考核知识点：直流控制保护基本原理

难易度：中

标准答案：

控制系统应设置三种故障等级，即轻微、严重和紧急。

Jb2001532010　在防止电压、电流回路故障中，新工程的设备采购技术协议谈判、图纸审查、安装调试、验收中，各相关单位应按哪些要求开展工作？（5分）

考核知识点： 验收要点

难易度： 中

标准答案：

（1）检查光电流互感器、直流分压器、零磁通直流电流互感器、换流变网侧电压和电流互感器等设备的远端模块、合并单元、接口单元及二次输出回路设置能否满足保护冗余配置要求，是否完全独立；检查备用模块及备用光纤是否充足。

（2）对互感器传输环节各设备进行断电试验、对光纤进行抽样拔插试验，检验当单套设备故障、失电时，是否导致保护装置误出口。

Jb2001531011　请解释电流裕度。（5分）

考核知识点： 直流输电控制原理

难易度： 易

标准答案：

为了避免两端电流调节器同时工作，引起调节不稳定，逆变侧电流调节器的定值比直流侧一般小0.1（标幺值），这就是电流裕度。

Jb2001532012　简述RPC投切控制功能。（5分）

考核知识点： 直流输电控制原理

难易度： 中

标准答案：

（1）绝对最小滤波器：根据设备额定值应投入的滤波器。

（2）最大交流电压：交流母线稳态电压的监视。

（3）最大无功功率：限制投入的滤波器数量。

（4）最小滤波器：根据谐波滤波要求投入滤波器。

（5）无功功率控制/交流电压控制：将与交流系统交换的无功功率控制在参考值/将交流母线电压控制在参考值。

Jb2001532013　光电流互感器光接口板、接口板、信号处理板更换的安全注意事项有哪些？（5分）

考核知识点： 光电流互感器光接口板、接口板、信号处理板更换

难易度： 中

标准答案：

（1）将对应的直流控制保护主机切换至“试验”状态，然后关闭对应的光电流互感器主机（合并单元），并断开电源。

（2）拆除光纤时应做好光纤保护措施，防止光纤弯曲半径过小导致折断。

（3）工作过程中应佩戴防静电护腕，防止静电损坏电子元件。

Jb2001531014　《国家电网有限公司防止直流换流站事故措施及释义》中对主机电源如何要求？（5分）

考核知识点： 主机电源的配置要求

难易度： 易

标准答案：

直流控制系统外部电源应采用双路完全冗余供电方式，单路电源供电异常时不应影响设备正常工作，任意一路电源异常时均应具备完善的报警功能。

Jb2001531015 直流系统故障一般包括哪些（答出 5 点即可）？（5 分）

考核知识点：直流输电控制原理

难易度：易

标准答案：

（1）阀短路（整流侧，逆变侧）。

（2）换相失败（整流侧，逆变侧）。

（3）换流器直流侧出口短路、对地短路（整流侧、逆变侧）。

（4）换流器交流侧单相接地、相间短路、三相短路（整流侧、逆变侧）。

（5）控制系统故障（整流侧、逆变侧）。

（6）直流线路故障。

Jb2001532016 请写出换流变压器的作用。（5 分）

考核知识点：直流输电基本知识

难易度：中

标准答案：

换流变压器是直流输电工程中至关重要的关键设备，是交、直流输电系统中的换流、逆变两端接口的核心设备。

换流变压器主要作用是：① 传送电力；② 把交流系统电压变换到换流器所需的换相电压；③ 利用变压器绕组的不同接法，为串接的两个换流器提供两组幅值相等、相位相差 30°（基波电角度）的三相对称的换相电压以实现十二脉动换流；④ 将直流部分与交流系统相互绝缘隔离，以免交流系统中性点接地和直流部分中性点接地造成直接短接，使得换相无法进行；⑤ 换流变压器的漏抗可起到限制故障电流的作用；⑥ 对沿着交流线路侵入到换流站的雷电冲击过电压波起缓冲抑制的作用。

Jb2001531017 直流输电系统运行时，无论是整流器还是逆变器都要消耗无功功率，其数值与哪些因素有关？（5 分）

考核知识点：直流输电控制原理

难易度：易

标准答案：

与直流功率的大小、运行方式、控制方式三者均有关。

Jb2001531018 造成换相失败的原因有哪些？（5 分）

考核知识点：直流输电控制原理

难易度：易

标准答案：

造成换相失败的主要原因有：① 交流电压下降；② 直流电流增大；③ 触发角β过小或整定的跃前关断角（δ）过小等。

Jb2001531019 换流变分接头不同步的危害有哪些？（5 分）

考核知识点：直流输电控制原理

难易度：易

标准答案：

分接头不同步会导致可控硅电压不一致，可能引起换相失败或发生系统振荡。

Jb2001531020　简述换相失败故障的特点。（5分）

考核知识点：直流输电控制原理

难易度：易

标准答案：

换相失败，同侧阀同时导通，造成直流侧短路，使得逆变器在一段时间内发生直流反电压降低，直流电流增大的现象。

Jb2001531021　什么是直流线路自动再启动？（5分）

考核知识点：直流输电控制原理

难易度：易

标准答案：

故障的直流线路去能后，再经过一段无电压时间（0.2～0.5s），让闪络故障经过充分去游离，绝缘性能承受正常电压。这时才能进行自动再启动。

Jb2001531022　可控硅关断的条件是什么？（5分）

考核知识点：直流输电控制原理

难易度：易

标准答案：

阀电流下降到零，阀电压足够长的时间保持负值。

Jb2001532023　什么是换流器的低压限流控制特性VDCOL？（5分）

考核知识点：直流输电控制原理

难易度：中

标准答案：

换流器的低压限流控制特性VDCOL是指在某些故障情况下，当发现直流电压低于某一值时，自动降低直流电流调节器的整定值，待直流电压恢复后，又自动恢复整定值的控制功能。

Jb2001532024　谐波对电力系统设备的危害有哪些？（5分）

考核知识点：直流输电控制原理

难易度：中

标准答案：

第一类危害：在电气设备的基波电压上叠加谐波电压，引起电气应力的增加，这种危害对电力电容器最为显著；谐波通过电气设备引起附加发热，这种危害对变压器和发电机类设备最为显著；谐波的存在可能引起控制保护设备的误动作。第二类危害：通过电力线路的谐波电流将通过感应作用在邻近的电话线上产生谐波电势，对通信系统产生干扰。

Jb2001531025　什么是紧急移相？（5分）

考核知识点：直流输电控制原理

难易度：易

标准答案：

紧急移相是将触发角迅速增加到 90° 以上，将换流器从整流状态变到逆变状态，以减小故障电流，加快直流系统能量释放，便于换流器闭锁。

Jb2001531026 直流控制系统主机有几种状态，分别表示什么？（5 分）

考核知识点：直流输电控制原理

难易度：易

标准答案：

控制系统至少应设置三种工作状态，即运行、备用和试验。“运行”表示当前为有效状态、“备用”表示当前为热备用状态、“试验”表示当前处于检修测试状态。

Jb2001532027 换向失败预测是什么？（5 分）

考核知识点：直流控制保护原理

难易度：中

标准答案：

为减少因交流系统扰动引起的换向失败的次数，在逆变侧设计有换向失败预测功能，原理是检测交流电压的零序分量和α/β分量，交流电压异常时，此功能迅速发出增加换向裕度角的命令以避免换向失败，这是一种附加的控制功能。

Jb2001532028 《国家电网有限公司防止直流换流站事故措施及释义》中规定的直流控制系统主机应如何配置（5 分）

考核知识点：控制主机的配置要求

难易度：中

标准答案：

直流控制系统应采用完全冗余的双重化配置。每套控制系统应有独立的硬件设备，包括主机、板卡、电源、输入输出回路和控制软件；在两套系统均可用的情况下，一套控制系统任一环节故障时，应不影响另一套系统的运行，也不应导致直流闭锁。

Jb2001531029 《国家电网有限公司防止直流换流站事故措施及释义》中对主机报警信号有何要求？（5 分）

考核知识点：主机报警信号的要求

难易度：易

标准答案：

直流控制保护系统无论在运行、备用状态，其保护报警信号均应正常报出。非控制极、系统备用状态等条件不应屏蔽直流控制保护系统的报警。

Jb2001531030 《国家电网有限公司防止直流换流站事故措施及释义》中对通信板卡有何要求？（5 分）

考核知识点：通信板卡的功能要求

难易度：易

标准答案：

直流控制系统中站间、极间和系统间通信功能不应设计在同一通信板卡中，以防单一板卡故障导致全部通信丢失。

Jb2001532031 《国家电网有限公司直流换流站检修管理规定 第13分册：直流控制保护系统检修细则》中SCADA系统屏柜专业巡视要点有哪些（答出5点即可）？（5分）

考核知识点： 直流输电控制原理

难易度： 中

标准答案：

（1）服务器屏柜内设备运行声音正常。

（2）屏柜内无异味。

（3）电缆孔洞封堵严密，设备标示完整、清晰、无脱落。

（4）电源空气开关均在合上位置，切换开关位置正常。

（5）屏柜内空气开关、服务器、继电器、模块、磁盘阵列、交换机等温度正常。

（6）检查屏柜内各板卡、继电器、模块、磁盘阵列、硬盘工作指示灯正常，通道切换装置、交换机、调制解调器等的指示灯正常，无异常报警。

（7）服务器风扇运转正常，显示器显示正常，键盘运行正常。

（8）检查服务器自检信息正常，与各主机通信连接正常，服务器运行程序正常。

（9）屏柜内的元器件无损坏，接线无松动。

Jb2001532032 《国家电网有限公司直流换流站检修管理规定》中对跳闸回路检查项目、周期、标准有什么要求？（5分）

考核知识点： 直流控制保护检修

难易度： 中

标准答案：

如表Jb2001532032所示。

表 Jb2001532032

检查项目	检查周期	检查标准
绝缘检查	每年一次	使用绝缘电阻表测量芯对地和芯之间绝缘电阻不小于 10MΩ，并进行横向和纵向对比
接线检查	每年一次	从控制保护屏柜至断路器（包括隔离开关）汇控柜二次回路端子排处接线紧固
继电器检查	投运后1年一次，以后3年一次	传统出口继电器动作电压为 50%～70%额定电压，返回电压不得小于额定值的 5%

Jb2002531033 换流阀竣工验收中“阻尼电阻、直流均压电阻”有哪些验收标准？（5分）

考核知识点： 阻尼电阻、直流均压电阻验收标准

难易度： 易

标准答案：

（1）外观正常，无变形或损坏，无锈蚀。

（2）接线正确，固定牢固、无松动。

（3）无渗漏水痕迹。
（4）无发热、放电等痕迹。

Jb2002531034　H400 换流阀阀控 VBE 接收极控系统的开关量信号有哪些？（5 分）
考核知识点：阀控系统开关量输入信号
难易度：易
标准答案：
选择通道 1、选择通道 2、VBE 闭锁 1、VBE 闭锁 2。

Jb2002531035　H400 换流阀阀控 VBE 输出至极控系统的开关量信号有哪些？（5 分）
考核知识点：阀控系统开关量输出信号
难易度：易
标准答案：
（1）通道 1 故障，通道 1 切换请求。
（2）通道 1 故障，通道 2 切换请求。
（3）通道 1 跳闸请求。
（4）通道 2 跳闸请求。

Jb2002532036　换流阀中间验收包括哪些验收项目？（5 分）
考核知识点：中间验收验收项目
难易度：中
标准答案：
力矩检查、接触电阻值检查、光纤防火检查、导线连接检查、阀厅检查。

Jb2002532037　换流阀精益化评价中需要哪些技术资料？（5 分）
考核知识点：精益化评价
难易度：中
标准答案：
采购技术协议或技术规范书、型式试验报告、出厂试验报告、交接试验报告、安装质量检验及评定报告。

Jb2002531038　换流阀精益化评价中需要哪些技术档案？（5 分）
考核知识点：技术文档
难易度：易
标准答案：
工程竣工图纸、产品说明书、检修试验报告、红外图谱库。

Jb2002531039　晶闸管导通条件是什么？（5 分）
考核知识点：晶闸管导通条件
难易度：易
标准答案：
（1）晶闸管承受正向电压。

（2）门极有触发脉冲。

Jb2002531040　阀控系统到货验收有哪些项目？（5分）

考核知识点：阀控系统到货验收项目

难易度：易

标准答案：

包装、外观检查、技术资料、备品备件、专用工器具。

Jb2002532041　H400换流阀阀控VBE系统输出信号有哪些？（5分）

考核知识点：阀控系统输出信号

难易度：中

标准答案：

（1）发送给晶闸管级的光触发命令。

（2）发送给阀冷却液检漏计的光信号。

（3）跳闸请求开关量信号。

（4）通道切换请求开关量信号。

Jb2002531042　阀控系统验收分为哪几个关键环节？（5分）

考核知识点：阀控系统验收环节

难易度：易

标准答案：

阀控系统验收包括可研初设审查、厂内验收、到货验收、隐蔽性工程验收、中间验收、竣工（预）验收、启动验收七个关键环节。

Jb2002531043　阀控系统安装投运技术文件有哪些？（5分）

考核知识点：阀控系统技术文件

难易度：易

标准答案：

（1）采购技术协议或技术规范书。

（2）阀控联合调试报告。

（3）安装质量检验及评定报告。

Jb2002531044　什么是换流阀？其主要作用是什么？（5分）

考核知识点：换流阀作用

难易度：易

标准答案：

换流阀是换流器的基本构成单元，是换流过程的关键设备，通常采用大功率半导体器件，目前应用最广泛的是晶闸管换流阀，其主要作用是完成交/直流和直/交流转换。

Jb2002531045　阀控系统精益化评价中检修工艺有哪些要求？（5分）

考核知识点：换流阀投运条件

难易度：易

标准答案：

（1）检修标准化作业卡齐全。

（2）各单位要安排本单位或厂家的专业人员进行换流阀阀控系统检修，不得随意安排非专业人员从事换流阀阀控系统的清扫、检修工作。

Jb2002531046　阀控系统竣工验收有哪些项目？（5分）

考核知识点：阀控系统竣工验收项目

难易度：易

标准答案：

安装投运技术文件、技术档案、安装环境、外观验收。

Jb2002531047　在阀组件中晶闸管采用双面冷却方式，水回路采用串联形式，这种冷却系统有什么优点？（5分）

考核知识点：冷却回路设计

难易度：易

标准答案：

大大减少了水管接头的数量，接头数量不足并联水路的2/3，从而降低了漏水的可能性。

Jb2003531048　单套阀内冷系统的主循环冷却回路主要由哪些设备构成（答出任意5个即可）？（5分）

考核知识点：阀内冷系统的构成

难易度：易

标准答案：

主循环泵、主管道过滤器、电加热器、电动三通阀、电动蝶阀、脱气罐。

Jb2003531049　单套阀内冷系统的去离子水处理回路主要由哪些设备构成？氮气稳压系统主要由哪些设备构成（答出3条即可）？（5分）

考核知识点：阀内冷系统的构成

难易度：易

标准答案：

去离子水处理回路主要设备有：离子交换器（或去离子树脂罐）和精密过滤器。

氮气稳压系统主要设备有：膨胀罐、减压阀、补气电磁阀、排气电磁阀、安全阀、氮气瓶、原水罐、补水泵、原水泵。

Jb2003531050　阀内冷系统涉及跳闸的变送器有哪些？（5分）

考核知识点：阀内冷系统的构成

难易度：易

标准答案：

流量变送器、进阀压力变送器、进阀温度变送器、膨胀罐液位变送器、回水压力变送器。

Jb2003532051　阀冷系统主要作用是什么？（5分）

考核知识点：阀冷系统基础知识

难易度：中

标准答案：

内水冷系统的去离子水在换流阀处吸收热量升温，在主循环泵驱动下流出阀厅，由外冷系统利用空气和外冷水两种冷却介质带走热量，降温后的内冷却水通过闭式循环系统再送回至换流阀继续吸收热量。

Jb2003531052　阀冷系统控制回路采用冗余控制器（PLC）的控制保护系统实现什么功能？（5分）

考核知识点：阀冷系统基础知识

难易度：易

标准答案：

（1）对阀冷系统的监控与保护。

（2）将阀冷系统的工作状况上传给直流控制与保护系统。

（3）阀冷系统的远程控制。

Jb2003532053　请简单介绍主循环泵。（5分）

考核知识点：阀冷系统基础知识

难易度：中

标准答案：

（1）主循环泵为离心泵，采用机械密封，一用一备，每台为100%容量。

（2）主循环泵进出口与管道连接部分采用软连接，主循环泵设计有轴封漏水检测装置，及时检测轻微漏水。

（3）主循环泵前后设置有阀门，以便在不停运阀内冷系统时进行主循环泵故障检修。

Jb2003531054　请介绍宁夏换流站阀冷系统的组成。（5分）

考核知识点：阀冷系统基础知识

难易度：易

标准答案：

（1）灵州换流站采用阀内水冷系统+阀外风冷系统+阀外水冷系统的组成方式。

（2）银川东换流站采用阀内水冷系统+阀外风冷系统的组成方式。

Jb2003533055　请说出灵州站与银川东换流站的阀外冷系统的主要区别。（5分）

考核知识点：阀冷系统基础知识

难易度：难

标准答案：

（1）灵州站阀外冷系统为阀外风冷系统+阀外水冷系统组成；银川东换流站仅配置阀外风冷系统。

（2）灵州站阀外风冷系统风机采用一体免维护小型风机，每阀组配置96台，银川东站阀外风冷系统采用电动机皮带传动大型风机，每阀组配置36台。

（3）灵州站配置有防冻棚，银川东站未配置防冻棚。

Jb2003531056　请介绍宁夏换流站配置的阀内冷系统的冷却介质。（5分）

考核知识点：阀冷系统基础知识

难易度： 易

标准答案：

（1）灵州换流站采用的冷却介质为纯水。

（2）银川东换流站采用的冷却介质为纯水与乙二醇的混合物。

Jb2003533057 内水冷系统正常工作条件是什么？（5分）

考核知识点： 阀冷系统基础知识

难易度： 难

标准答案：

（1）至少一台主循环泵可用。

（2）外风冷系统冷却风扇满足冷却要求。

（3）内水冷控制系统正常，就地水冷控制屏OP面板显示无故障信号。

（4）无进出水温度高/低报警、膨胀罐无高/低水位报警、无主水流量低报警、无电导率高报警。

（5）各阀门在正常位置，特别注意旁通阀在开启状态。

Jb2003532058 内水冷系统温度保护有哪几种？（5分）

考核知识点： 基础知识

难易度： 中

标准答案：

主要有阀进水温度保护、阀出水温度保护、阀进出水温度差保护、冷却水出水温度保护。

Jb2003533059 宁夏换流站阀冷系统稳压系统是什么原理？专业巡视主要包括什么？（5分）

考核知识点： 阀内水冷系统检修细则

难易度： 难

标准答案：

（1）宁夏换流站阀冷系统稳压系统均为氮气稳压系统。

（2）膨胀罐、氮气罐压力应不低于正常值。

（3）管道接头及排气阀应无泄漏。

（4）膨胀罐液位就地显示应与控制室远方监测液位一致。

Jb2003532060 主过滤器的专业巡视主要包括什么？（5分）

考核知识点： 阀内水冷系统检修细则

难易度： 中

标准答案：

（1）罐体密封性能良好，无渗漏、溢水现象。

（2）过滤器固定螺栓应无松动、内部应无异响。

（3）主过滤器前后压差应在正常范围之内。

Jb2003532061 传感器的专业巡视主要包括什么？（5分）

考核知识点： 阀内水冷系统检修细则

难易度： 中

标准答案：

（1）传感器接头应无松动、无渗漏水现象。

（2）传感器面板显示值应正常且无黑屏现象。

（3）两套或三套传感器就地测量结果相互偏差应满足要求。

（4）就地显示与远传数据一致。

Jb2003531062　阀外水冷系统的D类检修项目主要有什么（至少答出5条）？（5分）

考核知识点：阀外水冷系统检修细则

难易度：易

标准答案：

包含专业巡视、反渗透膜清洗、加药系统药水补充、喷淋泵更换、气动阀空压机更换、冷却塔风机更换、加热器更换、过滤网更换，冷却塔风机变频器更换等工作。

第二章　换流站直流设备检修工（二次）初级工技能操作

Jc2001541001　许继 HCM200 平台控制保护屏 AND35 与逻辑模块更换。（100 分）

考核知识点：许继 HCM200 平台控制保护屏 AND35 与逻辑模块更换

难易度：易

技能等级评价专业技能考核操作工作任务书

一、任务名称

许继 HCM200 平台控制保护屏 AND35 与逻辑模块更换。

二、适用工种

换流站直流设备检修工（二次）初级工。

三、具体任务

（1）工作内容为通过万用表测量区分继电器绕组、动合触点、动断触点。

（2）工作任务：对准备好的继电器（继电器标注应遮住）通过万用表测量区分继电器绕组、动合触点、动断触点（可提前告知公共端），并进行记录。

四、工作规范及要求

（1）工器具使用及安全措施。

（2）熟悉许继 HCM200 平台控制保护屏万用表使用方法。

（3）熟悉各种影响试验数据、结论的因素及消除方法并填写试验报告。

五、考核及时间要求

（1）本考核操作时间为 30 分钟，时间到停止考评。同一类现象故障不限一处故障点。

（2）按照技能操作记录单的操作要求进行操作，正确记录操作结果，试验记录项目包括：各接头直阻值及是否符合规范要求。

技能等级评价专业技能考核操作评分标准

<table>
<tr><td>工种</td><td colspan="8">换流站直流设备检修工（二次）</td><td>评价等级</td><td>初级工</td></tr>
<tr><td>项目模块</td><td colspan="7">缺陷处理与事故分析—缺陷处理</td><td>编号</td><td colspan="2">Jc2001541001</td></tr>
<tr><td>单位</td><td colspan="3"></td><td colspan="2">准考证号</td><td colspan="3"></td><td>姓名</td><td></td></tr>
<tr><td>考试时限</td><td colspan="2">30 分钟</td><td colspan="2">题型</td><td colspan="4">单项操作</td><td>题分</td><td>100 分</td></tr>
<tr><td>成绩</td><td></td><td>考评员</td><td colspan="2"></td><td colspan="2">考评组长</td><td colspan="2"></td><td>日期</td><td></td></tr>
<tr><td>试题正文</td><td colspan="10">许继 HCM200 平台控制保护屏 AND35 与逻辑模块更换</td></tr>
<tr><td>需要说明的问题和要求</td><td colspan="10">（1）要求调试人员单人操作，故障查找及分析在调试过程中完成。
（2）操作应注意安全，按照标准化作业书的技术安全说明做好安全措施。
（3）在许继 HCM200 平台设备上完成操作。
（4）将检修结果填入修试记录</td></tr>
</table>

续表

序号	项目名称	质量要求	满分	扣分标准	扣分原因	得分
1	工具使用及安全措施					
1.1	各种工器具正确使用	熟练正确使用各种工器具	5	未正确使用一次扣1分，扣完为止		
1.2	相关安全措施的准备	（1）检查该系统为备用系统。 （2）佩戴防静电手环。 （3）按下“手动模式”按钮，闭锁系统切换功能。 （4）进入作业现场正确佩戴安全帽，现场作业人员应穿全棉长袖工作服、绝缘鞋	10	未检查该系统为备用系统扣2分； 未佩戴防静电手环扣2分； 未按下“手动模式”按钮扣2分；（可口述） 安全帽佩戴不规范扣2分； 未穿绝缘鞋扣2分		
2	正确使用万用表					
2.1	进行模块更换	（1）检查电量是否充足。 （2）根据测量设备，选择对应的挡位、量程。 （3）将黑色表笔插入COM插孔，红色表笔插入V/Ω/F插孔。 （4）测量可能的绕组接点，直至测出线圈阻值，并确定该接点为线圈接点。 （5）利用通断挡位测量动合触点、动断触点，并及时进行记录	65	未检查电量是否充足扣10分； 挡位、量程任一选择不准确扣15分； 表笔插错位置扣15分； 测量阻值不正确扣15分； 找到的线圈接点不正确扣10分		
3	填写试验报告					
3.1	修试记录	正确填写测量过程，并记录万用表型号等信息	10	每少填写一项扣5分，扣完为止		
4	现场恢复	恢复现场	10	未进行现场恢复扣10分		
合计			100			

Jc2001543002　许继HCM200平台AIM2模块更换。（100分）

考核知识点：许继HCM200平台AIM2模块更换

难易度：难

技能等级评价专业技能考核操作工作任务书

一、任务名称

许继HCM200平台AIM2模块更换。

二、适用工种

换流站直流设备检修工（二次）初级工。

三、具体任务

（1）工作状态为直流系统检修状态。工作内容为许继HCM200平台AIM2模块更换。

（2）工作任务：对许继HCM200平台AIM2模块更换，更换步骤应符合要求，确保设备正常稳定运行。

四、工作规范及要求

（1）工器具使用及安全措施。

（2）熟悉许继HCM200平台AIM2模块更换的方法，熟练使用仪器仪表及工器具。

（3）熟悉各种影响试验数据、结论的因素及消除方法并填写试验报告。

五、考核及时间要求

（1）本考核操作时间为 30 分钟，时间到停止考评。同一类现象故障不限一处故障点。

（2）按照技能操作记录单的操作要求进行操作，正确记录操作结果，试验记录项目包括各接头直阻值及是否符合规范要求。

技能等级评价专业技能考核操作评分标准

工种	换流站直流设备检修工（二次）				评价等级	初级工
项目模块	缺陷处理事故分析—缺陷处理			编号	Jc2001543002	
单位		准考证号			姓名	
考试时限	30 分钟	题型	单项操作		题分	100 分
成绩		考评员		考评组长	日期	
试题正文	许继 HCM200 平台 AIM2 模块更换					
需要说明的问题和要求	（1）要求调试人员单人操作，故障查找及分析在调试过程中完成。 （2）操作应注意安全，按照标准化作业书的技术安全说明做好安全措施。 （3）在许继 HCM200 平台 HCM200 平台设备上完成操作。 （4）将检修结果填入修试记录					

序号	项目名称	质量要求	满分	扣分标准	扣分原因	得分
1	工具使用及安全措施					
1.1	各种工器具正确使用	熟练正确使用各种工器具	5	未正确使用一次扣 1 分，扣完为止		
1.2	相关安全措施的准备	（1）检查该系统为备用系统。 （2）确认 HCM200 机箱电源已断电。 （3）佩戴防静电手环。 （4）按下“手动模式”按钮，闭锁系统切换功能。 （5）进入作业现场正确佩戴安全帽，现场作业人员应穿全棉长袖工作服、绝缘鞋	10	未检查该系统为备用系统扣 2 分； HCM200 机箱电源未断电扣 2 分； 未佩戴防静电手环扣 2 分； 未按下“手动模式”按钮扣 2 分（可口述）； 安全帽佩戴不规范扣 1 分； 未穿绝缘鞋扣 1 分		
2	AIM2 模块更换					
2.1	进行模块更换	（1）将 AIM2 模块光纤小心拆下，并用防尘塞将光纤头进行保护。 （2）拆下 AIM2 模块上 X2—X7 端子。 （3）将旧 AIM2 模块拆下。 （4）将新的 AIM2 模块固定在屏柜壁面。 （5）将 X2－X7 端子接入新 AIM2 上。 （6）将光纤插入 AIM2 中。 （7）依次合上屏柜空气开关－F11、－F12、－F31、－F32、－F41、－F42，检查系统指示灯正常。 （8）恢复“手动模式”按钮	65	光纤拆下后未采取套防尘塞等防污措施扣 10 分； 拆 X2—X7 端子时未做记录扣 10 分； AIM2 模块拆卸方法不正确或采用暴力手段扣 10 分； AIM2 模块安装不牢固扣 10 分； X2－X7 端子恢复不正确扣 10 分； 光纤恢复不牢固扣 5 分； 未恢复屏上所有空气开关扣 5 分； 未恢复手动模式按钮扣 5 分		
3	填写试验报告					
3.1	修试记录	正确填写更换后检查结果，并记录更换模块型号、厂家等信息	10	每少填写一项扣 5 分，扣完为止		
4	现场恢复	恢复现场	10	未进行现场恢复扣 10 分		
合计			100			

Jc2001543003 许继 HCM200 平台 Col 模块更换。（100 分）

考核知识点： 许继 HCM200 平台 Col 模块更换

难易度： 难

技能等级评价专业技能考核操作工作任务书

一、任务名称

许继 HCM200 平台 Col 模块更换。

二、适用工种

换流站直流设备检修工（二次）初级工。

三、具体任务

（1）工作状态为直流系统检修状态。工作内容为许继 HCM200 平台 Col 模块更换。

（2）工作任务：对许继 HCM200 平台 Col 模块更换，更换步骤应符合要求，确保设备正常稳定运行。

四、工作规范及要求

（1）工器具使用及安全措施。

（2）熟悉许继 HCM200 平台 Col 模块更换的方法，熟练使用仪器仪表及工器具。

（3）熟悉各种影响试验数据、结论的因素及消除方法并填写试验报告。

五、考核及时间要求

（1）本考核操作时间为 30 分钟，时间到停止考评。同一类现象故障不限一处故障点。

（2）按照技能操作记录单的操作要求进行操作，正确记录操作结果，试验记录项目包括：各接头直阻值及是否符合规范要求。

技能等级评价专业技能考核操作评分标准

工种	换流站直流设备检修工（二次）					评价等级	初级工
项目模块	缺陷处理事故分析—缺陷处理				编号	Jc2001543003	
单位		准考证号				姓名	
考试时限	30 分钟	题型		单项操作		题分	100 分
成绩		考评员		考评组长		日期	
试题正文	许继 HCM200 平台 Col 模块更换						
需要说明的问题和要求	（1）要求调试人员单人操作，故障查找及分析在调试过程中完成。 （2）操作应注意安全，按照标准化作业书的技术安全说明做好安全措施。 （3）在许继 HCM200 平台 HCM200 平台设备上完成操作。 （4）将检修结果填入修试记录						

序号	项目名称	质量要求	满分	扣分标准	扣分原因	得分
1	工具使用及安全措施					
1.1	各种工器具正确使用	熟练正确使用各种工器具	5	未正确使用一次扣 1 分，扣完为止		
1.2	相关安全措施的准备	（1）检查该系统为备用系统。 （2）确认 HCM200 机箱电源已断电。 （3）佩戴防静电手环。 （4）按下“手动模式”按钮，闭锁系统切换功能。 （5）进入作业现场正确佩戴安全帽，现场作业人员应穿全棉长袖工作服、绝缘鞋	10	未检查该系统为备用系统扣 2 分； HCM200 机箱电源未断电扣 2 分； 未佩戴防静电手环扣 2 分； 未按下“手动模式”按钮扣 2 分（可口述）； 安全帽佩戴不规范扣 1 分； 未穿绝缘鞋扣 1 分		

续表

序号	项目名称	质量要求	满分	扣分标准	扣分原因	得分
2	Col 模块更换					
2.1	进行模块更换	（1）将 Col 模块上所有接线进行记录。 （2）拆下 Col 模块所有接线。 （3）拆下 Col 模块。 （4）将新 Col 模块安装至原位置处。 （5）根据接线记录将 Col 模块接线进行恢复。 （6）依次合上屏柜空气开关－F11、－F12、－F31、－F32、－F41、－F42，检查系统指示灯正常。 （7）查看 Col 模块灯显示是否正常，屏柜有无其他异常告警。 （8）恢复“手动模式”按钮	65	拆解线过程中未进行记录扣 10 分； 新 Col 模块安装不牢固扣 10 分； 接线恢复错误或存在不牢固现象扣 15 分； 接线完毕后未恢复屏柜空开扣 10 分； 屏柜上电后因 Clo 模块问题造成告警信息扣 10 分； 整个更换过程中因操作失误造成系统切换扣 10 分		
3	填写试验报告					
3.1	修试记录	正确填写更换后检查结果，并记录更换模块型号、厂家等信息	10	每少填写一项扣 5 分，扣完为止		
4	现场恢复	恢复现场	10	未进行现场恢复扣 10 分		
合计			100			

Jc2001541004 直流控制保护设备回路绝缘检查。(100 分)

考核知识点： 直流控制保护设备回路绝缘检查

难易度： 易

技能等级评价专业技能考核操作工作任务书

一、任务名称

直流控制保护设备回路绝缘检查。

二、适用工种

换流站直流设备检修工（二次）初级工。

三、具体任务

进行直流控制保护设备回路绝缘检查。

（1）工作状态为设备停电检修。工作内容为直流控制保护设备绝缘检查。

（2）工作任务：对直流控制保护设备回路绝缘检查，并找出绝缘破损的电缆。

四、工作规范及要求

（1）工器具使用及安全措施。

（2）按要求进行直阻测试。

（3）进行直阻数值分析并填写试验报告。

五、考核及时间要求

（1）本考核操作时间为 30 分钟，时间到停止考评。同一类现象故障不限一处故障点。

（2）按照技能操作记录单的操作要求进行操作，正确记录操作结果，试验记录项目包括：各电缆直阻是否符合规范要求。

技能等级评价专业技能考核操作评分标准

<table>
<tr><td>工种</td><td colspan="5">换流站直流设备检修工（二次）</td><td>评价等级</td><td colspan="2">初级工</td></tr>
<tr><td>项目模块</td><td colspan="4">一次设备日常维护、检修—直流控制保护设备的专业巡视、日常维护及检修</td><td>编号</td><td colspan="3">Jc2001541004</td></tr>
<tr><td>单位</td><td colspan="3"></td><td>准考证号</td><td></td><td>姓名</td><td colspan="2"></td></tr>
<tr><td>考试时限</td><td colspan="2">30 分钟</td><td>题型</td><td colspan="2">单项操作</td><td>题分</td><td colspan="2">100 分</td></tr>
<tr><td>成绩</td><td></td><td>考评员</td><td></td><td>考评组长</td><td></td><td>日期</td><td colspan="2"></td></tr>
<tr><td>试题正文</td><td colspan="8">直流控制保护设备回路绝缘检查</td></tr>
<tr><td>需要说明的问题和要求</td><td colspan="8">（1）要求调试人员单人操作，故障查找及分析在调试过程中完成。
（2）操作应注意安全，按照标准化作业书的技术安全说明做好安全措施。
（3）使用绝缘摇表完成操作。
（4）测试仪的选择可选考场提供的测试仪或自带测试仪。
（5）操作记录填入操作记录。试验或检修结果填入修试记录</td></tr>
</table>

序号	项目名称	质量要求	满分	扣分标准	扣分原因	得分
1	工具使用及安全措施					
1.1	各种工器具正确使用	熟练正确使用各种工器具	5	未正确使用一次扣 1 分，扣完为止		
1.2	相关安全措施的准备	（1）试验仪器正确接地。 （2）确认被测回路端子及接线，划开（解开）端子连线。 （3）进入作业现场正确佩戴安全帽，现场作业人员应穿全棉长袖工作服、绝缘鞋	10	试验仪器未正确接地扣 2 分； 未划开（解开）端子连线扣 2 分； 未断开（解开）回路接地点扣 2 分； 安全帽佩戴不规范扣 2 分； 未穿全棉长袖工作服扣 1 分； 未穿绝缘鞋扣 1 分		
2	绝缘测试	测试被测线芯对地、芯线间绝缘，记录绝缘值	50	试验接线错误扣 5 分； 每少测试一项扣 5 分，扣完为止		
3	正常电缆识别					
3.1	直阻值识别	正确识别绝缘正常电缆（要求电阻大于 10MΩ）	10	未查找出不符合阻值要求的电缆每个扣 5 分，扣完为止		
4	现场恢复	恢复现场	10	未进行现场恢复扣 10 分		
5	填写报告					
5.1	修试记录	正确填写检查结果	15	每少填写一项扣 5 分，扣完为止		
合计			100			

Jc2001541005　双极全停直流控制保护主机断电重启试验。（100 分）

考核知识点： 断电重启

难易度： 易

技能等级评价专业技能考核操作工作任务书

一、任务名称

双极全停直流控制保护主机断电重启试验。

二、适用工种

换流站直流设备检修工（二次）初级工。

三、具体任务

（1）工作状态为直流系统停电进行主机断电重启试验。

（2）工作任务：对直流控制保护主机断电进行重启试验。

四、工作规范及要求

（1）工器具使用及安全措施。

（2）按正常步骤进行断电重启。

五、考核及时间要求

（1）本考核操作时间为30分钟，时间到停止考评。

（2）按照技能操作记录单的操作要求进行操作。

技能等级评价专业技能考核操作评分标准

工种	换流站直流设备检修工（二次）				评价等级	初级工
项目模块	一次设备日常维护、检修—直流控制保护设备的专业巡视、日常维护及检修			编号	Jc2001541005	
单位		准考证号			姓名	
考试时限	30分钟	题型	单项操作		题分	100分
成绩		考评员		考评组长	日期	
试题正文	双极全停直流控制保护主机断电重启试验					
需要说明的问题和要求	（1）要求调试人员单人操作，故障查找及分析在调试过程中完成。 （2）操作应注意安全，做好安全措施。 （3）在控制保护主机上完成操作。 （4）测试仪的选择可选考场提供的测试仪或自带测试仪。 （5）操作记录填入操作记录。试验或检修结果填入修试记录					

序号	项目名称	质量要求	满分	扣分标准	扣分原因	得分
1	工具使用及安全措施					
1.1	各种工器具正确使用	熟练正确使用各种工器具	5	未正确使用一次扣1分，扣完为止		
1.2	安全措施	（1）确认另一套主机运行正常。 （2）进入作业现场正确佩戴安全帽，现场作业人员应穿全棉长袖工作服、绝缘鞋	10	未确认另一套主机运行正常扣5分； 安全帽佩戴不规范扣3分； 未穿全棉长袖工作服扣1分； 未穿绝缘鞋扣1分		
2	主机断电重启试验	（1）将主机打在“试验”状态。 （2）确认主机具备断电条件后方可断开主机电源，待充分放电后对主机上电。 （3）主机正常启动后，指示灯应正常，风扇正常，无异响。 （4）主机正常启动后，无三级故障、无跳闸出口，运行人员工作站无相关异常告警。 （5）主机各应用程序运行正常，主机时钟与同步时钟一致，与运行人员工作站、服务器通信正常	60	按照步骤开展并检查，每少一步扣12分，扣完为止		

续表

序号	项目名称	质量要求	满分	扣分标准	扣分原因	得分
3	现场恢复	恢复现场	10	未进行现场恢复扣10分		
4	填写报告					
4.1	操作记录	填写操作步骤，记录每一步操作现象	15	每少填写一项扣1分，扣完为止		
合计			100			

Jc2001542006　主机装置DSP板卡程序下载。（100分）

考核知识点：主机装置DSP板卡程序下载

难易度：中

技能等级评价专业技能考核操作工作任务书

一、任务名称

主机装置DSP板卡程序下载。

二、适用工种

换流站直流设备检修工（二次）初级工。

三、具体任务

（1）工作状态为直流控制保护系统检修状态。工作内容为主机装置DSP板卡程序下载。

（2）工作任务：开展对主机装置DSP板卡程序进行下载。

四、工作规范及要求

（1）工器具使用及安全措施。

（2）按要求进行板卡更换。

五、考核及时间要求

（1）本考核操作时间为30分钟，时间到停止考评。

（2）按照技能操作记录单的操作要求进行操作，正确记录操作结果，试验记录项目包括板卡各项信息记录。

技能等级评价专业技能考核操作评分标准

工种	换流站直流设备检修工（二次）					评价等级	初级工
项目模块	二次设备日常维护、检修—直流控制保护设备的专业巡视、日常维护及检修				编号	Jc2001542006	
单位			准考证号			姓名	
考试时限	30分钟	题型		单项操作		题分	100分
成绩		考评员		考评组长		日期	
试题正文	主机装置DSP板卡程序下载						
需要说明的问题和要求	（1）要求调试人员单人操作，故障查找及分析在调试过程中完成。 （2）操作应注意安全，做好安全措施。 （3）控制保护主机上完成操作。 （4）操作记录填入操作记录。试验或检修结果填入修试记录						

续表

序号	项目名称	质量要求	满分	扣分标准	扣分原因	得分
1	工具使用及安全措施					
1.1	各种工器具正确使用	熟练正确使用各种工器具	5	未正确使用一次扣1分，扣完为止		
1.2	相关安全措施的准备	（1）更换本套主机程序前应确认另外一套主机在可用状态。 （2）确认装置压板已退出。 （3）进入作业现场正确佩戴安全帽，现场作业人员应穿全棉长袖工作服、绝缘鞋	15	未确认另外一套主机状态扣5分； 未确认装置压板已退出扣5分； 安全帽佩戴不规范扣3分； 未穿全棉长袖工作服扣1分； 未穿绝缘鞋扣1分		
2	板卡更换					
2.1	本卡更换	（1）在D盘工程文档内查找相应主机IP。 （2）将主机打在“试验”状态。 （3）使用Accel下载对应DSP板卡的程序或全部程序重新下载。 （4）检查故障板卡所在主机无报警及对应的控制保护主机无跳闸信号	60	按照步骤开展，每少一步扣15分，扣完为止； 试验不成功扣15分		
3	现场恢复	现场恢复	10	未进行现场恢复扣10分		
4	填写报告					
4.1	修试记录	正确填写更换后检查结果，并记录下载程序的板卡型号、厂家等信息	10	每少填写一项扣5分，扣完为止		
合计			100			

Jc2001543007　主机电源故障检查处理。（100分）

考核知识点：主机电源故障检查处理

难易度：难

技能等级评价专业技能考核操作工作任务书

一、任务名称

主机电源故障检查处理。

二、适用工种

换流站直流设备检修工（二次）初级工。

三、具体任务

（1）工作状态为直流控制保护系统检修状态。工作内容为主机电源故障检查处理。

（2）工作任务：对主机电源故障进行检查处理。

四、工作规范及要求

（1）工器具使用及安全措施。

（2）按要求开展主机电源故障检查处理。

五、考核及时间要求

（1）本考核操作时间为30分钟，时间到停止考评。

（2）按照技能操作记录单的操作要求进行操作，正确记录操作结果。

技能等级评价专业技能考核操作评分标准

工种	换流站直流设备检修工（二次）			评价等级	初级工
项目模块	缺陷处理与事故分析—一次缺陷处理		编号	Jc2001543007	
单位		准考证号		姓名	
考试时限	30 分钟	题型	单项操作	题分	100 分
成绩		考评员		考评组长		日期	
试题正文	主机电源故障检查处理				
需要说明的问题和要求	（1）要求调试人员单人操作，故障查找及分析在调试过程中完成。 （2）操作应注意安全，做好安全措施。 （3）在主机上完成操作。 （4）操作记录填入操作记录。试验或检修结果填入修试记录				

序号	项目名称	质量要求	满分	扣分标准	扣分原因	得分
1	工具使用及安全措施					
1.1	各种工器具正确使用	熟练正确使用各种工器具	5	未正确使用一次扣 1 分，扣完为止		
1.2	相关安全措施的准备	（1）采取防止静电破坏板卡措施。 （2）检查该系统为备用系统。 （3）进入作业现场正确佩戴安全帽，现场作业人员应穿全棉长袖工作服、绝缘鞋	15	未采取防止静电破坏板卡措施扣 5 分； 未检查系统为备用系统扣 5 分； 安全帽佩戴不规范扣 3 分； 未穿全棉长袖工作服扣 1 分； 未穿绝缘鞋扣 1 分		
2	主机电源故障检查处理	（1）测试外部直流电源输入是否在正常范围内。 （2）查看屏柜空气开关，装置的船型开关是否合上。 （3）上述两点确认无误后更换电源板卡，电源板卡无须下载程序	60	按照步骤开展，每少一步扣 20 分，扣完为止		
3	现场恢复	恢复现场	10	未进行现场恢复扣 10 分		
4	填写报告					
4.1	修试记录	正确填写更换后检查结果，并记录更换板卡型号、厂家等信息	10	每少填写一项扣 5 分，扣完为止		
合计			100			

Jc2001542008 安稳装置模拟量输入特性检验。（100 分）

考核知识点：安稳装置模拟量输入特性检验

难易度：中

技能等级评价专业技能考核操作工作任务书

一、任务名称

安稳装置模拟量输入特性检验。

二、适用工种

换流站直流设备检修工（二次）初级工。

三、具体任务

（1）工作状态为直流控制保护系统检修状态。工作内容为安稳装置模拟量输入特性检验。

（2）工作任务：对安稳装置模拟量输入特性进行检验。

四、工作规范及要求

（1）工器具使用及安全措施。

（2）按要求开展安稳装置模拟量输入特性检验。

五、考核及时间要求

（1）本考核操作时间为 30 分钟，时间到停止考评。

（2）按照技能操作记录单的操作要求进行操作，正确记录操作结果。

技能等级评价专业技能考核操作评分标准

工种	换流站直流设备检修工（二次）				评价等级	初级工
项目模块	二次设备日常维护、检修—直流控制保护设备的专业巡视、日常维护			编号	Jc2001542008	
单位		准考证号			姓名	
考试时限	30 分钟	题型	单项操作		题分	100 分
成绩		考评员		考评组长	日期	
试题正文	安稳装置模拟量输入特性检验					
需要说明的问题和要求	（1）要求调试人员单人操作，故障查找及分析在调试过程中完成。 （2）操作应注意安全，按照标准化作业书的技术安全说明做好安全措施。 （3）操作记录填入操作记录。试验或检修结果填入修试记录					

序号	项目名称	质量要求	满分	扣分标准	扣分原因	得分
1	工具使用及安全措施					
1.1	各种工器具正确使用	熟练正确使用各种工器具	5	未正确使用一次扣 1 分，扣完为止		
1.2	相关安全措施的准备	（1）短接 TA 回路端子。 （2）将 TA 回路与装置断开。 （3）断开 TV 回路二次小空气开关。 （4）退出安稳装置出口压板和功能压板，投入安稳装置检修压板。 （5）进入作业现场正确佩戴安全帽，现场作业人员应穿全棉长袖工作服、绝缘鞋	10	安全措施每少一步扣 3 分； 安全帽佩戴不规范扣 3 分； 未穿全棉长袖工作服扣 1 分； 未穿绝缘鞋扣 1 分 以上扣分，扣完为止		
2	安稳装置模拟量输入特性检验	（1）同时加入三相电流和电压，按设备变比计算一次值，并与装置显示值进行比较并记录。 （2）调整加入的电流和电压量以及相角的变化，检查装置显示的一次值是否正确，同时计算所加量的有功功率和无功功率与读数是否一致，角差是否一致。 （3）调整输入交流电压分别为 70、60、30、5、1V，电流分别为 10、5、1、0.2、0.1A，观察安稳装置的采样显示值与外部测量值的误差小于 5%	60	按照步骤开展，每少一步扣 20 分，扣完为止		
3	现场恢复	恢复现场	10	未进行现场恢复扣 10 分		
4	填写报告					
4.1	试验记录	修试记录	15	每少填写一项扣 3 分，扣完为止		
合计			100			

Jc2002541009　H400 换流阀阀控系统 VBE5V 电源检查。（100 分）

考核知识点： H400 换流阀阀控系统 VBE 电源检查

难易度： 易

技能等级评价专业技能考核操作工作任务书

一、任务名称

H400 换流阀阀控系统 VBE5V 电源检查。

二、适用工种

换流站直流设备检修工（二次）初级工。

三、具体任务

（1）工作状态为换流阀运行或检修状态，换流阀阀控系统 VBE 屏柜上电。工作内容为 H400 换流阀阀控系统 VBE5V 电源检查。

（2）工作任务：对 H400 换流阀阀控系统 VBE5V 电源进行检查。

四、工作规范及要求

（1）工器具使用及安全措施。

（2）按要求进行 H400 换流阀阀控系统 VBE5V 电源检查。

五、考核及时间要求

（1）本考核操作时间为 30 分钟，时间到停止考评。

（2）按照要求进行操作，并填写记录。

技能等级评价专业技能考核操作评分标准

<table>
<tr><td>工种</td><td colspan="5">换流站直流设备检修工（二次）</td><td>评价等级</td><td>初级工</td></tr>
<tr><td>项目模块</td><td colspan="4">二次设备日常维护、检修—换流阀及
阀控设备日常维护、检修</td><td>编号</td><td colspan="2">Jc2002541009</td></tr>
<tr><td>单位</td><td colspan="2"></td><td>准考证号</td><td colspan="2"></td><td>姓名</td><td></td></tr>
<tr><td>考试时限</td><td colspan="2">30 分钟</td><td>题型</td><td colspan="2">单项操作</td><td>题分</td><td>100 分</td></tr>
<tr><td>成绩</td><td></td><td>考评员</td><td></td><td>考评组长</td><td></td><td>日期</td><td></td></tr>
<tr><td>试题正文</td><td colspan="7">H400 换流阀阀控系统 VBE5V 电源检查</td></tr>
<tr><td>需要说明的问题和要求</td><td colspan="7">（1）操作应注意安全，做好安全措施。
（2）在换流阀阀控设备上完成操作。
（3）试验或检修结果填入修试记录</td></tr>
<tr><td>序号</td><td>项目名称</td><td colspan="2">质量要求</td><td>满分</td><td>扣分标准</td><td>扣分原因</td><td>得分</td></tr>
<tr><td>1</td><td>工具使用及安全措施</td><td colspan="2"></td><td></td><td></td><td></td><td></td></tr>
<tr><td>1.1</td><td>各种工器具正确使用</td><td colspan="2">熟练正确使用各种工器具</td><td>5</td><td>未正确使用一次扣 1 分，扣完为止</td><td></td><td></td></tr>
<tr><td rowspan="3">1.2</td><td rowspan="3">相关安全措施的准备</td><td colspan="2">VBE 屏柜工作带防静电护腕</td><td>4</td><td>未戴防静电护腕扣 4 分</td><td></td><td></td></tr>
<tr><td colspan="2">防静电护腕未正确接地</td><td>3</td><td>防静电护腕未正确接地扣 3 分</td><td></td><td></td></tr>
<tr><td colspan="2">进入作业现场正确佩戴安全帽，现场作业人员应穿全棉长袖工作服、绝缘鞋</td><td>3</td><td>安全帽佩戴不规范扣 1 分；
未穿全棉长袖工作服扣 1 分；
未穿绝缘鞋扣 1 分</td><td></td><td></td></tr>
<tr><td>2</td><td>VBE5V 电源检查</td><td colspan="2"></td><td></td><td></td><td></td><td></td></tr>
</table>

续表

序号	项目名称	质量要求	满分	扣分标准	扣分原因	得分
2.1	单个 VBE 屏柜 5V 电源检查	（1）检查 4 块 5V 电源板卡正面运行指示灯正常。 （2）使用万用表测量 1A3 机箱背板 5V 电源，测试点：1A3Z：5V1、1A3Z：5V2。 （3）使用万用表测量 1A4 机箱背板 5V 电源，测试点：1A4Z：5V1、1A4Z：5V2。 （4）使用万用表测量 1A5 机箱背板 5V 电源，测试点：1A5Z：5V1、1A5Z：5V2。 （5）使用万用表测量 1A6 机箱背板 5V 电源，测试点：1A6Z：5V1、1A6Z：5V2。 （6）记录测量值并判断测量值是否在正常范围内（5.0V±0.5V）	60	未检查指示灯状态扣 10 分； 每少测量一个点扣 5 分； 未对测量值正常与否进行判断扣 10 分		
3	现场恢复	清理并恢复现场	10	未进行现场清理或恢复扣 10 分		
4	填写报告					
4.1	修试记录	填写检查记录，包括运行指示灯状态、电源测量值及是否正常	15	每少填写一项扣 1 分，扣完为止		
合计			100			

Jc2002541010　H400 换流阀阀控系统 VBE12V 电源检查。（100 分）

考核知识点：H400 换流阀阀控系统 VBE 电源检查

难易度：易

技能等级评价专业技能考核操作工作任务书

一、任务名称

H400 换流阀阀控系统 VBE12V 电源检查。

二、适用工种

换流站直流设备检修工（二次）初级工。

三、具体任务

（1）工作状态为换流阀运行或检修状态，换流阀阀控系统 VBE 屏柜上电。工作内容为 H400 换流阀阀控系统 VBE12V 电源检查。

（2）工作任务：对 H400 换流阀阀控系统 VBE12V 电源进行检查。

四、工作规范及要求

（1）工器具使用及安全措施。

（2）按要求进行 H400 换流阀阀控系统 VBE12V 电源检查。

五、考核及时间要求

（1）本考核操作时间为 30 分钟，时间到停止考评。

（2）按照要求进行操作，并填写记录。

技能等级评价专业技能考核操作评分标准

<table>
<tr><td>工种</td><td colspan="5">换流站直流设备检修工（二次）</td><td>评价等级</td><td>初级工</td></tr>
<tr><td>项目模块</td><td colspan="4">二次设备日常维护、检修—换流阀及阀控设备日常维护、检修</td><td>编号</td><td colspan="2">Jc2002541010</td></tr>
<tr><td>单位</td><td colspan="3"></td><td>准考证号</td><td></td><td>姓名</td><td></td></tr>
<tr><td>考试时限</td><td colspan="2">30 分钟</td><td>题型</td><td colspan="2">单项操作</td><td>题分</td><td>100 分</td></tr>
<tr><td>成绩</td><td></td><td>考评员</td><td></td><td>考评组长</td><td></td><td>日期</td><td></td></tr>
<tr><td>试题正文</td><td colspan="7">H400 换流阀阀控系统 VBE12V 电源检查</td></tr>
<tr><td>需要说明的问题和要求</td><td colspan="7">（1）操作应注意安全，做好安全措施。
（2）在换流阀阀控设备上完成操作。
（3）试验或检修结果填入修试记录</td></tr>
</table>

序号	项目名称	质量要求	满分	扣分标准	扣分原因	得分
1	工具使用及安全措施					
1.1	各种工器具正确使用	熟练正确使用各种工器具	5	未正确使用一次扣 1 分，扣完为止		
1.2	相关安全措施的准备	（1）VBE 屏柜工作带防静电护腕。 （2）防静电护腕需正确接地。 （3）进入作业现场正确佩戴安全帽，现场作业人员应穿全棉长袖工作服、绝缘鞋	10	未戴防静电护腕扣 4 分； 防静电护腕未正确接地扣 3 分； 安全帽佩戴不规范扣 1 分； 未穿全棉长袖工作服扣 1 分； 未穿绝缘鞋扣 1 分		
2	单个 VBE 屏柜 12V 电源检查	（1）检查 4 块 12V 电源板卡正面运行指示灯正常。 （2）使用万用表测量 1A3 机箱背板 12V 电源，测试点：1A3Z：12V1、1A3Z：12V2。 （3）使用万用表测量 1A4 机箱背板 12V 电源，测试点：1A4Z：12V1、1A4Z：12V2。 （4）使用万用表测量 1A5 机箱背板 12V 电源，测试点：1A5Z：12V1、1A5Z：12V2。 （5）使用万用表测量 1A6 机箱背板 12V 电源，测试点：1A6Z：12V1、1A6Z：12V2。 （6）记录测量值并判断测量值是否在正常范围内（12.5V±0.5V）	60	未检查指示灯状态扣 10 分； 每少测量一个点扣 5 分； 未对测量值正常与否进行判断扣 10 分		
3	现场恢复	恢复现场	10	未进行现场恢复扣 10 分		
4	填写报告					
4.1	修试记录	填写检查记录，包括运行指示灯状态、电源测量值及是否正常	15	每少填写一项扣 1 分，扣完为止		
合计			100			

Jc2002541011　H400 换流阀极 1 阀控系统进入单级试验模式。（100 分）

考核知识点：H400 换流阀阀控系统进入单级试验模式

难易度：易

技能等级评价专业技能考核操作工作任务书

一、任务名称

H400 换流阀极 1 阀控系统进入单级试验模式。

二、适用工种

换流站直流设备检修工（二次）初级工。

三、具体任务

（1）工作状态为换流阀检修状态。工作内容为 H400 换流阀极 1 阀控系统进入单级试验模式。

（2）工作任务：对 H400 换流阀极 1 阀控系统进入单级试验模式。

四、工作规范及要求

（1）工器具使用及安全措施。

（2）按要求将极 1 阀控系统打至单级试验模式。

五、考核及时间要求

（1）本考核操作时间为 30 分钟，时间到停止考评。

（2）按照要求进行操作，并填写记录。

技能等级评价专业技能考核操作评分标准

工种	换流站直流设备检修工（二次）					评价等级	初级工
项目模块	二次设备日常维护、检修—换流阀及阀控设备日常维护、检修				编号	Jc2002541011	
单位			准考证号			姓名	
考试时限	30 分钟	题型		单项操作		题分	100 分
成绩		考评员		考评组长		日期	
试题正文	H400 换流阀极 1 阀控系统进入单级试验模式						
需要说明的问题和要求	（1）操作应注意安全，做好安全措施。 （2）在 OWS 后台完成操作。 （3）操作记录填入操作记录						

序号	项目名称	质量要求	满分	扣分标准	扣分原因	得分
1	工具使用及安全措施					
1.1	各种工器具正确使用	熟练正确使用各种工器具	5	未正确使用一次扣 1 分，扣完为止		
1.2	相关安全措施的准备	（1）直流系统为检修状态。 （2）进入作业现场正确佩戴安全帽，现场作业人员应穿全棉长袖工作服、绝缘鞋	10	未检查直流系统检修状态扣 7 分； 安全帽佩戴不规范扣 1 分； 未穿全棉长袖工作服扣 1 分； 未穿绝缘鞋扣 1 分		

续表

序号	项目名称	质量要求	满分	扣分标准	扣分原因	得分
2	极 1 阀控系统进入单级试验模式	（1）将 OWS 后台监控界面切至“VBE 信息”界面。 （2）登录操作账号，确认极 1VBE 操作界面（“VBE 信息”界面上半部分）。 （3）单击“极 1 1 号柜 B 系统进入单级试验模式”并确认、单击“极 1 2 号柜 B 系统进入单级试验模式”并确认、单击“极 1 3 号柜 B 系统进入单级试验模式”并确认。 （4）在界面上检查极 1VBEB 系统是否全部进入单级试验模式（状态指示由绿色变为红色），如有单阀未进入试验模式，单击对应单阀“进入”按钮并确认，使极 1VBEB 系统全部进入单级试验模式。 （5）单击“极 1 1 号柜 A 系统进入单级试验模式”并确认、单击“极 1 2 号柜 A 系统进入单级试验模式”并确认、单击“极 1 3 号柜 A 系统进入单级试验模式”并确认。 （6）在界面上检查极 1VBEA 系统是否全部进入单级试验模式（状态指示由绿色变为红色），如有单阀未进入试验模式，单击对应单阀“进入”按钮并确认，使极 1VBEA 系统全部进入单级试验模式。 （7）退出登录账号	60	未登录即开展进入试验模式操作或登录后切至其他界面操作扣 10 分； 未先操作 B 系统全部进入单级试验模式扣 20 分； 未完成 A 系统全部进入单级试验模式操作扣 20 分； 操作完未退出账号扣 10 分		
3	现场恢复	恢复现场	10	未进行现场恢复扣 10 分		
4	填写报告					
4.1	操作记录	填写操作步骤，记录每一步操作现象	15	每少填写一项扣 1 分，扣完为止		
合计			100			

Jc2002541012　H400 换流阀漏水检测装置“轻微漏水”测试。（100 分）

考核知识点：换流阀漏水检测装置测试

难易度：易

技能等级评价专业技能考核操作工作任务书

一、任务名称

H400 换流阀漏水检测装置“轻微漏水”测试。

二、适用工种

换流站直流设备检修工（二次）初级工。

三、具体任务

（1）工作状态为换流阀检修状态，工作内容为换流阀漏水检测装置“轻微漏水”测试。

（2）工作任务：对换流阀漏水检测装置“轻微漏水”进行测试。

四、工作规范及要求

（1）工器具使用及安全措施。

（2）按要求进行换流阀漏水检测装置“轻微漏水”测试。

五、考核及时间要求

（1）本考核操作时间为 30 分钟，时间到停止考评。

（2）按照要求进行操作，正确记录操作结果，试验记录项目包括漏水检测装置动作结果、报文记录。

技能等级评价专业技能考核操作评分标准

工种	换流站直流设备检修工（二次）				评价等级	初级工
项目模块	二次设备日常维护、检测—换流阀及阀控设备日常维护、检测			编号	Jc2002541012	
单位		准考证号			姓名	
考试时限	30 分钟	题型	单项操作		题分	100 分
成绩		考评员		考评组长	日期	
试题正文	H400 换流阀漏水检测装置“轻微漏水”测试					
需要说明的问题和要求	（1）操作应注意安全，做好安全措施。 （2）在换流阀一次设备上完成操作。 （3）试验或检修结果填入修试记录					

序号	项目名称	质量要求	满分	扣分标准	扣分原因	得分
1	工具使用及安全措施					
1.1	各种工器具正确使用	熟练正确使用各种工器具	5	未正确使用一次扣 1 分，扣完为止		
1.2	相关安全措施的准备	（1）进入作业现场正确佩戴安全帽，现场作业人员应穿全棉长袖工作服、绝缘鞋。 （2）高空作业车接地。 （3）正确使用安全带	10	安全帽佩戴不规范扣 1 分； 未穿全棉长袖工作服扣 1 分； 未穿绝缘鞋扣 1 分； 高空作业车未正确接地扣 3 分； 未正确使用安全带扣 4 分		
2	“轻微漏水”测试	（1）正确识别阀塔编号。 （2）使用长螺钉旋具轻捅集水斗模拟集水斗集满水后倾倒的过程，轻捅后在 3s 内移除螺钉旋具，模拟“轻微漏水”故障。 （3）确认后台报文报出“轻微漏水”故障并复归	60	未在规定的阀塔开展试验扣 10 分； 未按要求模拟“轻微漏水”故障扣 30 分； 报出“严重漏水”报文扣 10 分； 未确认后台报文情况扣 10 分		
3	现场恢复	恢复现场	10	未进行现场恢复扣 10 分		
4	填写报告					
4.1	修试记录	正确填写实验结果及记录报文	15	每少填写一项扣 5 分，扣完为止		
合计			100			

Jc2002541013　A5000 换流阀阀控系统进入单级试验模式。（100 分）

考核知识点： A5000 换流阀阀控系统模式选择

难易度： 易

技能等级评价专业技能考核操作工作任务书

一、任务名称

A5000 换流阀阀控系统进入单级试验模式。

二、适用工种

换流站直流设备检修工（二次）初级工。

三、具体任务

（1）工作状态为换流阀检修状态。工作内容为 A5000 换流阀阀控系统进入单级试验模式。

（2）工作任务：对 A5000 换流阀阀控系统进入单级试验模式。

四、工作规范及要求

（1）工器具使用及安全措施。

（2）按要求将 A5000 阀控系统打至单级试验模式。

五、考核及时间要求

（1）本考核操作时间为 30 分钟，时间到停止考评。

（2）按照要求进行操作，并填写操作记录。

技能等级评价专业技能考核操作评分标准

工种	换流站直流设备检修工（二次）					评价等级	初级工
项目模块	二次设备日常维护、检修—换流阀及阀控设备日常维护、检修				编号	Jc2002541013	
单位			准考证号			姓名	
考试时限	30 分钟		题型	单项操作		题分	100 分
成绩		考评员		考评组长		日期	
试题正文	A5000 换流阀阀控系统进入单级试验模式						
需要说明的问题和要求	（1）操作应注意安全，做好安全措施。 （2）在 VBE 侧完成单级测试模式切换操作。 （3）操作记录填入操作记录。试验或检修结果填入修试记录						

序号	项目名称	质量要求	满分	扣分标准	扣分原因	得分
1	工具使用及安全措施					
1.1	各种工器具正确使用	熟练正确使用各种工器具	5	未正确使用一次扣 1 分，扣完为止		
1.2	相关安全措施的准备	（1）阀组为检修状态。 （2）进入作业现场正确佩戴安全帽，现场作业人员应穿全棉长袖工作服、绝缘鞋	10	安全帽佩戴不规范扣 4 分； 未穿全棉长袖工作服扣 3 分； 未穿绝缘鞋扣 3 分		
2	极 1 阀控系统进入单级试验模式	（1）确认阀组为检修状态。 （2）检查通信与控制机箱正面单级测试模式指示灯在熄灭状态。 （3）检查 A 套通信与控制机箱上 DEBUG 板（MS5005）单级测试处于退出状态。 （4）插入单级测试投切钥匙，并旋转钥匙至横向状态。 （5）检查通信与控制机箱正面单机测试模式指示灯点亮	60	未开展机箱正面指示灯检查扣 20 分； 未完成单级测试模式切换扣 40 分		
3	现场恢复	恢复现场	10	未进行现场恢复扣 10 分		
4	填写报告					
4.1	操作记录	填写操作步骤，记录每一步操作现象	15	每少填写一项扣 1 分，扣完为止		
合计			100			

Jc2002541014　A5000 换流阀阻尼电容 C_{d1} 测量。（100 分）

考核知识点：阻尼电容测量

难易度：易

技能等级评价专业技能考核操作工作任务书

一、任务名称

A5000 换流阀阻尼电容 C_{d1} 测量。

二、适用工种

换流站直流设备检修工（二次）初级工。

三、具体任务

（1）工作状态为换流阀检修状态。工作内容为换流阀阻尼电容 C_{d1} 测量。

（2）工作任务：开展 A5000 换流阀单个晶闸管级阻尼电容 C_{d1} 测量。

四、工作规范及要求

（1）工器具使用及安全措施。

（2）按要求进行 A5000 换流阀阻尼电容 C_{d1} 测量。

五、考核及时间要求

（1）本考核操作时间为 30 分钟，时间到停止考评。

（2）按照技能操作记录单的操作要求进行操作，正确记录操作结果，试验记录项目包括：阻尼电容 C_{d1} 位置、单个晶闸管级 C_{d1} 串并联电容数、测量结果。

技能等级评价专业技能考核操作评分标准

工种	换流站直流设备检修工（二次）					评价等级	初级工
项目模块	二次设备日常维护检测—换流阀及阀控设备日常维护检测				编号	Jc2002541014	
单位			准考证号			姓名	
考试时限	30 分钟		题型	单项操作		题分	100 分
成绩		考评员		考评组长		日期	
试题正文	A5000 换流阀阻尼电容 C_{d1} 测量						
需要说明的问题和要求	（1）要求调试人员单人操作，故障查找及分析在调试过程中完成。 （2）操作应注意安全，做好安全措施。 （3）在换流阀一次设备上完成操作。 （4）使用万用表进行测量。 （5）操作记录填入操作记录。试验或检修结果填入修试记录						

序号	项目名称	质量要求	满分	扣分标准	扣分原因	得分
1	工具使用及安全措施					
1.1	各种工器具正确使用	熟练正确使用各种工器具	5	未正确使用一次扣 1 分，扣完为止		
1.2	相关安全措施的准备	（1）确认阻尼回路电容已放电。 （2）高空作业车接地。 （3）正确使用安全带。 （4）进入作业现场正确佩戴安全帽，现场作业人员应穿全棉长袖工作服、绝缘鞋	10	未确认阻尼回路电容放电扣 2 分； 高空作业车未正确接地扣 2 分； 未正确使用安全带扣 2 分； 安全帽佩戴不规范扣 2 分； 未穿全棉长袖工作服扣 1 分； 未穿绝缘鞋扣 1 分		

续表

序号	项目名称	质量要求	满分	扣分标准	扣分原因	得分
2	阻尼电容 C_{d1} 测量	（1）正确识别阻尼电容 C_{d1}。 （2）拆除接线，拆除过程中不应用力过大损坏接线柱。 （3）将万用表打至电容挡，完成 C_{d1} 电容值测量	60	未正确识别阻尼电容扣 10 分； 未正确拆除接线扣 20 分； 未正确使用万用表扣 30 分		
3	现场恢复	恢复现场	10	未进行现场恢复扣 10 分		
4	填写报告					
4.1	修试记录	正确填写测量结果、阻尼电容 C_{d1} 位置、单个晶闸管级 C_{d1} 串并联电容数	15	每少填写一项扣 5 分，扣完为止		
合计			100			

Jc2002543015　A5000 换流阀 VBE 录波机箱 PR7401A－2IN/OUT 板卡更换。(100 分)

考核知识点：阀控设备缺陷处理

难易度：难

技能等级评价专业技能考核操作工作任务书

一、任务名称

A5000 换流阀 VBE 录波机箱 PR7401A－2IN/OUT 板卡更换。

二、适用工种

换流站直流设备检修工（二次）初级工。

三、具体任务

（1）工作状态为换流阀检修状态。工作内容为 A5000 换流阀 VBE 录波机箱 PR7401A－2IN/OUT 板卡更换。

（2）工作任务：对 A5000 换流阀 VBE 录波机箱 PR7401A－2IN/OUT 板卡进行更换。

四、工作规范及要求

（1）工器具使用及安全措施。

（2）按要求进行 VBE 录波机箱 PR7401A－2IN/OUT 板卡更换。

五、考核及时间要求

（1）本考核操作时间为 30 分钟，时间到停止考评。

（2）按照技能操作记录单的操作要求进行操作，并填写更换记录。

技能等级评价专业技能考核操作评分标准

<table>
<tr><td>工种</td><td colspan="6">换流站直流设备检修工（二次）</td><td>评价等级</td><td>初级工</td></tr>
<tr><td>项目模块</td><td colspan="5">缺陷处理与事故分析—缺陷处理</td><td>编号</td><td colspan="2">Jc2002543015</td></tr>
<tr><td>单位</td><td colspan="3"></td><td>准考证号</td><td colspan="2"></td><td>姓名</td><td></td></tr>
<tr><td>考试时限</td><td colspan="2">30 分钟</td><td>题型</td><td colspan="3">单项操作</td><td>题分</td><td>100 分</td></tr>
<tr><td>成绩</td><td></td><td>考评员</td><td></td><td>考评组长</td><td colspan="2"></td><td>日期</td><td></td></tr>
<tr><td>试题正文</td><td colspan="8">A5000 换流阀 VBE 录波机箱 PR7401A－2IN/OUT 板卡更换</td></tr>
</table>

续表

需要说明的问题和要求	（1）要求单人操作。 （2）操作应注意安全，按照标准化作业书的技术安全说明做好安全措施。 （3）操作记录填入操作记录。试验或检修结果填入修试记录					
序号	项目名称	质量要求	满分	扣分标准	扣分原因	得分
1	工具使用及安全措施					
1.1	各种工器具正确使用	熟练正确使用各种工器具	5	未正确使用一次扣1分，扣完为止		
1.2	相关安全措施的准备	（1）工作前必须认真检查更换板卡状态，应注意对阀控装置的影响。 （2）在现场屏柜进行工作，防止走错间隔，同时做好检修现场各项安全措施。 （3）更换应按照厂家规定程序进行，佩戴防静电手环。 （4）更换过程中禁止直视光源，必要时戴护目镜。 （5）进入作业现场正确佩戴安全帽，现场作业人员应穿全棉长袖工作服、绝缘鞋	10	未检查板卡状态扣2分； 未确认检修间隔扣2分； 未佩戴防静电手环扣1分； 未佩戴护目镜扣1分； 安全帽佩戴不规范扣2分； 未穿全棉长袖工作服扣1分； 未穿绝缘鞋扣1分		
2	板卡更换	（1）确认安全措施，防止空气开关断开错误，导致正常运行的系统电源丢失。 （2）拆除板卡时，记录光纤位置，记录新旧板卡型号、序列号等信息。 （3）拔下故障板卡，并与备品板卡进行比较，确认二者一致，并将新旧板卡设置一致。 （4）拔出及插入板卡过程中发生卡涩现象应立刻停止并进行检查，避免用力强行插拔对板卡及卡槽造成损伤。 （5）板卡更换结束后，检查更换板卡上下螺栓是否上紧，板卡背后的光纤是否插紧。 （6）板卡更换结束后，插拔光纤注意光纤过度弯曲。 （7）上电后检查装置机箱指示灯显示正常后台无异常告警信号	60	未断开或错误断开空气开关扣10分； 未记录光纤编号、位置扣10分； 未记录新、旧板卡编号、序列号扣15分； 未完成把卡插拔扣15分； 未完成光纤恢复扣10分		
3	现场恢复	恢复现场	5	未进行现场恢复扣5分		
4	填写报告					
4.1	修试记录	填写更换记录，包括VBE屏柜编号、VBE机箱编号、故障板卡编号、新装板卡编号	20	每少填写一项扣5分，扣完为止		
合计			100			

Jc2002552016　A5000 换流阀阀塔放水。（100 分）

考核知识点：A5000 换流阀阀塔放水

难易度：中

技能等级评价专业技能考核操作工作任务书

一、任务名称

A5000 换流阀阀塔放水。

二、适用工种

换流站直流设备检修工（二次）初级工。

三、具体任务

（1）A5000 工作状态为换流阀检修状态、阀冷却系统停运。工作内容为 A5000 换流阀阀塔放水。

（2）工作任务：A5000 换流阀单个阀塔放水。

四、工作规范及要求

（1）工器具使用及安全措施。

（2）按要求进行阀塔放水。

五、考核及时间要求

（1）本考核操作时间为 30 分钟，时间到停止考评。

（2）按照技能操作记录单的操作要求进行操作。

技能等级评价专业技能考核操作评分标准

工种	换流站直流设备检修工（二次）				评价等级	初级工	
项目模块	缺陷处理与事故分析—缺陷处理			编号	Jc2002552016		
单位		准考证号			姓名		
考试时限	30 分钟	题型	单项操作		题分	100 分	
成绩		考评员		考评组长		日期	
试题正文	A5000 换流阀阀塔放水						
需要说明的问题和要求	（1）要求调试人员单人操作，故障查找及分析在调试过程中完成。 （2）操作应注意安全，做好安全措施。 （3）在换流阀一次设备上完成操作。 （4）操作记录填入操作记录。试验或检修结果填入修试记录						

序号	项目名称	质量要求	满分	扣分标准	扣分原因	得分
1	工具使用及安全措施					
1.1	各种工器具正确使用	熟练正确使用各种工器具	5	未正确使用一次扣 1 分，扣完为止		
1.2	相关安全措施的准备	（1）高空作业车接地。 （2）正确使用安全带。 （3）进入作业现场正确佩戴安全帽，现场作业人员应穿全棉长袖工作服、绝缘鞋	10	高空作业车未正确接地扣 2 分； 未正确使用安全带扣 2 分； 安全帽佩戴不规范扣 2 分； 未穿全棉长袖工作服扣 2 分； 未穿绝缘鞋扣 2 分		

续表

序号	项目名称	质量要求	满分	扣分标准	扣分原因	得分
2	单个阀塔放水	（1）检查阀冷系统主循环泵已停止运行。 （2）关闭阀塔主进、出水阀。 （3）打开换流阀阀塔底屏蔽罩放水阀，用准备好的干净水桶回收冷却水。 （4）观察底屏蔽罩放水阀流水速度变慢时，打开阀塔顶部排气阀，使阀塔冷却液继续排出。 （5）根据现场情况，确定好阀塔放水量达到要求，关闭放水阀	60	未检查主泵停运扣 20 分； 未关闭阀塔进、出水阀扣 20 分； 未打开排气阀扣 20 分		
3	现场恢复	恢复现场	10	未进行现场恢复扣 10 分		
4	填写报告					
4.1	操作记录	填写操作步骤，记录每一步操作现象	15	每少填写一项扣 1 分，扣完为止		
合计			100			

Jc2003541017　阀内冷系统就地启动。（100 分）

考核知识点： 阀冷系统基本操作

难易度： 易

技能等级评价专业技能考核操作工作任务书

一、任务名称

阀内冷系统就地启动。

二、适用工种

换流站直流设备检修工（二次）初级工。

三、具体任务

（1）工作状态为阀内冷系统停运。工作内容为阀内冷系统启动。

（2）工作任务：通过在阀冷系统 PLC 控制面板上操作，对阀内冷系统进行就地启动。

四、工作规范及要求

按要求进行阀内冷系统的就地启动。

五、考核及时间要求

本考核操作时间为 30 分钟，时间到停止考评，包括阀冷系统状态确认和报告整理时间。

技能等级评价专业技能考核操作评分标准

<table>
<tr><td>工种</td><td colspan="5">换流站直流设备检修工（二次）</td><td>评价等级</td><td>初级工</td></tr>
<tr><td>项目模块</td><td colspan="4">二次设备日常维护—阀冷却系统的日常维护、检修</td><td>编号</td><td colspan="2">Jc2003541017</td></tr>
<tr><td>单位</td><td colspan="3"></td><td>准考证号</td><td></td><td>姓名</td><td></td></tr>
<tr><td>考试时限</td><td colspan="2">30 分钟</td><td>题型</td><td colspan="2">单项操作</td><td>题分</td><td>100 分</td></tr>
<tr><td>成绩</td><td></td><td>考评员</td><td></td><td>考评组长</td><td></td><td>日期</td><td></td></tr>
<tr><td>试题正文</td><td colspan="7">阀内冷系统就地启动</td></tr>
</table>

续表

需要说明的问题和要求	（1）要求单人操作。 （2）操作应注意安全，按照标准化作业书的技术安全说明做好安全措施。 （3）在阀冷系统控制屏上完成操作，并完成操作及启动检查记录。 （4）填写操作及启动检查记录					
序号	项目名称	质量要求	满分	扣分标准	扣分原因	得分
1	安全措施					
1.1	相关安全措施的准备	（1）进入作业现场正确佩戴安全帽，现场作业人员应穿全棉长袖工作服、绝缘鞋。 （2）核对设备双重名称。 （3）确认阀冷设备现场无人员逗留	20	安全帽佩戴不规范扣2分； 未穿全棉长袖工作服扣1分； 未穿绝缘鞋扣2分； 未核对设备双重名称扣5分； 未确认阀冷设备现场无人员逗留扣10分（可口述）		
2	阀冷系统检查					
2.1	阀冷系统关键点检查	对阀冷系统进行启动前关键点检查，确认无异常后方可进行启动。 关键点：阀冷设备管道阀门状态、阀冷系统保护投入状态、阀冷系统控制界面告警、阀冷控制系统在自动状态	20	未检查阀冷设备管道阀门状态扣5分； 未检查阀冷系统保护投入状态扣5分； 未检查阀冷系统控制界面告警扣5分； 未检查阀冷控制系统在自动状态扣5分（可口述）		
3	阀冷系统启动					
3.1	阀冷系统就地启动	正确进行阀冷系统就地启动： （1）单击控制屏“阀冷系统启动”按钮。 （2）在弹出窗口内输入账号、密码。 （3）弹出运行确定提示框后单击“确定”。 （4）检查阀冷系统启动正常。 （5）单击操作密码退出按钮。 （6）启动后检查阀冷系统冷却水流量、主泵出水压力、主泵回水压力、进阀压力、主过滤器压差、主回路电导率、进阀温度、主泵电动机电流、膨胀罐压力、膨胀罐液位	30	启动成功但未检查阀冷系统启动正常扣15分（可口述）； 未能单击操作密码退出按钮扣15分； 未能启动扣30分		
4	填写报告					
4.1	操作记录	正确填写启动结果： 记录应包括启动后阀冷系统冷却水流量、主泵出水压力、主泵回水压力、进阀压力、主过滤器压差、主回路电导率、进阀温度、主泵电动机电流、膨胀罐压力、膨胀罐液位	30	每少填写一项扣3分，扣完为止		
合计			100			

Jc2003541018　阀外水冷系统就地启动。（100分）

考核知识点： 阀冷系统基本操作

难易度： 易

技能等级评价专业技能考核操作工作任务书

一、任务名称

阀外水冷系统就地启动。

二、适用工种

换流站直流设备检修工（二次）初级工。

三、具体任务

（1）工作状态为阀外水冷系统停运。工作内容为阀外水冷系统启动。

（2）工作任务：通过在阀外水冷系统PLC控制面板上操作，对阀外水冷系统进行就地启动。

四、工作规范及要求

按要求进行阀外水冷系统的就地启动。

五、考核及时间要求

本考核操作时间为30分钟，时间到停止考评，包括阀外水冷系统状态确认和报告整理时间。

技能等级评价专业技能考核操作评分标准

工种	换流站直流设备检修工（二次）					评价等级	初级工
项目模块	二次设备日常维护、检修—阀冷却系统的日常维护、检修				编号	Jc2003541018	
单位			准考证号			姓名	
考试时限	30分钟		题型	单项操作		题分	100分
成绩		考评员		考评组长		日期	
试题正文	阀外水冷系统就地启动						
需要说明的问题和要求	（1）要求单人操作。 （2）操作应注意安全，按照标准化作业书的技术安全说明做好安全措施。 （3）在阀外水冷系统控制屏AP17上完成操作。 （4）填写操作及启动检查记录						

序号	项目名称	质量要求	满分	扣分标准	扣分原因	得分
1	安全措施					
1.1	相关安全措施的准备	（1）核对设备双重名称。 （2）进入作业现场正确佩戴安全帽，现场作业人员应穿全棉长袖工作服、绝缘鞋。 （3）确认阀冷设备现场无人员逗留	20	未核对设备双重名称扣5分； 安全帽佩戴不规范扣2分； 未穿全棉长袖工作服扣1分； 未穿绝缘鞋扣2分； 未确认阀冷设备现场无人员逗留扣10分（可口述）		
2	阀冷系统检查					
2.1	阀外水冷系统关键点检查	对阀外水冷系统进行启动前关键点检查，确认无异常后方可进行启动，关键点：阀外水冷系统设备管道阀门状态、阀外水冷系统控制屏界面告警、各类水泵电动机状态、工业水系统压力	20	未检查阀外水冷系统设备管道阀门状态扣5分； 未检查阀外水冷系统控制屏界面告警扣5分； 未检查阀外水冷系统各类水泵电动机状态扣5分； 未检查工业水系统压力扣5分（可口述）		

续表

序号	项目名称	质量要求	满分	扣分标准	扣分原因	得分
3	阀冷系统启动					
3.1	阀外水冷系统就地启动	正确进行阀外水冷系统就地启动： （1）单击控制屏“阀外水冷系统启动”按钮。 （2）在弹出窗口内输入账号、密码。 （3）弹出运行确定提示框后单击“确定”。 （4）检查阀外水冷系统启动正常。 （5）单击操作密码退出按钮。 （6）启动后检查平衡水池液位、补充水电导率、自循环水泵状态、加药泵状态、反渗透高压泵状态、反渗透装置压力	30	启动成功但未检查阀冷系统启动正常扣10分（可口述）； 未能单击操作密码退出按钮扣10分； 未能启动扣30分		
4	填写报告					
4.1	操作记录	正确填写启动结果： 记录应包括启动后平衡水池液位、补充水电导率、自循环水泵状态、加药泵状态、反渗透高压泵状态、反渗透装置压力	30	每少填写一项扣5分，扣完为止		
合计			100			

Jc2003541019　阀冷系统定值核对。（100分）

考核知识点：阀冷系统基本操作

难易度：易

技能等级评价专业技能考核操作工作任务书

一、任务名称

阀冷系统定值核对。

二、适用工种

换流站直流设备检修工（二次）初级工。

三、具体任务

（1）工作状态为阀内冷系统处于自动停止模式。工作内容为阀冷系统定值核对。

（2）工作任务：通过在阀冷系统PLC控制面板上操作，对阀冷系统定值进行核对。

四、工作规范及要求

按要求进行阀内冷系统自动停止模式下对阀冷系统定值核对。

五、考核及时间要求

本考核操作时间为30分钟，时间到停止考评，包括阀冷系统状态确认和报告整理时间。

技能等级评价专业技能考核操作评分标准

<table>
<tr><td>工种</td><td colspan="5">换流站直流设备检修工（二次）</td><td>评价等级</td><td>初级工</td></tr>
<tr><td>项目模块</td><td colspan="4">二次设备日常维护、检修—阀冷却系统的日常维护、检修</td><td>编号</td><td colspan="2">Jc2003541019</td></tr>
<tr><td>单位</td><td colspan="2"></td><td>准考证号</td><td colspan="2"></td><td>姓名</td><td></td></tr>
<tr><td>考试时限</td><td colspan="2">30分钟</td><td>题型</td><td colspan="2">单项操作</td><td>题分</td><td>100分</td></tr>
<tr><td>成绩</td><td></td><td>考评员</td><td></td><td>考评组长</td><td></td><td>日期</td><td></td></tr>
<tr><td>试题正文</td><td colspan="7">阀冷系统定值核对</td></tr>
</table>

续表

需要说明的问题和要求	（1）要求单人操作。 （2）操作应注意安全，按照标准化作业书的技术安全说明做好安全措施。 （3）在阀冷系统控制屏 AP4 上完成操作，并填写操作记录

序号	项目名称	质量要求	满分	扣分标准	扣分原因	得分
1	安全措施					
1.1	相关安全措施的准备	（1）核对设备双重名称。 （2）进入作业现场正确佩戴安全帽，现场作业人员应穿全棉长袖工作服、绝缘鞋	20	未核对设备双重名称或在 AP5 控制屏操作扣 10 分； 安全帽佩戴不规范扣 4 分； 未穿全棉长袖工作服扣 3 分； 未穿绝缘鞋扣 3 分		
2	阀冷系统检查					
2.1	阀冷系统关键点检查	对阀内冷系统进行关键点检查，确认无异常后方可进行启动，关键点：阀内冷系统是否处于自动状态、阀冷系统告警界面有无告警	20	未检查关键点每项扣 10 分（可口述），扣完为止		
3	定值核对					
3.1	阀冷系统定值核对	正确进行阀冷系统定值核对： （1）确认定值单与阀冷系统对应。 （2）单击操作界面“定值设定”按钮。 （3）在弹出窗口内输入账号、密码。 （4）邀请考官对定值进行核对。 （5）核对完毕后单击操作密码退出按钮	30	定值单与阀冷系统不对应扣 10 分； 未成功进入定值界面扣 10 分； 核对定值后未单击操作密码退出按钮扣 10 分		
4	填写报告					
4.1	操作记录	正确填写核对信息： ××××年××月××日××时××分，检修人员××与运维人员（考官）共同进行阀冷系统定值核对，核对结果××××	30	根据核对信息酌情扣分		
合计			100			

Jc2003541020　阀外冷系统空冷散热器换热管束除尘。（100 分）

考核知识点： 阀冷系统基本操作

难易度： 易

技能等级评价专业技能考核操作工作任务书

一、任务名称

阀外冷系统空冷散热器换热管束除尘。

二、适用工种

换流站直流设备检修工（二次）初级工。

三、具体任务

（1）工作状态为阀冷系统处于停运模式。工作内容为阀外冷系统空冷散热器换热管束除尘。

（2）工作任务：对阀外冷系统空冷散热器换热管束进行除尘。

四、工作规范及要求

按要求进行阀冷系统停运模式下对阀外冷系统空冷散热器换热管束除尘。

五、考核及时间要求

本考核操作时间为 30 分钟，时间到停止考评，包括阀冷系统状态确认和报告整理时间。

技能等级评价专业技能考核操作评分标准

工种	换流站直流设备检修工（二次）				评价等级	初级工
项目模块	二次设备日常维护、检修—阀冷却系统的日常维护、检修			编号	Jc2003541020	
单位		准考证号			姓名	
考试时限	30分钟	题型	单项操作		题分	100分
成绩		考评员		考评组长		日期	
试题正文	阀外冷系统空冷散热器换热管束除尘					
需要说明的问题和要求	（1）要求单人进行操作。 （2）操作应注意安全，按照标准化作业书的技术安全说明做好安全措施。 （3）填写修试记录					

序号	项目名称	质量要求	满分	扣分标准	扣分原因	得分
1	安全措施					
1.1	相关安全措施的准备	（1）核对设备双重名称。 （2）进入作业现场正确佩戴安全帽，现场作业人员应穿全棉长袖工作服、绝缘鞋	20	未核对设备双重名称操作扣10分； 安全帽佩戴不规范扣4分； 未穿全棉长袖工作服扣3分； 未穿绝缘鞋扣3分		
2	阀冷系统检查					
2.1	阀冷系统关键点检查	对阀外冷系统进行关键点检查，确认无异常后方可进行更换操作。 关键点：阀冷系统在停运状态、冷却器在停止状态、阀冷系统告警界面告警信息	20	未检查关键点每项扣5分（可口述），扣完为止		
3	阀外冷系统空冷散热器换热管束除尘	正确进行阀外冷系统空冷散热器换热管束除尘： （1）断开该组换热管束电源。 （2）风机就地安全开关置于关位。 （3）按气流的相反方向，使用压缩空气或热蒸汽吹向翅片管，清除翅片管表面的污垢，最大气压不超过3×10^5Pa。 （4）恢复该组换热管束电源及风机安全开关	40	未断开该组换热管束电源，扣10分； 未断开风机就地安全开关，扣10分； 未按气流的相反方向，使用压缩空气或热蒸汽吹向翅片管，清除翅片管表面的污垢，或清洁过程中最大气压超过3×10^5Pa，扣10分； 未恢复该组换热管束电源及风机安全开关，扣10分		
4	填写报告					
4.1	修试记录	正确填写更换报告： 报告应包括清理的换热管束编号、清理结果、恢复后电源及安全开关状态等信息	20	根据核对信息酌情扣分		
合计			100			

Jc2003541021　阀内冷系统压力表更换。（100分）

考核知识点： 阀内冷系统压力表更换

难易度： 易

技能等级评价专业技能考核操作工作任务书

一、任务名称

阀内冷系统压力表更换。

二、适用工种

换流站直流设备检修工（二次）初级工。

三、具体任务

（1）工作状态为阀冷系统停运。工作内容为阀内冷系统压力表 PI03 更换。

（2）工作任务：对阀内冷系统压力表 PI03 进行更换，更换步骤应符合要求，确保设备正常稳定运行。

四、工作规范及要求

熟悉阀内冷系统压力表更换的方法，熟练使用仪器仪表及工器具。

五、考核及时间要求

本考核操作时间为 30 分钟，时间到停止考评。

技能等级评价专业技能考核操作评分标准

工种	换流站直流设备检修工（二次）					评价等级	初级工
项目模块	二次设备日常维护、检修—阀冷却系统的日常维护、检修				编号		Jc2003541021
单位			准考证号			姓名	
考试时限	30 分钟		题型	单项操作		题分	100 分
成绩		考评员		考评组长		日期	
试题正文	阀内冷系统压力表更换						
需要说明的问题和要求	（1）要求单人操作。 （2）操作应注意安全，按照标准化作业书的技术安全说明做好安全措施。 （3）填写修试记录						

序号	项目名称	质量要求	满分	扣分标准	扣分原因	得分
1	工具使用及安全措施					
1.1	相关安全措施的准备	（1）核对设备双重名称。 （2）进入作业现场正确佩戴安全帽，现场作业人员应穿全棉长袖工作服、绝缘鞋	20	未核对设备扣 10 分； 安全帽佩戴不规范扣 4 分； 未穿全棉长袖工作服扣 3 分； 未穿绝缘鞋扣 3 分		
2	压力表更换	（1）关闭压力表节流阀。 （2）用一把扳手固定节流阀的卡位，另一把扳手卡住压力表的卡位。 （3）逆时针缓慢转动扳手，待压力表与节流阀的连接完全松动后，再手动拆下压力表。 （4）清理节流阀内螺纹里的生料带。 （5）将新的压力表外螺纹处缠绕生料带。 （6）与拆卸相反的程序安装压力表	60	按照步骤开展，每少一步扣 10 分，扣完为止		
3	现场恢复					

续表

序号	项目名称	质量要求	满分	扣分标准	扣分原因	得分
3.1	观察设备运行无异常后，恢复现场	安装好压力表后，应保证各连接口无渗漏，再开启节流阀	10	未进行现场恢复扣 10 分		
4	填写报告					
4.1	修试记录	填写修试记录	10	记录填写不全按比例扣分，总计 10 分		
合计			100			

Jc2003541022　阀内冷系统指示灯更换。（100 分）

考核知识点：阀内冷系统指示灯更换

难易度：易

技能等级评价专业技能考核操作工作任务书

一、任务名称

阀内冷系统指示灯更换。

二、适用工种

换流站直流设备检修工（二次）初级工。

三、具体任务

（1）工作状态为换流阀检修、阀内冷系统运行。工作内容为阀内冷系统指示灯更换。

（2）工作任务：对阀内冷系统指示灯进行更换，更换步骤应符合要求，确保设备正常稳定运行。

四、工作规范及要求

熟悉阀内冷系统指示灯更换的方法，熟练使用仪器仪表及工器具。

五、考核及时间要求

本考核操作时间为 30 分钟，时间到停止考评。

技能等级评价专业技能考核操作评分标准

工种	换流站直流设备检修工（二次）				评价等级	初级工
项目模块	二次设备日常维护、检修—阀冷却系统的日常维护、检修			编号	Jc2003541022	
单位		准考证号			姓名	
考试时限	30 分钟	题型	单项操作		题分	100 分
成绩		考评员		考评组长	日期	
试题正文	阀内冷系统指示灯更换					
需要说明的问题和要求	（1）要求单人操作。 （2）操作应注意安全，按照标准化作业书的技术安全说明做好安全措施。 （3）填写修试记录					

序号	项目名称	质量要求	满分	扣分标准	扣分原因	得分
1	工具使用及安全措施					

续表

序号	项目名称	质量要求	满分	扣分标准	扣分原因	得分
1.1	相关安全措施的准备	（1）核对设备双重名称。 （2）进入作业现场正确佩戴安全帽，现场作业人员应穿全棉长袖工作服、绝缘鞋	10	未核对设备扣双重名称 5 分； 安全帽佩戴不规范扣 2 分； 未穿全棉长袖工作服扣 1 分； 未穿绝缘鞋扣 2 分		
2	指示灯更换	（1）核对备件型号与故障设备型号一致。 （2）记录指示灯安装位置和所需拆卸或更换导线的位置。 （3）断开指示灯接线电源，并用万用表测量对应元器件端子已掉电。 （4）将指示灯上所接导线依次拆下，并用绝缘胶带包好。 （5）取下旧指示灯灯头。 （6）换上新指示灯灯头，并固定牢固。 （7）将拆下的导线按之前所记录的位置依次接上	70	按照步骤开展，每少一步扣 10 分，扣完为止		
3	恢复现场并填写报告					
3.1	观察设备运行无异常后，恢复现场，填写修试记录	（1）检查新装指示灯工作正常。 （2）填写修试记录	20	记录填写不全按比例扣分，总计 15 分； 无检查扣 5 分		
合计			100			

Jc2003541023　阀内冷系统散热风扇更换。（100 分）

考核知识点：阀内冷系统散热风扇更换

难易度：易

技能等级评价专业技能考核操作工作任务书

一、任务名称

阀内冷系统散热风扇更换。

二、适用工种

换流站直流设备检修工（二次）初级工。

三、具体任务

（1）工作状态为换流阀检修、阀内冷系统运行。工作内容为阀内冷系统散热风扇更换。

（2）工作任务：对阀内冷系统散热风扇进行更换，更换步骤应符合要求，确保设备正常稳定运行。

四、工作规范及要求

熟悉阀内冷系统散热风扇更换的方法，熟练使用仪器仪表及工器具。

五、考核及时间要求

本考核操作时间为 30 分钟，时间到停止考评。

技能等级评价专业技能考核操作评分标准

<table>
<tr><td>工种</td><td colspan="5">换流站直流设备检修工（二次）</td><td>评价等级</td><td>初级工</td></tr>
<tr><td>项目模块</td><td colspan="4">二次设备日常维护、检修—阀冷却系统的日常维护、检修</td><td>编号</td><td colspan="2">Jc2003541023</td></tr>
<tr><td>单位</td><td colspan="2"></td><td>准考证号</td><td colspan="2"></td><td>姓名</td><td></td></tr>
<tr><td>考试时限</td><td colspan="2">30 分钟</td><td>题型</td><td colspan="2">单项操作</td><td>题分</td><td>100 分</td></tr>
<tr><td>成绩</td><td></td><td>考评员</td><td></td><td>考评组长</td><td></td><td>日期</td><td></td></tr>
<tr><td>试题正文</td><td colspan="7">阀内冷系统散热风扇更换</td></tr>
<tr><td>需要说明的问题和要求</td><td colspan="7">（1）要求单人操作。
（2）操作应注意安全，按照标准化作业书的技术安全说明做好安全措施。
（3）填写修试记录</td></tr>
</table>

序号	项目名称	质量要求	满分	扣分标准	扣分原因	得分
1	工具使用及安全措施					
1.1	相关安全措施的准备	（1）核对设备双重名称。 （2）进入作业现场正确佩戴安全帽，现场作业人员应穿全棉长袖工作服、绝缘鞋	20	未核对设备双重名称扣 10 分； 安全帽佩戴不规范扣 4 分； 未穿全棉长袖工作服扣 3 分； 未穿绝缘鞋扣 3 分		
2	散热风扇更换	（1）检查新风扇与原风扇参数是否一致，包括供电电压、接线方式、尺寸大小等。 （2）把散热风扇的空气开关关掉，断电后确认空气开关的输出端无电。 （3）记录原散热风扇接线，拆下散热器，注意不要刮花柜体喷漆。 （4）将新的散热风扇安装好，安全完毕后检查已固定牢固。 （5）根据记录将新散热风扇的线接好，并更换好相应的号码管。 （6）在风扇断电情况下，用万用表确认散热风扇无短路或接地情况	60	按照步骤开展，每少一步扣 10 分，扣完为止		
3	恢复现场并填写报告					
3.1	观察设备运行无异常后，恢复现场，填写修试记录	（1）合上风扇空气开关，测试风扇运行正常、出风方向正确后，清理工作现场。 （2）填写修试记录	20	记录填写不全按比例扣分，总计 15 分； 无检查扣 5 分		
合计			100			

Jc2003541024　阀内冷系统主泵电动机润滑脂添加。（100 分）

考核知识点： 阀内冷系统主泵电动机润滑脂添加

难易度： 易

技能等级评价专业技能考核操作工作任务书

一、任务名称

阀内冷系统主泵电动机润滑脂添加。

二、适用工种

换流站直流设备检修工（二次）初级工。

三、具体任务

（1）工作状态为阀内冷系统检修，工作内容为阀内冷系统主泵电动机润滑脂添加。

（2）工作任务：对阀内冷系统主泵电动机进行润滑脂添加，更换步骤应符合要求，确保设备正常稳定运行。

四、工作规范及要求

熟悉阀内冷系统主泵电动机润滑脂添加的方法，熟练使用仪器仪表及工器具。

五、考核及时间要求

本考核操作时间为30分钟，时间到停止考评。

技能等级评价专业技能考核操作评分标准

工种	换流站直流设备检修工（二次）				评价等级	初级工
项目模块	二次设备日常维护、检修—阀冷却系统的日常维护、检修			编号	Jc2003541024	
单位		准考证号			姓名	
考试时限	30分钟	题型	单项操作		题分	100分
成绩		考评员		考评组长	日期	
试题正文	阀内冷系统主泵电动机润滑脂添加					
需要说明的问题和要求	（1）要求单人操作。 （2）操作应注意安全，按照标准化作业书的技术安全说明做好安全措施。 （3）填写修试记录					

序号	项目名称	质量要求	满分	扣分标准	扣分原因	得分
1	工具使用及安全措施					
1.1	相关安全措施的准备	（1）核对设备双重名称。 （2）进入作业现场正确佩戴安全帽，现场作业人员应穿全棉长袖工作服、绝缘鞋	30	未核对设备双重名称扣15分； 安全帽佩戴不规范扣5分； 未穿全棉长袖工作服扣5分； 未穿绝缘鞋扣5分		
2	主泵电动机润滑脂添加	（1）拔掉电动机顶部的注油帽。 （2）使用黄油枪嘴对准电机顶部的注油帽，向电动机内加脂。 （3）当干净的润滑脂从排油堵头处渗出来时停止添加	50	按照步骤开展，每少一步扣16分，扣完为止		
3	恢复现场并填写报告					
3.1	观察设备运行无异常后，恢复现场，填写修试记录	（1）主泵启动后运行正常，无异响。清理工作现场。 （2）填写修试记录	20	记录填写不全按比例扣分，总计15分； 无检查扣5分		
合计			100			

Jc2003541025 阀内冷系统自动模式下的冷却风机手动启停。（100分）

考核知识点： 阀冷系统基本操作

难易度： 易

技能等级评价专业技能考核操作工作任务书

一、任务名称

阀内冷系统自动模式下的冷却风机手动启停。

二、适用工种

换流站直流设备检修工（二次）初级工。

三、具体任务

（1）工作状态为阀内冷系统处于自动模式。工作内容为冷却风机手动启停。

（2）工作任务：通过在阀冷系统 PLC 控制面板上操作，对冷却风机手动启停。

四、工作规范及要求

按要求进行阀内冷系统自动模式下对冷却风机手动启停。

五、考核及时间要求

本考核操作时间为 30 分钟，时间到停止考评，包括阀冷系统状态确认和报告整理时间。

技能等级评价专业技能考核操作评分标准

<table>
<tr><td>工种</td><td colspan="5">换流站直流设备检修工（二次）</td><td>评价等级</td><td>初级工</td></tr>
<tr><td>项目模块</td><td colspan="4">二次设备日常维护、检修—阀冷却系统的日常维护、检修</td><td>编号</td><td colspan="2">Jc2003541025</td></tr>
<tr><td>单位</td><td colspan="2"></td><td>准考证号</td><td colspan="2"></td><td>姓名</td><td></td></tr>
<tr><td>考试时限</td><td>30 分钟</td><td>题型</td><td colspan="3">单项操作</td><td>题分</td><td>100 分</td></tr>
<tr><td>成绩</td><td></td><td>考评员</td><td></td><td>考评组长</td><td></td><td>日期</td><td></td></tr>
<tr><td>试题正文</td><td colspan="7">阀内冷系统自动模式下的冷却风机手动启停</td></tr>
<tr><td>需要说明的问题和要求</td><td colspan="7">（1）要求单人操作。
（2）操作应注意安全，按照标准化作业书的技术安全说明做好安全措施。
（3）在阀冷系统控制屏上完成操作，填写操作记录</td></tr>
</table>

序号	项目名称	质量要求	满分	扣分标准	扣分原因	得分
1	安全措施					
1.1	相关安全措施的准备	（1）核对设备双重名称。 （2）进入作业现场正确佩戴安全帽，现场作业人员应穿全棉长袖工作服、绝缘鞋。 （3）确认冷却风机设备现场无人员逗留	20	未核对设备双重名称或在 AP5 控制屏操作扣 5 分； 安全帽佩戴不规范扣 2 分； 未穿全棉长袖工作服扣 1 分； 未穿绝缘鞋扣 2 分； 未确认阀冷设备现场无人员逗留扣 10 分（可口述）		
2	阀冷系统检查					
2.1	阀冷系统关键点检查	对阀内冷系统进行关键点检查，确认无异常后方可进行启动。关键点：阀内冷系统是否处于自动状态、阀冷系统冷却风机 G07 安全空气开关是否合上、阀冷系统告警界面有无 G07 风机告警、G07 风机外观是否正常	20	未检查阀内冷系统是否处于自动状态扣 5 分； 未检查阀冷系统冷却风机 G07 安全空开是否合上扣 5 分； 未检查阀冷系统告警界面有无 G07 风机告警扣 5 分； 未检查 G07 风机外观是否正常扣 5 分（可口述）		
3	G07 风机启停					

续表

序号	项目名称	质量要求	满分	扣分标准	扣分原因	得分
3.1	阀冷系统 G07 风机启动	止确进行阀冷系统 G07 风机启动： （1）单击控制屏“冷却器风机控制”按钮。 （2）在弹出窗口内输入账号、密码。 （3）选定自动模式下的 G07 风机维护按钮。 （4）确定 G07 风机已处于维护状态。 （5）选定维护状态的 G07 风机启动按钮。 （6）检查 G07 风机启动正常	25	启动成功但未检查 G07 风机启动正常扣 5 分（可口述）； 未能正确启动风机扣 20 分		
3.2	阀冷系统 G07 风机停止	正确进行阀冷系统 G07 风机停止。 （1）单击维护状态的 G07 风机停止按钮。 （2）确定 G07 风机停止正常。 （3）选定 G07 风机投入按钮。 （4）确定 G07 风机已处于投入状态。 （5）检查阀冷系统运行状态正常，无相关告警。 （6）单击操作密码退出按钮。 （7）风机启动后应检查：阀冷系统有无异常告警、风机运行过程中有无异常振动及异响	25	停止成功但未检查 G07 风机停止正常扣 5 分（可口述）； 未能切换回投入状态扣 10 分； 未能单击操作密码退出按钮扣 10 分		
4	填写报告					
4.1	操作记录	正确填写操作结果： 记录应包括：风机启停前后状态、阀冷系统有无异常告警、风机运行过程中有无异常振动及异响	10	每少填写一项扣 3 分，扣完为止		
合计			100			

第二部分
中级工

第三章　换流站直流设备检修工（二次）中级工技能笔答

Jb2001432001　《国家电网有限公司直流换流站检修管理规定　第 13 分册：直流控制保护系统检修细则》中软件修改应注意什么？（5 分）

考核知识点： 直流控制保护基本原理

难易度： 中

标准答案：

（1）严禁未经批准随意修改直流控制保护软件程序和定值。

（2）现场拷贝直流控制保护系统软件时，应采用空白光盘进行刻录。

（3）软件修改应严格执行工作许可和监护制度，严禁无票工作，严禁超范围工作。

（4）严禁厂家人员在换流站运维检修人员未监管的情况下使用工程师工作站。

Jb2001431002　简述换流站无功功率控制（QPC）作用及其原理。（5 分）

考核知识点： 专业巡视要点

难易度： 易

标准答案：

换流站无功功率控制（QPC）与 Q 控制一起控制换流站的无功消耗量。整流侧点火角或逆变侧的熄弧角的增大，可增加换流站对无功的消耗量。

Jb2001432003　在防止电流互感器（TA）选型不当中有何要求？（5 分）

考核知识点： TA 选型

难易度： 中

标准答案：

（1）在防止 TA 选型不当中，要求除电容器不平衡 TA、滤波器电阻过负荷保护 TA 以及直流滤波器低压端测量总电流 TA 外，保护用的电流互感器二次绕组应根据相关要求选用 P 级或 TP 级。

（2）要求快速的差动保护中应使用相同暂态特性的电流互感器，避免因电流互感器暂态特性不同造成保护误动。

（3）要求采用不同性质的 TA（光和电磁式等）构成的差动保护，保护设计时应具有防止互感器暂态特性不一致引起保护误动的措施。

Jb2001432004　《国家电网有限公司防止直流换流站事故措施及释义》中规定换流变压器、平波电抗器、穿墙套管、直流分压器等设备跳闸接点如何要求？（5 分）

考核知识点： 直流控制保护基本原理

难易度： 中

标准答案：

换流变压器、平波电抗器、穿墙套管、直流分压器等设备作用于跳闸的非电量保护继电器都应设置三副独立的跳闸接点，按照“三取二”原则出口，三个开入回路要独立，不允许多副跳闸接点并联上送，三取二出口判断逻辑装置及其电源应冗余配置。

Jb2001432005　按保护所针对的情况，配置的保护分为哪几类？举例说明。（5 分）

考核知识点：直流控制保护基本原理

难易度：中

标准答案：

第一类：针对故障的保护，如阀短路保护、极母线保护。

第二类：针对过应力的保护，如过压、过载。

第三类：针对器件损坏的保护，如电容器不平衡保护、转换开关保护。

第四类：针对系统的保护，如功率振荡等。

Jb2001432006　直流系统保护一般分为哪几个区域？（5 分）

考核知识点：直流控制保护基本原理

难易度：中

标准答案：

（1）阀组保护区域。

（2）极保护区域。

（3）双极中性母线保护区域。

（4）换流变引线和换流变保护区域。

（5）交流滤波器及其母线保护区域。

Jb2001432007　整流器直流出口短路的特征是什么？（5 分）

考核知识点：直流控制保护基本原理

难易度：中

标准答案：

交流侧通过换流器形成交替发生的两相短路和三相短路；导通的阀电流和交流侧电流激增，比正常值大许多倍；因短路直流线路侧电流下降；换流阀保持正向导通状态。

Jb2001431008　直流输电工程中有功功率控制方式主要有哪几种？（5 分）

考核知识点：直流控制保护基本原理

难易度：易

标准答案：

有功功率控制方式主要有定功率控制模式和定电流控制模式。

Jb2001431009　逆变站有哪些基本控制功能？（5 分）

考核知识点：直流控制保护基本原理

难易度：易

标准答案：

逆变站的基本控制功能有定关断角控制、定直流电流控制、定直流电压控制、低压限流控制、最大触发角限制等基本控制功能。

Jb2001431010 直流控制系统通常分为哪几个级别？（5分）

考核知识点：直流控制保护基本原理

难易度：易

标准答案：

通常情况下，可将直流控制系统从高到低分为系统控制极、双极控制极、极控制极、换流器控制极、单独控制极和换流阀控制极六个级别。

Jb2001432011 为什么换流站要装设交流滤波器？（5分）

考核知识点：直流控制保护基本原理

难易度：中

标准答案：

对于交流系统而言，换流器总是一种无功负荷，在换流器换流过程中，总是在消耗大量的无功功率，因此在换流器交流侧不得不考虑增加无功补偿设备；同时，换流器在换流过程中会产生谐波，而谐波对于电力系统设备有着巨大的危害，所以，任何换流站都需要装设交流滤波器装置。交流滤波器就承担着无功补偿与滤除谐波的作用。

Jb2001432012 控制系统为什么要设置最小电流限制？（5分）

考核知识点：直流控制保护基本原理

难易度：中

标准答案：

为使直流输电系统不致运行在过低的直流电流水平上，以避免直流电流发生断续而引发过电压之类的问题，应对最低运行电流值予以限制。直流输电系统正常运行所允许的最小直流电流应当大于所谓“断续电流”，并考虑留有一定裕度，一般选为断续电流的 2 倍。通常取最小电流限制值为 10%额定直流电流。

Jb2001431013 《国家电网有限公司直流换流站验收管理规定》中对直流光电流互感器参数选型的额定二次输出有哪些具体要求？（5分）

考核知识点：验收分类

难易度：易

标准答案：

（1）数字输出量应满足保护用测量电流高达 50 倍额定一次电流或 25 倍额定一次电流无任何溢出，测量用测量电流达 2 倍额定一次值电流无任何溢出。

（2）模拟输出量应满足在一次额定电流下额定二次电压方均根值标准值。

Jb2001432014 简述零磁通电流互感器二次屏柜及电子模块巡视要点。（5分）

考核知识点：零磁通电流互感器二次屏柜及电子模块巡视

难易度：中

标准答案：

（1）电子模块端子排整洁规范，端子无松动，指示灯显示正常，标签清晰。

（2）电子模块外壳接地线，应安全可靠地连接到屏柜接地铜排。

（3）二次屏柜内无发热现象。

（4）屏柜内孔洞封堵严密，照明完好。

（5）监控系统无测量故障的告警信息。

Jb2001432015　简述直流电流控制的作用。（5 分）

考核知识点：直流控制保护基本原理

难易度：中

标准答案：

直流电流控制，也称为定电流控制，是直流输电最基本的控制，可以控制直流输电的稳态运行电流，并通过它来控制直流输送功率以及实现各种直流功率调制功能以改善交流系统的运行性能。同时当其他系统发生故障时，它又能快速限制暂态故障电流以保护晶闸管换流阀及换流站其他设备。因此，直流电流调节器的稳态和暂态性能是决定直流输电控制系统好坏的重要因素。

Jb2001431016　《国家电网有限公司防止直流换流站事故措施及释义》中规定直流谐波保护采集宽度如何要求？（5 分）

考核知识点：直流控制保护基本原理

难易度：易

标准答案：

直流谐波保护电流采集带宽应在 40～60Hz 范围内，100Hz 直流谐波保护电流采集带宽应在 80～120Hz 范围内，防止谐波电流采集带宽过大造成谐波保护误动。

Jb2001432017　简述零磁通电流互感器电子模块更换安全注意事项。（5 分）

考核知识点：零磁通电流互感器电子模块更换

难易度：中

标准答案：

（1）确认直流系统已停运或采取防止二次开路措施，电子模块电源已断开。

（2）更换前将对应的直流控制保护主机切换至“试验”或“退出”状态，防止保护误动。

（3）更换过程中应带防静电护腕。

（4）拆除二次接线时，应做好标记。

（5）检修设备与运行设备二次回路有效隔离，防止误动。

Jb2001432018　直流保护的动作策略有哪些？（5 分）

考核知识点：直流控制保护基本原理

难易度：中

标准答案：

（1）告警和启动故障录波。

（2）控制系统切换。

（3）紧急移相。

（4）投旁通对。

（5）闭锁触发脉冲。

（6）极隔离。

（7）跳交流侧断路器。

（8）直流系统再启动。

Jb2001432019　简述极控制级的主要功能。（5 分）

考核知识点： 直流输电控制原理

难易度： 中

标准答案：

（1）经计算向换流器控制级提供电流整定值，控制直流输电的电流。

（2）直流输电功率控制。其任务是根据功率整定值和实际直流电压值计算直流电流整定值。

（3）极启动和停运控制。

（4）故障处理控制，包括移相停运和自动再启动控制、低压限流控制等。

（5）各换流站同一极之间的远动和通信。

Jb2001432020　简述光电流互感器主机（合并单元）更换的安全注意事项。（5 分）

考核知识点： 光电流互感器主机（合并单元）更换

难易度： 中

标准答案：

（1）将对应的控制保护主机切换至“试验”或退出状态，关闭光电流互感器主机（合并单元）并断开电源。

（2）拆除光纤时应做好光纤保护措施，防止光纤弯曲半径过小导致折断。

（3）工作过程中应佩戴防静电护腕，防止静电损坏电子元件。

（4）在进行光纤接头清洁或检查时应确保光电流互感器主机（合并单元）电源断开，防止激光灼伤眼睛。

Jb2001432021　《国家电网有限公司防止直流换流站事故措施及释义》中规定采用三重化配置的保护装置，出口逻辑是什么？（5 分）

考核知识点： 直流控制保护基本原理

难易度： 中

标准答案：

采用三重化配置的保护装置，当一套保护退出时，出口采用“二取一”模式，特高压工程双极中性母线差动保护出口采用“二取二”模式；当两套保护退出时，出口采用“一取一”模式。任一个“三取二”模块故障，不应导致保护拒动和误动。

Jb2001431022　《国家电网有限公司防止直流换流站事故措施及释义》中规定采用双重化配置的保护装置，出口逻辑是什么？（5 分）

考核知识点： 直流控制保护基本原理

难易度： 易

标准答案：

采用双重化配置的保护装置，每套保护应采用“启动+动作”逻辑，启动和动作的元件及回路从测量至跳闸出口应完全独立，不得有公共部分互相影响。

Jb2001433023　在防止直流控制系统故障中，极控制系统与水冷系统、换流变控制系统等智能子系统之间配置要求有哪些？（5 分）

考核知识点： 控制系统与子系统的通信方式要求

难易度： 难

标准答案：

（1）极控制系统应监测智能子系统（水冷系统、换流变控制系统等）运行情况。

（2）极控制系统与智能子系统之间的连接设计为交叉连接，且任一智能子系统故障不应闭锁直流。

（3）若极控制系统检测不到智能子系统时，应先发智能子系统切换指令；检测到智能子系统切换不成功后，极控制系统自身再进行系统切换。若切换后，运行极控系统仍检测不到智能子系统，可发直流闭锁指令。

Jb2001433024　防止直流保护和换流变电气量保护误动中，在新工程的设备采购技术协议谈判、图纸审查、安装调试、验收中，各相关单位应按什么要求开展工作？（5分）

考核知识点：防止电气量保护误动的要求

难易度：难

标准答案：

（1）应检查直流保护是否按照三重化或双重化方式配置，保护的设计能否满足各套保护独立性的要求。

（2）逐一审查各模拟量输入回路的图纸和实际接线，检查相互冗余的保护回路是否相互独立，核查是否存在测量回路单一模块故障影响冗余保护运行的情况。

（3）检查主机和板卡电源冗余配置情况，并对主机和相关板卡、模块进行断电试验，验证电源供电可靠性。

Jb2001432025　直流滤波器的作用是什么？（5分）背靠背直流工程为什么可以不装设直流滤波器？（5分）

考核知识点：直流输电基本原理

难易度：中

标准答案：

任何类型的换流器在换流过程中都无可避免地产生谐波，为了防止换流器换流所产生的谐波电流对通信系统造成的干扰，换流器直流侧一般都装有直流滤波器，其作用就是滤除直流侧的谐波电流。

由于背靠背换流站整流器和逆变器安装在同一个阀厅内，不会对外界造成干扰，所以背靠背换流站可以不装设直流滤波器。

Jb2001433026　极开路试验条件是什么？（5分）

考核知识点：直流控制保护基本原理

难易度：难

标准答案：

（1）换流变已充电，换流阀处于闭锁状态，直流场接线满足极开路试验要求。

（2）试验极为独立控制方式。

（3）对侧换流站不在极开路试验模式。

（4）本侧换流站直流极母线电压不大于设定值。

（5）站间通信正常。

Jb2001431027　《国家电网有限公司直流换流站验收管理规定》中对合并单元参数选型的精度误差方面有什么要求？

考核知识点：验收分类

难易度：易

标准答案：

（1）额定工况下幅值误差小于 0.2%；

（2）额定工况下角度误差小于 10°。

Jb2001431028　单独控制功能包括哪几部分？（5 分）

考核知识点：直流控制保护基本原理

难易度：易

标准答案：

换流变压器分接开关切换控制；换流阀冷却及辅助系统的控制和监测；直流和交流开关场各断路器、隔离开关的操作和状态监视；直流滤波器组的投切操作和监测；交流滤波器组和无功补偿设备的投切操作、自动控制和状态监测等。

Jb2001431029　简述直流输电系统的直流侧设备中流过谐波电流的危害。（5 分）

考核知识点：直流控制保护基本原理

难易度：易

标准答案：

对直流系统本身的危害；对线路邻近通信系统的危害；通过换流器对交流系统的渗透。

Jb2001431030　《国家电网有限公司直流换流站检修管理规定　第 13 分册：直流控制保护系统检修细则》中规定主机重启检查前应注意什么？（5 分）

考核知识点：直流控制保护基本原理

难易度：易

标准答案：

（1）主机断电前，应确认主机在"试验"状态，防止走错间隔。

（2）主机重启后，通过调试模式对主机进行状态检查后应及时退出。

（3）进程检查时，防止误关进程，应设专人监护。

Jb2001432031　《国家电网有限公司直流换流站检修管理规定》中对光电流互感器检查项目、周期、标准有什么要求？（5 分）

考核知识点：直流控制保护基本原理

难易度：中

标准答案：

如表 Jb2001432031 所示。

表 Jb2001432031

合并单元检查	每年一次	装置内、外部清洁，风扇转动正常，板卡固定良好，接线紧固，电源温度正常
光纤检查	每年一次	（1）光纤无损坏，备用光纤数量满足要求。 （2）光纤弯曲半径不宜小于 100mm。光纤自然悬垂长度不宜超过 30cm
通道参数检查	每年一次	检查激光发射器驱动电流、误码率、传感器/合并单元温度、数据电平等参数正常

Jb2001433032　请说明光纤双端测试法的检测步骤，并画出简要连接示意图。（5 分）

考核知识点：光纤测试

难易度：难

标准答案：

（1）使用与被测光纤型号一致的软光纤连接光源和光功率计，打开光源和光功率计电源，选择正确的波长进行校零。

（2）校零完毕后，不关闭光源和光功率计的电源，将软光纤的一端连接光源，另一端连接被测光纤。

（3）被测光纤的接收端与光功率计相连。

（4）读取光功率计上的衰耗值，待数值稳定后读取值。

（5）光纤双端测试法如图 Jb2001433032 所示。

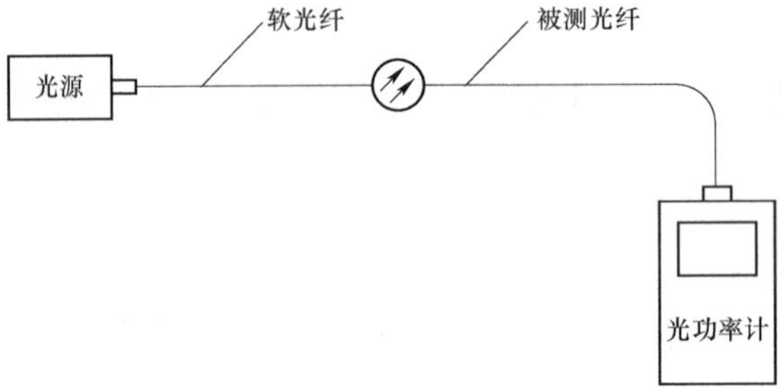

图 Jb2001433032

Jb2001432033 《国家电网有限公司防止直流换流站事故措施及释义》中规定运维单位发现直流控制保护程序存在逻辑错误时如何处理？（5 分）

考核知识点：直流控制保护基本原理

难易度：中

标准答案：

运维单位发现直流控制保护程序存在逻辑错误时，应立即汇报省级公司运维检修部或相关调控机构，并报国网运维检修部或相关调控机构。由软件管理部门组织研究后督促生产厂家对同类问题进行系统性整改。软件修改流程按照《换流站直流控制保护软件管理规定》执行。

Jb2001432034 《国家电网有限公司防止直流换流站事故措施及释义》中规定软件修改过程中如何要求？（5 分）

考核知识点：直流控制保护基本原理

难易度：中

标准答案：

软件修改过程中，工作负责人应与控制保护厂家人员共同执行监护复诵制度，并做好录音。软件修改过程中若发现逻辑错误、下载错误或重启主机板卡后工作异常，应暂停执行，待分析清楚异常原因后再继续执行，避免软件修改错误导致单双极闭锁。

Jb2002433035 换流阀精益化评价中对阀厅空调有哪些要求？（5 分）

考核知识点：阀厅空调要求

难易度：难

标准答案：

（1）阀厅温度不超过 45℃，不低于 5℃。

（2）换流阀正常运行及检修、试验期间，阀厅内相对湿度应控制在 60%以下，如超过时应立即采取相应措施。

（3）阀厅能保持微正压。

Jb2002422036　画出 H400 换流阀饱和电抗器等效电路图（不要求标注数值）。（5 分）

考核知识点：换流阀电抗器等效电路图

难易度：中

标准答案：

H400 换流阀饱和电抗器等效电路图如图 Jb2002422036 所示。

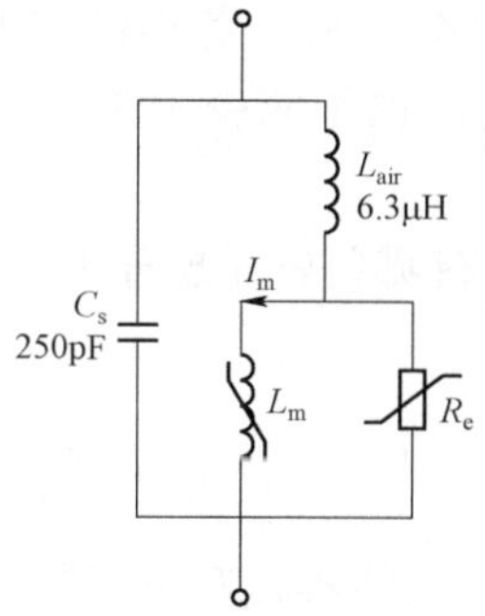

图 Jb2002422036

Jb2002431037　换流阀交接试验验收中“阀体电气试验”包括哪些验收项目（至少说出 5 个）？（5 分）

考核知识点：阀体电气试验验收项目

难易度：易

标准答案：

（1）电气试验条件。

（2）光信号传输系统衰减测量。

（3）晶闸管级触发及阻抗测试。

（4）保护性触发。

（5）组件均压电容的电容量测量。

Jb2002431038　换流阀精益化评价中对告警监视、处理的评价内容有哪些（至少写出 5 条）？（5 分）

考核知识点：换流阀告警监视、处理精益化评价内容

难易度：易

标准答案：

（1）对新增告警信息及时开展分析、检查。

（2）告警属于缺陷的，应按缺陷流程及要求处理。

（3）缺陷处理但暂未消除的，应采取针对性措施或整改措施。

Jb2002431039　晶闸管组件由哪些元器件组成？（5 分）

考核知识点：晶闸管组件组成

难易度：易

标准答案：

晶闸管、RC 阻尼回路、直流均压电阻、晶闸管控制单元、散热器、聚偏氟乙烯水管、夹紧带（玻璃纤维环氧树脂）、电容支架、铝横梁及相关导流回路连接而成。

Jb2002431040 《国家电网有限公司防止直流换流站事故措施及释义》对晶闸管冗余数量的要求是什么？（5 分）

考核知识点：晶闸管反事故措施要求

难易度：易

标准答案：

每个单阀中必须增加一定数量的冗余晶闸管，各单阀中的冗余晶闸管数，不应小于 12 个月运行周期内损坏的晶闸管数的期望值的 2.5 倍，也不应少于 2～3 个晶闸管。

Jb2002431041　换流阀的性能指标有哪些？（5 分）

考核知识点：换流阀性能指标

难易度：易

标准答案：

绝缘性能、阀触发情况、元件发热、元件参数和外观。

Jb2002431042　简述阀控单元的主要功能。（5 分）

考核知识点：阀控单元功能

难易度：易

标准答案：

阀控单元的主要目的是将来自极控 PCP 控制脉冲发生器的控制脉冲（CP），转换为触发相连阀上单个晶闸管的光触发脉冲（FP）。

Jb2002431043　可控硅触发控制中 CP、IP、FP 的作用是什么？（5 分）

考核知识点：信号原理

难易度：易

标准答案：

CP 是 PCP 向 VCU 发出的电控制脉冲，经 VCU 处理后转换为光触发脉冲 FP 用以触发可控硅。IP 是处于正电压下的可控硅 TCU 发出的指示脉冲，用以指示可控硅的状态。

Jb2002432044　换流阀导通和关断的条件有哪些？（5 分）

考核知识点：晶闸管导通、关断条件

难易度：中

标准答案：

（1）换流阀导通：

1）阳极对阴极为正电压。

2）足够的正向触发脉冲。

（2）换流阀关断：流经换流阀的电流为零。

Jb2002431045 简述阀避雷器作用。（5分）

考核知识点： 阀避雷器作用

难易度： 易

标准答案：

（1）用于限制外部的过电压。

（2）限制大触发角运行时的换相过冲。

Jb2002431046 换流阀竣工验收中“晶闸管控制单元（TCU、TFM 等）或晶闸管电压监视单元（TVM）”有哪些验收标准？（5分）

考核知识点： 晶闸管控制单元（TCU、TFM 等）或晶闸管电压监视单元（TVM）验收标准

难易度： 易

标准答案：

（1）外观正常，无发热、无闪络痕迹。

（2）装置安装固定到位，电气接线连接正确、可靠。

（3）光纤、端子固定、连接可靠，标识正确、清晰。

Jb2002422047 请画出六脉动换流阀的示意图，并标明导通顺序。（5分）

考核知识点： 六脉动换流阀原理图

难易度： 中

标准答案：

六脉动换流阀示意图如图 Jb2002422047 所示。单阀导通顺序为 V1、V2、V3、V4、V5、V6 循环导通。

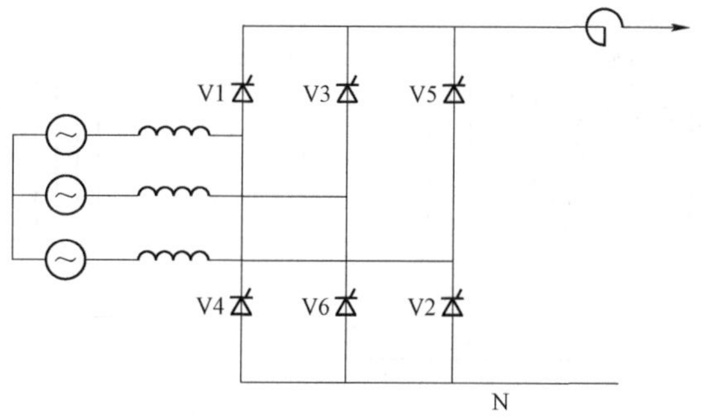

图 Jb2002422047

Jb2002431048 晶闸管极主要由哪些元器件组成？（5分）

考核知识点： 晶闸管极组成

难易度： 易

标准答案：

晶闸管极主要由晶闸管元件、阻尼回路、均压回路和晶闸管控制单元组成。

Jb2003421049 图 Jb2003421049（a）是阀冷冗余控制器的控制系统图，在虚线框内补充出阀冷系统与直流控制保护系统的交叉冗余连接图。（5分）

考核知识点： 阀内冷系统的原理

难易度： 易

标准答案：

阀冷系统与直流控制保护系统的交叉冗余连接图如图 Jb2003421049（b）所示。

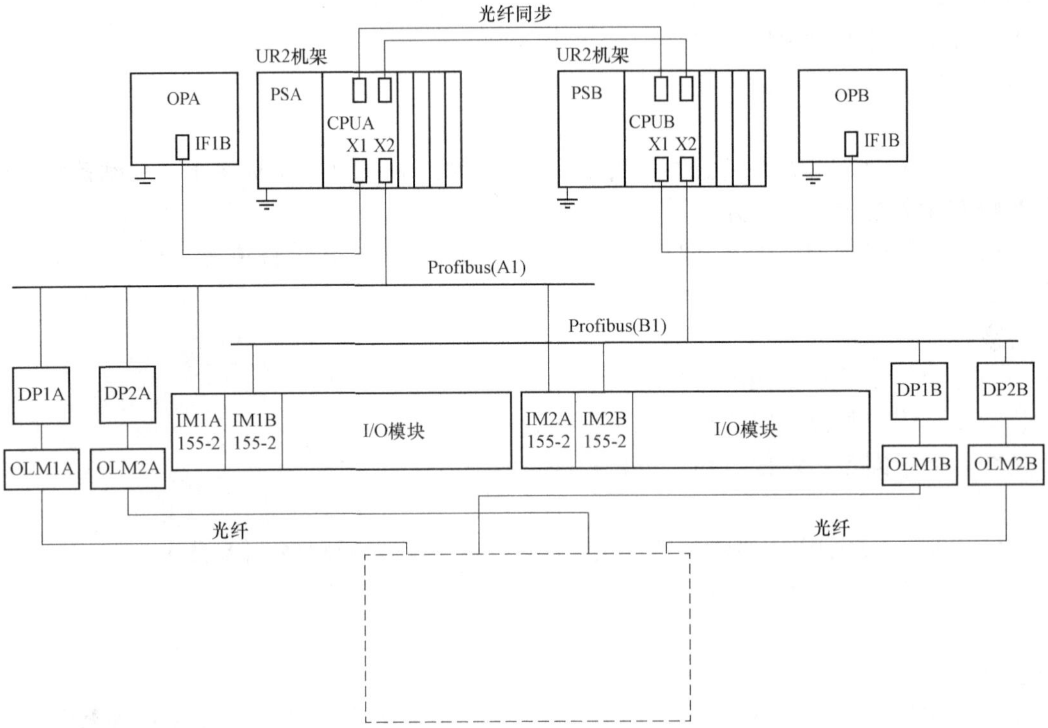

(a)

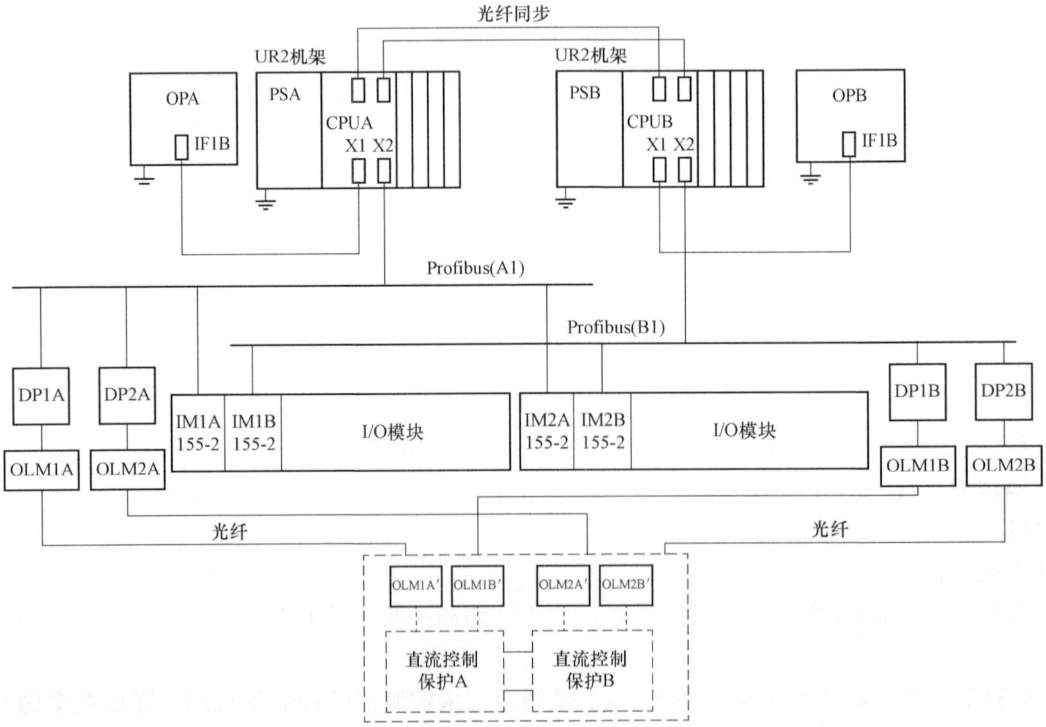

(b)

图 Jb2003421049

Jb2003431050 根据阀内水冷系统精益化评价细则，主循环泵例行试验中对电动机绝缘和直阻的要求是什么？（5分）

考核知识点： 阀冷却系统精益化细则

难易度： 易

标准答案：

（1）主循环泵电动机绕组绝缘电阻不应小于 10MΩ。

（2）主循环泵电动机直阻初值差小于 5%，绕组直流电阻三相平衡（三相最大差值/最小值不大于 2%）。

Jb2003432051 阀内水冷系统精益化评价细则中对主过滤器的要求有哪些？（5分）

考核知识点： 阀冷却系统精益化细则

难易度： 中

标准答案：

（1）主过滤器应设置在阀进水管路侧。

（2）主过滤器应配置压差检测功能，以监视过滤器堵塞情况，并能向后台提供报警信号。

（3）主过滤器应能在不停运阀内水冷系统的条件下进行清洗或更换，滤芯应具备足够的机械强度以防止在冷却水冲刷下的损伤，过滤精度应满足换流阀的要求。

（4）按要求定期检查、清洗滤网。

Jb2003432052 简述阀内水冷系统检修的分类及检修项目。（5分）

考核知识点： 阀冷系统检修项目

难易度： 中

标准答案：

检修工作分为四类：A 类检修、B 类检修、C 类检修、D 类检修。

A 类检修指整体性检修，包含整体更换、解体检修。

B 类检修指局部性检修，包含部件的解体检查、维修及更换。

C 类检修指例行检查及试验，包含子系统设备检查维护及系统调试。

D 类检修指在不停电状态下进行的检修、测试和外观检查，包含专业巡视、主循环泵电机润滑油补充、设备外观清洁及锈蚀处理、管道法兰及接头连接紧固、氮气罐更换、表计和传感器数据比对、辅助二次元器件更换、控制柜风扇更换等不停电工作。

Jb2003432053 阀冷系统主泵电机解体检的安全注意事项有哪些（至少写出5点）？（5分）

考核知识点： 阀冷系统检修项目

难易度： 中

标准答案：

（1）检修前应确认电机电源及安全开关已断开。

（2）拆除电源接线前，确认已无电压。

（3）拆除电源线前应在电源线上做好标记，并将连接方式、标记作好记录。

（4）工作前确认电机冷却至环境温度，防止烫伤。

（5）进入检修区严禁吸烟和明火，需要动火的必须开具动火工作票，动火时禁止将氧气瓶和乙炔瓶堆放在一起。

（6）现场使用的工具，应是带有绝缘把柄的工具，防止造成短路和接地。

Jb2003432054　简述阀内水冷系统检修中的系统功能试验有哪些？（5 分）

考核知识点：阀冷系统检修项目

难易度：中

标准答案：

（1）交流电源切换装置功能正常，当其中一路交流电源故障时，系统应能发出告警，且能自动切换至另一路备用电源。

（2）主循环泵手动（包括远方操作）和自动切换功能正常，当主循环泵切换不成功时，应能自动回切，且内水冷系统流量保护应不动作。

（3）主循环泵漏水检测装置功能正常。

（4）内外循环方式切换功能正常，且切换过程中泄漏保护不动作。

（5）流量、温度、压力、泄漏、液位等保护定值及动作结果正确。

Jb2003433055　《国家电网有限公司防止直流换流站事故措施及释义》中对阀内冷系统泄漏保护的要求是什么？（5 分）

考核知识点：阀内冷系统泄漏保护原理

难易度：难

标准答案：

（1）微分泄漏保护投报警和跳闸，24h 泄漏保护仅投报警。

（2）对于采取内冷水内外循环运行方式的系统，在内外循环方式切换时应退出泄漏保护，并设置适当延时，防止膨胀罐水位在内外循环切换时发生变化导致泄漏保护误动。

（3）阀内冷水系统内外循环设计应结合地区特点，年最低温度高于 0℃的地区，宜取消内循环运行方式。

（4）膨胀罐液位变化定值和延时设置应有足够裕度，能躲过最大温度、传输功率变化及内外循环切换等引起的水位波动，防止水位正常变化导致保护误动。

Jb2003431056　《国家电网有限公司防止直流换流站事故措施及释义》中规定，在运行阶段，运维单位应加强内冷水系统管理，重点要求有哪些？（5 分）

考核知识点：内冷水系统的管理要求

难易度：易

标准答案：

（1）在阀内冷水系统手动补水和排水期间，应退出泄漏保护，防止保护误动。

（2）应加强内冷水系统各类阀门管理，装设位置指示装置和阀门闭锁装置，防止人为误动阀门或者阀门在运行中受震动发生变位，引起保护误动。

Jb2003431057　阀内冷出水温度传感器如何配置？（5 分）

考核知识点：阀内冷出水温度传感器的配置要求

难易度：易

标准答案：

阀内水冷系统应装设双重化的阀出水温度传感器，在每套水冷保护内，阀出水温度保护按二取二原则出口，保护动作后执行功率回降命令，或参照换流阀厂家要求执行相应动作逻辑；保护动作延时应小于晶闸管换流阀过热允许时间。

Jb2003431058　《国家电网有限公司防止直流换流站事故措施及释义》中规定，在哪些工作中需要手动退出微分泄漏保护？（5分）

考核知识点：微分泄漏保护的投退原则

难易度：易

标准答案：

在阀内冷水系统手动补水、排水和主泵检修期间，应退出微分泄漏保护，防止保护误动。

Jb2003433059　阀内水冷系统验收细则中竣工（预）验收部分，关于主循环泵保护配置及故障切换相关的验收标准是什么？（5分）

考核知识点：阀内水冷系统验收细则

难易度：难

标准答案：

主循环泵应配过热保护装置，备用泵可用时允许切换主泵，备用泵不可用时禁止切换主泵；一台主循环泵故障时应切换到另一台主循环泵且发出报警信号；两台主循环泵都故障时不应直接闭锁直流，可增加流量低或进阀压力低闭锁直流；主水流量保护跳闸延时应大于主泵切换不成功回切至原主泵运行的时间。

Jb2003431060　阀内冷系统主要由哪些部分组成？（5分）

考核知识点：基础知识

难易度：易

标准答案：

阀内冷系统主要由主循环泵、补水泵、主过滤器、去离子交换器、脱气罐、膨胀罐、补水箱、氮气罐、旁通阀等组成。

Jb2003432061　电机及风扇的专业巡视主要包括哪些内容（至少5条）？（5分）

考核知识点：阀外风冷系统检修细则

难易度：中

标准答案：

（1）电机及风扇轴承润滑正常，旋转正常，无阻塞、无异常声响。

（2）带负荷运行，红外测量无异常发热。

（3）扇叶无裂纹、破损或异常声响。

（4）传动装置（皮带）外观无裂纹、无破损、无断裂。

（5）传动正常，无松动、无滑脱、无过紧。

（6）防雨罩应无破损、无锈蚀、无进水、无受潮现象。

Jb2003431062　根据状态检修工作标准，水冷却系统包括哪些部分，性能指标有哪些？（5分）

考核知识点：状态检修

难易度：易

标准答案：

（1）水冷却系统包括水泵电动机、内冷水处理回路、外冷水处理回路、测量表计、电源系统、管道6部分。

（2）水冷系统的性能指标：冷却能力、密封性、水质、电动机性能、测控系统性能。

第四章 换流站直流设备检修工（二次）中级工技能操作

Jc2001422001 许继 HCM200 平台 EB11 板卡更换。（100 分）

考核知识点：许继 HCM200 平台 EB11 板卡更换

难易度：中

技能等级评价专业技能考核操作工作任务书

一、任务名称

许继 HCM200 平台 EB11 板卡更换。

二、适用工种

换流站直流设备检修工（二次）中级工。

三、具体任务

（1）工作状态为直流系统检修状态。工作内容为许继 HCM200 平台 EB11 板卡更换。

（2）工作任务：对许继 HCM200 平台 EB11 板卡更换，更换步骤应符合要求，确保设备正常稳定运行。

四、工作规范及要求

（1）工器具使用及安全措施。

（2）熟悉许继 HCM200 平台 EB11 板卡更换的方法，熟练使用仪器仪表及工器具。

（3）熟悉各种影响试验数据、结论的因素及消除方法并填写试验报告。

五、考核及时间要求

（1）本考核操作时间为 30 分钟，时间到停止考评。同一类现象故障不限一处故障点。

（2）按照技能操作记录单的操作要求进行操作，正确记录操作结果，试验记录项目包括：各接头直阻值及是否符合规范要求。

技能等级评价专业技能考核操作评分标准

<table>
<tr><td>工种</td><td colspan="6">换流站直流设备检修工（二次）</td><td>评价等级</td><td colspan="2">中级工</td></tr>
<tr><td>项目模块</td><td colspan="5">二次设备日常维护、检修—直流控制保护设备的专业巡视、日常维护及检修</td><td>编号</td><td colspan="3">Jc2001422001</td></tr>
<tr><td>单位</td><td colspan="3"></td><td>准考证号</td><td colspan="2"></td><td>姓名</td><td colspan="2"></td></tr>
<tr><td>考试时限</td><td colspan="2">30 分钟</td><td>题型</td><td colspan="3">单项操作</td><td>题分</td><td colspan="2">100 分</td></tr>
<tr><td>成绩</td><td></td><td>考评员</td><td></td><td>考评组长</td><td colspan="2"></td><td>日期</td><td colspan="2"></td></tr>
<tr><td>试题正文</td><td colspan="9">许继 HCM200 平台 EB11 板卡更换</td></tr>
<tr><td>需要说明的问题和要求</td><td colspan="9">（1）要求调试人员单人操作，故障查找及分析在调试过程中完成。
（2）操作应注意安全，按照标准化作业书的技术安全说明做好安全措施。
（3）在许继 HCM200 平台 HCM200 平台设备上完成操作。
（4）将检修结果填入修试记录</td></tr>
<tr><td>序号</td><td>项目名称</td><td colspan="2">质量要求</td><td>满分</td><td colspan="3">扣分标准</td><td>扣分原因</td><td>得分</td></tr>
<tr><td>1</td><td>工具使用及安全措施</td><td colspan="2"></td><td></td><td colspan="3"></td><td></td><td></td></tr>
</table>

续表

序号	项目名称	质量要求	满分	扣分标准	扣分原因	得分
1.1	各种工器具正确使用	熟练正确使用各种工器具	5	未正确使用一次扣1分，扣完为止		
1.2	相关安全措施的准备	（1）检查该系统为备用系统。 （2）确认HCM200机箱电源已断电。 （3）佩戴防静电手环。 （4）按下“手动模式”按钮，闭锁系统切换功能。 （5）进入作业现场正确佩戴安全帽，现场作业人员应穿全棉长袖工作服、绝缘鞋	10	未检查该系统为备用系统扣2分； HCM200机箱电源未断电扣2分； 未佩戴防静电手环扣2分； 未按下“手动模式”按钮扣2分（可口述）； 安全帽佩戴不规范扣1分； 未穿绝缘鞋扣1分		
2	板卡更换步骤					
2.1	进行板卡更换	（1）拔出X6、X5接口处的电缆带，并做好记录。 （2）用螺钉旋具松开板卡两端螺栓，握住板卡两端把手，同时向上向下掰，板卡会自动弹出。 （3）取出板卡，将其放入防静电袋。 （4）将新板卡沿机箱插槽插入，确认板卡与机箱平齐，插入时板卡不要碰到两边的电缆线。 （5）紧固板卡两端螺栓。 （6）恢复板卡X6、X5接口处的电缆带。 （7）依次合上屏柜空气开关－F11、－F12、－F31、－F32、－F41、－F42，检查系统指示灯正常。 （8）恢复“手动模式”按钮	65	拔出电缆带未进行记录扣10分； 拆卸板卡步骤错误扣10分； 拆下板卡未放入防静电袋中扣10分； 板卡安装不牢固扣10分； 板卡电缆带恢复错误扣10分； 更换后未恢复屏柜所有空气开关扣5分； 整个更换过程中由于操作失误造成系统切换扣5分； 更换完成后未恢复手动模式按钮扣5分		
3	填写试验报告					
3.1	修试记录	正确填写更换后检查结果，并记录更换板卡型号、厂家等信息	10	每少填写一项扣5分，扣完为止		
4	现场恢复	恢复现场	10	未进行现场恢复扣10分		
合计			100			

Jc2001442002　许继HCM200平台SS4板卡更换。(100分)

考核知识点：许继HCM200平台SS4板卡更换

难易度：中

技能等级评价专业技能考核操作工作任务书

一、任务名称

许继HCM200平台SS4板卡更换。

二、适用工种

换流站直流设备检修工（二次）中级工。

三、具体任务

（1）工作状态为直流系统检修状态，工作内容为许继HCM200平台SS4板卡更换。

（2）工作任务：对许继HCM200平台SS4板卡进行更换，更换步骤应符合要求，确保设备正常稳定运行。

四、工作规范及要求

（1）工器具使用及安全措施。

（2）熟悉许继HCM200平台SS41板卡更换的方法，熟练使用仪器仪表及工器具。

（3）熟悉各种影响试验数据、结论的因素及消除方法并填写试验报告。

五、考核及时间要求

（1）本考核操作时间为30分钟，时间到停止考评。同一类现象故障不限一处故障点。

（2）按照技能操作记录单的操作要求进行操作，正确记录操作结果，试验记录项目包括：各接头直阻值及是否符合规范要求。

技能等级评价专业技能考核操作评分标准

工种	换流站直流设备检修工（二次）				评价等级	中级工	
项目模块	二次设备日常维护、检修—直流控制保护设备的专业巡视、日常维护及检修			编号	Jc2001442002		
单位		准考证号			姓名		
考试时限	30分钟	题型	单项操作		题分	100分	
成绩		考评员		考评组长		日期	
试题正文	许继HCM200平台SS4板卡更换						
需要说明的问题和要求	（1）要求调试人员单人操作，故障查找及分析在调试过程中完成。 （2）操作应注意安全，按照标准化作业书的技术安全说明做好安全措施。 （3）在许继HCM200平台HCM200平台设备上完成操作。 （4）将检修结果填入修试记录						

序号	项目名称	质量要求	满分	扣分标准	扣分原因	得分
1	工具使用及安全措施					
1.1	各种工器具正确使用	熟练正确使用各种工器具	5	未正确使用一次扣1分，扣完为止		
1.2	相关安全措施的准备	（1）检查该系统为备用系统。 （2）确认HCM200机箱电源已断电。 （3）佩戴防静电手环。 （4）按下“手动模式”按钮，闭锁系统切换功能。 （5）进入作业现场正确佩戴安全帽，现场作业人员应穿全棉长袖工作服、绝缘鞋	10	未检查该系统为备用系统扣2分； HCM200机箱电源未断电扣2分； 未佩戴防静电手环扣2分； 未按下“手动模式”按钮扣2分（可口述）； 安全帽佩戴不规范扣1分； 未穿绝缘鞋扣1分		
2	处理器板卡更换步骤					
2.1	进行板卡更换	（1）拔出插在CS7板卡上的板卡的所有电缆，拆除板卡上的接地线，并做好记录。 （2）用螺钉旋具松开CS7板卡两端螺栓，握住板卡把手，拔出板卡。 （3）松开SS4固定在CS7板卡上的螺栓，拉出SS4，将其放入防静电袋子。 （4)将新板卡插装在CS7上,拧紧固定SS4板卡的螺栓和接地线。 （5）将CS7板卡沿机箱插槽插入，确认板卡与机箱平齐。 （6）紧固板卡外侧接地线及螺栓。 （7）恢复板卡上的电缆线。 （8）依次合上屏柜空气开关－F11、－F12、－F31、－F32、－F41、－F42，检查系统指示灯正常。 （9）恢复“手动模式”按钮	65	拔出电缆带未进行记录扣10分； 拆卸板卡步骤错误扣10分； 拆下板卡未放入防静电袋中扣10分； 板卡安装不牢固扣10分； 板卡电缆带恢复错误扣10分； 更换后未恢复屏柜所有空气开关扣5分； 整个更换过程中由于操作失误造成系统切换扣5分； 更换完成后未恢复手动模式按钮扣5分		
3	填写试验报告					
3.1	修试记录	正确填写更换后检查结果，并记录更换模块型号、厂家等信息	10	每少填写一项扣5分，扣完为止		
4	现场恢复	恢复现场	10	未进行现场恢复扣10分		
合计			100			

Jc2001441003 许继 HCM200 平台 MM4 板卡更换。(100 分)

考核知识点：许继 HCM200 平台 MM4 板卡更换

难易度：易

技能等级评价专业技能考核操作工作任务书

一、任务名称

许继 HCM200 平台 MM4 板卡更换。

二、适用工种

换流站直流设备检修工（二次）中级工。

三、具体任务

（1）工作状态为直流系统检修状态。工作内容为许继 HCM200 平台 MM4 板卡更换。

（2）工作任务：对许继 HCM200 平台 MM4 板卡进行更换，更换步骤应符合要求，确保设备正常稳定运行。

四、工作规范及要求

（1）工器具使用及安全措施。

（2）熟悉许继 HCM200 平台 MM4 板卡更换的方法，熟练使用仪器仪表及工器具。

（3）熟悉各种影响试验数据、结论的因素及消除方法并填写试验报告。

五、考核及时间要求

（1）本考核操作时间为 30 分钟，时间到停止考评。同一类现象故障不限一处故障点。

（2）按照技能操作记录单的操作要求进行操作，正确记录操作结果，试验记录项目包括：各接头直阻值及是否符合规范要求。

技能等级评价专业技能考核操作评分标准

工种	换流站直流设备检修工（二次）				评价等级	中级工
项目模块	二次设备日常维护、检修—直流控制保护设备的专业巡视、日常维护及检修			编号	Jc2001441003	
单位		准考证号			姓名	
考试时限	30 分钟	题型	单项操作		题分	100 分
成绩		考评员	考评组长		日期	
试题正文	许继 HCM200 平台 MM4 板卡更换					
需要说明的问题和要求	（1）要求调试人员单人操作，故障查找及分析在调试过程中完成。 （2）操作应注意安全，按照标准化作业书的技术安全说明做好安全措施。 （3）在许继 HCM200 平台 HCM200 平台设备上完成操作。 （4）将检修结果填入修试记录					

序号	项目名称	质量要求	满分	扣分标准	扣分原因	得分
1	工具使用及安全措施					
1.1	各种工器具正确使用	熟练正确使用各种工器具	5	未正确使用一次扣 1 分，扣完为止		
1.2	相关安全措施的准备	（1）检查该系统为备用系统。 （2）确认 HCM200 机箱电源已断电。 （3）佩戴防静电手环。 （4）按下“手动模式”按钮，闭锁系统切换功能。 （5）进入作业现场正确佩戴安全帽，现场作业人员应穿全棉长袖工作服、绝缘鞋	10	未检查该系统为备用系统扣 2 分； HCM200 机箱电源未断电扣 2 分； 未佩戴防静电手环扣 2 分； 未按下“手动模式”按钮扣 2 分（可口述）； 安全帽佩戴不规范扣 1 分； 未穿绝缘鞋扣 1 分		
2	处理器板卡更换步骤					

续表

序号	项目名称	质量要求	满分	扣分标准	扣分原因	得分
2.1	进行板卡更换	（1）用螺钉旋具松开板卡两端螺栓，握住板卡两端把手，同时向上向下掰，板卡会自动弹出。 （2）将拆下 MM4 板卡放入防静电袋子。 （3）然后新板卡沿机箱插槽插入，确认板卡与机箱平齐。 （4）紧固板卡两端螺栓。 （5）依次合上屏柜空气开关−F11、−F12、−F31、−F32、−F41、−F42，检查系统指示灯正常。 （6）恢复“手动模式”按钮	65	拔出电缆带未进行记录扣 10 分； 拆卸板卡步骤错误扣 10 分； 拆下板卡未放入防静电袋中扣 10 分； 板卡安装不牢固扣 10 分； 板卡电缆带恢复错误扣 10 分； 更换后未恢复屏柜所有空气开关扣 5 分； 整个更换过程中由于操作失误造成系统切换扣 5 分； 更换完成后未恢复手动模式按钮扣 5 分		
3	填写试验报告					
3.1	修试记录	正确填写更换后检查结果，并记录更换模块型号、厂家等信息	10	每少填写一项扣 5 分，扣完为止		
4	现场恢复	恢复现场	10	未进行现场恢复扣 10 分		
合计			100			

Jc2001442004　系统监视和切换功能检查。（100 分）

考核知识点： 系统监视和切换功能检查

难易度： 中

技能等级评价专业技能考核操作工作任务书

一、任务名称

系统监视和切换功能检查。

二、适用工种

换流站直流设备检修工（二次）中级工。

三、具体任务

（1）工作状态为直流控制保护设备检修状态。工作内容为后台进行系统监视和切换功能检查。

（2）工作任务：对系统监视和切换功能进行检查。

四、工作规范及要求

（1）工器具使用及安全措施。

（2）按要求进行系统监视和切换功能检查。

五、考核及时间要求

（1）本考核操作时间为 30 分钟，时间到停止考评。

（2）按照技能操作记录单的操作要求进行操作，正确记录操作结果，试验记录项目包括：触发结果、报文记录。

技能等级评价专业技能考核操作评分标准

工种	换流站直流设备检修工（二次）					评价等级	中级工
项目模块	二次设备日常维护、检修—直流控制保护设备的专业巡视、日常维护及检修				编号	Jc2001442004	
单位			准考证号			姓名	
考试时限	30 分钟		题型	单项操作		题分	100 分
成绩		考评员		考评组长		日期	

续表

试题正文	系统监视和切换功能检查					
需要说明的问题和要求	（1）要求调试人员单人操作，故障查找及分析在调试过程中完成。 （2）操作应注意安全，做好安全措施。 （3）在后台主机上完成操作。 （4）操作记录填入操作记录。试验或检修结果填入修试记录					
序号	项目名称	质量要求	满分	扣分标准	扣分原因	得分
1	工具使用及安全措施					
1.1	相关安全措施的准备	（1）进行切换前应先核对目标主机与实际主机一致，避免误操作。 （2）进行切换前应先核实备用主机在可用状态。 （3）进入作业现场正确佩戴安全帽，现场作业人员应穿全棉长袖工作服、绝缘鞋	15	未核对目标主机扣 5 分； 未核实备用主机可用扣 5 分； 安全帽佩戴不规范扣 3 分； 未穿全棉长袖工作服扣 1 分； 未穿绝缘鞋扣 1 分		
2	系统监视和切换功能检查	（1）通过运行人员工作站、就地手动切换及模拟值班系统故障切换系统，系统切换成功。 （2）通过切断电源或拔出相关板卡光纤、总线，来模拟轻微、严重、紧急故障，检查控制保护系统对故障能够及时响应，能正常区分故障类型，产生相应的报警信号，系统监视逻辑正确。 （3）通过断开控制系统与智能子系统间的通信连接线、关闭电源等方式验证监测功能切换逻辑正确。 （4）任何时候运行的有效控制系统应是双重化系统中较为完好的一套，当运行控制系统故障时，应根据故障等级自动切换。 （5）控制保护系统中存在紧急故障或出口信号时不得切换到运行系统，避免异常信号误动作出口跳闸。 （6）插拔光纤时应注意力度，防止损坏光纤，拔下的光纤应使用光纤帽罩上，防止光纤头污损	60	按照步骤开展，每少一步扣 10 分，试验不成功扣 15 分，扣完为止		
3	现场恢复	恢复现场	10	未进行现场恢复扣 10 分		
4	填写报告					
4.1	修试记录	正确填写不同类型的故障导致的主机故障等级，并填写系统切换信息	15	每少填写一项扣 5 分，扣完为止		
合计			100			

Jc2001442005　保护定值检查。（100 分）

考核知识点：保护定值检查

难易度：中

技能等级评价专业技能考核操作工作任务书

一、任务名称

保护定值检查。

二、适用工种

换流站直流设备检修工（二次）中级工。

三、具体任务

（1）工作状态为直流控制保护系统检修状态。工作内容为定值检查。

（2）工作任务：定值检查。

四、工作规范及要求

（1）工器具使用及安全措施。

（2）按要求进行定值检查。

五、考核及时间要求

（1）本考核操作时间为30分钟，时间到停止考评。

（2）按照技能操作记录单的操作要求进行操作，正确记录操作结果。

技能等级评价专业技能考核操作评分标准

工种	换流站直流设备检修工（二次）					评价等级	中级工
项目模块	二次设备日常维护、检修—直流控制保护设备的专业巡视、日常维护及检修				编号		Jc2001442005
单位			准考证号			姓名	
考试时限	30分钟		题型	单项操作		题分	100分
成绩		考评员		考评组长		日期	
试题正文	保护定值检查						
需要说明的问题和要求	（1）要求调试人员单人操作，进行保护定值检查核对。 （2）修改错误定值，并整定为与定制单一致。 （3）操作记录填入操作记录。试验或检修结果填入修试记录						

序号	项目名称	质量要求	满分	扣分标准	扣分原因	得分
1	工具使用及安全措施					
1.1	相关安全措施的准备	（1）认真核对设备间隔，防止走错间隔。 （2）使用最新下发的调度定值单进行核对。 （3）进入作业现场正确佩戴安全帽，现场作业人员应穿全棉长袖工作服、绝缘鞋	15	走错间隔扣5分； 未使用最新的调度定值单扣5分； 安全帽佩戴不规范扣3分； 未穿全棉长袖工作服扣1分； 未穿绝缘鞋扣1分		
2	调度定值单核对检查	应根据不同设备厂家控制保护装置的特点，对照装置定值单，逐一比对，发现问题后及时记录和汇报	60	按照步骤开展，每少一步扣10分，保护定值检查错误扣10分，扣完为止		
3	现场恢复	恢复现场	10	未进行现场恢复扣10分		
4	填写报告					
4.1	操作记录	填写操作步骤，记录每一步操作现象	15	每少填写一项扣1分，扣完为止		
合计			100			

Jc2001442006　控制保护主机光纤弯曲度检查。（100分）

考核知识点：控制保护主机光纤弯曲度检查

难易度：中

技能等级评价专业技能考核操作工作任务书

一、任务名称

控制保护主机光纤弯曲度检查。

二、适用工种

换流站直流设备检修工（二次）中级工。

三、具体任务

（1）工作状态为直流控制保护系统检修状态。工作内容为光纤弯曲度检查。

（2）工作任务：开展合并单元主机光纤弯曲度检查。

四、工作规范及要求

（1）工器具使用及安全措施。

（2）按要求进行光纤弯曲度检查。

五、考核及时间要求

（1）本考核操作时间为30分钟，时间到停止考评。

（2）按照技能操作记录单的操作要求进行操作，正确记录操作结果。

技能等级评价专业技能考核操作评分标准

工种	换流站直流设备检修工（二次）					评价等级	中级工
项目模块	二次设备日常维护、检修—直流控制保护设备的专业巡视、日常维护及检修				编号	Jc2001442006	
单位			准考证号			姓名	
考试时限	30分钟		题型	单项操作		题分	100分
成绩		考评员		考评组长		日期	
试题正义	控制保护主机光纤弯曲度检查						
需要说明的问题和要求	（1）要求调试人员单人操作，故障查找及分析在调试过程中完成。 （2）操作应注意安全，做好安全措施。 （3）在合并单元主机上完成操作。 （4）操作记录填入操作记录。试验或检修结果填入修试记录						

序号	项目名称	质量要求	满分	扣分标准	扣分原因	得分
1	工具使用及安全措施					
1.1	各种工器具正确使用	熟练正确使用各种工器具	5	未正确使用一次扣1分，扣完为止		
1.2	安全措施	（1）确认另一套主机运行正常。 （2）进入作业现场正确佩戴安全帽，现场作业人员应穿全棉长袖工作服、绝缘鞋	10	未确认另一套主机运行正常扣5分； 安全帽佩戴不规范扣3分； 未穿全棉长袖工作服扣1分； 未穿绝缘鞋扣1分		
2	光纤检查测试					
2.1	光纤检查	（1）操作主机打在“试验”状态。 （2）检查光纤弯曲直径不宜小于100mm。尾纤自然悬垂长度不宜超过30cm。 （3）检查光纤（缆）弯曲半径应大于纤（缆）径的15倍。 （4）光纤外观无异常，备用数量足够。 （5）恢复光纤前，使用光纤清洁器对光纤头进行清洁	60	按照步骤开展，每少一步扣12分，试验不成功扣15分，扣完为止		
3	现场恢复	恢复现场	10	未进行现场恢复扣10分		
4	填写报告					
4.1	修试记录	正确填写主机状态，光纤清洁方式	15	每少填写一项扣5分，扣完为止		
合计			100			

Jc2001442007　安稳装置通道测试。（100分）

考核知识点：安稳装置通道测试

难易度：中

技能等级评价专业技能考核操作工作任务书

一、任务名称

安稳装置通道测试。

二、适用工种

换流站直流设备检修工（二次）中级工。

三、具体任务

（1）工作状态为直流控制保护系统检修状态。工作内容为安稳装置通道测试。

（2）工作任务：展开对安稳装置通道测试。

四、工作规范及要求

（1）工器具使用及安全措施。

（2）按要求开展安稳装置通道测试。

五、考核及时间要求

（1）本考核操作时间为30分钟，时间到停止考评。

（2）按照技能操作记录单的操作要求进行操作，正确记录操作结果。

技能等级评价专业技能考核操作评分标准

工种	换流站直流设备检修工（二次）				评价等级	中级工
项目模块	二次设备日常维护、检修—直流控制保护设备的专业巡视、日常维护及检修			编号	Jc2001442007	
单位			准考证号		姓名	
考试时限	30分钟	题型	单项操作		题分	100分
成绩		考评员		考评组长	日期	
试题正文	安稳装置通道测试					
需要说明的问题和要求	（1）要求调试人员单人操作，故障查找及分析在调试过程中完成。 （2）操作应注意安全，做好安全措施。 （3）在安稳装置上完成操作。 （4）操作记录填入操作记录。试验或检修结果填入修试记录					

序号	项目名称	质量要求	满分	扣分标准	扣分原因	得分
1	工具使用及安全措施					
1.1	各种工器具正确使用	熟练正确使用各种工器具	5	未正确使用一次扣1分，扣完为止		
1.2	相关安全措施的准备	（1）检查安稳装置无切机信号。 （2）检查安稳主机运行正常。 （3）进入作业现场正确佩戴安全帽，现场作业人员应穿全棉长袖工作服、绝缘鞋	10	安全措施每少一步扣5分； 安全帽佩戴不规范扣3分； 未穿全棉长袖工作服扣1分； 未穿绝缘鞋扣1分		
2	安稳装置通道测试	（1）本侧与对侧同时投入通道压板，此时两侧装置均无异常报警。 （2）本侧与对侧同时退出通道压板，此时两侧装置均无异常报警。 （3）本侧投入通道压板，对侧退出通道压板，此时两侧均报通道压板不一致异常。 （4）本侧退出通道压板，对侧投入通道压板，此时两侧均报通道压板不一致异常	60	按照步骤开展，每少一步扣15分，扣完为止		
3	现场恢复	恢复现场	10	未进行现场恢复扣10分		
4	填写报告					
4.1	修试记录	正确填写压板投入、退出记录及事件告警	15	每少填写一项扣5分，扣完为止		
合计			100			

Jc2001442008　安稳装置压板功能测试。（100 分）

考核知识点：安稳装置压板功能测试

难易度：中

技能等级评价专业技能考核操作工作任务书

一、任务名称

安稳装置压板功能测试。

二、适用工种

换流站直流设备检修工（二次）中级工。

三、具体任务

（1）工作状态为直流控制保护系统检修状态。工作内容为压板功能测试。

（2）工作任务：对安稳装置压板功能进行测试。

四、工作规范及要求

（1）工器具使用及安全措施。

（2）按要求开展压板功能测试。

五、考核及时间要求

（1）本考核操作时间为 30 分钟，时间到停止考评。

（2）按照技能操作记录单的操作要求进行操作，正确记录操作结果。

技能等级评价专业技能考核操作评分标准

工种	换流站直流设备检修工（二次）					评价等级	中级工
项目模块	二次设备日常维护、检修—直流控制保护设备的专业巡视、日常维护及检修				编号	Jc2001442008	
单位			准考证号			姓名	
考试时限	30 分钟		题型	单项操作		题分	100 分
成绩		考评员		考评组长		日期	
试题正文	安稳装置压板功能测试						
需要说明的问题和要求	（1）要求调试人员单人操作，故障查找及分析在调试过程中完成。 （2）操作应注意安全，做好安全措施。 （3）在保护屏上完成操作。 （4）操作记录填入操作记录。试验或检修结果填入修试记录						

序号	项目名称	质量要求	满分	扣分标准	扣分原因	得分
1	工具使用及安全措施					
1.1	各种工器具正确使用	熟练正确使用各种工器具	5	未正确使用一次扣 1 分，扣完为止		
1.2	相关安全措施的准备	（1）检查安稳装置无切机信号。 （2）检查安稳主机运行正常。 （3）进入作业现场正确佩戴安全帽，现场作业人员应穿全棉长袖工作服、绝缘鞋	10	安全措施每少一步扣 5 分； 安全帽佩戴不规范扣 3 分； 未穿全棉长袖工作服扣 1 分； 未穿绝缘鞋扣 1 分		
2	压板功能测试	（1）退出总功能压板，模拟极故障，此时不向对侧发切机指令。 （2）退出通道压板，模拟极故障，此时不向对侧发切机指令。 （3）退出通道压板，接收功率调制指令后本地不执行	60	按照步骤开展，每少一步扣 20 分，扣完为止		
3	现场恢复	恢复现场	10	未进行现场恢复扣 10 分		

续表

序号	项目名称	质量要求	满分	扣分标准	扣分原因	得分
4	填写报告					
4.1	修试记录	正确填写压板投入、退出记录，试验方法及步骤	15	每少填写一项扣5分，扣完为止		
合计			100			

Jc2002442009　H400换流阀阀控系统5V电源板卡更换。（100分）

考核知识点： H400换流阀阀控系统电源板卡更换

难易度： 中

技能等级评价专业技能考核操作工作任务书

一、任务名称

H400换流阀阀控系统5V电源板卡更换。

二、适用工种

换流站直流设备检修工（二次）中级工。

三、具体任务

（1）工作状态为换流阀运行或检修状态，换流阀阀控系统VBE屏柜上电。工作内容为H400换流阀阀控系统5V电源板卡更换。

（2）工作任务：对H400换流阀阀控系统5V电源板卡进行更换。

四、工作规范及要求

（1）工器具使用及安全措施。

（2）按要求进行H400换流阀阀控系统5V电源板卡更换。

五、考核及时间要求

（1）本考核操作时间为30分钟，时间到停止考评。

（2）按照要求进行操作，并填写更换记录。

技能等级评价专业技能考核操作评分标准

<table>
<tr><td>工种</td><td colspan="5">换流站直流设备检修工（二次）</td><td>评价等级</td><td>中级工</td></tr>
<tr><td>项目模块</td><td colspan="4">二次设备日常维护、检修—直流控制保护设备的专业巡视、日常维护及检修</td><td>编号</td><td colspan="2">Jc2002442009</td></tr>
<tr><td>单位</td><td colspan="3"></td><td>准考证号</td><td></td><td>姓名</td><td></td></tr>
<tr><td>考试时限</td><td colspan="2">30分钟</td><td>题型</td><td colspan="2">单项操作</td><td>题分</td><td>100分</td></tr>
<tr><td>成绩</td><td></td><td>考评员</td><td></td><td>考评组长</td><td></td><td>日期</td><td></td></tr>
<tr><td>试题正文</td><td colspan="7">H400换流阀阀控系统5V电源板卡更换</td></tr>
<tr><td>需要说明的问题和要求</td><td colspan="7">（1）操作应注意安全，做好安全措施。
（2）在换流阀阀控设备上完成操作。
（3）试验或检修结果填入修试记录</td></tr>
</table>

序号	项目名称	质量要求	满分	扣分标准	扣分原因	得分
1	工具使用及安全措施					
1.1	各种工器具正确使用	熟练正确使用各种工器具	5	未正确使用一次扣1分，扣完为止		

续表

序号	项目名称	质量要求	满分	扣分标准	扣分原因	得分
1.2	相关安全措施的准备	（1）VBE 屏柜工作带防静电护腕。 （2）防静电护腕未正确接地。 （3）进入作业现场正确佩戴安全帽，现场作业人员应穿全棉长袖工作服、绝缘鞋	10	未戴防静电护腕扣 4 分； 防静电护腕未正确接地扣 3 分； 安全帽佩戴不规范扣 1 分； 未穿全棉长袖工作服扣 1 分； 未穿绝缘鞋扣 1 分		
2	5V 电源板卡更换					
2.1	单个 5V 电源板卡更换	（1）确认要更换的 5V 电源板卡位置。 （2）断开该 VBE 屏柜对应电源空气开关。 （3）使用螺钉旋具松开 5V 电源板卡上下两端的螺栓。 （4）小心用力拔出板卡。 （5）将新板卡对准卡槽插入机箱。 （6）确认板卡插紧到位后拧紧板卡上下端螺栓。 （7）合上该电源板卡空气开关。 （8）使用万用表测量旁边另一块 5V 电源板卡输出电压并记录（在电源耦合之前的端子排上测量）。 （9）使用螺钉旋具调节新换电源板卡ΔU，使输出电压与另一块 5V 电源板卡相同。 （10）检查电源板卡指示灯正常，测量 1A3、1A4、1A5、1A6 机箱背板对应 5V 电源接点电压，电压值应在 5.0V±0.5V 范围内	60	未确认待更换的板卡位置扣 5 分； 未断开电源空气开关扣 10 分； 未对准卡槽即插入板卡扣 10 分； 板卡未插紧到位扣 5 分； 未调节ΔU扣 20 分； 未测量机箱背板电压扣 10 分		
3	现场恢复	恢复现场	10	未进行现场恢复扣 10 分		
4	填写报告					
4.1	修试记录	填写更换记录，包括板卡位置、新旧板卡编号	15	每少填写一项扣 5 分，扣完为止		
合计			100			

Jc2002442010　H400 换流阀阀控系统 12V 电源板卡更换。（100 分）

考核知识点：H400 换流阀阀控系统电源板卡更换

难易度：中

技能等级评价专业技能考核操作工作任务书

一、任务名称

H400 换流阀阀控系统 12V 电源板卡更换。

二、适用工种

换流站直流设备检修工（二次）中级工。

三、具体任务

（1）工作状态为换流阀运行或检修状态，换流阀阀控系统 VBE 屏柜上电。工作内容为 H400 换流阀阀控系统 12V 电源板卡更换。

（2）工作任务：对 H400 换流阀阀控系统 12V 电源板卡进行更换。

四、工作规范及要求

（1）工器具使用及安全措施。

（2）按要求进行 H400 换流阀阀控系统 12V 电源板卡更换。

五、考核及时间要求

（1）本考核操作时间为 30 分钟，时间到停止考评。

（2）按照要求进行操作，并填写更换记录。

技能等级评价专业技能考核操作评分标准

工种	换流站直流设备检修工（二次）					评价等级	中级工
项目模块	二次设备日常维护、检修—直流控制保护设备的专业巡视、日常维护及检修				编号	Jc2002442010	
单位			准考证号			姓名	
考试时限	30 分钟	题型	单项操作			题分	100 分
成绩		考评员		考评组长		日期	
试题正文	H400 换流阀阀控系统 12V 电源板卡更换						
需要说明的问题和要求	（1）操作应注意安全，做好安全措施。 （2）在换流阀阀控设备上完成操作。 （3）试验或检修结果填入修试记录						

序号	项目名称	质量要求	满分	扣分标准	扣分原因	得分
1	工具使用及安全措施					
1.1	各种工器具正确使用	熟练正确使用各种工器具	5	未正确使用一次扣 1 分，扣完为止		
1.2	相关安全措施的准备	（1）VBE 屏柜工作带防静电护腕。 （2）防静电护腕未正确接地。 （3）进入作业现场正确佩戴安全帽，现场作业人员应穿全棉长袖工作服、绝缘鞋	10	未戴防静电护腕扣 4 分； 防静电护腕未正确接地扣 3 分； 安全帽佩戴不规范扣 1 分； 未穿全棉长袖工作服扣 1 分； 未穿绝缘鞋扣 1 分		
2	12V 电源板卡更换					
2.1	单个 12V 电源板卡更换	（1）确认要更换的 12V 电源板卡位置。 （2）断开该 VBE 屏柜对应电源空气开关。 （3）使用螺钉旋具松开 12V 电源板卡上下两端的螺栓。 （4）小心用力拔出板卡。 （5）将新板卡对准卡槽插入机箱。 （6）确认板卡插紧到位后拧紧板卡上下端螺栓。 （7）合上该电源板卡空气开关。 （8）使用万用表测量旁边另一块 12V 电源板卡输出电压并记录（在电源耦合之前的端子排上测量）。 （9）使用螺钉旋具调节新换电源板卡ΔU，使输出电压与另一块 12V 电源板卡相同。 （10）检查电源板卡指示灯正常，测量 1A3、1A4、1A5、1A6 机箱背板对应 12V 电源接点电压，电压值应在 12.5V±0.5V 范围内	60	未确认待更换的板卡位置扣 5 分； 未断开电源空气开关扣 10 分； 未对准卡槽即插入板卡扣 10 分； 板卡未插紧到位扣 5 分； 未调节ΔU扣 20 分； 未测量机箱背板电压扣 10 分		
3	现场恢复	恢复现场	10	未进行现场恢复扣 10 分		
4	填写报告					
4.1	修试记录	填写更换记录，包括板卡位置、新旧板卡编号	15	每少填写一项扣 5 分，扣完为止		
合计			100			

Jc2002442011　H400 换流阀阀控系统 24V 电源板卡更换。(100 分)

考核知识点：H400 换流阀阀控系统电源板卡更换

难易度：中

技能等级评价专业技能考核操作工作任务书

一、任务名称

H400 换流阀阀控系统 24V 电源板卡更换。

二、适用工种

换流站直流设备检修工（二次）中级工。

三、具体任务

（1）工作状态为换流阀运行或检修状态，换流阀阀控系统 VBE 屏柜上电。工作内容为 H400 换流阀阀控系统 24V 电源板卡更换。

（2）工作任务：对 H400 换流阀阀控系统 24V 电源板卡进行更换。

四、工作规范及要求

（1）工器具使用及安全措施。

（2）按要求进行 H400 换流阀阀控系统 24V 电源板卡更换。

五、考核及时间要求

（1）本考核操作时间为 30 分钟，时间到停止考评。

（2）按照要求进行操作，并填写更换记录。

技能等级评价专业技能考核操作评分标准

工种	换流站直流设备检修工（二次）			评价等级	中级工
项目模块	二次设备日常维护、检修—直流控制保护设备的专业巡视、日常维护及检修		编号	Jc2002442011	
单位		准考证号		姓名	
考试时限	30 分钟	题型	单项操作	题分	100 分
成绩	考评员		考评组长		日期
试题正文	H400 换流阀阀控系统 24V 电源板卡更换				
需要说明的问题和要求	（1）操作应注意安全，做好安全措施。 （2）在换流阀阀控设备上完成操作。 （3）试验或检修结果填入修试记录				

序号	项目名称	质量要求	满分	扣分标准	扣分原因	得分
1	工具使用及安全措施					
1.1	各种工器具正确使用	熟练正确使用各种工器具	5	未正确使用一次扣 1 分，扣完为止		
1.2	相关安全措施的准备	（1）VBE 屏柜工作带防静电护腕。 （2）防静电护腕未正确接地。 （3）进入作业现场正确佩戴安全帽，现场作业人员应穿全棉长袖工作服、绝缘鞋	10	未戴防静电护腕扣 4 分； 防静电护腕未正确接地扣 3 分； 安全帽佩戴不规范扣 1 分； 未穿全棉长袖工作服扣 1 分； 未穿绝缘鞋扣 1 分		
2	24V 电源板卡更换					
2.1	单个 24V 电源板卡更换	（1）确认要更换的 24V 电源板卡位置。 （2）断开该 VBE 屏柜对应电源空气开关。 （3）使用螺钉旋具松开 24V 电源板卡上下两端的螺栓。 （4）小心用力拔出板卡。 （5）将新板卡对准卡槽插入机箱。	60	未确认待更换的板卡位置扣 5 分； 未断开电源空气开关扣 10 分； 未对准卡槽即插入板卡扣 10 分；		

续表

序号	项目名称	质量要求	满分	扣分标准	扣分原因	得分
2.1	单个24V电源板卡更换	（6）确认板卡插紧到位后拧紧板卡上下端螺栓。 （7）合上该电源板卡空气开关。 （8）使用万用表测量旁边另一块24V电源板卡输出电压并记录（在电源耦合之前的端子排上测量）。 （9）使用螺钉旋具调节新换电源板卡ΔU，使输出电压与另一块24V电源板卡相同。 （10）检查电源板卡指示灯正常，测量1A3、1A4、1A5、1A6机箱背板对应24V电源接点电压，电压值应在24.5V±0.5V范围内	60	板卡未插紧到位扣5分； 未调节ΔU扣20分； 未测量机箱背板电压扣10分		
3	现场恢复	恢复现场	10	未进行现场恢复扣10分		
4	填写报告					
4.1	修试记录	填写更换记录，包括板卡位置、新旧板卡编号	15	每少填写一项扣5分，扣完为止		
合计			100			

Jc2002441012　换流阀漏水检测装置“严重漏水”测试。（100分）

考核知识点：换流阀漏水检测装置测试

难易度：易

技能等级评价专业技能考核操作工作任务书

一、任务名称

换流阀漏水检测装置“严重漏水”测试。

二、适用工种

换流站直流设备检修工（二次）中级工。

三、具体任务

（1）工作状态为换流阀检修状态。工作内容为换流阀漏水检测装置“严重漏水”测试。

（2）工作任务：开展换流阀漏水检测装置“严重漏水”测试。

四、工作规范及要求

（1）工器具使用及安全措施。

（2）按要求进行换流阀漏水检测装置“严重漏水”测试。

五、考核及时间要求

（1）本考核操作时间为30分钟，时间到停止考评。

（2）按照要求进行操作，正确记录操作结果，试验记录项目包括：漏水检测装置动作结果、报文记录。

技能等级评价专业技能考核操作评分标准

工种	换流站直流设备检修工（二次）					评价等级	中级工
项目模块	缺陷处理与事故分析—事故分析				编号	Jc2002441012	
单位			准考证号			姓名	
考试时限	30分钟		题型	单项操作		题分	100分
成绩		考评员		考评组长		日期	

续表

<table>
<tr><td>试题正文</td><td colspan="6">换流阀漏水检测装置“严重漏水”测试</td></tr>
<tr><td>需要说明的问题和要求</td><td colspan="6">（1）操作应注意安全，做好安全措施。
（2）在换流阀一次设备上完成操作。
（3）试验或检修结果填入修试记录</td></tr>
<tr><td>序号</td><td>项目名称</td><td>质量要求</td><td>满分</td><td>扣分标准</td><td>扣分原因</td><td>得分</td></tr>
<tr><td>1</td><td>工具使用及安全措施</td><td></td><td></td><td></td><td></td><td></td></tr>
<tr><td>1.1</td><td>各种工器具正确使用</td><td>熟练正确使用各种工器具</td><td>5</td><td>未正确使用一次扣 1 分，扣完为止</td><td></td><td></td></tr>
<tr><td>1.2</td><td>相关安全措施的准备</td><td>（1）进入作业现场正确佩戴安全帽，现场作业人员应穿全棉长袖工作服、绝缘鞋。
（2）高空作业车接地。
（3）正确使用安全带</td><td>10</td><td>安全帽佩戴不规范扣 1 分；
未穿全棉长袖工作服扣 1 分；
未穿绝缘鞋扣 1 分；
高空作业车未正确接地扣 3 分；
未正确使用安全带扣 4 分</td><td></td><td></td></tr>
<tr><td>2</td><td>“严重漏水”测试</td><td>（1）正确识别阀塔编号。
（2）使用长螺钉旋具轻捅集水斗模拟集水斗集满水后倾倒的过程，轻捅保持 3s 以上再移除螺钉旋具，模拟“严重漏水”故障。
（3）确认后台报文报出“严重漏水”故障且无复归报文</td><td>60</td><td>未在规定的阀塔开展试验扣 10 分；
未按要求模拟“严重漏水”故障扣 40 分；
未确认后台报文情况扣 10 分</td><td></td><td></td></tr>
<tr><td>3</td><td>现场恢复</td><td>恢复现场</td><td>10</td><td>未进行现场恢复扣 10 分</td><td></td><td></td></tr>
<tr><td>4</td><td>填写报告</td><td></td><td></td><td></td><td></td><td></td></tr>
<tr><td>4.1</td><td>修试记录</td><td>正确填写实验结果及记录报文</td><td>15</td><td>每少填写一项扣 5 分，扣完为止</td><td></td><td></td></tr>
<tr><td colspan="2">合计</td><td></td><td>100</td><td></td><td></td><td></td></tr>
</table>

Jc2002442013 H400 换流阀阀避雷器计数器光纤动作测试。（100 分）

考核知识点： 阀避雷器计数器光纤动作测试

难易度： 中

技能等级评价专业技能考核操作工作任务书

一、任务名称

H400 换流阀阀避雷器计数器光纤动作测试。

二、适用工种

换流站直流设备检修工（二次）中级工。

三、具体任务

（1）工作状态为换流阀检修状态。工作内容为开展阀避雷器计数器光纤动作测试。

（2）工作任务：开展阀避雷器计数器光纤动作测试。

四、工作规范及要求

（1）工器具使用及安全措施。

（2）按要求进行阀避雷器计数器光纤动作测试。

五、考核及时间要求

（1）本考核操作时间为 30 分钟，时间到停止考评。

（2）按照要求进行操作，正确记录操作结果，试验记录项目包括：阀避雷器动作结果、后台计数器记录、报文记录。

技能等级评价专业技能考核操作评分标准

工种	换流站直流设备检修工（二次）					评价等级	中级工
项目模块	二次设备日常维护、检修—换流阀及阀控设备日常维护、检修				编号	Jc2002442013	
单位			准考证号			姓名	
考试时限	30 分钟		题型	单项操作		题分	100 分
成绩		考评员		考评组长		日期	
试题正文	H400 换流阀阀避雷器计数器光纤动作测试						
需要说明的问题和要求	（1）操作应注意安全，做好安全措施。 （2）在换流阀一次设备上完成操作。 （3）试验或检修结果填入修试记录						

序号	项目名称	质量要求	满分	扣分标准	扣分原因	得分
1	工具使用及安全措施					
1.1	各种工器具正确使用	熟练正确使用各种工器具	5	未正确使用一次扣 1 分，扣完为止		
1.2	相关安全措施的准备	（1）进入作业现场正确佩戴安全帽，现场作业人员应穿全棉长袖工作服、绝缘鞋。 （2）高空作业车接地。 （3）正确使用安全带	10	安全帽佩戴不规范扣 1 分； 未穿全棉长袖工作服扣 1 分； 未穿绝缘鞋扣 1 分； 高空作业车未正确接地扣 3 分； 未正确使用安全带扣 4 分		
2	阀避雷器计数器光纤动作测试	（1）正确识别阀避雷器编号，确认该避雷器当前计数。 （2）拆除阀避雷器计数器光纤，拆除光纤时应小心操作，禁止弯折光纤。 （3）对阀避雷器光纤进行打光测试。 （4）确认控制保护室避雷器计数装置动作及计数情况。 （5）确认后台报文。 （6）恢复光纤，禁止弯折光纤	60	未能正确核对避雷器当前计数值扣 10 分； 试验过程中弯折损伤光纤扣 20 分； 试验后未核对避雷器当前计数值扣 10 分； 未确认报文扣 10 分； 试验不成功扣 10 分		
3	现场恢复	恢复现场	10	未进行现场恢复扣 10 分		
4	填写报告					
4.1	修试记录	正确填写实验结果、计数器结果及记录报文	15	每少填写一项扣 5 分，扣完为止		
合计			100			

Jc2002441014　A5000 换流阀阻尼电阻 R_{d1} 测量。（100 分）

考核知识点：阻尼电阻测量

难易度：易

技能等级评价专业技能考核操作工作任务书

一、任务名称

A5000 换流阀阻尼电阻 R_{d1} 测量。

二、适用工种

换流站直流设备检修工（二次）中级工。

三、具体任务

（1）工作状态为换流阀检修状态。工作内容为换流阀阻尼电阻 R_{d1} 测量。

（2）工作任务：开展 A5000 换流阀单个晶闸管级阻尼电阻 R_{d1} 测量。

四、工作规范及要求

（1）工器具使用及安全措施。

（2）按要求进行 A5000 换流阀阻尼电阻 R_{d1} 测量。

五、考核及时间要求

（1）本考核操作时间为 30 分钟，时间到停止考评。

（2）按照技能操作记录单的操作要求进行操作，正确记录操作结果，试验记录项目包括：阻尼电阻 R_{d1} 位置、单个晶闸管级 R_{d1} 串并联电阻数、测量结果。

技能等级评价专业技能考核操作评分标准

工种	换流站直流设备检修工（二次）				评价等级	中级工
项目模块	二次设备日常维护、检修—换流阀及阀控设备日常维护、检修			编号	Jc2002441014	
单位		准考证号			姓名	
考试时限	30 分钟	题型	单项操作		题分	100 分
成绩		考评员		考评组长	日期	
试题正文	A5000 换流阀阻尼电阻 R_{d1} 测量					
需要说明的问题和要求	（1）要求调试人员单人操作，故障查找及分析在调试过程中完成。 （2）操作应注意安全，做好安全措施。 （3）在换流阀一次设备上完成操作。 （4）使用万用表进行测量					

序号	项目名称	质量要求	满分	扣分标准	扣分原因	得分
1	工具使用及安全措施					
1.1	各种工器具正确使用	熟练正确使用各种工器具	5	未正确使用一次扣 1 分，扣完为止		
1.2	相关安全措施的准备	（1）确认阻尼回路电容已放电。 （2）高空作业车接地。 （3）正确使用安全带。 （4）进入作业现场正确佩戴安全帽，现场作业人员应穿全棉长袖工作服、绝缘鞋	10	未确认阻尼回路电容放电扣 2 分； 高空作业车未正确接地扣 2 分； 未正确使用安全带扣 2 分； 安全帽佩戴不规范扣 2 分； 未穿全棉长袖工作服扣 1 分； 未穿绝缘鞋扣 1 分		
2	阻尼电阻 R_{d1} 测量	（1）正确识别阻尼电阻 R_{d1}。 （2）拆除接线。 （3）将万用表打至电阻挡，完成阻尼电阻 R_{d1} 电阻值测量	60	未正确识别阻尼电阻扣 10 分； 未正确拆除接线扣 20 分； 未正确使用万用表扣 20 分		
3	现场恢复	恢复现场	10	未进行现场恢复扣 10 分		
4	填写报告					
4.1	修试记录	正确填写测量结果、阻尼电阻 R_{d1} 位置、单个晶闸管级 R_{d1} 串并联电阻数	15	每少填写一项扣 5 分，扣完为止		
合计			100			

Jc2002441015　A5000 换流阀漏水检测装置“渗漏”测试。（100 分）

考核知识点：换流阀漏水检测装置测试

难易度：易

技能等级评价专业技能考核操作工作任务书

一、任务名称

A5000 换流阀漏水检测装置“渗漏”测试。

二、适用工种

换流站直流设备检修工（二次）中级工。

三、具体任务

（1）工作状态为换流阀检修状态。工作内容为换流阀漏水检测装置“渗漏”测试。

（2）工作任务：开展换流阀漏水检测装置“渗漏”测试。

四、工作规范及要求

（1）工器具使用及安全措施。

（2）按要求进行换流阀漏水检测装置“渗漏”测试。

五、考核及时间要求

（1）本考核操作时间为30分钟，时间到停止考评。

（2）按照技能操作记录单的操作要求进行操作，正确记录操作结果，试验记录项目包括：漏水检测装置动作结果、报文记录。

技能等级评价专业技能考核操作评分标准

工种	换流站直流设备检修工（二次）					评价等级	中级工
项目模块	二次设备日常维护、检修—换流阀及阀控设备日常维护、检修				编号	Jc2002441015	
单位			准考证号			姓名	
考试时限	30分钟	题型		单项操作		题分	100分
成绩		考评员		考评组长		日期	
试题正文	A5000换流阀漏水检测装置“渗漏”测试						
需要说明的问题和要求	（1）要求调试人员单人操作，故障查找及分析在调试过程中完成。 （2）操作应注意安全，做好安全措施。 （3）在换流阀一次设备上完成操作。 （4）操作记录填入操作记录。试验或检修结果填入修试记录						

序号	项目名称	质量要求	满分	扣分标准	扣分原因	得分
1	工具使用及安全措施					
1.1	各种工器具正确使用	熟练正确使用各种工器具	5	未正确使用一次扣1分，扣完为止		
1.2	相关安全措施的准备	（1）高空作业车接地。 （2）正确使用安全带。 （3）进入作业现场正确佩戴安全帽，现场作业人员应穿全棉长袖工作服、绝缘鞋	10	高空作业车未正确接地扣2分； 未正确使用安全带扣2分； 安全帽佩戴不规范扣2分； 未穿全棉长袖工作服扣2分； 未穿绝缘鞋扣2分		
2	“渗漏”测试					
2.1	“轻微漏水”测试	（1）正确识别阀塔编号。 （2）使用合适工器具使漏水检测翻斗动作，模拟“渗漏”故障。 （3）确认后台报文	60	未正确识别阀塔扣15分； 未完成渗漏模拟测试扣30分 未正确识别故障报文扣15分		
3	现场恢复	恢复现场	10	未进行现场恢复扣10分		
4	填写报告					
4.1	操作记录	填写操作步骤，记录每一步操作现象	15	每少填写一项扣1分，扣完为止		
合计			100			

Jc2002442016　A5000换流阀VBE通信与控制机箱阀避雷器检测板卡更换。（100分）

考核知识点：换流阀VBE故障处理

难易度：中

技能等级评价专业技能考核操作工作任务书

一、任务名称

A5000 换流阀 VBE 通信与控制机箱阀避雷器检测板卡更换。

二、适用工种

换流站直流设备检修工（二次）中级工。

三、具体任务

（1）工作状态为换流阀检修状态。工作内容 A5000 换流阀 VBE 通信与控制机箱阀避雷器检测板卡更换。

（2）工作任务：对 A5000 换流阀 VBE 通信与控制机箱阀避雷器检测板卡进行更换。

四、工作规范及要求

（1）工器具使用及安全措施。

（2）按要求进行 VBE 通信与控制机箱阀避雷器检测板卡更换。

五、考核及时间要求

（1）本考核操作时间为 30 分钟，时间到停止考评。

（2）按照技能操作记录单的操作要求进行操作，并填写更换记录。

技能等级评价专业技能考核操作评分标准

工种	换流站直流设备检修工（二次）				评价等级	中级工
项目模块	缺陷处理与事故分析—缺陷处理			编号	Jc2002442016	
单位		准考证号			姓名	
考试时限	30 分钟	题型	单项操作		题分	100 分
成绩		考评员		考评组长	日期	
试题正文	A5000 换流阀 VBE 通信与控制机箱阀避雷器检测板卡更换					
需要说明的问题和要求	（1）要求单人操作。 （2）操作应注意安全，按照标准化作业书的技术安全说明做好安全措施。 （3）操作记录填入操作记录。试验或检修结果填入修试记录					

序号	项目名称	质量要求	满分	扣分标准	扣分原因	得分
1	工具使用及安全措施					
1.1	各种工器具正确使用	熟练正确使用各种工器具	5	未正确使用一次扣 1 分，扣完为止		
1.2	相关安全措施的准备	（1）工作前必须认真检查更换板卡状态，应注意对阀控装置的影响。 （2）在现场屏柜进行工作，防止走错间隔，同时做好检修现场各项安全措施。 （3）更换应按照厂家规定程序进行，佩戴防静电手环。 （4）更换过程中禁止直视光源，必要时戴护目镜。 （5）进入作业现场正确佩戴安全帽，现场作业人员应穿全棉长袖工作服、绝缘鞋	10	未检查板卡状态扣 2 分； 未确认检修间隔扣 2 分； 未佩戴防静电手环扣 2 分； 未佩戴护目镜扣 1 分； 安全帽佩戴不规范扣 1 分； 未穿全棉长袖工作服扣 1 分； 未穿绝缘鞋扣 1 分		
2	板卡更换	（1）确认安全措施，防止空气开关断开错误，导致正常运行的系统电源丢失。 （2）拆除板卡时，记录光纤位置，记录新旧板卡型号、序列号等信息。 （3）拔下故障板卡，并与备品板卡进行比较，确认二者一致，并将新旧板卡设置一致。	60	未断开或错误断开空气开关扣 15 分； 未记录光纤编号、位置等信息扣 15 分； 未正确完成板卡更换扣 30 分		

续表

序号	项目名称	质量要求	满分	扣分标准	扣分原因	得分
2	板卡更换	（4）拔出及插入板卡过程中发生卡涩现象应立刻停止并进行检查，避免用力强行插拔对板卡及卡槽造成损伤。 （5）板卡更换结束后，检查更换板卡上下螺栓是否上紧，板卡背后的光纤是否插紧。 （6）板卡更换结束后，插拔光纤注意光纤过度弯曲。 （7）上电后检查装置机箱指示灯显示正常后台无异常告警信号	60	未记录新、旧板卡编号、序列号扣5分； 未完成把卡插拔扣10分； 未完成光纤恢复扣5分		
3	现场恢复	恢复现场	10	未进行现场恢复扣10分		
4	填写报告					
4.1	修试记录	填写更换记录，包括VBE屏柜编号、VBE机箱编号、故障板卡编号、新装板卡编号	15	每少填写一项扣4分，扣完为止		
合计			100			

Jc2003442017　阀内冷系统氮气稳压系统氮气瓶更换。（100分）

考核知识点：阀冷系统基本操作

难易度：中

技能等级评价专业技能考核操作工作任务书

一、任务名称

阀内冷系统氮气稳压系统氮气瓶更换。

二、适用工种

换流站直流设备检修工（二次）中级工。

三、具体任务

（1）工作状态为阀内冷系统处于自动运行模式。工作内容为阀内冷系统氮气稳压系统氮气瓶更换。

（2）工作任务：对阀内冷系统氮气稳压系统氮气瓶进行更换。

四、工作规范及要求

按要求进行阀内冷系统自动运行模式下对阀内冷系统氮气稳压系统氮气瓶更换。

五、考核及时间要求

本考核操作时间为30分钟，时间到停止考评，包括阀冷系统状态确认和报告整理时间。

技能等级评价专业技能考核操作评分标准

<table>
<tr><td>工种</td><td colspan="6">换流站直流设备检修工（二次）</td><td>评价等级</td><td>中级工</td></tr>
<tr><td>项目模块</td><td colspan="5">二次设备日常维护、检修—阀冷却系统的日常维护、检修</td><td>编号</td><td colspan="2">Jc2003442017</td></tr>
<tr><td>单位</td><td colspan="3"></td><td>准考证号</td><td colspan="2"></td><td>姓名</td><td></td></tr>
<tr><td>考试时限</td><td colspan="2">30分钟</td><td>题型</td><td colspan="3">单项操作</td><td>题分</td><td>100分</td></tr>
<tr><td>成绩</td><td></td><td>考评员</td><td></td><td colspan="2">考评组长</td><td></td><td>日期</td><td></td></tr>
<tr><td>试题正文</td><td colspan="8">阀内冷系统氮气稳压系统氮气瓶更换</td></tr>
<tr><td>需要说明的问题和要求</td><td colspan="8">（1）要求单人操作。
（2）操作应注意安全，按照标准化作业书的技术安全说明做好安全措施。
（3）填写修试记录</td></tr>
</table>

续表

序号	项目名称	质量要求	满分	扣分标准	扣分原因	得分
1	安全措施					
1.1	相关安全措施的准备	（1）核对设备双重名称。 （2）进入作业现场正确佩戴安全帽，现场作业人员应穿全棉长袖工作服、绝缘鞋	20	未核对设备双重名称扣10分； 安全帽佩戴不规范扣4分； 未穿全棉长袖工作服扣3分； 未穿绝缘鞋扣3分		
2	阀冷系统检查					
2.1	阀冷系统关键点检查	对阀内冷系统进行关键点检查，确认无异常后方可进行更换操作。 关键点：阀内冷系统氮气稳压系统氮气瓶压力、阀冷系统告警界面告警信息	20	未检查关键点每项扣 10 分（可口述），扣完为止		
3	氮气瓶更换	正确进行氮气瓶更换： （1）确认需要更换的压力低氮气瓶。 （2）关闭氮气瓶阀门。 （3）关闭氮气瓶对应针型阀。 （4）拆除压力低氮气瓶连接管。 （5）更换满气氮气瓶，重新安装连接管，并将空气瓶进行“空”标记。 （6）打开针型阀及氮气瓶阀门。 （7）确认氮气瓶压力表、减压阀表计数据正常。 （8）使用泡沫水检查连接管道气密性	40	未确认需要更换的压力低氮气瓶，扣5分； 未关闭氮气瓶阀门，扣5分； 未关闭氮气瓶对应针型阀，扣5分； 未拆除压力低氮气瓶连接管，扣5分； 未更换满气氮气瓶，重新安装连接管，并将空气瓶进行“空”标记，扣5分； 未打开针型阀及氮气瓶阀门，扣5分； 未确认氮气瓶压力表、减压阀表计数据正常，扣5分； 未使用泡沫水检查连接管道气密性，扣5分		
4	填写报告					
4.1	修试记录	正确填写更换报告： 报告应包括更换氮气瓶前、后压力，膨胀罐压力、阀门状态、氮气瓶编号	20	根据核对信息酌情扣分		
合计			100			

Jc2003441018 阀外冷系统排污泵启动。（100 分）

考核知识点： 阀冷系统基本操作

难易度： 易

技能等级评价专业技能考核操作工作任务书

一、任务名称

阀外冷系统排污泵启动。

二、适用工种

换流站直流设备检修工（二次）中级工。

三、具体任务

（1）工作状态为阀外冷系统处于手动模式。工作内容为阀外冷系统排污泵启动。

（2）工作任务：开展阀外冷系统排污泵启动。

四、工作规范及要求

按要求进行阀外冷系统手动模式下对阀冷系统阀外冷系统排污泵启动。

五、考核及时间要求

本考核操作时间为 30 分钟，时间到停止考评，包括阀冷系统状态确认和报告整理时间。

技能等级评价专业技能考核操作评分标准

工种	换流站直流设备检修工（二次）					评价等级	中级工
项目模块	二次设备日常维护、检修—阀冷却系统的日常维护、检修				编号	Jc2003441018	
单位			准考证号			姓名	
考试时限	30 分钟		题型	单项操作		题分	100 分
成绩		考评员		考评组长		日期	
试题正文	阀外冷系统排污泵启动						
需要说明的问题和要求	（1）要求单人操作。 （2）操作应注意安全，按照标准化作业书的技术安全说明做好安全措施。 （3）填写操作记录						

序号	项目名称	质量要求	满分	扣分标准	扣分原因	得分
1	安全措施					
1.1	相关安全措施的准备	（1）核对设备双重名称。 （2）进入作业现场正确佩戴安全帽，现场作业人员应穿全棉长袖工作服、绝缘鞋	20	未核对设备双重名称操作扣 10 分； 安全帽佩戴不规范扣 4 分； 未穿全棉长袖工作服扣 3 分； 未穿绝缘鞋扣 3 分		
2	阀冷系统检查					
2.1	阀冷系统关键点检查	对阀外冷系统进行关键点检查，确认无异常后方可进行启动操作。 关键点：阀外冷系统在手动状态、阀外冷系统集污坑内积水液位、排污泵状态、阀外冷系统告警界面告警信息	20	未检查关键点每项扣 5 分（可口述），扣完为止		
3	阀外冷系统排污泵启动	正确进行阀外冷系统排污泵启动： （1）现场确认阀外冷系统集污坑内积水液位满足排污泵启动条件。 （2）在 AP17 阀外冷系统控制屏柜上确认有无相关告警信息。 （3）单击 AP17 阀外冷系统控制屏柜上“集水坑控制”按钮。 （4）在弹出界面输入账号、密码。 （5）单击 P42 或 P43 启动按钮。 （6）观察集污坑液位下降至目标液位后单击停止。 （7）现场确认集污坑液位降低。 （8）单击操作密码退出按钮，并再次确认系统有无异常告警	40	未现场确认阀外冷系统集污坑内积水液位满足排污泵启动条件，扣 5 分； 未在 AP17 阀外冷系统控制屏柜上确认有无相关告警信息，扣 5 分； 未单击 AP17 阀外冷系统控制屏柜上“集水坑控制”按钮，扣 5 分； 未在弹出界面输入账号、密码，扣 5 分； 未能正常启动排污泵，扣 5 分； 未观察集污坑液位下降至目标液位后单击停止，扣 5 分； 未现场确认集污坑液位降低，扣 5 分； 未单击操作密码退出按钮，并再次确认系统有无异常告警，扣 5 分		
4	填写报告					
4.1	操作记录	正确填写启动报告： 报告应包括启动排污泵编号、集污坑液位、是否正常启动、有无告警信号产生等信息	20	根据核对信息酌情扣分		
合计			100			

Jc2003441019　阀外冷系统防冻棚卷帘门关闭操作。（100 分）

考核知识点： 阀冷系统基本操作

难易度： 易

技能等级评价专业技能考核操作工作任务书

一、任务名称

阀外冷系统防冻棚卷帘门关闭操作。

二、适用工种

换流站直流设备检修工（二次）中级工。

三、具体任务

（1）工作状态为阀冷系统处于自动模式。工作内容为阀外冷系统防冻棚卷帘门关闭操作。

（2）工作任务：开展阀外冷系统防冻棚卷帘门关闭操作。

四、工作规范及要求

按要求进行阀冷系统自动模式下对阀外冷系统防冻棚卷帘门关闭操作。

五、考核及时间要求

本考核操作时间为30分钟，时间到停止考评，包括阀冷系统状态确认和报告整理时间。

技能等级评价专业技能考核操作评分标准

工种	换流站直流设备检修工（二次）				评价等级	中级工
项目模块	二次设备日常维护、检修—阀冷却系统的日常维护、检修			编号	Jc2003441019	
单位		准考证号			姓名	
考试时限	30分钟	题型	单项操作		题分	100分
成绩		考评员		考评组长	日期	
试题正文	阀外冷系统防冻棚卷帘门关闭操作					
需要说明的问题和要求	（1）要求单人操作。 （2）操作应注意安全，按照标准化作业书的技术安全说明做好安全措施。 （3）填写操作记录					

序号	项目名称	质量要求	满分	扣分标准	扣分原因	得分
1	安全措施					
1.1	相关安全措施的准备	（1）核对设备双重名称。 （2）进入作业现场正确佩戴安全帽，现场作业人员应穿全棉长袖工作服、绝缘鞋	20	未核对设备双重名称操作扣10分； 安全帽佩戴不规范扣4分； 未穿全棉长袖工作服扣3分； 未穿绝缘鞋扣3分		
2	阀冷系统检查					
2.1	阀冷系统关键点检查	对阀外冷系统进行关键点检查，确认无异常后方可进行启动操作。 关键点：阀冷系统在自动状态、防冻棚卷帘门空气开关在合、进阀温度正常、阀冷系统告警界面告警信息	20	未检查关键点每项扣5分（可口述），扣完为止		
3	阀外冷系统防冻棚卷帘门关闭操作	正确进行阀外冷系统防冻棚卷帘门关闭操作： （1）现场确认防冻棚卷帘门位置正常。 （2）在防冻棚操作开关盒处找到对应卷帘门操作开关。 （3）单击操作开关“下”按键。 （4）手放置于操作开关急停按钮上，若卷帘门发生异常情况及时进行停止。 （5）待关闭到指定位置时，对卷帘门进行进一步检查，确认状态正常。 （6）检查阀冷系统控制界面进阀温度有无变化	40	未现场确认防冻棚卷帘门位置正常，扣5分； 未在防冻棚操作开关盒处找到对应卷帘门操作开关，扣5分； 未单击操作开关“下”按键，扣5分； 未将手放置于操作开关急停按钮上，扣5分； 若卷帘门发生异常情况未能及时进行停止，扣5分； 未待关闭到指定位置时，对卷帘门进行进一步检查，确认状态正常，扣5分； 未检查阀冷系统控制界面进阀温度有无变化，扣10分		
4	填写报告					
4.1	操作记录	正确填写启动报告： 报告应包括关闭卷帘门位置、关闭前后进阀温度变化、是否正常关闭、有无告警信号产生等信息	20	根据核对信息酌情扣分		
合计			100			

Jc2003452020　阀外冷系统防冻棚卷帘门关闭操作（含故障）。（100 分）

考核知识点：阀冷系统基本操作

难易度：中

技能等级评价专业技能考核操作工作任务书

一、任务名称

阀外冷系统防冻棚卷帘门关闭操作（含故障）。

二、适用工种

换流站直流设备检修工（二次）中级工。

三、具体任务

（1）工作状态为阀冷系统处于自动模式。工作内容为阀外冷系统防冻棚卷帘门关闭操作（含故障）。

（2）工作任务：开展阀外冷系统防冻棚卷帘门关闭操作（含故障）。

四、工作规范及要求

按要求在阀冷系统自动模式下对阀外冷系统防冻棚卷帘门关闭操作（含故障）。

五、考核及时间要求

本考核操作时间为 30 分钟，时间到停止考评，包括阀冷系统状态确认和报告整理时间。

技能等级评价专业技能考核操作评分标准

工种	换流站直流设备检修工（二次）				评价等级	中级工
项目模块	二次设备日常维护、检修—阀冷却系统的日常维护、检修			编号	Jc2003452020	
单位		准考证号			姓名	
考试时限	30 分钟	题型	单项操作		题分	100 分
成绩	考评员		考评组长		日期	
试题正文	阀外冷系统防冻棚卷帘门关闭操作（含故障）					
需要说明的问题和要求	（1）要求单人操作。 （2）操作应注意安全，按照标准化作业书的技术安全说明做好安全措施。 （3）填写操作记录					

序号	项目名称	质量要求	满分	扣分标准	扣分原因	得分
1	安全措施					
1.1	相关安全措施的准备	（1）核对设备双重名称。 （2）进入作业现场正确佩戴安全帽，现场作业人员应穿全棉长袖工作服、绝缘鞋	20	未核对设备双重名称操作扣 10 分； 安全帽佩戴不规范扣 4 分； 未穿全棉长袖工作服扣 3 分； 未穿绝缘鞋扣 3 分		
2	阀冷系统检查					
2.1	阀冷系统关键点检查	对阀外冷系统进行关键点检查，确认无异常后方可进行启动操作。 关键点：阀冷系统在自动状态、防冻棚卷帘门空开在合、进阀温度正常、阀冷系统告警界面告警信息	20	未检查关键点每项扣 5 分（可口述），扣完为止		
3	阀外冷系统防冻棚卷帘门关闭操作	正确进行阀外冷系统防冻棚卷帘门关闭操作： （1）现场确认防冻棚卷帘门位置正常。 （2）在防冻棚操作开关盒处找到对应卷帘门操作开关。 （3）单击操作开关“下”按键。 （4）手放置于操作开关急停按钮上，若卷帘门发生异常情况及时进行停止。	20	未现场确认防冻棚卷帘门位置正常，扣 5 分； 未在防冻棚操作开关盒处找到对应卷帘门操作开关，扣 5 分； 未单击操作开关“下”按键，扣 5 分； 未将手放置于操作开关急停按钮上，扣 5 分；		

续表

序号	项目名称	质量要求	满分	扣分标准	扣分原因	得分
3	阀外冷系统防冻棚卷帘门关闭操作	（5）待关闭到指定位置时，对卷帘门进行进一步检查，确认状态正常。 （6）检查阀冷系统控制界面进阀温度有无变化	20	若卷帘门发生异常情况未能及时进行停止，扣5分； 未待关闭到指定位置时，对卷帘门进行进一步检查，确认状态正常，扣5分； 未检查阀冷系统控制界面进阀温度有无变化，扣10分		
4	故障排查					
4.1	故障查找	正确进行故障查找： 故障1：卷帘门上级电源未合； 故障2：电机电源线虚接	10	未查找出故障每个扣5分，扣完为止		
4.2	故障排除	正确进行故障排除	10	未正确排除故障每个扣5分，扣完为止		
5	填写报告					
5.1	操作记录	正确填写启动报告： 报告应包括关闭卷帘门位置、关闭前后进阀温度变化、是否正常关闭、发现的故障及处理措施、有无告警信号产生等信息	20	根据核对信息酌情扣分		
合计			100			

Jc2003441021　阀外冷系统空冷散热器换热管束除污（停运状态）。（100分）

考核知识点：阀冷系统基本操作

难易度：易

技能等级评价专业技能考核操作工作任务书

一、任务名称

阀外冷系统空冷散热器换热管束除污（停运状态）。

二、适用工种

换流站直流设备检修工（二次）中级工。

二、具体任务

（1）工作状态为阀冷系统处于停运模式。工作内容为阀外冷系统空冷散热器换热管束除污。

（2）工作任务：对阀外冷系统空冷散热器换热管束进行除污。

四、工作规范及要求

按要求进行阀冷系统停运模式下对阀外冷系统空冷散热器换热管束除污。

五、考核及时间要求

本考核操作时间为30分钟，时间到停止考评，包括阀冷系统状态确认和报告整理时间。

技能等级评价专业技能考核操作评分标准

<table>
<tr><td>工种</td><td colspan="5">换流站直流设备检修工（二次）</td><td>评价等级</td><td>中级工</td></tr>
<tr><td>项目模块</td><td colspan="4">缺陷处理与事故分析—缺陷处理</td><td>编号</td><td colspan="2">Jc2003441021</td></tr>
<tr><td>单位</td><td colspan="2"></td><td>准考证号</td><td colspan="2"></td><td>姓名</td><td></td></tr>
<tr><td>考试时限</td><td>30分钟</td><td>题型</td><td colspan="3">单项操作</td><td>题分</td><td>100分</td></tr>
<tr><td>成绩</td><td></td><td>考评员</td><td></td><td>考评组长</td><td></td><td>日期</td><td></td></tr>
<tr><td>试题正文</td><td colspan="7">阀外冷系统空冷散热器换热管束除污（停运状态）</td></tr>
</table>

续表

需要说明的问题和要求	（1）要求单人进行操作。 （2）操作应注意安全，按照标准化作业书的技术安全说明做好安全措施。 （3）填写修试记录					
序号	项目名称	质量要求	满分	扣分标准	扣分原因	得分
1	安全措施					
1.1	相关安全措施的准备	（1）核对设备双重名称。 （2）进入作业现场正确佩戴安全帽，现场作业人员应穿全棉长袖工作服、绝缘鞋	20	未核对设备双重名称操作扣 10 分； 安全帽佩戴不规范扣 4 分； 未穿全棉长袖工作服扣 3 分； 未穿绝缘鞋扣 3 分		
2	阀冷系统检查					
2.1	阀冷系统关键点检查	对阀外冷系统进行关键点检查，确认无异常后方可进行更换操作。 关键点：阀冷系统在停运状态、冷却器在停止状态、阀冷系统告警界面告警信息	20	未检查关键点每项扣 5 分（可口述），扣完为止		
3	阀外冷系统空冷散热器换热管束除污	正确进行阀外冷系统空冷散热器换热管束除污： （1）断开该组换热管束电源。 （2）风机就地安全开关置于关位。 （3）距离设备 200～300mm 处，按气流的相反方向进行清洗。清洗时从中间开始，再扩散至四周，喷头尽可能与翅片垂直，最大角度不超±5°，以防止翅片弯曲。 （4）恢复该组换热管束电源及风机安全开关	40	未断开该组换热管束电源，扣 10 分； 未断开风机就地安全开关，扣 10 分； 未距离设备 200～300mm 处，按气流的相反方向进行清洗。清洗时从中间开始，再扩散至四周，喷头尽可能与翅片垂直，若最大角度超过±5°，扣 10 分； 未恢复该组换热管束电源及风机安全开关，扣 10 分		
4	填写报告					
4.1	修试记录	正确填写更换报告： 报告应包括冲洗的换热管束编号、冲洗结果、恢复后电源及安全开关状态等信息	20	根据核对信息酌情扣分		
合计			100			

Jc2003441022　阀内冷系统补水过滤器清洗。（100 分）

考核知识点：阀内冷系统补水过滤器清洗

难易度：易

技能等级评价专业技能考核操作工作任务书

一、任务名称

阀内冷系统补水过滤器清洗。

二、适用工种

换流站直流设备检修工（二次）中级工。

三、具体任务

（1）工作状态为阀冷系统运行，补水过滤器 Z21 运行。工作内容为补水过滤器 Z21 清洗维护。如图 Jc2003441022 所示。

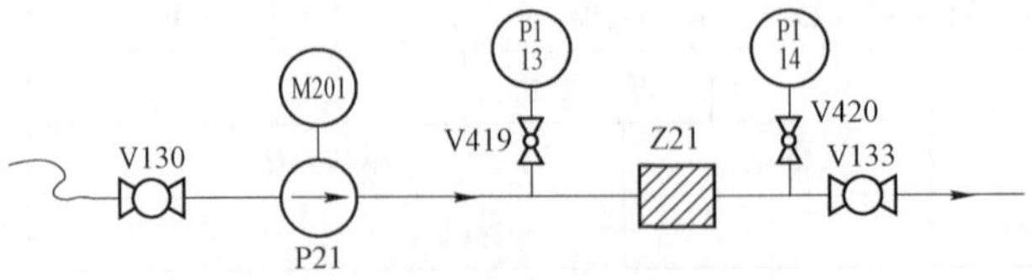

图 Jc2003441022

（2）工作任务：进行补水过滤器 Z21 清洗，更换步骤应符合要求，确保设备正常稳定运行。

四、工作规范及要求

熟悉阀冷系统补水过滤器更换的方法，熟练使用仪器仪表及工器具。

五、考核及时间要求

本考核操作时间为 30 分钟，时间到停止考评。

技能等级评价专业技能考核操作评分标准

工种	换流站直流设备检修工（二次）			评价等级	中级工
项目模块	二次设备日常维护、检修—阀冷却系统的日常维护、检修		编号	Jc2003441022	
单位		准考证号		姓名	
考试时限	30 分钟	题型	单项操作	题分	100 分
成绩		考评员	考评组长		日期
试题正文	阀内冷系统补水过滤器清洗				
需要说明的问题和要求	（1）要求单人操作。 （2）操作应注意安全，按照标准化作业书的技术安全说明做好安全措施。 （3）填写修试记录				

序号	项目名称	质量要求	满分	扣分标准	扣分原因	得分
1	工具使用及安全措施					
1.1	相关安全措施的准备	（1）核对设备双重名称。 （2）进入作业现场正确佩戴安全帽，现场作业人员应穿全棉长袖工作服、绝缘鞋	20	未核对设备扣 10 分； 安全帽佩戴不规范扣 4 分； 未穿全棉长袖工作服扣 3 分； 未穿绝缘鞋扣 3 分		
2	补水过滤器清洗更换	（1）关闭阀门 V133，用活动扳手拆卸补水过滤器。 （2）取出滤芯，清理并检查件其内部的异物。 （3）恢复滤芯，紧固好补水过滤器，保证连接处严密无渗漏	60	按照步骤开展，每少一步扣 20 分，扣完为止		
3	恢复现场并填写报告					
3.1	观察设备运行无异常后，恢复现场，填写修试记录	（1）开启 V133，恢复运行，并确认无渗漏现象。 （2）填写修试记录	20	记录填写不全按比例扣分，总计 15 分； 无检查扣 5 分		
合计			100			

Jc2003441023　阀内冷系统压差表更换。（100 分）

考核知识点： 阀内冷系统压差表更换

难易度： 易

技能等级评价专业技能考核操作工作任务书

一、任务名称

阀内冷系统压差表更换。

二、适用工种

换流站直流设备检修工（二次）中级工。

三、具体任务

（1）工作状态为阀冷系统停运。工作内容为阀内冷系统压差表 dPI01 更换。

（2）工作任务：进行阀内冷却系统压差表 dPI01 更换，更换步骤应符合要求，确保设备正常稳定运行。

四、工作规范及要求

熟悉阀内冷系统压差表更换的方法，熟练使用仪器仪表及工器具。

五、考核及时间要求

本考核操作时间为30分钟，时间到停止考评。

技能等级评价专业技能考核操作评分标准

<table>
<tr><td>工种</td><td colspan="6">换流站直流设备检修工（二次）</td><td>评价等级</td><td>中级工</td></tr>
<tr><td>项目模块</td><td colspan="5">二次设备日常维护、检修—阀冷却系统的日常维护、检修</td><td>编号</td><td colspan="2">Jc2003441023</td></tr>
<tr><td>单位</td><td colspan="3"></td><td>准考证号</td><td colspan="2"></td><td>姓名</td><td></td></tr>
<tr><td>考试时限</td><td colspan="2">30分钟</td><td>题型</td><td colspan="3">单项操作</td><td>题分</td><td>100分</td></tr>
<tr><td>成绩</td><td></td><td>考评员</td><td></td><td colspan="2">考评组长</td><td></td><td>日期</td><td></td></tr>
<tr><td>试题正文</td><td colspan="8">阀内冷系统压差表更换</td></tr>
<tr><td>需要说明的问题和要求</td><td colspan="8">（1）要求单人操作。
（2）操作应注意安全，按照标准化作业书的技术安全说明做好安全措施。
（3）填写修试记录</td></tr>
</table>

序号	项目名称	质量要求	满分	扣分标准	扣分原因	得分
1	工具使用及安全措施					
1.1	相关安全措施的准备	（1）核对设备双重名称。 （2）进入作业现场正确佩戴安全帽，现场作业人员应穿全棉长袖工作服、绝缘鞋	20	未核对设备扣10分； 安全帽佩戴不规范扣4分； 未穿全棉长袖工作服扣3分； 未穿绝缘鞋扣3分		
2	压差表更换	（1）关闭压差表进出口节流阀。 （2）先用一把扳手固定对丝接头的卡位，另一把扳手卡住快速接头螺母的卡位。 （3）逆时针缓慢转动扳手，待对丝接头与快速接头螺母的连接完全松动后，再手动移开要快速接头螺母及$\phi 6$管道。 （4）再用一把扳手卡住转换接头的卡位，另一把扳手卡住压差表卡位。 （5）逆时针缓慢转动扳手，待压差表与转换接头的连接完全松动后，再手动移开压差表。 （6）用扳手拆下压差表上的对丝接头。 （7）清理各接头内螺纹里的生料带。 （8）将新的压差表外螺纹处缠绕生料带	60	按照步骤开展，每少一步扣8分，扣完为止		
3	恢复现场并填写报告					
3.1	观察设备运行无异常后，恢复现场，填写修试记录	（1）安装好压差表后，应保证各连接口无渗漏，再开启节流阀。 （2）填写修试记录	20	记录填写不全按比例扣分，总计15分； 无检查扣5分		
合计			100			

Jc2003441024　阀冷系统数字量输出模块更换。（100分）

考核知识点： 阀冷系统数字量输出模块更换

难易度： 易

技能等级评价专业技能考核操作工作任务书

一、任务名称

阀冷系统数字量输出模块更换。

二、适用工种

换流站直流设备检修工（二次）中级工。

三、具体任务

（1）工作状态为换流阀检修、阀冷系统运行。工作内容为阀冷系统数字量输出模块 Msc1A 更换。

（2）工作任务：对阀冷系统数字量输出模块进行更换，更换步骤应符合要求，确保设备正常稳定运行。

四、工作规范及要求

熟悉阀冷系统数字量输出模块更换的方法，熟练使用仪器仪表及工器具。

五、考核及时间要求

本考核操作时间为 30 分钟，时间到停止考评。

技能等级评价专业技能考核操作评分标准

工种	换流站直流设备检修工（二次）					评价等级	中级工
项目模块	二次设备日常维护、检修—阀冷却系统的日常维护、检修				编号	Jc2003441024	
单位			准考证号			姓名	
考试时限	30 分钟		题型	单项操作		题分	100 分
成绩		考评员		考评组长		日期	
试题正文	阀冷系统数字量输出模块更换						
需要说明的问题和要求	（1）要求单人操作。 （2）操作应注意安全，按照标准化作业书的技术安全说明做好安全措施。 （3）填写修试记录						

序号	项目名称	质量要求	满分	扣分标准	扣分原因	得分
1	工具使用及安全措施					
1.1	相关安全措施的准备	（1）核对设备双重名称。 （2）进入作业现场正确佩戴安全帽，现场作业人员应穿全棉长袖工作服、绝缘鞋	10	未核对设备扣 5 分； 安全帽佩戴不规范扣 2 分； 未穿全棉长袖工作服扣 1 分； 未穿绝缘鞋扣 2 分		
2	数字量输出模块更换					
2.1	断开电源	（1）断开柜内所需更换元器件上级断路器（先断开交流，再断开直流）。 （2）用万用表测量对应元器件端子是否已掉电。 （3）在断开断路器和开关处悬挂“禁止合闸，有人工作”标识牌	30	按照步骤开展，每少一步扣 10 分，扣完为止		
2.2	模块更换	（1）核对备件型号与实物的一致性。 （2）拧松故障数字量输出模块的前连接器固定螺栓，拆下模块前连接器。 （3）拧松故障模块固定螺丝，拆下数字量输出模块。 （4）装上新的数字量输出模块，拧紧模块固定螺栓。 （5）装上前连接器，拧紧前连接器固定螺栓	50	按照步骤开展，每少一步扣 10 分，扣完为止		
3	恢复现场并填写报告					
3.1	观察设备运行无异常后，恢复现场，填写修试记录	（1）恢复相关断路器（先恢复直流，再恢复交流）；观察阀冷系统运行无异常，信号输出正常。清理现场。 （2）填写修试记录	10	记录填写不全按比例扣分，总计 10 分； 无检查扣 5 分		
合计			100			

Jc2003442025　阀内冷系统多功能仪表更换。(100分)

考核知识点：阀内冷系统多功能仪表更换

难易度：中

技能等级评价专业技能考核操作工作任务书

一、任务名称

阀内冷系统多功能仪表更换。

二、适用工种

换流站直流设备检修工（二次）中级工。

三、具体任务

（1）工作状态为换流阀检修、阀内冷系统运行。工作内容为阀内冷系统多功能仪表更换。

（2）工作任务：对阀内冷系统多功能仪表进行更换，更换步骤应符合要求，确保设备正常稳定运行。

四、工作规范及要求

熟悉阀内冷系统多功能仪表更换的方法，熟练使用仪器仪表及工器具。

五、考核及时间要求

本考核操作时间为30分钟，时间到停止考评。

技能等级评价专业技能考核操作评分标准

工种	换流站直流设备检修工（二次）					评价等级	中级工
项目模块	二次设备日常维护、检修—阀冷却系统的日常维护、检修				编号	Jc2003442025	
单位			准考证号			姓名	
考试时限	30分钟		题型	单项操作		题分	100分
成绩		考评员		考评组长		日期	
试题正文	阀内冷系统多功能仪表更换						
需要说明的问题和要求	（1）要求单人操作。 （2）操作应注意安全，按照标准化作业书的技术安全说明做好安全措施。 （3）填写修试记录						

序号	项目名称	质量要求	满分	扣分标准	扣分原因	得分
1	工具使用及安全措施					
1.1	相关安全措施的准备	（1）核对设备双重名称。 （2）进入作业现场正确佩戴安全帽，现场作业人员应穿全棉长袖工作服、绝缘鞋	10	未核对设备扣5分； 安全帽佩戴不规范扣2分； 未穿全棉长袖工作服扣1分； 未穿绝缘鞋扣2分		
2	多功能仪表更换	（1）断开柜内多功能仪表上级断路器，并用万用表测量对应元器件端子已掉电。 （2）核对备件型号与故障设备型号一致。 （3）记录所需拆卸或更换导线及其端子位置。 （4）将多功能仪表上所接导线依次拆下，并用绝缘胶带包好。 （5）小心更换多功能仪表，保证元器件安装稳固。 （6）按之前记录的位置依次接上仪表接线并依次试验每根导线是否连接稳固。 （7）恢复相关断路器	70	按照步骤开展，每少一步扣9分，扣完为止		

续表

序号	项目名称	质量要求	满分	扣分标准	扣分原因	得分
3	恢复现场并填写报告					
3.1	观察设备运行无异常后，恢复现场，填写修试记录	（1）检查所更换多功能仪表功能正常并清理工作现场。 （2）填写修试记录	20	记录填写不全按比例扣分，总计15分； 无检查扣5分		
合计			100			

Jc2003441026 阀内冷系统轴承箱注油。（100分）

考核知识点：阀内冷系统轴承箱注油

难易度：易

技能等级评价专业技能考核操作工作任务书

一、任务名称

阀内冷系统轴承箱注油。

二、适用工种

换流站直流设备检修工（二次）中级工。

三、具体任务

（1）工作状态为阀内冷系统检修。工作内容为阀内冷系统轴承箱注油。

（2）工作任务：阀内冷系统轴承箱注油，注油步骤应符合要求，确保设备正常稳定运行。

四、工作规范及要求

熟悉阀内冷系统轴承箱注油的方法，熟练使用仪器仪表及工器具。

五、考核及时间要求

本考核操作时间为30分钟，时间到停止考评。

技能等级评价专业技能考核操作评分标准

工种	换流站直流设备检修工（二次）				评价等级	中级工
项目模块	二次设备日常维护、检修—阀冷却系统的日常维护、检修			编号	Jc2003441026	
单位			准考证号		姓名	
考试时限	30分钟	题型	单项操作		题分	100分
成绩		考评员	考评组长		日期	
试题正文	阀内冷系统轴承箱注油					
需要说明的问题和要求	（1）要求单人操作。 （2）操作应注意安全，按照标准化作业书的技术安全说明做好安全措施。 （3）填写修试记录					

序号	项目名称	质量要求	满分	扣分标准	扣分原因	得分
1	工具使用及安全措施					
1.1	相关安全措施的准备	（1）核对设备双重名称。 （2）进入作业现场正确佩戴安全帽，现场作业人员应穿全棉长袖工作服、绝缘鞋	30	未核对设备扣15分； 安全帽佩戴不规范扣5分； 未穿全棉长袖工作服扣5分； 未穿绝缘鞋扣5分		

续表

序号	项目名称	质量要求	满分	扣分标准	扣分原因	得分
2	轴承箱注油	（1）打开轴承箱顶部注油孔，掰开油杯使其能观察到与轴承箱连接孔。 （2）从注油孔缓缓注油至油杯内与轴承箱连接孔处出现润滑油，此时可保证轴承箱内的油位高度在轴承最下面滚珠的 1/3 处。 （3）向外轻掰油杯，使油杯反转，向玻璃罩内注油至 1/3～2/3（油杯刻有刻度线）。 （4）将注满润滑油的油杯迅速倒扣	50	按照步骤开展，每少一步扣 13 分，扣完为止		
3	恢复现场并填写报告					
3.1	观察设备运行无异常后，恢复现场，填写修试记录	（1）检查油杯无渗漏。清理工作现场。 （2）填写修试记录	20	记录填写不全按比例扣分，总计 15 分； 无检查扣 5 分		
合计			100			

第三部分 高级工

第五章　换流站直流设备检修工（二次）高级工技能笔答

Jb2001322001　画出保护“三取二”逻辑图。（5 分）

考核知识点：直流控制保护基本原理

难易度：中

标准答案：

保护“三取二”逻辑图如图 Jb2001322001 所示。

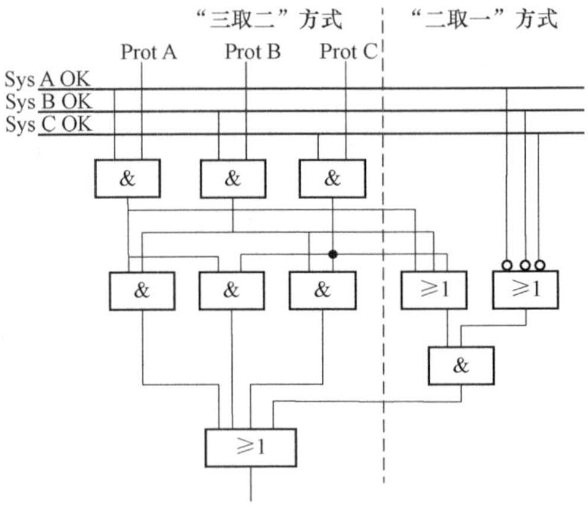

图 Jb2001322001

Jb2001332002　为什么要设置最小触发角控制？（5 分）

考核知识点：直流输电基本原理

难易度：中

标准答案：

晶闸管导通的条件：① 阳极和阴极间有正向电压；② 控制极上加有足够强度的触发脉冲。晶闸管阀的导通条件也一样，只不过晶闸管阀一般是由数十个至上百个晶闸管串联构成。如果在控制极加上触发脉冲的时刻，施加在它上面的正向电压太低，会导致各晶闸管导通的同时性变差，对阀的均压不利。最小触发角控制就是为解决这一问题而设的。绝大多数直流输电工程采用的最小触发角都是 5°。

Jb2001332003　电流裕度控制特性是什么？（5 分）

考核知识点：直流输电基本原理

难易度：中

标准答案：

正常运行时，以整流侧定电流，逆变侧定关断角或定直流电压运行特性工作。当整流侧交流电压降低或逆变侧交流电压升高很多，使整流器进入最小触发角限制时，直流电流小于稳态值 0.1 标幺值，逆变器将自动转为定直流电流控制。这种整流器和逆变器控制特性的组合，就是电流裕度控制特性。

Jb2001332004　换相失败的特征有哪些？（5 分）

考核知识点： 直流输电基本原理

难易度： 中

标准答案：

（1）关断角小于换流阀恢复阻断能力的时间（大功率晶闸管约 0.4ms）。

（2）6 脉动逆变器的直流电压在一定时间下降到零。

（3）直流电流短时增大。

（4）交流侧短时开路，电流减小。

（5）基波分量进入直流系统。

Jb2001332005　投旁通对的定义及策略是什么？（5 分）

考核知识点： 直流控制保护基本原理

难易度： 中

标准答案：

同时触发 6 脉动换流器接在交流同一相上的一对换流阀，称为投旁通对。投旁通对的一种策略是：当收到投入旁通对命令时，保持最后导通的那个阀的触发脉冲，同时发出与其同一相的另一阀的触发脉冲，闭锁其他阀的触发脉冲。

Jb2001332006　什么是无功控制的最大交流电压控制功能？（5 分）

考核知识点： 直流控制保护基本原理

难易度： 中

标准答案：

最大交流电压监视交流母线稳态电压。如果电压在一定时间内超出了最大限值，无功功率控制满足绝对最小滤波器组数的前提下，将通过连续切除滤波器来阻止电压的继续升高。通过切除滤器，RPC 便可以在保护允许的范围里保持稳态交流电压，以防止过压保护动作。如果多投入一组波器就将使电压超过最大限值，最大交流电压控制功能可阻止投入更多的滤波器。

Jb2001333007　简单描述系统出现紧急故障时的故障响应方式。（5 分）

考核知识点： 直流控制保护基本原理

难易度： 难

标准答案：

当 Active 系统发生紧急故障时，如果另一系统处于 Standby 状态，则系统切换，先前 Active 的系统进入 Service 状态，如果系统故障消失，则系统可以恢复到 Standby 状态，如果要对该系统作必要的检修，可以将系统切换至 Test 状态后进行，检修完毕后再重新投入到 Service 状态。

当 Active 系统发生紧急故障时，如果另一系统不可用，则闭锁两端换流阀，跳换流变进线断路器。

当 Standby 系统发生紧急故障时，Standby 系统应退出 Standby 状态，进入 Service 状态，如果系统故障消失，则系统可以恢复到 Standby 状态，如果要对该系统作必要的检修，可以将系统切换至 Test 状态后进行，检修完毕后再重新投入到 Service 状态。

Jb2001332008　换流变压器分接头的角度控制与电压控制相比，有什么优缺点？（5 分）

考核知识点： 直流输电基本原理

难易度： 中

标准答案：

角度控制与电压控制相比，其优点是换流器在各种运行工况下都能够保持较高的功率因数，即输送同样的直流功率，换流器吸收的无功功率较少；其缺点是分接头动作次数较频繁，因而检修周期较短，分接头调压范围也要求宽些。

Jb2001332009　直流分压器二次回路、光纤（若有）及板卡检修、更换的关键工艺质量的控制要求是什么？（5分）

考核知识点：直流分压器检修关键工艺质量控制要求

难易度：中

标准答案：

（1）拆除光纤和二次接线时应做好标记。

（2）利用光纤专用工具，确认满足衰耗技术要求；对接头进行清洁、打磨，必要时进行更换处理。

（3）结合控制系统光监视功能，对光参数进行检查，应使其满足技术要求。

（4）按照技术文件修改相关参数，使其满足板卡正常运行要求。

（5）处理完毕后，将主机上电，参数全部正常后，则可将对应的直流保护主机恢复至“运行”状态。

Jb2001332010　《国家电网有限公司防止直流换流站事故措施及释义》极或阀组控制系统与阀内水冷控制系统应采用标准化接口设计，如何配置？（5分）

考核知识点：控制系统与阀内水冷系统的标准化接口要求

难易度：中

标准答案：

（1）极控制系统与水冷控制系统之间应交叉连接。

（2）运行、备用的极控制系统均接收水冷控制系统的闭锁指令，由运行系统出口。

（3）水冷控制系统同时接收运行、备用极控制系统的指令，仅执行运行系统的控制功能。

（4）水冷控制系统应在同时收到直流控制系统的闭锁信号和阀冷请求停运指令后，才可停运主泵。

Jb2001332011　简述直流极母线故障特征。（5分）

考核知识点：直流控制保护基本原理

难易度：中

标准答案：

直流极母线故障主要指接在母线上的直流场设备发生对地闪络故障，其故障机理是，在整流站像是换流器直流出口对地短路，在逆变站像是直流线路末端对地短路，在换流站直流开关场中，通常极母线两端设置有直流电流检测装置，其中的极母线对地短路，将反映在两端测量的电流差值中。极母线上连接的各种装置，一般都有自己的专门保护。对于一些对直流系统运行没有直接影响的辅助设备，如发生非接地性故障时，其直流电压和电流基本不变。

Jb2001331012　换流站控制保护系统安全防护策略应严格遵守《电力二次系统安全防护规定》（电监会5号令），坚持什么原则？（5分）

考核知识点：规程规定

难易度：易

标准答案：

安全分区、网络专用、横向隔离、纵向认证。

Jb2001332013　《国家电网有限公司直流换流站检修管理规定　第13分册：直流控制保护系统检修细则》中规定CPU负载率检查注意事项和关键工艺质量控制有哪些？（5分）

考核知识点：检修细则

难易度：中

标准答案：

（1）安全注意事项。

1）检查过程中应避免误关闭运行进程，误关闭或重启主机。

2）使用数据线连接设备时，应佩戴防静电手腕，并设专人监护，防止修改错程序数值或链接。

（2）关键工艺质量控制。

1）检查时应先核对目标主机与实际主机一致。

2）先检查备用系统，确认备用可用后，再检查值班系统。

3）远程登录目标主机检查负荷率应检查IP、主机名正确。

4）根据厂家要求和说明书检查相应设备的负载率，并进行横向、纵向对比。

Jb2001332014　极保护区域有哪些？（5分）

考核知识点：直流控制保护基本原理

难易度：中

标准答案：

（1）极母线保护区域：指从12脉动换流阀高压侧直流电流测量装置至直流出线上的直流电流测量装置之间的设备，不包括直流滤波器设备。

（2）直流线路区域：指两换流站直流出线上的直流电流互感器之间的直流导线和所有设备。

（3）极中性母线保护区域：指从12脉动换流阀低压侧直流电流测量装置至极中性母线电流测量装置之间的区域。

（4）直流滤波器保护区域：包括直流滤波器高、低压侧之间的所有设备。

Jb2001332015　请说明光纤双端测试法和单端测试法的检测原理。（5分）

考核知识点：光纤测试

难易度：中

标准答案：

（1）双端测试法：通过在被测光纤两端分别接连光源和光功率计，选择与光纤匹配的波长，测试光纤两端光功率的差值，计算光纤的衰耗值。

（2）单端测试法：单端测试法是一个用于确定光纤与光网络特性的光纤测试，能够仅由光纤的一端获得完整的光纤特性，光纤时间区域反射仪（OTDR）的分辨力在4～40cm之间，基本原理是利用导入光与反射光的时间差来测定距离，准确判定故障的位置。光纤时间区域反射仪将探测脉冲注入光纤，在反射光的基础上估计光纤长度。单端测试法适用于故障定位。

Jb2001331016　《国家电网有限公司直流换流站验收管理规定》中对于直流分压器出厂验收时，对于频率响应试验和暂态响应试验有什么要求？（5分）

考核知识点：验收分类

难易度：易

标准答案：

（1）频率响应试验：在50～1200Hz频率范围内，对于有效值为额定一次电压的交流电压，直流电子式电压互感器的误差应小于5%。

（2）暂态响应试验：在直流电压测量装置的高压端施加测量范围10%以上的一个阶跃电压，在输出端测量暂态响应特性，响应时间不大于250μs。

Jb2001332017　直流线路故障再启动功能的作用和过程是什么？（5分）

考核知识点：直流控制保护基本原理

难易度：中

标准答案：

直流系统设计自动再启动功能的作用在于直流输电架空线路发生瞬时故障后，能够快速的恢复送电。通常直流输电系统的自动再启动过程为：当直流保护系统检测到直流线路瞬时故障后，整流器的触发角立即移相大于90°，使整流器转变为逆变器运行。当直流电流降到零后，再按照一定的速度减小整流器触发角，使其恢复整流运行，并快速调整直流电压和电流至故障前状态，相当于交流输电线路的重合闸功能。

Jb2001331018　《国家电网有限公司十八项电网重大反事故措施》中对直流控制保护系统功能有什么要求？（5分）

考核知识点：控制系统的功能要求

难易度：易

标准答案：

直流控制保护系统应具备完善、全面的自检功能，自检到主机、板卡、总线、测量等故障时应根据故障级别进行报警、系统切换、退出运行、停运直流系统等操作，且给出准确的故障信息。直流保护系统检测到测量异常时应可靠退出相关保护功能，测量恢复正常后应确保保护出口复归再投入相关保护功能，防止保护不正确动作。

Jb2001333019　简述Retard指令与Orderdown指令的区别。（5分）

考核知识点：直流控制保护基本原理

难易度：难

标准答案：

Retard指令通常由整流侧给出。通常情况下，触发角工作在150°，Retard意思是一旦指令发出，下一个控制脉冲将会比前一个脉冲延迟。这将增加触发角直到处于完全逆变的模式。Retard将会反转整流器的电压极性，从而释放直流电流。逆变侧也进行同样的动作以加快直流电流的释放。当Retard指令发出后，电流控制放大器将被指令电流和测量电流之间的差值强行拉回到正常运行的状态。

Orderdown在直流线路发生接地故障时使用，其功能与Retard基本相同，不过指令产生后动作行为不一样。当orderdown指令发出后，换流阀就进入到重新启动的模式。为了加速重启时间，重启指令将通过电流控制放大器（CCA）迅速将触发角较小到整流的角度范围内。系统强行将换流阀拉回到整流区域的时间很短（＜5ms），CCA通过保持这样一段较短的时间，就可以在故障清除后躲过可能存在的过电流。

Jb2001332020　控制系统的故障等级有哪些，如何定义？（5分）

考核知识点：控制系统的故障定义

难易度：中

标准答案：

控制设备故障等级定义为轻微故障，严重故障和紧急故障。

轻微故障是指不会对正常功率输送产生危害的故障，因此轻微故障不会引起任何控制功能的不可用；发生严重故障的系统在另一系统可用（处于 Active 或者 Standby 状态）的情况下应退出运行，若另一系统不可用（不是处在 Active 或者 Standby 状态），则该系统还可以继续维持直流系统的运行；发生紧急故障的系统将无法继续控制直流系统的正常运行。当两个系统处于相同故障等级的情况下，系统不发生切换。

Jb2001332021 简述电流平衡控制的基本原理及其主要功能。（5 分）

考核知识点：直流输电基本原理

难易度：中

标准答案：

电流平衡控制是为了平衡两极实际电流并且补偿每个极电流参考值的累积错误而设置的，它尽可能地使接地极电流最小。这个功能使用一个带有限制值的闭环积分控制器来完成。它只有在两极都运行于双功率控制模式；两极均解锁并且没有空载升压的情况下；在整流侧的极 1 有效。当极间功率转移有效时，该功能被禁止。

Jb2001333022 简述中性母线故障特征。（5 分）

考核知识点：直流控制保护基本原理

难易度：难

标准答案：

（1）直流中性母线故障主要指接在中性线上的直流设备发生的对地短路，其故障机理像是换流器直流中性点对地短路，双极中性母线故障像是接地极引线对地短路。

（2）由于中性母线处于地电位，短路支路与原接地线并联来分配直流电流，如果直流电流较小或短路阻抗较大，那么电流差值可能很小。同样，对于一些直流系统运行没有直接影响的辅助设备，发生非接地性故障时，直流电压和电流基本不变。

Jb2001331023 在什么情况下本体重瓦斯保护应临时改投信号或退出相应保护？（5 分）

考核知识点：重瓦斯信号的投退要求

难易度：易

标准答案：

（1）换流变压器、平抗运行中滤油、补油或更换潜油泵时。

（2）本体重瓦斯二次保护回路工作时。

（3）在气体继电器采集气样或油样时。

Jb2001332024 在防止直流控制系统故障中，在新工程的设备采购技术协议谈判、图纸审查、安装调试、验收阶段，各相关单位应按哪些要求开展工作？（5 分）

考核知识点：防止直流控制系统故障的要求

难易度：中

标准答案：

（1）认真核查控制主机、测量回路及电源的配置情况是否满足完全冗余的双重化要求。

（2）要在调试时模拟不同等级的故障，验证控制系统故障后动作策略是否正确。

（3）要在调试时通过断开极控制系统与智能子系统间的通信连接线、关闭电源等方式验证监测功能切换逻辑是否正确。

Jb2001332025　在防止直流控制系统故障中，在运行阶段，运维单位应加强直流控制系统管理，重点要求有哪些？（5分）

考核知识点：防止直流控制系统故障的运行管理要求

难易度：中

标准答案：

（1）应加强巡视，对于发生的故障报警及异常信号，应查明原因，尽快处理。

（2）一套控制系统退出时应尽快进行处理，减少无备用系统运行时间。

（3）应合理安排控制系统停电检修和缺陷处理，一套系统退出运行前必须确保另一系统完好可用。

Jb2001332026　在防止控制保护软件错误中，当与换流变压器相连的交流场用3/2断路器接线方式时，“中开关”应按照哪些原则设置？（5分）

考核知识点：中开关联锁逻辑的设计要求

难易度：中

标准答案：

（1）当换流变压器与交流线路共串，若出现两个边开关跳开，仅“中开关”运行时，将造成对应直流单极无交流滤波器，应立即闭锁相应极或阀组。

（2）当换流变压器与交流滤波器共串，若出现两个边开关跳开，仅“中开关”运行时，将造成对应单极无法正常换相，应立即闭锁相应极或阀组。

（3）当交流滤波器与交流线路共串，出现两个边开关跳开，仅“中开关”运行时，将造成交流滤波器与交流线路直接相连，应立即跳开中开关。

Jb2001332027　简单描述阀误触发保护。（5分）

考核知识点：直流控制保护基本原理

难易度：中

标准答案：

阀误触发保护作为控制脉冲发生器（CPG）的一部分，除了保护功能外还有很强的监视功能，监测在控制脉冲发生器（CPG）和阀控（VCU）之间的通信故障。该功能通过比较送到VCU的CP与从VCU发出的FP来检测无触发或误触发。如果收到CP时，FP还没有收到，判定不触发；如果FP在CP脉冲间隔外则判定误触发。严禁擅自远程修改在线运行的控制保护定值。

Jb2001332028　直流系统的紧急停运功能是怎样实现的？（5分）

考核知识点：直流输电基本原理

难易度：中

标准答案：

当直流系统发生故障时，为了尽快消除故障点的直流电弧，保护直流输电设备，需要为直流系统设计紧急停运功能，其实现原理是将整流器的触发角α迅速地移相至120°～150°之间，使得换流器转变为逆变器运行，让直流系统内的能量能够快速送回交流系统。当直流电流降至零时，将两端换流器的触发脉冲分别闭锁。接着根据保护动作策略跳开对应换流变压器网侧交流开关，实现交直流系统的隔离。

Jb2001331029　《国家电网有限公司防止直流换流站事故措施及释义》中软件置位有什么要求？（5分）

考核知识点：软件置位的管理要求

难易度：易

标准答案：

原则上禁止通过软件置位开展试验和调试工作，确因工作需要需对软件进行置位时，应深入开展危险点分析和风险预控，并经省公司运检部签字确认，防止因置位导致运行极或阀组误闭锁。

Jb2001331030　《国家电网有限公司防止直流换流站事故措施及释义》中对接入设备有什么要求？（5分）

考核知识点：外部存储设备的接入要求

难易度：易

标准答案：

直流控制保护系统严禁接入任何未经安全检查和许可的各类网络终端和存储设备。

严禁控制保护厂家人员在工作负责人未监管的情况下使用工程师工作站。现场拷贝直流控制保护系统软件及故障录波数据时，应采用空白光盘进行刻录。

Jb2001331031　《国家电网有限公司十八项电网重大反事故措施》中对跳闸回路继电器动作电压和功率什么要求？（5分）

考核知识点：跳闸继电器的要求

难易度：易

标准答案：

所有跳闸回路上的触点均应采用动合触点。跳闸回路出口继电器及用于保护判据的信号继电器动作电压应在额定直流电源电压55%～70%范围内，动作功率不宜低于5W。

Jb2002332032　换流阀竣工验收中“阀塔通流回路”有哪些验收标准？（5分）

考核知识点：阀塔通流回路验收标准

难易度：中

标准答案：

（1）检查阀塔内所有紧固螺栓力矩合格，力矩标识线清晰。

（2）连接可靠且接触良好，无变形、无变色、无锈蚀、无破损、无发热、无闪络。

（3）用专用工具检查晶闸管组件连接母线、阀电抗器连接母线无异常。

（4）回路接头直流电阻不应超过10μΩ。

Jb2002331033　阀控系统启动验收有哪些项目？（5分）

考核知识点：阀控系统启动验收项目

难易度：易

标准答案：

（1）外观验收。

（2）红外成像。

（3）运行人员工作站。

（4）端对端系统调试时阀控扰动试验。

（5）端对端系统调试时阀控跳闸试验。

Jb2002333034　阀控系统发生哪些情况时，需停运处理？（5分）

考核知识点：阀控系统故障处置

难易度：难

标准答案：

（1）阀控系统光接收板卡、光发射板卡通道或光纤故障，导致单阀内冗余晶闸管数量不超过1个时。

（2）阀控系统板卡故障，且不具备不停运直流系统进行板卡更换的条件。

（3）冗余阀控系统中的一套故障退出运行，另一套也出现异常无法继续稳定运行时。

Jb2002332035　换流阀交接试验验收中“阀体水冷系统试验”有哪些验收标准？（5分）

考核知识点：阀体水冷系统试验验收标准

难易度：中

标准答案：

（1）应对阀塔水冷系统进行加压试验，在增加水压情况下对水管及接头进行渗、漏水检查；按照额定压力1.25倍施加压力（如制造商有明确要求，按照制造商要求执行）。

（2）如有渗漏情况，处理后需要按照标准重新进行水压试验。

Jb2002331036　换流阀晶闸管极阻尼回路的主要作用？（5分）

考核知识点：晶闸管阻尼回路作用

难易度：易

标准答案：

（1）为TTM提供工作电源。

（2）限制晶闸管关断时的反向恢复电压过冲。

（3）使阀能够耐受正常和非正常负载条件下的应力。

（4）使阀电压在每个晶闸管两端均匀分配。

Jb2002333037　简述阀控系统电源回路设计及功能要求。（5分）

考核知识点：阀控电源回路

难易度：难

标准答案：

（1）每套阀控系统应由两路完全独立的电源同时供电，两路电源经变换器隔离耦合后直接供电，不宜再串接空气开关，一路电源失电，不影响阀控系统的工作。

（2）单系统两路电源失电，不影响另一系统正常运行，不会导致直流闭锁。

（3）阀控系统电源应具有监视报警功能，单路电源中模块故障或外部失压时应提供后台告警。

Jb2002332038　换流阀精益化评价中对阀塔防火有哪些要求？（5分）

考核知识点：阀塔防火设计

难易度：中

标准答案：

（1）换流阀内应采用无油化设计，元器件应采用阻燃性材料。

（2）阀模块应设计有防火隔离措施。

（3）换流阀电容器应采用防爆、阻燃设计。

（4）换流阀应采用全绝缘光缆槽，光缆槽应具有阻燃性或内置防火包，光缆槽内光纤应采用阻燃光缆。

Jb2002331039　换流阀精益化评价中对火灾报警系统有哪些要求？（5分）

考核知识点：火灾报警系统

难易度：易

标准答案：

（1）采用24V接点的传感器，如需扩展接点，应经就地扩展装置进行，避免24V信号电缆过长引起保护误动。

（2）火灾监控主机应采用独立的UPS电源供电。

Jb2002332040　阀控系统启动验收中端对端系统调试时阀控跳闸试验验收标准有哪些？（5分）

考核知识点：阀控跳闸试验验收标准

难易度：中

标准答案：

（1）断开晶闸管回报信号光纤，模拟晶闸管故障，验证单个换流阀内故障晶闸管数量达到定值时的跳闸功能。

（2）断开一个晶闸管触发信号光纤，模拟晶闸管保护性触发，验证单个换流阀内保护性触发数量达到定值时的跳闸功能。

Jb2002332041　换流阀竣工验收中"阀避雷器"有哪些验收标准？（5分）

考核知识点：阀避雷器验收标准

难易度：中

标准答案：

（1）避雷器应清洁无杂物，绝缘子无放电、闪络痕迹，无裂纹和破损。

（2）连接螺栓紧固无松动，各螺栓受力均匀。

（3）阀避雷器及其动作的电子（或光纤）回路检查无异常。

（4）阀避雷器动作计数正常，记录阀避雷器计数器原始动作值。

Jb2002332042　晶闸管换流阀的运行触发角工作范围的优化选择应考虑的因素有哪些？（5分）

考核知识点：触发角工作范围

难易度：中

标准答案：

（1）满足额定负荷、最小负荷和直流降压等各种运行方式的要求。

（2）满足正常启停和事故启停的要求。

（3）满足交流母线电压控制和无功调节控制等要求。

Jb2002333043　简述阀控板卡更换安全注意事项。（5分）

考核知识点：阀控板卡更换

难易度：难

标准答案：

（1）工作前必须认真检查更换板卡状态，应注意对阀控装置的影响。

（2）在现场屏柜进行工作，防止走错间隔，同时做好检修现场各项安全措施。

（3）更换应按照厂家规定程序进行，佩戴防静电手环。

（4）更换过程中禁止直视光源，必要时戴护目镜。

Jb2002331044　阀控系统交接验收有哪些项目（至少说出 5 个）？（5 分）

考核知识点：阀控系统交接验收项目

难易度：易

标准答案：

（1）二次回路绝缘试验。

（2）阀控系统自检功能试验。

（3）电源相关试验。

（4）阀控“试验”模式试验。

（5）阀控系统切换试验。

（6）与极控系统及运行人员监控系统的信号核对试验。

Jb2002332045　A5000 换流阀 TTM 向 VBE 系统传送的监视信息有哪些？VBE 通过什么方式上传 SCADA 系统？（5 分）

考核知识点：换流阀监视信息

难易度：中

标准答案：

（1）A5000 换流阀 TTM 向 VBE 传送的监视信息有：

1）TTM 工作电源是否正常和晶闸管极是否承受正向电压。

2）光通道是否异常。

3）晶闸管过电压保护和 dv/dt 保护是否动作。

（2）VBE 根据换流阀每块 TTM 回报信号，将这些信号汇总、处理，并通过 Profibus 总线上传至 SCADA 系统。

Jb2002331046　换流阀投运前必须具备哪些条件（至少说出 5 个）？（5 分）

考核知识点：换流阀投运条件

难易度：易

标准答案：

（1）阀厅内接地开关已全部拉开。

（2）阀厅大门和紧急门已关闭。

（3）换流阀水冷却系统投运正常。

（4）阀厅空调系统投运正常。

（5）换流阀控制和监测系统工作正常。

（6）阀厅火警检测报警装置工作正常。

Jb2002332047　阀控系统交接试验验收中“电源相关试验”有哪些验收标准？（5 分）

考核知识点：阀控系统电源相关试验验收标准

难易度：中

标准答案：

（1）在直流馈线屏上断开电源开关，逐个验证阀控系统电源接线正确性。

（2）测试并记录各级电源输出电压值，电压值应满足要求。

（3）断开一套阀控系统任一路电源，该套阀控系统应能正常运行。

（4）断开主用阀控系统的两路电源，备用系统应能正常切换。

Jb2002332048　A5000 换流阀阀控 VBE 系统自检内容有哪些？（5 分）

考核知识点：VBE 系统自检内容

难易度：中

标准答案：

VBE 系统具有完善的自检功能，VBE 系统自检内容包括：

（1）极控系统下发给 VBE 的光通道。

（2）VBE 和 TTM 之间的通信系统。

（3）VBE 机柜内部互联系统。

（4）VBE 每块电路板，包括控制板和电源板。

Jb2003332049　微分泄漏保护如何配置？（5 分）

考核知识点：微分泄漏保护的配置要求

难易度：中

标准答案：

微分泄漏保护应采集三台电容式液位传感器的液位，按照三取二逻辑跳闸。采样和计算周期不应大于 2s，在 30s 内，当检测到膨胀罐液位持续下降速度超过换流阀泄漏允许值时，延时闭锁直流并在收到换流阀闭锁信号后 5min 内自动停止主循环泵。

Jb2003332050　在防止内冷水主泵故障中，新工程的设备采购技术协议谈判、图纸审查、安装调试、验收阶段，各相关单位开展的工作要求有哪些？（5 分）

考核知识点：防止主泵故障的要求

难易度：中

标准答案：

（1）核查主泵保护定值设置是否正确，主泵电源配置是否合理，主泵启动方式是否恰当。

（2）验收阶段应进行主循环泵切换试验，检查主泵负荷开关保护定值能否躲过启动冲击电流。

Jb2003332051　阀内冷系统根据反措要求如何配置传感器？（5 分）

考核知识点：阀内冷传感器的配置要求

难易度：中

标准答案：

阀内冷控制系统若配置三套传感器，采样值应按“三取二”原则处理，即三个传感器均正常时，取采样值中最接近的两个值参与控制；当一个传感器故障，两个传感器正常时，按“二取一”原则，取不利值参与控制；当仅有一个传感器正常时，以该传感器采样值参与控制。

Jb2003332052　阀内水冷系统精益化评价细则中对阀内水冷各传感器同一测点的测量值有何要求？（5分）

考核知识点：阀内水冷系统精益化评价细则

难易度：中

标准答案：

（1）A、B 系统对同一测点的温度测量值相互比对差异不超过 1℃。

（2）A、B 系统对同一测点的流量测量值相互比对差异不超过 3%。

（3）A、B 系统对同一测点的液位测量值相互比对差异不超量程的 10%。

（4）A、B 系统对同一测点的电导率测量值相互比对差异不超过报警定值的 30%。

（5）A、B 系统对同一测点的压力测量值相互比对差异不超过 5%。

Jb2003331053　简述液位保护逻辑。（5分）

考核知识点：阀内冷系统的原理

难易度：易

标准答案：

（1）液位保护投报警和跳闸。

（2）液位测量值低于其量程高度的 30%时发报警，低于 10%时发直流闭锁命令。

（3）液位保护由膨胀罐（高位水箱）装设的三套电容式液位传感器采用“三取二”逻辑出口。

Jb2003333054　阀内水冷系统精益化评价细则中对阀内水冷传感器配置及保护出口逻辑有何要求？（5分）

考核知识点：阀内水冷系统精益化评价细则

难易度：难

标准答案：

传感器配置要求：所有传感器必须至少双重化配置，其中阀进水温度传感器因其重要性宜三重化配置，双重化或三重化配置的传感器的供电和测量回路应完全独立，避免单一元件故障引起保护误动。

保护出口逻辑要求：作用于跳闸的阀内冷水系统传感器应按照三套独立冗余配置，每个系统的阀内冷水保护按照“三取二”逻辑出口；当一套传感器故障时，出口采用“二取一”逻辑；当两套传感器故障时，出口采用“一取一”逻辑；当三套阀进水温度传感器均故障时应闭锁直流；其他传感器三套均故障时不应闭锁直流，应加强监视并及时处理缺陷，必要时可申请停运处理。

Jb2003333055　简述阀内冷系统的泄漏保护的判断逻辑及动作后果。（5分）

考核知识点：阀内冷系统的原理

难易度：难

标准答案：

阀冷系统对膨胀罐液位连续监测，每个扫描周期都对当前值进行计算和判断，采样与计算周期为 2s，液位比较周期为 10s，比较周期内泄漏量为 6mm，延时 30s 后泄漏保护动作（定值可设定，不必严格按照答案中参数，逻辑成立即可）。当配置两套电容式液位变送器时，两变送器同时产生以上液位下降情况时才有效；当配置三套电容式液位变送器时，三套中至少有两套同时产生以上液位下降情况时才有效。

阀冷系统泄漏时发出跳闸信号，OP 面板显示阀冷系统泄漏报警信息并上传。

Jb2003333056　简述阀内冷系统电动三通阀的控制逻辑。（5 分）

考核知识点：阀内冷系统的原理

难易度：难

标准答案：

（1）冷却水进阀温度高于 28℃时，电动三通阀全开状态，保证全部冷却水通过室外冷却系统。

（2）冷却水进阀温度在 26～28℃时，若进阀温度上升，电动三通阀开度增大；若进阀温度不变或下降，阀位保持。

（3）冷却水进阀温度在 25～26℃时，无论进阀温度上升还是下降，阀位保持。

（4）冷却水进阀温度在 23～25℃时，若进阀温度下降，电动三通阀开度减小；若进阀温度不变或上升，阀位保持。

（5）冷却水进阀温度低于 23℃时，电动三通阀处于关限位，保证绝大部分冷却水流量通过室内旁路。

Jb2003332057　简述阀冷系统主泵油杯中润滑油的添加步骤（此时主泵轴承箱内无润滑油）。（5 分）

考核知识点：阀冷系统检修项目

难易度：中

标准答案：

（1）打开轴承箱顶部注油孔，掰开油杯使其能观察到与轴承箱连接孔。

（2）从注油孔缓缓注油至油杯内与轴承箱连接孔处出现润滑油，此时可保证轴承箱内的油位高度在轴承最下面滚珠的 1/3 处。

（3）向外轻掰油杯，使油杯反转，向玻璃罩内注油至 1/3～2/3（油杯刻有刻度线）。

（4）将注满润滑油的油杯迅速倒扣。

Jb2003333058　主泵同心度是指什么？同心度偏差大会有什么危害？（5 分）

考核知识点：阀冷系统检修项目

难易度：难

标准答案：

（1）主泵的同心度即以电动机轴为主动轴与主泵泵轴同轴心的程度称同心度。

（2）当主泵与电机轴同心度偏差过大时，长期运转的主泵与电机轴不同心，其轴承（或轴瓦）会严重磨损造成设备损坏；主泵与电动机轴不同心还会使主泵在运转时产生噪声和振动，缩短主泵寿命，并影响主泵效率。

Jb2003322059　在检测阀冷主泵同心度时，需要测量径向偏差和轴向偏差，请在图 Jb2003322059（a）中补充画出径向偏差和轴向偏差过程中百分表的架设方法。（5 分）

考核知识点：主泵同心度校验

难易度：中

标准答案：

如图 Jb2003322059（b）所示。

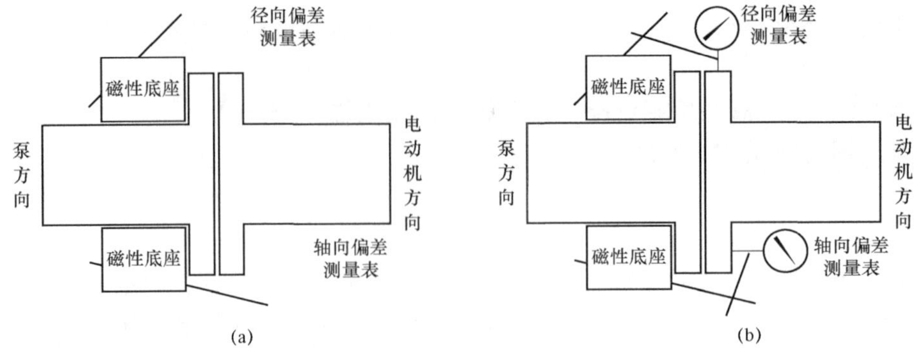

图 Jb2003322059

Jb2003332060　阀外风冷系统验收细则中竣工（预）验收部分，关于阀外风冷控制系统运行模式的验收标准是什么？（5分）

考核知识点：阀外风冷系统验收细则

难易度：中

标准答案：

（1）至少有手动、自动、停止3种运行模式。

（2）阀解锁期间，系统默认为自动模式。

（3）双PLC互为热备用，当一个控制系统出现故障时，可无扰动切换至无故障系统。

（4）双套控制系统故障不应直接闭锁直流或降功率，仅投报警。

Jb2003332061　阀外风冷系统精益化评价细则中对阀外风冷变频器的要求有哪些？（5分）

考核知识点：阀外风冷系统精益化评价细则

难易度：中

标准答案：

（1）变频器应能接收来自双PLC的信号。

（2）全部风机变频器不应使用同一路电源。

（3）变频器指示灯、液晶面板显示正确。

（4）已投入的风机和变频器对应。

（5）阀外风冷变频器和开关应配置过流保护。

Jb2003332062　阀外风冷系统精益化评价细则中对外风冷设备冷却裕度的要求有哪些？（5分）

考核知识点：阀外风冷系统精益化评价细则

难易度：中

标准答案：

（1）当室外换热设备使用空气冷却器时，空气冷却器的管束数量应在满足换流阀额定冷却容量的基础上进行 $N+1$ 设计，即：N 台管束可满足换流阀额定冷却容量的要求，$N+1$ 台管束投入使用时总冷却容量的裕度应在20%以上。

（2）阀外风冷系统设计中应考虑现场热岛效应，设计最高温度应在气象统计最高温度的基础上增加3～5℃。

（3）阀外冷却系统设计时，应满足在任意一组风机退出情况下仍能保证直流系统满负荷运行要求。

Jb2003331063 阀外风冷系统精益化评价细则中对外风冷安全开关的要求有哪些？（5分）

考核知识点：阀外风冷系统精益化评价细则

难易度：易

标准答案：

安全开关应安装防雨罩，进线方向为从下向上，封堵良好，或防护等级达到IP55，安全开关无积灰，无锈蚀，内部无积水，转动灵活。

Jb2003333064 阀外风冷系统精益化评价细则中对外风冷反措执行的要求有哪些（至少写出5点）？（5分）

考核知识点：阀外风冷系统精益化评价细则

难易度：难

标准答案：

（1）风机变频器频率控制模块用电源应分组独立，不能共用同一电源。

（2）风机信号电源应分组独立，不能共用同一电源。

（3）换流阀外风冷电动机、换流阀外水冷喷淋塔风扇电动机及其接线盒应采取防潮防锈措施。

（4）备用电源自动投入装置、换流阀外冷却系统电源切换装置的时间应逐级配合。

（5）阀外冷却系统设备电源开关与上一级开关过流保护定值应满足级差配合关系，设备电源开关过流保护动作时应逐级跳闸，避免越级跳闸扩大事故范围。

（6）阀外风冷系统风机全停或电源全部丢失情况下不应直接闭锁直流或降功率，仅投报警。

Jb2003333065 阀外风冷系统精益化评价细则中对阀外风冷控制屏柜的外观要求有哪些（答对5条即可）？（5分）

考核知识点：阀外风冷系统精益化评价细则

难易度：难

标准答案：

（1）PLC模块（若有）工作正常，指示灯状态正确。

（2）同步模块（若有）工作正常，指示灯状态正确。

（3）接口模块（若有）工作正常，指示灯状态正确。

（4）I/O模块工作无异常。

（5）屏柜内继电器工作正常、无报警指示。

（6）光电转换模块（若有）工作正常，指示灯状态正确。

（7）各柜内所有的开关均处于合的位置，手/自动旋钮打在自动位置。

（8）柜内各器件无异常声响，无松动脱落迹象，无严重积灰，各模块线路无烧损、放电迹象。

（9）屏柜内散热风扇清洁，运转正常。

第六章　换流站直流设备检修工（二次）高级工技能操作

Jc2001342001　极Ⅱ极三取二主机网络断分析处理。（100分）

考核知识点：极Ⅱ极三取二主机网络断分析处理

难易度：中

技能等级评价专业技能考核操作工作任务书

一、任务名称

极Ⅱ极三取二主机网络断分析处理。

二、适用工种

换流站直流设备检修工（二次）高级工。

三、具体任务

（1）工作状态为直流控制保护系统检修状态，工作内容为极Ⅱ极三取二主机网络断分析处理。

（2）工作任务：开展对极Ⅱ极三取二主机网络断分析处理。

四、工作规范及要求

（1）工器具使用及安全措施。

（2）按要求开展极Ⅱ极三取二主机网络断分析处理。

五、考核及时间要求

（1）本考核操作时间为60分钟，时间到停止考评。

（2）按照技能操作记录单的操作要求进行操作，正确记录操作结果，试验记录项目包括：光衰测试、后台光参数检查。

技能等级评价专业技能考核操作评分标准

工种	换流站直流设备检修工（二次）					评价等级	高级工
项目模块	缺陷处理与故障分析—故障分析				编号	Jc2001342001	
单位			准考证号			姓名	
考试时限	60分钟	题型	单项操作			题分	100分
成绩	考评员		考评组长			日期	
试题正文	极Ⅱ极三取二主机网络断分析处理						
需要说明的问题和要求	（1）要求调试人员单人操作，故障查找及分析在调试过程中完成。 （2）操作应注意安全，做好安全措施。 （3）三取二A套主机发出双网断告警（与SADA网络通信断），其他主机运行正常。 （4）操作记录填入操作记录。试验或检修结果填入修试记录						

序号	项目名称	质量要求	满分	扣分标准	扣分原因	得分
1	工具使用及安全措施					
1.1	各种工器具正确使用	熟练正确使用各种工器具	5	未正确使用一次扣1分，扣完为止		

续表

序号	项目名称	质量要求	满分	扣分标准	扣分原因	得分
1.2	相关安全措施的准备	（1）进入作业现场正确佩戴安全帽，现场作业人员应穿全棉长袖工作服、绝缘鞋。 （2）在二次设备上工作应佩戴防静电护腕	15	未佩戴防静电护腕扣7分； 安全帽佩戴不规范扣4分； 未穿全棉长袖工作服扣2分； 未穿绝缘鞋扣2分		
2	极Ⅱ极三取二主机网络断分析处理	（1）分析网络断可能原因。 （2）写出处理步骤及处理过程中的安全措施。 （3）画出极三取二主机拓扑图	60	按照步骤开展，每少一步扣20分，扣完为止		
3	现场恢复	恢复现场	10	未进行现场恢复扣10分		
4	填写报告					
4.1	修试记录	正确填写故障现象、故障原因及安全措施	10	每少填写一项扣5分，扣完为止		
合计			100			

Jc2001343002　许继 HCM200 平台 HCM200 机箱电源更换。(100 分)

考核知识点：许继 HCM200 平台 HCM200 机箱电源更换

难易度：难

技能等级评价专业技能考核操作工作任务书

一、任务名称

许继 HCM200 平台 HCM200 机箱电源更换。

二、适用工种

换流站直流设备检修工（二次）高级工。

三、具体任务

（1）工作状态为直流系统检修状态。工作内容为许继 HCM200 平台 HCM200 机箱电源更换。

（2）工作任务：对许继 HCM200 平台 HCM200 机箱电源更换，更换步骤应符合要求，确保设备正常稳定运行。

四、工作规范及要求

（1）工器具使用及安全措施。

（2）熟悉许继 HCM200 平台 HCM200 机箱电源更换的方法，熟练使用仪器仪表及工器具。

（3）熟悉各种影响试验数据、结论的因素及消除方法并填写试验报告。

五、考核及时间要求

（1）本考核操作时间为 60 分钟，时间到停止考评。同一类现象故障不限一处故障点。

（2）按照技能操作记录单的操作要求进行操作，正确记录操作结果，试验记录项目包括：各接头直阻值及是否符合规范要求。

技能等级评价专业技能考核操作评分标准

工种	换流站直流设备检修工（二次）					评价等级	高级工
项目模块	二次设备日常维护、检修—直流控制保护设备的专业巡视、日常维护及检修				编号	Jc2001343002	
单位			准考证号			姓名	
考试时限	60 分钟	题型	单项操作			题分	100 分
成绩		考评员		考评组长		日期	
试题正文	许继 HCM200 平台 HCM200 机箱电源更换						

续表

需要说明的问题和要求	（1）要求调试人员单人操作，故障查找及分析在调试过程中完成。 （2）操作应注意安全，按照标准化作业书的技术安全说明做好安全措施。 （3）在许继 HCM200 平台 HCM200 平台设备上完成操作。 （4）将检修结果填入修试记录					
序号	项目名称	质量要求	满分	扣分标准	扣分原因	得分
1	工具使用及安全措施					
1.1	各种工器具正确使用	熟练正确使用各种工器具	5	未正确使用一次扣 1 分，扣完为止		
1.2	相关安全措施的准备	（1）检查该系统为备用系统。 （2）确认 HCM200 机箱电源已断电。 （3）佩戴防静电手环。 （4）进入作业现场正确佩戴安全帽，现场作业人员应穿全棉长袖工作服、绝缘鞋。 （5）按下“手动模式”按钮，闭锁系统切换功能	10	未检查该系统为备用系统扣 2 分； HCM200 机箱电源未断电扣 2 分； 未佩戴防静电手环扣 2 分； 未按下“手动模式”按钮扣 2 分（可口述）； 安全帽佩戴不规范扣 1 分； 未穿绝缘鞋扣 1 分		
2	HCM200 机箱电源更换步骤					
2.1	进行 HCM200 机箱电源更换	（1）用螺钉旋具松开机箱电源螺栓。 （2）拆下机箱上绿色端子及其连接告警线。 （3）通过水平方向将机箱电源拔出。 （4）将新电源机箱水平插入槽内，并推入机箱内。 （5）将机箱周围螺栓紧固。 （6）恢复电源绿色端子及其连接线。 （7）依次合上屏柜空气开关−F11、−F12、−F31、−F32、−F41、−F42，检查系统指示灯正常。 （8）检查机箱内电池是否正常，如有需要应将对机箱电池进行更换。 （9）恢复“手动模式”按钮	65	机箱拆卸顺序不正确扣 10～20 分； 更换后未恢复屏柜所有空气开关扣 10 分； 整个更换过程中由于操作失误造成系统切换扣 10 分； 更换后恢复接线不正确扣 10 分； 更换后未恢复空气开关扣 5 分； 更换后由于机箱更换问题造成系统无法正常启动扣 5 分； 更换完成后未恢复手动模式按钮扣 5 分		
3	填写试验报告					
3.1	修试记录	正确填写更换后检查结果，并记录更机箱、厂家等信息	10	每少填写一项扣 5 分，扣完为止。		
4	现场恢复	恢复现场	10	未进行现场恢复扣 10 分		
合计			100			

Jc2001363003　许继 HCM200 平台程序在线阅读（查看极控 eaclc4 页 V1EB60 的 Q1 管脚实时状态值）。（100 分）

考核知识点：许继 HCM200 平台程序在线阅读

难易度：难

技能等级评价专业技能考核操作工作任务书

一、任务名称

许继 HCM200 平台程序在线阅读（查看极控 eaclc4 页 V1EB60 的 Q1 管脚实时状态值）。

二、适用工种

换流站直流设备检修工（二次）高级工。

三、具体任务

（1）工作状态为直流系统检修状态。工作内容为查看极控 eaclc4 页 V1EB60 的 Q1 管脚实时状态值。

（2）工作任务：查看极控 eaclc4 页 V1EB60 的 Q1 管脚实时状态值，步骤应符合要求，确保设备正常稳定运行。

四、工作规范及要求

（1）工器具使用及安全措施。

（2）熟悉查看极控程序实时状态值方法，熟练使用仪器仪表及工器具。

（3）熟悉各种影响试验数据、结论的因素及消除方法并填写试验报告。

五、考核及时间要求

（1）本考核操作时间为60分钟，时间到停止考评。同一类现象故障不限一处故障点。

（2）按照技能操作记录单的操作要求进行操作，正确记录操作结果，试验记录项目包括：各接头直阻值及是否符合规范要求。

技能等级评价专业技能考核操作评分标准

工种	换流站直流设备检修工（二次）					评价等级	高级工
项目模块	二次设备日常维护、检修—直流控制保护设备的专业巡视、日常维护及检修				编号	Jc2001363003	
单位			准考证号			姓名	
考试时限	60分钟		题型	单项操作		题分	100分
成绩		考评员		考评组长		日期	
试题正文	许继HCM200平台程序在线阅读（查看极控eaclc4页V1EB60的Q1管脚实时状态值）						
需要说明的问题和要求	（1）要求调试人员单人操作，故障查找及分析在调试过程中完成。 （2）操作应注意安全，按照标准化作业书的技术安全说明做好安全措施。 （3）在许继HCM200平台HCM200平台设备上完成操作。 （4）将检修结果填入修试记录						

序号	项目名称	质量要求	满分	扣分标准	扣分原因	得分
1	工具使用及安全措施					
1.1	各种调试软件正确使用	熟练正确使用调试工具	5	未正确使用一次扣1分，扣完为止		
1.2	相关安全措施的准备	（1）检查该系统为备用系统。 （2）插调试线时应先进行放电。 （3）进入作业现场正确佩戴安全帽，现场作业人员应穿全棉长袖工作服、绝缘鞋	5	未检查该系统为备用系统扣2分； 插调试线时未放电扣1分（可口述）； 安全帽佩戴不规范扣1分； 未穿绝缘鞋扣1分		
2	查看极控eaclc4页V1EB60的Q1管脚实时状态值步骤					
2.1	查看极控eaclc4页V1EB60的Q1管脚实时状态值	（1）打开专用电脑上电开机后，按照《专用电脑使用说明》进入SCOUNIX系统。在下面登录对话框里输入用户名：guest，密码：guest。 （2）双击STRUCG图标进入STRUCG工作界面。 （3）在STRUCG工作界面上选择工程名称选择pc，p3，单击页面上的FP－EDIT，出现一下拉菜单，单击IBSG选项。 （4）单击SHEET键，出现选项栏。 Load…选项会弹出对话框，在对话框中输入想要查询的功能块所在的页码，便可显示该功能块所在页面。 （5）单击选项栏中的DisplayValues选项后，将鼠标置于页面上功能块的管脚编码上，用鼠标左键单击，可弹出一显示框，显示当前该管脚的实时数值	70	未正确进入unix系统扣10分； 调试线连接不牢固扣10分； 未正确打开调试软件扣10分； 查找软件对应页面不正确扣30分； 无法显示管脚实时状态扣10分		
3	填写试验报告					
3.1	修试记录	正确填写程序监视值	10	程序监视值不正确扣10分		
4	现场恢复	恢复现场	10	未进行现场恢复扣10分		
合计			100			

Jc2001341004　许继 HCM200 平台 IT42 板卡更换。（100 分）

考核知识点：许继 HCM200 平台 IT42 板卡更换

难易度：易

技能等级评价专业技能考核操作工作任务书

一、任务名称

许继 HCM200 平台 IT42 板卡更换。

二、适用工种

换流站直流设备检修工（二次）高级工。

三、具体任务

（1）工作状态为直流系统检修状态。工作内容为许继 HCM200 平台 IT42 板卡更换。

（2）工作任务：对许继 HCM200 平台 IT42 板卡进行更换，更换步骤应符合要求，确保设备正常稳定运行。

四、工作规范及要求

（1）工器具使用及安全措施。

（2）熟悉许继 HCM200 平台 IT42 板卡更换的方法，熟练使用仪器仪表及工器具。

（3）熟悉各种影响试验数据、结论的因素及消除方法并填写试验报告。

五、考核及时间要求

（1）本考核操作时间为 60 分钟，时间到停止考评。同一类现象故障不限一处故障点。

（2）按照技能操作记录单的操作要求进行操作，正确记录操作结果，试验记录项目包括：各接头直阻值及是否符合规范要求。

技能等级评价专业技能考核操作评分标准

<table>
<tr><td>工种</td><td colspan="5">换流站直流设备检修工（二次）</td><td>评价等级</td><td>高级工</td></tr>
<tr><td>项目模块</td><td colspan="4">二次设备日常维护、检修—直流控制保护设备的专业巡视、日常维护及检修</td><td>编号</td><td colspan="2">Jc2001341004</td></tr>
<tr><td>单位</td><td colspan="2"></td><td>准考证号</td><td colspan="2"></td><td>姓名</td><td></td></tr>
<tr><td>考试时限</td><td colspan="2">60 分钟</td><td>题型</td><td colspan="2">单项操作</td><td>题分</td><td>100 分</td></tr>
<tr><td>成绩</td><td></td><td>考评员</td><td></td><td>考评组长</td><td></td><td>日期</td><td></td></tr>
<tr><td>试题正文</td><td colspan="7">许继 HCM200 平台 IT42 板卡更换</td></tr>
<tr><td>需要说明的问题和要求</td><td colspan="7">（1）要求调试人员单人操作，故障查找及分析在调试过程中完成。
（2）操作应注意安全，按照标准化作业书的技术安全说明做好安全措施。
（3）在许继 HCM200 平台设备上完成操作。
（4）将检修结果填入修试记录</td></tr>
</table>

序号	项目名称	质量要求	满分	扣分标准	扣分原因	得分
1	工具使用及安全措施					
1.1	各种工器具正确使用	熟练正确使用各种工器具	5	未正确使用一次扣 1 分，扣完为止		
1.2	相关安全措施的准备	（1）检查该系统为备用系统。 （2）确认 HCM200 机箱电源已断电。 （3）佩戴防静电手环。 （4）按下“手动模式”按钮，闭锁系统切换功能。 （5）进入作业现场正确佩戴安全帽，现场作业人员应穿全棉长袖工作服、绝缘鞋	10	未检查该系统为备用系统扣 2 分； HCM200 机箱电源未断电扣 2 分； 未佩戴防静电手环扣 2 分； 未按下“手动模式”按钮扣 2 分（可口述）； 安全帽佩戴不规范扣 1 分； 未穿绝缘鞋扣 1 分		
2	处理器板卡更换步骤					

续表

序号	项目名称	质量要求	满分	扣分标准	扣分原因	得分
2.1	进行板卡更换	（1）用螺钉旋具松开板卡两端螺栓，握住板卡两端把手，同时向上向下掰，板卡会自动弹出。 （2）将拆下 IT42 板卡放入防静电袋子。 （3）然后新板卡沿机箱插槽插入，确认板卡与机箱平齐。 （4）紧固板卡两端螺栓。 （5）依次合上屏柜空气开关－F11、－F12、－F31、－F32、－F41、－F42，检查系统指示灯正常。 （6）恢复“手动模式”按钮	65	拆卸板卡步骤错误扣 15 分； 拆下板卡未放入防静电袋中扣 15 分； 板卡安装不牢固扣 10 分； 更换后未恢复屏柜所有空气开关扣 5 分； 整个更换过程中由于操作失误造成系统切换扣 5 分； 更换完成后未恢复手动模式按钮扣 10 分		
3	填写试验报告					
3.1	修试记录	正确填写更换后检查结果，并记录更换板卡型号、厂家等信息	10	每少填写一项扣 5 分，扣完为止		
4	现场恢复	恢复现场	10	未进行现场恢复扣 10 分		
合计			100			

Jc2001341005 控制保护屏 P27000 隔离放大模块更换。（100 分）

考核知识点：控制保护屏 P27000 隔离放大模块更换

难易度：易

技能等级评价专业技能考核操作工作任务书

一、任务名称

控制保护屏 P27000 隔离放大模块更换。

二、适用工种

换流站直流设备检修工（二次）高级工。

三、具体任务

（1）工作状态为直流系统检修状态。工作内容为控制保护屏 P27000 隔离放大模块更换。

（2）工作任务：对控制保护屏 P27000 隔离放大模块进行更换，更换步骤应符合要求，确保设备正常稳定运行。

四、工作规范及要求

（1）工器具使用及安全措施。

（2）熟悉控制保护屏 P27000 隔离放大模块更换的方法，熟练使用仪器仪表及工器具。

（3）熟悉各种影响试验数据、结论的因素及消除方法并填写试验报告。

五、考核及时间要求

（1）本考核操作时间为 60 分钟，时间到停止考评。同一类现象故障不限一处故障点。

（2）按照技能操作记录单的操作要求进行操作，正确记录操作结果，试验记录项目包括：各接头直阻值及是否符合规范要求。

技能等级评价专业技能考核操作评分标准

工种	换流站直流设备检修工（二次）				评价等级	高级工
项目模块	二次设备日常维护、检修—直流控制保护设备的专业巡视、日常维护及检修			编号	Jc2001341005	
单位		准考证号			姓名	
考试时限	60 分钟	题型	单项操作		题分	100 分

续表

成绩		考评员		考评组长		日期	
试题正文	控制保护屏 P27000 隔离放大模块更换						
需要说明的问题和要求	（1）要求调试人员单人操作，故障查找及分析在调试过程中完成。 （2）操作应注意安全，按照标准化作业书的技术安全说明做好安全措施。 （3）在许继 HCM200 平台 HCM200 平台设备上完成操作。 （4）将检修结果填入修试记录						

序号	项目名称	质量要求	满分	扣分标准	扣分原因	得分
1	工具使用及安全措施					
1.1	各种工器具正确使用	熟练正确使用各种工器具	5	未正确使用一次扣 1 分，扣完为止		
1.2	相关安全措施的准备	（1）检查该系统为备用系统。 （2）确认屏柜已全部断电。 （3）佩戴防静电手环。 （4）按下“手动模式”按钮，闭锁系统切换功能。 （5）进入作业现场正确佩戴安全帽，现场作业人员应穿全棉长袖工作服、绝缘鞋	10	未检查该系统为备用系统扣 2 分； HCM200 机箱电源未断电扣 2 分； 未佩戴防静电手环扣 2 分； 未按下“手动模式”按钮扣 2 分（可口述）； 安全帽佩戴不规范扣 1 分； 未穿绝缘鞋扣 1 分		
2	1OF2 二取一模块更换					
2.1	进行模块更换	（1）拆下 P27000 隔离放大模块电源线、告警线等所有连接线。 （2）将 P27000 隔离放大模块拆下。 （3）将新 P27000 隔离放大模块固定至原来位置。 （4）恢复 P27000 隔离放大模块电源、告警等所有接线。 （5）依次合上屏柜空气开关−F11、−F12、−F31、−F32、−F41、−F42，检查系统指示灯正常。 （6）恢复“手动模式”按钮。 （7）查看 P27000 隔离放大模块灯显示是否正常，屏柜有无其他异常告警	65	拆接隔离模块连接线未进行记录扣 10 分； 拆卸模块步骤错误扣 15 分； 模块安装不牢固或不正确扣 10 分； 模块接线恢复错误扣 10 分； 更换后未恢复屏柜所有空气开关扣 5 分； 整个更换过程中由于操作失误造成系统切换扣 10 分； 更换完成后未恢复手动模式按钮扣 5 分		
3	填写试验报告					
3.1	修试记录	正确填写更换后检查结果，并记录更换模块型号、厂家等信息	10	每少填写一项扣 5 分，扣完为止		
4	现场恢复	恢复现场	10	未进行现场恢复扣 10 分		
合计			100			

Jc2001342006　软件修改联系单执行。（100 分）

考核知识点：软件修改联系单执行

难易度：中

技能等级评价专业技能考核操作工作任务书

一、任务名称

软件修改联系单执行。

二、适用工种

换流站直流设备检修工（二次）高级工。

三、具体任务

（1）工作状态为直流控制保护系统检修状态。工作内容为软件修改单执行。

（2）工作任务：使用后台主机开展软件修改联系单执行。

四、工作规范及要求

（1）工器具使用及安全措施。

（2）按要求进行软件修改联系单执行。

五、考核及时间要求

（1）本考核操作时间为60分钟，时间到停止考评。

（2）按照技能操作记录单的操作要求进行操作，正确记录。

技能等级评价专业技能考核操作评分标准

工种	换流站直流设备检修工（二次）					评价等级	高级工
项目模块	二次设备日常维护、检修—直流控制保护设备的专业巡视、日常维护及检修				编号	Jc2001342006	
单位			准考证号			姓名	
考试时限	60分钟		题型	单项操作		题分	100分
成绩		考评员		考评组长		日期	
试题正文	软件修改联系单执行						
需要说明的问题和要求	（1）要求调试人员单人操作，故障查找及分析在调试过程中完成。 （2）操作应注意安全，做好安全措施。 （3）在后台进行相应操作。 （4）操作记录填入操作记录。试验或检修结果填入修试记录						

序号	项目名称	质量要求	满分	扣分标准	扣分原因	得分
1	工具使用及安全措施					
1.1	各种工器具正确使用	熟练正确使用各种工器具	5	未正确使用一次扣1分，扣完为止		
1.2	相关安全措施的准备	（1）使用经过审批过得软件修改单。 （2）进入作业现场正确佩戴安全帽，现场作业人员应穿全棉长袖工作服、绝缘鞋	10	未检查软件修改单经过审批扣5分； 安全帽佩戴不规范扣3分； 未穿全棉长袖工作服扣1分； 未穿绝缘鞋扣1分		
2	软件修改单执行	（1）从文件服务器下载最新的控制保护程序，并进行软件备份。 （2）根据审批的软件修改联系单在工程师工作站上重新绘制对应软件页，逐一确认并做好录音，确保重新绘制的软件页与审批的软件修改联系单一致。 （3）对软件修改新增的带参数的功能模块应检查其参数及输入输出变量属性，并检查底层代码与可视化逻辑界面对应变量一致。 （4）软件下载后，确认目标控制保护装置重启正常、软件版本正确（校验码一致）、参数设置正确、模块功能正常、无告警信号、无跳闸信号、无异常负载率变化等。 （5）下载完毕后的软件进行备份并上传至文件服务器	60	按照步骤开展，每少一步扣12分，扣完为止		
3	现场恢复	恢复现场	10	未进行现场恢复扣10分		
4	填写报告					
4.1	修试记录	正确填写程序下载内容及过程	15	每少填写一项扣5分，扣完为止		
合计			100			

Jc2001342007　板卡更换。（100分）

考核知识点： 板卡更换

难易度： 中

技能等级评价专业技能考核操作工作任务书

一、任务名称

板卡更换。

二、适用工种

换流站直流设备检修工（二次）高级工。

三、具体任务

（1）工作状态为直流控制保护系统检修状态。工作内容为板卡更换。

（2）工作任务：开展板卡更换。

四、工作规范及要求

（1）工器具使用及安全措施。

（2）按要求进行板卡更换。

五、考核及时间要求

（1）本考核操作时间为60分钟，时间到停止考评。

（2）按照技能操作记录单的操作要求进行操作，正确记录操作结果，试验记录项目包括：板卡各项信息记录。

技能等级评价专业技能考核操作评分标准

<table>
<tr><td>工种</td><td colspan="5">换流站直流设备检修工（二次）</td><td>评价等级</td><td>高级工</td></tr>
<tr><td>项目模块</td><td colspan="4">二次设备日常维护、检修—直流控制保护设备的专业巡视、日常维护及检修</td><td>编号</td><td colspan="2">Jc2001342007</td></tr>
<tr><td>单位</td><td colspan="3"></td><td>准考证号</td><td></td><td>姓名</td><td></td></tr>
<tr><td>考试时限</td><td colspan="2">60 分钟</td><td>题型</td><td colspan="2">单项操作</td><td>题分</td><td>100 分</td></tr>
<tr><td>成绩</td><td></td><td>考评员</td><td></td><td>考评组长</td><td></td><td>日期</td><td></td></tr>
<tr><td>试题正文</td><td colspan="7">板卡更换</td></tr>
<tr><td>需要说明的问题和要求</td><td colspan="7">（1）要求调试人员单人操作，故障查找及分析在调试过程中完成。
（2）操作应注意安全，做好安全措施。
（3）控制保护主机上完成操作。
（4）操作记录填入操作记录。试验或检修结果填入修试记录</td></tr>
</table>

序号	项目名称	质量要求	满分	扣分标准	扣分原因	得分
1	工具使用及安全措施					
1.1	各种工器具正确使用	熟练正确使用各种工器具	5	未正确使用一次扣 1 分，扣完为止		
1.2	相关安全措施的准备	（1）更换本套主机板卡前应确认另外一套主机在可用状态。 （2）检查主机在“试验”状态方可对主机或板卡断电。 （3）进入作业现场正确佩戴安全帽，现场作业人员应穿全棉长袖工作服、绝缘鞋	10	未确认另外一套主机状态扣 3 分； 未检查主机在试验状态扣 3 分； 安全帽佩戴不规范扣 2 分； 未穿全棉长袖工作服扣 1 分； 未穿绝缘鞋扣 1 分		
2	板卡更换	（1）取下主机或板卡上的电缆、光纤、网线等连接线前应对照图纸做好标记。 （2）拆除板卡前应记录清楚各板卡插槽位置，防止恢复时位置错误。 （3）取下故障板卡后，应对比新旧板卡主要元器件、跳线差异，并记下新旧板卡序列号。 （4）下载主机或板卡程序前应检查程序路径、后缀名及日期，确认版本正确。 （5）新板卡下载程序时，应根据厂家说明下载指定位置程序。 （6）检查故障板卡所在主机无报警及对应的控制保护主机无跳闸信号	60	按照步骤开展，每少一步扣 12 分，试验不成功扣 15 分，扣完为止		

续表

序号	项目名称	质量要求	满分	扣分标准	扣分原因	得分
3	现场恢复	恢复现场	10	未进行现场恢复扣 10 分		
4	填写报告					
4.1	修试记录	正确填写板卡更换过程及步骤，记录更换板卡型号、厂家信息	15	每少填写一项扣 5 分，扣完为止		
合计			100			

Jc2001341008　监控系统及远动系统更新。（100 分）

考核知识点： 监控系统及远动系统更新

难易度： 易

技能等级评价专业技能考核操作工作任务书

一、任务名称

监控系统及远动系统更新。

二、适用工种

换流站直流设备检修工（二次）高级工。

三、具体任务

（1）工作状态为直流控制保护系统检修状态。工作内容为监控系统及远动系统更新。

（2）工作任务：对监控系统及远动系统进行更新。

四、工作规范及要求

（1）工器具使用及安全措施。

（2）按要求开展监控系统及远动系统更新。

五、考核及时间要求

（1）本考核操作时间为 60 分钟，时间到停止考评。

（2）按照技能操作记录单的操作要求进行操作，正确记录操作结果。

技能等级评价专业技能考核操作评分标准

工种	换流站直流设备检修工（二次）					评价等级	高级工
项目模块	二次设备日常维护、检修—直流控制保护设备的专业巡视、日常维护及检修				编号	Jc2001341008	
单位			准考证号			姓名	
考试时限	60 分钟	题型	单项操作			题分	100 分
成绩		考评员		考评组长		日期	
试题正文	监控系统及远动系统更新						
需要说明的问题和要求	（1）要求调试人员单人操作，故障查找及分析在调试过程中完成。 （2）操作应注意安全，做好安全措施。 （3）在主机上完成操作。 （4）操作记录填入操作记录。试验或检修结果填入修试记录						

序号	项目名称	质量要求	满分	扣分标准	扣分原因	得分
1	工具使用及安全措施					
1.1	各种工器具正确使用	熟练正确使用各种工器具	5	未正确使用一次扣 1 分，扣完为止		

续表

序号	项目名称	质量要求	满分	扣分标准	扣分原因	得分
1.2	相关安全措施的准备	（1）备份后台及远动系统模型文件。 （2）确认另一台远动装置运行正常。 （3）进入作业现场正确佩戴安全帽，现场作业人员应穿全棉长袖工作服、绝缘鞋	10	备份后台及远动系统模型文件扣3分； 未确认另一台远动装置运行正常扣3分； 安全帽佩戴不规范扣2分； 未穿全棉长袖工作服扣1分； 未穿绝缘鞋扣1分		
2	监控系统及远动系统更新	（1）程序生成代码及编译过程中自动生成的 device.cid 文件参照监控及远动系统中的装置标识名修改为 icd 文件，放入指定文件夹。 （2）在监控系统及远动系统进行 icd 文件的导入及更新（控制主机包括就地控制系统）。 （3）完成相关装置配置修改并发布数据库，同步完成监控及远动系统更新工作	60	按照步骤开展，每少一步扣20分，扣完为止		
3	现场恢复	恢复现场	10	未进行现场恢复扣10分		
4	填写报告					
4.1	修试记录	正确填写远动系统更新过程及步骤	15	每少填写一项扣5分，扣完为止		
合计			100			

Jc2001342009　DSP 板日志上召。（100 分）

考核知识点：DSP 板日志上召

难易度：中

技能等级评价专业技能考核操作工作任务书

一、任务名称

DSP 板日志上召。

二、适用工种

换流站直流设备检修工（二次）高级工。

三、具体任务

（1）工作状态为直流控制保护系统检修状态。工作内容为 DSP 板日志上召。

（2）工作任务：DSP 板日志上召。

四、工作规范及要求

（1）工器具使用及安全措施。

（2）按要求开展 DSP 板日志上召。

五、考核及时间要求

（1）本考核操作时间为 60 分钟，时间到停止考评。

（2）按照技能操作记录单的操作要求进行操作，正确记录操作结果。

技能等级评价专业技能考核操作评分标准

工种	换流站直流设备检修工（二次）			评价等级	高级工
项目模块	二次设备日常维护、检修—直流控制保护设备的专业巡视、日常维护及检修			编号	Jc2001342009
单位		准考证号		姓名	

续表

考试时限	60 分钟		题型	单项操作		题分	100 分
成绩		考评员		考评组长		日期	
试题正文	DSP 板日志上召						
需要说明的问题和要求	（1）要求调试人员单人操作，故障查找及分析在调试过程中完成。 （2）操作应注意安全，做好安全措施。 （3）在保护屏上完成操作。 （4）操作记录填入操作记录。试验或检修结果填入修试记录						

序号	项目名称	质量要求	满分	扣分标准	扣分原因	得分
1	工具使用及安全措施					
1.1	各种工器具正确使用	熟练正确使用各种工器具	5	未正确使用一次扣 1 分，扣完为止		
1.2	安全措施	（1）确认主机上无任何工作。 （2）确认被检测主机运行状态正常。 （3）进入作业现场正确佩戴安全帽，现场作业人员应穿全棉长袖工作服、绝缘鞋	10	安措每漏一项扣 5 分； 安全帽佩戴不规范扣 3 分； 未穿全棉长袖工作服扣 1 分； 未穿绝缘鞋扣 1 分		
2	DSP 板日志上召	（1）打开 PCS－PC 调试工具。 （2）根据 D 盘工程文档找到要上召日志的主机 IP。 （3）使用 PCS－PC 主机连接现场装置选择调试工具。 （4）填写 DSP 板槽号和文件名。 （5）单击上装按钮。 （6）查看桌面文件名 TXT 文档，写明故障信息。 （7）退出 PCS－PC 工具	60	按照步骤开展，每少一步扣 10 分，扣完为止		
3	现场恢复	恢复现场	10	未进行现场恢复扣 10 分		
4	填写报告					
4.1	操作记录	填写操作步骤，记录每一步操作现象	15	每少填写一项扣 1 分，扣完为止		
合计			100			

Jc2002342010 H400 换流阀阀控系统 S5005 板卡更换。（100 分）

考核知识点：H400 换流阀阀控系统 S5005 板卡更换

难易度：中

技能等级评价专业技能考核操作工作任务书

一、任务名称

H400 换流阀阀控系统 S5005 板卡更换。

二、适用工种

换流站直流设备检修工（二次）高级工。

三、具体任务

（1）工作状态为检修状态。工作内容为 H400 换流阀阀控系统 S5005 板卡更换。

（2）工作任务：对 H400 换流阀阀控系统 S5005 板卡进行更换。

四、工作规范及要求

（1）工器具使用及安全措施。

（2）按要求进行 H400 换流阀阀控系统 S5005 板卡更换。

五、考核及时间要求

（1）本考核操作时间为 60 分钟，时间到停止考评。

（2）按照要求进行操作，并填写更换记录。

技能等级评价专业技能考核操作评分标准

工种	换流站直流设备检修工（二次）				评价等级	高级工
项目模块	二次设备日常维护、检修—换流阀及阀控设备日常维护、检修			编号	Jc2002342010	
单位		准考证号			姓名	
考试时限	60 分钟	题型	单项操作		题分	100 分
成绩		考评员		考评组长	日期	
试题正文	H400 换流阀阀控系统 S5005 板卡更换					
需要说明的问题和要求	（1）操作应注意安全，做好安全措施。 （2）在换流阀阀控设备上完成操作。 （3）试验或检修结果填入修试记录					

序号	项目名称	质量要求	满分	扣分标准	扣分原因	得分
1	工具使用及安全措施					
1.1	各种工器具正确使用	熟练正确使用各种工器具	5	未正确使用一次扣 1 分，扣完为止		
1.2	相关安全措施的准备	（1）VBE 屏柜工作带防静电护腕。 （2）防静电护腕需正确接地。 （3）进入作业现场正确佩戴安全帽，现场作业人员应穿全棉长袖工作服、绝缘鞋	10	未戴防静电护腕扣 4 分； 防静电护腕未正确接地扣 3 分； 安全帽佩戴不规范扣 1 分； 未穿全棉长袖工作服扣 1 分； 未穿绝缘鞋扣 1 分		
2	S5005 板卡更换					
2.1	单个 S5005 板卡更换	（1）确认要更换的 S5005 板卡位置。 （2）断开该 VBE 屏柜所有电源空气开关。 （3）拆除板卡上的串口线。 （4）使用螺钉旋具松开 S5005 板卡上下两端的螺栓，小心用力拔出板卡。 （5）板卡拔出大约一半位置时可以看到板卡上接的排线，小心取下排线。 （6）将板卡全部拔出。 （7）将新板卡对准卡槽插入机箱。 （8）板卡插入大约一半位置时，将排线接至板卡上。 （9）小心用力将板卡完全插入机箱，确认板卡插紧到位后拧紧板卡上下端螺栓。 （10）恢复板卡上的串口线。 （11）VBE 屏柜上电，使用该板卡对应复归钥匙进行复归。 （12）检查板卡指示灯正常（+5V 指示灯常亮、阀段编号指示灯常亮、跳闸灯不亮、故障灯不亮）	60	未确认待更换的板卡位置扣 5 分； 未断开所有电源空气开关扣 10 分； 拔板卡未注意排线或未取下排线硬拔板卡扣 10 分； 未对准卡槽即插入板卡扣 5 分； 未恢复排线即插入板卡或损伤排线扣 10 分； 板卡未插紧到位扣 5 分； 未恢复板卡螺栓扣 5 分； 未恢复板卡接线扣 5 分； 未检查板卡指示状态扣 5 分		
3	现场恢复	恢复现场	10	未进行现场恢复扣 10 分		
4	填写报告					
4.1	修试记录	填写更换记录，包括板卡位置、新旧板卡编号	15	每少填写一项扣 5 分，扣完为止		
合计			100			

Jc2002341011　H400 换流阀阀控系统 S5014 板卡更换。（100 分）

考核知识点： H400 换流阀阀控系统 S5014 板卡更换

难易度： 易

技能等级评价专业技能考核操作工作任务书

一、任务名称

II400 换流阀阀控系统 S5014 板卡更换。

二、适用工种

换流站直流设备检修工（二次）高级工。

三、具体任务

（1）工作状态为检修状态。工作内容为 H400 换流阀阀控系统 S5014 板卡更换。

（2）工作任务：对 H400 换流阀阀控系统 S5014 板卡进行更换。

四、工作规范及要求

（1）工器具使用及安全措施。

（2）按要求进行 H400 换流阀阀控系统 S5014 板卡更换。

五、考核及时间要求

（1）本考核操作时间为 60 分钟，时间到停止考评。

（2）按照要求进行操作，并填写更换记录。

技能等级评价专业技能考核操作评分标准

工种	换流站直流设备检修工（二次）					评价等级	高级工
项目模块	二次设备日常维护、检修—换流阀及阀控设备日常维护、检修				编号	Jc2002341011	
单位			准考证号			姓名	
考试时限	60 分钟	题型	单项操作			题分	100 分
成绩		考评员		考评组长		日期	
试题正文	H400 换流阀阀控系统 S5014 板卡更换						
需要说明的问题和要求	（1）操作应注意安全，做好安全措施。 （2）在换流阀阀控设备上完成操作。 （3）试验或检修结果填入修试记录						

序号	项目名称	质量要求	满分	扣分标准	扣分原因	得分
1	工具使用及安全措施					
1.1	各种工器具正确使用	熟练正确使用各种工器具	5	未正确使用一次扣 1 分，扣完为止		
1.2	相关安全措施的准备	（1）VBE 屏柜工作带防静电护腕。 （2）防静电护腕未正确接地。 （3）进入作业现场正确佩戴安全帽，现场作业人员应穿全棉长袖工作服、绝缘鞋	10	未戴防静电护腕扣 4 分； 防静电护腕未正确接地扣 3 分； 安全帽佩戴不规范扣 1 分； 未穿全棉长袖工作服扣 1 分； 未穿绝缘鞋扣 1 分		
2	S5014 板卡更换					
2.1	单个 S5014 板卡更换	（1）确认要更换的 S5014 板卡位置。 （2）断开该 VBE 屏柜所有电源空气开关。 （3）使用螺钉旋具松开 S5014 板卡上下两端的螺栓。 （4）小心用力拔出板卡。 （5）将新板卡对准卡槽插入机箱。 （6）确认板卡插紧到位后拧紧板卡上下端螺栓。 （7）VBE 屏柜上电，使用该板卡对应复归钥匙进行复归。 （8）检查板卡指示灯正常（靠上 2 个运行指示灯常亮、靠下 2 个告警指示灯不亮）	60	未确认待更换的板卡位置扣 5 分； 未断开所有电源空气开关扣 10 分； 未拆螺丝即拔板卡扣 10 分； 未对准卡槽即插入板卡扣 10 分； 板卡未插紧到位扣 10 分； 未恢复板卡螺丝扣 5 分； 未检查板卡指示状态扣 10 分		
3	现场恢复	恢复现场	10	未进行现场恢复扣 10 分		

续表

序号	项目名称	质量要求	满分	扣分标准	扣分原因	得分
4	填写报告					
4.1	修试记录	填写更换记录，包括板卡位置、新旧板卡编号	15	每少填写一项扣 5 分，扣完为止		
合计			100			

Jc2002342012　H400 换流阀阻尼电阻 R_{d1} 测量。（100 分）

考核知识点：阻尼电阻测量

难易度：中

技能等级评价专业技能考核操作工作任务书

一、任务名称

H400 换流阀阻尼电阻 R_{d1} 测量。

二、适用工种

换流站直流设备检修工（二次）高级工。

三、具体任务

（1）工作状态为换流阀检修状态。工作内容为换流阀阻尼电阻 R_{d1} 测量。

（2）工作任务：开展 H400 换流阀单个晶闸管级阻尼电阻 R_{d1} 测量。

四、工作规范及要求

（1）工器具使用及安全措施。

（2）按要求进行 H400 换流阀阻尼电阻 R_{d1} 测量。

五、考核及时间要求

（1）本考核操作时间为 60 分钟，时间到停止考评。

（2）按照技能操作记录单的操作要求进行操作，正确记录操作结果，试验记录项目包括：阻尼电阻 R_{d1} 位置、单个晶闸管级 R_{d1} 串并联电阻数、测量结果。

技能等级评价专业技能考核操作评分标准

<table>
<tr><td>工种</td><td colspan="5">换流站直流设备检修工（二次）</td><td>评价等级</td><td>高级工</td></tr>
<tr><td>项目模块</td><td colspan="4">二次设备日常维护、检修—换流阀及阀控设备日常维护、检修</td><td>编号</td><td colspan="2">Jc2002342012</td></tr>
<tr><td>单位</td><td colspan="3"></td><td>准考证号</td><td></td><td>姓名</td><td></td></tr>
<tr><td>考试时限</td><td colspan="2">60 分钟</td><td>题型</td><td colspan="2">单项操作</td><td>题分</td><td>100 分</td></tr>
<tr><td>成绩</td><td></td><td>考评员</td><td></td><td>考评组长</td><td></td><td>日期</td><td></td></tr>
<tr><td>试题正文</td><td colspan="7">H400 换流阀阻尼电阻 R_{d1} 测量</td></tr>
<tr><td>需要说明的问题和要求</td><td colspan="7">（1）操作应注意安全，做好安全措施。
（2）在换流阀一次设备上完成操作。
（3）试验或检修结果填入修试记录</td></tr>
</table>

序号	项目名称	质量要求	满分	扣分标准	扣分原因	得分
1	工具使用及安全措施					
1.1	各种工器具正确使用	熟练正确使用各种工器具	5	未正确使用一次扣 1 分，扣完为止		

续表

序号	项目名称	质量要求	满分	扣分标准	扣分原因	得分
1.2	相关安全措施的准备	（1）确认阻尼回路电容已放电。 （2）高空作业车接地。 （3）正确使用安全带。 （4）进入作业现场正确佩戴安全帽，现场作业人员应穿全棉长袖工作服、绝缘鞋	10	未确认阻尼回路电容放电扣 2 分； 高空作业车未正确接地扣 2 分； 未正确使用安全带扣 3 分； 安全帽佩戴不规范扣 1 分； 未穿全棉长袖工作服扣 1 分； 未穿绝缘鞋扣 1 分		
2	阻尼电阻 R_{d1} 测量	（1）正确识别阻尼电阻 R_{d1}。 （2）拆除接线。 （3）使用万用表测量 R_{d1} 电阻值。 （4）恢复接线	60	未识别阻尼电阻 R_{d1} 扣 20 分； 未得到正确测量结果扣 30 分； 若拆除接线未正确恢复扣 10 分		
3	现场恢复	恢复现场	10	未进行现场恢复扣 10 分		
4	填写报告					
4.1	修试记录	正确填写测量结果、阻尼电阻 R_{d1} 位置、单个晶闸管级 R_{d1} 串并联电阻数	15	每少填写一项扣 5 分，扣完为止		
合计			100			

Jc2002342013　H400 换流阀阻尼电阻 R_{d2} 测量。（100 分）

考核知识点：阻尼电阻测量

难易度：中

技能等级评价专业技能考核操作工作任务书

一、任务名称

H400 换流阀阻尼电阻 R_{d2} 测量。

二、适用工种

换流站直流设备检修工（二次）高级工。

三、具体任务

（1）工作状态为换流阀检修状态。工作内容为换流阀阻尼电阻 R_{d2} 测量。

（2）工作任务：开展 H400 换流阀单个晶闸管级阻尼电阻 R_{d2} 测量。

四、工作规范及要求

（1）工器具使用及安全措施。

（2）按要求进行 H400 换流阀阻尼电阻 R_{d2} 测量。

五、考核及时间要求

（1）本考核操作时间为 60 分钟，时间到停止考评。

（2）按照技能操作记录单的操作要求进行操作，正确记录操作结果，试验记录项目包括：阻尼电阻 R_{d2} 位置、单个晶闸管级 R_{d2} 串并联电阻数、测量结果。

技能等级评价专业技能考核操作评分标准

<table>
<tr><td>工种</td><td colspan="5">换流站直流设备检修工（二次）</td><td>评价等级</td><td>高级工</td></tr>
<tr><td>项目模块</td><td colspan="4">二次设备日常维护、检修—换流阀及阀控设备日常维护、检修</td><td>编号</td><td colspan="2">Jc2002342013</td></tr>
<tr><td>单位</td><td colspan="3"></td><td>准考证号</td><td></td><td>姓名</td><td></td></tr>
<tr><td>考试时限</td><td colspan="2">60 分钟</td><td>题型</td><td colspan="2">单项操作</td><td>题分</td><td>100 分</td></tr>
<tr><td>成绩</td><td></td><td>考评员</td><td></td><td>考评组长</td><td></td><td>日期</td><td></td></tr>
</table>

续表

试题正文	H400 换流阀阻尼电阻 R_{d2} 测量					
需要说明的问题和要求	（1）操作应注意安全，做好安全措施。 （2）在换流阀一次设备上完成操作。 （3）试验或检修结果填入修试记录					
序号	项目名称	质量要求	满分	扣分标准	扣分原因	得分
1	工具使用及安全措施					
1.1	各种工器具正确使用	熟练正确使用各种工器具	5	未正确使用一次扣1分，扣完为止		
1.2	相关安全措施的准备	（1）确认阻尼回路电容已放电。 （2）高空作业车接地。 （3）正确使用安全带。 （4）进入作业现场正确佩戴安全帽，现场作业人员应穿全棉长袖工作服、绝缘鞋	10	未确认阻尼回路电容放电扣2分； 高空作业车未正确接地扣2分； 未正确使用安全带扣3分； 安全帽佩戴不规范扣1分； 未穿全棉长袖工作服扣1分； 未穿绝缘鞋扣1分		
2	阻尼电阻 R_{d2} 测量	（1）正确识别阻尼电阻 R_{d2}。 （2）拆除接线。 （3）使用万用表测量 R_{d2} 电阻值。 （4）恢复接线	60	未识别阻尼电阻 R_{d2} 扣20分； 未得到正确测量结果扣30分； 若拆除接线未正确恢复扣10分		
3	现场恢复	恢复现场	10	未进行现场恢复扣10分		
4	填写报告					
4.1	修试记录	正确填写测量结果、阻尼电阻 R_{d2} 位置、单个晶闸管级 R_{d2} 串并联电阻数	15	每少填写一项扣5分，扣完为止		
合计			100			

Jc2002341014　A5000 换流阀阻尼电阻 R_{d2} 测量。（100 分）

考核知识点：阻尼电阻测量

难易度：易

技能等级评价专业技能考核操作工作任务书

一、任务名称

A5000 换流阀阻尼电阻 R_{d2} 测量。

二、适用工种

换流站直流设备检修工（二次）高级工。

三、具体任务

（1）工作状态为换流阀检修状态。工作内容为换流阀阻尼电阻 R_{d2} 测量。

（2）工作任务：开展 A5000 换流阀单个晶闸管级阻尼电阻 R_{d2} 测量。

四、工作规范及要求

（1）工器具使用及安全措施。

（2）按要求进行 A5000 换流阀阻尼电阻 R_{d2} 测量。

五、考核及时间要求

（1）本考核操作时间为 60 分钟，时间到停止考评。

（2）按照技能操作记录单的操作要求进行操作，正确记录操作结果，试验记录项目包括：阻尼电阻 R_{d2} 位置、单个晶闸管级 R_{d2} 串并联电阻数、测量结果。

技能等级评价专业技能考核操作评分标准

工种	换流站直流设备检修工（二次）					评价等级	高级工
项目模块	二次设备日常维护、检修—换流阀及阀控设备日常维护、检修				编号	Jc2002341014	
单位			准考证号			姓名	
考试时限	60 分钟		题型	单项操作		题分	100 分
成绩		考评员		考评组长		日期	
试题正文	A5000 换流阀阻尼电阻 R_{d2} 测量						
需要说明的问题和要求	（1）要求调试人员单人操作，故障查找及分析在调试过程中完成。 （2）操作应注意安全，做好安全措施。 （3）在换流阀一次设备上完成操作。 （4）使用万用表进行测量。 （5）操作记录填入操作记录。试验或检修结果填入修试记录						

序号	项目名称	质量要求	满分	扣分标准	扣分原因	得分
1	工具使用及安全措施					
1.1	各种工器具正确使用	熟练正确使用各种工器具	5	未正确使用一次扣 1 分，扣完为止		
1.2	相关安全措施的准备	（1）确认阻尼回路电容已放电。 （2）高空作业车接地。 （3）正确使用安全带。 （4）进入作业现场正确佩戴安全帽，现场作业人员应穿全棉长袖工作服、绝缘鞋	10	未确认阻尼回路电容放电扣 1 分； 高空作业车未正确接地扣 1 分； 未正确使用安全带扣 1 分； 安全帽佩戴不规范扣 1 分； 未穿全棉长袖工作服扣 1 分； 未穿绝缘鞋扣 1 分		
2	阻尼电阻 R_{d2} 测量	（1）正确识别阻尼电阻 R_{d2}。 （2）拆除接线。 （3）将万用表打至电阻挡，完成阻尼电阻 R_{d2} 电阻值测量	60	未正确识别阻尼电阻扣 15 分； 未正确拆除接线扣 15 分； 未正确使用万用表扣 30 分		
3	现场恢复	恢复现场	10	未进行现场恢复扣 10 分		
4	填写报告					
4.1	修试记录	正确填写测量结果、阻尼电阻 R_{d2} 位置、单个晶闸管级 R_{d1} 串并联电阻数	15	每少填写一项扣 5 分，扣完为止		
合计			100			

Jc2002341015　A5000 换流阀均压电阻 R_{dc} 测量。（100 分）

考核知识点： 均压电阻测量

难易度： 易

技能等级评价专业技能考核操作工作任务书

一、任务名称

A5000 换流阀均压电阻 R_{dc} 测量。

二、适用工种

换流站直流设备检修工（二次）高级工。

三、具体任务

（1）工作状态为换流阀检修状态。工作内容为换流阀均压电阻 R_{dc} 测量。

（2）工作任务：开展 A5000 换流阀单个晶闸管级均压电阻 R_{dc} 测量。

四、工作规范及要求

（1）工器具使用及安全措施。

（2）按要求进行 A5000 换流阀均压电阻 R_{dc} 测量。

五、考核及时间要求

（1）本考核操作时间为 60 分钟，时间到停止考评。

（2）按照技能操作记录单的操作要求进行操作，正确记录操作结果，试验记录项目包括：均压电阻 R_{dc} 位置、单个晶闸管级 R_{dc} 串并联电阻数、测量结果。

技能等级评价专业技能考核操作评分标准

工种	换流站直流设备检修工（二次）				评价等级	高级工
项目模块	二次设备日常维护、检修—换流阀及阀控设备日常维护、检修			编号	Jc2002341015	
单位		准考证号			姓名	
考试时限	60 分钟	题型	单项操作		题分	100 分
成绩		考评员		考评组长	日期	
试题正文	A5000 换流阀均压电阻 R_{dc} 测量					
需要说明的问题和要求	（1）要求调试人员单人操作，故障查找及分析在调试过程中完成。 （2）操作应注意安全，做好安全措施。 （3）在换流阀一次设备上完成操作。 （4）使用万用表进行测量。 （5）操作记录填入操作记录。试验或检修结果填入修试记录					

序号	项目名称	质量要求	满分	扣分标准	扣分原因	得分
1	工具使用及安全措施					
1.1	各种工器具正确使用	熟练正确使用各种工器具	5	未正确使用一次扣 1 分，扣完为止		
1.2	相关安全措施的准备	（1）高空作业车接地。 （2）正确使用安全带。 （3）进入作业现场正确佩戴安全帽，现场作业人员应穿全棉长袖工作服、绝缘鞋	10	高空作业车未正确接地扣 2 分； 未正确使用安全带扣 2 分； 安全帽佩戴不规范扣 2 分； 未穿全棉长袖工作服扣 2 分； 未穿绝缘鞋扣 2 分		
2	均压电阻 R_{dc} 测量	（1）正确识别均压电阻 R_{dc}。 （2）拆除接线。 （3）将万用表打至电阻挡，完成均压电阻 R_{dc} 电阻值测量	60	未正确识别均压电阻扣 15 分； 未正确拆除接线扣 15 分； 未正确使用万用表扣 30 分		
3	现场恢复	恢复现场	10	未进行现场恢复扣 10 分		
4	填写报告					
4.1	修试记录	正确填写测量结果、均压电阻 R_{dc} 位置、单个晶闸管级 R_{dc} 串并联电阻数	15	每少填写一项扣 5 分，扣完为止		
合计			100			

Jc2002353016 A5000 换流阀晶闸管与阻尼电阻间水管更换。（100 分）

考核知识点：A5000 换流阀晶闸管与阻尼电阻间水管更换

难易度：难

技能等级评价专业技能考核操作工作任务书

一、任务名称

A5000 换流阀晶闸管与阻尼电阻间水管更换。

二、适用工种

换流站直流设备检修工（二次）高级工。

三、具体任务

（1）工作状态为换流阀检修状态、阀冷却系统停运。工作内容为 A5000 换流阀晶闸管与阻尼电阻间水管更换。

（2）工作任务：对 A5000 换流阀晶闸管与阻尼电阻间水管进行更换。

四、工作规范及要求

（1）工器具使用及安全措施。

（2）按要求进行晶闸管与阻尼电阻间水管更换。

五、考核及时间要求

（1）本考核操作时间为 60 分钟，时间到停止考评。

（2）按照技能操作记录单的操作要求进行操作，并填写更换记录。

技能等级评价专业技能考核操作评分标准

工种	换流站直流设备检修工（二次）					评价等级	高级工
项目模块	二次设备日常维护、检修—换流阀及阀控设备日常维护、检修				编号	Jc2002353016	
单位			准考证号			姓名	
考试时限	60 分钟		题型	多项操作		题分	100 分
成绩		考评员		考评组长		日期	
试题正文	A5000 换流阀晶闸管与阻尼电阻间水管更换						
需要说明的问题和要求	（1）要求调试人员单人操作，故障查找及分析在调试过程中完成。 （2）操作应注意安全，做好安全措施。 （3）在换流阀一次设备上完成操作。 （4）操作记录填入操作记录。试验或检修结果填入修试记录						

序号	项目名称	质量要求	满分	扣分标准	扣分原因	得分
1	工具使用及安全措施					
1.1	各种工器具正确使用	熟练正确使用各种工器具	5	未正确使用一次扣 1 分，扣完为止		
1.2	相关安全措施的准备	（1）高空作业车接地。 （2）正确使用安全带。 （3）进入作业现场正确佩戴安全帽，现场作业人员应穿全棉长袖工作服、绝缘鞋	10	高空作业车未正确接地扣 2 分； 未正确使用安全带扣 2 分； 安全帽佩戴不规范扣 2 分； 未穿全棉长袖工作服扣 2 分； 未穿绝缘鞋扣 2 分		
2.1	晶闸管与阻尼电阻间水管更换	（1）为防止水洒到下层阀模块上，应在下层阀组件上覆盖塑料薄膜。 （2）更换水管的同时应使用新的 O 形密封圈。 （3）水管更换完成后应根据厂家要求的力矩对接头进行力矩检查。 （4）力矩检查完毕后应划线标记，但不能与原标记线重合。 （5）阀塔补水时应注意排气，确保水管内无气泡。 （6）对阀冷系统进行静态加压试验，检查水管无渗漏。 （7）全部工作结束后检查阀塔无遗留物	60	未正确判断渗漏水原因扣 10 分； 未更换密封圈扣 20 分； 未完成漏水处理扣 30 分		
3	现场恢复	恢复现场	10	未进行现场恢复扣 10 分		
4	填写报告					
4.1	修试记录	填写更换记录，包括晶闸管级编号，新、旧水管编号	15	每少填写一项扣 5 分，扣完为止		
合计			100			

Jc2002352017　A5000 换流阀均压电阻更换。(100 分)

考核知识点： A5000 换流阀均压电阻更换

难易度： 中

技能等级评价专业技能考核操作工作任务书

一、任务名称

A5000 换流阀均压电阻更换。

二、适用工种

换流站直流设备检修工（二次）高级工。

三、具体任务

（1）工作状态为换流阀检修状态、阀冷却系统停运。工作内容为 A5000 换流阀均压电阻更换。

（2）工作任务：对 A5000 换流阀均压电阻进行更换。

四、工作规范及要求

（1）工器具使用及安全措施。

（2）按要求进行分压板更换。

五、考核及时间要求

（1）本考核操作时间为 60 分钟，时间到停止考评。

（2）按照技能操作记录单的操作要求进行操作，并填写更换记录。

技能等级评价专业技能考核操作评分标准

工种	换流站直流设备检修工（二次）					评价等级	高级工
项目模块	二次设备日常维护、检修—换流阀及阀控设备日常维护、检修				编号	Jc2002352017	
单位			准考证号			姓名	
考试时限	60 分钟	题型		多项操作		题分	100 分
成绩		考评员		考评组长		日期	
试题正文	A5000 换流阀均压电阻更换						
需要说明的问题和要求	（1）要求调试人员单人操作，故障查找及分析在调试过程中完成。 （2）操作应注意安全，做好安全措施。 （3）在换流阀一次设备上完成操作。 （4）操作记录填入操作记录。试验或检修结果填入修试记录						

序号	项目名称	质量要求	满分	扣分标准	扣分原因	得分
1	工具使用及安全措施					
1.1	各种工器具正确使用	熟练正确使用各种工器具	5	未正确使用一次扣 1 分，扣完为止		
1.2	相关安全措施的准备	（1）高空作业车接地。 （2）正确使用安全带。 （3）进入作业现场正确佩戴安全帽，现场作业人员应穿全棉长袖工作服、绝缘鞋	10	高空作业车未正确接地扣 2 分； 未正确使用安全带扣 2 分； 安全帽佩戴不规范扣 2 分； 未穿全棉长袖工作服扣 2 分； 未穿绝缘鞋扣 2 分		
2	分压板更换	（1）检查新电阻的阻值，与额定值误差不大于 3%。 （2）用脱脂棉蘸酒精清洁新电阻与冷却器的接触面。 （3）在电阻表面均匀涂抹导热硅脂。 （4）检查电阻接线正确无误，螺栓紧固。 （5）均压电阻更换完毕后，晶闸管级试验合格。 （6）电阻更换完毕后，检查阀塔无遗留物	60	未测量电阻值扣 10 分； 未清洁接触面扣 10 分； 未涂抹导热硅脂扣 10 分； 晶闸管试验不合格扣 15 分； 工作完成后未检查阀塔有无遗留物扣 15 分		

续表

序号	项目名称	质量要求	满分	扣分标准	扣分原因	得分
3	现场恢复	恢复现场	10	未进行现场恢复扣 10 分		
4	填写报告					
4.1	修试记录	填写更换记录，包括晶闸管级编号、故障元件编号、新元件编号	15	每少填写一项扣 5 分，扣完为止		
合计			100			

Jc2003342018　阀冷系统数字量输入模块更换。（100 分）

考核知识点： 阀冷系统数字量输入模块更换

难易度： 中

技能等级评价专业技能考核操作工作任务书

一、任务名称

阀冷系统数字量输入模块更换。

二、适用工种

换流站直流设备检修工（二次）高级工。

三、具体任务

（1）工作状态为换流阀检修、阀冷系统运行。工作内容为阀冷系统数字量输入模块 Msr1A 更换。

（2）工作任务：对阀冷系统数字量输入模块进行更换，更换步骤应符合要求，确保设备正常稳定运行。

四、工作规范及要求

熟悉阀冷系统数字量输入模块更换的方法，熟练使用仪器仪表及工器具。

五、考核及时间要求

本考核操作时间为 60 分钟，时间到停止考评。

技能等级评价专业技能考核操作评分标准

<table>
<tr><td>工种</td><td colspan="5">换流站直流设备检修工（二次）</td><td>评价等级</td><td>高级工</td></tr>
<tr><td>项目模块</td><td colspan="4">二次设备日常维护、检修—换流阀及阀控设备日常维护、检修</td><td>编号</td><td colspan="2">Jc2003342018</td></tr>
<tr><td>单位</td><td colspan="3"></td><td>准考证号</td><td></td><td>姓名</td><td></td></tr>
<tr><td>考试时限</td><td colspan="2">60 分钟</td><td>题型</td><td colspan="2">单项操作</td><td>题分</td><td>100 分</td></tr>
<tr><td>成绩</td><td></td><td>考评员</td><td></td><td>考评组长</td><td></td><td>日期</td><td></td></tr>
<tr><td>试题正文</td><td colspan="7">阀冷系统数字量输入模块更换</td></tr>
<tr><td>需要说明的问题和要求</td><td colspan="7">（1）要求单人操作。
（2）操作应注意安全，按照标准化作业书的技术安全说明做好安全措施。
（3）填写修试记录</td></tr>
</table>

序号	项目名称	质量要求	满分	扣分标准	扣分原因	得分
1	工具使用及安全措施					
1.1	相关安全措施的准备	（1）核对设备双重名称。 （2）进入作业现场正确佩戴安全帽，现场作业人员应穿全棉长袖工作服、绝缘鞋	10	未核对设备扣 5 分； 安全帽佩戴不规范扣 2 分； 未穿全棉长袖工作服扣 1 分； 未穿绝缘鞋扣 2 分		

续表

序号	项目名称	质量要求	满分	扣分标准	扣分原因	得分
2	数字量输入模块更换					
2.1	断开电源	（1）断开柜内所需更换元器件上级断路器（先断开交流，再断开直流）。 （2）用万用表测量对应元器件端子是否已掉电。 （3）在断开断路器和开关处悬挂“禁止合闸，有人工作”标识牌	26	按照步骤开展，每少一步扣 9 分，扣完为止		
2.2	模块更换	（1）核对备件型号与实物的一致性。 （2）拧松故障数字量输入模块的前连接器固定螺栓，拆下模块前连接器。 （3）拧松故障模块固定螺栓，拆下数字量输入模块。 （4）装上新的数字量输入模块，拧紧模块固定螺栓。 （5）装上前连接器，拧紧前连接器固定螺栓	44	按照步骤开展，每少一步扣 9 分，扣完为止		
3	恢复现场并填写报告					
3.1	观察设备运行无异常后，恢复现场，填写修试记录	（1）恢复相关断路器（先恢复直流，再恢复交流）；观察阀冷系统运行无异常，输入信号正常。清理现场。 （2）填写修试记录	20	记录填写不全按比例扣分，总计 15 分； 无检查扣 5 分		
合计			100			

Jc2003353019　阀内冷系统就地启动（含故障）。（100 分）

考核知识点：阀冷系统基本操作及故障处理

难易度：难

技能等级评价专业技能考核操作工作任务书

一、任务名称

阀内冷系统就地启动（含故障）。

二、适用工种

换流站直流设备检修工（二次）高级工。

三、具体任务

（1）工作状态为阀内冷系统停运。工作内容为阀内冷系统启动。

（2）工作任务：

1）通过在阀冷系统 PLC 控制面板上操作，对阀内冷系统进行就地启动。

2）若系统无法正常启动，需对回路进行故障排查。

四、工作规范及要求

按要求进行阀内冷系统的就地启动。

五、考核及时间要求

本考核操作时间为 60 分钟，时间到停止考评，包括阀冷系统状态确认和报告整理时间。

技能等级评价专业技能考核操作评分标准

工种	换流站直流设备检修工（二次）				评价等级	高级工
项目模块	缺陷处理与事故分析—缺陷处理			编号	Jc2003353019	
单位		准考证号			姓名	
考试时限	60 分钟	题型	单项操作		题分	100 分
成绩		考评员		考评组长	日期	
试题正文	阀内冷系统就地启动（含故障）					
需要说明的问题和要求	（1）要求单人操作。 （2）操作应注意安全，按照标准化作业书的技术安全说明做好安全措施。 （3）在阀冷系统控制屏 AP4 上完成操作，填写操作记录					

序号	项目名称	质量要求	满分	扣分标准	扣分原因	得分
1	安全措施					
1.1	相关安全措施的准备	（1）核对设备双重名称。 （2）进入作业现场正确佩戴安全帽，现场作业人员应穿全棉长袖工作服、绝缘鞋。 （3）确认阀冷系统设备现场无人员逗留	20	未核对设备双重名称或在 AP5 控制屏操作扣 5 分； 安全帽佩戴不规范扣 2 分； 未穿全棉长袖工作服扣 1 分； 未穿绝缘鞋扣 2 分； 未确认阀冷设备现场无人员逗留扣 10 分（可口述）		
2	阀冷系统检查					
2.1	阀冷系统关键点检查	对阀冷系统进行启动前关键点检查，确认无异常后方可进行启动。 关键点：阀冷设备管道阀门状态、阀冷系统保护投入状态、阀冷系统控制界面告警、阀冷控制系统在自动状态	20	未检查阀冷设备管道阀门状态扣 5 分； 未检查阀冷系统保护投入状态扣 5 分； 未检查阀冷系统控制界面告警扣 5 分； 未检查阀冷控制系统在自动状态扣 5 分（可口述）		
3	阀冷系统启动					
3.1	阀冷系统就地启动	正确进行阀冷系统就地启动： （1）单击控制屏“阀冷系统启动”按钮。 （2）在弹出窗口内输入账号、密码。 （3）弹出运行确定提示框后单击“确定”。 （4）检查阀冷系统启动正常。 （5）单击操作密码退出按钮	20	启动成功但未检查阀冷系统启动正常扣 10 分（可口述）； 未能单击操作密码退出按钮扣 10 分； 未能启动扣 20 分		
4	故障排查					
4.1	故障查找	正确进行故障查找： 故障 1：主循环泵安全空气开关未合。 故障 2：主循环泵接触器信号线虚接	10	未查找出故障每个扣 5 分		
4.2	故障排除	正确进行故障排除	10	未正确排除故障每个扣 5 分，扣完为止		
5	填写报告					
5.1	操作记录	正确填写启动结果。 记录应包括：启动后阀冷系统冷却水流量、主泵出水压力、主泵回水压力、进阀压力、主过滤器压差、主回路电导率、进阀温度、主泵电动机电流、膨胀罐压力、膨胀罐液位、故障情况及处理措施	20	前三项每少填写一项扣 5 分； 最后一项描述不正确扣 10 分； 以上扣分，扣完为止		
合计			100			

Jc2003342020　去离子回路止回阀更换。（100 分）

考核知识点：阀冷系统基本操作

难易度：中

技能等级评价专业技能考核操作工作任务书

一、任务名称

去离子回路止回阀更换。

二、适用工种

换流站直流设备检修工（二次）高级工。

三、具体任务

（1）工作状态为阀内冷系统处于自动运行模式。工作内容为去离子回路止回阀更换。

（2）工作任务：展开去离子回路止回阀更换。

四、工作规范及要求

按要求进行阀内冷系统自动运行模式下对阀冷系统去离子回路止回阀更换。

五、考核及时间要求

本考核操作时间为 60 分钟，时间到停止考评，包括阀冷系统状态确认和报告整理时间。

技能等级评价专业技能考核操作评分标准

<table>
<tr><td>工种</td><td colspan="6">换流站直流设备检修工（二次）</td><td>评价等级</td><td>高级工</td></tr>
<tr><td>项目模块</td><td colspan="5">二次设备日常维护、检修—阀冷却系统的日常维护、检修</td><td>编号</td><td colspan="2">Jc2003342020</td></tr>
<tr><td>单位</td><td colspan="3"></td><td>准考证号</td><td colspan="2"></td><td>姓名</td><td></td></tr>
<tr><td>考试时限</td><td colspan="2">60 分钟</td><td>题型</td><td colspan="3">单项操作</td><td>题分</td><td>100 分</td></tr>
<tr><td>成绩</td><td></td><td>考评员</td><td></td><td>考评组长</td><td colspan="2"></td><td>日期</td><td></td></tr>
<tr><td>试题正文</td><td colspan="8">去离子回路止回阀更换</td></tr>
<tr><td>需要说明的问题和要求</td><td colspan="8">（1）要求单人操作。
（2）操作应注意安全，按照标准化作业书的技术安全说明做好安全措施。
（3）填写修试记录
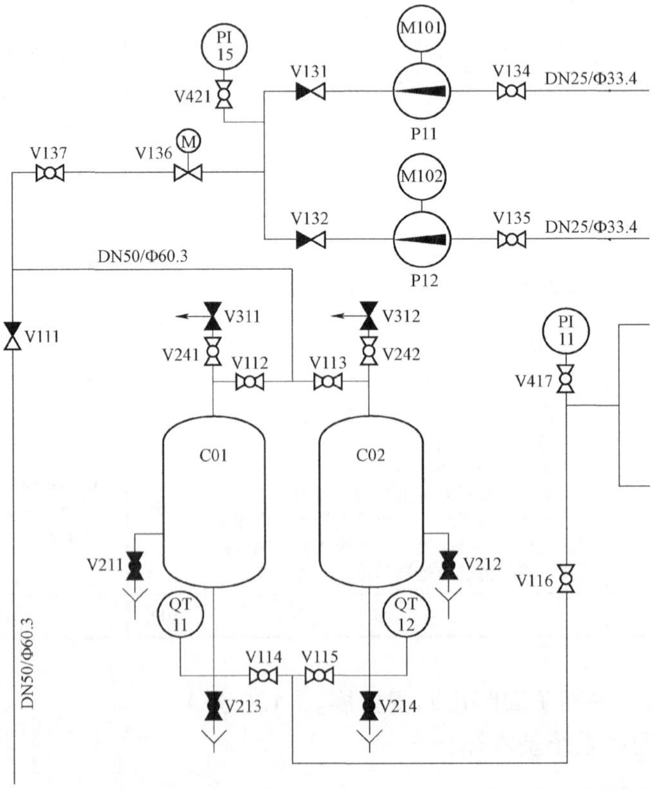</td></tr>
</table>

续表

序号	项目名称	质量要求	满分	扣分标准	扣分原因	得分
1	安全措施					
1.1	相关安全措施的准备	（1）核对设备双重名称。 （2）进入作业现场正确佩戴安全帽，现场作业人员应穿全棉长袖工作服、绝缘鞋	20	未核对设备双重名称扣 10 分； 安全帽佩戴不规范扣 4 分； 未穿全棉长袖工作服扣 3 分； 未穿绝缘鞋扣 3 分		
2	阀冷系统关键点检查	对阀内冷系统进行关键点检查，确认无异常后方可进行更换操作。 关键点：主循环泵运行状态、进阀压力、冷却水流量、阀冷系统告警界面告警信息	20	未检查关键点每项扣 5 分（可口述），扣完为止		
3	止回阀更换	正确配合进行止回阀更换： （1）关闭 V110、V112、V113、V137、V081、V083 阀门。 （2）用活动扳手拆出止回阀上端接口，取出阀板。 （3）按相反方向安装止回阀阀板。 （4）检查安装状态正常后恢复所有阀门	40	未关闭 V110、V112、V113、V137、V081、V083 阀门，漏掉 1 个阀门扣 2.5 分，共计 30 分； 未能用活动扳手拆出止回阀上端接口，取出阀板，扣 5 分； 未能重新安装止回阀，扣 5 分； 未检查安装状态或未恢复所有阀门，每个扣 2.5 分； 以上扣分，扣完为止		
4	填写报告					
4.1	填写修试记录	正确填写更换报告： 报告应包括更换止回阀编号、更换原因、冷却水流量、膨胀罐液位等信息	20	根据核对信息酌情扣分		
合计			100			

Jc2003342021　补水泵出水止回阀更换（V131 检修、V132 运行）。（100 分）

考核知识点：阀冷系统基本操作

难易度：中

技能等级评价专业技能考核操作工作任务书

一、任务名称

补水泵出水止回阀更换（V131 检修、V132 运行）。

二、适用工种

换流站直流设备检修工（二次）高级工。

三、具体任务

（1）工作状态为阀内冷系统处于自动运行模式，V131 检修、V132 运行。工作内容为补水泵出水止回阀更换。

（2）工作任务：对补水泵出水止回阀进行更换。

四、工作规范及要求

按要求进行阀内冷系统自动运行模式下对阀冷系统补水泵出水止回阀更换。

五、考核及时间要求

本考核操作时间为 60 分钟，时间到停止考评，包括阀冷系统状态确认和报告整理时间。

技能等级评价专业技能考核操作评分标准

工种	换流站直流设备检修工（二次）				评价等级	高级工
项目模块	二次设备日常维护、检修—阀冷却系统的日常维护、检修			编号	Jc2003342021	
单位		准考证号			姓名	
考试时限	60 分钟	题型	单项操作		题分	100 分
成绩		考评员		考评组长	日期	
试题正文	补水泵出水止回阀更换（V131 检修、V132 运行）					
需要说明的问题和要求	（1）要求单人操作。 （2）操作应注意安全，按照标准化作业书的技术安全说明做好安全措施。 （3）填写修试记录 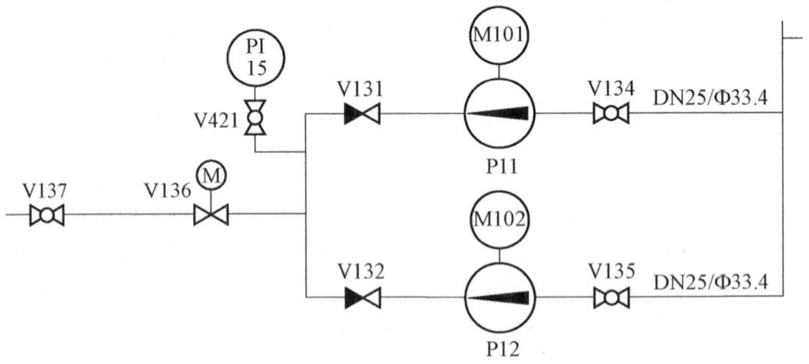 					

序号	项目名称	质量要求	满分	扣分标准	扣分原因	得分
1	安全措施					
1.1	相关安全措施的准备	（1）核对设备双重名称。 （2）进入作业现场正确佩戴安全帽，现场作业人员应穿全棉长袖工作服、绝缘鞋	20	未核对设备双重名称扣 10 分； 安全帽佩戴不规范扣 4 分； 未穿全棉长袖工作服扣 3 分； 未穿绝缘鞋扣 3 分		
2	阀冷系统检查					
2.1	阀冷系统关键点检查	对阀内冷系统进行关键点检查，确认无异常后方可进行更换操作，关键点：主循环泵运行状态、进阀压力、冷却水流量、阀冷系统告警界面告警信息	20	未检查关键点每项扣 5 分（可口述），扣完为止		
3	止回阀更换	正确配合进行止回阀更换： （1）检查膨胀罐液位是否正常，如液位偏低，可以选补至设计液位。 （2）断开 P11 补水泵电源断路器。 （3）关闭 V137、V134 阀门。 （4）拆出 P11 出口管段止回阀。 （5）按相反方向安装新的止回阀。 （6）打开 V137、V134 阀门，手动启动 P11 补水泵，检查止回阀是否工作正常，更换完成	40	未检查膨胀罐液位是否正常，扣 5 分； 未断开 P11 补水泵电源断路器，扣 5 分； 未关闭 V137、V134 阀门，每个扣 5 分； 未能拆出 P11 出口管段止回阀，或未能安装新止回阀，扣 5 分； 未打开 V137、V134 阀门，每个扣 5 分； 未手动启动 P11 补水泵，检查止回阀是否工作正常，扣 5 分		
4	填写报告					
4.1	填写修试记录	正确填写更换报告： 报告应包括更换止回阀编号、更换原因、冷却水流量、膨胀罐液位等信息	20	根据核对信息酌情扣分		
合计			100			

Jc2003342022　排气电磁阀的检修（V511）。（100 分）

考核知识点： 阀冷系统基本操作

难易度： 中

技能等级评价专业技能考核操作工作任务书

一、任务名称

排气电磁阀的检修（V511）。

二、适用工种

换流站直流设备检修工（二次）高级工。

三、具体任务

（1）工作状态为阀内冷系统处于自动运行模式。工作内容为排气电磁阀的检修。

（2）工作任务：对排气电磁阀的检修。

四、工作规范及要求

按要求进行阀内冷系统自动运行模式下对阀冷系统排气电磁阀的检修。

五、考核及时间要求

本考核操作时间为 60 分钟，时间到停止考评，包括阀冷系统状态确认和报告整理时间。

技能等级评价专业技能考核操作评分标准

<table>
<tr><td>工种</td><td colspan="5">换流站直流设备检修工（二次）</td><td>评价等级</td><td>高级工</td></tr>
<tr><td>项目模块</td><td colspan="4">二次及辅助设备日常维护、检修—阀冷却系统的日常维护、检修</td><td>编号</td><td colspan="2">Jc2003342022</td></tr>
<tr><td>单位</td><td colspan="2"></td><td>准考证号</td><td colspan="2"></td><td>姓名</td><td></td></tr>
<tr><td>考试时限</td><td>60 分钟</td><td>题型</td><td colspan="3">单项操作</td><td>题分</td><td>100 分</td></tr>
<tr><td>成绩</td><td></td><td>考评员</td><td></td><td>考评组长</td><td></td><td>日期</td><td></td></tr>
<tr><td>试题正文</td><td colspan="7">排气电磁阀的检修（V511）</td></tr>
<tr><td>需要说明的问题和要求</td><td colspan="7">（1）要求单人操作。
（2）操作应注意安全，按照标准化作业书的技术安全说明做好安全措施。
（3）填写修试记录
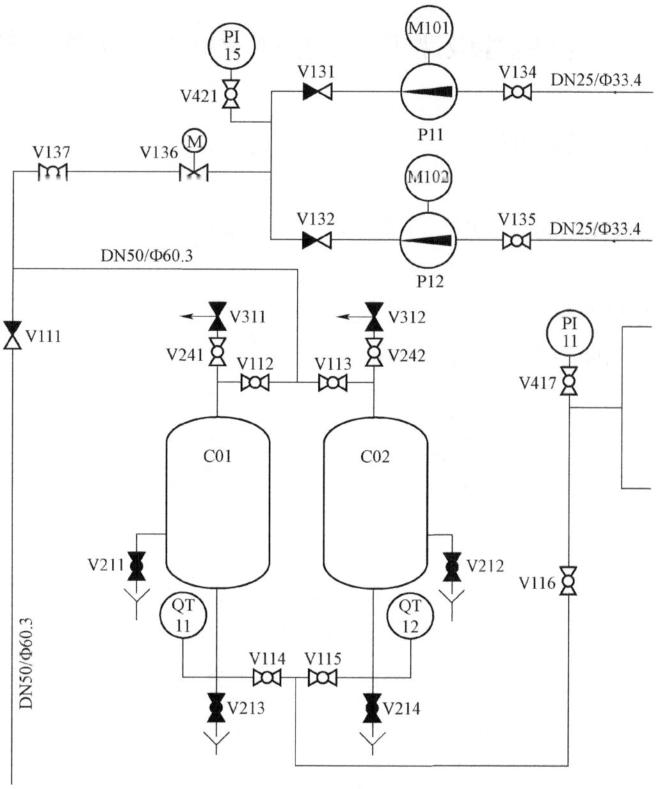
</td></tr>
</table>

续表

序号	项目名称	质量要求	满分	扣分标准	扣分原因	得分
1	安全措施					
1.1	相关安全措施的准备	（1）核对设备双重名称。 （2）进入作业现场正确佩戴安全帽，现场作业人员应穿全棉长袖工作服、绝缘鞋	20	未核对设备双重名称操作扣 10 分； 安全帽佩戴不规范扣 4 分； 未穿全棉长袖工作服扣 3 分； 未穿绝缘鞋扣 3 分		
2	阀冷系统检查					
2.1	阀冷系统关键点检查	对阀内冷系统进行关键点检查，确认无异常后方可进行更换操作，关键点：主循环泵运行状态、进阀压力、冷却水流量、阀冷系统告警界面告警信息	20	未检查关键点每项扣 5 分（可口述），扣完为止		
3	电磁阀更换	正确配合进行电磁阀（V503）更换： （1）断开 V511 控制电源断路器。 （2）关闭 V245 针阀，如果是线圈故障，直接更换线圈即可。 （3）如是阀体故障，则先拆出线圈，更换电磁阀阀体，按相反顺装回。 （4）打开 V245 针阀，用肥皂泡沫检查接口处是否漏气。 （5）合上 V511 控制电源断路器。 （6）修改排气电磁阀参数，检查 V511 电磁阀是否正常动作，恢复参数	40	未断开 V511 控制电源断路器，扣 5 分； 未关闭 V245 针阀，扣 5 分； 未能完成电磁阀线圈更换，或未能完成电磁阀阀体更换，扣 5 分； 未打开 V245 针阀，扣 5 分； 未用肥皂泡沫检查接口处是否漏气，扣 5 分； 未合上 V511 控制电源断路器，通过操作面板中的控制键选择 V511 运行，并检查是否运行正常，扣 15 分		
4	填写报告					
4.1	填写修试记录	正确填写更换报告： 报告应包括更换电磁阀编号、更换原因、冷却水流量、膨胀罐液位等信息	20	根据核对信息酌情扣分		
合计			100			

Jc2003342023　阀内冷系统精密过滤器清洗。（100 分）

考核知识点：阀内冷系统精密过滤器更换

难易度：中

技能等级评价专业技能考核操作工作任务书

一、任务名称

阀内冷系统精密过滤器清洗。

二、适用工种

换流站直流设备检修工（二次）高级工。

三、具体任务

（1）工作状态为阀冷系统运行，精密过滤器 Z11 运行、Z12 备用。工作内容为精密过滤器 Z11 清洗维护。工艺原理图如图 Jc2003342023 所示。

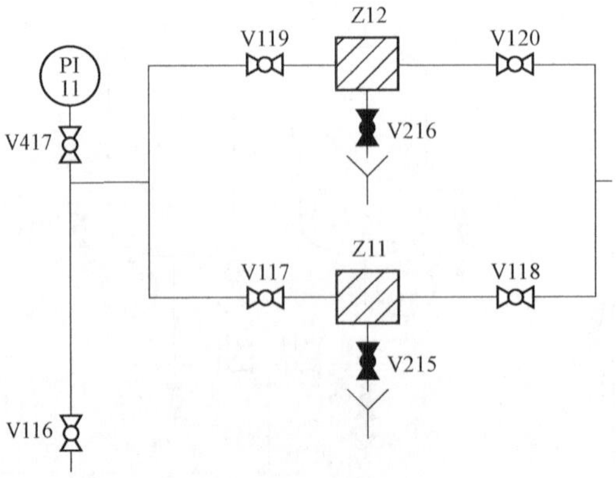

图 Jc2003342023

（2）工作任务：进行精密过滤器 Z11 清洗，更换步骤应符合要求，确保设备正常稳定运行。

四、工作规范及要求

熟悉阀冷系统精密过滤器更换的方法，熟练使用仪器仪表及工器具。

五、考核及时间要求

本考核操作时间为 60 分钟，时间到停止考评。

技能等级评价专业技能考核操作评分标准

工种	换流站直流设备检修工（二次）			评价等级	高级工
项目模块	二次设备日常维护、检修—阀冷却系统的日常维护、检修		编号	Jc2003342023	
单位		准考证号		姓名	
考试时限	60 分钟	题型	单项操作	题分	100 分
成绩		考评员		考评组长		日期	
试题正文	阀内冷系统精密过滤器清洗				
需要说明的问题和要求	（1）要求单人操作。 （2）操作应注意安全，按照标准化作业书的技术安全说明做好安全措施。 （3）填写修试记录				

序号	项目名称	质量要求	满分	扣分标准	扣分原因	得分
1	工具使用及安全措施					
1.1	相关安全措施的准备	（1）核对设备双重名称。 （2）进入作业现场正确佩戴安全帽，现场作业人员应穿全棉长袖工作服、绝缘鞋	15	未核对设备扣 5 分； 安全帽佩戴不规范扣 4 分； 未穿全棉长袖工作服扣 3 分； 未穿绝缘鞋扣 3 分		
2	精密过滤器清洗更换					
2.1	更换前准备	在操作面板中的控制键屏蔽阀冷系统泄漏保护	15	按照步骤开展，每少一步扣 5 分，扣完为止		
2.2	精密过滤器清洗更换步骤	（1）关闭精密过滤器进、出口球阀 V117 与 V118。 （2）连接排放阀门 V215 泄空软管，打开 V215，排空过滤器内介质。 （3）松开连接卡箍，拆卸封头部分，用套筒扳手拆下滤芯。 （4）清理并检查滤芯外部的异物，可以通过 0.5MPa 的高压水枪对滤芯从内至外进行冲洗，如果滤芯的滤网污垢严重或破损，无法清理干净，则需更换新的备用滤芯。 （5）安装清理好的或更新的滤芯，用套筒扳手进行紧固，过程中注意安装滤芯螺纹部分的密封圈，如有损坏也应更换。 （6）安装封头部分和连接卡箍，紧固好连接卡箍，保证连接处严密无渗漏	55	按照步骤开展，每少一步扣 8 分，扣完为止		
3	恢复现场并填写报告					
3.1	观察设备运行无异常后，恢复现场，填写修试记录	（1）关闭 V215，缓慢依次开启 V117 与 V118；使检修后的过滤器在运行状态，观察接口处是否有渗漏。 （2）通过操作面板中的控制键解除阀冷系统泄漏屏蔽。 （3）填写修试记录	15	每少完成一项扣 5 分，扣完为止		
合计			100			

Jc2003342024　阀冷系统模拟量输入模块更换。（100 分）

考核知识点：阀冷系统模拟量输入模块更换

难易度：中

技能等级评价专业技能考核操作工作任务书

一、任务名称

阀冷系统模拟量输入模块更换。

二、适用工种

换流站直流设备检修工（二次）高级工。

三、具体任务

（1）工作状态为换流阀检修、阀冷系统运行。工作内容为阀冷系统模拟量输入模块 Mmr1A 更换。

（2）工作任务：对阀冷系统模拟量输入模块进行更换，更换步骤应符合要求，确保设备正常稳定运行。

四、工作规范及要求

熟悉阀冷系统模拟量输入模块更换的方法，熟练使用仪器仪表及工器具。

五、考核及时间要求

本考核操作时间为 60 分钟，时间到停止考评。

技能等级评价专业技能考核操作评分标准

<table>
<tr><td>工种</td><td colspan="5">换流站直流设备检修工（二次）</td><td>评价等级</td><td>高级工</td></tr>
<tr><td>项目模块</td><td colspan="4">二次设备日常维护、检修—阀冷却系统的日常维护、检修</td><td>编号</td><td colspan="2">Jc2003342024</td></tr>
<tr><td>单位</td><td colspan="3"></td><td>准考证号</td><td></td><td>姓名</td><td></td></tr>
<tr><td>考试时限</td><td colspan="2">60 分钟</td><td>题型</td><td colspan="2">单项操作</td><td>题分</td><td>100 分</td></tr>
<tr><td>成绩</td><td></td><td>考评员</td><td></td><td>考评组长</td><td></td><td>日期</td><td></td></tr>
<tr><td>试题正文</td><td colspan="7">阀冷系统模拟量输入模块更换</td></tr>
<tr><td>需要说明的问题和要求</td><td colspan="7">（1）要求单人操作。
（2）操作应注意安全，按照标准化作业书的技术安全说明做好安全措施。
（3）填写修试记录</td></tr>
</table>

序号	项目名称	质量要求	满分	扣分标准	扣分原因	得分
1	工具使用及安全措施					
1.1	相关安全措施的准备	（1）核对设备双重名称。 （2）进入作业现场正确佩戴安全帽，现场作业人员应穿全棉长袖工作服、绝缘鞋	20	未核对设备扣 10 分； 安全帽佩戴不规范扣 4 分； 未穿全棉长袖工作服扣 3 分； 未穿绝缘鞋扣 3 分		
2	模拟量输入模块更换					
2.1	断开电源	（1）断开柜内所需更换元器件上级断路器（先断开交流，再断开直流）。 （2）用万用表测量对应元器件端子是否已掉电。 （3）在断开断路器和开关处悬挂“禁止合闸，有人工作”标识牌	18	按照步骤开展，每少一步扣 6 分，扣完为止		
2.2	模块更换	（1）核对备件型号与实物的一致性。 （2）按下故障模拟量输入模块前连接器上下弹簧卡销。 （3）同时轻轻上下摇动前连接器，向外拔出连接器。 （4）拧松模块固定螺丝，拆出模块。 （5）备件模拟量输入模块在安装前，保证和故障模块侧面的量程卡安装一致。 （6）装上新模块，拧紧模拟量输入模块固定螺栓。 （7）装上前连接器	42	按照步骤开展，每少一步扣 7 分，扣完为止		

续表

序号	项目名称	质量要求	满分	扣分标准	扣分原因	得分
3	恢复现场并填写报告					
3.1	观察设备运行无异常后，恢复现场，填写修试记录	（1）恢复相关断路器（先恢复直流，再恢复交流）；观察阀冷系统运行无异常，数据采样正确。收回标识牌、清理现场。 （2）填写修试记录	20	记录填写不全按比例扣分，总计15分； 无检查扣5分		
合计			100			

Jc2003342025　阀冷系统模拟量输出更换。（100分）

考核知识点：阀冷系统模拟量输出更换

难易度：中

技能等级评价专业技能考核操作工作任务书

一、任务名称

阀冷系统模拟量输出更换。

二、适用工种

换流站直流设备检修工（二次）高级工。

三、具体任务

（1）工作状态为换流阀检修、阀冷系统运行。工作内容为阀冷系统模拟量输出Mmc1A更换。

（2）工作任务：对阀冷系统模拟量输出进行更换，更换步骤应符合要求，确保设备正常稳定运行。

四、工作规范及要求

熟悉阀冷系统模拟量输出更换的方法，熟练使用仪器仪表及工器具。

五、考核及时间要求

本考核操作时间为60分钟，时间到停止考评。

技能等级评价专业技能考核操作评分标准

工种	换流站直流设备检修工（二次）			评价等级	高级工
项目模块	二次设备日常维护、检修—阀冷却系统的日常维护、检修		编号	Jc2003342025	
单位		准考证号		姓名	
考试时限	60分钟	题型	单项操作	题分	100分
成绩		考评员		考评组长		日期	
试题正文	阀冷系统模拟量输出更换				
需要说明的问题和要求	（1）要求单人操作。 （2）操作应注意安全，按照标准化作业书的技术安全说明做好安全措施。 （3）填写修试记录				

序号	项目名称	质量要求	满分	扣分标准	扣分原因	得分
1	工具使用及安全措施					
1.1	相关安全措施的准备	（1）核对设备双重名称。 （2）进入作业现场正确佩戴安全帽，现场作业人员应穿全棉长袖工作服、绝缘鞋	10	未核对设备扣5分； 安全帽佩戴不规范扣2分； 未穿全棉长袖工作服扣1分； 未穿绝缘鞋扣2分		

续表

序号	项目名称	质量要求	满分	扣分标准	扣分原因	得分
2	模拟量输出更换					
2.1	断开电源	（1）断开柜内所需更换元器件上级断路器（先断开交流，再断开直流）。 （2）用万用表测量对应元器件端子是否已掉电。 （3）在断开断路器和开关处悬挂“禁止合闸，有人工作”标识牌	30	按照步骤开展，每少一步扣10分，扣完为止		
2.2	模块更换	（1）核对备件型号与实物的一致性。 （2）拧松故障模拟量输出的前连接器固定螺栓，拆下模块前连接器。 （3）拧松故障模块固定螺栓，拆下模拟量输出。 （4）装上新的模拟量输出，拧紧模块固定螺栓。 （5）装上前连接器，拧紧前连接器固定螺栓	50	按照步骤开展，每少一步扣10分，扣完为止		
3	恢复现场并填写报告					
3.1	观察设备运行无异常后，恢复现场，填写修试记录	（1）恢复相关断路器（先恢复直流，再恢复交流）；观察阀冷系统运行无异常，输入信号正常。清理现场。 （2）填写修试记录	10	记录填写不全按比例扣分，总计10分； 无检查扣5分		
合计			100			

Jc2003342026　阀内冷系统 AP3 柜电源监视继电器更换。（100 分）

考核知识点：阀内冷系统AP3柜电源监视继电器更换

难易度：中

技能等级评价专业技能考核操作工作任务书

一、任务名称

阀内冷系统AP3柜电源监视继电器更换。

二、适用工种

换流站直流设备检修工（二次）高级工。

三、具体任务

（1）工作状态为换流阀检修、阀内冷系统运行。工作内容为阀内冷系统AP3柜电源监视继电器更换。

（2）工作任务：阀内冷系统AP3柜电源监视继电器更换，更换步骤应符合要求，确保设备正常稳定运行。

四、工作规范及要求

熟悉阀内冷系统AP3柜电源监视继电器更换的方法，熟练使用仪器仪表及工器具。

五、考核及时间要求

本考核操作时间为60分钟，时间到停止考评。

技能等级评价专业技能考核操作评分标准

工种	换流站直流设备检修工（二次）			评价等级	高级工
项目模块	二次设备日常维护、检修—阀冷却系统的日常维护、检修		编号	Jc2003342026	
单位		准考证号		姓名	

续表

考试时限	60 分钟		题型	单项操作		题分	100 分
成绩		考评员		考评组长		日期	
试题正文	阀内冷系统 AP3 柜电源监视继电器更换						
需要说明的问题和要求	（1）要求单人操作。 （2）操作应注意安全，按照标准化作业书的技术安全说明做好安全措施。 （3）填写修试记录						

序号	项目名称	质量要求	满分	扣分标准	扣分原因	得分
1	工具使用及安全措施					
1.1	相关安全措施的准备	（1）核对设备双重名称。 （2）进入作业现场正确佩戴安全帽，现场作业人员应穿全棉长袖工作服、绝缘鞋	10	未核对设备扣 5 分； 安全帽佩戴不规范扣 2 分； 未穿全棉长袖工作服扣 1 分； 未穿绝缘鞋扣 2 分		
2	AP3 柜电源监视继电器更换	（1）用万用表测量对应进线电源，若与继电器上指示灯信息不一致则需更换电源监视继电器。 （2）核对备件型号与故障设备型号一致。 （3）记录下继电器上各个旋钮的挡位。 （4）确认当前需要更换电源监视继电器电源未投入，若投入，则需在双电源源切换界面切换到另一冗余电源。 （5）断开对应电源监视继电器上级断路器，并用万用表测量确保继电器各端子已全部掉电。 （6）记录各导线接线位置。 （7）将各导线依次拆下并用绝缘胶带缠绕线头。 （8）将旧继电器轻轻向下压，挑开下方卡扣，然后将继电器从导轨小心取出，更换为新继电器。 （9）将导线按记录依次恢复。 （10）轻轻拔一下每根导线，确保各根导线全部接线稳定可靠。 （11）用螺钉旋具将继电器上各旋钮轻轻旋至之前记录挡位	70	按照步骤开展，每少一步扣 7 分，扣完为止		
3	恢复现场并填写报告					
3.1	观察设备运行无异常后，恢复现场，填写修试记录	（1）确认 AP3 柜电源监视继电器的指示灯显示正常并且无故障报警。 （2）填写修试记录	20	每少填写一项扣 10 分，扣完为止		
合计			100			

第四部分
技　师

第七章 换流站直流设备检修工（二次）技师技能笔答

Jb2001232001 直流控制保护系统检修工作结束后应对出口回路进行哪些传动试验？（5 分）

考核知识点：直流控制保护系统传动试验

难易度：中

标准答案：

直流控制保护系统检修工作结束后应对出口回路进行专项检查，可根据检修项目选做以下部分或全部传动试验：阀控（VBE、VCU）跳闸、紧急停运、换流变电量保护跳闸、换流变非电量保护跳闸、直流分压器非电量保护跳闸、阀厅穿墙套管非电量保护跳闸、阀冷跳闸、阀厅火灾跳闸、控制系统后备跳闸、安控系统降功率、安控系统跳闸等功能。

Jb2001232002 简述逆变器直流侧接地短路故障特征。（5 分）

考核知识点：直流控制保护原理

难易度：中

标准答案：

（1）12 脉动逆变器直流高压端对地短路，直流端直接接地，通过站接地网及直流接地极，形成逆变器直流端短路，其故障过程与逆变器直流侧出口短路类似。故障使直流侧电流增加，而流经逆变器的电流很快下降到零，中性端电流也下降。

（2）12 脉动逆变器直流侧中点对地短路，将低压端 6 脉动换流器短路，使直流极线电流增加，可能引起高压端 6 脉动换流器换相失败。同样，中性端电流下降。

（3）12 脉动逆变器直流中性端对地短路，因中性端一般处于地电位，对逆变器正常运行影响不大。但是，由于短路电阻与接地极电阻并联，会重新分配通过的直流电流。

Jb2001231003 直流控制保护软件管理范畴包括哪些？（5 分）

考核知识点：直流控制保护软件管理

难易度：易

标准答案：

直流控制保护软件管理范畴包括交、直流站控软件，双极、极、阀组、换流变压器和交流滤波器控制和保护软件，及其相关接口、阀冷却系统等辅助系统控制软件。

Jb2001232004 直流控制保护软件在哪些情况下需要进行修改？（5 分）

考核知识点：直流控制保护软件管理

难易度：中

标准答案：

（1）存在导致控制功能异常或保护不正确动作的软件缺陷。

（2）存在经隐患排查发现并认定的软件缺陷。

（3）为提高控制保护性能或设备运行水平，需要调整和修改相关控制保护逻辑。

（4）为适应一次系统或相关安全控制策略变化，需要调整相关控制保护逻辑或参数。

（5）改建扩建后需要配合更新相关软件逻辑或参数。

Jb2001232005　直流控制保护软件系统联调阶段应对控制保护软件如何管理？（5分）

考核知识点：直流控制保护软件管理

难易度：中

标准答案：

（1）系统调试阶段，应采用联调试验确定的直流控制保护软件版本。

（2）系统调试过程中，如需对软件进行修改，制造厂家出具软件修改原因及新、旧软件版本，根据直流控制保护软件（建设阶段）管理规定要求，经相关单位和部门审核后进行相应修改工作。

（3）修改后的软件须经现场试验验证正确性。

（4）系统调试结束后，制造厂家及运维单位应将最终版本软件上传至换流站工程师工作站。

（5）工程师工作站应具备软件版本管理和软件页校验码管理功能。

Jb2001232006　变压器励磁涌流有哪些特点？目前差动保护中防止励磁涌流影响的方法有哪些？（5分）

考核知识点：变压器励磁涌流

难易度：中

标准答案：

（1）励磁涌流有以下特点：

1）包含有很大成分的非周期分量，往往使涌流偏于时间轴的一侧。

2）包含有大量的高次谐波分量，并以二次谐波为主。

3）励磁涌流波形出现间断。

（2）防止励磁涌流影响的方法有：

1）采用具有速饱和铁芯的差动继电器。

2）鉴别短路电流和励磁涌流波形的区别，要求间断角为60°～65°。

3）利用二次谐波制动，制动比为15%～20%。

4）利用波形对称原理的差动继电器。

Jb2001221007　假设输入一个宽度为100ms的方波，请画出经过图Jb2001221007（a）元件后的输出脉冲？（5分）

考核知识点：直流控制保护逻辑框图

难易度：易

标准答案：

输出脉冲如图Jb2001221007（b）所示。

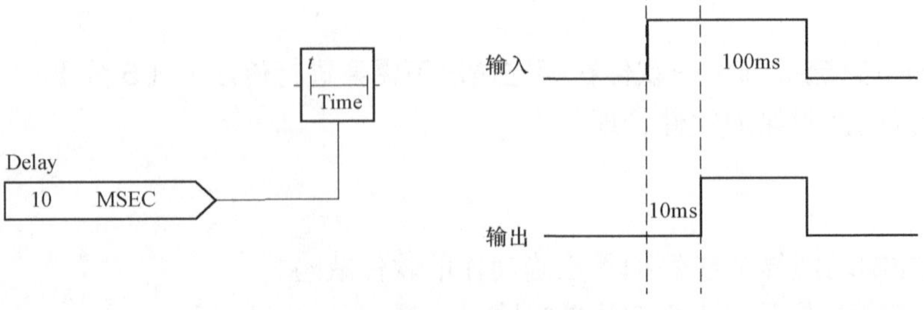

(a)　(b)

图 Jb2001221007

Jb2001231008 《国家电网有限公司直流换流站验收管理规定 第 13 分册：直流控制保护系统验收细则》中竣工验收试阶段直流控制保护系统跳闸功能验证标准是什么（答出 5 个即可）？（5 分）

考核知识点：直流控制保护系统验收

难易度：易

标准答案：

（1）阀短路保护功能正确。

（2）过流保护功能正确。

（3）换相失败保护功能正确。

（4）换流器差动保护功能正确。

（5）旁通过载保护（特高压换流站）功能正确。

（6）旁通开关保护（特高压换流站）功能正确。

（7）换流变压器阀侧中性点偏移保护功能正确。

（8）阀组过压保护（逆变站分层接入时）功能正确。

Jb2001231009 《国家电网有限公司直流换流站检修管理规定 第 13 分册：直流控制保护系统检修细则》中直流控制保护设备主机及板卡更换的安全注意事项有哪些？（5 分）

考核知识点：直流控制保护系统验收

难易度：易

标准答案：

（1）更换主机或板卡前，应将相应主机切至“试验”状态。

（2）工作前应查看图纸，进行危险点分析，并做好安全隔离措施。

（3）工作过程中必须注意做好防静电措施，戴防静电护腕。

（4）断开电源后方可插、拔板卡。

（5）更换板卡时，应防止螺栓等异物落入机箱。

Jb2001232010 《国家电网有限公司直流换流站验收管理规定 第 13 分册：直流控制保护系统验收细则》中可研初设阶段保护模拟量计算要求是什么？（5 分）

考核知识点：直流控制保护系统验收

难易度：中

标准答案：

（1）在设计保护程序时应尽量避免使用断路器和隔离开关单一辅助接点位置状态量作为选择计算方法和定值的判据，应考虑使用能反映运行方式特征且不易受外界影响的模拟量作为判据。对受检修方式影响的模拟量，应采用压板隔离方式，以便检修或测试。

（2）若必须采用断路器和隔离开关辅助接点作为判据时，应按照保护回路独立性要求实现不同保护的回路完全分开，即进入每套保护装置的信号应取自独立的断路器、隔离开关辅助接点，且信号电源也应完全独立。对于采用“启动＋动作”原理的保护，启动和动作回路也应完全独立。

（3）若必须采用断路器和隔离开关辅助接点作为判据时，应同时采用分、合闸两个辅助接点位置作为状态判据，以避免单一接点松动或外部电源故障导致保护误动或拒动。当不能确定实际状态时，应保持逻辑或定值不变。

Jb2001232011 《国家电网有限公司直流换流站验收管理规定 第 13 分册：直流控制保护系统验收细则》中可研初设阶段非电量保护设计要求有哪些？（5 分）

考核知识点：直流控制保护系统验收

难易度：中

标准答案：

（1）换流变压器、平波电抗器、直流分压器、直流穿墙套管、阀水冷、阀厅火灾等非电量保护跳闸动作后不应启动断路器失灵保护。

（2）非电量保护跳闸接点和模拟量采样不应经中间元件转接，应直接接入控制保护系统或非电量保护屏。

（3）双极、极、阀组区域内设备的非电量保护宜接入各自独立的非电量保护装置，避免单套非电量保护装置检修时影响其他在运阀组或在运极。

（4）不允许不同的非电量保护之间进行“三取二”逻辑。

Jb2001232012 《国家电网有限公司直流换流站验收管理规定 第13分册：直流控制保护系统验收细则》中出厂验收阶段例行试验验收标准（答出5条即可）？（5分）

考核知识点：直流控制保护系统验收

难易度：中

标准答案：

（1）电源偏差试验合格。

（2）绝缘性能试验合格。

（3）稳态电压试验合格。

（4）冲击电压试验合格。

（5）暂态抗干扰试验合格。

（6）温升试验合格。

（7）100h连续通电运行试验（包括所有屏柜）合格。

Jb2001232013 《国家电网有限公司直流换流站验收管理规定 第13分册：直流控制保护系统验收细则》中交接验收试阶段直流控制保护系统阀控接口验收标准是什么？（5分）

考核知识点：直流控制保护系统验收

难易度：中

标准答案：

（1）极控（换流器控制）与阀控均为双重化设计，极控（换流器控制）与阀控之间的信号交换仅在对应的冗余系统之间进行，即极控系统A（换流器控制A）与阀控A进行信号交换，极控系统B（换流器控制B）与阀控B进行信号交换。

（2）阀控检测到极控（换流器控制）送来的信号异常时，应向极控系统（换流器控制系统）发出告警。

（3）控制系统双系统运行时，当值班系统收到阀控系统发出的Trip信号时进行系统切换，切换完成后如果转为值班的系统也收到对应阀控系统的Trip信号则执行跳闸。如果控制系统处于单系统运行状态下收到对应阀控系统发出的Trip信号后则直接执行跳闸。

（4）极控（换流器控制）发送的对应每一个阀的12个120度脉宽的触发脉冲CP信号应通过12根独立的光缆传输（采用串行编码的触发脉冲允许由1根光缆传输）。

Jb2001232014 《国家电网有限公司直流换流站验收管理规定 第13分册：直流控制保护系统验收细则》中交接验收试阶段直流控制保护系统阀水冷系统接口验收标准是什么？（5分）

考核知识点：直流控制保护系统验收

难易度：中

标准答案：

（1）控制系统与阀冷却控制保护系统的接口应双重化配置。

（2）控制保护系统接收阀冷却控制保护系统输出的开关量/模拟量信号，开关量优先采用总线或无源接点，模拟量为 4～20mA 直流电流模拟量信号。

（3）所有阀冷却控制保护系统送极控的信号最终均需送到顺序事件记录。

（4）可在运行人员工作站上对阀冷却系统进行画面、事件、报警监视及控制。

Jb2001232015　《国家电网有限公司直流换流站验收管理规定　第 13 分册：直流控制保护系统验收细则》中出厂联合调试阶段直流控制系统无功控制功能验收标准是什么（答出 5 条即可）？（5 分）

考核知识点：直流控制保护系统验收

难易度：中

标准答案：

（1）绝对最小滤波器不满足且无法投入对应的滤波器时，经过一定延时后进行功率回降，如果仍不满足，再经过一定延时闭锁直流。

（2）不同类型的小组滤波器应设计分散在不同大组下运行，避免投入的不同类型小组滤波器都在一个大组下运行时，保护动作跳开大组滤波器后，绝对最小滤波器不满足，引起直流单双极闭锁。

（3）无功控制应具有防振荡功能，避免交流滤波器组/并联电容器组反复投切。如出现滤波器反复投切情况，应采取措施处理。

（4）交流母线电压、无功交换等应能控制在要求范围内。

（5）小组滤波器是否可用应增加滤波器大组母线电压及大组开关位置状态作为判据，避免大组滤波器开关断开时误判小组滤波器可用或处于运行状态，严重时可导致直流闭锁。

（6）判断滤波器正常投入的延时应大于滤波器开关合闸状态返回的实际时间。

Jb2001232016　《国家电网有限公司直流换流站验收管理规定　第 13 分册：直流控制保护系统验收细则》中竣工验收试阶段直流控制保护系统保护专项验证标准是什么（答出 5 条即可）？（5 分）

考核知识点：直流控制保护系统验收

难易度：中

标准答案：

（1）主机断电试验：逐一对装置、装置信号电源进行断电试验，保护装置应能正确发出告警且不会误输出闭锁信号或控制信号。

（2）主机的监视功能试验：系统应能正确实现各项监视功能。

（3）现场总线的监视功能试验：功能正常。

（4）系统故障响应正确性检查：系统对故障能够及时响应。

（5）传动试验：ESOF 信号可靠动作、断路器可靠动作、系统切换、控制功能信号可靠动作。

（6）核对保护装置保护定值：保护定值与调度下发的正式（调试）定值单一致。

Jb2001231017　《国家电网有限公司直流换流站验收管理规定　第 13 分册：直流控制保护系统验收细则》中竣工验收试阶段直流控制保护系统非电量保护专项验证标准是什么？（5 分）

考核知识点：直流控制保护系统验收

难易度：易

标准答案：

（1）换流变压器重（轻）瓦斯保护逻辑正确、油位指示正确、油温保护逻辑正确、绕组温度保护逻辑正确、压力释放保护逻辑正确、压力（油流）保护逻辑正确、套管 SF_6 压力保护逻辑正确。

（2）油浸式平流电抗器本体重（轻）瓦斯保护逻辑正确、油位指示正确、油温保护逻辑正确、绕组温度保护逻辑正确、压力释放保护逻辑正确、压力（油流）保护逻辑正确、套管 SF_6 压力保护逻辑正确。

（3）穿墙套管 SF_6（N_2）压力保护逻辑正确。

（4）直流分压器 SF_6（N_2）压力保护逻辑正确。

Jb2001232018　在带电的电流互感器二次回路上工作时应采取哪些安全措施？（5 分）

考核知识点：电流互感器二次回路

难易度：中

标准答案：

在带电手工艺电流互感器二次回路工作时应采取下列安全措施：

（1）严禁将电流互感器二次侧开路。

（2）短路电流互感器二次绕组，必须使用短路片或短路线，短路应妥善可靠，严禁用导线缠绕。

（3）严禁在电流互感与短路端子之间的回路和导线上进行任何工作。

（4）工作必须认真、谨慎，不得将回路手工艺永久接地点断轧。

（5）工作时，必须有专人监护，使用绝缘工具，并站在绝缘垫上。

Jb2001232019　简述电流裕度补偿的基本原理及其主要功能。（5 分）

考核知识点：直流输电基本原理

难易度：中

标准答案：

电流裕度补偿功能是指当直流系统的电流控制转移到逆变侧时，在逆变侧将整流侧与逆变侧之间的电流裕度去除，使处于电流控制的逆变侧电流参考值与整流侧电流参考值相近。该功能只能在整流侧并且站间通信正常情况下可用。当极解锁以后，如果电流参考值减去实际电流值大于 2%，则差值通过 PI 调节器产生参考值补偿量，该补偿量送到逆变侧以补偿逆变侧的电流裕度。通过电流裕度补偿后，使逆变侧补偿后的参考值比整流侧的参考值低 2%。当整流侧电流限制取消并重新回复电流控制时，随着直流电流上升，电流裕度补偿功能自动退出。

Jb2001231020　按照无功控制（RPC）优先级别的顺序从高至低分别描述其对应的功能。（5 分）

考核知识点：直流输电基本原理

难易度：易

标准答案：

无功控制由 5 个子功能组成：

（1）绝对滤波器最小组数。防止交流滤波器过负荷，保证系统正常运行所需最小滤波器组数。

（2）交流母线电压限制。监视交流母线电压，通过跳开或投入交流滤波器/并联电容器来控制交流电压在规定水平之内。

（3）无功限制。检测本站交流场与系统的无功交换量，通过跳开或投入交流滤波器/并联电容器来控制无功交换量在规定水平之内。

（4）最小滤波器组数。决定投入滤波器的组数，以满足滤除谐波的要求。

（5）电压控制/无功控制。用于控制交流母线电压或交流电网的无功在规定的范围。

Jb2001233021 直流输电控制系统的低压限流（VDCL）功能的三项作用是什么？（5分）

考核知识点：直流输电基本原理

难易度：难

标准答案：

（1）保护换流阀：因为正常运行的阀，仅三分之一时间导通。当换流器不能正常换相时，一些正常阀长期流过大电流，将影响换流器的运行寿命，甚至损坏。

（2）避免逆变器换相失败：由于逆变侧交流系统故障或逆变器已经发生换相失败，造成直流电压下降、直流电流上升，使换相角加大、关断角减小，而发生换相失败或连续换相失败。因此，降低电流参考值可以减少发生换相失败几率。

（3）有利于交流系统电压恢复：交流系统发生故障，当直流系统电流减少时，两端换流器少吸收无功功率，有利于交流电压恢复；如果交流系统故障切除，直流系统功率恢复太快，换流器需要吸收较大的无功功率，将影响交流电压的恢复，所以对于逆变侧较弱时，需要等交流电压恢复后，再恢复直流。

Jb2001232022 电压互感器的二次回路为什么必须接地？（5分）

考核知识点：二次回路

难易度：中

标准答案：

因为电压互感器在运行中，一次绕组处于高电压，二次绕组处于低电压，如果电压互感器的一、二次绕组间出现漏电或电击穿，一次侧的高电压将直接进入二次侧绕组，危及人身和设备安全。因此，为了保证人身和设备的安全，要求除了将电压互感器的外壳接地外，还必须将二次侧的某一点可靠地进行接地。

Jb2001232023 《国家电网有限公司直流换流站验收管理规定》中对于直流分压器反事故措施落实有什么要求？（5分）

考核知识点：运维分类

难易度：中

标准答案：

（1）远端模块、合并单元、接口单元及二次输出回路设置能否满足保护冗余配置的要求，应完全独立；备用模块及备用光纤应充足、可用。

（2）测量传输环节中的模块，如合并单元、模拟量输出模块、差分放大器等，应由两路独立电源或两路电源经DC/DC转换耦合后供电，每路电源具有失电监视功能。

（3）直流分压器对应各冗余控制保护系统的二次测量板卡宜独立设计且相互隔离，单一模块或单一回路故障不应导致保护误出口。

（4）测量回路应具备完善的自检功能，当测量回路或电源异常时，应能够给控制或保护装置提供防止误出口的信号。

Jb2001232024 《国家电网有限公司直流换流站检修管理规定 第7分册：直流分压器检修细则》中二次屏柜及电子单元专业巡视要点有哪些？（5分）

考核知识点：专业巡视

难易度：中

标准答案：
（1）电子模块端子排整洁规范，端子无松动，指示灯显示正常，标签清晰。
（2）电子模块外壳接地线，应安全可靠地连接到屏柜接地铜排。
（3）二次屏柜无发热现象。
（4）无报警。
（5）封堵良好。

Jb2001232025 《国家电网有限公司直流换流站检修管理规定》中对光电流互感器主机（合并单元）进行更换的关键工艺质量控制有哪些？（5分）

考核知识点： 光电流互感器主机更换

难易度： 中

标准答案：
（1）拆除光纤和二次接线时应做好标记。
（2）使用专用工具对光纤头进行清洁、打磨，必要时进行更换处理。
（3）结合监控后台光监视功能，对光参数进行检查，应使其满足技术要求。
（4）更换后，将光电流互感器主机上电，光参数全部正常后，可将对应的直流控制保护主机恢复至“运行”状态。

Jb2001232026 《国家电网有限公司直流换流站验收管理规定》中对于零磁通电流互感器竣工（预）验收时，对电源有什么要求？（5分）

考核知识点： 验收分类

难易度： 中

标准答案：
（1）电源空气开关位置正确，应无老化、无破损、无发热现象。
（2）多重保护或冗余控制系统各自的电子模块供电完全独立。
（3）由两路独立电源或两路电源经DC/DC转换耦合后供电，每路电源应具有监视功能。
（4）两路电源应来自不同低压直流母线。

Jb2001232027 《国家电网有限公司直流换流站检修管理规定》中对零磁通电流互感器电子模块进行更换的关键工艺质量控制有哪些？（5分）

考核知识点： 零磁通电流互感器电子模块更换

难易度： 中

标准答案：
（1）电子模块接线紧固，二次接线核对正确。
（2）更换后，需进行零磁通功能和精度测试，测试数据应满足技术要求。
（3）零磁通电子模块机箱外壳应可靠接地。
（4）报警信号送入控制保护系统正确无误。

Jb2001233028 二次回路、光纤（若有）及板卡检修、更换安全注意事项有哪些（至少答出5条）？（5分）

考核知识点： 检修安全注意事项

难易度： 难

标准答案：

（1）户外检修应在晴天、无风沙的气象环境下进行。

（2）工作前确认检修设备安全措施完善。

（3）高空作业时工器具及物品应采取防跌落措施，禁止上下抛掷物件。

（4）将对应的直流保护主机切换至“试验”或“退出”状态，然后关闭主机，并断开电源。

（5）更换过程中应带防静电护腕。

（6）检修设备与运行设备二次回路有效隔离，防止误动。

（7）在进行光纤接头清洁或检查时应确保主机电源断开，防止激光灼伤眼睛。

Jb2001232029 什么是绝对最小滤波器功能？（5 分）

考核知识点：直流输电控制原理

难易度：中

标准答案：

绝对最小滤波器功能通过投入适当数量的滤波器来保证设备的额定值得到满足。此功能也可防止其他控制功能为避免滤波器过负荷而切除滤波器。即使无功功率控制在手动模式下，绝对最小滤波器也可投入滤波器。在极启动时，它能投入第一组滤波器。如果绝对最小滤波器要求没有满足，RPC 将在预定时间后降功率。根据固定的功率表，绝对最小滤波器的额定数量可预先计算出来，且在 RPC 中进行编程。

Jb2001231030 装有重合闸的断路器跳闸后，在哪些情况下不允许或不能重合闸？（5 分）

考核知识点：重合闸原理

难易度：易

标准答案：

（1）手动跳闸。

（2）断路器失灵保护动作跳闸。

（3）远方跳闸。

（4）断路器操作气压下降到允许值以下时跳闸。

（5）重合闸停用时跳闸。

（6）重合闸在投运单重位置，三相跳闸时。

（7）重合与永久性故障又跳闸。

（8）母线保护动作跳闸不允许使用母线重合闸时。

（9）变压器、线路并联电抗器等设备的保护动作跳闸时。

Jb2001233031 在防止电压、电流回路故障中，设备采购阶段，在设备规范书中要求有关备用情况有哪些？（5 分）

考核知识点：TA 选型

难易度：难

标准答案：

（1）光纤的备用：光电流互感器、光纤传输的直流分压器二次回路应有充足的备用光纤，备用光纤一般不低于在用光纤数量的 100%，且不得少于 3 根。

（2）回路数的备用：电压、电流回路各模块及回路数的设计应能够满足控制、保护、录波等设备对回路冗余配置的要求；不同控制系统、不同保护系统所用回路应完全独立，任一回路发生故障，不应影响其他回路的运行。

（3）远端模块的备用：光电流互感器本体应至少配置一个冗余远端模块，该远端模块至控制楼的光纤应做好连接并经测试后作为热备用。

（4）电源的备用：光电流互感器、直流分压器、零磁通电流互感器等设备测量传输环节中的模块，如合并单元、模拟量输出模块、差分放大器等，应由两路独立电源或两路电源经 DC/DC 转换耦合后供电，每路电源具有监视功能。

Jb2002232032　A5000 换流阀阀控 VBE 系统自检保护分为哪两个等级？（5 分）

考核知识点：VBE 系统自检保护分类

难易度：中

标准答案：

（1）不影响换流阀运行的故障只通过 Profibus 向 SCADA 系统上传故障类型和位置。

（2）影响换流阀运行的故障通过 VBE－OK 光缆发送 VBEnotok 信号上传至极控系统，并通过 Profibus 向 SCADA 系统上传故障类型和位置；极控系统根据 VBE－OK 光缆上传的 VBE 状态确定 A、B 主从系统。

Jb2002232033　阀控系统到货验收中“备品备件”有哪些验收标准？（5 分）

考核知识点：阀控系统备品备件验收标准

难易度：中

标准答案：

（1）对照订货合同列出备品备件清单，备品备件型号和数量应与订货合同相符，合格证齐全。

（2）备品备件外观无破损、无锈蚀现象，功能试验正常。

（3）备品备件的出厂和交接试验报告齐全，数据合格。

（4）备品备件存放环境符合条件、空间充足、内部清洁。

Jb2002232034　进行换流阀检测工作对待测设备有哪些要求？（5 分）

考核知识点：换流阀检测待测设备要求

难易度：中

标准答案：

（1）待测设备处于检修状态，且待测设备上无接地线或者短路线。

（2）待测设备表面应清洁干燥，在检测前不应受机械、热的作用。

（3）待测设备上无各种外部作业。

（4）应充分考虑检测过程中可能存在的对其他在运阀组的影响，并制订必要的安全措施。

Jb2002231035　换流阀启动验收有哪些验收项目？（5 分）

考核知识点：换流阀启动验收项目

难易度：易

标准答案：

（1）换流阀外观。

（2）换流阀声音。

（3）红外、紫外成像检查。

（4）电气量波形检查。

（5）OWS 事件检查。

Jb2002232036 VBO 保护动作原理是什么？（5 分）

考核知识点：过电压保护原理

难易度：中

标准答案：

晶闸管关断后，即使晶闸管的阻断能力已完全恢复，其耐受电压能力仍然有限。若晶闸管承受的正向电压过大，同样会使晶闸管因强制击穿导通而损坏。过电压保护就是在晶闸管两端的正向电压超过了 VBO 保护的动作阈值时触发晶闸管，使之正常导通，从而避免晶闸管被破坏性击穿。

Jb2002233037 阀短路故障的特征是什么？（5 分）

考核知识点：阀短路故障特征

难易度：难

标准答案：

（1）交流侧交替地发生两相短路和三相短路。

（2）通过故障阀的电流反向，并剧烈增大。

（3）交流侧电流激增，使换流阀和换流变压器承受比正常运行时大得多的电流。

（4）换流桥直流母线电压下降。

（5）换流桥直流侧电流下降。

Jb2002232038 简述换流阀均压回路（直流均压电阻）的作用。（5 分）

考核知识点：换流阀均压回路作用

难易度：中

标准答案：

（1）限制换流阀带电但闭锁时晶闸管正向和反向漏电流的微小不对称性引起电压的不均匀分布。

（2）被用作电压分压器的上臂以测量晶闸管所承受的电压，测量结果将提供给门极单元，以用于对晶闸管的控制和保护。

Jb2002231039 触发脉冲 FP 是如何形成的及作用是什么？（5 分）

考核知识点：FP 作用

难易度：易

标准答案：

在阀控单元 VCU，有一逻辑根据极控 PCP 送来的控制脉冲 CP（宽度 120°）信号和 TCU 送来的回报信号 IP 计算出宽度 1μs 的触发脉冲 FP，一方面 FP 会送到 TCU，经触发电路形成 8A 的门极触发脉冲去触发晶闸管；另一方面 FP 会送到极控 PCP 中的控制脉冲发生器 CPG 中和相应的 CP 进行比较，来确定是否发生误触发（FF：误触发，即 FP 在 CP 的 120° 宽度之外；NF：没有触发，即没有 FP 送到 CPG）。

Jb2002232040 简述阀电抗器的作用。（5 分）

考核知识点：阀电抗器的作用

难易度：中

标准答案：

（1）限制晶闸管刚开通时的 di/dt。

（2）在晶闸管关断过程中限制 di/dt，降低晶闸管关断时的反向恢复电荷，从而也起到抑制反向过冲的作用。

（3）利用足够的阻尼来阻止电流过零时产生振荡涌流，保护晶闸管。

（4）在冲击电压下起辅助均压作用，使晶闸管免受电压损坏。

Jb2002232041　换流站阀塔光缆槽及光缆检查频次有哪几种分类？（5 分）

考核知识点：光缆检查频次

难易度：中

标准答案：

新投运换流站首次年检时，各单位应开展一次阀塔光缆槽及光缆全面检查，以后每五年开展一次检查，并根据检查情况开展槽盒清灰工作，避免漏水时爬电、烧损；对于投运 10 年以上的换流站，每年年检时应安排抽检；对于投运 20 年以上的换流站，应每两年开展一次全面检查。

Jb2002232042　换流阀的特点有哪些？（5 分）

考核知识点：换流阀的特点

难易度：中

标准答案：

（1）换流阀的单向导电性。换流阀只能在阳极对阴极为正电压时，才单方向导通。

（2）换流阀的导通条件是阳极对阴极为正电压，同时控制极对阴极加能量足够的正向触发脉冲。

（3）换流阀一旦导通，只有当流经换流阀的电流为零时，否则一直处于导通状态。

Jb2002231043　阀控系统测绝缘前应进行哪些确认？（5 分）

考核知识点：阀控系统绝缘检查

难易度：易

标准答案：

（1）在测绝缘前，应确认工作不会造成一次设备和控制保护设备状态改变，明确被测回路允许掉电、测量回路上无弱电元器件。

（2）需确认被测回路端子及接线，划开（解开）端子连线。

（3）需确认被测回路两端无电压。

Jb2002231044　换流阀竣工验收中晶闸管有哪些验收标准？（5 分）

考核知识点：晶闸管验收标准

难易度：易

标准答案：

（1）各单阀中的冗余晶闸管数，不应小于 12 个月运行周期内损坏的晶闸管数的期望值的 2.5 倍，也不应少于 2～3 个晶闸管。

（2）晶闸管压紧力矩正确，晶闸管与散热器接触良好。

（3）承担绝缘的部件表面应无损伤、电蚀和污秽。

Jb2002231045　TTM 电流断续保护怎样实现？（5 分）

考核知识点：电流断续保护

难易度：易

标准答案：

当换流阀的电流较小时，换流阀可能在其应该导通的区间内出现断流现象。此时，TTM 将再次发出触发脉冲，以维持晶闸管处于导通状态，从而避免晶闸管在应导通的时间内截止或因截止后直接承受正向电压而损坏。

Jb2002232046 TTM 反向恢复保护怎样实现？（5 分）

考核知识点：反向恢复保护

难易度：中

标准答案：

在晶闸管关断的恢复期内，晶闸管若承受过高的正向电压，可能被损坏。TTM 具有恢复期保护功能，在晶闸管恢复期内正向电压高于保护水平，TTM 将保护触发晶闸管，使之再次导通，从而避免晶闸管被破坏性击穿。当晶闸管在关断后的 1ms 时间内，若晶闸管两端电压超过 1600V 时，TTM 会向该晶闸管发送触发脉冲使晶闸管免受过电压而损坏，当单阀内多个晶闸管级的恢复期保护动作时，VBE 不会向整个单阀发送触发脉冲。

Jb2002231047 换流阀中间验收中阀厅检查有哪些验收标准？（5 分）

考核知识点：阀厅检查验收标准

难易度：易

标准答案：

（1）对阀厅顶部开挖过的孔洞、阀控屏柜顶部电缆和顶部挡水隔板做好防水密封处理，同时调整电缆走向，防止水顺着电缆流入到屏柜中。

（2）阀厅波纹板、排烟窗、防雨百叶边缘及其他开孔处应有密封条或密封胶，确保雨水和灰尘不会进入阀厅内部。

Jb2002232048 H400 换流阀检测方法中分压补偿调节的检测原理是什么？（5 分）

考核知识点：分压补偿调节检测原理

难易度：中

标准答案：

RC 分压回路用于测量晶闸管级电压，其分压比正常值为 1:200。分压比调节的基本方法是：在晶闸管级上先后施加 2 个不同频率，峰值均为 50V 的正弦波电压，再调节分压电路板 2184 上的可调点 VR1，使 RC 分压回路的低频分压比等于高频分压比。10kHz 下的高频调节是为了保证高频下 RC 分压回路的分压比由分压电容来确定，100Hz 下的低频调节是为保证低频下 RC 分压回路的分压比由分压电阻来确定。

Jb2002232049 换流阀阀塔光纤更换关键工艺质量控制都有哪些内容？（5 分）

考核知识点：检修关键工艺

难易度：中

标准答案：

（1）将晶闸管级控制单元上的光纤拔出后应做好标记。

（2）新的光纤插入晶闸管级控制单元前，应先用光纤清洁工具将光纤头清洁干净，同时检查新光纤的光功率损耗在正常范围内。

（3）光纤安装完毕后，检查光纤弯曲度在正常范围内。
（4）光纤更换完毕后，晶闸管级试验合格。
（5）全部工作完毕后检查阀塔无遗留物。

Jb2002231050　H400 换流阀检测方法中分压补偿调节的目的是什么？（5 分）
考核知识点：分压补偿调节目的
难易度：易
标准答案：
调节分压补偿电路板晶闸管电压测量分压比，使换流阀每个晶闸管级分压比一致，保证晶闸管级正向过电压保护、dv/dt 保护、反向恢复保护动作水平一致。当更换分压板或 2 个直流均压电阻单元时，必须调节 RC 分压回路。当更换门极板时，不必调节 RC 分压回路。

Jb2002232051　换流阀竣工验收中阀塔光纤回路有哪些验收标准（至少说出 5 个）？（5 分）
考核知识点：阀塔光纤回路验收标准
难易度：中
标准答案：
（1）检查光纤连接和排列情况，光纤接头插入、锁扣到位，光纤排列整齐，标识清晰准确。
（2）备用光纤数量充足、接头等电位可靠固定。
（3）光纤表皮无老化、无破损、无变形现象，光纤弯曲半径符合产品技术规范要求。
（4）光纤槽盒固定及连接可靠、密封良好、无受潮、无积灰。
（5）光纤槽盒均压措施完善，表面半导体涂层完好（如有），无破损。
（6）光纤槽盒阻燃措施完善，防火包（如有）安装正确，无脱落。

Jb2002233052　画出单支晶闸管回路的电气原理图。（5 分）
考核知识点：晶闸管电气原理图
难易度：难
标准答案：
单支晶闸管回路的电气原理图如图 Jb2002233052 所示。

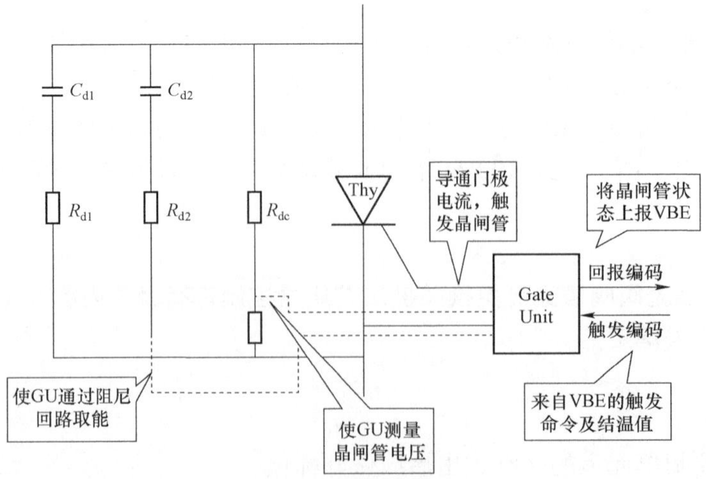

图 Jb2002233052

Jb2003231053 在防止内冷水主泵故障中，运维单位加强内冷水主泵运行管理的重点要求有哪些？（5分）

考核知识点：防止内冷水主泵故障的管理要求

难易度：易

标准答案：

（1）每年校准主泵与电机同心度，避免长期震动造成主泵轴承损坏，造成内冷水系统泄漏保护动作。

（2）每年至少进行一次内冷水主循环泵切换试验，模拟运行时的各种工况，检验主泵切换是否正常，验证定值配置是否恰当。

Jb2003232054 阀内冷控制保护二次回路对于通过硬接点方式送往极控的水冷跳闸指令，其跳闸出口回路有何要求？（5分）

考核知识点：阀内冷跳闸出口回路的要求

难易度：中

标准答案：

跳闸出口回路应要采用双继电器双节点串联出口方式，以防止误动及拒动；采用双继电器双接点串联出口方式的跳闸回路，每个跳闸接点都应具有动作监视回路并上送后台，避免一个接点闭合后，运维人员无法及时发现。

Jb2003231055 阀内水冷系统主循环泵解体检修时应注意什么？（5分）

考核知识点：阀内冷系统检修细则

难易度：易

标准答案：

（1）泵与管路连接后，应重新检查、校正联轴器。

（2）机械密封安装前须清洁，轴套表面须清洁和光滑，棱边须修去毛刺。

（3）对装有双端面机械密封的泵，其密封腔应进行排气。

Jb2003232056 变频器更换的安全注意事项有哪些？（5分）

考核知识点：阀内冷系统检修细则

难易度：中

标准答案：

（1）检修过程中拆接回路线，要有书面记录，恢复接线正确，严禁私自改动回路接线。

（2）现场使用的工具，应是带有绝缘手柄的工具，防止造成短路和接地。

（3）检修过程中，严禁自行拆除或变动二次设备盘柜、装置的接地线。

（4）工作开始前，需断开变频器电源开关，并将所有风扇电源开关、安全开关断开。

Jb2003232057 简述阀内冷系统主过滤器更换的流程及关键点（至少说出5点）。（5分）

考核知识点：阀冷系统更换要点

难易度：中

标准答案：

（1）关阀门、排水。

（2）检查密封垫圈无破损，否则更换。

（3）回装过滤器，注意安装方向，过滤器和法兰间的垫圈应居中。

（4）紧固过滤器两侧法兰，应使法兰密封面与垫片均匀压紧，必须均匀对称地紧固连接螺栓，避免用力不均。

（5）对过滤器进行注水排气，该过程应缓慢，有水后关闭排气阀，然后再次打开，直到水流平稳无气泡溢出后方可判断过滤器内气泡已排尽。

（6）安装后应检查无渗漏。

Jb2003232058　简述阀冷系统去离子树脂更换的关键点（至少说出5点）。（5分）

考核知识点：阀冷系统更换要点

难易度：中

标准答案：

（1）关闭需更换树脂的去离子罐两侧阀门，将其与内冷水系统隔离。

（2）将相关手动阀打至树脂排放状态。

（3）应使用合格的去离子水清洗去离子罐。

（4）去离子罐上部端盖复位安装时，用力矩扳手双人对角紧固。

（5）更换后应对去离子罐进行排气。

（6）更换树脂后检查去离子罐密封情况，应无渗水现象。

Jb2003231059　阀外风冷系统电机更换的安全注意事项有哪些？（5分）

考核知识点：阀冷系统更换要点

难易度：易

标准答案：

（1）断开风机电源开关和就地安全开关。

（2）正确使用合格起吊用具，防止设备坠落伤人。

（3）登高作业设专人监护，正确使用合格的安全带及保险绳。

（4）禁止将工具及材料上下投掷，应用绳索拴牢传递，以防打伤下方工作人员或击毁脚手架。

Jb2003232060　阀外风冷系统变频器更换的关键点有哪些？（5分）

考核知识点：阀冷系统更换要点

难易度：中

标准答案：

（1）接完线后上电前，应对回路接线进行核对，二次回路电缆绝缘测量大于1MΩ，接线紧固。

（2）变频器上电后需按照说明书进行参数设置，设置完成后，要进行调试。

（3）通过变频器进行手动启动试验时，检查变频器运行情况是否正常以及外部相关设备的工作情况是否正常，比如冷却塔风扇电机有无反转，转速是否正常等。

（4）进行远方控制试验时，远方控制信号、如启动、停止、频率调整等信号是否正常，变频器响应是否正确。

Jb2003231061　阀内水冷系统管道、法兰及阀门例行检查的关键点有哪些？（5分）

考核知识点：阀冷系统检查项目

难易度：易

标准答案：

（1）管道法兰螺栓应紧固，无渗漏水现象，表面无锈迹。
（2）阀门应密封良好无破损、无渗水现象。
（3）阀门开、合灵活，功能正常。
（4）阀门指示装置和闭锁装置应可靠。

Jb2003232062 阀内水冷系统水冷控制保护屏柜例行检查的安全注意事项有哪些？（5分）
考核知识点：阀冷系统检查项目
难易度：中
标准答案：
（1）接触主机内部和板卡的工作必须做好防静电措施（如佩戴防静电护腕，穿防静电鞋等）。
（2）进行绝缘测量时，要采取有效的防范措施和组织措施，防止人员触电。
（3）拆接线时应做好记录，工作结束时及时恢复，严禁改动回路接线。
（4）现场使用的工具，应是带有绝缘把柄的工具，防止造成短路和接地。
（5）检修过程中，严禁擅自拆除或变动二次设备盘、装置的接地线。

Jb2003232063 阀外风冷系统精益化评价细则中对阀外风冷控制屏柜的二次回路要求有哪些？（5分）
考核知识点：阀外风冷系统精益化评价细则
难易度：中
标准答案：
（1）继电器工作正常，无老化、无破损、无发热现象。
（2）空气开关工作正常，无老化、无破损、无发热现象。
（3）端子排无松动、无锈蚀、无破损现象，运行及备用端子均有编号。
（4）二次电缆接线布置整齐、无松动；电缆绝缘层无变色、无老化、无损坏现象；电缆接地线完好；电缆号头、走向标示牌无缺失现象。
（5）二次回路电缆绝缘良好。

Jb2003232064 阀外风冷系统精益化评价细则中对阀外风冷控制屏柜的硬件配置要求有哪些？（5分）
考核知识点：阀外风冷系统精益化评价细则
难易度：中
标准答案：
（1）PLC（若有）工作电源按双重化冗余配置。
（2）传感器电源按双重化冗余配置。
（3）PLC（若有）按双重化冗余配置。
（4）接口模块（若有）双重化冗余配置。
（5）I/O 模块双重化冗余配置。
（6）直流供电回路应使用直流空气开关。
（7）当采用变频器控制和调节冷却风机运行时，应有工频强投回路，当变频器异常时，能通过工频回路继续控制冷却风机运行。

Jb2003232065 阀外风冷系统验收细则中初设审查验收部分，关于阀外风冷加热器的验收标准

是什么？（5分）

考核知识点：阀外风冷系统精益化评价细则

难易度：中

标准答案：

（1）为避免现场温度极低及阀体停运时的冷却水温度过低，应设置阀外风冷电加热器。

（2）当冷却介质温度低于阀厅露点温度，管路及器件表面有凝露危险时，电加热器应开始工作。

（3）电加热器运行时水冷系统不能停运，必须保持管路内冷却水的流动。

（4）加热器的控制具有先启先停、故障切换的控制功能；加热器投退时应有事件记录。

Jb2003232066　阀外风冷系统精益化评价细则中对阀外风冷风机控制逻辑的要求有哪些（至少写出5点）？（5分）

考核知识点：阀外风冷系统精益化评价细则

难易度：中

标准答案：

（1）当前无风机投入时，进阀温度大于风机启动值，经延时启动一组风机。

（2）有风机投入时且该风机已在工频运行状态，进阀温度大于定值时，经延时启动下一组风机。

（3）当多组风机投入时，当其最低频率运行时，进阀温度仍小于定值，经延时切除一组风机。

（4）只有一组风机投入时，当进阀温度小于定值，且该风机处于最低频率运行，经延时切除该组风机。

（5）阀解锁期间，当进阀温度传感器均故障时，所有风机均工频启动运行。

（6）有故障切换、先启先停功能。

Jb2003233067　阀冷系统交接验收时针对主泵电源回路及动力电源柜有哪些要求？（5分）

考核知识点：阀内水冷系统验收细则

难易度：难

标准答案：

（1）电源进线外观无烧蚀，无异味、无异声等现象；连接端子无松动，主循环泵运行24h后红外测温无异常。

（2）软启动器外观无报警，功能正常；保护定值整定正确；电压、电流测量精度校验正确。

（3）动力电源柜无表面擦痕、腐蚀；电缆表面无烧痕；无异常的气味、声音；连接端子无松动；开关柜外壳，人机接口外壳无损伤；接地良好。

（4）开关柜通风格窗应无异物覆盖，通风良好。

（5）散热风扇功能应正常，滤网无堵塞。

Jb2003232068　阀内水冷系统精益化评价细则要求的技术档案有哪些（至少说出5点）？（5分）

考核知识点：阀冷却系统精益化细则

难易度：中

标准答案：

（1）工程、技改竣工图纸。

（2）设备说明书（含阀内水冷控制保护软件或跳闸逻辑框图）。

（3）控制保护功能及定值表。

（4）检修试验报告。

（5）阀内水冷系统控制保护配置及定值计算技术报告（由厂家提供）。
（6）阀内水冷主循环泵电源进线开关配置及定值计算技术报告。
（7）阀内水冷变频器/软启动器保护配置及定值计算技术报告。

Jb2003233069 阀内水冷系统精益化评价细则中对主循环泵外观的要求有哪些（至少说出5点）？（5分）

考核知识点：阀冷却系统精益化细则
难易度：难
标准答案：
（1）无锈蚀、无渗漏。
（2）主循环泵及其电机应固定在一个单独的铸铁或钢座上。
（3）主循环泵与管道连接部分宜采用软连接，防止长期振动导致主循环泵轴承、轴封损坏漏水。
（4）主循环泵都应通过弹性联轴器和电动机相联，联轴器都应有保护装置。
（5）润滑油的油位正常。
（6）运行时无异常声响、无异常振动。
（7）运行时无过热（红外记录）。
（8）主循环泵的轴封应采用机械密封，且应密封完好，并配置轴封漏水检测装置，及时检测轻微漏水，并上送报警信息至监控后台。

Jb2003232070 阀内水冷系统精益化评价细则中对加热器的要求有哪些（至少答出5点）？（5分）

考核知识点：阀冷却系统精益化细则
难易度：中
标准答案：
（1）主循环泵未运行、冷却水流量超低、进阀温度高等任一条件满足时，禁止启动电加热器。
（2）加热器的控制具有先启先停、故障切换的控制功能。
（3）加热器工作时无异响。
（4）电加热器运行时水冷系统不能停运，必须保持管路内冷却水的流动。
（5）加热器投退时应有事件记录。
（6）电加热器绝缘电阻合格（1000V绝缘电阻表测量绝缘不小于1MΩ）。

Jb2003233071 简述阀内冷水加压试验要点（至少说出5点）。（5分）

考核知识点：阀内冷水加压试验
难易度：难
标准答案：
（1）施加试验压力为1.2倍额定静态压力（进阀压力），时间不少于30min。
（2）加压试验所使用的加压泵、软管、水桶清洗干净，防止二次污染。
（3）加压试验时水桶要盖好，减少内冷水与空气接触，减少溶解氧。
（4）加压时应先打开加压泵进、出水阀门，后启动加压泵。
（5）检查每个阀塔主水回路的密封性，应无渗漏、无压力、无明显下降。
（6）检查冷却水管路、水接头和各个通水元件，应无渗漏、无明显压降。
（7）检查内水冷系统的压力、流量、温度、电导率等仪表，要求外观无异常，读数合理。
（8）对漏水位置接头进行紧固时，应按要求力矩进行紧固，不宜过紧。

Jb2003233072　阀内水冷系统验收细则中规定，管道及阀门部分竣工（预）验收的验收标准有哪些（至少答出5点）？（5分）

考核知识点：阀内水冷系统验收细则

难易度：难

标准答案：

（1）主水回路标识应正确，管道及阀门运行编号标识清晰可识别。

（2）与冷却介质接触的各种材料表面不应发生腐蚀。金属材料应采用不锈钢 AISI304L 及以上等级的耐腐蚀材料，应保证至少 40 年的设计寿命。

（3）管道应在工厂预制，现场组装，管道之间采用法兰连接，不允许现场焊接。法兰处各螺栓应受力均匀，紧固，管道无变形、扭曲。

（4）管道表面及连接处应无裂纹、无锈蚀，表面不得有明显凹陷，焊缝无明显夹渣，疤痕；管道本体表计安装处应密封良好，无渗漏。

（5）阀门位置应正确，无松动，阀内冷系统中的各种阀门均应设置自锁装置，以防止设备运行过程中因振动而导致阀门开度变化。

（6）阀内冷水系统管道自动排气阀宜装设内冷水房或阀厅巡视走道可到达位置，应避免阀门故障渗水跌落至带电部位，同时便于检修更换。

（7）在寒冷地区，应采取可靠有效的措施（如设置电加热器、添加防冻剂、设置电动三通回路等）以防止室内外设备及管道内的冷却介质在冬季直流系统停运时冻结。

（8）阀内冷系统内外循环设计应结合地区特点，年最低温度高于 0℃的地区，宜取消内循环运行方式。

（9）按照技术规范要求对管道及阀门开展压力试验，试验结果应符合要求。

（10）阀门应具有开合角度定位功能，应可上锁。

Jb2003233073　阀内水冷系统验收细则中竣工（预）验收部分，关于阀冷控制保护二次回路的验收标准是什么（至少写出5条）？（5分）

考核知识点：阀内水冷系统验收细则

难易度：难

标准答案：

（1）继电器、空气开关工作正常，无老化、破损、发热现象；端子排应无松动、锈蚀、破损现象，运行及备用端子均有编号。

（2）二次电缆接线应布置整齐、无松动；电缆绝缘层无变色、老化、损坏现象；电缆接地线完好；电缆号头、走向标示牌无缺失现象；二次回路电缆绝缘良好，测量二次回路电缆绝缘电阻不应小于 1MΩ（使用 1000V 绝缘电阻表），跳闸、闭锁、控制回路、信号回路二次回路对地绝缘电阻不应小于 10MΩ（使用 1000V 绝缘电阻表）。

（3）跳闸输入、输出回路及其电源应按双重化或三重化布置且各自独立。

（4）核查各元件、继电器的参数值设置正确。

（5）同一测点冗余的传感器（流量、温度等）不应接入控制系统输入或输出模块的同一个 I/O 板，应根据冗余数量分别接入各自独立的输入输出模块，避免单一模块故障导致所有传感器采样异常。

（6）对于通过硬接点方式送往极控的水冷跳闸指令，其跳闸出口回路应采用双继电器双节点串联出口方式，以防止误动及拒动；采用双继电器双接点串联出口方式的跳闸回路，每个跳闸接点都应具有动作监视回路并上送后台，避免一个接点闭合后，运维人员无法及时发现。

Jb2003233074　阀冷系统交接验收时针对主循环泵有哪些要求（至少写出5条）？（5分）

考核知识点：阀内水冷系统验收细则

难易度：难

标准答案：

（1）主循环泵振动应在正常范围；机封漏水检测功能正常。

（2）轴承箱油位在油位线附近。

（3）检查电机绝缘电阻不应小于 10MΩ（使用 1000V 绝缘电阻表），相间电阻基本相同。

（4）检查机械密封应无渗漏，轴联器无松动、无破损。

（5）主循环泵基础预埋铁之间的高度差不应大于 5mm，地脚螺栓、联结螺栓等力矩检查应满足要求。

（6）同心度满足设备说明书、技术要求。

（7）主循环泵电源回路接线端子应紧固。

（8）主循环泵至少运行 24h 后，主循环泵的机封、电动机的轴承、电动机的外壳、电动机的接线柱测温应正常。

Jb2003232075　阀冷系统竣工验收时针对加热器有哪些要求？（5分）

考核知识点：阀内水冷系统验收细则

难易度：中

标准答案：

（1）主循环泵未运行、冷却水流量超低、进阀温度高等任一条件满足时，禁止自动启动电加热器。

（2）加热器的控制应具有先启先停、故障切换的控制功能；加热器投退时应有事件记录。

（3）电加热器绝缘电阻不应小于 1MΩ（使用 1000V 绝缘电阻表）。

第八章　换流站直流设备检修工（二次）技师技能操作

Jc2001263001　许继 HCM200 平台 CSH11 通信板卡更换。（100 分）

考核知识点：许继 HCM200 平台 CSH11 通信板卡更换

难易度：难

技能等级评价专业技能考核操作工作任务书

一、任务名称

许继 HCM200 平台 CSH11 通信板卡更换。

二、适用工种

换流站直流设备检修工（二次）技师。

三、具体任务

（1）工作状态为直流系统检修状态。工作内容为许继 HCM200 平台 CSH11 通信板卡更换。

（2）工作任务：对许继 HCM200 平台 CSH11 通信板卡进行更换，更换步骤应符合要求，确保设备正常稳定运行。

四、工作规范及要求

（1）工器具使用及安全措施。

（2）熟悉许继 HCM200 平台 CSH11 通信板卡更换的方法，熟练使用仪器仪表及工器具。

（3）熟悉各种影响试验数据、结论的因素及消除方法并填写试验报告。

五、考核及时间要求

（1）本考核操作时间为 60 分钟，时间到停止考评。同一类现象故障不限一处故障点。

（2）按照技能操作记录单的操作要求进行操作，正确记录操作结果，试验记录项目包括：各接头直阻值及是否符合规范要求。

技能等级评价专业技能考核操作评分标准

工种	换流站直流设备检修工（二次）				评价等级	技师	
项目模块	二次设备日常维护、检修—直流控制保护设备的专业巡视、日常维护及检修			编号	Jc2001263001		
单位			准考证号		姓名		
考试时限	60 分钟		题型	单项操作	题分	100 分	
成绩		考评员		考评组长		日期	
试题正文	许继 HCM200 平台 CSH11 通信板卡更换						
需要说明的问题和要求	（1）要求调试人员单人操作，故障查找及分析在调试过程中完成。 （2）操作应注意安全，按照标准化作业书的技术安全说明做好安全措施。 （3）在许继 HCM200 平台设备上完成操作。 （4）将检修结果填入修试记录						
序号	项目名称	质量要求	满分	扣分标准	扣分原因	得分	
1	工具使用及安全措施						
1.1	各种工器具正确使用	熟练正确使用各种工器具	5	未正确使用一次扣 1 分，扣完为止			

续表

序号	项目名称	质量要求	满分	扣分标准	扣分原因	得分
1.2	相关安全措施的准备	（1）检查该系统为备用系统。 （2）确认 HCM200 机箱电源已断电。 （3）佩戴防静电手环。 （4）进入作业现场正确佩戴安全帽，现场作业人员应穿全棉长袖工作服、绝缘鞋。 （5）按下“手动模式”按钮，闭锁系统切换功能	10	未检查该系统为备用系统扣 2 分； HCM200 机箱电源未断电扣 2 分； 未佩戴防静电手环扣 2 分； 未按下“手动模式”按钮扣 2 分（可口述）； 安全帽佩戴不规范扣 1 分； 未穿绝缘鞋扣 1 分		
2	处理器板卡更换步骤					
2.1	进行板卡更换	（1）拔出插在 CSH11 板卡上的 LAN 网线，并做好记录。 （2）用螺钉旋具松开板卡两端螺栓，握住板卡把手，拔出板卡。 （3）将新板卡沿机箱插槽插入，确认板卡与机箱平齐。 （4）紧固板卡外侧接地线及螺栓。 （5）完成更换后依次合上屏柜全部空气开关	40	拆掉板卡前未拔出网线扣 10 分； 拆卸顺序不正确扣 10 分； 板卡安装不平整或不牢固扣 10 分； 未紧固板卡外侧接地线扣 5 分； 完成更换后未合上屏柜空气开关扣 5 分		
3	使用软件进行 NML 配置	（1）双击 Nml 下的图标，进入软件。 （2）选择 Transfering->TTY->Interface。 （3）在以上界面中选择 CP147X－Node 进入对应界面。 （4）在以上界面中选择 DownlodeofanLDB 进入对应界面。 （5）在以上界面的->Nodename 中选择所下载的文件然后按下回车即可。 （6）下载完毕后按键盘上的方向键（←）即可返回上一步，继续按方向键（←）退出程序。 （7）参数下载完毕后，拔出串口线，将屏柜断电；恢复板卡 X6 接口处的 LAN 网线	25	参数配置未完成扣 15 分； 完成后未对屏柜进行断电重启并恢复网线扣 10 分		
4	填写试验报告					
4.1	修试记录	正确填写更换后检查结果，并记录更换板卡型号、厂家等信息	10	每少填写一项扣 5 分，扣完为止		
5	现场恢复	恢复现场	10	未进行现场恢复扣 10 分		
合计			100			

Jc2001263002　许继 HCM200 平台 SS52 板卡更换。（100 分）

考核知识点：许继 HCM200 平台 SS52 板卡更换

难易度：难

技能等级评价专业技能考核操作工作任务书

一、任务名称

许继 HCM200 平台 SS52 板卡更换。

二、适用工种

换流站直流设备检修工（二次）技师。

三、具体任务

（1）工作状态为直流系统检修状态。工作内容为许继 HCM200 平台 SS52 板卡更换。

（2）工作任务：对许继 HCM200 平台 SS52 板卡进行更换，更换步骤应符合要求，确保设备正常稳定运行。

四、工作规范及要求

（1）工器具使用及安全措施。

（2）熟悉许继 HCM200 平台 SS52 板卡更换的方法，熟练使用仪器仪表及工器具。

（3）熟悉各种影响试验数据、结论的因素及消除方法并填写试验报告。

五、考核及时间要求

（1）本考核操作时间为 60 分钟，时间到停止考评。同一类现象故障不限一处故障点。

（2）按照技能操作记录单的操作要求进行操作，正确记录操作结果，试验记录项目包括：各接头直阻值及是否符合规范要求。

技能等级评价专业技能考核操作评分标准

工种	换流站直流设备检修工（二次）					评价等级	技师
项目模块	二次设备日常维护、检修—直流控制保护设备的专业巡视、日常维护及检修				编号	Jc2001263002	
单位			准考证号			姓名	
考试时限	60 分钟		题型	单项操作		题分	100 分
成绩		考评员		考评组长		日期	
试题正文	许继 HCM200 平台 SS52 板卡更换						
需要说明的问题和要求	（1）要求调试人员单人操作，故障查找及分析在调试过程中完成。 （2）操作应注意安全，按照标准化作业书的技术安全说明做好安全措施。 （3）在许继 HCM200 平台设备上完成操作。 （4）将检修结果填入修试记录						

序号	项目名称	质量要求	满分	扣分标准	扣分原因	得分
1	工具使用及安全措施					
1.1	各种工器具正确使用	熟练正确使用各种工器具	5	未正确使用一次扣 1 分，扣完为止		
1.2	相关安全措施的准备	（1）检查该系统为备用系统。 （2）确认 HCM200 机箱电源已断电。 （3）佩戴防静电手环。 （4）按下“手动模式”按钮，闭锁系统切换功能。 （5）进入作业现场正确佩戴安全帽，现场作业人员应穿全棉长袖工作服、绝缘鞋	10	未检查该系统为备用系统扣 2 分； HCM200 机箱电源未断电扣 2 分； 未佩戴防静电手环扣 2 分； 未按下“手动模式”按钮扣 2 分（可口述）； 安全帽佩戴不规范扣 1 分； 未穿绝缘鞋扣 1 分		
2	处理器板卡更换步骤					
2.1	进行板卡更换	（1）拔出 X5 接口处的 PROFIBUS 总线，拆除板卡上的接地线，并做好记录。 （2）用螺钉旋具松开板卡两端螺栓，握住板卡把手，拔出板卡。 （3）取出板卡，将其放入防静电袋。 （4）将新板卡沿机箱插槽插入，确认板卡与机箱平齐。 （5）紧固板卡外侧接地线及螺栓	30	拆卸板卡前未拆除板卡接地线扣 5 分； 拆卸板卡步骤错误扣 5 分； 拆下板卡未放入防静电袋中扣 5 分； 板卡安装不牢固扣 5 分； 板卡上总线、接地线恢复错误扣 5 分； 更换后未恢复屏柜所有空气开关扣 2 分； 整个更换过程中由于操作失误造成系统切换扣 3 分		
3	配置参数					
3.1	进行配置参数	（1）通过串口线连接电脑与 SS52 板卡 X5 接口，将屏柜上电，再打开 SS52 下载参数软件。 （2）双击 SS52load，打开软件单击菜单 Datei，选择下拉菜单 Download。 （3）在弹出的对话框里选择配置参数文件，单击确定。 （4）参数下载完毕后，拔出串口线，将屏柜断电；恢复板卡 X5 接口处的 PROFIBUS 总线。 （5）依次合上屏柜空气开关 –F11、–F12、–F31、F32、–F41、F42，检查系统指示灯正常。 （6）恢复“手动模式”按钮	35	参数配置不成功扣 10 分； 配置完成后未对装置进行重启扣 5 分； 配置完成后未恢复“手动模式”按钮扣 10 分； 配置完成后由于配置原因造成系统告警扣 10 分		

续表

序号	项目名称	质量要求	满分	扣分标准	扣分原因	得分
4	填写试验报告					
4.1	修试记录	正确填写更换后检查结果，并记录更换板卡型号、厂家等信息	10	每少填写一项扣5分，扣完为止		
5	现场恢复	恢复现场	10	未进行现场恢复扣10分		
合计			100			

Jc2001241003 控制保护屏1OF2二取一模块更换。（100分）

考核知识点：控制保护屏1OF2二取一模块更换

难易度：易

技能等级评价专业技能考核操作工作任务书

一、任务名称

控制保护屏1OF2二取一模块更换。

二、适用工种

换流站直流设备检修工（二次）技师。

三、具体任务

（1）工作状态为直流系统检修状态。工作内容为控制保护屏1OF2二取一模块更换。

（2）工作任务：对控制保护屏1OF2二取一模块进行更换，更换步骤应符合要求，确保设备正常稳定运行。

四、工作规范及要求

（1）工器具使用及安全措施。

（2）熟悉控制保护屏1OF2二取一模块更换的方法，熟练使用仪器仪表及工器具。

（3）熟悉各种影响试验数据、结论的因素及消除方法并填写试验报告。

五、考核及时间要求

（1）本考核操作时间为60分钟，时间到停止考评。同一类现象故障不限一处故障点。

（2）按照技能操作记录单的操作要求进行操作，正确记录操作结果，试验记录项目包括：各接头直阻值及是否符合规范要求。

技能等级评价专业技能考核操作评分标准

<table>
<tr><td>工种</td><td colspan="5">换流站直流设备检修工（二次）</td><td>评价等级</td><td>技师</td></tr>
<tr><td>项目模块</td><td colspan="4">二次设备日常维护、检修—直流控制保护设备的专业巡视、日常维护及检修</td><td>编号</td><td colspan="2">Jc2001241003</td></tr>
<tr><td>单位</td><td colspan="2"></td><td>准考证号</td><td colspan="2"></td><td>姓名</td><td></td></tr>
<tr><td>考试时限</td><td colspan="2">60分钟</td><td>题型</td><td colspan="2">单项操作</td><td>题分</td><td>100分</td></tr>
<tr><td>成绩</td><td></td><td>考评员</td><td></td><td>考评组长</td><td></td><td>日期</td><td></td></tr>
<tr><td>试题正文</td><td colspan="7">控制保护屏1OF2二取一模块更换</td></tr>
<tr><td>需要说明的问题和要求</td><td colspan="7">（1）要求调试人员单人操作，故障查找及分析在调试过程中完成。
（2）操作应注意安全，按照标准化作业书的技术安全说明做好安全措施。
（3）在许继HCM200平台设备上完成操作。
（4）将检修结果填入修试记录</td></tr>
</table>

续表

序号	项目名称	质量要求	满分	扣分标准	扣分原因	得分
1	工具使用及安全措施					
1.1	各种工器具正确使用	熟练正确使用各种工器具	5	未正确使用一次扣 1 分，扣完为止		
1.2	相关安全措施的准备	（1）检查该系统为备用系统。 （2）确认屏柜已全部断电。 （3）佩戴防静电手环。 （4）按下“手动模式”按钮，闭锁系统切换功能。 （5）进入作业现场正确佩戴安全帽，现场作业人员应穿全棉长袖工作服、绝缘鞋	10	未检查该系统为备用系统扣 2 分； HCM200 机箱电源未断电扣 2 分； 未佩戴防静电手环扣 2 分； 未按下“手动模式”按钮扣 2 分（可口述）； 安全帽佩戴不规范扣 1 分； 未穿绝缘鞋扣 1 分		
2	1OF2 二取一模块更换					
2.1	进行模块更换	（1）拆下 1OF2 二取一模块电源线、告警线等所有连接线。 （2）将 1OF2 二取一模块拆下。 （3）将新 1OF2 二取一模块固定至原来位置。 （4）恢复 1OF2 二取一模块电源、告警等所有接线。 （5）依次合上屏柜空气开关－F11、－F12、－F31、F32、－F41、F42，检查系统指示灯正常。 （6）恢复“手动模式”按钮。 （7）查看 1OF2 二取一模块灯显示是否正常，屏柜有无其他异常告警	65	拆卸模块前未对接线进行记录扣 11 分； 拆卸模块不正确扣 9 分； 模块安装不牢固扣 9 分； 模块上接线恢复错误扣 9 分； 更换后未恢复屏柜所有空气开关扣 9 分； 整个更换过程中由于操作失误造成系统切换扣 9 分； 更换后屏柜发生由于模块问题造成告警未复归情况扣 9 分		
3	填写试验报告					
3.1	修试记录	正确填写更换后检查结果，并记录更换模块型号、厂家等信息	10	每少填写一项扣 5 分，扣完为止		
4	现场恢复	恢复现场	10	未进行现场恢复扣 10 分		
合计			100			

Jc2001263004　许继 HCM200 平台控开关量信号核对及三取二逻辑验证。（100 分）

考核知识点：许继 HCM200 平台控开关量信号核对及三取二逻辑验证

难易度：难

技能等级评价专业技能考核操作工作任务书

一、任务名称

许继 HCM200 平台控开关量信号核对及三取二逻辑验证。

二、适用工种

换流站直流设备检修工（二次）技师。

三、具体任务

（1）工作状态为直流系统检修状态。工作内容为许继 HCM200 平台控开关量信号核对及三取二逻辑验证。

（2）工作任务：

1）模拟保护 A 屏开出至极控的“平衡双极操作”信号，极控未收到该信号。

2）模拟保护 A 屏、B 屏同时发出“平衡双极操作”信号，极控到该信号。

3）模拟极 1YD 换流变阀侧电流，并在程序中进行监视。

4）在上述工作中对故障现象进行排除。

四、工作规范及要求

（1）工器具使用及安全措施。

（2）熟悉许继 HCM200 平台控开关量信号核对及三取二逻辑验证的方法，熟练使用仪器仪表及工器具。

（3）熟悉各种影响试验数据、结论的因素及消除方法并填写试验报告。

五、考核及时间要求

（1）本考核操作时间为 60 分钟，时间到停止考评。同一类现象故障不限一处故障点。

（2）按照技能操作记录单的操作要求进行操作，正确记录操作结果，试验记录项目包括：各接头直阻值及是否符合规范要求。

技能等级评价专业技能考核操作评分标准

工种	换流站直流设备检修工（二次）				评价等级	技师
项目模块	二次设备日常维护、检修—直流控制保护设备的专业巡视、日常维护及检修			编号	Jc2001263004	
单位		准考证号			姓名	
考试时限	60 分钟	题型	单项操作		题分	100 分
成绩		考评员		考评组长		日期
试题正文	许继 HCM200 平台控开关量信号核对及三取二逻辑验证					
需要说明的问题和要求	（1）要求调试人员单人操作，故障查找及分析在调试过程中完成。 （2）操作应注意安全，按照标准化作业书的技术安全说明做好安全措施。 （3）在许继 HCM200 平台设备上完成操作。 （4）将检修结果填入修试记录					

序号	项目名称	质量要求	满分	扣分标准	扣分原因	得分
1	工具使用及安全措施					
1.1	各种工器具正确使用	熟练正确使用各种工器具	5	未正确使用一次扣 1 分，扣完为止		
1.2	相关安全措施的准备	（1）检查该系统为备用系统。 （2）佩戴防静电手环。 （3）按下“手动模式”按钮，闭锁系统切换功能。 （4）进入作业现场正确佩戴安全帽，现场作业人员应穿全棉长袖工作服、绝缘鞋	10	未检查该系统为备用系统扣 2 分； 未佩戴防静电手环扣 2 分； 未按下“手动模式”按钮扣 2 分（可口述）； 安全帽佩戴不规范扣 2 分； 未穿绝缘鞋扣 2 分		
2	许继 HCM200 平台控开关量信号核对及三取二逻辑验证	（1）模拟保护 A 屏开出至极控的“平衡双极操作”信号，极控未收到该信号。 （2）模拟保护 A 屏、B 屏同时发出“平衡双极操作”信号，极控到该信号。 （3）模拟极 1YD 侧电流，并在程序中进行监视（对 X612：1 和 X612：2 进行反接）	65	软件置数及监视正确，并正确排除故障得满分。左侧前 2 个任务各 20 分，第 3 个任务 25 分		
3	填写试验报告					
3.1	修试记录	正确填写软件监视结果及三取二验证过程	10	每少填写一项扣 5 分，扣完为止		
4	现场恢复	恢复现场	10	未进行现场恢复扣 10 分		
合计			100			

Jc2001263005　许继 HCM200 平台控制保护屏 HCM200 风扇告警故障处理。（100 分）

考核知识点：许继 HCM200 平台控制保护屏 HCM200 风扇告警故障处理

难易度：难

技能等级评价专业技能考核操作工作任务书

一、任务名称

许继 HCM200 平台控制保护屏 HCM200 风扇告警故障处理。

二、适用工种

换流站直流设备检修工（二次）技师。

三、具体任务

（1）工作状态为直流系统检修状态。工作内容为许继 HCM200 平台控制保护屏 HCM200 风扇告警故障处理。

（2）工作任务：

1）对许继 HCM200 平台控制保护屏 HCM200 风扇告警故障处理（现场屏柜告警红灯亮），查找故障点，并对故障进行清除，确保设备正常稳定运行。

2）模拟极 1YD 换流变压器阀侧电流，并在程序中进行监视。

3）在上述工作中对故障现象进行排除。

四、工作规范及要求

（1）工器具使用及安全措施。

（2）熟悉许继 HCM200 平台控制保护屏 HCM200 风扇告警故障处理的方法，熟练使用仪器仪表及工器具。

（3）熟悉各种影响试验数据、结论的因素及消除方法并填写试验报告。

五、考核及时间要求

（1）本考核操作时间为 60 分钟，时间到停止考评。同一类现象故障不限一处故障点。

（2）按照技能操作记录单的操作要求进行操作，正确记录操作结果，试验记录项目包括：各接头直阻值及是否符合规范要求。

技能等级评价专业技能考核操作评分标准

<table>
<tr><td>工种</td><td colspan="6">换流站直流设备检修工（二次）</td><td>评价等级</td><td>技师</td></tr>
<tr><td>项目模块</td><td colspan="5">缺陷处理与事故分析—缺陷处理</td><td>编号</td><td colspan="2">Jc2001263005</td></tr>
<tr><td>单位</td><td colspan="3"></td><td>准考证号</td><td colspan="2"></td><td>姓名</td><td></td></tr>
<tr><td>考试时限</td><td colspan="2">60 分钟</td><td>题型</td><td colspan="3">单项操作</td><td>题分</td><td>100 分</td></tr>
<tr><td>成绩</td><td></td><td>考评员</td><td></td><td>考评组长</td><td colspan="2"></td><td>日期</td><td></td></tr>
<tr><td>试题正文</td><td colspan="8">许继 HCM200 平台控制保护屏 HCM200 风扇告警故障处理</td></tr>
<tr><td>需要说明的问题和要求</td><td colspan="8">（1）要求调试人员单人操作，故障查找及分析在调试过程中完成。
（2）操作应注意安全，按照标准化作业书的技术安全说明做好安全措施。
（3）在许继 HCM200 平台设备上完成操作。
（4）将检修结果填入修试记录</td></tr>
</table>

序号	项目名称	质量要求	满分	扣分标准	扣分原因	得分
1	工具使用及安全措施					
1.1	各种工器具正确使用	熟练正确使用各种工器具	5	未正确使用一次扣 1 分，扣完为止		
1.2	相关安全措施的准备	（1）检查该系统为备用系统。 （2）佩戴防静电手环。 （3）按下“手动模式”按钮，闭锁系统切换功能。 （4）进入作业现场正确佩戴安全帽，现场作业人员应穿全棉长袖工作服、绝缘鞋	10	未检查该系统为备用系统扣 2 分； 未佩戴防静电手环扣 2 分； 未按下“手动模式”按钮扣 2 分（可口述）； 安全帽佩戴不规范扣 2 分； 未穿绝缘鞋扣 2 分		

续表

序号	项目名称	质量要求	满分	扣分标准	扣分原因	得分
2	HCM200 风扇告警故障处理					
2.1	故障处理	本题设置故障点为：将 K2B 的 A1 端解开，现象为保护屏红灯	30	对照图纸检查，未将故障点断开，或故障点判断错误扣 30 分		
2.2	模拟加量	对极 1YD 换流变阀侧电进行加量	35	模拟量施加错误扣 35 分		
3	填写试验报告					
3.1	修试记录	正确填写故障处理过程	10	每少填写一项扣 5 分，扣完为止		
4	现场恢复	恢复现场	10	未进行现场恢复扣 10 分		
合计			100			

Jc2001242006 许继 HCM200 平台 IT2 板卡更换。（100 分）

考核知识点：许继 HCM200 平台 IT2 板卡更换

难易度：中

技能等级评价专业技能考核操作工作任务书

一、任务名称

许继 HCM200 平台 IT2 板卡更换。

二、适用工种

换流站直流设备检修工（二次）技师。

三、具体任务

（1）工作状态为直流系统检修状态。工作内容为许继 HCM200 平台 IT2 板卡更换。

（2）工作任务：对许继 HCM200 平台 IT2 板卡进行更换，更换步骤应符合要求，确保设备正常稳定运行。

四、工作规范及要求

（1）工器具使用及安全措施。

（2）熟悉许继 HCM200 平台 IT2 板卡更换的方法，熟练使用仪器仪表及工器具。

（3）熟悉各种影响试验数据、结论的因素及消除方法并填写试验报告。

五、考核及时间要求

（1）本考核操作时间为 60 分钟，时间到停止考评。同一类现象故障不限一处故障点。

（2）按照技能操作记录单的操作要求进行操作，正确记录操作结果，试验记录项目包括：各接头直阻值及是否符合规范要求。

技能等级评价专业技能考核操作评分标准

工种	换流站直流设备检修工（二次）					评价等级	技师
项目模块	二次设备日常维护、检修—直流控制保护设备的专业巡视、日常维护及检修				编号	Jc2001242006	
单位			准考证号			姓名	
考试时限	60 分钟	题型		单项操作		题分	100 分
成绩		考评员		考评组长		日期	
试题正文	许继 HCM200 平台 IT2 板卡更换						

续表

需要说明的问题和要求	（1）要求调试人员单人操作，故障查找及分析在调试过程中完成。 （2）操作应注意安全，按照标准化作业书的技术安全说明做好安全措施。 （3）在许继 HCM200 平台设备上完成操作。 （4）将检修结果填入修试记录					
序号	项目名称	质量要求	满分	扣分标准	扣分原因	得分
1	工具使用及安全措施					
1.1	各种工器具正确使用	熟练正确使用各种工器具	5	未正确使用一次扣 1 分，扣完为止		
1.2	相关安全措施的准备	（1）检查该系统为备用系统。 （2）确认 HCM200 机箱电源已断电。 （3）佩戴防静电手环。 （4）按下“手动模式”按钮，闭锁系统切换功能。 （5）进入作业现场正确佩戴安全帽，现场作业人员应穿全棉长袖工作服、绝缘鞋	10	未检查该系统为备用系统扣 2 分； HCM200 机箱电源未断电扣 2 分； 未佩戴防静电手环扣 2 分； 未按下“手动模式”按钮扣 2 分（可口述）； 安全帽佩戴不规范扣 1 分； 未穿绝缘鞋扣 1 分		
2	处理器板卡更换步骤					
2.1	进行板卡更换	（1）取出程序卡，拔出 X6、X7 接口处的电缆带，并做好记录；拔出 D10 板卡 X1、X3、X4 接口处的。 （2）电缆带，并做好记录；拔出 D11 板卡 X1、X3、X4 接口处的电缆带，并做好记录。 （3）用螺钉旋具松开 D09、D10、D11 板卡两端螺栓，握住板卡两端把手，同时向上向下掰，板卡会自动弹出。 （4）同时取出三块板卡，松开三块板卡之间的金属连接，取下 D09 板卡。将 D09 板卡放入防静电袋子。 （5）紧固新 EP31 板卡与 D10、D11 板卡的金属连接，然后将两块板卡沿机箱插槽插入，确认板卡与机箱平齐。 （6）紧固板卡两端螺栓。 （7）将程序卡插入 X50 接口，恢复 EP31 板卡 X6、X7 接口处的电缆带；依次恢复 D10、D11 板卡 X1、X3、X4 接口处的电缆带。 （8）依次合上屏柜空气开关 −F11、−F12、−F31、F32、−F41、F42，检查系统指示灯正常。 （9）恢复“手动模式”按钮	65	拆卸板卡前未拆除板卡接线并做好记录扣 10 分； 拆卸板卡步骤错误扣 15 分（应同时取出三块板卡）； 拆下板卡未放入防静电袋中扣 5 分； 板卡安装不牢固扣 5 分； 板卡上总线、接地线恢复错误扣 10 分； 更换后未恢复屏柜所有空气开关扣 5 分； 整个更换过程中由于操作失误造成系统切换扣 5 分； 完成后若造成系统因更换板卡问题告警扣 5 分； 更换完成后未恢复“手动模式”按钮扣 5 分		
3	填写试验报告					
3.1	修试记录	正确填写更换后检查结果，并记录更换板卡型号、厂家等信息	10	每少填写一项扣 5 分，扣完为止		
4	现场恢复	恢复现场	10	未进行现场恢复扣 10 分		
合计			100			

Jc2001241007　控制保护屏菲尼克斯系列 24V 电源模块更换。（100 分）

考核知识点：控制保护屏菲尼克斯系列 24V 电源模块更换

难易度：易

技能等级评价专业技能考核操作工作任务书

一、任务名称

控制保护屏菲尼克斯系列 24V 电源模块更换。

二、适用工种

换流站直流设备检修工（二次）技师。

三、具体任务

（1）工作状态为直流系统检修状态。工作内容为控制保护屏菲尼克斯系列 24V 电源模块更换。

（2）工作任务：对控制保护屏菲尼克斯系列 24V 电源模块进行更换，更换步骤应符合要求，确保设备正常稳定运行。

四、工作规范及要求

（1）工器具使用及安全措施。

（2）熟悉控制保护屏菲尼克斯系列 24V 电源模块更换的方法，熟练使用仪器仪表及工器具。

（3）熟悉各种影响试验数据、结论的因素及消除方法并填写试验报告。

五、考核及时间要求

（1）本考核操作时间为 60 分钟，时间到停止考评。同一类现象故障不限一处故障点。

（2）按照技能操作记录单的操作要求进行操作，正确记录操作结果，试验记录项目包括：各接头直阻值及是否符合规范要求。

技能等级评价专业技能考核操作评分标准

工种	换流站直流设备检修工（二次）			评价等级	技师
项目模块	缺陷处理与故障分析—缺陷处理		编号	Jc2001241007	
单位		准考证号		姓名	
考试时限	60 分钟	题型	单项操作	题分	100 分
成绩	考评员		考评组长		日期
试题正文	控制保护屏菲尼克斯系列 24V 电源模块更换				
需要说明的问题和要求	（1）要求调试人员单人操作，故障查找及分析在调试过程中完成。 （2）操作应注意安全，按照标准化作业书的技术安全说明做好安全措施。 （3）在许继 HCM200 平台设备上完成操作。 （4）将检修结果填入修试记录				

序号	项目名称	质量要求	满分	扣分标准	扣分原因	得分
1	工具使用及安全措施					
1.1	各种工器具正确使用	熟练正确使用各种工器具	5	未正确使用一次扣 1 分，扣完为止		
1.2	相关安全措施的准备	（1）检查该系统为备用系统。 （2）确认屏柜已全部断电。 （3）佩戴防静电手环。 （4）按下“手动模式”按钮，闭锁系统切换功能。 （5）进入作业现场正确佩戴安全帽，现场作业人员应穿全棉长袖工作服、绝缘鞋	10	未检查该系统为备用系统扣 2 分； HCM200 机箱电源未断电扣 2 分； 未佩戴防静电手环扣 2 分； 未按下“手动模式”按钮扣 2 分（可口述）； 安全帽佩戴不规范扣 1 分； 未穿绝缘鞋扣 1 分		
2	菲尼克斯系列 24V 电源模块更换					
2.1	进行模块更换	（1）拆下菲尼克斯系列 24V 电源模块电源线、告警线等所有连接线。 （2）将菲尼克斯系列 24V 电源模块拆下。 （3）将新菲尼克斯系列 24V 电源模块固定至原来位置。 （4）恢复菲尼克斯系列 24V 电源模块电源、告警等所有接线。 （5）依次合上屏柜空气开关 −F11、−F12、−F31、F32、−F41、F42，检查系统指示灯正常。 （6）恢复“手动模式”按钮。 （7）查看菲尼克斯系列 24V 电源模块灯显示是否正常，屏柜有无其他异常告警	65	拆卸电源模块前未拆除电源模块接线并做好记录扣 10 分； 拆卸电源模块步骤错误扣 15 分（应同时取出三块电源模块）； 电源模块安装不牢固扣 5 分； 电源模块上总线、接地线恢复错误扣 10 分； 更换后未恢复屏柜所有空气开关扣 10 分； 整个更换过程中由于操作失误造成系统切换扣 5 分； 完成后若造成系统因更换电源模块问题告警扣 5 分； 更换完成后未恢复“手动模式”按钮扣 5 分		

续表

序号	项目名称	质量要求	满分	扣分标准	扣分原因	得分
3	填写试验报告					
3.1	修试记录	正确填写更换后检查结果，并记录更换模块型号、厂家等信息	10	每少填写一项扣 5 分，扣完为止		
4	现场恢复	恢复现场	10	未进行现场恢复扣 10 分		
合计			100			

Jc2001243008　许继 HCM200 平台控制保护屏 AIM2 告警处理。（100 分）

考核知识点：许继 HCM200 平台控制保护屏 AIM2 告警处理

难易度：难

技能等级评价专业技能考核操作工作任务书

一、任务名称

许继 HCM200 平台控制保护屏 AIM2 告警处理。

二、适用工种

换流站直流设备检修工（二次）技师。

三、具体任务

（1）工作状态为直流系统检修状态。工作内容为许继 HCM200 平台控制保护屏 AIM2 告警处理。

（2）工作任务：

1）对许继 HCM200 平台控制保护屏 AIM2 告警进行处理（结合报文），查找故障点，并对故障进行清除，确保设备正常稳定运行。

2）在线对去极 1 极保护 B 屏 IDEL1 光纤通道进行监视，并记录 Total Curt 数值，并对其通道是否异常做出结论，如有异常，进行下一步处置。

3）模拟极 1 换流变进线电压，并在程序中进行监视。

4）在上述工作中对故障现象进行排除。

四、工作规范及要求

（1）工器具使用及安全措施。

（2）熟悉许继 HCM200 平台控制理的方法，熟练使用仪器仪表及工器具。

（3）熟悉各种影响试验数据、结论的因素及消除方法并填写试验报告。

五、考核及时间要求

（1）本考核操作时间为 60 分钟，时间到停止考评。同一类现象故障不限一处故障点。

（2）按照技能操作记录单的操作要求进行操作，正确记录操作结果，试验记录项目包括：各接头直阻值及是否符合规范要求。

技能等级评价专业技能考核操作评分标准

工种	换流站直流设备检修工（二次）					评价等级	技师
项目模块	缺陷处理与事故分析—缺陷处理				编号	Jc2001243008	
单位			准考证号			姓名	
考试时限	60 分钟		题型	单项操作		题分	100 分
成绩		考评员		考评组长		日期	
试题正文	许继 HCM200 平台控制保护屏 AIM2 告警处理						

续表

需要说明的问题和要求	（1）要求调试人员单人操作，故障查找及分析在调试过程中完成。 （2）操作应注意安全，按照标准化作业书的技术安全说明做好安全措施。 （3）在许继 HCM200 平台设备上完成操作。 （4）将检修结果填入修试记录

序号	项目名称	质量要求	满分	扣分标准	扣分原因	得分
1	工具使用及安全措施					
1.1	各种工器具正确使用	熟练正确使用各种工器具	5	未正确使用一次扣 1 分，扣完为止		
1.2	相关安全措施的准备	（1）检查该系统为备用系统。 （2）佩戴防静电手环。 （3）按下“手动模式”按钮，闭锁系统切换功能。 （4）进入作业现场正确佩戴安全帽，现场作业人员应穿全棉长袖工作服、绝缘鞋	10	未检查该系统为备用系统扣 2 分； 未佩戴防静电手环扣 2 分； 未按下“手动模式”按钮扣 2 分（可口述）； 安全帽佩戴不规范扣 2 分； 未穿绝缘鞋扣 2 分		
2	控制保护屏 AIM2 告警处理					
2.1	对故障进行处理	（本题设置故障点为：TDCB 柜下装置中 D02：X4 至 D07：X5 光纤折损） 应能正确根据报文、现场现象（报文为软件故障等，现象为 AIM2 故障）	55	未判断出光纤通道监视故障扣 30 分，未正确更换扣 25 分		
2.2	对模拟量进行施加	模拟极 1 换流变压器进线电压，并在程序中进行监视	10	未正确完成扣 10 分		
3	填写试验报告					
3.1	修试记录	正确填写更换后检查结果，并记录更换模块型号、厂家等信息	10	每少填写一项扣 5 分，扣完为止		
4	现场恢复	恢复现场	10	未进行现场恢复扣 10 分		
合计			100			

Jc2001241009 许继 HCM200 平台控制保护屏 DUST 站间通信装置（ETU01）更换。（100 分）

考核知识点：许继 HCM200 平台控制保护屏 DUST 站间通信装置（ETU01）更换

难易度：易

技能等级评价专业技能考核操作工作任务书

一、任务名称

许继 HCM200 平台控制保护屏 DUST 站间通信装置（ETU01）更换。

二、适用工种

换流站直流设备检修工（二次）技师。

三、具体任务

（1）工作状态为直流系统检修状态。工作内容为许继 HCM200 平台控制保护屏 DUST 站间通信装置（ETU01）更换。

（2）工作任务：对许继 HCM200 平台控制保护屏 DUST 站间通信装置（ETU01）进行更换，更换步骤应符合要求，确保设备正常稳定运行。

四、工作规范及要求

（1）工器具使用及安全措施。

（2）熟悉许继 HCM200 平台控制保护屏 DUST 站间通信装置（ETU01）更换的方法，熟练使用仪器仪表及工器具。

（3）熟悉各种影响试验数据、结论的因素及消除方法并填写试验报告。

五、考核及时间要求

（1）本考核操作时间为60分钟，时间到停止考评。同一类现象故障不限一处故障点。

（2）按照技能操作记录单的操作要求进行操作，正确记录操作结果，试验记录项目包括：各接头直阻值及是否符合规范要求。

技能等级评价专业技能考核操作评分标准

工种	换流站直流设备检修工（二次）				评价等级	技师	
项目模块	缺陷处理与事故分析—缺陷处理			编号	Jc2001241009		
单位		准考证号			姓名		
考试时限	60分钟	题型		单项操作	题分	100分	
成绩		考评员		考评组长		日期	
试题正文	许继HCM200平台控制保护屏DUST站间通信装置（ETU01）更换						
需要说明的问题和要求	（1）要求调试人员单人操作，故障查找及分析在调试过程中完成。 （2）操作应注意安全，按照标准化作业书的技术安全说明做好安全措施。 （3）在许继HCM200平台设备上完成操作。 （4）将检修结果填入修试记录						

序号	项目名称	质量要求	满分	扣分标准	扣分原因	得分
1	工具使用及安全措施					
1.1	各种工器具正确使用	熟练正确使用各种工器具	5	未正确使用一次扣1分，扣完为止		
1.2	相关安全措施的准备	（1）检查该系统为备用系统。 （2）确认屏柜已全部断电。 （3）佩戴防静电手环。 （4）按下“手动模式”按钮，闭锁系统切换功能。 （5）进入作业现场正确佩戴安全帽，现场作业人员应穿全棉长袖工作服、绝缘鞋	10	未检查该系统为备用系统扣2分； HCM200机箱电源未断电扣2分； 未佩戴防静电手环扣2分； 未按下“手动模式”按钮扣2分（可口述）； 安全帽佩戴不规范扣1分； 未穿绝缘鞋扣1分		
2	许继HCM200平台控制保护屏DUST站间通信装置（ETU01）更换					
2.1	进行模块更换	（1）拆下许继HCM200平台控制保护屏DUST站间通信装置（ETU01）上所有连接线。 （2）将许继HCM200平台控制保护屏DUST站间通信装置（ETU01）拆下。 （3）将新DUST站间通信装置（ETU01）固定至原来位置。 （4）恢复许继HCM200平台控制保护屏DUST站间通信装置（ETU01）所有连接线。 （5）依次合上屏柜空气开关－F11、－F12、－F31、－F32、－F41、－F42，检查系统指示灯正常。 （6）恢复“手动模式”按钮。 （7）查看许继HCM200平台控制保护屏DUST站间通信装置（ETU01）灯显示是否正常，屏柜有无其他异常告警	65	拆卸装置前未拆除装置接线并做好记录扣15分； 拆卸装置步骤错误扣15分； 装置安装不牢固扣5分； 装置上接线恢复错误扣10分； 更换后未恢复屏柜所有空气开关扣5分； 整个更换过程中由于操作失误造成系统切换扣5分； 完成后若造成系统因更换装置问题告警扣5分； 更换完成后未恢复“手动模式”按钮扣5分		
3	填写试验报告					
3.1	修试记录	正确填写更换后检查结果，并记录更换装置型号、厂家等信息	10	每少填写一项扣5分，扣完为止		
4	现场恢复	恢复现场	10	未进行现场恢复扣10分		
合计			100			

Jc2001241010 许继 HCM200 平台控制保护屏电源配件（共阴/阳极二极管）更换。（100 分）

考核知识点：许继 HCM200 平台控制保护屏电源配件（共阴/阳极二极管）更换

难易度：易

技能等级评价专业技能考核操作工作任务书

一、任务名称

许继 HCM200 平台控制保护屏电源配件（共阴/阳极二极管）更换。

二、适用工种

换流站直流设备检修工（二次）技师。

三、具体任务

（1）工作状态为直流系统检修状态。工作内容为许继 HCM200 平台控制保护屏电源配件（共阴/阳极二极管）更换。

（2）工作任务：对许继 HCM200 平台控制保护屏电源配件（共阴/阳极二极管）更换，更换步骤应符合要求，确保设备正常稳定运行。

四、工作规范及要求

（1）工器具使用及安全措施。

（2）熟悉许继 HCM200 平台控制保护屏电源配件（共阴/阳极二极管）更换的方法，熟练使用仪器仪表及工器具。

（3）熟悉各种影响试验数据、结论的因素及消除方法并填写试验报告。

五、考核及时间要求

（1）本考核操作时间为 60 分钟，时间到停止考评。同一类现象故障不限一处故障点。

（2）按照技能操作记录单的操作要求进行操作，正确记录操作结果，试验记录项目包括：各接头直阻值及是否符合规范要求。

技能等级评价专业技能考核操作评分标准

工种	换流站直流设备检修工（二次）					评价等级	技师
项目模块	二次设备日常维护、检修—直流控制保护设备的专业巡视，日常维护及检修				编号	Jc2001241010	
单位		准考证号				姓名	
考试时限	60 分钟		题型	单项操作		题分	100 分
成绩		考评员		考评组长		日期	
试题正文	许继 HCM200 平台控制保护屏电源配件（共阴/阳极二极管）更换						
需要说明的问题和要求	（1）要求调试人员单人操作，故障查找及分析在调试过程中完成。 （2）操作应注意安全，按照标准化作业书的技术安全说明做好安全措施。 （3）在许继 HCM200 平台设备上完成操作。 （4）将检修结果填入修试记录						

序号	项目名称	质量要求	满分	扣分标准	扣分原因	得分
1	工具使用及安全措施					
1.1	各种工器具正确使用	熟练正确使用各种工器具	5	未正确使用一次扣 1 分，扣完为止		
1.2	相关安全措施的准备	（1）检查该系统为备用系统。 （2）确认屏柜已全部断电。 （3）佩戴防静电手环。 （4）按下“手动模式”按钮，闭锁系统切换功能。 （5）进入作业现场正确佩戴安全帽，现场作业人员应穿全棉长袖工作服、绝缘鞋	10	未检查该系统为备用系统扣 2 分； HCM200 机箱电源未断电扣 2 分； 未佩戴防静电手环扣 2 分； 未按下“手动模式”按钮扣 2 分（可口述）； 安全帽佩戴不规范扣 1 分； 未穿绝缘鞋扣 1 分		

续表

序号	项目名称	质量要求	满分	扣分标准	扣分原因	得分
2	许继HCM200平台控制保护屏电源配件（共阴/阳极二极管）更换					
2.1	进行模块更换	（1）拆下许继HCM200平台控制保护屏电源配件（共阴/阳极二极管）上所有连接线。 （2）将许继HCM200平台控制保护屏电源配件（共阴/阳极二极管）拆下。 （3）将新电源配件（共阴/阳极二极管）固定至原来位置。 （4）恢复许继HCM200平台控制保护屏电源配件（共阴/阳极二极管）所有连接线。 （5）依次合上屏柜空气开关－F11、－F12、－F31、F32、－F41、F42，检查系统指示灯正常。 （6）恢复“手动模式”按钮。 （7）查看许继HCM200平台控制保护屏电源配件（共阴/阳极二极管）灯显示是否正常，屏柜有无其他异常告警	65	拆卸电源配件前未拆除板卡连接线扣10分； 拆卸电源配件步骤错误扣10分； 电源配件安装不牢固扣10分； 电源配件上接线恢复错误扣10分； 更换后未恢复屏柜所有空气开关扣10分； 整个更换过程中由于操作失误造成系统切换扣5分； 完成更换后系统由于电源模块造成告警未复归扣5分； 完成更换后未恢复手动模式按钮扣5分		
3	填写试验报告					
3.1	修试记录	正确填写更换后检查结果，并记录更换模块型号、厂家等信息	10	每少填写一项扣5分，扣完为止		
4	现场恢复	恢复现场	10	未进行现场恢复扣10分		
合计			100			

Jc2001242011　南瑞PCS－221合并单元CPU板卡更换。（100分）

考核知识点：南瑞PCS－221合并单元CPU板卡更换

难易度：中

技能等级评价专业技能考核操作工作任务书

一、任务名称

南瑞PCS－221合并单元CPU板卡更换。

二、适用工种

换流站直流设备检修工（二次）技师。

三、具体任务

（1）工作状态为直流系统检修状态。工作内容为南瑞PCS－221合并单元CPU板卡更换。

（2）工作任务：对南瑞PCS－221合并单元CPU板卡进行更换，更换步骤应符合要求，确保设备正常稳定运行。

四、工作规范及要求

（1）工器具使用及安全措施。

（2）熟悉南瑞PCS－221合并单元CPU板卡更换的方法，熟练使用仪器仪表及工器具。

（3）熟悉各种影响试验数据、结论的因素及消除方法并填写试验报告。

五、考核及时间要求

（1）本考核操作时间为60分钟，时间到停止考评。同一类现象故障不限一处故障点。

（2）按照技能操作记录单的操作要求进行操作，正确记录操作结果，试验记录项目包括：各接头直阻值及是否符合规范要求。

技能等级评价专业技能考核操作评分标准

工种	换流站直流设备检修工（二次）					评价等级	技师
项目模块	二次设备日常维护、检修—直流控制保护设备的专业巡视、日常维护及检修				编号	Jc2001242011	
单位			准考证号			姓名	
考试时限	60 分钟		题型	单项操作		题分	100 分
成绩		考评员		考评组长		日期	
试题正文	南瑞 PCS－221 合并单元 CPU 板卡更换						
需要说明的问题和要求	（1）要求调试人员单人操作，故障查找及分析在调试过程中完成。 （2）操作应注意安全，按照标准化作业书的技术安全说明做好安全措施。 （3）在南瑞 PCS－221 合并单元设备上完成操作。 （4）将检修结果填入修试记录						

序号	项目名称	质量要求	满分	扣分标准	扣分原因	得分
1	工具使用及安全措施					
1.1	各种工器具正确使用	熟练正确使用各种工器具	5	未正确使用一次扣 1 分，扣完为止		
1.2	相关安全措施的准备	（1）核对设备双重名称无误。 （2）检查屏柜已断电。 （3）进入作业现场正确佩戴安全帽，现场作业人员应穿全棉长袖工作服、绝缘鞋	10	未核对设备双重名称扣 2.5 分； 未检查屏柜已断电扣 2.5 分（可口述）； 安全帽佩戴不规范扣 2.5 分； 未穿绝缘鞋扣 2.5 分		
2	处理器板卡更换步骤					
2.1	进行板卡更换	（1）用螺钉旋具松开板卡两端螺栓，握住板卡两端把手，同时向上向下掰，板卡会自动弹出。 （2）将拆下 PCS－221 合并单元 CPU 板卡放入防静电袋子。 （3）然后新板卡沿机箱插槽插入，确认板卡与机箱平齐。 （4）紧固板卡两端螺栓。 （5）依次合上屏柜空气开关，检查系统指示灯正常。 （6）检查合并单元参数，确认参数一致	65	板卡拆卸步骤不正确扣 15 分； 拆下板卡后未装入防静电袋扣 10 分； 板卡安装不牢固扣 10 分； 板卡安装后未合上空气开关扣 10 分； 安装完成未检查系统参数扣 10 分（可口述）； 系统由于板卡安装问题造成告警扣 10 分		
3	填写试验报告					
3.1	修试记录	正确填写更换后检查结果，并记录更换模块型号、厂家等信息	10	每少填写一项扣 5 分，扣完为止		
4	现场恢复	恢复现场	10	未进行现场恢复扣 10 分		
合计			100			

Jc2001263012 许继交流滤波器保护 SDR－101 主接线下载。（100 分）

考核知识点：许继交流滤波器保护 SDR－101 主接线下载

难易度：难

技能等级评价专业技能考核操作工作任务书

一、任务名称

许继交流滤波器保护 SDR－101 主接线下载。

二、适用工种

换流站直流设备检修工（二次）技师。

三、具体任务

（1）工作状态为直流系统检修状态。工作内容为许继交流滤波器保护 SDR－101 主接线下载。

（2）工作任务：对许继交流滤波器保护 SDR－101 主接线进行下载。

四、工作规范及要求

（1）工器具使用及安全措施。

（2）熟悉许继交流滤波器保护 SDR－101 主接线下载方法，熟练使用仪器仪表及工器具。

（3）熟悉各种影响试验数据、结论的因素及消除方法并填写试验报告。

五、考核及时间要求

（1）本考核操作时间为 60 分钟，时间到停止考评。同一类现象故障不限一处故障点。

（2）按照技能操作记录单的操作要求进行操作，正确记录操作结果，试验记录项目包括：各接头直阻值及是否符合规范要求。

技能等级评价专业技能考核操作评分标准

工种	换流站直流设备检修工（二次）					评价等级	技师
项目模块	二次设备日常维护、检修—直流控制保护设备的专业巡视、日常维护及检修				编号	Jc2001263012	
单位			准考证号			姓名	
考试时限	60 分钟		题型	单项操作		题分	100 分
成绩		考评员		考评组长		日期	
试题正文	许继交流滤波器保护 SDR－101 主接线下载						
需要说明的问题和要求	（1）要求调试人员单人操作，故障查找及分析在调试过程中完成。 （2）操作应注意安全，按照标准化作业书的技术安全说明做好安全措施。 （3）在许继交流滤波器保护设备上完成操作。 （4）将检修结果填入修试记录						

序号	项目名称	质量要求	满分	扣分标准	扣分原因	得分
1	工具使用及安全措施					
1.1	各种工器具正确使用	熟练正确使用各种工器具	5	未正确使用一次扣 1 分，扣完为止		
1.2	相关安全措施的准备	（1）工作前应核对设备双重名称。 （2）进入作业现场正确佩戴安全帽，现场作业人员应穿全棉长袖工作服、绝缘鞋	10	未核对设备双重名称扣 5 分（可口述）； 安全帽佩戴不规范扣 2.5 分； 未穿绝缘鞋扣 2.5 分		
2	SDR－101 主程序下载					
2.1	准备工作	（1）在“通信端口配置”界面，将使用 COM3 端口的监控改为“未用”，将 PC 改为“COM3”。 （2）在“串口参数配置”界面，将 COM3 端口波特率改为“38400”“偶校验”。 （3）将 2 芯 3 芯对倒串口线的“公头”连接装置前面板串口，“母头”连接 USB 串口线的“公头”，USB 串口线的“USB”口连接笔记本安装此线驱动程序时使用的“USB”接口。 （4）护装置的 CPU 插件与通信插件的 JP1 跳针达到 DBG 状态。打开 pcs－pc5 软件，右键单击 NewDevice 连接装置，在弹出窗口输入装置 IP 地址连接。 （5）在弹出界面单击 IEC103 工具，进入定值修改界面。 （6）单击公共定值组中的应用定值，即可看到各种通道系数，根据装置所需通道系数进行修改，修改后右键单击进行下载，下载成功后保存退出软件	30	按照步骤开展，每少一步扣 5 分，扣完为止		

续表

序号	项目名称	质量要求	满分	扣分标准	扣分原因	得分
2.2	SDR－101 主程序下载步骤	（1）打开 Prate800A 软件，单击“登录注销”图标登录，用户名“张三”，密码“3”。 （2）单击“通信设置”图标，设置通信参数。装置地址：“通信参数设置”菜单中看到的地址。通信口：电脑设备管理器中“端口”下显示的 COM 口。 （3）与装置通信连接正常后，在“当前装置”空白处点“右键”，查看 CPU 个数，显示出此装置的 CPU 信息。 （4）选中“1CPU”、单击，找到需要下载的主接线 VldC 文件，双击左键，出现目标接线下载窗口，确认下载，在电脑的左下角会有显示程序下载的过程，正在下载后面的进度条是显示程序下载的进度	35	按照步骤开展，每少一步扣 5 分，配置不成功扣 15 分		
3	填写试验报告					
3.1	修试记录	正确填写程序下载步骤	10	根据缺少步骤情况扣 1～10 分		
4	现场恢复	恢复现场	10	未进行现场恢复扣 10 分		
合计			100			

Jc2001242013 许继光 TA（极 2IDL）机箱报告下载。（100 分）

考核知识点： 许继光 TA（极 2IDL）机箱报告下载

难易度： 中

技能等级评价专业技能考核操作工作任务书

一、任务名称

许继光 TA（极 2IDL）机箱报告下载。

二、适用工种

换流站直流设备检修工（二次）技师。

三、具体任务

（1）工作状态为直流系统检修状态。工作内容为许继光 TA（极 2IDL）机箱报告下载。

（2）工作任务：对许继光 TA（极 2IDL）机箱报告下载。

四、工作规范及要求

（1）工器具使用及安全措施。

（2）熟悉许继光 TA（极 2IDL）机箱报告下载方法，熟练使用仪器仪表及工器具。

（3）熟悉各种影响试验数据、结论的因素及消除方法并填写试验报告。

五、考核及时间要求

（1）本考核操作时间为 60 分钟，时间到停止考评。同一类现象故障不限一处故障点。

（2）按照技能操作记录单的操作要求进行操作，正确记录操作结果，试验记录项目包括：各接头直阻值及是否符合规范要求。

技能等级评价专业技能考核操作评分标准

工种	换流站直流设备检修工（二次）		评价等级	技师
项目模块	二次设备日常维护、检修—直流控制保护设备的专业巡视、日常维护及检修	编号	Jc2001242013	

续表

单位			准考证号			姓名	
考试时限	60 分钟		题型	单项操作		题分	100 分
成绩		考评员		考评组长		日期	
试题正文	许继光 TA（极 2IDL）机箱报告下载						
需要说明的问题和要求	（1）要求调试人员单人操作，故障查找及分析在调试过程中完成。 （2）操作应注意安全，按照标准化作业书的技术安全说明做好安全措施。 （3）在许继光 TA 合并单元设备上完成操作。 （4）将检修结果填入修试记录						

序号	项目名称	质量要求	满分	扣分标准	扣分原因	得分
1	工具使用及安全措施					
1.1	各种工器具正确使用	熟练正确使用各种工器具	5	未正确使用一次扣 1 分，扣完为止		
1.2	相关安全措施的准备	工作前应核对设备双重名称	10	未核对设备双重名称扣 5 分（可口述）； 安全帽佩戴不规范扣 2.5 分； 未穿绝缘鞋扣 2.5 分		
2	机箱报告下载	（1）用串口线连接，从电脑的设备管理器查看 COM 口编号，一般为 COM1～8 之间，在软件界面选择同样的 COM 口进行连接。 （2）如果连接不上，需要单击 Edit System，Baud rate 选择成 115200，同时查看设备管理器中该 COM 口的设置，并改为 115200。 （3）备份：① 单击配置（Configuration）—系统（system）视图中的备份（Backup）/恢复（Restore）标签；② 单击 Backup 按钮，出现文件对话框；③ 在文件对话框中，为备份文件指定有效文件夹和文件名（以电子单元的编号命名）并单击 Save 按钮；④ 出现进程对话框，指示备份进程，直至完成备份。 （4）下载报告：单击 Summary（汇总视图）中的 Setup 标签，最右侧存在三个模块按钮，单击 Report 按钮，即可输出含有整个系统详细配置信息文件，文件名以电子单元编号命名	65	按照步骤开展，每少一步扣 10 分，未完成下载扣 25 分		
3	填写试验报告					
3.1	修试记录	正确填下载步骤	10	根据缺少步骤情况扣 1～10 分		
4	现场恢复	恢复现场	10	未进行现场恢复扣 10 分		
合计			100			

Jc2001242014　光 TA 远端模块 OPTO52 更换。（100 分）

考核知识点： 光 TA 远端模块 OPTO52 更换

难易度： 易

技能等级评价专业技能考核操作工作任务书

一、任务名称

光 TA 远端模块 OPTO52 更换。

二、适用工种

换流站直流设备检修工（二次）技师。

三、具体任务

（1）工作状态为直流系统检修状态。工作内容为光 TA 远端模块 OPTO52 更换。

（2）工作任务：对光 TA 远端模块 OPTO52 进行更换，更换步骤应符合要求，确保设备正常稳定运行。

四、工作规范及要求

（1）工器具使用及安全措施。

（2）熟悉光 TA 远端模块 OPTO52 更换的方法，熟练使用仪器仪表及工器具。

（3）熟悉各种影响试验数据、结论的因素及消除方法并填写试验报告。

五、考核及时间要求

（1）本考核操作时间为 60 分钟，时间到停止考评。同一类现象故障不限一处故障点。

（2）按照技能操作记录单的操作要求进行操作，正确记录操作结果，试验记录项目包括：各接头直阻值及是否符合规范要求。

技能等级评价专业技能考核操作评分标准

<table>
<tr><td>工种</td><td colspan="5">换流站直流设备检修工（二次）</td><td>评价等级</td><td>技师</td></tr>
<tr><td>项目模块</td><td colspan="4">二次设备日常维护、检修—直流分压器、光电流互感器、零磁通电源互感器的专业巡视、日常维护及检修</td><td>编号</td><td colspan="2">Jc2001242014</td></tr>
<tr><td>单位</td><td colspan="3"></td><td>准考证号</td><td></td><td>姓名</td><td></td></tr>
<tr><td>考试时限</td><td colspan="2">60 分钟</td><td>题型</td><td colspan="2">单项操作</td><td>题分</td><td>100 分</td></tr>
<tr><td>成绩</td><td></td><td>考评员</td><td></td><td>考评组长</td><td></td><td>日期</td><td></td></tr>
<tr><td>试题正文</td><td colspan="7">光 TA 远端模块 OPTO52 更换</td></tr>
<tr><td>需要说明的问题和要求</td><td colspan="7">（1）要求调试人员单人操作，故障查找及分析在调试过程中完成。
（2）操作应注意安全，按照标准化作业书的技术安全说明做好安全措施。
（3）在许继 HCM200 平台设备上完成操作。
（4）将检修结果填入修试记录</td></tr>
</table>

<table>
<tr><td>序号</td><td>项目名称</td><td>质量要求</td><td>满分</td><td>扣分标准</td><td>扣分原因</td><td>得分</td></tr>
<tr><td>1</td><td>工具使用及安全措施</td><td></td><td></td><td></td><td></td><td></td></tr>
<tr><td>1.1</td><td>各种工器具正确使用</td><td>熟练正确使用各种工器具</td><td>5</td><td>未正确使用一次扣 1 分，扣完为止</td><td></td><td></td></tr>
<tr><td>1.2</td><td>相关安全措施的准备</td><td>（1）如使用梯子应两人放倒搬运，并使用检验合格的绝缘梯。
（2）正确使用安全带。
（3）进入作业现场正确佩戴安全帽，现场作业人员应穿全棉长袖工作服、绝缘鞋</td><td>15</td><td>未正确使用梯子扣 5 分；
未正确使用安全带 5 分；
安全帽佩戴不规范扣 2.5 分；
未穿绝缘鞋扣 2.5 分</td><td></td><td></td></tr>
<tr><td>2</td><td>光 TA 远端模块 OPTO52 更换</td><td></td><td></td><td></td><td></td><td></td></tr>
<tr><td>2.1</td><td>进行模块更换</td><td>（1）拆下远端模块 OPTO52 所连接光纤，并将光纤标记后用光纤帽等进行防尘。
（2）将远端模块 OPTO52 拆下。
（3）将新远端模块 OPTO52 固定至原来位置。
（4）恢复远端模块 OPTO52 所有接线。
（5）查看许继 HCM200 平台控制保护屏电压变换模块灯显示是否正常，屏柜有无其他异常告警</td><td>60</td><td>拆下光纤后未采取防尘措施扣 15 分；
拆卸方法不正确扣 15 分；
固定不牢固扣 10 分；
远端模块接线恢复错误扣 10 分；
更换后系统由于该模块发出告警扣 10 分</td><td></td><td></td></tr>
<tr><td>3</td><td>填写试验报告</td><td></td><td></td><td></td><td></td><td></td></tr>
<tr><td>3.1</td><td>修试记录</td><td>正确填写更换后检查结果，并记录更换模块型号、厂家等信息</td><td>10</td><td>每少填写一项扣 5 分，扣完为止</td><td></td><td></td></tr>
<tr><td>4</td><td>现场恢复</td><td>恢复现场</td><td>10</td><td>未进行现场恢复扣 10 分</td><td></td><td></td></tr>
<tr><td colspan="2">合计</td><td></td><td>100</td><td></td><td></td><td></td></tr>
</table>

Jc2001263015　许继 HCM200 平台控制保护屏告警处理。（100 分）

考核知识点： 许继 HCM200 平台控制保护屏告警处理

难易度： 难

技能等级评价专业技能考核操作工作任务书

一、任务名称

许继 HCM200 平台控制保护屏告警处理。

二、适用工种

换流站直流设备检修工（二次）技师。

三、具体任务

（1）工作状态为直流系统检修状态。工作内容为许继 HCM200 平台控制保护屏告警处理。

（2）工作任务：

1）对许继 HCM200 平台控制保护屏告警进行处理（结合报文），查找故障点，并对故障进行清除，确保设备正常稳定运行。

2）模拟极 1 换流变进线电压，并在程序中进行监视。

3）在上述工作中对故障现象进行排除。

四、工作规范及要求

（1）工器具使用及安全措施。

（2）熟悉许继 HCM200 平台控制保护屏告警处理的方法，熟练使用仪器仪表及工器具。

（3）熟悉各种影响试验数据、结论的因素及消除方法并填写试验报告。

五、考核及时间要求

（1）本考核操作时间为 60 分钟，时间到停止考评。同一类现象故障不限一处故障点。

（2）按照技能操作记录单的操作要求进行操作，正确记录操作结果，试验记录项目包括：各接头直阻值及是否符合规范要求。

技能等级评价专业技能考核操作评分标准

工种	换流站直流设备检修工（二次）			评价等级	技师
项目模块	缺陷处理与事故分析—缺陷处理		编号	Jc2001263015	
单位		准考证号		姓名	
考试时限	60 分钟	题型	单项操作	题分	100 分
成绩	考评员		考评组长		日期
试题正文	许继 HCM200 平台控制保护屏告警处理				
需要说明的问题和要求	（1）要求调试人员单人操作，故障查找及分析在调试过程中完成。 （2）操作应注意安全，按照标准化作业书的技术安全说明做好安全措施。 （3）在许继 HCM200 平台设备上完成操作。 （4）将检修结果填入修试记录				

序号	项目名称	质量要求	满分	扣分标准	扣分原因	得分
1	工具使用及安全措施					
1.1	各种工器具正确使用	熟练正确使用各种工器具	5	未正确使用一次扣 1 分，扣完为止		
1.2	相关安全措施的准备	（1）检查该系统为备用系统。 （2）佩戴防静电手环。 （3）按下“手动模式”按钮，闭锁系统切换功能。 （4）进入作业现场正确佩戴安全帽，现场作业人员应穿全棉长袖工作服、绝缘鞋	10	未检查该系统为备用系统扣 2 分； 未佩戴防静电手环扣 2 分； 未按下“手动模式”按钮扣 2 分（可口述）； 安全帽佩戴不规范扣 2 分； 未穿绝缘鞋扣 2 分		

续表

序号	项目名称	质量要求	满分	扣分标准	扣分原因	得分
2	控制保护屏告警处理					
2.1	对故障进行处理	（本题设置故障点为：将极控屏存储卡拔出约五分之一）。 应能正确根据报文、现场现象（报文为软件故障等，现象为 H10 灯熄灭，H11 灯常亮"B"）	30	未正确处理板卡故障扣 30 分		
2.2	对模拟进行加量	对极 1 进线电压进行加量	35	未正确施加模拟量扣 35 分		
3	填写试验报告					
3.1	修试记录	正确填写故障检查步骤及处理过程，正确填写模拟量施加情况	10	根据缺少步骤情况扣 1～10 分		
4	现场恢复	恢复现场	10	未进行现场恢复扣 10 分		
合计			100			

Jc2001243016　交流滤波器保护 AFP2A 异常闭锁重启步骤。（100 分）

考核知识点：交流滤波器保护 AFP2A 异常闭锁重启步骤

难易度：中

技能等级评价专业技能考核操作工作任务书

一、任务名称

交流滤波器保护 AFP2A 异常闭锁重启步骤。

二、适用工种

换流站直流设备检修工（二次）技师。

三、具体任务

（1）工作状态为直流控制保护系统检修状态。工作内容为交流滤波器保护 AFP2A 异常闭锁重启步骤。

（2）工作任务：交流滤波器保护 AFP2A 异常闭锁重启步骤。

四、工作规范及要求

（1）工器具使用及安全措施。

（2）按要求开展交流滤波器保护 AFP2A 异常闭锁重启步骤。

五、考核及时间要求

（1）本考核操作时间为 60 分钟，时间到停止考评。

（2）按照技能操作记录单的操作要求进行操作，正确记录操作结果。

技能等级评价专业技能考核操作评分标准

工种	换流站直流设备检修工（二次）				评价等级	技师
项目模块	缺陷处理与事故分析—缺陷处理			编号	Jc2001243016	
单位		准考证号			姓名	
考试时限	60 分钟	题型	单项操作		题分	100 分
成绩		考评员		考评组长	日期	
试题正文	交流滤波器保护 AFP2A 异常闭锁重启步骤					

续表

需要说明的问题和要求	（1）要求调试人员单人操作，故障查找及分析在调试过程中完成。 （2）操作应注意安全，做好安全措施。 （3）操作记录填入操作记录。试验或检修结果填入修试记录					
序号	项目名称	质量要求	满分	扣分标准	扣分原因	得分
1	工具使用及安全措施					
1.1	各种工器具正确使用	熟练正确使用各种工器具	5	未正确使用一次扣1分，扣完为止		
1.2	相关安全措施的准备	（1）确认另一套主机运行正常。 （2）进入作业现场正确佩戴安全帽，现场作业人员应穿全棉长袖工作服、绝缘鞋	10	未确认另外一套装置状态扣5分； 安全帽佩戴不规范扣3分； 未穿全棉长袖工作服扣1分； 未穿绝缘鞋扣1分		
2	交流滤波器保护AFP2A异常闭锁重启步骤	（1）退出交流滤波器相关保护。 （2）核对间隔操作主机在“试验”状态。 （3）确认主机具备断电条件后方可断开主机电源。 （4）主机正常启动后，指示灯应正常，风扇正常，无异响。 （5）主机正常启动后，无三级故障、无跳闸出口，运行人员工作站无相关异常告警。 （6）主机各应用程序运行正常，主机时钟与同步时钟一致，与运行人员工作站、服务器通信正常。 （7）投入交流滤波器相关保护	60	按照步骤开展，每少一步扣10分，扣完为止		
3	现场恢复	恢复现场	10	未进行现场恢复扣10分		
4	填写报告					
4.1	修试记录	正确填写板卡程序下载及更换步骤，并填写检查项目	15	每少填写一项扣5分，扣完为止		
合计			100			

Jc2001242017　IO 装置 DSP 板卡程序下载。（100 分）

考核知识点：IO 装置 DSP 板卡程序下载

难易度：中

技能等级评价专业技能考核操作工作任务书

一、任务名称

IO 装置 DSP 板卡程序下载。

二、适用工种

换流站直流设备检修工（二次）技师。

三、具体任务

（1）工作状态为直流控制保护系统检修状态。工作内容为 IO 装置 DSP 板卡程序下载。

（2）工作任务：IO 装置 DSP 板卡程序下载。

四、工作规范及要求

（1）工器具使用及安全措施。

（2）按要求进行板卡更换。

五、考核及时间要求

（1）本考核操作时间为 60 分钟，时间到停止考评。

（2）按照技能操作记录单的操作要求进行操作，正确记录操作结果。

技能等级评价专业技能考核操作评分标准

工种	换流站直流设备检修工（二次）					评价等级	技师
项目模块	二次设备日常维护、检修—直流控制保护设备的专业巡视、日常维护及检修				编号	Jc2001242017	
单位		准考证号				姓名	
考试时限	60 分钟	题型		单项操作		题分	100 分
成绩		考评员		考评组长		日期	
试题正文	IO 装置 DSP 板卡程序下载						
需要说明的问题和要求	（1）要求调试人员单人操作，故障查找及分析在调试过程中完成。 （2）操作应注意安全，做好安全措施。 （3）控制保护主机上完成操作。 （4）操作记录填入操作记录。试验或检修结果填入修试记录						

序号	项目名称	质量要求	满分	扣分标准	扣分原因	得分
1	工具使用及安全措施					
1.1	各种工器具正确使用	熟练正确使用各种工器具	5	未正确使用一次扣 1 分，扣完为止		
1.2	相关安全措施的准备	（1）更换本套 IO 装置程序前应确认另外两套 IO 装置在可用状态。 （2）检查 IO 装置对应控制保护主机保护压板已退出。 （3）进入作业现场正确佩戴安全帽，现场作业人员应穿全棉长袖工作服、绝缘鞋	10	未确认另外两套 IO 装置主机状态扣 3 分； 未检查主机保护压板退出扣 3 分； 安全帽佩戴不规范扣 2 分； 未穿全棉长袖工作服扣 1 分； 未穿绝缘鞋扣 1 分		
2	板卡更换					
2.1	本卡更换	（1）使用 Accel 工具的“IO 下载”功能。 （2）输入下载 IO 程序的主机的 IP 地址（即与该 IO 通信的控制保护主机的 IP 地址）。 （3）导入对应屏柜的批量下载 IO 板卡文本。 （4）可以单击“下载全部”下载所有 IO 程序文件，或单独选择几个板卡单击“下载选中”，开始 IO 板卡下载过程。 （5）检查故障板卡所在 IO 装置无告警，IO 装置对应控制保护主机无报警	60	按照步骤开展，每少一步扣 12 分，试验不成功扣 15 分		
3	现场恢复	恢复现场	10	未进行现场恢复扣 10 分		
4	填写报告					
4.1	修试记录	正确填写板卡程序下载过程及步骤，并填写注意事项	15	每少填写一项扣 5 分，扣完为止		
合计			100			

Jc2001242018　合并单元低衰耗光纤更换。（100 分）

考核知识点： 合并单元低衰耗光纤更换

难易度： 中

技能等级评价专业技能考核操作工作任务书

一、任务名称

合并单元低衰耗光纤更换。

二、适用工种

换流站直流设备检修工（二次）技师。

三、具体任务

（1）工作状态为直流控制保护系统检修状态。工作内容为合并单元低衰耗光纤更换。

（2）工作任务：合并单元低衰耗光纤更换。

四、工作规范及要求

（1）工器具使用及安全措施。

（2）按要求开展合并单元低衰耗光纤更换。

五、考核及时间要求

（1）本考核操作时间为60分钟，时间到停止考评。

（2）按照技能操作记录单的操作要求进行操作，正确记录操作结果。

技能等级评价专业技能考核操作评分标准

工种	换流站直流设备检修工（二次）				评价等级	技师	
项目模块	二次设备日常维护、检修—直流分压器、光电流互感器、零磁通电流互感器的专业巡视、日常维护及检修			编号	Jc2001242018		
单位			准考证号		姓名		
考试时限	60分钟	题型	单项操作		题分	100分	
成绩		考评员		考评组长		日期	
试题正文	合并单元低衰耗光纤更换						
需要说明的问题和要求	（1）要求调试人员单人操作，故障查找及分析在调试过程中完成。 （2）操作应注意安全，做好安全措施。 （3）在合并单元上完成操作。 （4）使用光线清洁笔对光纤头进行清洁。 （5）操作记录填入操作记录。试验或检修结果填入修试记录						

序号	项目名称	质量要求	满分	扣分标准	扣分原因	得分
1	工具使用及安全措施					
1.1	各种工器具正确使用	熟练正确使用各种工器具	5	未正确使用一次扣1分，扣完为止		
1.2	相关安全措施的准备	（1）退出直流控制保护主机相关保护。 （2）关闭对应的光驱动器。 （3）做好光纤保护措施，防止光纤弯曲半径过小导致折断。 （4）进入作业现场正确佩戴安全帽，现场作业人员应穿全棉长袖工作服、绝缘鞋	10	未退出直流控制保护主机相关保护扣3分； 未关闭对应的光驱动器扣2分； 光纤损坏扣2分； 安全帽佩戴不规范扣1分； 未穿全棉长袖工作服扣1分； 未穿绝缘鞋扣1分		

续表

序号	项目名称	质量要求	满分	扣分标准	扣分原因	得分
2	合并单元低衰耗光纤更换	（1）拆除光纤和二次接线时应做好标记。 （2）使用专用工具对光纤头进行清洁、打磨，必要时进行更换处理。 （3）使用光纤测试仪进行检查，确认满足衰耗技术要求。 （4）结合监控后台光监视功能，对光参数进行检查，应使其满足技术要求。 （5）检修结束后应将损坏的光纤做好标记。 （6）更换后，将光电流互感器主机（合并单元）上电，光参数全部正常后，可将对应的直流控制保护主机恢复至“运行”状态	60	按照步骤开展，每少一步扣 10 分，扣完为止		
3	现场恢复	恢复现场	10	未进行现场恢复扣 10 分		
4	填写报告					
4.1	修试记录	正确填写光纤更换过程及步骤，并填写注意事项	15	每少填写一项扣 5 分，扣完为止		
合计			100			

Jc2001242019 服务器维护检查。（100 分）

考核知识点：服务器维护检查

难易度：中

技能等级评价专业技能考核操作工作任务书

一、任务名称

服务器维护检查。

二、适用工种

换流站直流设备检修工（二次）技师。

三、具体任务

（1）工作状态为直流控制保护系统检修状态。工作内容为服务器维护检查。

（2）工作任务：服务器维护检查。

四、工作规范及要求

（1）工器具使用及安全措施。

（2）按要求开展服务器维护检查。

五、考核及时间要求

（1）本考核操作时间为 60 分钟，时间到停止考评。

（2）按照技能操作记录单的操作要求进行操作，正确记录操作结果。

技能等级评价专业技能考核操作评分标准

<table>
<tr><td>工种</td><td colspan="5">换流站直流设备检修工（二次）</td><td>评价等级</td><td>技师</td></tr>
<tr><td>项目模块</td><td colspan="4">二次设备日常维护、检修—直流控制保护设备的专业巡视、日常维护及检修</td><td>编号</td><td colspan="2">Jc2001242019</td></tr>
<tr><td>单位</td><td colspan="3"></td><td>准考证号</td><td></td><td>姓名</td><td></td></tr>
<tr><td>考试时限</td><td colspan="2">60 分钟</td><td>题型</td><td colspan="2">单项操作</td><td>题分</td><td>100 分</td></tr>
<tr><td>成绩</td><td></td><td>考评员</td><td></td><td>考评组长</td><td></td><td>日期</td><td></td></tr>
<tr><td>试题正文</td><td colspan="7">服务器维护检查</td></tr>
<tr><td>需要说明的问题和要求</td><td colspan="7">（1）要求调试人员单人操作，故障查找及分析在调试过程中完成。
（2）操作应注意安全，做好安全措施。
（3）在服务器上完成操作。
（4）操作记录填入操作记录。试验或检修结果填入修试记录</td></tr>
</table>

序号	项目名称	质量要求	满分	扣分标准	扣分原因	得分
1	工具使用及安全措施					
1.1	各种工器具正确使用	熟练正确使用各种工器具	5	未正确使用一次扣 1 分，扣完为止		
1.2	相关安全措施的准备	（1）备份服务器文件。 （2）切换及启动前确认另一台主机运行正常。 （3）进入作业现场正确佩戴安全帽，现场作业人员应穿全棉长袖工作服、绝缘鞋	10	未备份后台及远动系统模型文件扣 3 分； 未确认另一台主机状态扣 3 分； 安全帽佩戴不规范扣 2 分； 未穿全棉长袖工作服扣 1 分； 未穿绝缘鞋扣 1 分		
2	服务器维护检查	（1）主机启动检查： 1）按下主机“电源”按钮，主机能正常上电，进入登录提示界面； 2）控制主机键盘操作及密码检查； 3）输入服务器主机密码，检查是否能够正常登录。 （2）主机应用启动情况检查：主机启动后单击“任务管理器（task Manager）”中的“进程（processes）”页检查主机各应用程序运行情况，检查主机数据服务器程序工作正常，所有服务均处于运行状态。 （3）GPS 对时检查：修改服务器时间，检查服务器主机时钟自动修正与 GPS 同步时钟一致。 （4）冗余系统的手动切换试验。进行手动切换系统，检查系统切换后运行正常。 （5）冗余系统的自动切换试验：通过手动中止其中一台运行服务器的数据库运行进程模拟故障，检查系统（或服务）自动切换后运行正常。 （6）文件备份：将故障录波文件、事件记录、历史趋势文件、数据库文件备份至光盘	60	按照步骤开展，每少一步扣 10 分，扣完为止		
3	现场恢复	恢复现场	10	未进行现场恢复扣 10 分		
4	填写报告					
4.1	操作记录	填写操作步骤，记录每一步操作现象	15	每少填写一项扣 1 分，扣完为止		
	合计		100			

Jc2001241020 DSP 板日志上召。(100 分)

考核知识点： DSP 板日志上召

难易度： 易

技能等级评价专业技能考核操作工作任务书

一、任务名称

DSP 板日志上召。

二、适用工种

换流站直流设备检修工（二次）技师。

三、具体任务

（1）工作状态为直流控制保护系统检修状态。工作内容为 DSP 板日志上召。

（2）工作任务：DSP 板日志上召。

四、工作规范及要求

（1）工器具使用及安全措施。

（2）按要求开展 DSP 板日志上召。

五、考核及时间要求

（1）本考核操作时间为 60 分钟，时间到停止考评。

（2）按照技能操作记录单的操作要求进行操作，正确记录操作结果。

技能等级评价专业技能考核操作评分标准

工种	换流站直流设备检修工（二次）				评价等级	技师
项目模块	二次设备日常维护、检修—直流控制保护设备的专业巡视、日常维护及检修			编号	Jc2001241020	
单位		准考证号			姓名	
考试时限	60 分钟	题型		单项操作	题分	100 分
成绩		考评员		考评组长	日期	
试题正文	DSP 板日志上召					
需要说明的问题和要求	（1）要求调试人员单人操作，故障查找及分析在调试过程中完成。 （2）操作应注意安全，做好安全措施。 （3）在保护屏上完成操作。 （4）操作记录填入操作记录。试验或检修结果填入修试记录					

序号	项目名称	质量要求	满分	扣分标准	扣分原因	得分
1	工具使用及安全措施					
1.1	各种工器具正确使用	熟练正确使用各种工器具	5	未正确使用一次扣 1 分，扣完为止		
1.2	安全措施	（1）确认主机上无任何工作。 （2）确认被检测主机运行状态正常。 （3）进入作业现场正确佩戴安全帽，现场作业人员应穿全棉长袖工作服、绝缘鞋	10	安全措施每漏一项扣 5 分； 安全帽佩戴不规范扣 3 分； 未穿全棉长袖工作服扣 1 分； 未穿绝缘鞋扣 1 分		

续表

序号	项目名称	质量要求	满分	扣分标准	扣分原因	得分
2	DSP 板日志上召	（1）打开 PCS－PC 调试工具。 （2）根据 D 盘工程文档找到要上召日志的主机 IP。 （3）使用 PCS－PC 主机连接现场装置选择调试工具。 （4）填写 DSP 板槽号和文件名。 （5）单击上装按钮。 （6）查看桌面文件名 TXT 文档，写明故障信息。 （7）退出 PCS－PC 工具	60	按照步骤开展，每少一步扣 10 分，扣完为止		
3	现场恢复	恢复现场	10	未进行现场恢复扣 10 分		
4	填写报告					
4.1	操作记录	填写操作步骤，记录每一步操作现象	15	每少填写一项扣 1 分，扣完为止		
合计			100			

Jc2001243021　传动试验。（100 分）

考核知识点：传动试验

难易度：难

技能等级评价专业技能考核操作工作任务书

一、任务名称

传动试验。

二、适用工种

换流站直流设备检修工（二次）技师。

三、具体任务

（1）工作状态为直流控制保护系统检修状态。工作内容为传动试验。

（2）工作任务：传动试验。

四、工作规范及要求

（1）工器具使用及安全措施。

（2）按要求开展传动试验。

五、考核及时间要求

（1）本考核操作时间为 60 分钟，时间到停止考评。

（2）按照技能操作记录单的操作要求进行操作，正确记录操作结果。

技能等级评价专业技能考核操作评分标准

工种	换流站直流设备检修工（二次）					评价等级	技师
项目模块	二次设备日常维护、检修—直流控制保护设备的专业巡视、日常维护及检修				编号	Jc2001243021	
单位			准考证号			姓名	
考试时限	60 分钟	题型	单项操作			题分	100 分
成绩		考评员		考评组长		日期	

续表

试题正文	传动试验
需要说明的问题和要求	（1）要求调试人员单人操作，故障查找及分析在调试过程中完成。 （2）操作应注意安全，做好安全措施。 （3）操作记录填入操作记录。试验或检修结果填入修试记录

序号	项目名称	质量要求	满分	扣分标准	扣分原因	得分
1	工具使用及安全措施					
1.1	各种工器具正确使用	熟练正确使用各种工器具	5	未正确使用一次扣1分，扣完为止		
1.2	相关安全措施的准备	（1）确认主机上无任何工作。 （2）确认被检测主机运行状态正常。 （3）确认继电保护测试仪接地正常。 （4）进入作业现场正确佩戴安全帽，现场作业人员应穿全棉长袖工作服、绝缘鞋	10	安全措施每漏一项扣5分； 安全帽佩戴不规范扣3分； 未穿全棉长袖工作服扣1分； 未穿绝缘鞋扣1分		
2	传动试验	（1）通过硬接点传输跳闸、闭锁、功率回降、功率提升等重要功能的开入开出信号应逐一进行测试。 （2）几套装置共用一组出口压板或共用同一告警信号时，应通过每套装置分别传动到出口压板和保护屏柜端子排。几套装置共用同一开入量时，应将此开入量分别传动至各套装置。 （3）冗余配置的跳闸回路应独立进行传动试验；通过软件置位进行传动试验的应做好软件置位记录，传动试验结束后，应对相应主机板卡进行重启。 （4）通过继电保护测试仪加压注流的方式进行传动试验的，拆接线、划端子应做好记录；传动试验结束后，应恢复端子。 （5）非电量保护传动应从本体测试按钮或信号源头端子模拟保护动作，传动试验结束后，应复归测试按钮。 （6）传动试验时应检查各装置动作情况、断路器动作情况、保护启动故障录波信号、监控信息等正确无误。 （7）控制保护系统检修工作结束后应对出口回路进行专项检查，可根据检修项目选做以下部分或全部传动试验：阀控（VBE、VCU）跳闸、紧急停运、换流变电量保护跳闸、换流变非电量保护跳闸、直流分压器非电量保护跳闸、阀厅穿墙套管非电量保护跳闸、阀冷跳闸、阀厅火灾跳闸、控制系统后备跳闸、安控系统降功率、安控系统跳闸等功能	60	按照步骤开展，每少一步扣10分，扣完为止		
3	现场恢复	恢复现场	10	未进行现场恢复扣10分		
4	填写报告					
4.1	操作记录	填写操作步骤，记录每一步操作现象	15	每少填写一项扣1分，扣完为止		
合计			100			

Jc2001242022　PCS–PC 调试软件使用并调取波形。（100 分）

考核知识点：PCS–PC 调试软件使用并调取动作波形

难易度：中

技能等级评价专业技能考核操作工作任务书

一、任务名称

PCS–PC 调试软件使用并调取波形。

二、适用工种

换流站直流设备检修工（二次）技师。

三、具体任务

（1）工作状态为直流控制保护系统检修状态。工作内容为 PCS–PC 调试软件使用并调取波形。

（2）工作任务：PCS–PC 调试软件使用并调取波形。

四、工作规范及要求

（1）工器具使用及安全措施。

（2）按要求开展 PCS–PC 调试软件使用并调取波形。

五、考核及时间要求

（1）本考核操作时间为 60 分钟，时间到停止考评。

（2）按照技能操作记录单的操作要求进行操作，正确记录操作结果。

技能等级评价专业技能考核操作评分标准

工种	换流站直流设备检修工（二次）					评价等级	技师
项目模块	二次设备日常维护、检修—直流控制保护设备的专业巡视、日常维护及检修				编号	Jc2001242022	
单位			准考证号			姓名	
考试时限	60 分钟		题型	单项操作		题分	100 分
成绩		考评员		考评组长		日期	
试题正文	PCS–PC 调试软件使用并调取波形						
需要说明的问题和要求	（1）要求调试人员单人操作，故障查找及分析在调试过程中完成。 （2）操作应注意安全，做好安全措施。 （3）操作记录填入操作记录。试验或检修结果填入修试记录						

序号	项目名称	质量要求	满分	扣分标准	扣分原因	得分
1	工具使用及安全措施					
1.1	各种工器具正确使用	熟练正确使用各种工器具	5	未正确使用一次扣 1 分，扣完为止		
1.2	相关安全措施的准备	（1）确认主机上无任何工作。 （2）确认被检测主机运行状态正常。 （3）进入作业现场正确佩戴安全帽，现场作业人员应穿全棉长袖工作服、绝缘鞋	10	安全措施每漏一项扣 5 分； 安全帽佩戴不规范扣 3 分； 未穿全棉长袖工作服扣 1 分； 未穿绝缘鞋扣 1 分		

续表

序号	项目名称	质量要求	满分	扣分标准	扣分原因	得分
2	PCS－PC 调试软件使用并调取波形	（1）打开 PCS－PC 软件。 （2）右键连接装置。 （3）根据灵州信息表，填入主机 IP。 （4）连接上装置后，可选择相应功能。 （5）选择调试工具，可以进行上装、下载、调试变量等。 （6）选择 IEC103 工具，可以查看装置定值、参数、运行状态（遥信、遥测等）。 （7）通过动作报告打开波形	60	按照步骤开展，每少一步扣 10 分，扣完为止		
3	现场恢复	恢复现场	10	未进行现场恢复扣 10 分		
4	填写报告					
4.1	修试记录	正确填写调试软件使用步骤及波形查看步骤，并填写注意事项	15	每少填写一项扣 5 分，扣完为止		
合计			100			

Jc2001241023　TFRPLOT 录波软件。（100 分）

考核知识点：TFRPLOT 录波软件

难易度：易

技能等级评价专业技能考核操作工作任务书

一、任务名称

TFRPLOT 录波软件。

二、适用工种

换流站直流设备检修工（二次）技师。

三、具体任务

（1）工作状态为直流控制保护系统检修状态。工作内容为 TFRPLOT 录波软件查看波形。

（2）工作任务：TFRPLOT 录波软件

四、工作规范及要求

（1）工器具使用及安全措施。

（2）按要求使用 TFRPLOT 录波软件。

五、考核及时间要求

（1）本考核操作时间为 60 分钟，时间到停止考评。

（2）按照技能操作记录单的操作要求进行操作，正确记录操作结果。

技能等级评价专业技能考核操作评分标准

<table>
<tr><td>工种</td><td colspan="5">换流站直流设备检修工（二次）</td><td>评价等级</td><td>技师</td></tr>
<tr><td>项目模块</td><td colspan="4">二次设备日常维护、检修—直流控制保护设备的专业巡视、日常维护及检修</td><td>编号</td><td colspan="2">Jc2001241023</td></tr>
<tr><td>单位</td><td colspan="2"></td><td>准考证号</td><td colspan="2"></td><td>姓名</td><td></td></tr>
<tr><td>考试时限</td><td colspan="2">60 分钟</td><td>题型</td><td colspan="2">单项操作</td><td>题分</td><td>100 分</td></tr>
<tr><td>成绩</td><td></td><td>考评员</td><td></td><td>考评组长</td><td></td><td>日期</td><td></td></tr>
</table>

续表

试题正文	TFRPLOT 录波软件					
需要说明的问题和要求	（1）要求调试人员单人操作，故障查找及分析在调试过程中完成。 （2）操作应注意安全，做好安全措施。 （3）操作记录填入操作记录。试验或检修结果填入修试记录					
序号	项目名称	质量要求	满分	扣分标准	扣分原因	得分
1	工具使用及安全措施					
1.1	各种工器具正确使用	熟练正确使用各种工器具	5	未正确使用一次扣 1 分，扣完为止		
1.2	相关安全措施的准备	（1）确认主机上无任何工作。 （2）确认被检测主机运行状态正常。 （3）进入作业现场正确佩戴安全帽，现场作业人员应穿全棉长袖工作服、绝缘鞋	10	安全措施每漏一项扣 5 分； 安全帽佩戴不规范扣 3 分； 未穿全棉长袖工作服扣 1 分； 未穿绝缘鞋扣 1 分		
2	TFRPLOT 录波软件	（1）打开 TFRPLOT 软件。 （2）单击菜单栏 Window– Filemanager，打开 Filemanager 窗口。 （3）在 Setactivedatafile 窗口右击，选择 Adddatafile，选择需要查看的文件。 （4）打开文件后，单击需要查看的文件，在右侧窗口显示区右击，选择 Add/Remove Curve，来选择文件中需要查看的录波量。 （5）在弹出窗口中选取需要查看的录波量，同时查看某时刻值、最大最小值、超过定值的持续时间	60	按照步骤开展，每少一步扣 12 分，扣完为止		
3	现场恢复	恢复现场	10	未进行现场恢复扣 10 分		
4	填写报告					
4.1	操作记录	填写操作步骤，记录每一步操作现象	15	每少填写一项扣 1 分，扣完为止		
合计			100			

Jc2001241024　VSS 库更新和存储。（100 分）

考核知识点：VSS 库更新和存储

难易度：易

技能等级评价专业技能考核操作工作任务书

一、任务名称

VSS 库更新和存储。

二、适用工种

换流站直流设备检修工（二次）技师。

三、具体任务

（1）工作状态为直流控制保护系统检修状态。工作内容为 VSS 库更新和存储。

（2）工作任务：VSS 库更新和存储。

四、工作规范及要求

（1）工器具使用及安全措施。

（2）按要求开展 VSS 库。

五、考核及时间要求

（1）本考核操作时间为 60 分钟，时间到停止考评。

（2）按照技能操作记录单的操作要求进行操作，正确记录操作结果。

技能等级评价专业技能考核操作评分标准

工种	换流站直流设备检修工（二次）				评价等级	技师
项目模块	二次设备日常维护、检修—直流控制保护设备的专业巡视、日常维护及检修			编号	Jc2001241024	
单位		准考证号			姓名	
考试时限	60 分钟	题型	单项操作		题分	100 分
成绩		考评员		考评组长		日期
试题正文	VSS 库更新和存储					
需要说明的问题和要求	（1）要求调试人员单人操作，故障查找及分析在调试过程中完成。 （2）操作应注意安全，做好安全措施。 （3）操作记录填入操作记录。试验或检修结果填入修试记录					

序号	项目名称	质量要求	满分	扣分标准	扣分原因	得分
1	工具使用及安全措施					
1.1	各种工器具正确使用	熟练正确使用各种工器具	5	未正确使用一次扣 1 分，扣完为止		
1.2	相关安全措施的准备	（1）确认主机上无任何工作。 （2）确认被检测主机运行状态正常。 （3）进入作业现场正确佩戴安全帽，现场作业人员应穿全棉长袖工作服、绝缘鞋	10	安全措施每漏一项扣 5 分； 安全帽佩戴不规范扣 3 分； 未穿全棉长袖工作服扣 1 分； 未穿绝缘鞋扣 1 分		
2	VSS 库更新和存储					
2.1	VSS 库更新和存储	（1）打开 Xmanager 软件。 （2）选择 Xbrowser 打开。 （3）选择 SCADA 服务器、远动服务器、告警图形网关机一个 IP 连接。 （4）输入用户名和密码（可查阅设备信息表）。 （5）进入系统后，单击桌面 Konsole，打开终端，通过命令进行 VSS 库更新和下载	60	按照步骤开展，每少一步扣 12 分，扣完为止		
3	现场恢复	恢复现场	10	未进行现场恢复扣 10 分		
4	填写报告					
4.1	操作记录	填写操作步骤，记录每一步操作现象	15	每少填写一项扣 1 分，扣完为止		
合计			100			

Jc2001242025 直流控制保护系统清除故障的手段。（100 分）

考核知识点：直流控制保护系统清除故障的手段

难易度：中

技能等级评价专业技能考核操作工作任务书

一、任务名称

直流控制保护系统清除故障的手段。

二、适用工种

换流站直流设备检修工（二次）技师。

三、具体任务

（1）工作状态为直流控制保护系统检修状态。工作内容为直流控制保护系统清除故障的手段。

（2）工作任务：直流控制保护系统清除故障的手段。

四、工作规范及要求

（1）工器具使用及安全措施。

（2）按要求开展直流控制保护系统清除故障的手段。

五、考核及时间要求

（1）本考核操作时间为60分钟，时间到停止考评。

（2）按照技能操作记录单的操作要求进行操作，正确记录操作结果。

技能等级评价专业技能考核操作评分标准

工种	换流站直流设备检修工（二次）					评价等级	技师
项目模块	缺陷处理与事故分析—缺陷处理				编号	Jc2001242025	
单位			准考证号			姓名	
考试时限	60分钟		题型	单项操作		题分	100分
成绩		考评员		考评组长		日期	
试题正文	直流控制保护系统清除故障的手段						
需要说明的问题和要求	（1）要求调试人员单人操作，故障查找及分析在调试过程中完成。 （2）操作应注意安全，做好安全措施。 （3）操作记录填入操作记录。试验或检修结果填入修试记录						

序号	项目名称	质量要求	满分	扣分标准	扣分原因	得分
1	工具使用及安全措施					
1.1	各种工器具正确使用	熟练正确使用各种工器具	5	未正确使用一次扣1分，扣完为止		
1.2	相关安全措施的准备	（1）确认主机上无任何工作。 （2）确认被检测主机运行状态正常。 （3）进入作业现场正确佩戴安全帽，现场作业人员应穿全棉长袖工作服、绝缘鞋	10	安全措施每漏一项扣5分； 安全帽佩戴不规范扣3分； 未穿全棉长袖工作服扣1分； 未穿绝缘鞋扣1分		
2	直流控制保护系统清除故障的手段	（1）隔离交流电流，需要拉开断路器。 （2）隔离直流电流，需要执行复杂的操作。 （3）BPPO投入旁通对。 （4）X闭锁/Y闭锁/Z闭锁。 （5）Retard移相。 （6）Runback功率回降	60	按照步骤开展，每少一步扣10分，扣完为止		
3	现场恢复	恢复现场	10	未进行现场恢复扣10分		
4	填写报告					
4.1	操作记录	填写操作步骤，记录每一步操作现象	15	每少填写一项扣1分，扣完为止		
合计			100			

Jc2001243026　激光发射板故障处理。(100 分)

考核知识点：激光发射板故障处理

难易度：难

技能等级评价专业技能考核操作工作任务书

一、任务名称

激光发射板故障处理。

二、适用工种

换流站直流设备检修工（二次）技师。

三、具体任务

（1）工作状态为直流控制保护系统运行状态。工作内容为激光发射板故障处理。

（2）工作任务：激光发射板故障处理。

四、工作规范及要求

（1）工器具使用及安全措施。

（2）按要求开展激光发射板故障处理。

五、考核及时间要求

（1）本考核操作时间为 60 分钟，时间到停止考评。

（2）按照技能操作记录单的操作要求进行操作，正确记录操作结果。

技能等级评价专业技能考核操作评分标准

工种	换流站直流设备检修工（二次）					评价等级	技师
项目模块	缺陷处理与事故分析—缺陷处理				编号	Jc2001243026	
单位			准考证号			姓名	
考试时限	60 分钟		题型	单项操作		题分	100 分
成绩		考评员		考评组长		日期	
试题正文	激光发射板故障处理						
需要说明的问题和要求	（1）要求调试人员单人操作，故障查找及分析在调试过程中完成。 （2）操作应注意安全，做好安全措施。 （3）操作记录填入操作记录。试验或检修结果填入修试记录						

序号	项目名称	质量要求	满分	扣分标准	扣分原因	得分
1	工具使用及安全措施					
1.1	各种工器具正确使用	熟练正确使用各种工器具	5	未正确使用一次扣 1 分，扣完为止		
1.2	相关安全措施的准备	（1）确认另一套主机运行正常。 （2）带上防静电护腕。 （3）退出对应滤波器保护。 （4）进入作业现场正确佩戴安全帽，现场作业人员应穿全棉长袖工作服、绝缘鞋	10	安全措施每漏一项扣 5 分； 安全帽佩戴不规范扣 3 分； 未穿全棉长袖工作服扣 1 分； 未穿绝缘鞋扣 1 分		
2	激光发射板故障处理	（1）确认工作地点，确认要更换的激光发射板，关闭合并单元电源。 （2）更换前对激光发射板上光纤位置做好记录，避免恢复接线时接错。 （3）卸下旧板卡上下两颗螺钉，取下旧板卡；换上新板卡。	60	按照步骤开展，每少一步扣 10 分，扣完为止		

续表

序号	项目名称	质量要求	满分	扣分标准	扣分原因	得分
2	激光发射板故障处理	（4）使用光纤清洁器擦拭光纤接头，把清洁后的光纤按照标签连接到对应板卡。 （5）合上电源，用专用电脑及网线连接到合并单元，下载程序及定值，并核对定值，确认无误。 （6）工作完毕，清理现场	60	按照步骤开展，每少一步扣 10 分，扣完为止		
3	现场恢复	恢复现场	10	未进行现场恢复扣 10 分		
4	填写报告					
4.1	修试记录	正确填写故障板卡处理过程及注意事项	15	每少填写一项扣 5 分，扣完为止		
合计			100			

Jc2001243027　远端模块故障处理。（100 分）

考核知识点：远端模块故障处理

难易度：难

技能等级评价专业技能考核操作工作任务书

一、任务名称

远端模块故障处理。

二、适用工种

换流站直流设备检修工（二次）技师。

三、具体任务

（1）工作状态为直流控制保护系统运行状态。工作内容为远端模块故障处理。

（2）工作任务：远端模块故障进行处理。

四、工作规范及要求

（1）工器具使用及安全措施。

（2）按要求开展远端模块故障处理。

五、考核及时间要求

（1）本考核操作时间为 60 分钟，时间到停止考评。

（2）按照技能操作记录单的操作要求进行操作，正确记录操作结果。

技能等级评价专业技能考核操作评分标准

工种	换流站直流设备检修工（二次）					评价等级	技师
项目模块	缺陷处理与事故分析—缺陷处理				编号	Jc2001243027	
单位		准考证号				姓名	
考试时限	60 分钟	题型	单项操作			题分	100 分
成绩		考评员		考评组长		日期	
试题正文	远端模块故障处理						

续表

需要说明的问题和要求	（1）要求调试人员单人操作，故障查找及分析在调试过程中完成。 （2）操作应注意安全，做好安全措施。 （3）操作记录填入操作记录。试验或检修结果填入修试记录

序号	项目名称	质量要求	满分	扣分标准	扣分原因	得分
1	工具使用及安全措施					
1.1	各种工器具正确使用	熟练正确使用各种工器具	5	未正确使用一次扣1分，扣完为止		
1.2	相关安全措施的准备	（1）确认另一套主机运行正常。 （2）带上防静电护腕。 （3）出对应的滤波器保护。 （4）进入作业现场正确佩戴安全帽，现场作业人员应穿全棉长袖工作服、绝缘鞋	10	安全措施每漏一项扣5分； 安全帽佩戴不规范扣3分； 未穿全棉长袖工作服扣1分； 未穿绝缘鞋扣1分		
2	远端模块故障处理	（1）关闭对应合并单元电源。 （2）相应滤波器组停电后，将升降作业车开到指定位置。 （3）用内六角扳手卸下远端模块接线盒上螺栓，打开接线盒。 （4）更换前对远端模块上光纤位置做好记录，避免恢复接线时接错。 （5）小心拔出故障远端模块两端所接光纤，用螺钉旋具卸下固定螺钉，取下远端模块。 （6）检查光纤是否存在故障，光纤衰减值是否正常。 （7）若光纤正常，则确认是远端模块故障，换上新的远端模块，恢复光纤接线	60	按照步骤开展，每少一步扣9分，扣完为止		
3	现场恢复	恢复现场	10	未进行现场恢复扣10分		
4	填写报告					
4.1	操作记录	填写操作步骤，记录每一步操作现象	15	每少填写一项扣1分，扣完为止		
合计			100			

Jc2001243028 板卡负载率检查。（100分）

考核知识点：板卡负载率检查

难易度：难

技能等级评价专业技能考核操作工作任务书

一、任务名称

板卡负载率检查。

二、适用工种

换流站直流设备检修工（二次）技师。

三、具体任务

（1）工作状态为直流控制保护系统检修状态。工作内容为板卡负载率检查。

（2）工作任务：对板卡负载率检查。

四、工作规范及要求

（1）工器具使用及安全措施。

（2）按要求开展板卡负载率检查。

五、考核及时间要求

（1）本考核操作时间为60分钟，时间到停止考评。

（2）按照技能操作记录单的操作要求进行操作，正确记录操作结果。

技能等级评价专业技能考核操作评分标准

工种	换流站直流设备检修工（二次）				评价等级	技师
项目模块	二次设备日常维护、检修—直流控制保护设备的专业巡视、日常维护及检修			编号	Jc2001243028	
单位		准考证号			姓名	
考试时限	60分钟	题型	单项操作		题分	100分
成绩		考评员		考评组长		日期	
试题正文	板卡负载率检查					
需要说明的问题和要求	（1）要求调试人员单人操作，故障查找及分析在调试过程中完成。 （2）操作应注意安全，做好安全措施。 （3）操作记录填入操作记录。试验或检修结果填入修试记录					

序号	项目名称	质量要求	满分	扣分标准	扣分原因	得分
1	工具使用及安全措施					
1.1	各种工器具正确使用	熟练正确使用各种工器具	5	未正确使用一次扣1分，扣完为止		
1.2	相关安全措施的准备	（1）确认主机上无任何工作。 （2）确认被检测主机运行状态正常。 （3）进入作业现场正确佩戴安全帽，现场作业人员应穿全棉长袖工作服、绝缘鞋	10	安全措施每漏一项扣5分； 安全帽佩戴不规范扣3分； 未穿全棉长袖工作服扣1分； 未穿绝缘鞋扣1分		
2	板卡负载率检查	（1）正确使用软件工具连接装置。 （2）使用指令语言调取板卡负载率相关信息。 （3）使用指令语言调取总线负载率相关信息。 （4）判断负载率是否在正常范围内	60	按照步骤开展，每少一步扣15分，扣完为止		
3	现场恢复	恢复现场	10	未进行现场恢复扣10分		
4	填写报告					
4.1	修试记录	正确填写板卡负载率检查及注意事项	15	每少填写一项扣5分，扣完为止		
合计			100			

Jc2002243029 使用VTE进行本地单级触发试验。（100分）

考核知识点： 单级触发试验

难易度： 难

技能等级评价专业技能考核操作工作任务书

一、任务名称

使用VTE进行本地单级触发试验。

二、适用工种

换流站直流设备检修工（二次）技师。

三、具体任务

（1）工作状态为换流阀检修状态。工作内容为使用 VTE 进行本地单级触发试验。

（2）工作任务：使用 VTE 对两级晶闸管进行本地单级触发试验。

四、工作规范及要求

（1）工器具使用及安全措施。

（2）按要求进行本地单级触发试验。

五、考核及时间要求

（1）本考核操作时间为 60 分钟，时间到停止考评。

（2）按照要求进行操作，正确记录操作结果，试验记录项目包括：触发结果。

技能等级评价专业技能考核操作评分标准

工种	换流站直流设备检修工（二次）					评价等级	技师
项目模块	二次设备检测—换流阀参数检测			编号		Jc2002243029	
单位		准考证号				姓名	
考试时限	60 分钟	题型		单项操作		题分	100 分
成绩		考评员		考评组长		日期	
试题正文	使用 VTE 进行本地单级触发试验						
需要说明的问题和要求	（1）操作应注意安全，做好安全措施。 （2）在换流阀一次设备上完成操作。 （3）试验或检修结果填入修试记录						

序号	项目名称	质量要求	满分	扣分标准	扣分原因	得分
1	工具使用及安全措施					
1.1	各种工器具正确使用	熟练正确使用各种工器具	5	未正确使用一次扣 1 分，扣完为止		
1.2	相关安全措施的准备	（1）试验仪器正确接地。 （2）高空作业车接地。 （3）正确使用安全带。 （4）如需取用电源应正确操作。 （5）进入作业现场正确佩戴安全帽，现场作业人员应穿全棉长袖工作服、绝缘鞋	10	试验仪器未正确接地扣 2 分； 高空作业车未正确接地扣 2 分； 未正确使用安全带扣 2 分； 未正确取用电源扣 1 分； 安全帽佩戴不规范扣 1 分； 未穿全棉长袖工作服扣 1 分； 未穿绝缘鞋扣 1 分		
2	两级晶闸管本地触发试验					
2.1	对两级晶闸管本地触发试验（P2-D1-2-2 第 1、第 2 级晶闸管）	（1）确认待试验晶闸管（P2-D1-2-2 第 1、第 2 级晶闸管）所在阀塔。 （2）拆除待试验晶闸管（P2-D1-2-2 第 1、第 2 级晶闸管）触发、回报光纤。 （3）触发、回报光纤接入 VTE。 （4）打开 VTE 测试仪。 （5）选择本地测试模式。 （6）完成待试验晶闸管（P2-D1-2-2 第 1 级晶闸管）接线（红色夹子夹阳极，黑色夹子夹阴极）。 （7）开展测试（踩住脚踏开关、双手同时按住 VTE 两侧测试开关），试验时人体远离阀塔及屏蔽罩。 （8）读取测试结果并恢复光纤。 （9）重复（2）～（8）步骤完成 P2-D1-2-2 第 2 级晶闸管试验	60	未正确识别晶闸管位置 1 次扣 5 分； 光纤插错 1 次扣 5 分； 未正确选择测试模式扣 10 分； 试验时人体倚靠阀塔及屏蔽罩扣 20 分（严禁倚靠）； 未恢复光纤 1 次扣 5 分； 以上扣分，扣完为止		

续表

序号	项目名称	质量要求	满分	扣分标准	扣分原因	得分
3	现场恢复	恢复现场	10	未进行现场恢复扣 10 分		
4	填写报告					
4.1	修试记录	正确填写晶闸管级编号、触发结果	15	每少填写一项扣 4 分，扣完为止		
合计			100			

Jc2002241030　换流阀阻尼电容 C_{d1} 测量。（100 分）

考核知识点： 换流阀阻尼电容 C_{d1} 测量

难易度： 易

技能等级评价专业技能考核操作工作任务书

一、任务名称

换流阀阻尼电容 C_{d1} 测量。

二、适用工种

换流站直流设备检修工（二次）技师。

三、具体任务

（1）工作状态为换流阀检修状态。工作内容为换流阀阻尼电容 C_{d1} 测量。

（2）工作任务：开展换流阀单个晶闸管级阻尼电容 C_{d1} 测量。

四、工作规范及要求

（1）工器具使用及安全措施。

（2）按要求进行换流阀阻尼电容 C_{d1} 测量。

五、考核及时间要求

（1）本考核操作时间为 60 分钟，时间到停止考评。

（2）按照要求进行操作，正确记录操作结果，试验记录项目包括：阻尼电容 C_{d1} 位置、单个晶闸管级 C_{d1} 串并联电容数、测量结果。

技能等级评价专业技能考核操作评分标准

<table>
<tr><td>工种</td><td colspan="5">换流站直流设备检修工（二次）</td><td>评价等级</td><td>技师</td></tr>
<tr><td>项目模块</td><td colspan="4">二次设备检测—换流阀参数检测</td><td>编号</td><td colspan="2">Jc2002241030</td></tr>
<tr><td>单位</td><td colspan="3"></td><td>准考证号</td><td></td><td>姓名</td><td></td></tr>
<tr><td>考试时限</td><td colspan="2">60 分钟</td><td>题型</td><td colspan="2">单项操作</td><td>题分</td><td>100 分</td></tr>
<tr><td>成绩</td><td></td><td>考评员</td><td></td><td>考评组长</td><td></td><td>日期</td><td></td></tr>
<tr><td>试题正文</td><td colspan="7">换流阀阻尼电容 C_{d1} 测量</td></tr>
<tr><td>需要说明的问题和要求</td><td colspan="7">（1）操作应注意安全，做好安全措施。
（2）在换流阀一次设备上完成操作。
（3）试验或检修结果填入修试记录</td></tr>
</table>

序号	项目名称	质量要求	满分	扣分标准	扣分原因	得分
1	工具使用及安全措施					

续表

序号	项目名称	质量要求	满分	扣分标准	扣分原因	得分
1.1	各种工器具正确使用	熟练正确使用各种工器具	5	未正确使用一次扣 1 分，扣完为止		
1.2	相关安全措施的准备	（1）确认阻尼回路电容已放电。 （2）高空作业车接地。 （3）正确使用安全带。 （4）进入作业现场正确佩戴安全帽，现场作业人员应穿全棉长袖工作服、绝缘鞋	10	未确认阻尼回路电容放电扣 2 分； 高空作业车未正确接地扣 2 分； 未正确使用安全带扣 3 分； 安全帽佩戴不规范扣 1 分； 未穿全棉长袖工作服扣 1 分； 未穿绝缘鞋扣 1 分		
2	阻尼电容 C_{d1} 测量	（1）正确识别阻尼电容 C_{d1}。 （2）拆除接线。 （3）使用万用表测量 C_{d1} 电容值。 （4）恢复接线	60	未识别阻尼电容 C_{d1} 扣 20 分； 未得到正确测量结果扣 30 分； 若拆除接线未正确恢复扣 10 分		
3	现场恢复	恢复现场	10	未进行现场恢复扣 10 分		
4	填写报告					
4.1	修试记录	正确填写测量结果、阻尼电容 C_{d1} 位置、单个晶闸管级 C_{d1} 串并联电容数	15	每少填写一项扣 5 分，扣完为止		
合计			100			

Jc2002241031 换流阀门极板更换。（100 分）

考核知识点：换流阀门极板更换

难易度：易

技能等级评价专业技能考核操作工作任务书

一、任务名称

换流阀门极板更换。

二、适用工种

换流站直流设备检修工（二次）技师。

三、具体任务

（1）工作状态为换流阀检修状态、阀冷却系统停运。工作内容为换流阀门极板更换。

（2）工作任务：对换流阀门极板进行更换。

四、工作规范及要求

（1）工器具使用及安全措施。

（2）按要求进行门极板更换。

五、考核及时间要求

（1）本考核操作时间为 60 分钟，时间到停止考评。

（2）按照要求进行操作，并填写更换记录。

技能等级评价专业技能考核操作评分标准

工种	换流站直流设备检修工（二次）					评价等级	技师
项目模块	二次设备日常维护、检修—换流阀及阀控设备日常维护、检修				编号	Jc2002241031	
单位			准考证号			姓名	
考试时限	60 分钟		题型	单项操作		题分	100 分
成绩		考评员		考评组长		日期	
试题正文	换流阀门极板更换						
需要说明的问题和要求	（1）操作应注意安全，做好安全措施。 （2）在换流阀一次设备上完成操作。 （3）试验或检修结果填入修试记录						

序号	项目名称	质量要求	满分	扣分标准	扣分原因	得分
1	工具使用及安全措施					
1.1	各种工器具正确使用	熟练正确使用各种工器具	5	未正确使用一次扣 1 分，扣完为止		
1.2	相关安全措施的准备	（1）进入作业现场正确佩戴安全帽，现场作业人员应穿全棉长袖工作服、绝缘鞋。 （2）高空作业车接地。 （3）正确使用安全带	10	安全帽佩戴不规范扣 1 分； 未穿全棉长袖工作服扣 1 分； 未穿绝缘鞋扣 1 分； 高空作业车未正确接地扣 3 分； 未正确使用安全带扣 4 分		
2	门极板更换	（1）拆卸门极单元上盖板。 （2）拆除门极板触发和回报光纤接头。 （3）用一字螺钉旋具拆掉分压板接线端子。 （4）拔掉晶闸管阳极插入分压板底部靠上端子接线。 （5）用双手将门极板和分压板一起从门极单元箱内拔出，将门极板与分压板分离。 （6）将新的门极板与分压板安装在一起，同时将门极板与分压板插入门极单元箱内，检查安装到位。 （7）恢复接线，盖上盖板，门极板更换完毕	60	弯折损坏光纤扣 10 分； 未拔掉分压板底部接线即拔出板卡扣 10 分； 拔出分压板和门极板时损坏板卡或门极板、分压板间接线端子扣 20 分； 板卡未插入卡槽扣 10 分； 未恢复接线扣 10 分		
3	现场恢复	恢复现场	10	未进行现场恢复扣 10 分		
4	填写报告					
4.1	修试记录	填写更换记录，包括晶闸管级编号、故障元件编号、新元件编号	15	每少填写一项扣 5 分，扣完为止		
合计			100			

Jc2002252032 换流阀均压电阻更换。（100 分）

考核知识点： 换流阀均压电阻更换

难易度： 中

技能等级评价专业技能考核操作工作任务书

一、任务名称

换流阀均压电阻更换。

二、适用工种

换流站直流设备检修工（二次）技师。

三、具体任务

（1）工作状态为换流阀检修状态。工作内容为换流阀均压电阻更换。

（2）工作任务：对换流阀均压电阻进行更换。

四、工作规范及要求

（1）工器具使用及安全措施。

（2）按要求进行均压电阻更换。

五、考核及时间要求

（1）本考核操作时间为60分钟，时间到停止考评。

（2）按照要求进行操作，并填写更换记录。

技能等级评价专业技能考核操作评分标准

<table>
<tr><td>工种</td><td colspan="4">换流站直流设备检修工（二次）</td><td>评价等级</td><td>技师</td></tr>
<tr><td>项目模块</td><td colspan="3">二次设备日常维护、检修—换流阀及阀控设备日常维护、检修</td><td>编号</td><td colspan="2">Jc2002252032</td></tr>
<tr><td>单位</td><td colspan="2"></td><td>准考证号</td><td></td><td>姓名</td><td></td></tr>
<tr><td>考试时限</td><td>60分钟</td><td>题型</td><td colspan="2">单项操作</td><td>题分</td><td>100分</td></tr>
<tr><td>成绩</td><td>考评员</td><td></td><td>考评组长</td><td></td><td>日期</td><td></td></tr>
<tr><td>试题正文</td><td colspan="6">换流阀均压电阻更换</td></tr>
<tr><td>需要说明的问题和要求</td><td colspan="6">（1）操作应注意安全，做好安全措施。
（2）在换流阀一次设备上完成操作。
（3）试验或检修结果填入修试记录</td></tr>
</table>

序号	项目名称	质量要求	满分	扣分标准	扣分原因	得分
1	工具使用及安全措施					
1.1	各种工器具正确使用	熟练正确使用各种工器具	5	未正确使用一次扣1分，扣完为止		
1.2	相关安全措施的准备	（1）试验仪器正确接地。 （2）高空作业车接地。 （3）正确使用安全带。 （4）确认阻尼回路电容已放电。 （5）如需取用电源应正确操作。 （6）进入作业现场正确佩戴安全帽，现场作业人员应穿全棉长袖工作服、绝缘鞋	10	未确认阻尼回路电容已放电扣2分； 试验仪器未正确接地扣1分； 高空作业车未正确接地扣1分； 未正确使用安全带扣2分； 未正确取用电源扣1分； 安全帽佩戴不规范扣1分； 未穿全棉长袖工作服扣1分； 未穿绝缘鞋扣1分		

续表

序号	项目名称	质量要求	满分	扣分标准	扣分原因	得分
2	均压电阻更换	（1）用螺钉旋具拆开直流均压电阻连接线并记录位置，收好螺钉。 （2）将直流均压电阻固定螺钉拆除并收好，用手抓住均压电阻轻轻转动拆下。 （3）用无绒布和无水乙醇清洁散热器与直流均压电阻的接触面，擦净残留导热膏。 （4）用干净的无绒布擦拭散热器表面，在新的直流均压电阻表面均匀涂抹一层导热膏，确保导热膏涂抹均匀，无结块或颗粒。 （5）将合格的直流均压电阻（使用万用表电阻挡测量电阻值在合格范围内）放在散热器上，来回旋转并向接触面施压，使电阻紧贴散热器。 （6）固定直流均压电阻，恢复均压电阻接线，均压电阻更换完毕	60	未清洁均压电阻及散热器表面扣10分； 未均匀涂抹导热膏扣10分； 未使用万用表测量备件阻值扣10分； 未正确旋转施压使电阻与散热器接触良好扣10分； 未恢复接线扣10分； 接线错误扣10分		
3	现场恢复	恢复现场	10	未进行现场恢复扣10分		
4	填写报告					
4.1	修试记录	填写更换记录	15	每少填写一项扣5分，扣完为止		
合计			100			

Jc2002241033　换流阀主通流回路直阻测试。（100分）

考核知识点：换流阀主通流回路直阻测试

难易度：易

技能等级评价专业技能考核操作工作任务书

一、任务名称

换流阀主通流回路直阻测试。

二、适用工种

换流站直流设备检修工（二次）技师。

三、具体任务

（1）工作状态为换流阀停电检修。工作内容为进行换流阀通流回路直阻测试。

（2）工作任务：对换流阀单个阀模块12个主通流回路直阻进行测试，并找出不符合规定要求的接头。

四、工作规范及要求

（1）工器具使用及安全措施。

（2）按要求进行直阻测试。

（3）进行直阻数值分析并填写试验报告。

五、考核及时间要求

（1）本考核操作时间为60分钟，时间到停止考评。同一类现象故障不限一处故障点。

（2）按照要求进行操作，正确记录操作结果，试验记录项目包括：各接头直阻值及是否符合规范要求。

技能等级评价专业技能考核操作评分标准

<table>
<tr><td>工种</td><td colspan="5">换流站直流设备检修工（二次）</td><td>评价等级</td><td>技师</td></tr>
<tr><td>项目模块</td><td colspan="4">二次设备日常维护、检修—换流阀及阀控设备日常维护、检修</td><td>编号</td><td colspan="2">Jc2002241033</td></tr>
<tr><td>单位</td><td colspan="2"></td><td>准考证号</td><td colspan="2"></td><td>姓名</td><td></td></tr>
<tr><td>考试时限</td><td colspan="2">60 分钟</td><td>题型</td><td colspan="2">单项操作</td><td>题分</td><td>100 分</td></tr>
<tr><td>成绩</td><td></td><td>考评员</td><td></td><td>考评组长</td><td></td><td>日期</td><td></td></tr>
<tr><td>试题正文</td><td colspan="7">换流阀主通流回路直阻测试</td></tr>
<tr><td>需要说明的问题和要求</td><td colspan="7">（1）操作应注意安全，做好安全措施。
（2）在换流阀一次设备上完成操作。
（3）试验或检修结果填入修试记录</td></tr>
</table>

序号	项目名称	质量要求	满分	扣分标准	扣分原因	得分
1	工具使用及安全措施					
1.1	各种工器具正确使用	熟练正确使用各种工器具	5	未正确使用一次扣 1 分，扣完为止		
1.2	相关安全措施的准备	（1）试验仪器正确接地。 （2）高空作业车接地。 （3）正确使用安全带。 （4）如需取用电源应正确操作。 （5）进入作业现场正确佩戴安全帽，现场作业人员应穿全棉长袖工作服、绝缘鞋	10	试验仪器未正确接地扣 2 分； 高空作业车未正确接地扣 2 分； 未正确使用安全带扣 2 分； 未正确取用电源扣 1 分； 安全帽佩戴不规范扣 1 分； 未穿全棉长袖工作服扣 1 分； 未穿绝缘鞋扣 1 分		
2	主通流回路直流电阻测试					
2.1	直流电阻测试	能按要求正确对一个阀模块主通流回路 12 处接头的直流电阻进行测试，测试正确并说明结果。 仪器使用步骤：使用手持式直流电阻测试仪，将 2 个测试夹分别可靠地夹在待测接头的两侧（注意测试夹不能同时接触到接头两侧），选择正确的挡位并等待仪器充电，按下测试按钮（测试时远离阀塔及屏蔽罩），读取结果后即可更换测试夹对下一个接头进行测试（更换测试夹时严禁按下测试按钮），测试时人体应远离阀塔及屏蔽罩	50	倚靠阀塔及屏蔽罩一次扣 2 分； 试验接线错误一次扣 3 分； 每少测试一个接头扣 5 分； 全部正确操作完成测试满分		
3	直阻值识别	能正确识别主通流回路接头直阻是否符合要求（直阻小于 10μΩ为正常值，设置 2 个接头大于 10）	10	未查找出不符合直阻要求的接头每个扣 5 分，扣完为止		
4	现场恢复	恢复现场	10	未进行现场恢复扣 10 分		
5	填写报告					
5.1	修试记录	正确填写试验结果，包括测量直阻值及阻止是否符合要求	15	每少填写一项扣 3 分，扣完为止		
合计			100			

Jc2002242034　换流阀阻尼电容更换。（100分）

考核知识点： 换流阀阻尼电容更换

难易度： 中

技能等级评价专业技能考核操作工作任务书

一、任务名称

换流阀阻尼电容更换。

二、适用工种

换流站直流设备检修工（二次）技师。

三、具体任务

（1）工作状态为换流阀检修状态、阀冷却系统停运。工作内容为换流阀阻尼电容更换。

（2）工作任务：对换流阀阻尼电容进行更换。

四、工作规范及要求

（1）工器具使用及安全措施。

（2）按要求进行阻尼电容更换。

五、考核及时间要求

（1）本考核操作时间为60分钟，时间到停止考评。

（2）按照技能操作记录单的操作要求进行操作，并填写更换记录。

技能等级评价专业技能考核操作评分标准

<table>
<tr><td>工种</td><td colspan="5">换流站直流设备检修工（二次）</td><td>评价等级</td><td>技师</td></tr>
<tr><td>项目模块</td><td colspan="4">二次设备日常维护、检修—换流阀及阀控设备日常维护、检修</td><td>编号</td><td colspan="2">Jc2002242034</td></tr>
<tr><td>单位</td><td colspan="2"></td><td>准考证号</td><td colspan="2"></td><td>姓名</td><td></td></tr>
<tr><td>考试时限</td><td>60分钟</td><td>题型</td><td colspan="3">单项操作</td><td>题分</td><td>100分</td></tr>
<tr><td>成绩</td><td></td><td>考评员</td><td></td><td>考评组长</td><td></td><td>日期</td><td></td></tr>
<tr><td>试题正文</td><td colspan="7">换流阀阻尼电容更换</td></tr>
<tr><td>需要说明的问题和要求</td><td colspan="7">（1）要求调试人员单人操作，故障查找及分析在调试过程中完成。
（2）操作应注意安全，做好安全措施。
（3）在换流阀一次设备上完成操作。
（4）操作记录填入操作记录。试验或检修结果填入修试记录</td></tr>
</table>

序号	项目名称	质量要求	满分	扣分标准	扣分原因	得分
1	工具使用及安全措施					
1.1	各种工器具正确使用	熟练正确使用各种工器具	5	未正确使用一次扣1分，扣完为止		
1.2	相关安全措施的准备	（1）试验仪器正确接地。 （2）高空作业车接地。 （3）正确使用安全带。 （4）确认阻尼回路电容已放电。 （5）如需取用电源应正确操作。 （6）进入作业现场正确佩戴安全帽，现场作业人员应穿全棉长袖工作服、绝缘鞋	10	未确认阻尼回路电容已放电扣2分； 试验仪器未正确接地扣2分； 高空作业车未正确接地扣1分； 未正确使用安全带扣1分； 未正确取用电源扣1分； 安全帽佩戴不规范扣1分； 未穿全棉长袖工作服扣1分； 未穿绝缘鞋扣1分		

续表

序号	项目名称	质量要求	满分	扣分标准	扣分原因	得分
2	阻尼电容更换	（1）检查新电容的电容值，与额定值误差不大于3%。 （2）电容安装完成后应按照厂家力矩要求进行接线柱力矩检查。 （3）检查电容器固定紧固，接线正确、无松动。 （4）阻尼电容更换完毕后，晶闸管级试验合格。 （5）电容更换完毕后，检查阀塔无遗留物	60	未开展电容值测量扣15分； 未开展力矩检查扣15分； 晶闸管试验不合格扣15分； 未检查阀塔有无遗留物扣15分		
3	现场恢复	恢复现场	10	未进行现场恢复扣10分		
4	填写报告					
4.1	修试记录	填写更换记录，包括晶闸管级编号、故障元件编号、新元件编号	15	每少填写一项扣5分，扣完为止		
合计			100			

Jc2002252035 单个晶闸管级阻抗测试。(100分)

考核知识点：晶闸管级交流阻抗测试

难易度：中

技能等级评价专业技能考核操作工作任务书

一、任务名称

单个晶闸管级阻抗测试。

二、适用工种

换流站直流设备检修工（二次）技师。

三、具体任务

（1）工作状态为换流阀检修状态。工作内容为进行单个晶闸管级阻抗测试。

（2）工作任务：进行单个晶闸管级阻抗测试。

四、工作规范及要求

（1）工器具使用及安全措施。

（2）按要求进行阻抗测试。

五、考核及时间要求

（1）本考核操作时间为60分钟，时间到停止考评。

（2）按照技能操作记录单的操作要求进行操作，正确记录操作结果，试验记录项目包括：晶闸管级编号、交流阻抗值、是否合格。

技能等级评价专业技能考核操作评分标准

<table>
<tr><td>工种</td><td colspan="5">换流站直流设备检修工（二次）</td><td>评价等级</td><td>技师</td></tr>
<tr><td>项目模块</td><td colspan="4">二次设备检测—换流阀参数检测</td><td>编号</td><td colspan="2">Jc2002252035</td></tr>
<tr><td>单位</td><td colspan="2"></td><td>准考证号</td><td colspan="2"></td><td>姓名</td><td></td></tr>
<tr><td>考试时限</td><td colspan="2">60分钟</td><td>题型</td><td colspan="2">单项操作</td><td>题分</td><td>100分</td></tr>
<tr><td>成绩</td><td></td><td>考评员</td><td></td><td>考评组长</td><td></td><td>日期</td><td></td></tr>
</table>

续表

试题正文	单个晶闸管级阻抗测试
需要说明的问题和要求	（1）要求调试人员单人操作，故障查找及分析在调试过程中完成。 （2）操作应注意安全，做好安全措施。 （3）在换流阀一次设备上完成操作。 （4）操作记录填入操作记录。试验或检修结果填入修试记录

序号	项目名称	质量要求	满分	扣分标准	扣分原因	得分
1	工具使用及安全措施					
1.1	各种工器具正确使用	熟练正确使用各种工器具	5	未正确使用一次扣1分，扣完为止		
1.2	相关安全措施的准备	（1）试验仪器正确接地。 （2）高空作业车接地。 （3）正确使用安全带。 （4）如需取用电源应正确操作。 （5）进入作业现场正确佩戴安全帽，现场作业人员应穿全棉长袖工作服、绝缘鞋	10	试验仪器未正确接地扣2分； 高空作业车未正确接地扣2分； 未正确使用安全带扣2分； 未正确取用电源扣1分； 安全帽佩戴不规范扣1分； 未穿全棉长袖工作服扣1分； 未穿绝缘鞋扣1分		
2	单级晶闸管阻抗测试	（1）开机后，选择阻抗测试。 （2）正确接线（红色夹子夹阳极，黑色夹子夹阴极）。 （3）旋开急停按钮，脚踩试验踏板，单击测试按钮开展测试。 （4）读取测试结果	60	未正确选择阻抗测试扣20分； 未正确接线扣20分； 未按照试验步骤开展试验扣20分		
3	现场恢复	恢复现场	10	未进行现场恢复扣10分		
4	填写报告					
4.1	修试记录	正确填写晶闸管级编号、交流阻抗值	15	每少填写一项扣3分，扣完为止		
合计			100			

Jc2002243036　H400–VTE 进行远程单级触发试验。（100 分）

考核知识点：H400-VTE 进行远程单级触发试验

难易度：难

技能等级评价专业技能考核操作工作任务书

一、任务名称

H400-VTE 进行远程单级触发试验。

二、适用工种

换流站直流设备检修工（二次）技师。

三、具体任务

（1）工作状态为换流阀检修状态。工作内容为使用 H400-VTE 进行远程单级触发试验。

（2）工作任务：使用 H400-VTE 对单级晶闸管进行远程单级触发试验。

四、工作规范及要求

（1）工器具使用及安全措施。

（2）按要求进行远程单级触发试验。

五、考核及时间要求

（1）本考核操作时间为 60 分钟，时间到停止考评。

（2）按照要求进行操作，正确记录操作结果，试验记录项目包括：触发结果、报文记录。

技能等级评价专业技能考核操作评分标准

<table>
<tr><td>工种</td><td colspan="5">换流站直流设备检修工（二次）</td><td>评价等级</td><td>技师</td></tr>
<tr><td>项目模块</td><td colspan="5">二次设备检测—换流阀参数检测</td><td>编号</td><td>Jc2002243036</td></tr>
<tr><td>单位</td><td colspan="3"></td><td>准考证号</td><td></td><td>姓名</td><td></td></tr>
<tr><td>考试时限</td><td colspan="2">60 分钟</td><td>题型</td><td colspan="2">单项操作</td><td>题分</td><td>100 分</td></tr>
<tr><td>成绩</td><td></td><td>考评员</td><td></td><td>考评组长</td><td></td><td>日期</td><td></td></tr>
<tr><td>试题正文</td><td colspan="7">H400-VTE 进行远程单级触发试验</td></tr>
<tr><td>需要说明的问题和要求</td><td colspan="7">（1）操作应注意安全，做好安全措施。
（2）在换流阀一次设备上完成操作。
（3）试验或检修结果填入修试记录</td></tr>
</table>

序号	项目名称	质量要求	满分	扣分标准	扣分原因	得分
1	工具使用及安全措施					
1.1	各种工器具正确使用	熟练正确使用各种工器具	5	未正确使用一次扣 1 分，扣完为止		
1.2	相关安全措施的准备	（1）试验仪器正确接地。 （2）高空作业车接地。 （3）正确使用安全带。 （4）如需取用电源应正确操作。 （5）进入作业现场正确佩戴安全帽，现场作业人员应穿全棉长袖工作服、绝缘鞋	10	试验仪器未正确接地扣 2 分； 高空作业车未正确接地扣 2 分； 未正确使用安全带扣 2 分； 未正确取用电源扣 1 分； 安全帽佩戴不规范扣 1 分； 未穿全棉长袖工作服扣 1 分； 未穿绝缘鞋扣 1 分		
2	单级晶闸管远程触发试验					
2.1	单级晶闸管远程触发试验（P2-D1-2-2 第 1 级晶闸管）	（1）在后台将 VDE 打至试验模式（先将 D 系统切至试验模式，再将 A 系统切至试验模式）。 （2）确认待试验晶闸管（P2-D1-2-2 第 1 级晶闸管）所在阀塔。 （3）插入 VBE 侧测试光纤及 VTE 侧测试光纤。 （4）打开 VTE 测试仪。 （5）选择阀段 2。 （6）选择远程测试模式。 （7）完成 D1-2-2 第 1 级晶闸管接线（红色夹子夹阳极，黑色夹子夹阴极）。 （8）开展测试（踩住脚踏开关、双手同时按住 VTE 两侧测试开关），试验时人体远离阀塔及屏蔽罩。 （9）读取测试结果及后台报文，恢复光纤	60	未将 VBE 打至试验模式扣 5 分； 未正确识别晶闸管位置扣 5 分； 光纤插错扣 10 分； 未正确选择阀段及测试模式扣 10 分； 试验时人体倚靠阀塔及屏蔽罩扣 20 分（严禁倚靠）； 未恢复光纤扣 10 分		
3	现场恢复	恢复现场	10	未进行现场恢复扣 10 分		
4	填写报告					
4.1	修试记录	正确填写触发结果，记录后台报文	15	填写错误扣 15 分		
合计			100			

Jc2002243037　H400–VTE 进行本地单级触发试验。（100 分）

考核知识点： H400-VTE 进行本地单级触发试验

难易度： 难

技能等级评价专业技能考核操作工作任务书

一、任务名称

H400-VTE 进行本地单级触发试验。

二、适用工种

换流站直流设备检修工（二次）技师。

三、具体任务

（1）工作状态为换流阀检修状态。工作内容为使用 H400-VTE 进行本地单级触发试验。

（2）工作任务：使用 H400-VTE 对两级晶闸管进行本地单级触发试验。

四、工作规范及要求

（1）工器具使用及安全措施。

（2）按要求进行本地单级触发试验。

五、考核及时间要求

（1）本考核操作时间为 60 分钟，时间到停止考评。

（2）按照要求进行操作，正确记录操作结果，试验记录项目包括：触发结果。

技能等级评价专业技能考核操作评分标准

<table>
<tr><td>工种</td><td colspan="5">换流站直流设备检修工（二次）</td><td>评价等级</td><td>技师</td></tr>
<tr><td>项目模块</td><td colspan="4">二次设备检测—换流阀参数检测</td><td>编号</td><td colspan="2">Jc2002243037</td></tr>
<tr><td>单位</td><td colspan="2"></td><td>准考证号</td><td colspan="2"></td><td>姓名</td><td></td></tr>
<tr><td>考试时限</td><td colspan="2">60 分钟</td><td>题型</td><td colspan="2">单项操作</td><td>题分</td><td>100 分</td></tr>
<tr><td>成绩</td><td></td><td>考评员</td><td></td><td>考评组长</td><td></td><td>日期</td><td></td></tr>
<tr><td>试题正文</td><td colspan="7">H400-VTE 进行本地单级触发试验</td></tr>
<tr><td>需要说明的问题和要求</td><td colspan="7">（1）操作应注意安全，做好安全措施。
（2）在换流阀一次设备上完成操作。
（3）试验或检修结果填入修试记录</td></tr>
</table>

序号	项目名称	质量要求	满分	扣分标准	扣分原因	得分
1	工具使用及安全措施					
1.1	各种工器具正确使用	熟练正确使用各种工器具	5	未正确使用一次扣 1 分，扣完为止		
1.2	相关安全措施的准备	（1）试验仪器正确接地。 （2）高空作业车接地。 （3）正确使用安全带。 （4）如需取用电源应正确操作。 （5）进入作业现场正确佩戴安全帽，现场作业人员应穿全棉长袖工作服、绝缘鞋	10	试验仪器未正确接地扣 2 分； 高空作业车未正确接地扣 2 分； 未正确使用安全带扣 2 分； 未正确取用电源扣 1 分； 安全帽佩戴不规范扣 1 分； 未穿全棉长袖工作服扣 1 分； 未穿绝缘鞋扣 1 分		
2	两级晶闸管本地触发试验					

续表

序号	项目名称	质量要求	满分	扣分标准	扣分原因	得分
2.1	对两级晶闸管本地触发试验（P2-D1-2-2 第 1、第 2 级晶闸管）	（1）确认待试验晶闸管（P2-D1-2-2 第 1、第 2 级晶闸管）所在阀塔。 （2）拆除待试验晶闸管（P2-D1-2-2 第 1、第 2 级晶闸管）触发、回报光纤。 （3）触发、回报光纤接入 VTE。 （4）打开 VTE 测试仪。 （5）选择本地测试模式。 （6）完成待试验晶闸管（P2-D1-2-2 第 1 级晶闸管）接线（红色夹子夹阳极，黑色夹子夹阴极）。 （7）开展测试（踩住脚踏开关、双手同时按住 VTE 两侧测试开关）试验时人体远离阀塔及屏蔽罩。 （8）读取测试结果并恢复光纤。 （9）重复（2）～（8）步骤完成 P2-D1-2-2 第 2 级晶闸管试验	60	未正确识别晶闸管位置 1 次扣 5 分； 光纤插错扣 1 次扣 5 分； 未正确选择测试模式扣 10 分； 试验时人体倚靠阀塔及屏蔽罩扣 20 分（严禁倚靠）； 未恢复光纤 1 次扣 5 分； 以上扣分，扣完为止		
3	现场恢复	恢复现场	10	未进行现场恢复扣 10 分		
4	填写报告					
4.1	修试记录	正确填写晶闸管级编号、触发结果	15	每少填写一项扣 4 分，扣完为止		
合计			100			

Jc2002241038　H400 换流阀阻尼电容 C_{d1} 测量。（100 分）

考核知识点：H400 换流阀阻尼电容 C_{d1} 测量

难易度：易

技能等级评价专业技能考核操作工作任务书

一、任务名称

H400 换流阀阻尼电容 C_{d1} 测量。

二、适用工种

换流站直流设备检修工（二次）技师。

三、具体任务

（1）工作状态为换流阀检修状态。工作内容为换流阀阻尼电容 C_{d1} 测量。

（2）工作任务：开展 H400 换流阀单个晶闸管级阻尼电容 C_{d1} 测量。

四、工作规范及要求

（1）工器具使用及安全措施。

（2）按要求进行 H400 换流阀阻尼电容 C_{d1} 测量。

五、考核及时间要求

（1）本考核操作时间为 60 分钟，时间到停止考评。

（2）按照要求进行操作，正确记录操作结果，试验记录项目包括：阻尼电容 C_{d1} 位置、单个晶闸管级 C_{d1} 串并联电容数、测量结果。

技能等级评价专业技能考核操作评分标准

工种	换流站直流设备检修工（二次）					评价等级	技师
项目模块	二次设备检测—换流阀参数检测				编号	Jc2002241038	
单位			准考证号			姓名	
考试时限	60 分钟		题型	单项操作		题分	100 分
成绩		考评员		考评组长		日期	
试题正文	H400 换流阀阻尼电容 C_{d1} 测量						
需要说明的问题和要求	（1）操作应注意安全，做好安全措施。 （2）在换流阀一次设备上完成操作。 （3）试验或检修结果填入修试记录						

序号	项目名称	质量要求	满分	扣分标准	扣分原因	得分
1	工具使用及安全措施					
1.1	各种工器具正确使用	熟练正确使用各种工器具	5	未正确使用一次扣 1 分，扣完为止		
1.2	相关安全措施的准备	（1）确认阻尼回路电容已放电。 （2）高空作业车接地。 （3）正确使用安全带。 （4）进入作业现场正确佩戴安全帽，现场作业人员应穿全棉长袖工作服、绝缘鞋	10	未确认阻尼回路电容放电扣 2 分； 高空作业车未正确接地扣 2 分； 未正确使用安全带扣 3 分； 安全帽佩戴不规范扣 1 分； 未穿全棉长袖工作服扣 1 分； 未穿绝缘鞋扣 1 分		
2	阻尼电容 C_{d1} 测量	（1）正确识别阻尼电容 C_{d1}。 （2）拆除接线。 （3）使用万用表测量 C_{d1} 电容值。 （4）恢复接线	60	未识别阻尼电容 C_{d1} 扣 20 分； 未得到正确测量结果扣 30 分； 若拆除接线未正确恢复扣 10 分		
3	现场恢复	恢复现场	10	未进行现场恢复扣 10 分		
4	填写报告					
4.1	修试记录	正确填写测量结果、阻尼电容 C_{d1} 位置、单个晶闸管级 C_{d1} 串并联电容数	15	每少填写一项扣 5 分，扣完为止		
合计			100			

Jc2002241039　H400 换流阀阻尼电容 C_{d2} 测量。（100 分）

考核知识点： H400 换流阀阻尼电容 C_{d2} 测量

难易度： 易

技能等级评价专业技能考核操作工作任务书

一、任务名称

H400 换流阀阻尼电容 C_{d2} 测量。

二、适用工种

换流站直流设备检修工（二次）技师。

三、具体任务

（1）工作状态为换流阀检修状态。工作内容为换流阀阻尼电容 C_{d2} 测量。

（2）工作任务：开展 H400 换流阀单个晶闸管级阻尼电容 C_{d2} 测量。

四、工作规范及要求

（1）工器具使用及安全措施。

（2）按要求进行 H400 换流阀阻尼电容 C_{d2} 测量。

五、考核及时间要求

（1）本考核操作时间为 60 分钟，时间到停止考评。

（2）按照要求进行操作，正确记录操作结果，试验记录项目包括：阻尼电容 C_{d2} 位置、单个晶闸管级 C_{d2} 串并联电容数、测量结果。

技能等级评价专业技能考核操作评分标准

工种	换流站直流设备检修工（二次）					评价等级	技师
项目模块	二次设备检测—换流阀参数检测				编号	Jc2002241039	
单位			准考证号			姓名	
考试时限	60 分钟		题型	单项操作		题分	100 分
成绩		考评员		考评组长		日期	
试题正文	H400 换流阀阻尼电容 C_{d2} 测量						
需要说明的问题和要求	（1）操作应注意安全，做好安全措施。 （2）在换流阀一次设备上完成操作。 （3）试验或检修结果填入修试记录						

序号	项目名称	质量要求	满分	扣分标准	扣分原因	得分
1	工具使用及安全措施					
1.1	各种工器具正确使用	熟练正确使用各种工器具	5	未正确使用一次扣 1 分，扣完为止		
1.2	相关安全措施的准备	（1）确认阻尼回路电容已放电。 （2）高空作业车接地。 （3）正确使用安全带。 （4）进入作业现场正确佩戴安全帽，现场作业人员应穿全棉长袖工作服、绝缘鞋	10	未确认阻尼回路电容放电扣 2 分； 高空作业车未正确接地扣 2 分； 未正确使用安全带扣 3 分； 安全帽佩戴不规范扣 1 分； 未穿全棉长袖工作服扣 1 分； 未穿绝缘鞋扣 1 分		
2	阻尼电容 C_{d2} 测量	（1）正确识别阻尼电容 C_{d2}。 （2）拆除接线。 （3）使用万用表测量 C_{d2} 电容值。 （4）恢复接线	60	未识别阻尼电容 C_{d2} 扣 20 分； 未得到正确测量结果扣 30 分； 若拆除接线未正确恢复扣 10 分		
3	现场恢复	恢复现场	10	未进行现场恢复扣 10 分		
4	填写报告					
4.1	修试记录	正确填写测量结果、阻尼电容 C_{d2} 位置、单个晶闸管级 C_{d2} 串并联电容数	15	每少填写一项扣 5 分，扣完为止		
合计			100			

Jc2002242040　H400 换流阀分压补偿仪调节分压参数。（100 分）

考核知识点：H400 换流阀分压补偿仪调节分压参数

难易度：中

技能等级评价专业技能考核操作工作任务书

一、任务名称

H400 换流阀分压补偿仪调节分压参数。

二、适用工种

换流站直流设备检修工（二次）技师。

三、具体任务

（1）工作状态为直流系统停电。工作内容为使用分压补偿仪调节分压参数。

（2）工作任务：对 H400 换流阀单个晶闸管级进行分压补偿调节。

四、工作规范及要求

（1）工器具使用及安全措施。

（2）按要求进行分压补偿调节。

五、考核及时间要求

（1）本考核操作时间为 60 分钟，时间到停止考评。

（2）按照要求进行操作，并填写记录。

技能等级评价专业技能考核操作评分标准

工种	换流站直流设备检修工（二次）						评价等级	技师	
项目模块	二次设备检测—换流阀参数检测					编号	Jc2002242040		
单位				准考证号			姓名		
考试时限	60 分钟		题型	单项操作			题分	100 分	
成绩		考评员		考评组长			日期		
试题正文	H400 换流阀分压补偿仪调节分压参数								
需要说明的问题和要求	（1）操作应注意安全，做好安全措施。 （2）在换流阀一次设备上完成操作。 （3）试验或检修结果填入修试记录								

序号	项目名称	质量要求	满分	扣分标准	扣分原因	得分
1	工具使用及安全措施					
1.1	各种工器具正确使用	熟练正确使用各种工器具	5	未正确使用一次扣 1 分，扣完为止		
1.2	相关安全措施的准备	（1）试验仪器正确接地。 （2）高空作业车接地。 （3）正确使用安全带。 （4）如需取用电源应正确操作。 （5）进入作业现场正确佩戴安全帽，现场作业人员应穿全棉长袖工作服、绝缘鞋	10	试验仪器未正确接地扣 2 分； 高空作业车未正确接地扣 2 分； 未正确使用安全带扣 2 分； 未正确取用电源扣 1 分； 安全帽佩戴不规范扣 1 分； 未穿全棉长袖工作服扣 1 分； 未穿绝缘鞋扣 1 分		

续表

序号	项目名称	质量要求	满分	扣分标准	扣分原因	得分
2	调节分压参数	（1）长试验导线 BNC 端子接补偿箱的 output 的端子。红色鳄鱼夹接至晶闸管阳极，黑色鳄鱼夹接晶闸管阴极。牢固接触。 （2）短试验导线 BNC 端子接补偿箱的 input 的端子。红色鳄鱼夹接同级分压板的 MP2 端子，黑色鳄鱼夹接 MP4 端子。牢固接触。 （3）打开补偿箱的电源开关，右端频率选择旋钮处于 off 状态。 （4）补偿箱右端频率选择旋钮调至“10 kHz sine”位置。 （5）调节补偿箱面板“Reference divider”旋钮，使得“Null meter”表显示 0（−4～4 范围内即可）。 （6）补偿箱右端频率选择旋钮调至“100Hz sine”位置。 （7）用一字螺钉旋具调节分压板 MP4 端子右侧可调电阻，使得“Null meter”表显示 0（−4～4 范围内即可）。 （8）重复一遍 4～7，使得“Null meter”表在两个频率旋钮下均显示 0（−4～4 范围内即可）。 （9）补偿箱右端频率选择旋钮调至“10 kHz sine”位置，“Null meter”表在显示 0（−4～4 范围内）。 （10）补偿箱右端频率选择旋钮调至“100Hz sine”位置，“Null meter”表在显示 0（−4～4 范围内）。 （11）补偿箱右端频率选择旋钮调至 off 状态	60	接线错误扣 20 分； 10 kHz 频率时调节方法错误扣 10 分； 100 kHz 频率时调节方法错误扣 10 分； 未重复调节扣 10 分； 未确认调节在范围内［步骤（9）～（10）］扣 5 分； 未将旋钮调至 off 状态即关闭仪器扣 5 分		
3	现场恢复	恢复现场	10	未进行现场恢复扣 10 分		
4	填写报告					
4.1	修试记录	正确填写每次调节的“Null meter”指示值（6 次）	15	每少填写一项扣 2 分，扣完为止		
合计			100			

Jc2002241041　H400 换流阀门极板更换。（100 分）

考核知识点：H400 换流阀门极板更换

难易度：易

技能等级评价专业技能考核操作工作任务书

一、任务名称

H400 换流阀门极板更换。

二、适用工种

换流站直流设备检修工（二次）技师。

三、具体任务

（1）工作状态为换流阀检修状态、阀冷却系统停运。工作内容为 H400 换流阀门极板更换。

（2）工作任务：对 H400 换流阀门极板进行更换。

四、工作规范及要求

（1）工器具使用及安全措施。

（2）按要求进行门极板更换。

五、考核及时间要求

（1）本考核操作时间为60分钟，时间到停止考评。

（2）按照要求进行操作，并填写更换记录。

技能等级评价专业技能考核操作评分标准

<table>
<tr><td>工种</td><td colspan="5">换流站直流设备检修工（二次）</td><td>评价等级</td><td>技师</td></tr>
<tr><td>项目模块</td><td colspan="4">二次设备日常维护、检修—换流阀及阀控设备日常维护、检修</td><td>编号</td><td colspan="2">Jc2002241041</td></tr>
<tr><td>单位</td><td colspan="3"></td><td>准考证号</td><td></td><td>姓名</td><td></td></tr>
<tr><td>考试时限</td><td colspan="2">60分钟</td><td>题型</td><td colspan="2">单项操作</td><td>题分</td><td>100分</td></tr>
<tr><td>成绩</td><td></td><td>考评员</td><td></td><td>考评组长</td><td></td><td>日期</td><td></td></tr>
<tr><td>试题正文</td><td colspan="7">H400换流阀门极板更换</td></tr>
<tr><td>需要说明的问题和要求</td><td colspan="7">（1）操作应注意安全，做好安全措施。
（2）在换流阀一次设备上完成操作。
（3）试验或检修结果填入修试记录</td></tr>
</table>

序号	项目名称	质量要求	满分	扣分标准	扣分原因	得分
1	工具使用及安全措施					
1.1	各种工器具正确使用	熟练正确使用各种工器具	5	未正确使用一次扣1分，扣完为止		
1.2	相关安全措施的准备	（1）进入作业现场正确佩戴安全帽，现场作业人员应穿全棉长袖工作服、绝缘鞋。 （2）高空作业车接地。 （3）正确使用安全带	10	安全帽佩戴不规范扣1分； 未穿全棉长袖工作服扣1分； 未穿绝缘鞋扣1分； 高空作业车未正确接地扣3分； 未正确使用安全带扣4分		
2	门极板更换	（1）拆卸门极单元上盖板。 （2）拆除门极板触发和回报光纤接头。 （3）用一字螺钉旋具拆掉分压板接线端子。 （4）拔掉晶闸管阳极插入分压板底部靠上端子接线。 （5）用双手将门极板和分压板一起从门极单元箱内拔出，将门极板与分压板分离。 （6）将新的门极板与分压板安装在一起，同时将门极板与分压板插入门极单元箱内，检查安装到位。 （7）恢复接线，盖上盖板，门极板更换完毕	60	弯折损坏光纤扣10分； 未拔掉分压板底部接线即拔出板卡扣10分； 拔出分压板和门极板时损坏板卡或门极板、分压板间接线端子扣20分； 板卡未插入卡槽扣10分； 未恢复接线扣10分		
3	现场恢复	恢复现场	10	未进行现场恢复扣10分		
4	填写报告					
4.1	修试记录	填写更换记录，包括晶闸管级编号、故障元件编号、新元件编号	15	每少填写一项扣5分，扣完为止		
	合计		100			

Jc2002252042 H400 换流阀分压板更换。（100 分）

考核知识点： H400 换流阀分压板更换

难易度： 中

技能等级评价专业技能考核操作工作任务书

一、任务名称

H400 换流阀分压板更换。

二、适用工种

换流站直流设备检修工（二次）技师。

三、具体任务

（1）工作状态为换流阀检修状态、阀冷却系统停运。工作内容为 H400 换流阀分压板更换。

（2）工作任务：对 H400 换流阀分压板进行更换。

四、工作规范及要求

（1）工器具使用及安全措施。

（2）按要求进行分压板更换。

五、考核及时间要求

（1）本考核操作时间为 60 分钟，时间到停止考评。

（2）按照要求进行操作，并填写更换记录。

技能等级评价专业技能考核操作评分标准

工种	换流站直流设备检修工（二次）					评价等级	技师
项目模块	二次设备日常维护、检修—换流阀及阀控设备日常维护、检修				编号	Jc2002252042	
单位			准考证号			姓名	
考试时限	60 分钟		题型	多项操作		题分	100 分
成绩		考评员		考评组长		日期	
试题正文	H400 换流阀分压板更换						
需要说明的问题和要求	（1）操作应注意安全，做好安全措施。 （2）在换流阀一次设备上完成操作。 （3）试验或检修结果填入修试记录						

序号	项目名称	质量要求	满分	扣分标准	扣分原因	得分
1	工具使用及安全措施					
1.1	各种工器具正确使用	熟练正确使用各种工器具	5	未正确使用一次扣 1 分，扣完为止		
1.2	相关安全措施的准备	（1）试验仪器正确接地。 （2）高空作业车接地。 （3）正确使用安全带。 （4）如需取用电源应正确操作。 （5）进入作业现场正确佩戴安全帽，现场作业人员应穿全棉长袖工作服、绝缘鞋	10	试验仪器未正确接地扣 2 分； 高空作业车未正确接地扣 2 分； 未正确使用安全带扣 2 分； 未正确取用电源扣 1 分； 安全帽佩戴不规范扣 1 分； 未穿全棉长袖工作服扣 1 分； 未穿绝缘鞋扣 1 分		

续表

序号	项目名称	质量要求	满分	扣分标准	扣分原因	得分
2	分压板更换	（1）拆卸门极单元上盖板。 （2）拔掉门极板触发和回报光纤接头。 （3）用一字螺钉旋具拆掉门极板接线端子。 （4）拔掉晶闸管阳极插入分压板底部靠上端子接线。 （5）用双手将门极板和分压板一起从门极单元箱内拔出，将门极板与分压板分离。 （6）将新的分压板与门极 板安装在一起，同时将门极板与分压板插入门极单元箱内，检查安装到位。 （7）恢复接线，盖上盖板，分压板更换完毕。 （8）使用分压补偿仪调节分压参数：完成试验接线后打开仪器电源，依次选择10kHz（通过“Reference divider”旋钮调节）及100Hz（通过MP4端子右侧可调电阻调节）进行调节，重复调节一次后再次旋转旋钮确认10kHz及100Hz时均调节到位，调节至-4～4范围内即可	60	弯折损坏光纤扣10分； 未拔掉分压板底部接线即拔出板卡扣10分； 拔出分压板和门极板时损坏板卡或门极板、分压板间接线端子扣10分； 板卡未插入卡槽扣10分； 未恢复接线并调节分压参数扣20分		
3	现场恢复	恢复现场	10	未进行现场恢复扣10分		
4	填写报告					
4.1	修试记录	填写更换记录，包括晶闸管级编号、故障元件编号、新元件编号	15	每少填写一项扣5分，扣完为止		
合计			100			

Jc2002241043　H400 换流阀触发线更换。（100 分）

考核知识点：H400 换流阀触发线更换

难易度：易

技能等级评价专业技能考核操作工作任务书

一、任务名称

H400 换流阀触发线更换。

二、适用工种

换流站直流设备检修工（二次）技师。

三、具体任务

（1）工作状态为换流阀检修状态、阀冷却系统停运。工作内容为H400换流阀触发线更换。

（2）工作任务：对H400换流阀触发线进行更换。

四、工作规范及要求

（1）工器具使用及安全措施。

（2）按要求进行触发线更换。

五、考核及时间要求

（1）本考核操作时间为60分钟，时间到停止考评。

（2）按照要求进行操作，并填写记录。

技能等级评价专业技能考核操作评分标准

工种	换流站直流设备检修工（二次）					评价等级	技师
项目模块	二次设备日常维护、检修—换流阀及阀控设备日常维护、检修				编号	Jc2002241043	
单位			准考证号			姓名	
考试时限	60 分钟		题型	单项操作		题分	100 分
成绩		考评员		考评组长		日期	
试题正文	H400 换流阀触发线更换						
需要说明的问题和要求	（1）操作应注意安全，做好安全措施。 （2）在换流阀一次设备上完成操作。 （3）试验或检修结果填入修试记录						

序号	项目名称	质量要求	满分	扣分标准	扣分原因	得分
1	工具使用及安全措施					
1.1	各种工器具正确使用	熟练正确使用各种工器具	5	未正确使用一次扣 1 分，扣完为止		
1.2	相关安全措施的准备	（1）进入作业现场正确佩戴安全帽，现场作业人员应穿全棉长袖工作服、绝缘鞋。 （2）高空作业车接地。 （3）正确使用安全带	10	安全帽佩戴不规范扣 1 分； 未穿全棉长袖工作服扣 1 分； 未穿绝缘鞋扣 1 分； 高空作业车未正确接地扣 3 分； 未正确使用安全带扣 4 分		
2	触发线更换	（1）拆卸门极单元盖板。 （2）用螺钉旋具拆掉门极板接线端子。 （3）用螺钉旋具拆卸门极板接线端子与晶闸管散热器接线，用尖嘴钳拆掉晶闸管上的触发线。 （4）拆掉门极板接线端子与其他元件接线，取出触发线。 （5）将新的触发线接线端子安装在门极单元上。 （6）恢复晶闸管级接线，触发线更换完毕	60	弯折损坏晶闸管上的接线头扣 10 分； 未恢复晶闸管上的接线扣 20 分； 未恢复门极板上接线扣 20 分； 未恢复其他接线扣 10 分		
3	现场恢复	恢复现场	10	未进行现场恢复扣 10 分		
4	填写报告					
4.1	修试记录	填写更换记录，包括晶闸管级编号、故障元件更换记录	15	每少填写一项扣 5 分，扣完为止		
合计			100			

Jc2002252044　H400 换流阀触发光纤更换。（100 分）

考核知识点：H400 换流阀触发光纤更换

难易度：中

技能等级评价专业技能考核操作工作任务书

一、任务名称

H400换流阀触发光纤更换。

二、适用工种

换流站直流设备检修工（二次）技师。

三、具体任务

（1）工作状态为换流阀检修状态、阀冷却系统停运。工作内容为H400换流阀触发光纤更换。

（2）工作任务：对H400换流阀触发光纤进行更换。

四、工作规范及要求

（1）工器具使用及安全措施。

（2）按要求进行触发光纤更换。

五、考核及时间要求

（1）本考核操作时间为60分钟，时间到停止考评。

（2）按照要求进行操作，并填写更换记录。

技能等级评价专业技能考核操作评分标准

工种	换流站直流设备检修工（二次）					评价等级	技师
项目模块	二次设备日常维护、检修—换流阀及阀控设备日常维护、检修				编号	Jc2002252044	
单位			准考证号			姓名	
考试时限	60分钟	题型		多项操作		题分	100分
成绩		考评员		考评组长		日期	
试题正文	H400换流阀触发光纤更换						
需要说明的问题和要求	（1）操作应注意安全，做好安全措施。 （2）在换流阀一次设备上完成操作。 （3）试验或检修结果填入修试记录						

序号	项目名称	质量要求	满分	扣分标准	扣分原因	得分
1	工具使用及安全措施					
1.1	各种工器具正确使用	熟练正确使用各种工器具	5	未正确使用一次扣1分，扣完为止		
1.2	相关安全措施的准备	（1）VBE屏柜工作带静电手环。 （2）高空作业车接地。 （3）正确使用安全带。 （4）进入作业现场正确佩戴安全帽，现场作业人员应穿全棉长袖工作服、绝缘鞋	10	未戴静电手环扣2分； 高空作业车未正确接地扣2分； 未正确使用安全带扣3分； 安全帽佩戴不规范扣1分； 未穿全棉长袖工作服扣1分； 未穿绝缘鞋扣1分		
2	触发光纤更换	（1）经测试确定触发光纤故障，剪掉故障光纤接头，将光纤尾部放在GRP主槽上，并用扎带固定牢固（口述）。 （2）用螺钉旋具打开备用光纤盖板。 （3）打开备用光纤托盘鳄鱼夹，取出备用光纤。	60	未对故障光纤接头进行处理（口述）扣10分； 弯折损坏光纤扣10分； 未在VBE侧找到正确的备用光纤扣10分；		

续表

序号	项目名称	质量要求	满分	扣分标准	扣分原因	得分
2	触发光纤更换	（4）核对备用光纤编号，在阀控系统VBE屏柜处找到对应备用光纤，并测量光衰耗在正常范围内。 （5）核对故障光纤编号，在阀控系统VBE屏柜处找到对应触发光纤。 （6）将阀塔备用光纤安装至门极板对应触发光纤接口，用扎带将光纤绑扎固定。 （7）在VBE屏柜侧拆掉故障光纤，并将备用光纤安装至原故障光纤处		未测量光纤衰耗扣10分； 未找到VBE侧原故障光纤插接位置扣10分； 光纤接错位置扣10分		
3	现场恢复	恢复现场	10	未进行现场恢复扣10分		
4	填写报告					
4.1	修试记录	填写更换记录，包括晶闸管级编号、故障元件编号、新元件编号	15	每少填写一项扣5分，扣完为止		
合计			100			

Jc2002252045 H400换流阀回报光纤更换。(100分)

考核知识点：H400换流阀备用光纤更换

难易度：中

技能等级评价专业技能考核操作工作任务书

一、任务名称

H400换流阀回报光纤更换。

二、适用工种

换流站直流设备检修工（二次）技师。

三、具体任务

（1）工作状态为换流阀检修状态、阀冷却系统停运。工作内容为H400换流阀回报光纤更换。

（2）工作任务：对H400换流阀回报光纤进行更换。

四、工作规范及要求

（1）工器具使用及安全措施。

（2）按要求进行回报光纤更换。

五、考核及时间要求

（1）本考核操作时间为60分钟，时间到停止考评。

（2）按照要求进行操作，并填写更换记录。

技能等级评价专业技能考核操作评分标准

工种	换流站直流设备检修工（二次）					评价等级	技师
项目模块	二次设备日常维护、检修—换流阀及阀控设备日常维护、检修				编号	Jc2002252045	
单位			准考证号			姓名	
考试时限	60分钟		题型	多项操作		题分	100分
成绩		考评员		考评组长		日期	
试题正文	H400换流阀回报光纤更换						

续表

需要说明的问题和要求	（1）操作应注意安全，做好安全措施。 （2）在换流阀一次设备上完成操作。 （3）试验或检修结果填入修试记录					
序号	项目名称	质量要求	满分	扣分标准	扣分原因	得分
1	工具使用及安全措施					
1.1	各种工器具正确使用	熟练正确使用各种工器具	5	未正确使用一次扣1分，扣完为止		
1.2	相关安全措施的准备	（1）VBE屏柜工作带静电手环。 （2）高空作业车接地。 （3）正确使用安全带。 （4）进入作业现场正确佩戴安全帽，现场作业人员应穿全棉长袖工作服、绝缘鞋	10	未戴静电手环扣2分； 高空作业车未正确接地扣2分； 未正确使用安全带扣3分； 安全帽佩戴不规范扣1分； 未穿全棉长袖工作服扣1分； 未穿绝缘鞋扣1分		
2	回报光纤更换	（1）经测试确定回报光纤故障，剪掉故障光纤接头，将光纤尾部放在GRP主槽上，并用扎带固定牢固。 （2）用螺钉旋具打开备用光纤盖板。 （3）打开备用光纤托盘鳄鱼夹，取出备用光纤。 （4）核对备用光纤编号，在阀控系统VBE屏柜处找到对应备用光纤，并测量光衰耗测在正常范围内。 （5）核对故障光纤编号，在阀控系统VBE屏柜处找到对应回报光纤。 （6）将阀塔备用光纤安装至门极板对应回报光纤接口，用扎带将光纤绑扎固定。 （7）在VBE屏柜侧拆掉故障光纤，并将备用光纤安装至原故障光纤处	60	未对故障光纤接头进行处理（口述）扣10分； 弯折损坏光纤扣10分； 未在VBE侧找到正确的备用光纤扣10分； 未测量光纤衰耗扣10分； 未找到VBE侧原故障光纤插接位置扣10分； 光纤接错位置扣10分		
3	现场恢复	恢复现场	10	未进行现场恢复扣10分		
4	填写报告					
4.1	修试记录	填写更换记录，包括晶闸管级编号、故障元件编号、新元件编号	15	每少填写一项扣5分，扣完为止		
合计			100			

Jc2002251046　H400换流阀检漏计更换。（100分）

考核知识点： H400换流阀检漏计更换

难易度： 易

技能等级评价专业技能考核操作工作任务书

一、任务名称

H400换流阀检漏计更换。

二、适用工种

换流站直流设备检修工（二次）技师。

三、具体任务

（1）工作状态为换流阀检修状态、阀冷却系统停运。工作内容为H400换流阀检漏计更换。

（2）工作任务：对H400换流阀检漏计进行更换。

四、工作规范及要求

（1）工器具使用及安全措施。

（2）按要求进行检漏计更换。

五、考核及时间要求

（1）本考核操作时间为 60 分钟，时间到停止考评。

（2）按照要求进行操作，并填写更换记录。

技能等级评价专业技能考核操作评分标准

工种	换流站直流设备检修工（二次）					评价等级	技师
项目模块	二次设备日常维护、检修—换流阀及阀控设备日常维护、检修				编号	Jc2002251046	
单位			准考证号			姓名	
考试时限	60 分钟		题型	多项操作		题分	100 分
成绩		考评员		考评组长		日期	
试题正文	H400 换流阀检漏计更换						
需要说明的问题和要求	（1）操作应注意安全，做好安全措施。 （2）在换流阀一次设备上完成操作。 （3）试验或检修结果填入修试记录						

序号	项目名称	质量要求	满分	扣分标准	扣分原因	得分
1	工具使用及安全措施					
1.1	各种工器具正确使用	熟练正确使用各种工器具	5	未正确使用一次扣 1 分，扣完为止		
1.2	相关安全措施的准备	（1）进入作业现场正确佩戴安全帽，现场作业人员应穿全棉长袖工作服、绝缘鞋。 （2）高空作业车接地。 （3）正确使用安全带	10	安全帽佩戴不规范扣 1 分； 未穿全棉长袖工作服扣 1 分； 未穿绝缘鞋扣 1 分； 高空作业车未正确接地扣 3 分； 未正确使用安全带扣 4 分		
2	检漏计更换	（1）拆卸底屏蔽罩里侧靠近检漏计的盖板。 （2）拔掉漏水检漏计光纤。 （3）用扳手拆卸掉漏水检漏计固定螺栓，拆下故障漏水检漏计。 （4）将新的漏水检漏计放置在底屏蔽检漏计固定支座上，用螺栓固定。 （5）恢复漏水检漏计光纤接线，确保光纤接头连接牢固。 （6）进行漏水检漏计测试	60	弯折损坏光纤扣 10 分； 未将检漏计固定牢固扣 20 分； 未恢复光纤扣 10 分； 未进行漏水报警测试扣 20 分		
3	现场恢复	恢复现场	10	未进行现场恢复扣 10 分		
4	填写报告					
4.1	修试记录	填写更换记录，包括阀塔编号、故障元件更换记录、漏水检测测试结果	15	每少填写一项扣 5 分，扣完为止		
合计			100			

Jc2002252047　H400 换流阀均压电阻更换。（100 分）

考核知识点： H400 换流阀均压电阻更换

难易度： 中

技能等级评价专业技能考核操作工作任务书

一、任务名称

H400 换流阀均压电阻更换。

二、适用工种

换流站直流设备检修工（二次）技师。

三、具体任务

（1）工作状态为换流阀检修状态。工作内容为 H400 换流阀均压电阻更换。

（2）工作任务：对 H400 换流阀均压电阻进行更换。

四、工作规范及要求

（1）工器具使用及安全措施。

（2）按要求进行均压电阻更换。

五、考核及时间要求

（1）本考核操作时间为 60 分钟，时间到停止考评。

（2）按照要求进行操作，并填写更换记录。

技能等级评价专业技能考核操作评分标准

工种	换流站直流设备检修工（二次）				评价等级	技师
项目模块	二次设备日常维护、检修—换流阀及阀控设备日常维护、检修			编号	Jc2002252047	
单位		准考证号			姓名	
考试时限	60 分钟	题型	多项操作		题分	100 分
成绩		考评员		考评组长	日期	
试题正文	H400 换流阀均压电阻更换					
需要说明的问题和要求	（1）操作应注意安全，做好安全措施。 （2）在换流阀一次设备上完成操作。 （3）试验或检修结果填入修试记录					

序号	项目名称	质量要求	满分	扣分标准	扣分原因	得分
1	工具使用及安全措施					
1.1	各种工器具正确使用	熟练正确使用各种工器具	5	未正确使用一次扣 1 分，扣完为止		
1.2	相关安全措施的准备	（1）试验仪器正确接地。 （2）高空作业车接地。 （3）正确使用安全带。 （4）确认阻尼回路电容已放电。 （5）如需取用电源应正确操作。 （6）进入作业现场正确佩戴安全帽，现场作业人员应穿全棉长袖工作服、绝缘鞋	10	未确认阻尼回路电容已放电扣 2 分； 试验仪器未正确接地扣 1 分； 高空作业车未正确接地扣 1 分； 未正确使用安全带扣 2 分； 未正确取用电源扣 1 分； 安全帽佩戴不规范扣 1 分； 未穿全棉长袖工作服扣 1 分； 未穿绝缘鞋扣 1 分		

续表

序号	项目名称	质量要求	满分	扣分标准	扣分原因	得分
2	均压电阻更换	（1）用螺钉旋具拆开直流均压电阻连接线并记录位置，收好螺钉。 （2）将直流均压电阻固定螺钉拆除并收好，用手抓住均压电阻轻轻转动拆下。 （3）用无绒布和无水乙醇清洁散热器与直流均压电阻的接触面，擦净残留导热膏。 （4）用干净的无绒布擦拭散热器表面，在新的直流均压电阻表面均匀涂抹一层导热膏，确保导热膏涂抹均匀，无结块或颗粒。 （5）将合格的直流均压电阻（使用万用表电阻挡测量电阻值在合格范围内）放在散热器上，来回旋转并向接触面施压，使电阻紧贴散热器。 （6）固定直流均压电阻，恢复均压电阻接线，均压电阻更换完毕	60	未清洁均压电阻及散热器表面扣10分； 未均匀涂抹导热膏扣10分； 未使用万用表测量备件阻值扣10分； 未正确旋转施压使电阻与散热器接触良好扣10分； 未恢复接线扣10分； 接线错误扣10分		
3	现场恢复	恢复现场	10	未进行现场恢复扣10分		
4	填写报告					
4.1	修试记录	填写更换记录，包括晶闸管级编号、故障元件更换记录	15	每少填写一项扣5分，扣完为止		
合计			100			

Jc2002242048　H400 换流阀阻尼电容更换。（100 分）

考核知识点：H400 换流阀阻尼电容更换

难易度：中

技能等级评价专业技能考核操作工作任务书

一、任务名称

H400 换流阀阻尼电容更换。

二、适用工种

换流站直流设备检修工（二次）技师。

三、具体任务

（1）工作状态为换流阀检修状态、阀冷却系统停运。工作内容为 H400 换流阀阻尼电容更换。

（2）工作任务：对 H400 换流阀阻尼电容进行更换。

四、工作规范及要求

（1）工器具使用及安全措施。

（2）按要求进行阻尼电容更换。

五、考核及时间要求

（1）本考核操作时间为 60 分钟，时间到停止考评。

（2）按照要求进行操作，并填写更换记录。

技能等级评价专业技能考核操作评分标准

工种	换流站直流设备检修工（二次）					评价等级	技师
项目模块	二次设备日常维护、检修—换流阀及阀控设备日常维护、检修				编号	Jc2002242048	
单位			准考证号			姓名	
考试时限	60 分钟		题型	单项操作		题分	100 分
成绩		考评员		考评组长		日期	
试题正文	H400 换流阀阻尼电容更换						
需要说明的问题和要求	（1）操作应注意安全，做好安全措施。 （2）在换流阀一次设备上完成操作。 （3）试验或检修结果填入修试记录						

序号	项目名称	质量要求	满分	扣分标准	扣分原因	得分
1	工具使用及安全措施					
1.1	各种工器具正确使用	熟练正确使用各种工器具	5	未正确使用一次扣 1 分，扣完为止		
1.2	相关安全措施的准备	（1）试验仪器正确接地。 （2）高空作业车接地。 （3）正确使用安全带。 （4）确认阻尼回路电容已放电。 （5）如需取用电源应正确操作。 （6）进入作业现场正确佩戴安全帽，现场作业人员应穿全棉长袖工作服、绝缘鞋	10	未确认阻尼回路电容已放电扣 2 分； 试验仪器未正确接地扣 1 分； 高空作业车未正确接地扣 1 分； 未正确使用安全带扣 2 分； 未正确取用电源扣 1 分； 安全帽佩戴不规范扣 1 分； 未穿全棉长袖工作服扣 1 分； 未穿绝缘鞋扣 1 分		
2	阻尼电容更换	（1）用斜口钳剪掉绑扎在电容器筒体上的导线绑扎带。 （2）拆掉电容器端子导线。 （3）扶好电容器筒体，拆掉电容器底部固定螺栓，拆卸电容器。 （4）取检测合格的新电容器（使用万用表电容挡测量容值在合格范围内），放置在绝缘支撑横板上。 （5）固定好电容器筒体，电容器末端固定螺栓穿过 GRP 槽梁后，用螺母固定。 （6）固定好电容器，安装导线端子，电容器更换完毕	60	未正确拆除接线扣 10 分； 拆卸电容器时电容器倾倒扣 10 分； 未使用万用表测量备件容值扣 10 分； 未正确安装固定电容器扣 10 分； 未恢复接线扣 10 分； 接线错误扣 10 分		
3	现场恢复	恢复现场	10	未进行现场恢复扣 10 分		
4	填写报告					
4.1	修试记录	填写更换记录，包括晶闸管级编号、故障元件编号、新元件编号	15	每少填写一项扣 5 分，扣完为止		
合计			100			

Jc2002241049 H400 换流阀主通流回路直阻测试。（100 分）

考核知识点： H400 换流阀主通流回路直阻测试

难易度： 易

技能等级评价专业技能考核操作工作任务书

一、任务名称

II400 换流阀主通流回路直阻测试。

二、适用工种

换流站直流设备检修工（二次）技师。

三、具体任务

（1）工作状态为换流阀停电检修。工作内容为通流回路直阻测试。

（2）工作任务：对 H400 换流阀单个阀模块 12 个主通流回路直阻进行测试，并找出不符合规定要求的接头。

四、工作规范及要求

（1）工器具使用及安全措施。

（2）按要求进行直阻测试。

（3）进行直阻数值分析并填写试验报告。

五、考核及时间要求

（1）本考核操作时间为 60 分钟，时间到停止考评。同一类现象故障不限一处故障点。

（2）按照要求进行操作，正确记录操作结果，试验记录项目包括：各接头直阻值及是否符合规范要求。

技能等级评价专业技能考核操作评分标准

工种	换流站直流设备检修工（二次）					评价等级	技师
项目模块	二次设备检测—换流阀参数检测				编号	Jc2002241049	
单位			准考证号			姓名	
考试时限	60 分钟		题型	单项操作		题分	100 分
成绩		考评员		考评组长		日期	
试题正文	H400 换流阀主通流回路直阻测试						
需要说明的问题和要求	（1）操作应注意安全，做好安全措施。 （2）在换流阀一次设备上完成操作。 （3）试验或检修结果填入修试记录						

序号	项目名称	质量要求	满分	扣分标准	扣分原因	得分
1	工具使用及安全措施					
1.1	各种工器具正确使用	熟练正确使用各种工器具	5	未正确使用一次扣 1 分，扣完为止		
1.2	相关安全措施的准备	（1）试验仪器正确接地。 （2）高空作业车接地。 （3）正确使用安全带。 （4）如需取用电源应正确操作。 （5）进入作业现场正确佩戴安全帽，现场作业人员应穿全棉长袖工作服、绝缘鞋	10	试验仪器未正确接地扣 2 分； 高空作业车未正确接地扣 2 分； 未正确使用安全带扣 2 分； 未正确取用电源扣 1 分； 安全帽佩戴不规范扣 1 分； 未穿全棉长袖工作服扣 1 分； 未穿绝缘鞋扣 1 分		
2	主通流回路直流电阻测试					

续表

序号	项目名称	质量要求	满分	扣分标准	扣分原因	得分
2.1	直流电阻测试	能按要求正确对一个阀模块主通流回路12处接头的直流电阻进行测试，测试正确并说明结果。 仪器使用步骤：使用手持式直流电阻测试仪，将2个测试夹分别可靠地夹在待测接头的两侧（注意测试夹不能同时接触到接头两侧），选择正确的挡位并等待仪器充电，按下测试按钮（测试时远离阀塔及屏蔽罩），读取结果后即可更换测试夹对下一个接头进行测试（更换测试夹时严禁按下测试按钮），测试时人体应远离阀塔及屏蔽罩	50	测试时倚靠阀塔及屏蔽罩1次扣1分（严格禁止倚靠）； 试验接线错误1次扣1分； 每少测试一个接头扣2分； 全部正确操作完成测试满分		
3	直阻值识别	能正确识别主通流回路接头直阻是否符合要求（直阻小于10μΩ为正常值，设置2个接头大于10）	10	未查找出不符合直阻要求的接头每个扣5分		
4	现场恢复	恢复现场	10	未进行现场恢复扣10分		
5	填写报告					
5.1	修试记录	正确填写试验结果，包括测量直阻值及阻止是否符合要求	15	每少填写一项扣3分，扣完为止		
合计			100			

Jc2002242050　H400 换流阀阀塔放水。（100 分）

考核知识点： H400 换流阀阀塔放水

难易度： 中

技能等级评价专业技能考核操作工作任务书

一、任务名称

H400 换流阀阀塔放水。

二、适用工种

换流站直流设备检修工（二次）技师。

三、具体任务

（1）工作状态为换流阀检修状态、阀冷却系统停运。工作内容为 H400 换流阀阀塔放水。

（2）工作任务：对 H400 换流阀单个阀塔进行放水。

四、工作规范及要求

（1）工器具使用及安全措施。

（2）按要求进行阀塔放水。

五、考核及时间要求

（1）本考核操作时间为 60 分钟，时间到停止考评。

（2）按照要求进行操作。

技能等级评价专业技能考核操作评分标准

工种	换流站直流设备检修工（二次）					评价等级	技师
项目模块	二次设备日常维护、检修—换流阀及阀控设备日常维护、检修				编号		Jc2002242050
单位			准考证号			姓名	
考试时限	60 分钟		题型	单项操作		题分	100 分
成绩		考评员		考评组长		日期	
试题正文	H400 换流阀阀塔放水						
需要说明的问题和要求	（1）操作应注意安全，做好安全措施。 （2）在换流阀一次设备上完成操作。 （3）试验或检修结果填入修试记录						

序号	项目名称	质量要求	满分	扣分标准	扣分原因	得分
1	工具使用及安全措施					
1.1	各种工器具正确使用	熟练正确使用各种工器具	5	未正确使用一次扣 1 分，扣完为止		
1.2	相关安全措施的准备	（1）进入作业现场正确佩戴安全帽，现场作业人员应穿全棉长袖工作服、绝缘鞋。 （2）高空作业车接地。 （3）正确使用安全带	10	安全帽佩戴不规范扣 1 分； 未穿全棉长袖工作服扣 1 分； 未穿绝缘鞋扣 1 分； 高空作业车未正确接地扣 3 分； 未正确使用安全带扣 4 分		
2	单个阀塔放水	（1）确认换流阀冷却系统停运。 （2）关闭阀塔主进、出水阀。 （3）打开换流阀阀塔底屏蔽罩放水阀，用准备好的干净水桶回收冷却液。 （4）观察底屏蔽罩放水阀流水速度变慢时，用尖嘴钳打开排气阀锁定弹簧卡，打开阀塔顶部排气阀，使阀塔冷却液继续排出。 （5）根据现场情况，确定好阀塔放水量达到要求，关闭放水阀	60	未确认冷却系统停运扣 10 分； 未关闭阀塔进、出水阀扣 30 分； 未打开排气阀扣 10 分； 未关闭放水阀扣 10 分		
3	现场恢复	恢复现场	10	未进行现场恢复扣 10 分		
4	填写报告					
4.1	修试记录	填写放水记录，写明放水步骤	15	每少一步扣 3 分，扣完为止		
合计			100			

Jc2002242051 换流阀 VBE 通信与控制机箱 VTE/漏水检测板卡更换。（100 分）

考核知识点： 换流阀 VBE 通信与控制机箱 VTE/漏水检测板卡更换

难易度： 中

技能等级评价专业技能考核操作工作任务书

一、任务名称

换流阀 VBE 通信与控制机箱 VTE/漏水检测板卡更换。

二、适用工种

换流站直流设备检修工（二次）技师。

三、具体任务

（1）工作状态为换流阀检修状态。工作内容换流阀 VBE 通信与控制机箱 VTE/漏水检测板卡更换。

（2）工作任务：换流阀 VBE 通信与控制机箱 VTE/漏水检测板卡更换。

四、工作规范及要求

（1）工器具使用及安全措施。

（2）按要求进行 VBE 通信与控制机箱 VTE/漏水检测板卡更换。

五、考核及时间要求

（1）本考核操作时间为 60 分钟，时间到停止考评。

（2）按照技能操作记录单的操作要求进行操作，并填写更换记录。

技能等级评价专业技能考核操作评分标准

工种	换流站直流设备检修工（二次）				评价等级	技师
项目模块	缺陷处理与事故分析—缺陷处理			编号	Jc2002242051	
单位		准考证号			姓名	
考试时限	60 分钟	题型	单项操作		题分	100 分
成绩		考评员		考评组长	日期	
试题正文	换流阀 VBE 通信与控制机箱 VTE/漏水检测板卡更换					
需要说明的问题和要求	（1）要求单人操作。 （2）操作应注意安全，按照标准化作业书的技术安全说明做好安全措施。 （3）操作记录填入操作记录。试验或检修结果填入修试记录					

序号	项目名称	质量要求	满分	扣分标准	扣分原因	得分
1	工具使用及安全措施					
1.1	各种工器具正确使用	熟练正确使用各种工器具	5	未正确使用一次扣 1 分，扣完为止		
1.2	相关安全措施的准备	（1）工作前必须认真检查更换板卡状态，应注意对阀控装置的影响。 （2）在现场屏柜进行工作，防止走错间隔，同时做好检修现场各项安全措施。 （3）更换应按照厂家规定程序进行，佩戴防静电手环。 （4）更换过程中禁止直视光源，必要时戴护目镜。 （5）进入作业现场正确佩戴安全帽，现场作业人员应穿全棉长袖工作服、绝缘鞋	10	未检查板卡状态扣 2 分； 未确认检修间隔扣 2 分； 未佩戴防静电手环扣 2 分； 未佩戴护目镜扣 1 分； 安全帽佩戴不规范扣 1 分； 未穿全棉长袖工作服扣 1 分； 未穿绝缘鞋扣 1 分		
2	板卡更换	（1）确认安全措施，防止空气开关断开错误，导致正常运行的系统电源丢失。 （2）拆除板卡时，记录光纤位置，记录新旧板卡型号、序列号等信息。 （3）拔下故障板卡，并与备品板卡进行比较，确认二者一致，并将新旧板卡设置一致。 （4）拔出及插入板卡过程中发生卡涩现象应立刻停止并进行检查，避免用力强行插拔对板卡及卡槽造成损伤。 （5）板卡更换结束后，检查更换板卡上下螺栓是否上紧，板卡背后的光纤是否插紧。 （6）板卡更换结束后，插拔光纤注意光纤过度弯曲。 （7）上电后检查装置机箱指示灯显示正常后台无异常告警信号	60	未断开或错误断开空气开关扣 10 分； 未记录光纤编号、位置扣 10 分； 未记录新、旧板卡编号、序列号扣 10 分； 未完成把卡插拔扣 20 分； 未完成光纤恢复扣 10 分		

续表

序号	项目名称	质量要求	满分	扣分标准	扣分原因	得分
3	现场恢复	恢复现场	10	未进行现场恢复扣 10 分		
4	填写报告					
4.1	修试记录	填写更换记录，包括 VBE 屏柜编号、VBE 机箱编号、故障板卡编号、新装板卡编号	15	每少填写一项扣 4 分，扣完为止		
合计			100			

Jc2002253052 A5000 换流阀分支水管与晶闸管间水管更换。（100 分）

考核知识点： A5000 换流阀分支水管与晶闸管间水管更换

难易度： 难

技能等级评价专业技能考核操作工作任务书

一、任务名称

A5000 换流阀分支水管与晶闸管间水管更换。

二、适用工种

换流站直流设备检修工（二次）技师。

三、具体任务

（1）工作状态为换流阀检修状态、阀冷却系统停运。工作内容为 A5000 换流阀分支水管与晶闸管间水管更换。

（2）工作任务：对 A5000 换流阀分支水管与晶闸管间水管进行更换。

四、工作规范及要求

（1）工器具使用及安全措施。

（2）按要求进行分支水管与晶闸管间水管更换。

五、考核及时间要求

（1）本考核操作时间为 60 分钟，时间到停止考评。

（2）按照技能操作记录单的操作要求进行操作，并填写更换记录。

技能等级评价专业技能考核操作评分标准

<table>
<tr><td>工种</td><td colspan="5">换流站直流设备检修工（二次）</td><td>评价等级</td><td>技师</td></tr>
<tr><td>项目模块</td><td colspan="5">二次设备日常维护、检修—换流阀及阀控设备日常维护、检修</td><td>编号</td><td>Jc2002253052</td></tr>
<tr><td>单位</td><td colspan="2">　</td><td>准考证号</td><td colspan="2">　</td><td>姓名</td><td>　</td></tr>
<tr><td>考试时限</td><td colspan="2">60 分钟</td><td>题型</td><td colspan="2">多项操作</td><td>题分</td><td>100 分</td></tr>
<tr><td>成绩</td><td>　</td><td>考评员</td><td>　</td><td>考评组长</td><td>　</td><td>日期</td><td>　</td></tr>
<tr><td>试题正文</td><td colspan="7">A5000 换流阀分支水管与晶闸管间水管更换</td></tr>
<tr><td>需要说明的问题和要求</td><td colspan="7">（1）要求调试人员单人操作，故障查找及分析在调试过程中完成。
（2）操作应注意安全，做好安全措施。
（3）在换流阀一次设备上完成操作。
（4）操作记录填入操作记录。试验或检修结果填入修试记录</td></tr>
</table>

续表

序号	项目名称	质量要求	满分	扣分标准	扣分原因	得分
1	工具使用及安全措施					
1.1	各种工器具正确使用	熟练正确使用各种工器具	5	未正确使用一次扣 1 分，扣完为止		
1.2	相关安全措施的准备	（1）高空作业车接地。 （2）正确使用安全带。 （3）进入作业现场正确佩戴安全帽，现场作业人员应穿全棉长袖工作服、绝缘鞋	10	高空作业车未正确接地扣 2 分； 未正确使用安全带扣 2 分； 安全帽佩戴不规范扣 2 分； 未穿全棉长袖工作服扣 2 分； 未穿绝缘鞋扣 2 分		
2	分支水管与晶闸管间水管更换	（1）为防止水洒到下层阀模块上，应在下层阀组件上覆盖塑料薄膜。 （2）更换水管的同时应使用新的 O 形密封圈。 （3）水管更换完成后应根据厂家要求的力矩对接头进行力矩检查。 （4）力矩检查完毕后应划线标记，但不能与原标记线重合。 （5）阀塔补水时应注意排气，确保水管内无气泡。 （6）对阀冷系统进行静态加压试验，检查水管无渗漏。 （7）全部工作结束后检查阀塔无遗留物	60	未正确判断渗漏水原因扣 10 分； 未更换密封圈扣 20 分； 未完成漏水处理扣 30 分		
3	现场恢复	恢复现场	10	未进行现场恢复扣 10 分		
4	填写报告					
4.1	修试记录	填写更换记录，包括晶闸管级编号、新、旧水管编号	15	每少填写一项扣 5 分，扣完为止		
合计			100			

Jc2002253053　A5000 换流阀阻尼电阻与阻尼电阻间水管更换。（100 分）

考核知识点：A5000 换流阀阻尼电阻与阻尼电阻间水管更换

难易度：难

技能等级评价专业技能考核操作工作任务书

一、任务名称

A5000 换流阀阻尼电阻与阻尼电阻间水管更换。

二、适用工种

换流站直流设备检修工（二次）技师。

三、具体任务

（1）工作状态为换流阀检修状态、阀冷却系统停运。工作内容为 A5000 换流阀阻尼电阻与阻尼电阻间水管更换。

（2）工作任务：对A5000 换流阀阻尼电阻与阻尼电阻间水管进行更换。

四、工作规范及要求

（1）工器具使用及安全措施。

（2）按要求进行阻尼电阻与阻尼电阻间水管更换。

五、考核及时间要求

（1）本考核操作时间为60分钟，时间到停止考评。

（2）按照技能操作记录单的操作要求进行操作，并填写更换记录。

技能等级评价专业技能考核操作评分标准

工种	换流站直流设备检修工（二次）			评价等级	技师
项目模块	二次设备日常维护、检修—换流阀及阀控设备日常维护、检修		编号	Jc2002253053	
单位		准考证号		姓名	
考试时限	60分钟	题型	多项操作	题分	100分
成绩		考评员		考评组长	日期
试题正文	A5000换流阀阻尼电阻与阻尼电阻间水管更换				
需要说明的问题和要求	（1）要求调试人员单人操作，故障查找及分析在调试过程中完成。 （2）操作应注意安全，做好安全措施。 （3）在换流阀一次设备上完成操作。 （4）操作记录填入操作记录。试验或检修结果填入修试记录				

序号	项目名称	质量要求	满分	扣分标准	扣分原因	得分
1	工具使用及安全措施					
1.1	各种工器具正确使用	熟练正确使用各种工器具	5	未正确使用一次扣1分，扣完为止		
1.2	相关安全措施的准备	（1）高空作业车接地。 （2）正确使用安全带。 （3）进入作业现场正确佩戴安全帽，现场作业人员应穿全棉长袖工作服、绝缘鞋	10	高空作业车未正确接地扣2分； 未正确使用安全带扣2分； 安全帽佩戴不规范扣2分； 未穿全棉长袖工作服扣2分； 未穿绝缘鞋扣2分		
2	阻尼电阻与阻尼电阻间水管更换	（1）为防止水洒到下层阀模块上，应在下层阀组件上覆盖塑料薄膜。 （2）更换水管的同时应使用新的O形密封圈。 （3）水管更换完成后应根据厂家要求的力矩对接头进行力矩检查。 （4）力矩检查完毕后应划线标记，但不能与原标记线重合。 （5）阀塔补水时应注意排气，确保水管内无气泡。 （6）对阀冷系统进行静态加压试验，检查水管无渗漏。 （7）全部工作结束后检查阀塔无遗留物	60	未正确判断渗漏水原因扣10分； 未更换密封圈扣20分； 未完成漏水处理扣30分		
3	现场恢复	恢复现场	10	未进行现场恢复扣10分		
4	填写报告					
4.1	修试记录	填写更换记录，包括晶闸管级编号、新、旧水管编号	15	每少填写一项扣5分，扣完为止		
合计			100			

Jc2002251054 A5000换流阀漏水检测装置更换。（100分）

考核知识点：A5000换流阀漏水检测装置更换

难易度：易

技能等级评价专业技能考核操作工作任务书

一、任务名称

A5000 换流阀漏水检测装置更换。

二、适用工种

换流站直流设备检修工（二次）技师。

三、具体任务

（1）工作状态为换流阀检修状态、阀冷却系统停运。工作内容为 A5000 换流阀检漏计更换。

（2）工作任务：对 A5000 换流阀漏水检测装置进行更换。

四、工作规范及要求

（1）工器具使用及安全措施。

（2）按要求进行漏水检测装置更换。

五、考核及时间要求

（1）本考核操作时间为 60 分钟，时间到停止考评。

（2）按照技能操作记录单的操作要求进行操作，并填写更换记录。

技能等级评价专业技能考核操作评分标准

工种	换流站直流设备检修工（二次）			评价等级	技师		
项目模块	二次设备日常维护、检修—换流阀及阀控设备日常维护、检修		编号	Jc2002251054			
单位		准考证号		姓名			
考试时限	60 分钟	题型	多项操作	题分	100 分		
成绩		考评员		考评组长		日期	
试题正文	A5000 换流阀漏水检测装置更换						
需要说明的问题和要求	（1）要求调试人员单人操作，故障查找及分析在调试过程中完成。 （2）操作应注意安全，做好安全措施。 （3）在换流阀一次设备上完成操作。 （4）操作记录填入操作记录。试验或检修结果填入修试记录						

序号	项目名称	质量要求	满分	扣分标准	扣分原因	得分
1	工具使用及安全措施					
1.1	各种工器具正确使用	熟练正确使用各种工器具	5	未正确使用一次扣 1 分，扣完为止		
1.2	相关安全措施的准备	（1）高空作业车接地。 （2）正确使用安全带。 （3）进入作业现场正确佩戴安全帽，现场作业人员应穿全棉长袖工作服、绝缘鞋	10	高空作业车未正确接地扣 2 分； 未正确使用安全带扣 2 分； 安全帽佩戴不规范扣 2 分； 未穿全棉长袖工作服扣 2 分； 未穿绝缘鞋扣 2 分		
2	漏水检测装置更换	（1）拔掉漏水检测装置光纤。 （2）用扳手拆卸掉漏水检测装置固定螺栓，拆下故障漏水检测装置。 （3）将新的合格的漏水检测装置放置在底屏蔽漏水检测装置固定支座上，用螺栓固定。 （4）恢复漏水检测装置光纤接线，确保光纤接头连接牢固。 （5）进行漏水检测装置测试	60	未拆除漏水检测光纤扣 10 分； 未开展漏水检测装置测试扣 20 分； 未完成漏水检测装置更换扣 30 分		

续表

序号	项目名称	质量要求	满分	扣分标准	扣分原因	得分
3	现场恢复	恢复现场	10	未进行现场恢复扣 10 分		
4	填写报告					
4.1	修试记录	填写更换记录，包括阀塔编号、故障元件更换记录、漏水检测测试结果	15	每少填写一项扣 5 分，扣完为止		
合计			100			

Jc2002242055 A5000 换流阀阀避雷器计数器光纤动作测试。（100 分）

考核知识点：A5000 换流阀阀避雷器计数器光纤动作测试

难易度：中

技能等级评价专业技能考核操作工作任务书

一、任务名称

A5000 换流阀阀避雷器计数器光纤动作测试。

二、适用工种

换流站直流设备检修工（二次）技师。

三、具体任务

（1）工作状态为换流阀检修状态。工作内容为开展阀避雷器计数器光纤动作测试。

（2）工作任务：开展阀避雷器计数器光纤动作测试。

四、工作规范及要求

（1）工器具使用及安全措施。

（2）按要求进行阀避雷器计数器光纤动作测试。

五、考核及时间要求

（1）本考核操作时间为 60 分钟，时间到停止考评。

（2）按照技能操作记录单的操作要求进行操作，正确记录操作结果，试验记录项目包括：阀避雷器动作结果、后台计数器记录、报文记录。

技能等级评价专业技能考核操作评分标准

工种	换流站直流设备检修工（二次）				评价等级	技师
项目模块	二次设备日常维护、检修—换流阀及阀控设备日常维护、检修			编号	Jc2002242055	
单位		准考证号			姓名	
考试时限	60 分钟	题型		单项操作	题分	100 分
成绩		考评员		考评组长		日期
试题正文	A5000 换流阀阀避雷器计数器光纤动作测试					
需要说明的问题和要求	（1）要求调试人员单人操作，故障查找及分析在调试过程中完成。 （2）操作应注意安全，做好安全措施。 （3）在换流阀一次设备上完成操作。 （4）测试仪的选择可选考场提供的光源仪器。 （5）操作记录填入操作记录。试验或检修结果填入修试记录					

续表

序号	项目名称	质量要求	满分	扣分标准	扣分原因	得分
1	工具使用及安全措施					
1.1	各种工器具正确使用	熟练正确使用各种工器具	5	未正确使用一次扣1分，扣完为止		
1.2	相关安全措施的准备	（1）高空作业车接地。 （2）正确使用安全带。 （3）进入作业现场正确佩戴安全帽，现场作业人员应穿全棉长袖工作服、绝缘鞋	10	高空作业车未正确接地扣2分； 未正确使用安全带扣2分； 安全帽佩戴不规范扣2分； 未穿全棉长袖工作服扣2分； 未穿绝缘鞋扣2分		
2	阀避雷器计数器光纤动作测试	（1）正确识别阀避雷器编号。 （2）拆除阀避雷器计数器光纤。 （3）对阀避雷器光纤进行打光测试。 （4）确认后台报文	60	未拆除计数器光纤扣30分； 打光后后台无动作报文扣30分		
3	现场恢复	恢复现场	10	未进行现场恢复扣10分		
4	填写报告					
4.1	操作记录	填写操作步骤，记录每一步操作现象。	15	每少填写一项扣1分，扣完为止		
合计			100			

Jc2002241056　A5000换流阀阻尼电容 C_{d2} 测量。（100分）

考核知识点：阻尼电容测量

难易度：易

技能等级评价专业技能考核操作工作任务书

一、任务名称

A500换流阀阻尼电容 C_{d2} 测量。

二、适用工种

换流站直流设备检修工（二次）技师。

三、具体任务

（1）工作状态为换流阀检修状态。工作内容为换流阀阻尼电容 C_{d2} 测量。

（2）工作任务：开展A5000换流阀单个晶闸管级阻尼电容 C_{d2} 测量。

四、工作规范及要求

（1）工器具使用及安全措施。

（2）按要求进行A5000换流阀阻尼电容 C_{d2} 测量。

五、考核及时间要求

（1）本考核操作时间为60分钟，时间到停止考评。

（2）按照技能操作记录单的操作要求进行操作，正确记录操作结果，试验记录项目包括：阻尼电容 C_{d2} 位置、单个晶闸管级 C_{d2} 串并联电容数、测量结果。

技能等级评价专业技能考核操作评分标准

<table>
<tr><td>工种</td><td colspan="5">换流站直流设备检修工（二次）</td><td>评价等级</td><td>技师</td></tr>
<tr><td>项目模块</td><td colspan="4">二次设备检测—换流阀参数检测</td><td>编号</td><td colspan="2">Jc2002241056</td></tr>
<tr><td>单位</td><td colspan="2"></td><td>准考证号</td><td colspan="2"></td><td>姓名</td><td></td></tr>
<tr><td>考试时限</td><td colspan="2">60 分钟</td><td>题型</td><td colspan="2">单项操作</td><td>题分</td><td>100 分</td></tr>
<tr><td>成绩</td><td></td><td>考评员</td><td></td><td>考评组长</td><td></td><td>日期</td><td></td></tr>
<tr><td>试题正文</td><td colspan="7">A5000 换流阀阻尼电容 C_{d2} 测量</td></tr>
<tr><td>需要说明的问题和要求</td><td colspan="7">（1）要求调试人员单人操作，故障查找及分析在调试过程中完成。
（2）操作应注意安全，做好安全措施。
（3）在换流阀一次设备上完成操作。
（4）使用万用表进行测量。
（5）操作记录填入操作记录。试验或检修结果填入修试记录</td></tr>
</table>

序号	项目名称	质量要求	满分	扣分标准	扣分原因	得分
1	工具使用及安全措施					
1.1	各种工器具正确使用	熟练正确使用各种工器具	5	未正确使用一次扣 1 分，扣完为止		
1.2	相关安全措施的准备	（1）确认阻尼回路电容已放电。 （2）高空作业车接地。 （3）正确使用安全带。 （4）进入作业现场正确佩戴安全帽，现场作业人员应穿全棉长袖工作服、绝缘鞋	10	未确认阻尼回路电容放电扣 2 分； 高空作业车未正确接地扣 2 分； 未正确使用安全带扣 2 分； 安全帽佩戴不规范扣 2 分； 未穿全棉长袖工作服扣 1 分； 未穿绝缘鞋扣 1 分		
2	阻尼电容 C_{d2} 测量	（1）正确识别阻尼电容 C_{d2}。 （2）拆除接线。 （3）将万用表打至电容挡，完成 C_{d2} 电容值测量	60	未正确识别阻尼电容扣 10 分； 未正确拆除接线扣 20 分； 未正确使用万用表扣 30 分		
3	现场恢复	恢复现场	10	未进行现场恢复扣 10 分		
4	填写报告					
4.1	修试记录	正确填写测量结果、阻尼电容 C_{d2} 位置、单个晶闸管级 C_{d2} 串并联电容数	15	每少填写一项扣 5 分，扣完为止		
合计			100			

Jc2002242057　A5000 换流阀阻尼电容更换。（100 分）

考核知识点：A5000 换流阀阻尼电容更换

难易度：中

技能等级评价专业技能考核操作工作任务书

一、任务名称

A5000 换流阀阻尼电容更换。

二、适用工种

换流站直流设备检修工（二次）技师。

三、具体任务

（1）工作状态为换流阀检修状态、阀冷却系统停运。工作内容为A5000换流阀阻尼电容更换。

（2）工作任务：对A5000换流阀阻尼电容进行更换。

四、工作规范及要求

（1）工器具使用及安全措施。

（2）按要求进行阻尼电容更换。

五、考核及时间要求

（1）本考核操作时间为60分钟，时间到停止考评。

（2）按照技能操作记录单的操作要求进行操作，并填写更换记录。

技能等级评价专业技能考核操作评分标准

工种	换流站直流设备检修工（二次）					评价等级	技师
项目模块	二次设备日常维护、检修—换流阀及阀控设备日常维护、检修				编号	Jc2002242057	
单位			准考证号			姓名	
考试时限	60分钟		题型	单项操作		题分	100分
成绩		考评员		考评组长		日期	
试题正文	A5000换流阀阻尼电容更换						
需要说明的问题和要求	（1）要求调试人员单人操作，故障查找及分析在调试过程中完成。 （2）操作应注意安全，做好安全措施。 （3）在换流阀一次设备上完成操作。 （4）操作记录填入操作记录。试验或检修结果填入修试记录						

序号	项目名称	质量要求	满分	扣分标准	扣分原因	得分
1	工具使用及安全措施					
1.1	各种工器具正确使用	熟练正确使用各种工器具	5	未正确使用一次扣1分，扣完为止		
1.2	相关安全措施的准备	（1）试验仪器正确接地。 （2）高空作业车接地。 （3）正确使用安全带。 （4）确认阻尼回路电容已放电。 （5）如需取用电源应正确操作。 （6）进入作业现场正确佩戴安全帽，现场作业人员应穿全棉长袖工作服、绝缘鞋	10	未确认阻尼回路电容已放电扣2分； 试验仪器未正确接地扣2分； 高空作业车未正确接地扣1分； 未正确使用安全带扣1分； 未正确取用电源扣1分； 安全帽佩戴不规范扣1分； 未穿全棉长袖工作服扣1分； 未穿绝缘鞋扣1分		
2	阻尼电容更换	（1）检查新电容的电容值，与额定值误差不大于3%。 （2）电容安装完成后应按照厂家力矩要求进行接线柱力矩检查。 （3）检查电容器固定紧固，接线正确、无松动。 （4）阻尼电容更换完毕后，晶闸管级试验合格。 （5）电容更换完毕后，检查阀塔无遗留物	60	未开展电容值测量扣15分； 未开展力矩检查扣15分； 晶闸管试验不合格扣15分； 未检查阀塔有无遗留物扣15分		
3	现场恢复	恢复现场	10	未进行现场恢复扣10分		
4	填写报告					
4.1	修试记录	填写更换记录，包括晶闸管级编号、故障元件编号、新元件编号	15	每少填写一项扣5分，扣完为止		
合计			100			

Jc2002241058 A5000 换流阀录波机箱 VBEPR7301A–3 CPU 以太网通信板卡更换。(100 分)

考核知识点： 阀控设备缺陷处理

难易度： 易

技能等级评价专业技能考核操作工作任务书

一、任务名称

A5000 换流阀录波机箱 VBEPR7301A-3 CPU 以太网通信板卡更换。

二、适用工种

换流站直流设备检修工（二次）技师。

三、具体任务

（1）工作状态为换流阀检修状态，工作内容为 A5000 换流阀 VBE 录波机箱 VBEPR7301A-3 CPU 以太网通信板卡更换。

（2）工作任务：对 A5000 换流阀 VBE 录波机箱 VBEPR7301A-3 CPU 以太网通信板卡进行更换。

四、工作规范及要求

（1）工器具使用及安全措施。

（2）按要求进行 VBE 录波机箱 VBEPR7301A-3 CPU 以太网通信板卡更换。

五、考核及时间要求

（1）本考核操作时间为 60 分钟，时间到停止考评。

（2）按照技能操作记录单的操作要求进行操作，并填写更换记录。

技能等级评价专业技能考核操作评分标准

<table>
<tr><td>工种</td><td colspan="5">换流站直流设备检修工（二次）</td><td>评价等级</td><td>技师</td></tr>
<tr><td>项目模块</td><td colspan="4">缺陷处理与事故分析—缺陷处理</td><td>编号</td><td colspan="2">Jc2002241058</td></tr>
<tr><td>单位</td><td colspan="3"></td><td>准考证号</td><td></td><td>姓名</td><td></td></tr>
<tr><td>考试时限</td><td colspan="2">60 分钟</td><td>题型</td><td colspan="2">单项操作</td><td>题分</td><td>100 分</td></tr>
<tr><td>成绩</td><td></td><td>考评员</td><td></td><td>考评组长</td><td></td><td>日期</td><td></td></tr>
<tr><td>试题正文</td><td colspan="7">A5000 换流阀录波机箱 VBEPR7301A-3 CPU 以太网通信板卡更换</td></tr>
<tr><td>需要说明的问题和要求</td><td colspan="7">（1）要求单人操作。
（2）操作应注意安全，按照标准化作业书的技术安全说明做好安全措施。
（3）操作记录填入操作记录。试验或检修结果填入修试记录</td></tr>
</table>

序号	项目名称	质量要求	满分	扣分标准	扣分原因	得分
1	工具使用及安全措施					
1.1	各种工器具正确使用	熟练正确使用各种工器具	5	未正确使用一次扣 1 分，扣完为止		
1.2	相关安全措施的准备	（1）工作前必须认真检查更换板卡状态，应注意对阀控装置的影响。 （2）在现场屏柜进行工作，防止走错间隔，同时做好检修现场各项安全措施。 （3）更换应按照厂家规定程序进行，佩戴防静电手环。 （4）更换过程中禁止直视光源，必要时戴护目镜。 （5）进入作业现场正确佩戴安全帽，现场作业人员应穿全棉长袖工作服、绝缘鞋	10	未检查板卡状态扣 2 分； 未确认检修间隔扣 2 分； 未佩戴防静电手环扣 2 分； 未佩戴护目镜扣 1 分； 安全帽佩戴不规范扣 1 分； 未穿全棉长袖工作服扣 1 分； 未穿绝缘鞋扣 1 分		

续表

序号	项目名称	质量要求	满分	扣分标准	扣分原因	得分
2	板卡更换	（1）确认安全措施，防止空气开关断开错误，导致正常运行的系统电源丢失。 （2）拆除板卡时，记录光纤位置，记录新旧板卡型号、序列号等信息。 （3）拔下故障板卡，并与备品板卡进行比较，确认二者一致，并将新旧板卡设置一致。 （4）拔出及插入板卡过程中发生卡涩现象应立刻停止并进行检查，避免用力强行插拔对板卡及卡槽造成损伤。 （5）板卡更换结束后，检查更换板卡上下螺栓是否上紧，板卡背后的光纤是否插紧。 （6）板卡更换结束后，插拔光纤注意光纤过度弯曲。 （7）上电后检查装置机箱指示灯显示正常后台无异常告警信号	60	未断开或错误断开空气开关扣 10 分； 未记录光纤编号、位置扣 10 分； 未记录新、旧板卡编号、序列号扣 10 分； 未完成把卡插拔扣 20 分； 未完成光纤恢复扣 10 分		
3	现场恢复	恢复现场	10	未进行现场恢复扣 10 分		
4	填写报告					
4.1	修试记录	填写更换记录，包括 VBE 屏柜编号、VBE 机箱编号、故障板卡编号、新装板卡编号	15	每少填写一项扣 4 分，扣完为止		
合计			100			

Jc2002252059　A5000 换流阀回报光纤更换。(100 分)

考核知识点：A5000 换流阀备用光纤更换

难易度：中

技能等级评价专业技能考核操作工作任务书

一、任务名称

A5000 换流阀回报光纤更换。

二、适用工种

换流站直流设备检修工（二次）技师。

三、具体任务

（1）工作状态为换流阀检修状态、阀冷却系统停运。工作内容为 A5000 换流阀回报光纤更换。

（2）工作任务：对 A5000 换流阀回报光纤进行更换。

四、工作规范及要求

（1）工器具使用及安全措施。

（2）按要求进行回报光纤更换。

五、考核及时间要求

（1）本考核操作时间为 60 分钟，时间到停止考评。

（2）按照技能操作记录单的操作要求进行操作，并填写更换记录。

技能等级评价专业技能考核操作评分标准

工种	换流站直流设备检修工（二次）					评价等级	技师
项目模块	二次设备日常维护、检修—换流阀及阀控设备日常维护、检修				编号	Jc2002252059	
单位			准考证号			姓名	
考试时限	60 分钟	题型		多项操作		题分	100 分
成绩		考评员		考评组长		日期	
试题正文	A5000 换流阀回报光纤更换						
需要说明的问题和要求	（1）要求调试人员单人操作，故障查找及分析在调试过程中完成。 （2）操作应注意安全，做好安全措施。 （3）在换流阀一次设备上完成操作。 （4）操作记录填入操作记录。试验或检修结果填入修试记录						

序号	项目名称	质量要求	满分	扣分标准	扣分原因	得分
1	工具使用及安全措施					
1.1	各种工器具正确使用	熟练正确使用各种工器具	5	未正确使用一次扣 1 分，扣完为止		
1.2	相关安全措施的准备	（1）VBE 屏柜工作带静电手环。 （2）高空作业车接地。 （3）正确使用安全带。 （4）进入作业现场正确佩戴安全帽，现场作业人员应穿全棉长袖工作服、绝缘鞋	10	未戴静电手环扣 2 分； 高空作业车未正确接地扣 2 分； 未正确使用安全带扣 2 分； 安全帽佩戴不规范扣 2 分； 未穿全棉长袖工作服扣 1 分； 未穿绝缘鞋扣 1 分		
2	回报光纤更换	（1）将晶闸管级控制单元上的光纤拔出后应做好标记。 （2）新的光纤插入晶闸管级控制单元前，应先用光纤清洁工具将光纤头清洁干净，同时检查新光纤的光功率损耗在正常范围内。 （3）光纤安装完毕后，检查光纤弯曲度在正常范围内。 （4）光纤更换完毕后，晶闸管级试验合格。 （5）全部工作完毕后检查阀塔无遗留物	60	未做好光纤标记扣 20 分； 未清洁光纤头扣 20 分； 未检查阀塔有无遗留物扣 20 分		
3	现场恢复	恢复现场	10	未进行现场恢复扣 10 分		
4	填写记录					
4.1	更换记录	填写更换记录，包括晶闸管级编号、故障光纤编号、新光纤编号	15	每少填写一项扣 5 分，扣完为止		
合计			100			

Jc2002252060 A5000-VTE 单个晶闸管级交流阻抗测试。（100 分）

考核知识点： 晶闸管级交流阻抗测试

难易度： 中

技能等级评价专业技能考核操作工作任务书

一、任务名称

A5000-VTE 单个晶闸管级交流阻抗测试。

二、适用工种

换流站直流设备检修工（二次）技师。

三、具体任务

（1）工作状态为换流阀检修状态。工作内容为使用 A5000-VTE 进行单个晶闸管级交流阻抗测试。

（2）工作任务：使用 A5000-VTE 进行单个晶闸管级交流阻抗测试。

四、工作规范及要求

（1）工器具使用及安全措施。

（2）按要求进行交流阻抗测试。

五、考核及时间要求

（1）本考核操作时间为 60 分钟，时间到停止考评。

（2）按照技能操作记录单的操作要求进行操作，正确记录操作结果，试验记录项目包括：晶闸管级编号、交流阻抗值、是否合格。

技能等级评价专业技能考核操作评分标准

<table>
<tr><td>工种</td><td colspan="4">换流站直流设备检修工（二次）</td><td>评价等级</td><td>技师</td></tr>
<tr><td>项目模块</td><td colspan="4">二次设备检测—换流阀参数检测</td><td>编号</td><td>Jc2002252060</td></tr>
<tr><td>单位</td><td colspan="2"></td><td>准考证号</td><td></td><td>姓名</td><td></td></tr>
<tr><td>考试时限</td><td>60 分钟</td><td>题型</td><td colspan="2">多项操作</td><td>题分</td><td>100 分</td></tr>
<tr><td>成绩</td><td></td><td>考评员</td><td></td><td>考评组长</td><td>日期</td><td></td></tr>
<tr><td>试题正文</td><td colspan="6">A5000-VTE 单个晶闸管级交流阻抗测试</td></tr>
<tr><td>需要说明的问题和要求</td><td colspan="6">（1）要求调试人员单人操作，故障查找及分析在调试过程中完成。
（2）操作应注意安全，做好安全措施。
（3）在换流阀一次设备上完成操作。
（4）操作记录填入操作记录。试验或检修结果填入修试记录</td></tr>
</table>

序号	项目名称	质量要求	满分	扣分标准	扣分原因	得分
1	工具使用及安全措施					
1.1	各种工器具正确使用	熟练正确使用各种工器具	5	未正确使用一次扣 1 分，扣完为止		
1.2	相关安全措施的准备	（1）试验仪器正确接地。 （2）高空作业车接地。 （3）正确使用安全带。 （4）如需取用电源应正确操作。 （5）进入作业现场正确佩戴安全帽，现场作业人员应穿全棉长袖工作服、绝缘鞋	10	试验仪器未正确接地扣 2 分； 高空作业车未正确接地扣 2 分； 未正确使用安全带扣 2 分； 未正确取用电源扣 1 分； 安全帽佩戴不规范扣 1 分； 未穿全棉长袖工作服扣 1 分； 未穿绝缘鞋扣 1 分		
2	单级晶闸管交流阻抗测试	（1）开机后，选择交流阻抗测试。 （2）正确接线（红色夹子夹阳极，黑色夹子夹阴极）。 （3）旋开急停按钮，脚踩试验踏板，单击测试按钮开展测试。 （4）读取测试结果	60	未正确选择交流阻抗测试扣 20 分； 未正确接线扣 20 分； 未按照试验步骤开展试验扣 20 分		

续表

序号	项目名称	质量要求	满分	扣分标准	扣分原因	得分
3	现场恢复	恢复现场	10	未进行现场恢复扣 10 分		
4	填写报告					
4.1	修试记录	正确填写晶闸管级编号、交流阻抗值	15	每少填写一项扣 3 分，扣完为止		
合计			100			

Jc2002242061 A5000 换流阀 VBE 通信与控制机箱 VTE/漏水检测板卡更换。(100 分)

考核知识点： 换流阀 VBE 故障处理

难易度： 中

技能等级评价专业技能考核操作工作任务书

一、任务名称

A5000 换流阀 VBE 通信与控制机箱 VTE/漏水检测板卡更换。

二、适用工种

换流站直流设备检修工（二次）技师。

三、具体任务

（1）工作状态为换流阀检修状态。工作内容为 A5000 换流阀 VBE 通信与控制机箱 VTE/漏水检测板卡更换。

（2）工作任务：对 A5000 换流阀 VBE 通信与控制机箱 VTE/漏水检测板卡进行更换。

四、工作规范及要求

（1）工器具使用及安全措施。

（2）按要求进行 VBE 通信与控制机箱 VTE/漏水检测板卡更换。

五、考核及时间要求

（1）本考核操作时间为 60 分钟，时间到停止考评。

（2）按照技能操作记录单的操作要求进行操作，并填写更换记录。

技能等级评价专业技能考核操作评分标准

<table>
<tr><td>工种</td><td colspan="5">换流站直流设备检修工（二次）</td><td>评价等级</td><td>技师</td></tr>
<tr><td>项目模块</td><td colspan="4">缺陷处理与事故分析—缺陷处理</td><td>编号</td><td colspan="2">Jc2002242061</td></tr>
<tr><td>单位</td><td colspan="2"></td><td>准考证号</td><td colspan="2"></td><td>姓名</td><td></td></tr>
<tr><td>考试时限</td><td colspan="2">60 分钟</td><td>题型</td><td colspan="2">单项操作</td><td>题分</td><td>100 分</td></tr>
<tr><td>成绩</td><td></td><td>考评员</td><td></td><td>考评组长</td><td></td><td>日期</td><td></td></tr>
<tr><td>试题正文</td><td colspan="7">A5000 换流阀 VBE 通信与控制机箱 VTE/漏水检测板卡更换</td></tr>
<tr><td>需要说明的问题和要求</td><td colspan="7">（1）要求单人操作。
（2）操作应注意安全，按照标准化作业书的技术安全说明做好安全措施。
（3）操作记录填入操作记录。试验或检修结果填入修试记录</td></tr>
</table>

续表

序号	项目名称	质量要求	满分	扣分标准	扣分原因	得分
1	工具使用及安全措施					
1.1	各种工器具正确使用	熟练正确使用各种工器具	5	未正确使用一次扣1分，扣完为止		
1.2	相关安全措施的准备	（1）工作前必须认真检查更换板卡状态，应注意对阀控装置的影响。 （2）在现场屏柜进行工作，防止走错间隔，同时做好检修现场各项安全措施。 （3）更换应按照厂家规定程序进行，佩戴防静电手环。 （4）更换过程中禁止直视光源，必要时戴护目镜。 （5）进入作业现场正确佩戴安全帽，现场作业人员应穿全棉长袖工作服、绝缘鞋	10	未检查板卡状态扣2分； 未确认检修间隔扣2分； 未佩戴防静电手环扣2分； 未佩戴护目镜扣1分； 安全帽佩戴不规范扣1分； 未穿全棉长袖工作服扣1分； 未穿绝缘鞋扣1分		
2	板卡更换	（1）确认安全措施，防止空气开关断开错误，导致正常运行的系统电源丢失。 （2）拆除板卡时，记录光纤位置，记录新旧板卡型号、序列号等信息。 （3）拔下故障板卡，并与备品板卡进行比较，确认二者一致，并将新旧板卡设置一致。 （4）拔出及插入板卡过程中发生卡涩现象应立刻停止并进行检查，避免用力强行插拔对板卡及卡槽造成损伤。 （5）板卡更换结束后，检查更换板卡上下螺栓是否上紧，板卡背后的光纤是否插紧。 （6）板卡更换结束后，插拔光纤注意光纤过度弯曲。 （7）上电后检查装置机箱指示灯显示正常后台无异常告警信号	60	未断开或错误断开空气开关扣10分； 未记录光纤编号、位置扣10分； 未记录新、旧板卡编号、序列号扣10分； 未完成把卡插拔扣20分； 未完成光纤恢复扣10分		
3	现场恢复	恢复现场	10	未进行现场恢复扣10分		
4	填写报告					
4.1	修试记录	填写更换记录，包括VBE屏柜编号、VBE机箱编号、故障板卡编号、新装板卡编号	15	每少填写一项扣4分，扣完为止		
合计			100			

Jc2002253062　A5000换流阀分支水管与电抗器间水管更换。（100分）

考核知识点：A5000换流阀分支水管与电抗器间水管更换

难易度：难

技能等级评价专业技能考核操作工作任务书

一、任务名称

A5000换流阀分支水管与电抗器间水管更换。

二、适用工种

换流站直流设备检修工（二次）技师。

三、具体任务

（1）工作状态为换流阀检修状态、阀冷却系统停运。工作内容为A5000换流阀分支水管与电抗器间水管更换。

（2）工作任务：对A5000换流阀分支水管与电抗器间水管进行更换。

四、工作规范及要求

（1）工器具使用及安全措施。

（2）按要求进行分支水管与电抗器间水管更换。

五、考核及时间要求

（1）本考核操作时间为60分钟，时间到停止考评。

（2）按照技能操作记录单的操作要求进行操作，并填写更换记录。

技能等级评价专业技能考核操作评分标准

工种	换流站直流设备检修工（二次）					评价等级	技师
项目模块	二次设备日常维护、检修—换流阀及阀控设备日常维护、检修				编号	Jc2002253062	
单位			准考证号			姓名	
考试时限	60分钟		题型	多项操作		题分	100分
成绩		考评员		考评组长		日期	
试题正文	A5000换流阀分支水管与电抗器间水管更换						
需要说明的问题和要求	（1）要求调试人员单人操作，故障查找及分析在调试过程中完成。 （2）操作应注意安全，做好安全措施。 （3）在换流阀一次设备上完成操作。 （4）操作记录填入操作记录。试验或检修结果填入修试记录						

序号	项目名称	质量要求	满分	扣分标准	扣分原因	得分
1	工具使用及安全措施					
1.1	各种工器具正确使用	熟练正确使用各种工器具	5	未正确使用一次扣1分，扣完为止		
1.2	相关安全措施的准备	（1）高空作业车接地。 （2）正确使用安全带。 （3）进入作业现场正确佩戴安全帽，现场作业人员应穿全棉长袖工作服、绝缘鞋	10	高空作业车未正确接地扣2分； 未正确使用安全带扣2分； 安全帽佩戴不规范扣2分； 未穿全棉长袖工作服扣2分； 未穿绝缘鞋扣2分		
2	分支水管与电抗器间水管更换	（1）为防止水洒到下层阀模块上，应在下层阀组件上覆盖塑料薄膜。 （2）更换水管的同时应使用新的O形密封圈。 （3）水管更换完成后应根据厂家要求的力矩对接头进行力矩检查。 （4）力矩检查完毕后应划线标记，但不能与原标记线重合。 （5）阀塔补水时应注意排气，确保水管内无气泡。 （6）对阀冷系统进行静态加压试验，检查水管无渗漏。 （7）全部工作结束后检查阀塔无遗留物	60	未正确判断渗漏水原因扣10分； 未更换密封圈扣20分； 未完成漏水处理扣30分		
3	现场恢复	恢复现场	10	未进行现场恢复扣10分		
4	填写报告					
4.1	修试记录	填写更换记录，包括晶闸管级编号、新、旧水管编号	15	每少填写一项扣5分，扣完为止		
合计			100			

Jc2002243063 A5000换流阀VBE主控板卡更换。（100分）

考核知识点：A5000换流阀VBE故障处理

难易度：难

技能等级评价专业技能考核操作工作任务书

一、任务名称

A5000 换流阀 VBE 主控板卡更换。

二、适用工种

换流站直流设备检修工（二次）技师。

三、具体任务

（1）工作状态为换流阀检修状态。工作内容为 A5000 换流阀 VBE 通信与控制机箱 IN 板卡更换。

（2）工作任务对 A5000 换流阀 VBE 通信与控制机箱 IN 板卡进行更换。

四、工作规范及要求

（1）工器具使用及安全措施。

（2）按要求进行 VBE 通信与控制机箱 IN 板卡更换。

五、考核及时间要求

（1）本考核操作时间为 60 分钟，时间到停止考评。

（2）按照技能操作记录单的操作要求进行操作，并填写更换记录。

技能等级评价专业技能考核操作评分标准

<table>
<tr><td>工种</td><td colspan="5">换流站直流设备检修工（二次）</td><td>评价等级</td><td>技师</td></tr>
<tr><td>项目模块</td><td colspan="4">缺陷处理与事故分析—缺陷处理</td><td>编号</td><td colspan="2">Jc2002243063</td></tr>
<tr><td>单位</td><td colspan="3"></td><td>准考证号</td><td></td><td>姓名</td><td></td></tr>
<tr><td>考试时限</td><td>60 分钟</td><td>题型</td><td colspan="3">单项操作</td><td>题分</td><td>100 分</td></tr>
<tr><td>成绩</td><td></td><td>考评员</td><td></td><td>考评组长</td><td></td><td>日期</td><td></td></tr>
<tr><td>试题正文</td><td colspan="7">A5000 换流阀 VBE 主控板卡更换</td></tr>
<tr><td>需要说明的问题和要求</td><td colspan="7">（1）要求单人操作。
（2）操作应注意安全，按照标准化作业书的技术安全说明做好安全措施。
（3）操作记录填入操作记录。试验或检修结果填入修试记录</td></tr>
</table>

序号	项目名称	质量要求	满分	扣分标准	扣分原因	得分
1	工具使用及安全措施					
1.1	各种工器具正确使用	熟练正确使用各种工器具	5	未正确使用一次扣 1 分，扣完为止		
1.2	相关安全措施的准备	（1）工作前必须认真检查更换板卡状态，应注意对阀控装置的影响。 （2）在现场屏柜进行工作，防止走错间隔，同时做好检修现场各项安全措施。 （3）更换应按照厂家规定程序进行，佩戴防静电手环。 （4）更换过程中禁止直视光源，必要时戴护目镜。 （5）进入作业现场正确佩戴安全帽，现场作业人员应穿全棉长袖工作服、绝缘鞋	10	未检查板卡状态扣 2 分； 未确认检修间隔扣 2 分； 未佩戴防静电手环扣 2 分； 未佩戴护目镜扣 1 分； 安全帽佩戴不规范扣 1 分； 未穿全棉长袖工作服扣 1 分； 未穿绝缘鞋扣 1 分		

续表

序号	项目名称	质量要求	满分	扣分标准	扣分原因	得分
2	板卡更换	（1）确认安全措施，防止空气开关断开错误，导致正常运行的系统电源丢失。 （2）拆除板卡时，记录光纤位置，记录新旧板卡型号、序列号等信息。 （3）拔下故障板卡，并与备品板卡进行比较，确认二者一致，并将新旧板卡设置一致。 （4）拔出及插入板卡过程中发生卡涩现象应立刻停止并进行检查，避免用力强行插拔对板卡及卡槽造成损伤。 （5）板卡更换结束后，检查更换板卡上下螺栓是否上紧，板卡背后的光纤是否插紧。 （6）板卡更换结束后，插拔光纤注意光纤过度弯曲。 （7）上电后检查装置机箱指示灯显示正常后台无异常告警信号	60	未断开或错误断开空气开关扣 10 分； 未记录光纤编号、位置扣 10 分； 未记录新、旧板卡编号、序列号扣 10 分； 未完成把卡插拔扣 20 分； 未完成光纤恢复扣 10 分		
3	现场恢复	恢复现场	10	未进行现场恢复扣 10 分		
4	填写报告					
4.1	修试记录	填写更换记录，包括 VBE 屏柜编号、VBE 机箱编号、故障板卡编号、新装板卡编号	15	每少填写一项扣 4 分，扣完为止		
合计			100			

Jc2002243064 A5000 换流阀 VBE 通信与控制机箱 OUT 板卡更换。（100 分）

考核知识点：A5000 换流阀 VBE 故障处理

难易度：难

技能等级评价专业技能考核操作工作任务书

一、任务名称

A5000 换流阀 VBE 通信与控制机箱 OUT 板卡更换。

二、适用工种

换流站直流设备检修工（二次）技师。

三、具体任务

（1）工作状态为换流阀检修状态。工作内容为 A5000 换流阀 VBE 通信与控制机箱 OUT 板卡更换。

（2）工作任务：对 A5000 换流阀 VBE 通信与控制机箱 OUT 板卡进行更换。

四、工作规范及要求

（1）工器具使用及安全措施。

（2）按要求进行 VBE 通信与控制机箱 OUT 板卡更换。

五、考核及时间要求

（1）本考核操作时间为 60 分钟，时间到停止考评。

（2）按照技能操作记录单的操作要求进行操作，并填写更换记录。

技能等级评价专业技能考核操作评分标准

工种	换流站直流设备检修工（二次）				评价等级	技师
项目模块	缺陷处理与事故分析—缺陷处理			编号	Jc2002243064	
单位		准考证号			姓名	
考试时限	60 分钟	题型	单项操作		题分	100 分

续表

成绩		考评员		考评组长		日期	
试题正文	A5000 换流阀 VBE 通信与控制机箱 OUT 板卡更换						
需要说明的问题和要求	（1）要求单人操作。 （2）操作应注意安全，按照标准化作业书的技术安全说明做好安全措施。 （3）操作记录填入操作记录。试验或检修结果填入修试记录						

序号	项目名称	质量要求	满分	扣分标准	扣分原因	得分
1	工具使用及安全措施					
1.1	各种工器具正确使用	熟练正确使用各种工器具	5	未正确使用一次扣 1 分，扣完为止		
1.2	相关安全措施的准备	（1）工作前必须认真检查更换板卡状态，应注意对阀控装置的影响。 （2）在现场屏柜进行工作，防止走错间隔，同时做好检修现场各项安全措施。 （3）更换应按照厂家规定程序进行，佩戴防静电手环。 （4）更换过程中禁止直视光源，必要时戴护目镜。 （5）进入作业现场正确佩戴安全帽，现场作业人员应穿全棉长袖工作服、绝缘鞋	10	未检查板卡状态扣 2 分； 未确认检修间隔扣 2 分； 未佩戴防静电手环扣 2 分； 未佩戴护目镜扣 1 分； 安全帽佩戴不规范扣 1 分； 未穿全棉长袖工作服扣 1 分； 未穿绝缘鞋扣 1 分		
2	板卡更换	（1）确认安全措施，防止空气开关断开错误，导致正常运行的系统电源丢失。 （2）拆除板卡时，记录光纤位置，记录新旧板卡型号、序列号等信息。 （3）拔下故障板卡，并与备品板卡进行比较，确认二者一致，并将新旧板卡设置一致。 （4）拔出及插入板卡过程中发生卡涩现象应立刻停止并进行检查，避免用力强行插拔对板卡及卡槽造成损伤。 （5）板卡更换结束后，检查更换板卡上下螺栓是否上紧，板卡背后的光纤是否插紧。 （6）板卡更换结束后，插拔光纤注意光纤过度弯曲。 （7）上电后检查装置机箱指示灯显示正常后台无异常告警信号	60	未断开或错误断开空气开关扣 10 分； 未记录光纤编号、位置扣 10 分； 未记录新、旧板卡编号、序列号扣 10 分； 未完成把卡插拔扣 20 分； 未完成光纤恢复扣 10 分		
3	现场恢复	恢复现场	10	未进行现场恢复扣 10 分		
4	填写报告					
4.1	修试记录	填写更换记录，包括 VBE 屏柜编号、VBE 机箱编号、故障板卡编号、新装板卡编号	15	每少填写一项扣 4 分，扣完为止		
合计			100			

Jc2002243065　A5000 换流阀避雷器计数器更换。（100 分）

考核知识点：A5000 换流阀避雷器计数器更换

难易度：难

技能等级评价专业技能考核操作工作任务书

一、任务名称

A5000 换流阀避雷器计数器更换。

二、适用工种

换流站直流设备检修工（二次）技师。

三、具体任务

（1）工作状态为换流阀检修状态、阀冷却系统停运。工作内容为 A5000 换流阀避雷器计数器更换。

（2）工作任务：对 A5000 换流阀避雷器计数器进行更换。

四、工作规范及要求

（1）工器具使用及安全措施。

（2）按要求进行避雷器计数器更换。

五、考核及时间要求

（1）本考核操作时间为 60 分钟，时间到停止考评。

（2）按照技能操作记录单的操作要求进行操作，并填写安装记录。

技能等级评价专业技能考核操作评分标准

工种	换流站直流设备检修工（二次）					评价等级	技师
项目模块	二次设备日常维护、检修—换流阀及阀控设备日常维护、检修				编号	Jc2002243065	
单位			准考证号			姓名	
考试时限	60 分钟		题型	单项操作		题分	100 分
成绩		考评员		考评组长		日期	
试题正文	A5000 换流阀避雷器计数器更换						
需要说明的问题和要求	（1）要求调试人员单人操作，故障查找及分析在调试过程中完成。 （2）操作应注意安全，做好安全措施。 （3）在换流阀一次设备上完成操作。 （4）操作记录填入操作记录。试验或检修结果填入修试记录						

序号	项目名称	质量要求	满分	扣分标准	扣分原因	得分
1	工具使用及安全措施					
1.1	各种工器具正确使用	熟练正确使用各种工器具	5	未正确使用一次扣 1 分，扣完为止		
1.2	相关安全措施的准备	（1）高空作业车接地。 （2）正确使用安全带。 （3）进入作业现场正确佩戴安全帽，现场作业人员应穿全棉长袖工作服、绝缘鞋	10	高空作业车未正确接地扣 2 分； 未正确使用安全带扣 2 分； 安全帽佩戴不规范扣 2 分； 未穿全棉长袖工作服扣 2 分； 未穿绝缘鞋扣 2 分		
2	避雷器计数器更换	（1）将避雷器光纤拔出并安装光纤帽。 （2）拆除故障避雷器计数器固定螺栓。 （3）将故障避雷器取下。 （4）安装新避雷器计数器。 （5）恢复避雷器光纤接线。 （6）开展避雷器计数动作试验	60	未安装光纤帽扣 10 分； 未完成计数器更换扣 20 分； 未开展计数器动作试验扣 30 分		
3	现场恢复	恢复现场	10	未进行现场恢复扣 10 分		
4	填写报告					
4.1	修试记录	填写安装记录，包括故障计数器及新计数器编号	15	每少填写一项扣 3 分，扣完为止		
合计			100			

Jc2002253066　A5000 换流阀晶闸管水管接头渗漏水处理。(100 分)

考核知识点：A5000 换流阀晶闸水管接头渗漏水处理

难易度：难

技能等级评价专业技能考核操作工作任务书

一、任务名称

A5000 换流阀晶闸管水管接头渗漏水处理。

二、适用工种

换流站直流设备检修工（二次）技师。

三、具体任务

（1）工作状态为换流阀检修状态、阀冷却系统停运。工作内容为A5000换流阀晶闸管水管接头渗漏水处理。

（2）工作任务：对A5000换流阀晶闸管水管接头渗漏水进行处理。

四、工作规范及要求

（1）工器具使用及安全措施。

（2）按要求进行晶闸管水管接头渗漏水处理。

五、考核及时间要求

（1）本考核操作时间为60分钟，时间到停止考评。

（2）按照技能操作记录单的操作要求进行操作，并填写更换记录。

技能等级评价专业技能考核操作评分标准

工种	换流站直流设备检修工（二次）					评价等级	技师
项目模块	缺陷处理与事故分析—缺陷处理				编号	Jc2002253066	
单位			准考证号			姓名	
考试时限	60分钟		题型	多项操作		题分	100分
成绩		考评员		考评组长		日期	
试题正文	A5000换流阀晶闸管水管接头渗漏水处理						
需要说明的问题和要求	（1）要求调试人员单人操作，故障查找及分析在调试过程中完成。 （2）操作应注意安全，做好安全措施。 （3）在换流阀一次设备上完成操作。 （4）操作记录填入操作记录。试验或检修结果填入修试记录						

序号	项目名称	质量要求	满分	扣分标准	扣分原因	得分
1	工具使用及安全措施					
1.1	各种工器具正确使用	熟练正确使用各种工器具	5	未正确使用一次扣1分，扣完为止		
1.2	相关安全措施的准备	（1）高空作业车接地。 （2）正确使用安全带。 （3）确认阻尼回路电容已放电。 （4）进入作业现场正确佩戴安全帽，现场作业人员应穿全棉长袖工作服、绝缘鞋	10	未确认阻尼回路电容已放电扣2分； 高空作业车未正确接地扣2分； 未正确使用安全带扣2分； 安全帽佩戴不规范扣2分； 未穿全棉长袖工作服扣1分； 未穿绝缘鞋扣1分		
2	阻尼电阻接头渗漏水处理	（1）查看渗水点，确认渗水原因（水管破损或密封老化）。 （2）阀塔放水。 （3）水管破损，用水管专用扳手拆卸损坏水管并更换水管，同时更换水管接头密封圈，用水管专用扳手加6N·m力矩。 （4）密封圈老化，用水管专用扳手拆卸水管更换密封圈，用水管专用扳手加6N·m力矩	60	未正确判断渗漏水原因扣10分； 未更换密封圈扣20分； 未完成漏水处理扣30分		
3	现场恢复	恢复现场	10	未进行现场恢复扣10分		
4	填写报告					
4.1	修试记录	填写记录，包括故障水管位置以及水管编号	15	每少填写一项扣5分，扣完为止		
合计			100			

Jc2002253067 A5000 换流阀电抗器与电抗器间水管更换。（100 分）

考核知识点： A5000 换流阀电抗器与电抗器间水管更换

难易度： 难

技能等级评价专业技能考核操作工作任务书

一、任务名称

A5000 换流阀电抗器与电抗器间水管更换。

二、适用工种

换流站直流设备检修工（二次）技师。

三、具体任务

（1）工作状态为换流阀检修状态、阀冷却系统停运。工作内容为 A5000 换流阀电抗器与电抗器间水管更换。

（2）工作任务：对 A5000 换流阀电抗器与电抗器间水管进行更换。

四、工作规范及要求

（1）工器具使用及安全措施。

（2）按要求进行电抗器与电抗器间水管更换。

五、考核及时间要求

（1）本考核操作时间为 60 分钟，时间到停止考评。

（2）按照技能操作记录单的操作要求进行操作，并填写更换记录。

技能等级评价专业技能考核操作评分标准

工种	换流站直流设备检修工（二次）					评价等级	技师
项目模块	二次设备日常维护、检修—换流阀及阀控设备日常维护、检修				编号	Jc2002253067	
单位			准考证号			姓名	
考试时限	60 分钟	题型		多项操作		题分	100 分
成绩		考评员		考评组长		日期	
试题正文	A5000 换流阀电抗器与电抗器间水管更换						
需要说明的问题和要求	（1）要求调试人员单人操作，故障查找及分析在调试过程中完成。 （2）操作应注意安全，做好安全措施。 （3）在换流阀一次设备上完成操作。 （4）操作记录填入操作记录。试验或检修结果填入修试记录						

序号	项目名称	质量要求	满分	扣分标准	扣分原因	得分
1	工具使用及安全措施					
1.1	各种工器具正确使用	熟练正确使用各种工器具	5	未正确使用一次扣 1 分，扣完为止		
1.2	相关安全措施的准备	（1）高空作业车接地。 （2）正确使用安全带。 （3）进入作业现场正确佩戴安全帽，现场作业人员应穿全棉长袖工作服、绝缘鞋	10	高空作业车未正确接地扣 2 分； 未正确使用安全带扣 2 分； 安全帽佩戴不规范扣 2 分； 未穿全棉长袖工作服扣 2 分； 未穿绝缘鞋扣 2 分		

续表

序号	项目名称	质量要求	满分	扣分标准	扣分原因	得分
2	电抗器与电抗器间水管更换	（1）为防止水洒到下层阀模块上，应在下层阀组件上覆盖塑料薄膜。 （2）更换水管的同时应使用新的 O 形密封圈。 （3）水管更换完成后应根据厂家要求的力矩对接头进行力矩检查。 （4）力矩检查完毕后应划线标记，但不能与原标记线重合。 （5）阀塔补水时应注意排气，确保水管内无气泡。 （6）对阀冷系统进行静态加压试验，检查水管无渗漏。 （7）全部工作结束后检查阀塔无遗留物	60	未正确判断渗漏水原因扣 10 分； 未更换密封圈扣 20 分； 未完成漏水处理扣 30 分		
3	现场恢复	恢复现场	10	未进行现场恢复扣 10 分		
4	填写报告					
4.1	修试记录	填写更换记录，包括晶闸管级编号、新、旧水管编号	15	每少填写一项扣 5 分，扣完为止		
合计			100			

Jc2002242068　A5000-VTE 单个晶闸管级直流阻抗测试。（100 分）

考核知识点：A5000-VTE 单个晶闸管级直流阻抗测试

难易度：中

技能等级评价专业技能考核操作工作任务书

一、任务名称

A5000-VTE 单个晶闸管级直流阻抗测试。

二、适用工种

换流站直流设备检修工（二次）技师。

三、具体任务

（1）工作状态为换流阀检修状态。工作内容为使用 A5000-VTE 进行单个晶闸管级直流阻抗测试。

（2）工作任务：使用 A5000-VTE 进行单个晶闸管级直流阻抗测试。

四、工作规范及要求

（1）工器具使用及安全措施。

（2）按要求进行直流阻抗测试。

五、考核及时间要求

（1）本考核操作时间为 60 分钟，时间到停止考评。

（2）按照技能操作记录单的操作要求进行操作，正确记录操作结果，试验记录项目包括：晶闸管级编号、直流阻抗值、是否合格。

技能等级评价专业技能考核操作评分标准

工种	换流站直流设备检修工（二次）				评价等级	技师
项目模块	二次设备检测—换流阀参数检测			编号	Jc2002242068	
单位		准考证号			姓名	
考试时限	60 分钟	题型	单项操作		题分	100 分

续表

成绩		考评员		考评组长		日期	
试题正文	A5000-VTE 单个晶闸管级直流阻抗测试						
需要说明的问题和要求	（1）要求调试人员单人操作，故障查找及分析在调试过程中完成。 （2）操作应注意安全，做好安全措施。 （3）在换流阀一次设备上完成操作。 （4）操作记录填入操作记录。试验或检修结果填入修试记录						

序号	项目名称	质量要求	满分	扣分标准	扣分原因	得分
1	工具使用及安全措施					
1.1	各种工器具正确使用	熟练正确使用各种工器具	5	未正确使用一次扣1分		
1.2	相关安全措施的准备	（1）试验仪器正确接地。 （2）高空作业车接地。 （3）正确使用安全带。 （4）如需取用电源应正确操作。 （5）进入作业现场正确佩戴安全帽，现场作业人员应穿全棉长袖工作服、绝缘鞋	10	试验仪器未正确接地扣2分； 高空作业车未正确接地扣2分； 未正确使用安全带扣2分； 未正确取用电源扣1分； 安全帽佩戴不规范扣1分； 未穿全棉长袖工作服扣1分； 未穿绝缘鞋扣1分		
2	单级晶闸管直流阻抗测试	（1）开机后，选择直流阻抗测试。 （2）正确接线（红色夹子夹阳极，黑色夹子夹阴极）。 （3）旋开急停按钮，脚踩试验踏板，单击测试按钮开展测试。 （4）读取测试结果	60	未正确选择直流阻抗测试扣20分； 未正确接线扣20分； 未按照试验步骤开展试验扣20分		
3	现场恢复	恢复现场	10	未进行现场恢复扣10分		
4	填写报告					
4.1	修试记录	正确填写晶闸管级编号、直流阻抗值、是否合格	15	每少填写一项扣3分，扣完为止		
合计			100			

Jc2002253069　A5000 换流阀分支水管与阻尼电阻间水管更换。（100 分）

考核知识点：A5000 换流阀分支水管与阻尼电阻间水管更换

难易度：难

技能等级评价专业技能考核操作工作任务书

一、任务名称

A5000 换流阀分支水管与阻尼电阻间水管更换。

二、适用工种

换流站直流设备检修工（二次）技师。

三、具体任务

（1）工作状态为换流阀检修状态、阀冷却系统停运。工作内容为 A5000 换流阀分支水管与阻尼电阻间水管更换。

（2）工作任务：对 A5000 换流阀分支水管与阻尼电阻间水管进行更换。

四、工作规范及要求

（1）工器具使用及安全措施。

（2）按要求进行分支水管与阻尼电阻间水管更换。

五、考核及时间要求

（1）本考核操作时间为 60 分钟，时间到停止考评。

（2）按照技能操作记录单的操作要求进行操作，并填写更换记录。

技能等级评价专业技能考核操作评分标准

工种	换流站直流设备检修工（二次）					评价等级	技师
项目模块	二次设备日常维护、检修—换流阀及阀控设备日常维护、检修				编号	Jc2002253069	
单位			准考证号			姓名	
考试时限	60 分钟		题型	多项操作		题分	100 分
成绩		考评员		考评组长		日期	
试题正文	A5000 换流阀分支水管与阻尼电阻间水管更换						
需要说明的问题和要求	（1）要求调试人员单人操作，故障查找及分析在调试过程中完成。 （2）操作应注意安全，做好安全措施。 （3）在换流阀一次设备上完成操作。 （4）操作记录填入操作记录。试验或检修结果填入修试记录						

序号	项目名称	质量要求	满分	扣分标准	扣分原因	得分
1	工具使用及安全措施					
1.1	各种工器具正确使用	熟练正确使用各种工器具	5	未正确使用一次扣 1 分，扣完为止		
1.2	相关安全措施的准备	（1）高空作业车接地。 （2）正确使用安全带。 （3）进入作业现场正确佩戴安全帽，现场作业人员应穿全棉长袖工作服、绝缘鞋	10	高空作业车未正确接地扣 2 分； 未正确使用安全带扣 2 分； 安全帽佩戴不规范扣 2 分； 未穿全棉长袖工作服扣 2 分； 未穿绝缘鞋扣 2 分		
2	分支水管与阻尼电阻间水管更换	（1）为防止水洒到下层阀模块上，应在下层阀组件上覆盖塑料薄膜。 （2）更换水管的同时应使用新的 O 形密封圈。 （3）水管更换完成后应根据厂家要求的力矩对接头进行力矩检查。 （4）力矩检查完毕后应划线标记，但不能与原标记线重合。 （5）阀塔补水时应注意排气，确保水管内无气泡。 （6）对阀冷系统进行静态加压试验，检查水管无渗漏。 （7）全部工作结束后检查阀塔无遗留物	60	未正确判断渗漏水原因扣 10 分； 未更换密封圈扣 20 分； 未完成漏水处理扣 30 分		
3	现场恢复	恢复现场	10	未进行现场恢复扣 10 分		
4	填写报告					
4.1	修试记录	填写更换记录，包括晶闸管级编号、新、旧水管编号	15	每少填写一项扣 5 分，扣完为止		
合计			100			

Jc2003242070　阀外冷系统模拟量输出模块更换。（100 分）

考核知识点： 阀外冷系统模拟量输出模块更换

难易度： 中

技能等级评价专业技能考核操作工作任务书

一、任务名称

阀外冷系统模拟量输出模块更换。

二、适用工种

换流站直流设备检修工（二次）技师。

三、具体任务

（1）工作状态为换流阀检修、阀冷系统运行。工作内容为阀外冷系统模拟量输出模块 AO1A 更换。

（2）工作任务：阀外冷系统模拟量输出模块更换，更换步骤应符合要求，确保设备正常稳定运行。

四、工作规范及要求

熟悉阀外冷系统模拟量输出模块更换的方法，熟练使用仪器仪表及工器具。

五、考核及时间要求

本考核操作时间为 60 分钟，时间到停止考评。

技能等级评价专业技能考核操作评分标准

工种	换流站直流设备检修工（二次）				评价等级	技师
项目模块	二次设备日常维护、检修—阀冷却系统的日常维护、检修			编号	Jc2003242070	
单位		准考证号			姓名	
考试时限	60 分钟	题型	单项操作		题分	100 分
成绩		考评员	考评组长		日期	
试题正文	阀外冷系统模拟量输出模块更换					
需要说明的问题和要求	（1）要求单人操作。 （2）操作应注意安全，按照标准化作业书的技术安全说明做好安全措施。 （3）填写修试记录					

序号	项目名称	质量要求	满分	扣分标准	扣分原因	得分
1	工具使用及安全措施					
1.1	相关安全措施的准备	（1）核对设备双重名称。 （2）进入作业现场正确佩戴安全帽，现场作业人员应穿全棉长袖工作服、绝缘鞋	20	未核对设备扣 10 分； 安全帽佩戴不规范扣 4 分； 未穿全棉长袖工作服扣 3 分； 未穿绝缘鞋扣 3 分		
2	模拟量输出模块更换					
2.1	断开电源	（1）断开柜内所需更换元器件上级断路器（先断开交流，再断开直流）。 （2）用万用表测量对应元器件端子是否已掉电。 （3）在断开断路器和开关处悬挂“禁止合闸，有人工作”标识牌	18	按照步骤开展，每少一步扣 6 分，扣完为止		
2.2	模块更换	（1）核对备件型号与实物的一致性。 （2）按下故障模拟量输出模块前连接器上下弹簧卡销。 （3）同时轻轻上下摇动前连接器，向外拔出连接器。 （4）拧松模块固定螺栓，拆出模块。 （5）备件模拟量输出模块在安装前，保证和故障模块侧面的量程卡安装一致。 （6）装上新模块，拧紧模拟量输出模块固定螺栓。 （7）装上前连接器	42	按照步骤开展，每少一步扣 6 分，扣完为止		
3	恢复现场并填写报告					
3.1	观察设备运行无异常后，恢复现场，填写修试记录	（1）恢复相关断路器（先恢复直流，再恢复交流）；观察阀外冷系统运行无异常，数据采样正确。收回标识牌、清理现场。 （2）填写修试记录	20	记录填写不全按比例扣分，总计 15 分； 无检查扣 5 分		
合计			100			

Jc2003242071　阀外冷系统数字量输入模块更换。（100分）

考核知识点： 阀外冷系统数字量输入模块更换

难易度： 中

技能等级评价专业技能考核操作工作任务书

一、任务名称

阀外冷系统数字量输入模块更换。

二、适用工种

换流站直流设备检修工（二次）技师。

三、具体任务

（1）工作状态为换流阀检修、阀冷系统运行。工作内容为阀外冷系统数字量输入模块DI1A更换。

（2）工作任务：阀外冷系统数字量输入模块更换，更换步骤应符合要求，确保设备正常稳定运行。

四、工作规范及要求

熟悉阀外冷系统数字量输入模块更换的方法，熟练使用仪器仪表及工器具。

五、考核及时间要求

本考核操作时间为60分钟，时间到停止考评。

技能等级评价专业技能考核操作评分标准

工种	换流站直流设备检修工（二次）					评价等级	技师
项目模块	二次设备日常维护、检修—阀冷却系统的日常维护、检修				编号	Jc2003242071	
单位			准考证号			姓名	
考试时限	60分钟		题型	单项操作		题分	100分
成绩		考评员		考评组长		日期	
试题正文	阀外冷系统数字量输入模块更换						
需要说明的问题和要求	（1）要求单人操作。 （2）操作应注意安全，按照标准化作业书的技术安全说明做好安全措施。 （3）填写修试记录						

序号	项目名称	质量要求	满分	扣分标准	扣分原因	得分
1	工具使用及安全措施					
1.1	相关安全措施的准备	（1）核对设备双重名称。 （2）进入作业现场正确佩戴安全帽，现场作业人员应穿全棉长袖工作服、绝缘鞋	20	未核对设备扣10分； 安全帽佩戴不规范扣4分； 未穿全棉长袖工作服扣3分； 未穿绝缘鞋扣3分		
2	数字量输入模块更换					
2.1	断开电源	（1）断开柜内所需更换元器件上级断路器（先断开交流，再断开直流）。 （2）用万用表测量对应元器件端子是否已掉电。 （3）在断开断路器和开关处悬挂“禁止合闸，有人工作”标识牌	18	按照步骤开展，每少一步扣6分，扣完为止		

续表

序号	项目名称	质量要求	满分	扣分标准	扣分原因	得分
2.2	模块更换	（1）核对备件型号与实物的一致性。 （2）按下故障数字量输入模块前连接器上下弹簧卡销。 （3）同时轻轻上下摇动前连接器，向外拔出连接器。 （4）拧松模块固定螺栓，拆出模块。 （5）备件数字量输入模块在安装前，保证和故障模块侧面的量程卡安装一致。 （6）装上新模块，拧紧数字量输入模块固定螺栓。 （7）装上前连接器	42	按照步骤开展，每少一步扣 6 分，扣完为止		
3	恢复现场并填写报告					
3.1	观察设备运行无异常后，恢复现场，填写修试记录	（1）恢复相关断路器（先恢复直流，再恢复交流）；观察阀外冷系统运行无异常，数据采样正确。收回标识牌、清理现场。 （2）填写修试记录	20	每少填写一项扣 5 分，扣完为止		
合计			100			

Jc2003242072 阀外冷系统数字量输出模块更换。（100 分）

考核知识点： 阀外冷系统数字量输出模块更换

难易度： 中

技能等级评价专业技能考核操作工作任务书

一、任务名称

阀外冷系统数字量输出模块更换。

二、适用工种

换流站直流设备检修工（二次）技师。

三、具体任务

（1）工作状态为换流阀检修、阀冷系统运行。工作内容为阀外冷系统数字量输出模块 DO1A 更换。

（2）工作任务：阀外冷系统数字量输出模块更换，更换步骤应符合要求，确保设备正常稳定运行。

四、工作规范及要求

熟悉阀外冷系统数字量输出模块更换的方法，熟练使用仪器仪表及工器具。

五、考核及时间要求

本考核操作时间为 60 分钟，时间到停止考评。

技能等级评价专业技能考核操作评分标准

工种	换流站直流设备检修工（二次）						评价等级	技师
项目模块	二次设备日常维护、检修—阀冷却系统的日常维护、检修					编号	Jc2003242072	
单位				准考证号			姓名	
考试时限	60 分钟		题型	单项操作			题分	100 分
成绩		考评员		考评组长			日期	
试题正文	阀外冷系统数字量输出模块更换							
需要说明的问题和要求	（1）要求单人操作。 （2）操作应注意安全，按照标准化作业书的技术安全说明做好安全措施。 （3）填写修试记录							

续表

序号	项目名称	质量要求	满分	扣分标准	扣分原因	得分
1	工具使用及安全措施					
1.1	相关安全措施的准备	（1）核对设备双重名称。 （2）进入作业现场正确佩戴安全帽，现场作业人员应穿全棉长袖工作服、绝缘鞋	20	未核对设备扣10分； 安全帽佩戴不规范扣4分； 未穿全棉长袖工作服扣3分； 未穿绝缘鞋扣3分		
2	数字量输出模块更换					
2.1	断开电源	（1）断开柜内所需更换元器件上级断路器（先断开交流，再断开直流）。 （2）用万用表测量对应元器件端子是否已掉电。 （3）在断开断路器和开关处悬挂“禁止合闸，有人工作”标识牌	18	按照步骤开展，每少一步扣6分，扣完为止		
2.2	模块更换	（1）核对备件型号与实物的一致性。 （2）按下故障数字量输出模块前连接器上下弹簧卡销。 （3）同时轻轻上下摇动前连接器，向外拔出连接器。 （4）拧松模块固定螺栓，拆出模块。 （5）备件数字量输出模块在安装前，保证和故障模块侧面的量程卡安装一致。 （6）装上新模块，拧紧数字量输出模块固定螺栓。 （7）装上前连接器	42	按照步骤开展，每少一步扣6分，扣完为止		
3	恢复现场并填写报告					
3.1	观察设备运行无异常后，恢复现场，填写修试记录	（1）恢复相关断路器（先恢复直流，再恢复交流）；观察阀外冷系统运行无异常，数据采样正确。收回标识牌、清理现场。 （2）填写修试记录	20	记录填写不全按比例扣分，总计15分； 无检查扣5分		
合计			100			

Jc2003241073　补气电磁阀的检修（以 V503 为例）。（100 分）

考核知识点：阀冷系统基本操作

难易度：中

技能等级评价专业技能考核操作工作任务书

一、任务名称

补气电磁阀的检修（以 V503 为例）。

二、适用工种

换流站直流设备检修工（二次）技师。

三、具体任务

（1）工作状态为阀内冷系统处于自动运行模式。工作内容为补气电磁阀的检修。

（2）工作任务：补气电磁阀的检修。

四、工作规范及要求

按要求进行阀内冷系统自动运行模式下对阀冷系统补气电磁阀的检修。

五、考核及时间要求

本考核操作时间为60分钟，时间到停止考评，包括阀冷系统状态确认和报告整理时间。

技能等级评价专业技能考核操作评分标准

工种	换流站直流设备检修工（二次）					评价等级	技师
项目模块	二次设备日常维护、检修—阀冷却系统的日常维护、检修					编号	Jc2003241073
单位			准考证号			姓名	
考试时限	60 分钟		题型	单项操作		题分	100 分
成绩		考评员		考评组长		日期	
试题正文	补气电磁阀的检修（以 V503 为例）						
需要说明的问题和要求	（1）要求单人操作。 （2）操作应注意安全，按照标准化作业书的技术安全说明做好安全措施。 （3）填写修试记录 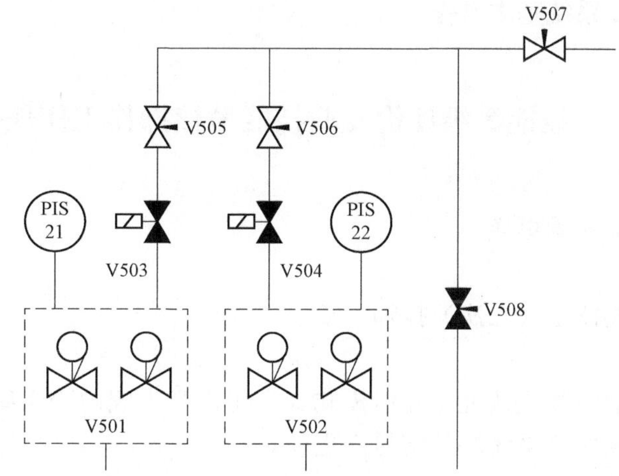 						

序号	项目名称	质量要求	满分	扣分标准	扣分原因	得分
1	安全措施					
1.1	相关安全措施的准备	（1）核对设备双重名称。 （2）进入作业现场正确佩戴安全帽，现场作业人员应穿全棉长袖工作服、绝缘鞋	20	未核对设备双重名称扣 10 分； 安全帽佩戴不规范扣 4 分； 未穿全棉长袖工作服扣 3 分； 未穿绝缘鞋扣 3 分		
2	阀冷系统检查					
2.1	阀冷系统关键点检查	能对阀内冷系统进行关键点检查，确认无异常后方可进行更换操作，关键点：主循环泵运行状态、进阀压力、冷却水流量、阀冷系统告警界面告警信息	20	未检查关键点每项扣 5 分，可口述		
3	电磁阀更换	能正确配合进行电磁阀（V503）更换： （1）通过操作面板中的控制键选择 V504 运行。 （2）断开 V503 控制电源断路器。 （3）关闭 V505 针阀，关闭 V501 氮气瓶止回阀，如果是线圈故障，直接更换线圈即可。 （4）如是阀体故障，则先拆出线圈，更换电磁阀阀体，按相反顺装回。 （5）打开 V505 针阀、V501 氮气瓶止回阀，用肥皂泡沫检查接口处是否漏气。 （6）合上 V503 控制电源断路器，通过操作面板中的控制键选择 V503 运行。 （7）修改补气电磁阀参数，检查 V503 电磁阀是否正常动作，恢复参数	40	未通过操作面板中的控制键选择 V504 运行，扣 5 分； 未断开 V503 控制电源断路器，扣 5 分； 未关闭 V505 针阀，未关闭 V501 氮气瓶止回阀，每个扣 5 分； 未能完成电磁阀线圈更换，或未能完成电磁阀阀体更换，扣 5 分； 未打开 V505 针阀、V501 氮气瓶止回阀，每个扣 5 分； 未用肥皂泡沫检查接口处是否漏气，扣 5 分； 未合上 V503 控制电源断路器，通过操作面板中的控制键选择 V503 运行，并检查是否运行正常，扣 5 分； 以上扣分，扣完为止		

续表

序号	项目名称	质量要求	满分	扣分标准	扣分原因	得分
4	填写报告					
4.1	填写修试记录	正确填写更换报告： 报告应包括更换电磁阀编号、更换原因、冷却水流量、膨胀罐液位等信息	20	根据核对信息酌情扣分		
合计			100			

Jc2003243074 阀内冷系统法兰密封圈更换。（100 分）

考核知识点：阀冷系统基本操作

难易度：难

技能等级评价专业技能考核操作工作任务书

一、任务名称

阀内冷系统法兰密封圈更换。

二、适用工种

换流站直流设备检修工（二次）技师。

三、具体任务

（1）工作状态为阀内冷系统处于停运模式。工作内容为阀内冷系统法兰密封圈更换。

（2）工作任务：阀内冷系统法兰密封圈更换。

四、工作规范及要求

按要求进行阀内冷系统停运模式下对阀冷系统阀内冷系统法兰密封圈更换。

五、考核及时间要求

本考核操作时间为 60 分钟，时间到停止考评，包括阀冷系统状态确认和报告整理时间。

技能等级评价专业技能考核操作评分标准

工种	换流站直流设备检修工（二次）				评价等级	技师
项目模块	二次设备日常维护、检修—阀冷却系统的日常维护、检修			编号	Jc2003243074	
单位		准考证号			姓名	
考试时限	60 分钟	题型	单项操作		题分	100 分
成绩		考评员	考评组长		日期	
试题正文	阀内冷系统法兰密封圈更换					
需要说明的问题和要求	（1）要求单人操作。 （2）操作应注意安全，按照标准化作业书的技术安全说明做好安全措施。 （3）填写修试记录					

序号	项目名称	质量要求	满分	扣分标准	扣分原因	得分
1	安全措施					
1.1	相关安全措施的准备	（1）核对设备双重名称。 （2）进入作业现场正确佩戴安全帽，现场作业人员应穿全棉长袖工作服、绝缘鞋	20	未核对设备双重名称操作扣 10 分； 安全帽佩戴不规范扣 4 分； 未穿全棉长袖工作服扣 3 分； 未穿绝缘鞋扣 3 分		

续表

序号	项目名称	质量要求	满分	扣分标准	扣分原因	得分
2	阀内冷系统检查					
2.1	阀内冷系统关键点检查	能对阀内冷系统进行关键点检查，确认无异常后方可进行更换操作，关键点：阀冷系统在停运状态、膨胀罐液位、膨胀罐压力、阀冷系统告警界面告警信息	20	未检查关键点每项扣5分(可口述)，扣完为止		
3	阀内冷系统法兰密封圈更换	能正确进行阀内冷系统法兰密封圈更换： （1）法兰密封圈的更换需在阀冷系统停运时进行。 （2）关闭法兰两端最近的阀门，并排空该管段介质，注意回收。 （3）用扳手对角线拆下连接夹持密封圈的法兰螺栓。 （4）松开一段与法兰相连的管道管码，无须完全拆下螺栓。 （5）错开两法兰，取出法兰密封圈。 （6）将新密封圈清洁干净，放入两法兰间，边缘均匀。 （7）安装连接夹持密封圈的法兰螺栓，注意活套法兰距离管道的距离应均匀，并对角线紧固。 （8）恢复阀门阀位，补充冷却介质，排除气体	40	未确认阀冷系统停运，扣5分； 未关闭法兰两端最近的阀门，并回收排空该管段介质，扣5分； 未用扳手对角线拆下连接夹持密封圈的法兰螺栓，扣5分； 未松开一段与法兰相连的管道管码，扣5分； 未取出法兰密封圈，扣5分； 未将新密封圈清洁干净，放入两法兰间，边缘均匀，扣5分； 未安装连接夹持密封圈的法兰螺栓，注意活套法兰距离管道的距离应均匀，并对角线紧固，扣5分； 未恢复阀门阀位，补充冷却介质，排除气体，并检查是否漏水，扣5分		
4	填写报告					
4.1	填写修试记录	正确填写更换报告： 报告应包括更换法兰密封圈位置、更换原因、是否漏水、膨胀罐液位及压力等信息	20	根据核对信息酌情扣分		
合计			100			

Jc2003243075 阀外冷系统法兰密封圈更换。(100分)

考核知识点： 阀冷系统基本操作

难易度： 难

技能等级评价专业技能考核操作工作任务书

一、任务名称

阀外冷系统法兰密封圈更换。

二、适用工种

换流站直流设备检修工（二次）技师。

三、具体任务

（1）工作状态为阀外冷系统处于停运模式。工作内容为阀外冷系统法兰密封圈更换。

（2）工作任务：阀外冷系统法兰密封圈更换。

四、工作规范及要求

按要求进行阀内冷系统停运模式下对阀外冷系统法兰密封圈更换。

五、考核及时间要求

本考核操作时间为60分钟，时间到停止考评，包括阀冷系统状态确认和报告整理时间。

技能等级评价专业技能考核操作评分标准

工种	换流站直流设备检修工（二次）					评价等级	技师
项目模块	二次设备日常维护、检修—阀冷却系统的日常维护、检修				编号	Jc2003243075	
单位			准考证号			姓名	
考试时限	60 分钟		题型	单项操作		题分	100 分
成绩		考评员		考评组长		日期	
试题正文	阀外冷系统法兰密封圈更换						
需要说明的问题和要求	（1）要求单人操作。 （2）操作应注意安全，按照标准化作业书的技术安全说明做好安全措施。 （3）填写修试记录						

序号	项目名称	质量要求	满分	扣分标准	扣分原因	得分
1	安全措施					
1.1	相关安全措施的准备	（1）核对设备双重名称。 （2）进入作业现场正确佩戴安全帽，现场作业人员应穿全棉长袖工作服、绝缘鞋	20	未核对设备双重名称操作扣 10 分； 安全帽佩戴不规范扣 4 分； 未穿全棉长袖工作服扣 3 分； 未穿绝缘鞋扣 3 分		
2	阀冷系统检查					
2.1	阀冷系统关键点检查	能对阀外冷系统进行关键点检查，确认无异常后方可进行更换操作，关键点：阀外冷系统在停运状态、喷淋泵安全空开在断开位置、平衡水池液位、阀外冷系统告警界面告警信息	20	未检查关键点每项扣 5 分（可口述），扣完为止		
3	阀外冷系统法兰密封圈更换	能正确阀外冷系统法兰密封圈更换： （1）法兰密封圈的更换需在阀冷系统停运时进行，注意断开喷淋泵安全空气开关。 （2）关闭法兰两端最近的阀门，并排空该管段介质，注意回收。 （3）用扳手对角线拆下连接夹持密封圈的法兰螺栓。 （4）松开一段与法兰相连的管道管码，无须完全拆下螺栓。 （5）错开两法兰，取出法兰密封圈。 （6）将新密封圈清洁干净，放入两法兰间，边缘均匀。 （7）安装连接夹持密封圈的法兰螺栓，注意活套法兰距离管道的距离应均匀，并对角线紧固。 （8）恢复阀门阀位及喷淋泵安全空气开关，补充冷却介质，排除气体	40	未关闭法兰两端最近的阀门，并回收排空该管段介质，扣 5 分； 未确认阀外冷系统停运或未断开安全空气开关，扣 5 分； 未用扳手对角线拆下连接夹持密封圈的法兰螺栓，扣 5 分； 未松开一段与法兰相连的管道管码，无须完全拆下螺栓，扣 5 分； 未取出法兰密封圈，扣 5 分； 未将新密封圈清洁干净，放入两法兰间，边缘均匀，扣 5 分； 未安装连接夹持密封圈的法兰螺栓，注意活套法兰距离管道的距离应均匀，并对角线紧固，扣 5 分； 未恢复阀门阀位及安全空气开关，补充冷却介质，排除气体，并检查是否漏水，扣 5 分		
4	填写报告					
4.1	填写修试记录	正确填写更换报告： 报告应包括更换法兰密封圈位置、更换原因、是否漏水、喷淋泵安全空气开关是否恢复等信息	20	根据核对信息酌情扣分		
合计			100			

Jc2003243076　阀外冷系统蝶阀更换。（100 分）

考核知识点： 阀冷系统基本操作

难易度： 难

技能等级评价专业技能考核操作工作任务书

一、任务名称

阀外冷系统蝶阀更换。

二、适用工种

换流站直流设备检修工（二次）技师。

三、具体任务

（1）工作状态为阀外冷系统处于停运模式。工作内容为阀外冷系统蝶阀更换。

（2）工作任务：阀外冷系统蝶阀更换。

四、工作规范及要求

按要求进行阀外冷系统停运模式下对阀冷系统阀外冷系统蝶阀更换。

五、考核及时间要求

本考核操作时间为60分钟，时间到停止考评，包括阀冷系统状态确认和报告整理时间。

技能等级评价专业技能考核操作评分标准

工种	换流站直流设备检修工（二次）					评价等级	技师
项目模块	二次设备日常维护、检修—阀冷却系统的日常维护、检修				编号	Jc2003243076	
单位			准考证号			姓名	
考试时限	60分钟		题型	单项操作		题分	100分
成绩		考评员		考评组长		日期	
试题正文	阀外冷系统蝶阀更换						
需要说明的问题和要求	（1）要求单人操作。 （2）操作应注意安全，按照标准化作业书的技术安全说明做好安全措施。 （3）填写修试记录						

序号	项目名称	质量要求	满分	扣分标准	扣分原因	得分
1	安全措施					
1.1	相关安全措施的准备	（1）核对设备双重名称。 （2）进入作业现场正确佩戴安全帽，现场作业人员应穿全棉长袖工作服、绝缘鞋	20	未核对设备双重名称操作扣10分； 安全帽佩戴不规范扣4分； 未穿全棉长袖工作服扣3分； 未穿绝缘鞋扣3分		
2	阀冷系统检查					
2.1	阀冷系统关键点检查	能对阀外冷系统进行关键点检查，确认无异常后方可进行更换操作，关键点：阀外冷系统在停运状态、喷淋泵安全空气开关在断开位置、平衡水池液位、阀外冷系统告警界面告警信息	20	未检查关键点每项扣5分（可口述），扣完为止		
3	阀外冷系统法兰密封圈更换	能正确进行阀外冷系统蝶阀更换： （1）蝶阀的更换应在系统停运时进行，并且需要断开喷淋泵安全空气开关。 （2）关闭蝶阀两端最近的阀门，并排空该管段介质，注意回收。 （3）置蝶阀为全关闭状态。 （4）对角线松开蝶阀法兰螺栓。 （5）松开该蝶阀管道管段的管码。 （6）向外移动管道，松开蝶阀法兰密封环，水平或垂直取出蝶阀。 （7）更换并安装新蝶阀，调节蝶阀中心轴线与管中心轴线一致，最大偏差不得大于3mm。 （8）对角线紧固好蝶阀法兰螺栓，保证法兰密封处无渗漏。 （9）恢复蝶阀正常运行时初始阀位	40	未确认阀冷系统停运或未断开喷淋泵安全空气开关，扣5分； 未关闭蝶阀两端最近的阀门，并回收排空该管段介质，扣5分； 未置蝶阀为全关闭状态，扣5分； 未对角线松开蝶阀法兰螺栓，扣5分； 松开该蝶阀管道管段的管码，扣5分； 未取出蝶阀，扣5分； 未更换并安装新蝶阀，调节蝶阀中心轴线与管中心轴线一致，或最大偏差不符合要求，扣5分； 未恢复阀门阀位，补充冷却介质，排除气体，并检查是否漏水，扣5分		

续表

序号	项目名称	质量要求	满分	扣分标准	扣分原因	得分
4	填写报告					
4.1	填写修试记录	报告应包括更换蝶阀位置、更换原因、是否漏水、膨胀罐液位及压力等信息	20	根据核对信息酌情扣分		
合计			100			

Jc2003253077　阀外冷系统排污泵启动（含故障）。（100 分）

考核知识点：阀冷系统基本操作

难易度：难

技能等级评价专业技能考核操作工作任务书

一、任务名称

阀外冷系统排污泵启动（含故障）。

二、适用工种

换流站直流设备检修工（二次）技师。

三、具体任务

（1）工作状态为阀外冷系统处于手动模式。工作内容为阀外冷系统排污泵启动（含故障）。

（2）工作任务：阀外冷系统排污泵启动（含故障）。

四、工作规范及要求

按要求阀外冷系统手动模式下对阀外冷系统进行排污泵启动（含故障）。

五、考核及时间要求

本考核操作时间为 60 分钟，时间到停止考评，包括阀冷系统状态确认和报告整理时间。

技能等级评价专业技能考核操作评分标准

<table>
<tr><td>工种</td><td colspan="5">换流站直流设备检修工（二次）</td><td>评价等级</td><td>技师</td></tr>
<tr><td>项目模块</td><td colspan="4">缺陷处理与事故分析—缺陷处理</td><td>编号</td><td colspan="2">Jc2003253077</td></tr>
<tr><td>单位</td><td colspan="2"></td><td>准考证号</td><td colspan="2"></td><td>姓名</td><td></td></tr>
<tr><td>考试时限</td><td colspan="2">60 分钟</td><td>题型</td><td colspan="2">单项操作</td><td>题分</td><td>100 分</td></tr>
<tr><td>成绩</td><td></td><td>考评员</td><td></td><td>考评组长</td><td></td><td>日期</td><td></td></tr>
<tr><td>试题正文</td><td colspan="7">阀外冷系统排污泵启动（含故障）</td></tr>
<tr><td>需要说明的问题和要求</td><td colspan="7">（1）要求单人操作。
（2）操作应注意安全，按照标准化作业书的技术安全说明做好安全措施。
（3）填写修试记录</td></tr>
</table>

序号	项目名称	质量要求	满分	扣分标准	扣分原因	得分
1	安全措施					
1.1	相关安全措施的准备	（1）核对设备双重名称。 （2）进入作业现场正确佩戴安全帽，现场作业人员应穿全棉长袖工作服、绝缘鞋	20	未核对设备双重名称操作扣 10 分； 安全帽佩戴不规范扣 4 分； 未穿全棉长袖工作服扣 3 分； 未穿绝缘鞋扣 3 分		

续表

序号	项目名称	质量要求	满分	扣分标准	扣分原因	得分
2	阀外冷系统检查					
2.1	阀外冷系统关键点检查	能对阀外冷系统进行关键点检查，确认无异常后方可进行启动操作，关键点：阀外冷系统在手动状态、阀外冷系统集污坑内积水液位、排污泵状态、阀外冷系统告警界面告警信息	20	未检查关键点每项扣 5 分（可口述），扣完为止		
3	阀外冷系统排污泵启动	能正确进行阀外冷系统排污泵启动： （1）现场确认阀外冷系统集污坑内积水液位满足排污泵启动条件。 （2）在 AP17 阀外冷系统控制屏柜上确认有无相关告警信息。 （3）单击 AP17 阀外冷系统控制屏柜上“集水坑控制”按钮。 （4）在弹出界面输入账号、密码。 （5）单击 P42 启动按钮。 （6）发现 P42 启动失败，进行故障排查。 （7）排查完成启动成功后观察集污坑液位下降至目标液位后单击停止。 （8）现场确认集污坑液位降低。 （9）单击操作密码退出按钮，并再次确认系统有无异常告警	20	未现场确认阀外冷系统集污坑内积水液位满足排污泵启动条件，扣 2.5 分； 未在 AP17 阀外冷系统控制屏柜上确认有无相关告警信息，扣 2.5 分； 未单击 AP17 阀外冷系统控制屏柜上“集水坑控制”按钮，扣 2.5 分； 未在弹出界面输入账号、密码扣 2.5 分； 未能正常启动排污泵，扣 2.5 分； 未观察集污坑液位下降至目标液位后单击停止，扣 2.5 分； 未现场确认集污坑液位降低，扣 2.5 分； 未单击操作密码退出按钮，并再次确认系统有无异常告警，扣 2.5 分		
4	故障排查					
4.1	故障查找	能正确进行故障查找： 故障 1：接触器线圈接线虚接； 故障 2：P42 排污泵空气开关未合	10	未查找出故障，每个扣 5 分，扣完为止		
4.2	故障排除	能正确进行故障排除	10	未正确排除故障，每个扣 5 分，扣完为止		
5	填写报告					
5.1	填写修试记录	报告应包括启动排污泵编号、集污坑液位、是否正常启动、存在故障及处理措施、操作后有无告警信号产生等信息	20	根据核对信息酌情扣分		
合计			100			

Jc2003242078　阀外冷系统模拟量输入模块更换。（100 分）

考核知识点：阀外冷系统模拟量输入模块更换

难易度：中

技能等级评价专业技能考核操作工作任务书

一、任务名称

阀外冷系统模拟量输入模块更换。

二、适用工种

换流站直流设备检修工（二次）技师。

三、具体任务

（1）工作状态为换流阀检修、阀冷系统运行。工作内容为阀外冷系统模拟量输入模块 AI1A 更换。

（2）工作任务：阀外冷系统模拟量输入模块更换，更换步骤应符合要求，确保设备正常稳定运行。

四、工作规范及要求

熟悉阀外冷系统模拟量输入模块更换的方法，熟练使用仪器仪表及工器具。

五、考核及时间要求

本考核操作时间为60分钟，时间到停止考评。

技能等级评价专业技能考核操作评分标准

<table>
<tr><td>工种</td><td colspan="5">换流站直流设备检修工（二次）</td><td>评价等级</td><td>技师</td></tr>
<tr><td>项目模块</td><td colspan="4">二次设备日常维护、检修—阀冷却系统的日常维护、检修</td><td>编号</td><td colspan="2">Jc2003242078</td></tr>
<tr><td>单位</td><td colspan="3"></td><td>准考证号</td><td></td><td>姓名</td><td></td></tr>
<tr><td>考试时限</td><td colspan="2">60分钟</td><td>题型</td><td colspan="2">单项操作</td><td>题分</td><td>100分</td></tr>
<tr><td>成绩</td><td></td><td>考评员</td><td></td><td>考评组长</td><td></td><td>日期</td><td></td></tr>
<tr><td>试题正文</td><td colspan="7">阀外冷系统模拟量输入模块更换</td></tr>
<tr><td>需要说明的问题和要求</td><td colspan="7">（1）要求单人操作。
（2）操作应注意安全，按照标准化作业书的技术安全说明做好安全措施。
（3）填写修试记录</td></tr>
</table>

序号	项目名称	质量要求	满分	扣分标准	扣分原因	得分
1	工具使用及安全措施					
1.1	相关安全措施的准备	（1）核对设备双重名称。 （2）进入作业现场正确佩戴安全帽，现场作业人员应穿全棉长袖工作服、绝缘鞋	20	未核对设备扣10分； 安全帽佩戴不规范扣4分； 未穿全棉长袖工作服扣3分； 未穿绝缘鞋扣3分		
2	模拟量输入模块更换					
2.1	断开电源	（1）断开柜内所需更换元器件上级断路器（先断开交流，再断开直流）。 （2）用万用表测量对应元器件端子是否已掉电。 （3）在断开断路器和开关处悬挂“禁止合闸，有人工作”标识牌	18	按照步骤开展，每少一步扣6分，扣完为止		
2.2	模块更换	（1）核对备件型号与实物的一致性。 （2）按下故障模拟量输入模块前连接器上下弹簧卡销。 （3）同时轻轻上下摇动前连接器，向外拔出连接器。 （4）拧松模块固定螺栓，拆出模块。 （5）备件模拟量输入模块在安装前，保证和故障模块侧面的量程卡安装一致。 （6）装上新模块，拧紧模拟量输入模块固定螺栓。 （7）装上前连接器	42	按照步骤开展，每少一步扣6分，扣完为止		
3	恢复现场并填写报告					
3.1	观察设备运行无异常后，恢复现场，填写修试记录	（1）恢复相关断路器（先恢复直流，再恢复交流）；观察阀外冷系统运行无异常，数据采样正确。收回标识牌、清理现场。 （2）填写修试记录	20	记录填写不全按比例扣分，总计15分； 无检查扣5分		
合计			100			

Jc2003253079　阀冷系统进阀温度保护逻辑校验。（100分）

考核知识点： 阀冷系统基本操作

难易度： 难

技能等级评价专业技能考核操作工作任务书

一、任务名称

阀冷系统进阀温度保护逻辑校验。

二、适用工种

换流站直流设备检修工（二次）技师。

三、具体任务

（1）工作状态为阀冷系统处于自动停运模式。工作内容为阀冷系统进阀温度保护逻辑校验。

（2）工作任务：阀冷系统进阀温度保护逻辑校验。

四、工作规范及要求

按要求进行阀冷系统自动停运模式下对阀冷系统进阀温度保护逻辑校验。

五、考核及时间要求

本考核操作时间为60分钟，时间到停止考评，包括阀冷系统状态确认和报告整理时间。

技能等级评价专业技能考核操作评分标准

<table>
<tr><td>工种</td><td colspan="5">换流站直流设备检修工（二次）</td><td>评价等级</td><td>技师</td></tr>
<tr><td>项目模块</td><td colspan="4">二次设备日常维护、检修—阀冷却系统的日常维护、检修</td><td>编号</td><td colspan="2">Jc2003253079</td></tr>
<tr><td>单位</td><td colspan="3"></td><td>准考证号</td><td></td><td>姓名</td><td></td></tr>
<tr><td>考试时限</td><td colspan="2">60 分钟</td><td>题型</td><td colspan="2">单项操作</td><td>题分</td><td>100 分</td></tr>
<tr><td>成绩</td><td></td><td>考评员</td><td></td><td>考评组长</td><td></td><td>日期</td><td></td></tr>
<tr><td>试题正文</td><td colspan="7">阀冷系统进阀温度保护逻辑校验</td></tr>
<tr><td>需要说明的问题和要求</td><td colspan="7">（1）要求两人配合进行操作。
（2）操作应注意安全，按照标准化作业书的技术安全说明做好安全措施。
（3）填写修试记录</td></tr>
</table>

序号	项目名称	质量要求	满分	扣分标准	扣分原因	得分
1	安全措施					
1.1	相关安全措施的准备	（1）核对设备双重名称。 （2）进入作业现场正确佩戴安全帽，现场作业人员应穿全棉长袖工作服、绝缘鞋	20	未核对设备双重名称操作扣 10 分； 安全帽佩戴不规范扣 4 分； 未穿全棉长袖工作服扣 3 分； 未穿绝缘鞋扣 3 分		
2	阀冷系统检查					
2.1	阀冷系统关键点检查	能对阀冷系统进行关键点检查，确认无异常后方可进行校验，关键点：阀冷系统在自动停止状态、进阀温度、保护定值、阀冷系统告警界面告警信息	20	未检查关键点每项扣5分（可口述），扣完为止		
3	阀冷系统进阀温度保护逻辑校验	能正确进行阀冷系统进阀温度保护逻辑校验： （1）将阀冷系统保护校验装置的 DP 通信总线接至阀冷系统 CPU 耦合模块上。 （2）找到屏柜内进阀温度变送器输入端子并挑开，然后将校验装置进阀温度的输入试验接线接至端子输入侧。 （3）在校验装置上根据定值进行进阀温度的输入，验证保护动作后果。 （4）恢复接线及系统状态	40	未将阀冷系统保护校验装置的 DP 通信总线接至阀冷系统 CPU 耦合模块上，扣 10 分； 未找到屏柜内进阀温度变送器输入端子并挑开，然后将校验装置进阀温度的输入试验接线接至端子输入侧，扣 10 分； 未在校验装置上根据定值进行进阀温度的输入，验证保护动作后果，扣 10 分； 未恢复接线及系统状态，扣 10 分		

续表

序号	项目名称	质量要求	满分	扣分标准	扣分原因	得分
4	填写报告					
4.1	填写修试记录	正确填写更换报告： 报告应包括测试前系统状态、测试接线方式、测试结果、测试后系统恢复状态等信息	20	根据核对信息酌情扣分		
合计			100			

Jc2003253080　阀冷系统膨胀罐液位保护逻辑校验。（100 分）

考核知识点：阀冷系统基本操作

难易度：难

技能等级评价专业技能考核操作工作任务书

一、任务名称

阀冷系统膨胀罐液位保护逻辑校验。

二、适用工种

换流站直流设备检修工（二次）技师。

三、具体任务

（1）工作状态为阀冷系统处于自动停运模式。工作内容为阀冷系统膨胀罐液位保护逻辑校验。

（2）工作任务：阀冷系统膨胀罐液位保护逻辑校验。

四、工作规范及要求

按要求在阀冷系统自动停运模式下对阀冷系统膨胀罐液位保护逻辑进行校验。

五、考核及时间要求

本考核操作时间为 60 分钟，时间到停止考评，包括阀冷系统状态确认和报告整理时间。

技能等级评价专业技能考核操作评分标准

工种	换流站直流设备检修工（二次）				评价等级	技师
项目模块	二次设备日常维护、检修—阀冷却系统的日常维护、检修			编号	Jc2003253080	
单位		准考证号			姓名	
考试时限	60 分钟	题型	单项操作		题分	100 分
成绩		考评员		考评组长	日期	
试题正文	阀冷系统膨胀罐液位保护逻辑校验					
需要说明的问题和要求	（1）要求两人配合进行操作。 （2）操作应注意安全，按照标准化作业书的技术安全说明做好安全措施。 （3）填写修试记录					

序号	项目名称	质量要求	满分	扣分标准	扣分原因	得分
1	安全措施					
1.1	相关安全措施的准备	（1）核对设备双重名称。 （2）进入作业现场正确佩戴安全帽，现场作业人员应穿全棉长袖工作服、绝缘鞋	20	未核对设备双重名称操作扣 10 分； 安全帽佩戴不规范扣 4 分； 未穿全棉长袖工作服扣 3 分； 未穿绝缘鞋扣 3 分		

续表

序号	项目名称	质量要求	满分	扣分标准	扣分原因	得分
2	阀冷系统检查					
2.1	阀冷系统关键点检查	能对阀冷系统进行关键点检查，确认无异常后方可进行校验，关键点：阀冷系统在自动停止状态、膨胀罐液位、保护定值、阀冷系统告警界面告警信息	20	未检查关键点每项扣 5 分（可口述），扣完为止		
3	阀冷系统膨胀罐液位保护逻辑校验	能正确进行阀冷系统膨胀罐液位保护逻辑校验： （1）将阀冷系统保护校验装置的 DP 通信总线接至阀冷系统 CPU 耦合模块上。 （2）找到屏柜内膨胀罐液位变送器输入端子并挑开，然后将校验装置膨胀罐液位的输入试验接线接至端子输入侧。 （3）在校验装置上根据定值进行膨胀罐液位的输入，验证保护动作后果。 （4）恢复接线及系统状态	40	未将阀冷系统保护校验装置的 DP 通信总线接至阀冷系统 CPU 耦合模块上，扣 10 分； 未找到屏柜内膨胀罐液位变送器输入端子并挑开，然后将校验装置膨胀罐液位的输入试验接线接至端子输入侧，扣 10 分； 未在校验装置上根据定值进行膨胀罐液位的输入，验证保护动作后果，扣 10 分； 未恢复接线及系统状态，扣 10 分		
4	填写报告					
4.1	填写修试记录	报告应包括测试前系统状态、测试接线方式、测试结果、测试后系统恢复状态等信息	20	根据核对信息酌情扣分		
合计			100			

Jc2003253081　阀冷系统泄漏保护逻辑校验。（100 分）

考核知识点：阀冷系统基本操作

难易度：难

技能等级评价专业技能考核操作工作任务书

一、任务名称

阀冷系统泄漏保护逻辑校验。

二、适用工种

换流站直流设备检修工（二次）技师。

三、具体任务

（1）工作状态为阀冷系统处于自动停运模式。工作内容为阀冷系统泄漏保护逻辑校验。

（2）工作任务：阀冷系统泄漏保护逻辑校验。

四、工作规范及要求

按要求进行阀冷系统自动停运模式下对阀冷系统泄漏保护逻辑校验。

五、考核及时间要求

本考核操作时间为 60 分钟，时间到停止考评，包括阀冷系统状态确认和报告整理时间。

技能等级评价专业技能考核操作评分标准

工种	换流站直流设备检修工（二次）					评价等级	技师
项目模块	二次设备日常维护、检修—阀冷却系统的日常维护、检修				编号	Jc2003253081	
单位			准考证号			姓名	
考试时限	60 分钟	题型	单项操作			题分	100 分
成绩		考评员		考评组长		日期	
试题正文	阀冷系统泄漏保护逻辑校验						

续表

需要说明的问题和要求	（1）要求两人配合进行操作。 （2）操作应注意安全，按照标准化作业书的技术安全说明做好安全措施。 （3）填写修试记录					
序号	项目名称	质量要求	满分	扣分标准	扣分原因	得分
1	安全措施					
1.1	相关安全措施的准备	（1）核对设备双重名称。 （2）进入作业现场正确佩戴安全帽，现场作业人员应穿全棉长袖工作服、绝缘鞋	20	未核对设备双重名称操作扣 10 分； 安全帽佩戴不规范扣 4 分； 未穿全棉长袖工作服扣 3 分； 未穿绝缘鞋扣 3 分		
2	阀冷系统检查					
2.1	阀冷系统关键点检查	能对阀冷系统进行关键点检查，确认无异常后方可进行校验，关键点：阀冷系统在自动停止状态、膨胀罐液位、保护定值、阀冷系统告警界面告警信息	20	未检查关键点每项扣 5 分（可口述），扣完为止		
3	阀冷系统泄漏保护逻辑校验	能正确进行阀冷系统泄漏保护逻辑校验： （1）将阀冷系统保护校验装置的 DP 通信总线接至阀冷系统 CPU 耦合模块上。 （2）找到屏柜内膨胀罐液位变送器输入端子并挑开，然后将校验装置膨胀罐液位的输入试验接线接至端子输入侧。 （3）在校验装置上单击预置的泄漏保护跳闸测试按钮，观察膨胀罐液位的变化，验证保护动作后果。 （4）恢复接线及系统状态	40	未将阀冷系统保护校验装置的 DP 通信总线接至阀冷系统 CPU 耦合模块上，扣 10 分； 未找到屏柜内膨胀罐液位变送器输入端子并挑开，然后将校验装置膨胀罐液位的输入试验接线接至端子输入侧，扣 10 分； 未在校验装置上单击预置的泄漏保护跳闸测试按钮，观察膨胀罐液位的变化，验证保护动作后果，扣 10 分； 未恢复接线及系统状态，扣 10 分		
4	填写报告					
4.1	填写修试记录	正确填写更换报告： 报告应包括测试前系统状态、测试接线方式、测试结果、测试后系统恢复状态等信息	20	根据核对信息酌情扣分		
合计			100			

Jc2003243082　离子交换器树脂更换。（100 分）

考核知识点：离子交换器树脂更换

难易度：难

技能等级评价专业技能考核操作工作任务书

一、任务名称

离子交换器树脂更换。

二、适用工种

换流站直流设备检修工（二次）技师。

三、具体任务

（1）工作状态为阀冷系统运行，离子交换器 C01 运行 C02 检修。工作内容为离子交换器树脂更换。

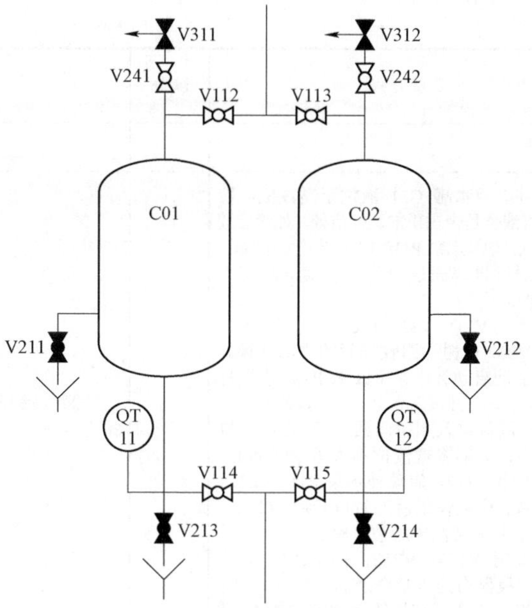

图 Jc2003243082

（2）工作任务：进行离子交换器树脂更换，更换步骤应符合要求，确保设备正常稳定运行。

四、工作规范及要求

熟悉阀冷系统离子交换器树脂更换的方法，熟练使用仪器仪表及工器具。

五、考核及时间要求

本考核操作时间为 60 分钟，时间到停止考评。

技能等级评价专业技能考核操作评分标准

<table>
<tr><td>工种</td><td colspan="5">换流站直流设备检修工（二次）</td><td>评价等级</td><td>技师</td></tr>
<tr><td>项目模块</td><td colspan="4">二次设备日常维护、检修—阀冷却系统的日常维护、检修</td><td>编号</td><td colspan="2">Jc2003243082</td></tr>
<tr><td>单位</td><td colspan="2"></td><td>准考证号</td><td colspan="2"></td><td>姓名</td><td></td></tr>
<tr><td>考试时限</td><td colspan="2">60 分钟</td><td>题型</td><td colspan="2">单项操作</td><td>题分</td><td>100 分</td></tr>
<tr><td>成绩</td><td></td><td>考评员</td><td></td><td>考评组长</td><td></td><td>日期</td><td></td></tr>
<tr><td>试题正文</td><td colspan="7">离子交换器树脂更换</td></tr>
<tr><td>需要说明的问题和要求</td><td colspan="7">（1）要求单人操作，树脂注入等单人难以完成的体力工作，可申请外协人员协助进行。
（2）操作应注意安全，按照标准化作业书的技术安全说明做好安全措施。
（3）填写修试记录</td></tr>
</table>

序号	项目名称	质量要求	满分	扣分标准	扣分原因	得分
1	工具使用及安全措施					
1.1	相关安全措施的准备	（1）核对设备双重名称、核对离子交换器 C01 运行 C02 检修。 （2）进入作业现场正确佩戴安全帽，现场作业人员应穿全棉长袖工作服、绝缘鞋，树脂更换要带橡胶手套及护目镜	15	未核对设备扣 5 分； 安全帽佩戴不规范扣 4 分； 未穿全棉长袖工作服扣 3 分； 未穿绝缘鞋扣 3 分		

续表

序号	项目名称	质量要求	满分	扣分标准	扣分原因	得分
2	树脂更换					
2.1	树脂泄空	（1）补充原水罐 C21 液位至高液位，检查膨胀罐液位是否在正常运行值处，如液位较低则手动启动补水泵 P11/P12 补至设定液位。 （2）通过操作面板中的控制键屏蔽阀冷泄漏保护。 （3）关闭 V115，V113 小心开启大约 30°，连接好 V212 至树脂回收桶间的透明软管。 （4）手动启动补水泵 P11 或 P12，缓慢打开 V212 手柄，开度为 60°～90°，离子交换器中的树脂被排入到树脂回收桶，在树脂排放过程中，如膨胀罐液位不大于 600mm，应立即关闭 V212，启动补水泵 P11 或 P12，当膨胀罐液位达设定值处时再开启 V212，直至 C02 离子交换树脂被排空。 （5）关闭 V113、V212，打开 V214，排掉离子交换器内的冷却介质。 （6）当排干离子交换器后关闭 V214，并拿掉排放软管	25	按照步骤开展，每少一步扣 5 分，扣完为止		
2.2	充入新的树脂	（1）确认 V113、V115 完全关闭；拆除 C02 上部管段卡箍。 （2）拆除 C02 上部离子交换器法兰封头。 （3）仔细检查滤帽情况，如有损坏，应更换。 （4）如离子交换器内还有树脂，可加入纯水将内部树脂合部清除；然后关闭 V214、V212。 （5）用漏斗和勺子充入新的树脂，滤帽应位于树脂上方，而不应埋在树脂内，罐体法兰面应清理干净，严禁有任何的残留树脂和其他杂质。 （6）恢复并安装好法兰封头和管道法兰等，注意螺栓的紧固，保证法兰密封处严密无渗漏。 （7）小心地打开 V113 至 20°～30° 开度，此过程中如出现膨胀罐液位低或原水罐液位低等情况，应补充冷却介质后再缓慢开启 V113 至 20°～30° 开度，待排气阀 V311 或 V312 中无气体排出时，关闭 V113。 （8）连接好 V214 泄空软管，打开 V214，排掉离子交换器内的冷却介质。 （9）循环操作以上 7 和 8 步骤 2～3 次。 （10）关闭 V214，重复本节步骤 7，使离子交换器再次充满冷却介质，然后全部开启 V115。 （11）切换 V113 与 V112 开关状态，使离子交换器 C02 为主运行，记录去离子水电导率和冷却水电导率数据	40	按照步骤开展，每少一步扣 4 分，扣完为止		
3	恢复现场并填写报告					
3.1	观察设备运行无异常后，恢复现场，填写修试记录	（1）经 24h 运行观察（可口述），当电导率值低于 0.1us/cm 时，再次切换 V112 与 V113 开关状态，使离子交换器 C01 串联运行在前，并开启 V113 约 15° 开度，保持离子交换器 C01 有少量的介质流过。 （2）启动补水泵，使用膨胀罐液位恢复至正常液位，待膨胀罐液位稳定后，通过操作面板中的控制键解除阀冷系统泄漏屏蔽保护。 （3）填写修试记录	20	每少填写一项扣 7 分，扣完为止		
合计			100			

Jc2003242083　阀内冷系统主过滤器清洗及滤芯更换。(100 分)

考核知识点：阀内冷系统主过滤器清洗及滤芯更换

难易度：中

技能等级评价专业技能考核操作工作任务书

一、任务名称

阀内冷系统主过滤器清洗及滤芯更换。

二、适用工种

换流站直流设备检修工（二次）技师。

三、具体任务

（1）工作状态为阀冷系统运行，主过滤器 Z01 运行、Z02 备用。工作内容为主过滤器 Z01 清洗维护。

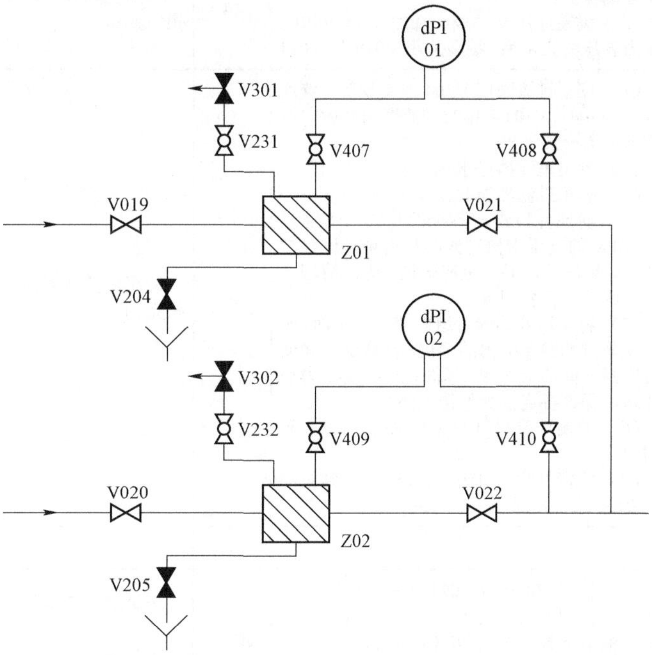

图 Jc2003242083

（2）工作任务：进行主过滤器 Z01 清洗，更换步骤应符合要求，确保设备正常稳定运行。

四、工作规范及要求

熟悉阀冷系统主过滤器清洗及滤芯更换的方法，熟练使用仪器仪表及工器具。

五、考核及时间要求

本考核操作时间为 60 分钟，时间到停止考评。

技能等级评价专业技能考核操作评分标准

工种	换流站直流设备检修工（二次）					评价等级	技师
项目模块	二次设备日常维护、检修—阀冷却系统的日常维护、检修				编号	Jc2003242083	
单位			准考证号			姓名	
考试时限	60 分钟	题型		单项操作		题分	100 分
成绩		考评员		考评组长		日期	

续表

试题正文	阀内冷系统主过滤器清洗及滤芯更换					
需要说明的问题和要求	（1）要求单人操作，较大的力矩紧固等单人难以完成的体力工作，可申请外协人员协助进行。 （2）操作应注意安全，按照标准化作业书的技术安全说明做好安全措施。 （3）填写修试记录					
序号	项目名称	质量要求	满分	扣分标准	扣分原因	得分
1	工具使用及安全措施					
1.1	相关安全措施的准备	（1）核对设备双重名称、核对离子交换器Z01运行、Z02备用。 （2）进入作业现场正确佩戴安全帽，现场作业人员应穿全棉长袖工作服、绝缘鞋	15	未核对设备扣5分； 安全帽佩戴不规范扣4分； 未穿全棉长袖工作服扣3分； 未穿绝缘鞋扣3分		
2	主过滤器清洗及滤芯更换					
2.1	更换前准备	（1）在操作面板中的控制键屏蔽阀冷系统泄漏保护。 （2）缓慢打开V020和V022，确认dPI02压力表压力正常后，缓慢关闭V019和V021	14	按照步骤开展，每少一步扣7分，扣完为止		
2.2	主过滤器清洗及滤芯更换步骤	（1）连接排放阀门V204泄空软管，依次打开V204、V301，排空过滤器内介质，排空后应无介质流出。 （2）拆出过滤器进水端管段。 （3）拆出过滤器滤芯。 （4）清理并检查滤芯上的异物，可通过0.5MPa的高压水枪对滤芯从内至外进行冲洗，如果滤芯污垢严重或破损，无法清理干净，则需更换备用滤芯。 （5）将安装滤芯的管道内部冲洗干净，然后安装过滤器及拆出的管段，注意法兰和滤芯密封面间的密封圈，紧固螺栓并满足力矩要求，保证各连接处严密无渗漏。 （6）关闭排放阀门V204，保持V301开启。 （7）缓慢开启V019约15°，直到阀门V301有水溢出时，关闭V301	46	按照步骤开展，每少一步扣7分，扣完为止		
3	恢复现场并填写报告					
3.1	观察设备运行无异常后，恢复现场，填写修试记录	（1）恢复V019与V021正常阀位。 （2）通过操作面板中的控制键解除阀冷系统泄漏屏蔽；检查DPI01压力正常。 （3）填写修试记录	25	记录填写不全按比例扣分，总计15分； 无恢复扣5分，无检查扣5分		
合计			100			

Jc2003263084　阀内冷系统PLC更换（非在线）。（100分）

考核知识点：阀内冷系统PLC更换（非在线）

难易度：难

技能等级评价专业技能考核操作工作任务书

一、任务名称

阀内冷系统PLC更换（非在线）。

二、适用工种

换流站直流设备检修工（二次）技师。

三、具体任务

（1）工作状态为换流阀在检修状态、阀冷系统运行。工作内容为阀内冷系统PLCB更换。

（2）工作任务：阀内冷系统 PLC 更换，更换步骤应符合要求，确保设备正常稳定运行。

四、工作规范及要求

熟悉阀内冷系统 PLC 更换更换的方法，熟练使用仪器仪表及工器具。

五、考核及时间要求

本考核操作时间为 60 分钟，时间到停止考评。

技能等级评价专业技能考核操作评分标准

工种	换流站直流设备检修工（二次）				评价等级	技师	
项目模块	二次设备日常维护、检修—阀冷却系统的日常维护、检修			编号	Jc2003263084		
单位		准考证号			姓名		
考试时限	60 分钟	题型	单项操作		题分	100 分	
成绩		考评员		考评组长		日期	
试题正文	阀内冷系统 PLC 更换（非在线）						
需要说明的问题和要求	（1）要求单人操作。 （2）操作应注意安全，按照标准化作业书的技术安全说明做好安全措施。 （3）填写修试记录						

序号	项目名称	质量要求	满分	扣分标准	扣分原因	得分
1	工具使用及安全措施					
1.1	相关安全措施的准备	（1）核对设备双重名称。 （2）进入作业现场正确佩戴安全帽，现场作业人员应穿全棉长袖工作服、绝缘鞋	10	未核对设备扣 5 分； 安全帽佩戴不规范扣 2 分； 未穿全棉长袖工作服扣 1 分； 未穿绝缘鞋扣 2 分		
2	PLC 更换	（1）核对备件型号与实物的一致性，拍照记录阀冷系统定值。 （2）用调试电脑连接并读取阀冷系统运行中的 PLC 固件版本，确保运行中的 PLC 固件版本与备件 PLC 固件版本一致。 （3）PLCB 拨至 STOP 状态，PLCSTOP 指示灯亮。 （4）PLCB 电源模板 PS 控制开关拨至关断电源状态（PLC 断电）PLC 断电，所有指示灯灭。 （5）拆掉 PLCB 的光纤和近距离同步模块，记录光纤的安装位置（上下位置）光纤分上下顺序，拆除时注意记录原来的位置。 （6）用螺钉旋具拆卸 PLCB 的 DP 总线插头，记录总线插头的安装位置，DP 插头安装在固定位置，拆除前记录 DP 接头位置。 （7）用螺钉旋具拆卸 PLC 的底部固定螺栓，拆下 PLC，拆除 PLC 注意不要用力过大。 （8）拔下 PLCB 的存储卡，把它插至新 PLCB 处，注意存储卡方向与原来的安装方向一致。 （9）更换 PLCB，把背板拨码拨成 1；然后装上新 PLC，拧紧 PLC 的底部固定螺栓，确保 PLC 后面的拨码与原 PLC 一致。 （10）按记录插上光纤和近距离同步模块，并把新的 PLC 打到 STOP 位。 （11）PS 控制开关拨至 I（供电）状态（为 PLC 供电），PLC 开始自检，自检过程中新 PLC 处于 STOP 位，且 STOP 黄灯闪烁。	65	按照步骤开展，每少一步扣 5 分，扣完为止		

续表

序号	项目名称	质量要求	满分	扣分标准	扣分原因	得分
2	PLC 更换	（12）等待新 PLC 自检完成，自检过程中新 PLC 处于 STOP 位，且 STOP 黄灯闪烁。自检完成后，确认新 PLC 的 LINK1OK，LINK2OK 绿色指示灯亮，IMF1F、IMF2F 指示灯灭，STOP 黄灯亮。 （13）用调试电脑连接更换的 PLC，读取 PLC 固件版本，并与之前读取的原 PLC 固件版本对比一致。 （14）把 PLC 拨至 RUN 位，确认新的 PLC 的 MSTR 灯不亮，PLCRUN 指示灯亮。 （15）按记录插上新 PLC 的 DP 总线插头，并拧紧。 （16）进行 PLCA 与 PLCB 之间的切换试验，切换前确认 LINK1OK，LINK2OK 绿色指示灯亮，IMF1F、IMF2F 指示灯灭		按照步骤开展，每少一步扣 5 分，扣完为止		
3	恢复现场并填写报告					
3.1	观察设备运行无异常后，恢复现场，填写修试记录	（1）PLCB 检修完成后，检查阀冷系统运行数据正常，核对保护定值正确，检查定值与更换前一致。 （2）观察阀冷系统运行工况，无异常，无报警信息，清理现场。 （3）填写修试记录	25	记录填写不全按比例扣分，总计 15 分； 无恢复扣 5 分，无检查扣 5 分		
合计			100			

Jc2003243085　阀内冷系统电源模板更换。（100 分）

考核知识点： 阀内冷系统电源模板更换

难易度： 难

技能等级评价专业技能考核操作工作任务书

一、任务名称

阀内冷系统电源模板更换。

二、适用工种

换流站直流设备检修工（二次）技师。

三、具体任务

（1）工作状态为换流阀在检修状态、阀冷系统运行。工作内容为阀内冷系统电源模板更换。

（2）工作任务：阀内冷系统电源模板更换，更换步骤应符合要求，确保设备正常稳定运行。

四、工作规范及要求

熟悉阀内冷系统电源模板更换更换的方法，熟练使用仪器仪表及工器具。

五、考核及时间要求

本考核操作时间为 60 分钟，时间到停止考评。

技能等级评价专业技能考核操作评分标准

工种	换流站直流设备检修工（二次）				评价等级	技师
项目模块	二次设备日常维护、检修—阀冷却系统的日常维护、检修			编号	Jc2003243085	
单位		准考证号			姓名	
考试时限	60 分钟	题型	单项操作		题分	100 分

续表

成绩		考评员		考评组长		日期	
试题正文	阀内冷系统电源模板更换						
需要说明的问题和要求	（1）要求单人操作。 （2）操作应注意安全，按照标准化作业书的技术安全说明做好安全措施。 （3）填写修试记录						

序号	项目名称	质量要求	满分	扣分标准	扣分原因	得分
1	工具使用及安全措施					
1.1	相关安全措施的准备	（1）核对设备双重名称。 （2）进入作业现场正确佩戴安全帽，现场作业人员应穿全棉长袖工作服、绝缘鞋	10	未核对设备扣5分； 安全帽佩戴不规范扣2分； 未穿全棉长袖工作服扣1分； 未穿绝缘鞋扣2分		
2	电源模板更换					
2.1	电池检查及更换	（1）检查是否只是电池故障，如电池故障，只需更换电池即可。 （2）打开电源模块的电池。 （3）使用环线将备用电池从电池盒拉出。 （4）在电源模块的电池盒中插入新的备用电池，确保电池的极性正确。 （5）使用BATTINDIC滑动开关启动电池监视。 （6）按下FMR按钮。 （7）合上电源模板的盖子	28	按照步骤开展，每少一步扣4分，扣完为止		
2.2	更换电源模板	（1）把CPU切换至另外一个CPU运行，电源模板故障的CPU切换至STOP。 （2）把电源模板切换至断电位置。 （3）用螺钉旋具轻轻将CPU电源接线端子向外撬松后，拆下相应电源模块的接线端子。 （4）松开接线端子下面的紧固螺钉和电源模块上部的紧固螺钉，从下端倾斜向上扳动电源模块、从机架上取下。 （5）将备用电源模块首先挂在底板的上端，然后轻轻按下电源模块下部，将备用CPU电源模块安装到相应机架上，拧紧备用电源模块紧固螺钉，同时安装好电源接线端子。 （6）将新的CPU电源模块安装上备用电池，且备用电池的数量和拨码保持一致，合上相应CPU电源开关。 （7）电源模板重新上电后，CPU自检启动，约10min。 （8）CPU启动后，观察两个CPU上的IFM1F、IFM2F指示灯不应亮红灯，停运的CPU上应只亮EXTF、REDF两个指示灯。 （9）把CPU拨至RUN位，确认更换了电源模板的CPUMSTR灯不亮	37	按照步骤开展，每少一步扣5分，扣完为止		
3	恢复现场并填写报告					
3.1	观察设备运行无异常后，恢复现场，填写修试记录	（1）PLCB检修完成后，检查阀冷系统运行数据正常，核对保护定值正确，检查定值与更换前一致。 （2）观察阀冷系统运行工况，无异常，无报警信息，清理现场。 （3）填写修试记录	25	记录填写不全按比例扣分，总计15分； 无恢复扣5分，无检查扣5分		
合计			100			

Jc2003243086　阀外冷系统空冷散热器换热管束除污（阀冷系统自动运行状态）。（100分）

考核知识点：阀冷系统基本操作

难易度：难

技能等级评价专业技能考核操作工作任务书

一、任务名称

阀外冷系统空冷散热器换热管束除污（阀冷系统自动运行状态）。

二、适用工种

换流站直流设备检修工（二次）技师。

三、具体任务

（1）工作状态为阀冷系统处于自动运行模式。工作内容为阀外冷系统空冷散热器换热管束除污。

（2）工作任务：阀外冷系统空冷散热器换热管束除污（阀冷系统自动运行状态）。

四、工作规范及要求

按要求在阀冷系统自动运行模式下对阀外冷系统空冷散热器换热管束进行除污。

五、考核及时间要求

本考核操作时间为60分钟，时间到停止考评，包括阀冷系统状态确认和报告整理时间。

技能等级评价专业技能考核操作评分标准

工种	换流站直流设备检修工（二次）				评价等级	技师
项目模块	二次设备日常维护、检修—阀冷却系统的日常维护、检修			编号	Jc2003243086	
单位		准考证号			姓名	
考试时限	60分钟	题型	单项操作		题分	100分
成绩	考评员		考评组长		日期	
试题正文	阀外冷系统空冷散热器换热管束除污（阀冷系统自动运行状态）					
需要说明的问题和要求	（1）要求单人操作。 （2）操作应注意安全，按照标准化作业书的技术安全说明做好安全措施。 （3）填写修试记录					

序号	项目名称	质量要求	满分	扣分标准	扣分原因	得分
1	安全措施					
1.1	相关安全措施的准备	（1）核对设备双重名称。 （2）进入作业现场正确佩戴安全帽，现场作业人员应穿全棉长袖工作服、绝缘鞋	20	未核对设备双重名称操作扣10分； 安全帽佩戴不规范扣4分； 未穿全棉长袖工作服扣3分； 未穿绝缘鞋扣3分		
2	阀外冷系统检查					
2.1	阀外冷系统关键点检查	能对阀外冷系统进行关键点检查，确认无异常后方可进行更换操作，关键点：阀冷系统在自动运行状态、冷却器状态、进阀温度、膨胀罐液位、阀冷系统告警界面告警信息	20	未检查关键点每项扣5分（可口述），扣完为止		

续表

序号	项目名称	质量要求	满分	扣分标准	扣分原因	得分
3	阀外冷系统空冷散热器换热管束除污	能正确进行阀外冷系统空冷散热器换热管束除污： （1）停运需要冲洗的换热管束风机，断开该组换热管束电源。 （2）风机就地安全开关置于关位。 （3）在控制柜上屏蔽阀冷系统泄漏保护。 （4）距离设备 200～300mm 处，按气流的相反方向进行清洗。清洗时从中间开始，再扩散至四周，喷头尽可能与翅片垂直，最大角度不超±5°，以防止翅片弯曲。 （5）清洗完成后需等待 1h 后投入阀冷系统泄漏保护。 （6）恢复该组换热管束电源及风机安全开关	40	未停运需要冲洗的换热管束风机，未断开该组换热管束电源，扣 5 分； 未断开风机就地安全开关，扣 5 分； 未在控制柜上屏蔽阀冷系统泄漏保护，扣 10 分； 未距离设备 200～300mm 处，按气流的相反方向进行清洗。清洗时未从中间开始，再扩散至四周，喷头尽可能与翅片垂直，若最大角度超过±5°，扣 5 分； 清洗完成后未等待 1h 后投入阀冷系统泄漏保护，扣 10 分； 未恢复该组换热管束电源及风机安全开关，扣 5 分		
4	填写修试记录					
4.1	填写修试记录	正确填写更换报告： 报告应包括冲洗的换热管束编号、冲洗结果、冲洗前后进阀温度及膨胀罐液位、恢复后电源及安全开关状态、泄漏保护投退情况等信息	20	根据核对信息酌情扣分		
合计			100			

Jc2003242087 阀内冷系统原水罐补水。（100 分）

考核知识点：阀冷系统基本操作

难易度：中

技能等级评价专业技能考核操作工作任务书

一、任务名称

阀内冷系统原水罐补水。

二、适用工种

换流站直流设备检修工（二次）技师。

三、具体任务

（1）工作状态为阀冷系统处于自动运行模式。工作内容为阀内冷系统原水罐补水。

（2）工作任务：阀内冷系统原水罐补水。

四、工作规范及要求

按要求进行阀冷系统自动运行模式下对阀内冷系统原水罐补水。

五、考核及时间要求

本考核操作时间为 60 分钟，时间到停止考评，包括阀冷系统状态确认和报告整理时间。

技能等级评价专业技能考核操作评分标准

工种	换流站直流设备检修工（二次）					评价等级	技师
项目模块	二次设备日常维护、检修—阀冷却系统的日常维护、检修				编号	Jc2003242087	
单位			准考证号			姓名	
考试时限	60 分钟	题型		单项操作		题分	100 分
成绩		考评员		考评组长		日期	

续表

试题正文	阀内冷系统原水罐补水					
需要说明的问题和要求	（1）要求两人配合进行操作。 （2）操作应注意安全，按照标准化作业书的技术安全说明做好安全措施。 （3）填写修试记录					
序号	项目名称	质量要求	满分	扣分标准	扣分原因	得分
1	安全措施					
1.1	相关安全措施的准备	（1）核对设备双重名称。 （2）进入作业现场正确佩戴安全帽，现场作业人员应穿全棉长袖工作服、绝缘鞋	20	未核对设备双重名称操作扣10分； 安全帽佩戴不规范扣4分； 未穿全棉长袖工作服扣3分； 未穿绝缘鞋扣3分		
2	阀内冷系统检查					
2.1	阀内冷系统关键点检查	能对阀内冷系统进行关键点检查，确认无异常后方可进行补水操作，关键点：阀冷系统在自动运行状态、原水罐液位、膨胀罐液位、阀冷系统告警界面告警信息	20	未检查关键点每项扣5分（可口述），扣完为止		
3	阀内冷系统原水罐补水	能正确进行阀内冷系统原水罐补水： （1）在补水泵接口处安装补水管。 （2）根据目标液位计算需要补充水量。 （3）清洗补水桶，并将补充水加入桶中。 （4）将补水管口放入补水桶底部。 （5）打开补水泵进水处球阀。 （6）在阀内冷系统操作屏上单击“辅助设备控制”。 （7）选择自动模式下P21补水泵置维护状态。 （8）在维护状态下单击P21补水泵启动，观察原水罐液位达到目标值后单击关闭补水泵。 （9）恢复补水泵接头、球阀连接，清理现场，确认阀冷系统运行状态	40	未完成补水泵接口水管安装及阀门开启，扣5分； 未完成补水量计算，扣5分； 未进行补水桶清洗，扣5分； 未成功启动补水泵或启动错误，扣10分； 补水未达到或超出目标值，扣10分； 补水完成后未恢复补水泵状态，或未确认阀冷系统运行状态，扣5分		
4	填写报告					
4.1	填写修试记录	正确填写补水报告：报告应包括补水的阀冷系统编号、补水结果等信息	20	根据核对信息酌情扣分		
合计			100			

Jc2003243088　阀外冷系统空冷散热器风机变频器更换。（100分）

考核知识点：阀冷系统基本操作

难易度：难

技能等级评价专业技能考核操作工作任务书

一、任务名称

阀外冷系统空冷散热器风机变频器更换。

二、适用工种

换流站直流设备检修工（二次）技师。

三、具体任务

（1）工作状态为阀冷系统处于自动运行模式。工作内容为阀外冷系统空冷散热器风机变频器更换。

（2）工作任务：阀外冷系统空冷散热器风机变频器更换。

四、工作规范及要求

按要求进行阀冷系统自动运行模式下对阀外冷系统空冷散热器风机变频器更换。

五、考核及时间要求

本考核操作时间为60分钟，时间到停止考评，包括阀冷系统状态确认和报告整理时间。

技能等级评价专业技能考核操作评分标准

工种	换流站直流设备检修工（二次）						评价等级	技师
项目模块	二次设备日常维护、检修—阀冷却系统的日常维护、检修					编号	Jc2003243088	
单位			准考证号				姓名	
考试时限	60分钟		题型	单项操作			题分	100分
成绩		考评员		考评组长			日期	
试题正文	阀外冷系统空冷散热器风机变频器更换							
需要说明的问题和要求	（1）要求两人配合进行操作。 （2）操作应注意安全，按照标准化作业书的技术安全说明做好安全措施。 （3）填写修试记录							

序号	项目名称	质量要求	满分	扣分标准	扣分原因	得分
1	安全措施					
1.1	相关安全措施的准备	（1）核对设备双重名称。 （2）进入作业现场正确佩戴安全帽，现场作业人员应穿全棉长袖工作服、绝缘鞋	20	未核对设备双重名称操作扣10分； 安全帽佩戴不规范扣4分； 未穿全棉长袖工作服扣3分； 未穿绝缘鞋扣3分		
2	阀外冷系统检查					
2.1	阀外冷系统关键点检查	能对阀外冷系统进行关键点检查，确认无异常后方可进行更换操作，关键点：阀冷系统在自动运行状态、冷却器状态、进阀温度、阀冷系统告警界面告警信息	20	未检查关键点每项扣5分(可口述)，扣完为止		
3	阀外冷系统空冷散热器风机变频器更换	能正确进行阀外冷系统空冷散热器风机变频器更换： （1）停运需要更换变频器的风机，断开该风机电源。 （2）确认变频器已无电源输入。 （3）拆除变频器。 （4）安装新变频器，注意按原接线方式恢复接线。 （5）核实接线无误后恢复电源。 （6）手动试运行，检查变频器工作时候正常，检查风机转向是否正确	40	未停运需要更换变频器的风机，断开该风机电源，扣10分； 未确认变频器已无电源输入，扣10分； 未成功拆出变频器，扣5分； 未成功安装新变频器，扣5分； 未核实接线无误后恢复电源，扣5分； 未手动试运行，或未检查变频器工作时候正常，或未检查风机转向是否正确，扣5分		
4	填写报告					
4.1	填写修试记录	正确填写更换报告：报告应包括更换的变频器编号、更换结果、更换后电源状态、风机运行状态等信息	20	根据核对信息酌情扣分		
合计			100			

Jc2003242089 阀内冷系统主泵接触器更换。（100分）

考核知识点：阀内冷系统主泵接触器更换

难易度：中

技能等级评价专业技能考核操作工作任务书

一、任务名称

阀内冷系统主泵接触器更换。

二、适用工种

换流站直流设备检修工（二次）技师。

三、具体任务

（1）工作状态为阀冷系统停运。工作内容为阀内冷系统主泵接触器更换。

（2）工作任务：阀内冷系统主泵接触器更换，更换步骤应符合要求，确保设备正常稳定运行。

四、工作规范及要求

熟悉阀内冷系统主泵接触器更换的方法，熟练使用仪器仪表及工器具。

五、考核及时间要求

本考核操作时间为60分钟，时间到停止考评。

技能等级评价专业技能考核操作评分标准

<table>
<tr><td>工种</td><td colspan="5">换流站直流设备检修工（二次）</td><td>评价等级</td><td>技师</td></tr>
<tr><td>项目模块</td><td colspan="4">二次设备日常维护、检修—阀冷却系统的日常维护、检修</td><td>编号</td><td colspan="2">Jc2003242089</td></tr>
<tr><td>单位</td><td colspan="3"></td><td>准考证号</td><td></td><td>姓名</td><td></td></tr>
<tr><td>考试时限</td><td colspan="2">60 分钟</td><td>题型</td><td colspan="2">单项操作</td><td>题分</td><td>100 分</td></tr>
<tr><td>成绩</td><td></td><td>考评员</td><td></td><td>考评组长</td><td></td><td>日期</td><td></td></tr>
<tr><td>试题正文</td><td colspan="7">阀内冷系统主泵接触器更换</td></tr>
<tr><td>需要说明的问题和要求</td><td colspan="7">（1）要求单人操作。
（2）操作应注意安全，按照标准化作业书的技术安全说明做好安全措施。
（3）填写修试记录</td></tr>
</table>

序号	项目名称	质量要求	满分	扣分标准	扣分原因	得分
1	工具使用及安全措施					
1.1	各种工器具正确使用	拆卸用螺钉旋具，扳手，万用表等工具准备好，并测试工具完好。熟练正确使用各种工器具	5	未正确使用一次扣1分，扣完为止		
1.2	相关安全措施的准备	（1）核对设备双重名称。 （2）进入作业现场正确佩戴安全帽，现场作业人员应穿全棉长袖工作服、绝缘鞋	10	未核对设备扣5分； 安全帽佩戴不规范扣2分； 未穿全棉长袖工作服扣1分； 未穿绝缘鞋扣2分		
2	主泵接触器更换	（1）核对备件型号与故障设备型号一致。 （2）断开上级断路器，并用万用表等确认电源已断开。 （3）拆线，并做好线缆标识，用于恢复接线用，同时做好绝缘包扎，防止短路。 （4）拆卸接触器或辅助触点附件。 （5）用万用表检查新备件接点通断正常，无卡涩。 （6）将备件更换安装上。 （7）按照之前做好的线缆标识接线，恢复原样	65	按照步骤开展，每少一步扣10分，扣完为止		
3	恢复现场并填写报告					
3.1	观察设备运行无异常后，恢复现场，填写修试记录	（1）更换后检查分合正常、触点动作正常。 （2）填写修试记录	20	记录填写不全按比例扣分，总计15分； 无检查扣5分		
合计			100			

Jc2003242090　阀内冷系统主泵检测时百分表的架设。（100 分）

考核知识点：阀内冷系统主泵检测时百分表的架设

难易度：中

技能等级评价专业技能考核操作工作任务书

一、任务名称

阀内冷系统主泵检测时百分表的架设。

二、适用工种

换流站直流设备检修工（二次）技师。

三、具体任务

（1）工作状态为阀内冷系统停运，主泵已完成检修、联轴器保护罩已打开。工作内容为阀内冷系统主泵检测时百分表的架设。

（2）工作任务：阀内冷系统主泵检测时百分表的架设，更换步骤应符合要求，确保设备正常稳定运行。

四、工作规范及要求

熟悉阀内冷系统主泵检测时百分表的架设的方法，熟练使用仪器仪表及工器具。

五、考核及时间要求

本考核操作时间为60分钟，时间到停止考评。

技能等级评价专业技能考核操作评分标准

工种	换流站直流设备检修工（二次）					评价等级	技师
项目模块	二次设备日常维护、检修—阀冷却系统的日常维护、检修				编号	Jc2003242090	
单位			准考证号			姓名	
考试时限	60分钟		题型	单项操作		题分	100分
成绩		考评员		考评组长		日期	
试题正文	阀内冷系统主泵检测时百分表的架设						
需要说明的问题和要求	（1）要求单人操作。 （2）操作应注意安全，按照标准化作业书的技术安全说明做好安全措施。 （3）填写修试记录						

序号	项目名称	质量要求	满分	扣分标准	扣分原因	得分
1	工具使用及安全措施					
1.1	相关安全措施的准备	（1）核对设备双重名称。 （2）进入作业现场正确佩戴安全帽，现场作业人员应穿全棉长袖工作服、绝缘鞋	20	未核对设备扣10分； 安全帽佩戴不规范扣4分； 未穿全棉长袖工作服扣3分； 未穿绝缘鞋扣3分		
2	主泵检测时百分表的架设	（1）用无毛纸将联轴器和磁性表座擦拭干净，避免灰尘杂质引起测量偏差。 （2）用记号笔在电动机端盖上顺时针方向均匀标出0°、90°、180°、270°四个对称的测量点，并在联轴器上在0°位置标记一个标准点。测量时以联轴器上的标准点对应电动机端盖上的四个测量点进行测量。 （3）检查百分表，保证百分表动作灵活，无卡滞现象，表针不松动。	70	按照步骤开展，每少一步扣10分，扣完为止		

续表

序号	项目名称	质量要求	满分	扣分标准	扣分原因	得分
2	主泵检测时百分表的架设	（4）把一个百分表架的磁性底座固定在联轴器上水泵侧的0°位置，记为A表，将A表的百分表头与电动机联轴器外圆垂直接触，用于测量径向偏差；另一个百分表架的磁性底座固定在联轴器上水泵侧的180°位置，记为B表，将B表的百分表头与电动机联轴器后端面垂直接触，用于测量轴向偏差。 （5）转动联轴器一圈，检查百分表架是否与其他物件发生碰擦，以免影响测量数值。当转动一周回到起始位置（0°）后百分表读数应与转动前一致。 （6）调整百分表测量杆的下压量约为5mm，然后紧固百分表架的各个紧固螺栓。 （7）轻拉百分表的测量杆并让它自然回弹以确定其动作灵活，旋转百分表的表圈，使表圈刻度的零位对准指针。盘泵一圈，观察百分表是否归零；若不归零，应重新调整表架和表，使百分表归零	70	按照步骤开展，每少一步扣10分，扣完为止		
3	恢复现场并填写报告					
3.1	恢复现场，填写修试记录	测试结束后，清理现场，收好百分表。填写修试记录	10	未恢复现场扣5分； 未填写修试记录扣5分		
合计			100			

Jc2003243091　阀内冷系统近距离同步模块更换。（100分）

考核知识点：阀冷系统近距离同步模块更换

难易度：难

技能等级评价专业技能考核操作工作任务书

一、任务名称

阀内冷系统近距离同步模块更换。

二、适用工种

换流站直流设备检修工（二次）技师。

三、具体任务

（1）工作状态为换流阀检修、阀冷系统运行。工作内容为阀冷系统近距离同步模块更换。

（2）工作任务：阀冷系统近距离同步模块更换，更换步骤应符合要求，确保设备正常稳定运行。

四、工作规范及要求

熟悉阀冷系统近距离同步模块更换的方法，熟练使用仪器仪表及工器具。

五、考核及时间要求

本考核操作时间为60分钟，时间到停止考评。

技能等级评价专业技能考核操作评分标准

<table>
<tr><td>工种</td><td colspan="4">换流站直流设备检修工（二次）</td><td>评价等级</td><td>技师</td></tr>
<tr><td>项目模块</td><td colspan="3">二次设备日常维护、检修—阀冷却系统的日常维护、检修</td><td>编号</td><td colspan="2">Jc2003243091</td></tr>
<tr><td>单位</td><td colspan="2"></td><td>准考证号</td><td></td><td>姓名</td><td></td></tr>
<tr><td>考试时限</td><td>60分钟</td><td>题型</td><td colspan="2">单项操作</td><td>题分</td><td>100分</td></tr>
</table>

续表

成绩		考评员		考评组长		日期	
试题正文	阀内冷系统近距离同步模块更换						
需要说明的问题和要求	（1）要求单人操作。 （2）操作应注意安全，按照标准化作业书的技术安全说明做好安全措施。 （3）填写修试记录						

序号	项目名称	质量要求	满分	扣分标准	扣分原因	得分
1	工具使用及安全措施					
1.1	相关安全措施的准备	（1）核对设备双重名称。 （2）进入作业现场正确佩戴安全帽，现场作业人员应穿全棉长袖工作服、绝缘鞋	20	未核对设备扣 10 分； 安全帽佩戴不规范扣 4 分； 未穿全棉长袖工作服扣 3 分； 未穿绝缘鞋扣 3 分		
2	近距离同步模块更换					
2.1	更换前准备	（1）拍照记录阀冷系统当前故障、运行画面数据和参数设定表数据。 （2）退出泄漏保护、进阀温度保护、液位保护、流量压力保护	18	按照步骤开展，每少一步扣 9 分，扣完为止		
2.2	同步模块更换	（1）核对备件型号与实物的一致性。 （2）故障同步模块所在 CPU 拨至 STOP 状态；故障同步模块所在 CPU 电源模板 PS 控制开关拨至关断电源状态（CPU 断电）。 （3）拆掉故障的同步模板后装上新的同步模板。 （4）原断电的 CPU 电源模板 PS 控制开关拨至开启电源状态。观察两个 CPU 上的 IFM1F、IFM2F 指示灯，不应亮红灯。 （5）停运的 CPU 上应只亮 EXTF、REDF 两个指示灯。再把原停运的 CPU 由 STOP 状态拨至 RUN 状态	42	按照步骤开展，每少一步扣 9 分，扣完为止		
3	恢复现场并填写报告					
3.1	观察设备运行无异常后，恢复现场，填写修试记录	（1）观察阀冷系统运行无异常，两套 CPU 数据同步正常。清理现场。 （2）填写修试记录	20	记录填写不全按比例扣分，总计 15 分； 无检查扣 5 分		
合计			100			

Jc2003243092 阀内冷系统 HMI 模块更换。（100 分）

考核知识点： 阀冷系统 HMI 模块更换

难易度： 难

技能等级评价专业技能考核操作工作任务书

一、任务名称

阀内冷系统 HMI 模块更换。

二、适用工种

换流站直流设备检修工（二次）技师。

三、具体任务

（1）工作状态为换流阀检修、阀内冷系统运行。工作内容为阀内冷系统 HMI 模块更换。

（2）工作任务：阀内冷系统 HMI 模块更换，更换步骤应符合要求，确保设备正常稳定运行。

四、工作规范及要求

熟悉阀内冷系统 HMI 模块更换的方法，熟练使用仪器仪表及工器具。

五、考核及时间要求

本考核操作时间为60分钟，时间到停止考评。

技能等级评价专业技能考核操作评分标准

工种	换流站直流设备检修工（二次）				评价等级	技师
项目模块	二次设备日常维护、检修—阀冷却系统的日常维护、检修			编号	Jc2003243092	
单位		准考证号			姓名	
考试时限	60 分钟	题型	单项操作		题分	100 分
成绩		考评员		考评组长	日期	
试题正文	阀内冷系统 HMI 模块更换					
需要说明的问题和要求	（1）要求单人操作。 （2）操作应注意安全，按照标准化作业书的技术安全说明做好安全措施。 （3）填写修试记录					

序号	项目名称	质量要求	满分	扣分标准	扣分原因	得分
1	工具使用及安全措施					
1.1	相关安全措施的准备	（1）核对设备双重名称。 （2）进入作业现场正确佩戴安全帽，现场作业人员应穿全棉长袖工作服、绝缘鞋	10	未核对设备扣 5 分； 安全帽佩戴不规范扣 2 分； 未穿全棉长袖工作服扣 1 分； 未穿绝缘鞋扣 2 分		
2	HMI 模块更换					
2.1	更换前工作	（1）核对备件型号与原模块型号一致。 （2）下载程序到 HMI 模块，新程序需与原 HMI 程序保持一致。 （3）设置地址，波特率与原 HMI 设备保持一致。 （4）查看原 HMI 模块参数设置界面并拍照留底	24	按照步骤开展，每少一步扣 6 分，扣完为止		
2.2	HMI 模块更换步骤	（1）断开 HMI 模块电源开关。 （2）拔掉 HMI 模块 24V 电源插拔端子，并记录端子接线位置。 （3）用一字螺钉旋具松掉模块的 9 针 DP 接头上的固定螺栓，再轻轻拔出 DP 接头。 （4）使用一字螺钉旋具依次松掉 HMI 模块上的卡扣，期间需用手扶着 HMI 模块，防止掉落，收好卡扣，然后取下 HMI 模块。 （5）把新 HMI 模块安装在柜门上，安装过程中，应先安装 HMI 模块对角处卡扣，然后依次安装其他位置卡扣。 （6）把 DP 接头插在 HMI 设备的 9 针座上。 （7）将 24V 电源插拔端子插上，注意应按记录恢复。 （8）闭合 HMI 模块电源开关	46	按照步骤开展，每少一步扣 6 分，扣完为止		
3	恢复现场并填写报告					
3.1	观察设备运行无异常后，恢复现场，填写修试记录	（1）检查新更换 HMI 模块与 CPU 通信正常；.检查新更换 HMI 模块参数设置值与原 HMI 模块一致；.检查更换后 HMI 模块显示及操作正常。 （2）填写修试记录	20	记录填写不全按比例扣分，总计 15 分； 无检查扣 5 分		
合计			100			

Jc2003242093　阀冷系统 OLM 模块更换。（100 分）

考核知识点：阀冷系统 OLM 模块更换

难易度： 中

技能等级评价专业技能考核操作工作任务书

一、任务名称

阀冷系统 OLM 模块更换。

二、适用工种

换流站直流设备检修工（二次）技师。

三、具体任务

（1）工作状态为换流阀检修、阀冷系统运行。工作内容为阀冷系统 OLM 模块更换。

（2）工作任务：阀冷系统 OLM 模块更换，更换步骤应符合要求，确保设备正常稳定运行。

四、工作规范及要求

熟悉阀冷系统 OLM 模块更换的方法，熟练使用仪器仪表及工器具。

五、考核及时间要求

本考核操作时间为 60 分钟，时间到停止考评。

技能等级评价专业技能考核操作评分标准

工种	换流站直流设备检修工（二次）					评价等级	技师
项目模块	二次设备日常维护、检修—阀冷却系统的日常维护、检修				编号	Jc2003242093	
单位			准考证号			姓名	
考试时限	60 分钟		题型	单项操作		题分	100 分
成绩		考评员		考评组长		日期	
试题正文	阀冷系统 OLM 模块更换						
需要说明的问题和要求	（1）要求单人操作。 （2）操作应注意安全，按照标准化作业书的技术安全说明做好安全措施。 （3）填写修试记录						

序号	项目名称	质量要求	满分	扣分标准	扣分原因	得分
1	工具使用及安全措施					
1.1	相关安全措施的准备	（1）核对设备双重名称。 （2）进入作业现场正确佩戴安全帽，现场作业人员应穿全棉长袖工作服、绝缘鞋	10	未核对设备扣 5 分； 安全帽佩戴不规范扣 2 分； 未穿全棉长袖工作服扣 1 分； 未穿绝缘鞋扣 2 分		
2	OLM 模块更换	（1）核对备件型号与故障设备型号一致。 （2）记录 OLM 光纤的安装位置。 （3）轻轻旋动光纤端头上的卡扣，拆下 OLM 模块上的光纤并做好对应的记录。 （4）记录 DP 接头的上拉电阻的开关位置。 （5）使用一字螺钉旋具拆下 DP 接头上的螺栓，然后用手向外拔 DP 接头，拆下 OLM 模块上的 DP 接头。 （6）用螺钉旋具轻轻将 OLM 电源接线拆下，并做好绝缘保护。 （7）使用一字螺钉旋具撬动 OLM 模块底部的卡扣，从下而上地在导轨上取下。 （8）将备用 OLM 模块首先挂在导轨的上端，然后轻轻按下 OLM 模块下部，将备用 OLM 电源模块安装到相应导轨上，安装好电源接线端子。 （9）将 DP 接头安装上 OLM 模块上，并拧紧螺栓。 （10）按照记录的安装位置相应地装上光纤	70	按照步骤开展，每少一步扣 7 分，扣完为止		

续表

序号	项目名称	质量要求	满分	扣分标准	扣分原因	得分
3	恢复现场并填写报告					
3.1	观察设备运行无异常后，恢复现场，填写修试记录	（1）确认OLM模块的指示灯显示正常并且无通信故障报警。 （2）填写修试记录	20	记录填写不全按比例扣分，总计15分； 无检查扣5分		
合计			100			

Jc2003243094　阀外冷系统喷淋泵（立式泵）机械密封更换。（100分）

考核知识点：阀外冷系统喷淋泵（立式泵）机械密封更换

难易度：难

技能等级评价专业技能考核操作工作任务书

一、任务名称

阀外冷系统喷淋泵（立式泵）机械密封更换。

二、适用工种

换流站直流设备检修工（二次）技师。

三、具体任务

（1）工作状态为阀外冷喷淋系统停运检修。工作内容为阀外冷系统喷淋泵（立式泵）机械密封更换。

（2）工作任务：阀外冷系统喷淋泵（立式泵）机械密封更换，更换步骤应符合要求，确保设备正常稳定运行。

四、工作规范及要求

熟悉阀外冷系统喷淋泵（立式泵）机械密封更换的方法，熟练使用仪器仪表及工器具。

五、考核及时间要求

本考核操作时间为60分钟，时间到停止考评。

技能等级评价专业技能考核操作评分标准

工种	换流站直流设备检修工（二次）				评价等级	技师
项目模块	二次设备日常维护、检修—阀冷却系统的日常维护、检修			编号	Jc2003243094	
单位		准考证号			姓名	
考试时限	60分钟	题型	单项操作		题分	100分
成绩		考评员		考评组长	日期	
试题正文	阀外冷系统喷淋泵（立式泵）机械密封更换					
需要说明的问题和要求	（1）要求单人主导操作，可申请外协协助开展。 （2）操作应注意安全，按照标准化作业书的技术安全说明做好安全措施。 （3）填写修试记录					

序号	项目名称	质量要求	满分	扣分标准	扣分原因	得分
1	工具使用及安全措施					
1.1	相关安全措施的准备	（1）核对设备双重名称。 （2）进入作业现场正确佩戴安全帽，现场作业人员应穿全棉长袖工作服、绝缘鞋	10	未核对设备扣5分； 安全帽佩戴不规范扣2分； 未穿全棉长袖工作服扣1分； 未穿绝缘鞋扣2分		

续表

序号	项目名称	质量要求	满分	扣分标准	扣分原因	得分
2	喷淋泵（立式泵）机械密封更换	（1）用一字螺钉旋具拆下泵与电机连接处两侧的防护罩。 （2）用内六角扳手拆下联轴器。 （3）用内六方扳手松轴封上顶丝，然后用大力钳松动轴封。 （4）拆掉电机的固定螺栓，并挪动电机使电机轴与泵轴错位。 （5）取出轴封，并更换新的轴封装置后，用大力钳将轴封拧紧。 （6）将电机轴与泵轴对正，穿上电机固定螺栓，并均匀对称拧紧电机固定螺栓。 （7）用内六角扳手拧紧顶丝使轴封与轴固定（三个顶丝轮流锁紧，使力达到平衡）。 （8）用内六角扳手提起轴封插进插片（每个水泵都配有插片，插片固定在防护罩上，用于保证间隙），插片上有凹槽，使凹槽面和轴封面贴紧。 （9）此时电机轴与泵轴位置已固定好，用内六方扳手重新装上联轴器，最后用尖嘴钳取下插片。 （10）装上防护罩	70	按照步骤开展，每少一步扣 7 分，扣完为止		
3	恢复现场并填写报告					
3.1	观察设备运行无异常后，恢复现场，填写修试记录	喷淋泵启动后运行正常，无异响。清理工作现场。 填写修试记录	20	记录填写不全按比例扣分，总计 15 分； 无检查扣 5 分		
合计			100			

Jc2003243095 阀内冷系统主泵轴承更换。（100 分）

考核知识点： 阀内冷系统主泵轴承更换

难易度： 难

技能等级评价专业技能考核操作工作任务书

一、任务名称

阀内冷系统主泵轴承更换。

二、适用工种

换流站直流设备检修工（二次）技师。

三、具体任务

（1）工作状态为阀内冷系统停运检修。工作内容为阀内冷系统主泵轴承更换。

（2）工作任务：阀内冷系统主泵轴承更换，更换步骤应符合要求，确保设备正常稳定运行。

四、工作规范及要求

熟悉阀内冷系统主泵轴承更换的方法，熟练使用仪器仪表及工器具。

五、考核及时间要求

本考核操作时间为 60 分钟，时间到停止考评。

技能等级评价专业技能考核操作评分标准

工种	换流站直流设备检修工（二次）					评价等级	技师
项目模块	二次设备日常维护、检修—阀冷却系统的日常维护、检修				编号	Jc2003243095	
单位			准考证号			姓名	
考试时限	60 分钟		题型	单项操作		题分	100 分
成绩		考评员		考评组长		日期	
试题正文	阀内冷系统主泵轴承更换						
需要说明的问题和要求	（1）要求单人主导操作，可申请外协协助开展。 （2）操作应注意安全，按照标准化作业书的技术安全说明做好安全措施。 （3）填写修试记录						

序号	项目名称	质量要求	满分	扣分标准	扣分原因	得分
1	工具使用及安全措施					
1.1	相关安全措施的准备	（1）核对设备双重名称。 （2）进入作业现场正确佩戴安全帽，现场作业人员应穿全棉长袖工作服、绝缘鞋	10	未核对设备扣 5 分； 安全帽佩戴不规范扣 2 分； 未穿全棉长袖工作服扣 1 分； 未穿绝缘鞋扣 2 分		
2	主泵轴承更换	（1）拆掉水泵联轴器防护罩、泵体支撑架及电动机的固定螺栓。 （2）拆掉联轴器。 （3）拆掉泵体上的机械密封冲洗管（对于主泵，还需将漏水检测装置毛细管拆掉）。 （4）拧掉泵端的靠背轮的固定螺栓，用拉马将靠背轮拆下来。 （5）将泵体从泵壳中取下来。 （6）拆掉叶轮：拧掉叶轮锁紧螺母即可。 （7）拧掉内六角螺栓及六角头螺栓，拆掉机械密封压盖。 （8）拆卸机械密封动环。 （9）拆掉内、外轴承压盖。 （10）在外轴承上有轴承的锁紧螺母，用橡皮锤和一字螺钉旋具将锁紧螺母拧下。 （11）使用外力将轴承敲出。 （12）安装轴承前确保轴承及轴承安装位置干净。 （13）安装轴承时要将轴承安装在轴心时须在内环施力，要将轴承安装与轴承壳时，须在外环施力。安装在轴心，不可敲打外环，安装在轴壳时，不得敲打内环。 （14）新轴承的安装后，根据轴承的拆卸步骤，逆向过程安装即可	70	按照步骤开展，每少一步扣 5 分，扣完为止		
3	恢复现场并填写报告					
3.1	观察设备运行无异常后，恢复现场，填写修试记录	（1）轴承安装好后进行盘车测试，工作正常；启泵后运行正常，无异常发热及异响； （2）填写修试记录	20	记录填写不全按比例扣分，总计 15 分； 无检查扣 5 分		
合计			100			

Jc2003243096　阀内冷系统主泵油封更换。（100 分）

考核知识点：阀内冷系统主泵油封更换

难易度：难

技能等级评价专业技能考核操作工作任务书

一、任务名称

阀内冷系统主泵油封更换。

二、适用工种

换流站直流设备检修工（二次）技师。

三、具体任务

（1）工作状态为阀内冷系统停运检修。工作内容为阀内冷系统主泵油封更换。

（2）工作任务：阀内冷系统主泵油封更换，更换步骤应符合要求，确保设备正常稳定运行。

四、工作规范及要求

熟悉阀内冷系统主泵油封更换的方法，熟练使用仪器仪表及工器具。

五、考核及时间要求

本考核操作时间为60分钟，时间到停止考评。

技能等级评价专业技能考核操作评分标准

工种	换流站直流设备检修工（二次）					评价等级	技师
项目模块	二次设备日常维护、检修—阀冷却系统的日常维护、检修				编号	Jc2003243096	
单位			准考证号			姓名	
考试时限	60 分钟		题型	单项操作		题分	100 分
成绩		考评员		考评组长		日期	
试题正文	阀内冷系统主泵油封更换						
需要说明的问题和要求	（1）要求单人主导操作，可申请外协协助开展。 （2）操作应注意安全，按照标准化作业书的技术安全说明做好安全措施。 （3）填写修试记录						

序号	项目名称	质量要求	满分	扣分标准	扣分原因	得分
1	工具使用及安全措施					
1.1	相关安全措施的准备	（1）核对设备双重名称。 （2）进入作业现场正确佩戴安全帽，现场作业人员应穿全棉长袖工作服、绝缘鞋	10	未核对设备扣 5 分； 安全帽佩戴不规范扣 2 分； 未穿全棉长袖工作服扣 1 分； 未穿绝缘鞋扣 2 分		
2	主泵油封更换	（1）拆掉水泵联轴器防护罩、泵体支撑架及电动机的固定螺栓。 （2）拆掉联轴器。 （3）拆掉泵体上的机械密封冲洗管（对于主泵，还需将漏水检测装置毛细管拆掉）。 （4）拧掉泵端的靠背轮的固定螺栓，用拉马将靠背轮拆下来。 （5）将泵体从泵壳中取下来。 （6）拆掉叶轮：拧掉叶轮锁紧螺母即可。 （7）拧掉内六角螺栓及六角头螺栓，拆掉机械密封压盖。 （8）拆卸机械密封动环。 （9）拆掉内、外轴承压盖。 （10）直接用手取出内、外轴承油封即可。 （11）安装新的油封，在安装时应该注意油封上的圆孔与压盖上的开槽位置应该对正。 （12）换上新的油封纸垫后即可将内外轴承压盖安装回去。注意：纸垫上同样也有开槽部分，纸垫上的开槽部分应与压盖上的开槽部分吻合。 （13）根据拆卸步骤，逆向过程安装即可	70	按照步骤开展，每少一步扣 6 分，扣完为止		

续表

序号	项目名称	质量要求	满分	扣分标准	扣分原因	得分
3	恢复现场并填写报告					
3.1	观察设备运行无异常后，恢复现场，填写修试记录	（1）油封安装好后，启泵观察应运行正常，无异渗油情况。 （2）填写修试记录	20	记录填写不全按比例扣分，总计15分； 无检查扣5分		
合计			100			

Jc2003243097　阀外风冷系统风机轴承更换。（100分）

考核知识点：阀外风冷系统风机轴承更换

难易度：难

技能等级评价专业技能考核操作工作任务书

一、任务名称

阀外风冷系统风机轴承更换。

二、适用工种

换流站直流设备检修工（二次）技师。

三、具体任务

（1）工作状态为阀外风冷系统停运检修。工作内容为阀外风冷系统风机轴承更换。

（2）工作任务：阀外风冷系统风机轴承更换，更换步骤应符合要求，确保设备正常稳定运行。

四、工作规范及要求

熟悉阀外风冷系统风机轴承更换的方法，熟练使用仪器仪表及工器具。

五、考核及时间要求

本考核操作时间为60分钟，时间到停止考评。

技能等级评价专业技能考核操作评分标准

工种	换流站直流设备检修工（二次）					评价等级	技师
项目模块	二次设备日常维护、检修—阀冷却系统的日常维护、检修				编号	Jc2003243097	
单位			准考证号			姓名	
考试时限	60分钟	题型	单项操作			题分	100分
成绩		考评员		考评组长		日期	
试题正文	阀外风冷系统风机轴承更换						
需要说明的问题和要求	（1）要求单人主导操作，可申请外协协助开展。 （2）操作应注意安全，按照标准化作业书的技术安全说明做好安全措施。 （3）填写修试记录						

序号	项目名称	质量要求	满分	扣分标准	扣分原因	得分
1	工具使用及安全措施					
1.1	相关安全措施的准备	（1）核对设备双重名称。 （2）进入作业现场正确佩戴安全帽，现场作业人员应穿全棉长袖工作服、绝缘鞋。 （3）断开该风机的安全开关，并悬挂“禁止合闸，有人工作！”标识牌	15	未核对设备扣7分； 安全帽佩戴不规范扣3分； 未穿全棉长袖工作服扣2分； 未穿绝缘鞋扣2分		

续表

序号	项目名称	质量要求	满分	扣分标准	扣分原因	得分
2	风机轴承更换	（1）拆掉风机轮皮带。 （2）拧掉风机轮六角头固定螺栓。 （3）拧掉风机内六方固定螺栓。 （4）拆掉轴承箱的固定螺栓。 （5）拆掉轴承箱上的内六角顶丝及轴承注油接头。 （6）拧掉轴承箱压盖的内六角固定螺栓，取出轴承。 （7）更换上新的轴承 （8）并按照上面的步骤逆向恢复即可	65	按照步骤开展，每少一步扣 9 分，扣完为止		
3	恢复现场并填写报告					
3.1	观察设备运行无异常后，恢复现场，填写修试记录	（1）轴承更换好后，启动该风机观察运行情况，应无异响及异常发热。 （2）填写修试记录	20	记录填写不全按比例扣分，总计 15 分； 无检查扣 5 分		
合计			100			

Jc2003263098　阀内冷系统 CPU 在线更换。(100 分)

考核知识点：阀内冷系统 CPU 在线更换

难易度：难

技能等级评价专业技能考核操作工作任务书

一、任务名称

阀内冷系统 CPU 在线更换。

二、适用工种

换流站直流设备检修工（二次）技师。

三、具体任务

（1）工作状态为阀内冷系统运行，主用 CPU（A）单机运行、备用 CPU（B）故障停机。工作内容为阀内冷系统 CPU（B）在线更换。

（2）工作任务：阀内冷系统 CPU 在线更换，处理步骤应符合要求，确保设备正常稳定运行。

四、工作规范及要求

熟悉阀内冷系统 CPU 在线更换的方法，熟练使用仪器仪表及工器具。

五、考核及时间要求

本考核操作时间为 60 分钟，时间到停止考评。

技能等级评价专业技能考核操作评分标准

<table>
<tr><td>工种</td><td colspan="6">换流站直流设备检修工（二次）</td><td>评价等级</td><td>技师</td></tr>
<tr><td>项目模块</td><td colspan="5">缺陷处理与事故分析—缺陷处理</td><td>编号</td><td colspan="2">Jc2003263098</td></tr>
<tr><td>单位</td><td colspan="3"></td><td>准考证号</td><td colspan="2"></td><td>姓名</td><td></td></tr>
<tr><td>考试时限</td><td colspan="2">60 分钟</td><td>题型</td><td colspan="3">单项操作</td><td>题分</td><td>100 分</td></tr>
<tr><td>成绩</td><td></td><td>考评员</td><td></td><td>考评组长</td><td colspan="2"></td><td>日期</td><td></td></tr>
<tr><td>试题正文</td><td colspan="8">阀内冷系统 CPU 在线更换</td></tr>
<tr><td>需要说明的问题和要求</td><td colspan="8">（1）要求单人操作。
（2）操作应注意安全，按照标准化作业书的技术安全说明做好安全措施。
（3）填写修试记录</td></tr>
</table>

续表

序号	项目名称	质量要求	满分	扣分标准	扣分原因	得分
1	工具使用及安全措施					
1.1	相关安全措施的准备	（1）核对设备双重名称。 （2）进入作业现场正确佩戴安全帽，现场作业人员应穿全棉长袖工作服、绝缘鞋。 （3）拍照记录阀冷系统状态和数据。 （4）退出阀冷系统所有保护连接片，防止保护误动	20	未核对设备扣5分； 安全帽佩戴不规范扣2分； 未穿全棉长袖工作服扣1分； 未穿绝缘鞋扣2分； 安全措施少执行一项扣5分		
2	CPU在线更换					
2.1	CPU（B）在线更换	（1）读取主用CPU（A）固件版本，确保运行中的CPU（A）固件版本与备件CPU（B）固件版本一致。 （2）备用CPU（B）拨至STOP状态。 （3）备用CPU（B）电源模板PS控制开关拨至关断电源状态（CPU断电）。 （4）拆掉备用CPU（B）的光纤和近距离同步模块，记录光纤的安装位置（上下位置）。 （5）用螺钉旋具拆卸备用CPU（B）的DP总线插头，记录总线插头的安装位置。 （6）用螺钉旋具拆卸备用CPU（B）的底部固定螺栓，拆下CPU。 （7）拔下备用CPU（B）的存储卡，并按标识把它插至新CPU处，检查新CPU整定背板拨码（CPUA为RACK 0，CPUB为RACK 1）并安装新CPU，把新的CPU（B）处于STOP位。 （8）PS（B）控制开关拨至I（供电）状态（为CPU供电）。 （9）等待新CPU（B）自检完成，自检过程中新CPU（B）处于STOP位，且STOP黄灯闪烁。自检完成后，确认新CPU（B）的STOP常亮。 （10）连接电脑确认新CPU（B）的固件版本与运行CPU（A）相同。 （11）插上近距离同步模块并按记录插上同步光纤。 （12）确认新的CPU（B）的MSTR灯不亮，LINK1OK、LINK2OK常亮，IMF1F、IMF2F熄灭（无故障时），把CPU（B）拨至RUN位	60	按照步骤开展，每少一步扣5分，扣完为止		
3	恢复现场并填写报告					
3.1	观察设备运行无异常后，恢复现场，填写修试记录	（1）检查阀冷系统运行正常、保护定值正确；投入所有保护压板。 （2）填写修试记录	20	记录填写不全按比例扣分，总计15分;； 无恢复扣5分		
合计			100			

Jc2003253099　阀外风冷系统空冷器同步带轮及同步带安装。（100分）

考核知识点：阀外风冷系统空冷器同步带轮及同步带安装

难易度：难

技能等级评价专业技能考核操作工作任务书

一、任务名称

阀外风冷系统空冷器同步带轮及同步带安装。

二、适用工种

换流站直流设备检修工（二次）技师。

三、具体任务

（1）工作状态为阀外风冷系统停运。工作内容为空冷器同步带轮及同步带安装。

（2）工作任务：阀外风冷系统空冷器同步带轮及同步带安装，处理步骤应符合要求，确保设备正常稳定运行。

四、工作规范及要求

熟悉阀外风冷系统空冷器同步带轮及同步带安装的方法，熟练使用仪器仪表及工器具。

五、考核及时间要求

本考核操作时间为60分钟，时间到停止考评。

技能等级评价专业技能考核操作评分标准

工种	换流站直流设备检修工（二次）					评价等级	技师
项目模块	二次设备日常维护、检修—阀冷却系统的日常维护、检修				编号		Jc2003253099
单位			准考证号			姓名	
考试时限	60分钟		题型	单项操作		题分	100分
成绩		考评员		考评组长		日期	
试题正文	阀外风冷系统空冷器同步带轮及同步带安装						
需要说明的问题和要求	（1）要求单人主导操作，可申请外协协助开展。 （2）操作应注意安全，按照标准化作业书的技术安全说明做好安全措施						

序号	项目名称	质量要求	满分	扣分标准	扣分原因	得分
1	工具使用及安全措施					
1.1	相关安全措施的准备	（1）核对设备双重名称。 （2）进入作业现场正确佩戴安全帽，现场作业人员应穿全棉长袖工作服、绝缘鞋	10	未核对设备扣5分； 安全帽佩戴不规范扣2分； 未穿全棉长袖工作服扣1分； 未穿绝缘鞋扣2分		
2	空冷器同步带轮及同步带安装					
2.1	同步带轮安装	（1）将大、小皮带轮分别装于轴承座及电机轴上。 （2）电动机、风机轴分别涂抹油脂，装锥套于电动机、风机轴上。 （3）拧紧锥套螺栓确保安装稳定，最终拧紧力矩40～50N·m。 （4）带轮在安装时，应使各带轮的传动中心距平面位于同一平面内，防止因带轮偏斜，而使带侧压紧在挡圈上，造成带面磨损加剧，甚至带被挡圈切断。 （5）对于带轮偏斜必须加以调整，在保证带轮的对准性的同时，应保证传动装置机架和轴的刚度。 （6）带轮的齿槽必须与带的运转方向成直角。 （7）使用带轮时，必须除去带轮上的锈蚀，以免过早磨损同步带	49	按照步骤开展，每少一步扣7分，扣完为止		

续表

序号	项目名称	质量要求	满分	扣分标准	扣分原因	得分
2.2	同步带安装	（1）先将带轮的中心距缩短，装上同步带后，再使中心距复位。 （2）有张紧轮时，先把张紧轮放松，然后装上同步带，再加固张紧轮。 （3）同步带安装时必须有适当的张紧力，张力应调节至合适范围，带的张紧程度可通过调节传动装置中心距或张紧轮来实现	21	按照步骤开展，每少一步扣 7 分，扣完为止		
3	恢复现场并填写报告					
3.1	进行现场试验，验证设备安装无异常后，恢复现场，填写修试记录	（1）同步带轮与同步带安装完成后进行盘车测试，应无卡涩及异响情况出现。 （2）清理工作现场	20	记录填写不全按比例扣分，总计 15 分； 无检查扣 5 分		
合计			100			

第五部分
高级技师

第九章　换流站直流设备检修工（二次）高级技师技能笔答

Jb2001133001　简述直流保护的配置原则。（5 分）

考核知识点：直流保护原理

难易度：难

标准答案：

（1）保护应能既适用于整流运行，也能适用于逆变运行。

（2）由保护启动的故障控制顺序可以通过换流站间的通信系统来优化故障清除后的恢复过程，使故障持续时间最小和系统恢复时间最短。当换流站站间通信系统中断时，如直流系统发生故障，保护应能将系统的扰动减至最小，使设备免受过应力，保证系统安全。

（3）保护装置可采用双重化或三重化的冗余设计，双重化设计时每套保护应采用“启动+动作”逻辑，任一套保护跳闸即可出口，双套保护装置完全独立；三重化设计时保护出口采用独立的两套三取二逻辑出口，一套保护退出时采用二取一逻辑出口，两套保护退出时采用一取一出口，三取二逻辑模块独立供电。

（4）电压应力保护，大角度监视，开路试验保护，晶闸管结温监视，不平衡运行保护在控制系统中实现。

（5）换流器误触发保护在直流控制系统或阀基电子设备中实现；接地极阻抗监视由单独装置实现。

Jb2001132002　《国家电网有限公司直流换流站评价管理规定　第 13 分册：直流控制保护系统精益化评价细则》中极控与阀控接口有何要求？（5 分）

考核知识点：直流控制保护系统评价

难易度：中

标准答案：

（1）极控与阀控均为双重化设计，双套极或阀组控制系统与相应阀控系统应为一对一连接方式，阀控系统作为控制系统的子系统，阀控系统故障后将故障信息送至控制系统。

（2）阀控检测到直流极控送来的信号异常时，应向极控系统发出告警。

（3）直流控制保护系统与阀控接口装置，直流控制保护系统中的信号传输回路设计时应考虑抗干扰能力，防止电磁干扰导致保护误动。

（4）控制保护双系统运行时，当值班系统收到阀控系统发出的 Trip 信号时进行系统切换，切换完成后如果升为值班的系统也收到对应阀控系统系统的 Trip 信号则执行跳闸，如果控制保护系统处于单系统运行状态下收到对应阀控系统发出的 Trip 信号后则直接执行跳闸操作。

（5）极控发送的对应每一个阀的 12 个 120° 脉宽的触发脉冲 CP 信号应通过 12 根独立的光缆（采用串行编码的触发脉冲允许由 1 根光缆传输）传输。

Jb2001132003　简述整流器直流侧对地短路故障特征。（5 分）

考核知识点：直流控制保护系统评价

难易度：中

标准答案：

（1）12 脉动整流器直流高压端对地短路，通过站接地网及直流接地极（在站内接地开关闭合时不通过接地极），到达直流中性端，形成 12 脉动换流器直流端短路。短路使直流回路电阻减小，阀及交流侧电流增加；而直流侧极线电流很快下降到零。

（2）12 脉动整流器直流侧中点对地短路，使低压端 6 脉动换流器通过站接地网及直流接地极（在站内接地开关闭合时不通过接地极），到达直流中性点形成低压端 6 脉动换流器直流端短路。短路使直流回路电阻减小，低压端 6 脉动换流器阀电流及交流侧电流、直流中性点电流增加，直流极线电流下降。

（3）12 脉动整流器直流中性端对地短路，因中性端一般处于地电位，对换流器正常运行影响不大。但是，短路电阻与接地极电阻并联，重新分配通过中性点的直流电流。

Jb2001132004　《国家电网有限公司直流换流站评价管理规定　第 13 分册：直流控制保护系统精益化评价细则》中对极控与消防系统接口有何要求？（5 分）

考核知识点：直流控制保护系统评价

难易度：中

标准答案：

（1）直流控制保护系统应预留早期烟雾探测系统的最高级别报警信号和紫外（红外）探测报警信号的接口。

（2）每个阀厅极早期烟雾探测传感器应有 3 个独立的火警 110V/220V 硬接点，1 个用于火灾报警主机，另外 2 个接点分别接入控制保护系统。

（3）对于已投运工程中阀厅极早期烟雾探测传感器仅有 3 个 24V 跳闸信号的情况，一个用于接入火灾报警主机，另外两个接点串联后通过就地扩展装置输出两个 110V/220V 接点分别接入控制保护系统，每路都要有动合和动断两个 110V/220V 的接点，设计单位根据现场实际情况确定是否构成 RS 触发器回路来防止误动。

（4）将极早期烟雾探测传感器和紫外探头本体故障时输出两路 110V/220V 接点信号，分别接入两套控制保护系统用于闭锁该路传感器跳闸信号，防止保护误动。

Jb2001131005　《国家电网有限公司直流换流站评价管理规定　第 13 分册：直流控制保护系统精益化评价细则》中对极控与故障录波系统接口有何要求？（5 分）

考核知识点：直流控制保护系统评价

难易度：易

标准答案：

（1）各套控制系统都应接入故障录波，故障录波应能对各套控制系统所有的测量量、12 脉点火脉冲信号、触发角、熄弧角等控制信号和开关量输出信号进行录波。

（2）控制系统切换、开关量变位、模拟量突变及越限及闭锁信号均应启动故障录波。

（3）故障录波的数据形式应为电力系统暂态数据交换通用格式 COMTRADE。

Jb2001131006　《国家电网有限公司直流换流站评价管理规定　第 13 分册：直流控制保护系统精益化评价细则》中对大角度监视有何要求？（5 分）

考核知识点：直流控制保护系统评价

难易度：易

标准答案：

（1）在大角度运行时有很高的 U_{di0}，超过晶闸管限值后应发出报警，并进行冗余极控系统切换。

（2）如果晶闸管阀上的应力仍在增加，保护将在一段时间后跳闸。

（3）应与阀阻尼回路、电抗的耐热特性及避雷器特性相配合。

（4）在换流阀解锁时，保护闭锁一段时间（典型值：10s），避免误动。

Jb2001133007　简述整流器直流侧出口短路。（5分）

考核知识点：直流输电基本原理

难易度：难

标准答案：

（1）整流器直流侧出口短路与阀短路的最大不同是换流器的阀仍可保持单向导通的特性，以6脉动换流器为例，如果在整流器两个阀正常工作期间，发生直流出口短路，相当于发生了交流两相短路；当下一个阀开通换相时，将形成交流三相短路。如果在换流阀进行换相期间，发生直流出口短路，就相当于发生了交流三相短路。

（2）整流器直流出口短路的特征是：交流侧通过换流器形成交替发生的两相短路和三相短路；导通的阀电流和交流侧电流激增，比正常值大许多倍；因短路直流线路侧电流下降；换流阀保持正向导通状态。

（3）对于12脉动整流器，两个相差30°的6脉动整流器串联，直流侧出口短路，短路通过两个6脉动整流器形成，其故障过程与6脉动整流器相似。

Jb2001133008　简述逆变器采用定电压调节器适用于逆变侧交流系统为弱系统的原理。（5分）

考核知识点：直流输电基本原理

难易度：难

标准答案：

逆变器采用定电压调节器，加上定y角限制的调节方式适用于逆变侧交流系统为弱系统，即交流系统等值（短路）阻抗较大的场合，它有利于交流电压的稳定。例如，由于某种扰动使逆变站交流母线的电压下降时，为了保持直流电压，逆变器的电压调节器自动地减少，因此，使逆变器的功率因数提高，消耗的无功功率减小，有利于防止交流电压进一步下降或阻尼电压振荡。如果逆变器采用定y角调节，则当交流电压下降时，它将增大B角以保持y角不变，因此，逆变器功率因数下降，消耗的无功功率增大，致使交流电压进一步下降，在某种条件下甚至形成恶性循环，最终导致交流电压崩溃。

Jb2001132009《国家电网有限公司直流换流站检修管理规定》中对零磁通电流互感器电子模块进行例行检查的关键工艺质量控制有哪些？（5分）

考核知识点：例行检查

难易度：中

标准答案：

（1）电子模块固定良好，紧固件齐全完好，外观完好无损伤，无异常声响，各状态指示灯指示正常。

（2）电子模块干净、清洁、无严重积尘，二次接线连接正确规范、避免交叉。

（3）接线固定牢固，不得使所接的端子排受到机械应力，无交直流搭接现象，交直流端子排隔离措施良好。

（4）接线盒电缆应排列整齐、编号清晰，接线盒内电缆应避免交叉，并固定牢固，信号引入回路应采用屏蔽阻燃铠装电缆，电缆绝缘层无变色、老化和损坏。

（5）电子模块电缆屏蔽层应与等电位接地网可靠相连。

Jb2001132010　简述换流阀短路的特征。（5分）

考核知识点：直流输电原理

难易度：中

标准答案：

换流阀短路的特征有：

（1）交流侧交替地发生两相短路和三相短路。

（2）通过故障阀的电流反向并剧烈增大。

（3）交流侧电流激增，使换流阀和换流变压器承受比正常运行时大得多的电流。

（4）换流桥直流母线电压下降。

（5）换流桥直流侧电流下降。

Jb2001132011　简述换流阀带电退出的条件及过程。（仅特高压）（5分）

考核知识点：直流输电原理

难易度：中

标准答案：

换流阀带电退出的前提条件是双极或极功率命令低于或等于在退出换流阀后的双极或单极功率命令的限制。此外，单极最后一个换流阀不允许手动带电退出。对于换流阀的带电退出，逆变站换流阀的退出先于整流站。唯一的例外是保护动作（保护触发后，一般退出低压阀组）。两个串联换流阀之一的手动带电退出命令操作按照以下顺控执行：

（1）以90°α角触发要退出的换流阀（使阀的端电压接近0）。

（2）投入旁通对。

（3）合上旁通断路器。

（4）闭锁换流阀。

Jb2001131012　简述《国家电网有限公司直流换流站验收管理规定　第13分册：直流控制保护系统验收细则》中直流控制系统极空载加压试验功能验收标准。（5分）

考核知识点：直流输电原理

难易度：易

标准答案：

（1）试验模式下应禁止对端相应极解锁，闭锁该极断线类保护及直流欠电压保护。

（2）可手动中止升/降压的过程，电压应保持在中止时刻的数值，可根据需要再次增加或减小电压。

（3）在电压没有变化到零的情况下应能随时闭锁该极。

（4）手动方式下，应可把直流电压调整到预设定的任一电压水平，然后手动降压、闭锁。

（5）自动方式下，控制系统自动地解锁对应极，直流电压升至预定值（最大限制值为1.0标幺值）后，保持一段时间后电压自动下降为零，最后闭锁该极。

Jb2001133013《国家电网有限公司防止直流换流站事故措施及释义》中，在运维检修阶段对防止直流控制系统故障导致闭锁有何要求（答出5条即可）？（5分）

考核知识点：防止直流控制系统故障的要求

难易度：难

标准答案：

（1）应加强巡视，运维单位对发生的故障报警及异常信号，应查明原因，尽快处理。

（2）停电检修期间，应详细检查各主机的负载率并记录存档。

（3）换流站控制软件的入网管理、现场调试管理和运行管理应严格遵守《换流站直流控制保护软件管理规定》，严格软件版本管理，严禁未经批准随意修改直流控制保护软件。

（4）一套控制系统退出时应尽快进行处理，减少无备用系统运行时间。

（5）应合理安排控制系统停电检修和缺陷处理，一套系统退出运行前须确保另一系统完好可用。

（6）应合理安排控制系统停电检修和缺陷处理，一套系统退出运行前须确保另一系统完好可用。

Jb2001132014 《国家电网有限公司防止直流换流站事故措施及释义》中，在运维检修阶段对防止 SCADA 系统故障导致闭锁有何要求（答出 5 条即可）？（5 分）

考核知识点：防止 SCADA 系统故障的要求

难易度：中

标准答案：

（1）应定期备份清理服务器磁盘空间，更新杀毒软件病毒库并定期查杀病毒，确保 SCADA 系统设备工作正常。

（2）按照相关规程规定要求，开展 SCADA 系统设备外观、接线及配置、电源性能、通信总线等定期维护、例行检修试验。

（3）换流站远程诊断 KVM 终端设备应指定专人负责维护，定期巡视，确保设备工作正常，相关交直流监控界面软件启动运行正常，接入远程诊断系统的运行人员工作站应优先供远程诊断中心使用，并应关闭换流站设备操作功能。

Jb2001132015 整流侧交流系统单相故障特征是什么？（5 分）

考核知识点：直流输电基本原理

难易度：中

标准答案：

整流侧交流系统发生单相故障，由于不平衡换相电压的影响，在直流系统将产生 2 次谐波。在故障期间，直流系统除了出现 2 次谐波外，与三相故障一样，直流电流和电压也相对减小，但直流输送功率下降比三相故障小。在交流系统单相故障清除后，直流输送功率将快速恢复。

Jb2001131016 《国家电网有限公司直流换流站评价管理规定 第 13 分册：直流控制保护系统精益化评价细则》中对极功率控制有何要求？（5 分）

考核知识点：直流控制保护系统评价

难易度：易

标准答案：

（1）在这种控制模式下，该极的传输功率应保持在按极设置的功率参考值，不受双极功率控制的影响。

（2）极功率整定值只可以手动调整，不需要类似双极功率控制的自动功能。

（3）极功率独立控制应能把本极直流功率控制为由远方调度中心调度人员或主控站运行人员整定的功率值。

Jb2001132017 《国家电网有限公司直流换流站评价管理规定 第 13 分册：直流控制保护系统精益化评价细则》中对线路开路试验有何要求？（5 分）

考核知识点：直流控制保护系统评价

难易度：中

标准答案：

（1）试验模式下应当禁止对端相应站极解锁，闭锁所有断线类保护及能够闭锁换流极的直流欠电压保护。

（2）在升/降压的过程中，运行人员应可以终止升/降压过程在这种情况下电压应保持在终止时刻的值，可以根据需要再次增加或减小电压。

（3）在电压没有变化到零的情况下应可以随时闭锁该极。

（4）手动方式下，运行人员应可以把直流电压调整到运行人员预定的任一电压水平，然后手动降压、停机。

（5）自动方式下，运行人员只要启动线路开路试验程序，此程序就自动地解锁对应的换流极，把直流电压升至预定值（最大限制值为 1.0 标幺值）后，保持一段时间，再把电压降下来，最后闭锁该换流极预定值、电压改变速度和保持时间可以人为设定。

Jb2001132018　《国家电网有限公司直流换流站评价管理规定　第 13 分册：直流控制保护系统精益化评价细则》中对交流过电压限制有何要求？（5 分）

考核知识点：直流控制保护系统评价

难易度：中

标准答案：

（1）交流限压保护在交流过电压且直流极控不起作用时，保护换流阀等设备，使其免受过应力，同时避免阀避雷器过应力和换流变压器过励磁根据交流换流变引线电压、频率和换流变分接头位置，计算理想空载电压 U_{di0}，当计算值超过阈值时，保护动作。

（2）计算理想空载电压时考虑频率，在频率偏低时对过励磁进行补偿。

（3）如果分接头的位置超过正常范围，计算得到的 U_{di0} 不正确，此时保护应闭锁出口。

（4）时延的设定应与分接头调节时间配合分接头动作时间典型值为 5s/步，如分接头位置总数是 18 个，则分接头调节动作的最大时间为 90s。

Jb2001131019　直流输电的自动再启动过程是什么？（5 分）

考核知识点：直流输电原理

难易度：易

标准答案：

当直流保护系统检测到直流线路接地故障后，立即将整流器的触发角快速移相到 120°～150°，使整流器变为逆变器运行，在两端均未逆变运行的情况下，储存在直流系统中的电磁能量迅速送回到两端交流系统，直流电流在 20～40ms 内降到 0。在经过预先整定的 10～500ms 的弧道去游离时间后，按一定速度自动减小整流器的触发角，使其恢复至整流运行，并快速将直流电压和电流升到故障前的运行值。

Jb2001131020　简单说明换相失败的过程。（5 分）

考核知识点：直流输电原理

难易度：易

标准答案：

当换流器做逆变运行时，从被换相的阀电流过零算起，到该阀重新被加上正向电压为止这段时间所对应的角度，也称为关断角。如果关断角太小，以致晶闸管阀来不及完全恢复正常阻断能力，又重新被加上正向电压，它会自动重新导通，于是将发生倒换相过程，其结果将使该导通的阀关断，而应该关断的阀继续导通，这种现象称为换相失败。

Jb2001131021　阀短路保护的目的和原理是什么？（5分）

考核知识点：直流输电原理

难易度：易

标准答案：

保护目的是保护晶闸管换流器免受故障造成的过应力。其工作原理是利用阀短路、换流器交流测相间短路或阀厅直流端出线间短路时换流器交流测电流大于直流测电流的故障现象作为保护的判据。在正常运行时，这些电流是平衡的；当发生阀短路时，故障阀和正在换相的正常阀流过高幅值电流；如果同一个三脉动阀组内第三个阀被触发，这种大电流也将流过这个阀；为避免这种情况，在第三个阀触发前，快速地检测故障，并且不投旁通对，立即闭锁换流器。

Jb2001133022　简述逆变器交流侧相间短路。（5分）

考核知识点：直流输电基本原理

难易度：难

标准答案：

逆变器交流侧相间短路，由于逆变器失去两相换相电压，以及相位的不正常，使逆变器发生换相失败，其直流回路电流升高，交流侧电流降低。另外，对于受端交流系统相当于发生了两相短路故障，将产生两相短路电流；在直流故障电流被整流侧电流调节器控制后，每周瞬间交流侧两相短路电流将大于直流侧电流。对于12脉动逆变器，非故障的6脉动逆变器受到换相电压下降和故障的6脉动换流器发生换相失败使直流电流增加的影响，使其换相角增大，因而也发生换相失败。

Jb2001132023　简述站用直流系统接地的危害。（5分）

考核知识点：二次回路

难易度：中

标准答案：

（1）直流系统两点接地有可能造成保护装置及二次设备误动。

（2）直流系统两点接地有可能使得保护装置及二次设备在系统发生故障时拒动。

（3）直流系统正、负极间短路有可能使直流熔断器熔断。

（4）由于近年生产的保护装置灵敏度较高，当控制电缆较长时，若直流系统一点接地，也可能造成保护装置的不正确动作，特别是当交流系统也发生接地故障，则可能对保护装置形成干扰，严重时会导致保护装置误动作。

（5）对某些动作电压较低的断路器，当其跳（合）闸断路器前一点接地时，有可能造成断路器误跳（合）闸。

Jb2001133024　《国家电网有限公司直流换流站验收管理规定》中对直流分压器参数选型验收时，对二次系统有什么要求？（5分）

考核知识点：验收分类

难易度：难

标准答案：

（1）直流分压器应保证为每个电压信号提供六路独立的模拟信号输出；每通道具有独立的低通滤

波器、高稳定性电阻二次分压器，以及隔离放大器，任一路输出通道故障都不应导致其他输出通道信号异常。

（2）二次分压测量板卡应便于更换，且退出单一直流控制保护系统更换测量板卡时不应对该分压器其他直流电压值造成影响。

（3）二次回路应有充足的备用光纤，备用光纤一般不低于在用光纤数量的 100%，且不得少于 3 根，防止由于备用光纤数量不足导致测量系统运行可靠性降低。

（4）二次回路应具有防雷功能，可采取在保护间隙回路中串联压敏电阻、二次信号电缆屏蔽层接地措施，防止雷击时放电间隙动作导致直流闭锁。

（5）作用于跳闸的非电量保护继电器都应设置三副独立的跳闸接点，按照“三取二”原则出口，三个开入回路要独立，不允许多副跳闸接点并联上送，三取二出口判断逻辑装置及其电源应冗余配置。

Jb2001131025 在带电的电压互感器二次回路上工作时，应采取哪些安全措施？（5 分）

考核知识点：二次回路

难易度：易

标准答案：

（1）严格防止短路或接地。应使用绝缘工具，戴手套。必要时，工作前申请停用有关保护装置、安全自动装置或自动化监控系统。

（2）接临时负载，应装有专用的隔离开关和熔断器。

（3）工作时应有专人监护，禁止将回路的安全接地点断开。

Jb2001132026 冗余系统之间的切换有哪几种方式？（5 分）

考核知识点：直流控制保护基本原理

难易度：中

标准答案：

（1）运行人员手动发出系统切换指令，可进行冗余系统之间的切换。但是当另一系统处于严重故障状态时，系统切换逻辑应禁止该切换指令的执行。

（2）自诊断系统在检测到当前有效系统故障时，发出系统切换命令。

（3）保护发出的系统切换命令，可进行冗余系统之间的切换，当前 Active 系统将进入 Test 状态，而不能进入 Standby 状态。如果另一系统处于严重故障状态无法成为有效系统时，应产生报警信号，送运行人员监视系统。

（4）阀控单元或水冷控制系统发出的系统切换指令，可进行冗余系统之间的切换。

Jb2001133027 简述定关断角（定 γ 角）控制的特点及方式。（5 分）

考核知识点：直流输电基本原理

难易度：难

标准答案：

（1）逆变器偶尔发生单次换相失败，往往就会自行恢复正常换相，对直流输电系统的运行影响不大。然而，若连续地发生换相失败，则会严重地扰乱直流功率的传输，必须予以避免。因此，从保证逆变器安全运行的观点来看，逆变器的关断角应保持大些较好。

（2）由于关断角增大，将使逆变器能维持的直流电压降低，从而减少了可能传输的直流功率，也就是降低了设备利用率。另外，关断角增大，也将导致逆变器功率因数降低，使逆变器消耗的无功功率增大。因此，从提高换流阀利用率、降低换流阀消耗的无功功率的角度来看，关断角应保持小些较好。

（3）由此可见，这是一对矛盾的要求。合理解决的办法是对关断角进行恰当的控制，使其在正常运行条件下，以保证安全为前提，维持尽可能小的数值。这就是关断角调节器的任务。

（4）关断角这一变量可以直接测量，却不能直接控制，只能靠改变逆变器的触发角来间接调节。绝大多数直流工程的关断角定值都在 15°～18° 的范围内。

Jb2001132028　简述逆变侧电流控制功能。（5 分）

考核知识点：直流输电基本原理

难易度：中

标准答案：

根据电流裕度控制原则，逆变器也需装设电流调节器，不过逆变器定电流调节器的整定值比整流器小，因而在正常工况下，逆变器定电流调节器不参与工作。只有当整流侧直流电压大幅度降低或逆变侧直流电压大幅度升高时，才会发生控制模式的转换，变为由整流器最小触发角控制起作用来控制直流电压，逆变器定电流控制器起作用来控制直流电流。同时，还应配备自动电流裕度补偿功能，来弥补与电流裕度定值相等的电流下降，以尽量减少直流输送功率的降低。

Jb2001132029　直流线路保护包括哪些保护功能？（5 分）

考核知识点：直流控制保护基本原理

难易度：中

标准答案：

线路行波保护、线路突变量保护、线路低压保护、线路纵差保护、金属回线横差保护、金属回线纵差保护和交直流碰线保护。

Jb2002131030　换流阀竣工验收的要求是什么？（5 分）

考核知识点：换流阀验收

难易度：易

标准答案：

（1）换流阀及附件已安装调试完毕，缺陷已消除。

（2）阀厅应全封闭，温度、湿度、照明、空调系统应满足产品安装、运行技术条件要求。

（3）对换流阀（含阀塔、组件、阀避雷器、冷却回路等）外观、标识进行检查。

（4）核查换流阀交接试验报告和相关文件资料。

（5）对光纤损耗测量、晶闸管级触发及阻抗测试、冷却回路压力试验等进行现场见证。

（6）配合直流控制保护、阀控系统进行低压加压试验。

Jb2002131031　H400 换流阀阀控 VBE 系统输入信号有哪些（至少说出 5 个）？（5 分）

考核知识点：阀控系统输入信号

难易度：易

标准答案：

（1）晶闸管的状态回报信息。

（2）阀冷却液检漏计回报信号。

（3）CCP 发送的触发字。

（4）CCP 发送的热字。

（5）VBE 闭锁开关量信号。

（6）VBE 通道选择开关量信号。

Jb2002133032　在防止换流阀及阀控系统故障中，运行阶段运行单位加强换流阀的运行维护的重点要求有哪些？（5 分）

考核知识点：换流阀反措

难易度：难

标准答案：

（1）新工程的换流阀第一次带电时应进行关灯检查，观察阀塔内是否有异常放电点。

（2）要利用停电机会加大对内冷水系统水管的检查频次，每年至少检查一次，特别是对阀塔内电阻、电抗器等元件的水管接头进行检查，对电抗器震动引起的水管接头松动、磨损等情况，发现异常及时处理，避免水管漏水导致阀损坏及直流停运。

（3）对于运行超过 15 年的换流阀，当故障晶闸管数量接近单阀冗余晶闸管数量，或者短期内连续发生多个晶闸管故障时，应申请停运并进行全面检查，更换故障元件后方可再投入运行，避免发生雪崩击穿。

（4）晶闸管换流阀运行 15 年后，每 3 年应随机抽取部分晶闸管进行全面检测和状态评估，避免因部分阀元件老化引起雪崩击穿。

Jb2002133033　运行中发现换流阀出现哪些情况时，应汇报值班调控人员申请将换流阀停运？（5 分）

考核知识点：晶闸管故障处置

难易度：难

标准答案：

（1）红外测温发现主通流回路及阀塔元件温度异常升高，达到危急缺陷等级。

（2）阀冷却水电导率超高。

（3）外水冷或外风冷系统失去作用且短期不能恢复，导致内水冷温度持续升高时。

（4）当单阀内冗余晶闸管数量不超过 1 个时。

（5）换流阀阀塔出现漏水时。

（6）阀组件、阀电抗器、阀避雷器、光纤等设备有异常放电情况。

Jb2002133034　阀控系统功能关键工艺质量控制包含哪些（至少说出 5 条）？（5 分）

考核知识点：阀控功能

难易度：难

标准答案：

（1）查阀控系统接收直流控制保护下发解闭锁信号、值班信号、充电信号、投旁通对信号、逆变信号、低电压信号和触发录波信号（如有）正常。

（2）检查阀控系统上传直流控制保护的阀控系统可用信号、准备就绪信号正常。

（3）对直流控制系统进行系统切换，查看阀控系统切换是否与直流控制系统切换一致。

（4）检查阀控系统内置故障录波功能正常。

（5）模拟阀控系统故障，直流控制系统应能正确检测到阀控系统的报警和跳信号。

（6）对阀控系统进行断电试验，确保一路电源丢失不影响阀控系统的正常运行。

Jb2002133035　简述 TTM 正常的触发与监测怎么实现。（5 分）

考核知识点： TTM 触发与监测功能

难易度： 难

标准答案：

正常运行时，当晶闸管处于关断时期时，TTM 通过取能回路获得工作电源，同时通过回报光纤向 VBE 发送已取能的回报脉冲，然后 VBE 将阀控系统的触发命令编码后发送给换流阀各块 TTM。TTM 收到触发脉冲，TTM 测量回路测量晶闸管两端承受合适的正向电压时，TTM 向晶闸管门极发出触发脉冲使其导通；晶闸管级电压达到正向 36V 且 TTM 工作电源正常，向 VBE 发送回报脉冲，代表晶闸管级正常。

Jb2002133036　简述 TTM 过电压保护功能怎样实现。（5 分）

考核知识点： TTM 过电压保护功能

难易度： 难

标准答案：

换流阀每个晶闸管级 TTM 具有正向过电压（8.1kV±0.2kV）和 d*v*/d*t* 保护，防止过高电压损坏晶闸管，允许晶闸管级在保护触发连续动作的条件下运行。保护动作后并产生回报信号发送给 VBE。正向过电压和 d*v*/d*t* 保护保护水平高于各种运行工况下出现的正常晶闸管级电压。如交流系统故障后的甩负荷工频过电压下，过电压保护水平高于逆变侧暂态换相过冲电压；过电压保护水平高于正常控制过程中的触发角快速变化晶闸管级电压。当 TTM 未接收到 CP 信号时，若晶闸管两端承受的正向电压大于 8.1kV 时，TTM 正向过电压保护动作向晶闸管发送触发脉冲使其导通。

Jb2002132037　换流阀竣工验收中“阀电抗器”有哪些验收标准？（5 分）

考核知识点： 阀电抗器验收标准

难易度： 中

标准答案：

（1）外观正常，表面颜色无异常，无裂纹。

（2）安装紧固、无松动，接线正确、可靠。

（3）连接水管、水管接头有防振磨损措施，无漏水、渗水现象。

（4）内外层绝缘漆均匀完好，无破损。

（5）无发热、无放电，无异常振动，无异响。

Jb2002132038　简述 H400 换流阀冷却水检漏计工作原理。（5 分）

考核知识点： 漏水检测

难易度： 中

标准答案：

冷却液检漏计是一个光断路设备，它与 VBE 编/解码单元形成光纤回路，VBE 向每个检漏计发送光脉冲信号，并且监视返回的光脉冲信号。当泄漏的冷却液达到 $100cm^3$ 时泄漏冷却液收集容器会自动地倾倒，同时会阻断光纤回路，并且回到初始的位置。如果 VBE 在 30ms 内没有检测到返回的光脉冲，VBE 将发送“少量冷却液泄漏”警报信息。报警信息将会在 VBE 检测到光脉冲 30ms 后被复位。如果 VBE 检测到的少量冷却液泄漏报警信息在限定的时间内没有被清除或报警被重发，VBE 将发出大量冷却液泄漏报警信息。大量冷却液泄漏报警信息将会被锁住并且只有人工才能使其复位。

Jb2002133039　换流阀阀本体上晶闸管级的保护种类有哪几种？各自的定义是什么？（5分）

考核知识点：晶闸管保护配置

难易度：难

标准答案：

（1）正向恢复保护：在晶闸管由开通到恢复正向阻断过程中，如果从晶闸管负压阻断开始到承受某一正向电压的时间间隔低于设定阈值，GU 将触发晶闸管，使之再次触发导通的保护。

（2）d*v*/d*t* 保护：当晶闸管两端的 d*v*/d*t* 超过阈值时，GU 将触发晶闸管，使之触发导通的保护。

（3）VBO 保护：在晶闸管两端的正向电压超过了 VBO 保护的动作阈值时触发晶闸管，使之触发导通的保护。

Jb2002131040　为什么要设置最小触发角控制？（5分）

考核知识点：最小触发角控制

难易度：易

标准答案：

晶闸管导通的条件：① 阳极和阴极间有正向电压；② 控制极上加有足够强度的触发脉冲。晶闸管阀的导通条件也一样，只不过晶闸管阀一般是由数十个至上百个晶闸管串联构成。如果在控制极加上触发脉冲的时刻，施加在它上面的正向电压太低，会导致各晶闸管导通的同时性变差，对阀的均压不利。最小触发角控制就是为解决这一问题而设的。绝大多数直流输电工程采用的最小触发角都是5°。

Jb2002132041　阀控系统交接试验验收中“与极控系统及运行人员监控系统的信号核对试验”有哪些验收标准（至少说出5个）？（5分）

考核知识点：阀控系统信号核对验收标准

难易度：中

标准答案：

（1）应按照设备厂家提供的信号表，逐一核对接口信号和总线信号。

（2）阀控系统与极控系统一对一连接且具有相互监视的功能。

（3）阀控系统与极控系统之间交换的信息应详细完备，避免在交流系统短时故障的情况下阀控系统误发出闭锁信号，避免极控输出信号回路故障时阀控系统不启动系统切换直接发出闭锁命令。

（4）阀漏水检测装置动作只作用于信号。

（5）阀控系统出现瞬时扰动，扰动消失后告警应能自动复归。

（6）极控系统检测到阀控系统故障时应产生相应事件记录，事件记录应完备、清晰、明确，避免出现歧义。

（7）阀组低压加压试验。

Jb2002132042　阀控系统启动验收中端对端系统调试时阀控扰动试验验收标准有哪些？（5分）

考核知识点：阀控扰动试验验收标准

难易度：中

标准答案：

（1）依次断开阀控屏内空气开关，阀控系统应能正确发出告警信息，无双系统故障、阀控无系统闭锁命令。

（2）依次断开直流馈线屏内阀控屏馈线空气开关，阀控无双系统故障、阀控无系统闭锁命令。

（3）阀控备用系统 CPU 板卡能够在线更换，无系统闭锁。

（4）通过拔掉主用（Active）、解锁（Deblock）、进线开关合位（CB_ON）、交流低电压（Under_voltage）等信号光纤模拟单套阀控系统故障，极控系统应能够正确切换。

Jb2002133043　换流阀关键点见证中“多重阀的绝缘试验”包括哪些验收标准？（5分）

考核知识点：多重阀的绝缘试验验收标准

难易度：难

标准答案：

（1）在被试阀周围应适当安装接地屏蔽，模拟邻近的建筑中钢结构、接地网和其他结构对被试多重阀的对地杂散电容的影响。

（2）多重阀中应包含所有冷却设备和控制设备，连接被试模块和处于地电位的元件，试验中的冷却介质参数（电导率、流量、温度）应与运行时相同。

（3）多重阀应进行操作冲击耐压试验、雷电冲击耐压试验和陡波头冲击耐压试验。

（4）多重阀的陡波头耐压试验，试验电压峰值为由绝缘配合确定的阀的多重阀的陡波头冲击波耐压水平的保证值，波头陡度由绝缘配合确定，但不能小于1200kV/μs。

（5）对于操作冲击耐压试验、雷电冲击耐压试验和陡波头冲击耐压试验，每种极性所施冲击电压的次数应至少为5次。

Jb2002133044　换流阀关键点见证中“单阀的绝缘试验”包括哪些验收标准？（5分）

考核知识点：单阀的绝缘试验验收标准

难易度：难

标准答案：

（1）应对完整的阀进行试验，包括阀运行所必需的附属设备（例如阀电抗器），以正确模拟阀的实际运行条件。

（2）试验中不包括阀避雷器，当阀避雷器安装在阀上时，试验时只需安装避雷器外套。

（3）如果用调整冲击电压波头陡度的方法来反映阀的实际运行条件，应考虑阀避雷器对波形的影响，特别是波尾对电抗器的影响，以及由此产生的对晶闸管元件上的影响。

（4）试验中应附加阀电路的杂散电容，并围绕阀支撑结构合理设置接地屏蔽，以模拟附近建筑物中的钢结构，接地网和其他任何结构物的影响，这些结构主要影响受试结构对地的杂散电容。

Jb2003132045　简述阀冷系统氮气稳压系统例行检修的关键点。（5分）

考核知识点：阀冷系统检修项目

难易度：中

标准答案：

（1）检修前应记录稳压系统压力、液位等参数以及各阀门位置状态，检修后应恢复至检修前正常状态。

（2）自动排气装置功能检查，排气应正常。

（3）手动排气阀功能检查，开合应正常。

（4）压力释放阀、安全阀动作值整定应正确。

（5）更换氮气瓶后应将所有阀门恢复至正常状态，且应检测管道及阀门位置无渗漏。

Jb2003133046　在测量阀冷主泵同心度时，暂定电动机端盖上顺时针方向为0°、90°、180°、270°，现把一个百分表架的磁性底座固定在联轴器上水泵侧的0°位置，记为A表，将A表的百分

表头与电动机联轴器外圆垂直接触，用于测量径向偏差；另一个百分表架的磁性底座固定在联轴器上水泵侧的 180° 位置，记为 B 表，将 B 表的百分表头与电动机联轴器后端面垂直接触，用于测量轴向偏差，用专用扳手顺着泵的旋转方向转动联轴器，分别记录 A 表和 B 表在 0°、90°、180°、270° 四个点的读数。0° 位置两表读数记为 A_1、B_1，90° 位置记为 A_2、B_2，180° 位置记为 A_3、B_3，270° 位置记为 A_4、B_4。写出中心偏差的计算方法及其标准。（5 分）

考核知识点：主泵同心度的检测结果分析要点

难易度：难

标准答案：

（1）圆周：

高低位移：$a=|A_1-A_3|$

左右位移：$a'=|A_2-A_4|$

（2）平面：

上下张口：$b=|B_1-B_3|$

左右张口：$b'=|B_2-B_4|$

根据 3.2 联轴器允许偏差值规定，a、a'、b、b' 均不应超过 0.2mm。

Jb2003132047　阀外风冷系统空冷器电动机更换的关键点有哪些？（5 分）

考核知识点：阀冷系统更换要点

难易度：中

标准答案：

（1）传动部件与扇叶、电动机连接合格（直接联动形式：扇叶轴与电动机轴同心度满足设计要求；皮带传动形式：传动皮带连接稳定、无滑动，转动正常）。

（2）测量电机相间绝缘及对地绝缘、直阻，要求使用 1000V 绝缘电阻表测量绝缘结果不低于 1MΩ，三相直阻平衡（三相中最大差值/最小值小于 2%）。

（3）更换完成后，检查扇叶，转动平滑、正常，无卡涩，旋转部件都应维持静态平衡和动态平衡。

（4）更换完成后试运行，测量三相运行电流，三相电流平衡（任一相电流–三相电流平均值）/三相电流平均值不大于±10%。

Jb2003132048　阀外风冷系统电加热器更换的关键点有哪些？（5 分）

考核知识点：阀冷系统更换要点

难易度：中

标准答案：

（1）密封圈应同时进行更换。

（2）紧固加热器固定螺栓时，必须均匀对称地紧固连接螺栓，避免用力不均。

（3）加热器法兰连接处无渗漏水现象。

（4）测量加热器绝缘，使用 1000V 绝缘电阻表测量绝缘结果不低于 1MΩ，电阻值测量正常，符合设计要求。

（5）电源接线无过热、老化现象，电源接线紧固。

Jb2003132049　阀外风冷加热器设置的目的是什么？电加热器的启动和运行中有哪些注意事项？（5 分）

考核知识点：外风冷系统及部件原理

难易度：中

标准答案：

（1）目的：为避免现场温度极低及阀体停运时的冷却水温度过低，应设置阀外风冷电加热器。

（2）注意事项（至少答出3点）：

1）当冷却介质温度低于阀厅露点温度，管路及器件表面有凝露危险时，电加热器应开始工作。

2）电加热器运行时水冷系统不能停运，必须保持管路内冷却水的流动。

3）温度开关（若有）工作正常。

4）加热器工作时无异响。

Jb2003132050　阀外风冷系统精益化评价细则中对外风冷空冷器设备外观的技术要求有哪些？（5分）

考核知识点：阀外风冷系统精益化评价细则

难易度：中

标准答案：

（1）风机叶片无变形，转动无卡涩，无异常振动声音。

（2）构架、管道、风机、电机各处固定螺钉无松动迹象。

（3）风机小风扇、网罩、叶片、风筒壁无严重积灰。

（4）风机下的隔离网无较大的杂物吸附。

（5）风机运行时红外测温无异常。

Jb2003131051　软化罐树脂更换有什么安全注意事项？（5分）

考核知识点：阀外水冷系统检修细则

难易度：易

标准答案：

（1）工作前须将系统停运，将控制系统电源断开，确保系统不会自动启动。

（2）工作前需将软化罐里的水全部排尽，关闭进出水阀门。

（3）处理树脂过程中，工作人员必须穿戴保护用的手套、眼镜和口罩，防止树脂对眼睛和皮肤造成伤害，防止灰尘或树脂吸入肺部。

（4）爬梯应固定牢固，上下时派专人监护，高空作业系好安全带。

Jb2003133052　阀外风冷系统验收细则中初设审查部分，关于风机控制逻辑的验收标准是什么（至少写出5条）？（5分）

考核知识点：阀外风冷系统验收细则

难易度：难

标准答案：

（1）当前无风机投入时，进阀温度大于风机启动值，经延时启动一组风机。

（2）有风机投入时且该风机已在工频运行状态，进阀温度大于定值时，经延时启动下一组风机。

（3）当多组风机投入时，当其最低频率运行时，进阀温度仍小于定值，经延时切除一组风机。

（4）只有一组风机投入时，当进阀温度小于定值，且该风机处于最低频率运行，经延时切除该组风机。

（5）阀解锁期间，当进阀温度传感器故障时，所有风机均工频启动运行。有故障切换先起先停功能。

（6）“内冷系统停运”“内冷系统电加热器停运”等外部开入信号不能用于对阀外风冷系统风机的控制。

Jb2003133053　阀外风冷系统验收细则中出厂验收部分，关于阀外风冷设备出厂试验的验收标准是什么？（5分）

考核知识点：阀外风冷系统验收细则

难易度：难

标准答案：

（1）无损检测。

（2）设备的压力试验采用液压试验，试验压力为 2.0MPa，本试验须在对设备接液部分进行酸洗及中和之后进行。

（3）设备接液部分最后一次纯水清洗后，对放出水水质（pH 值、固体颗粒量等）进行洁净度检测。

（4）空气冷却器的电动机等低压电气设备与地（外壳）之间的绝缘电阻不低于 1MΩ。低压设备与地（外壳）之间应能承受 2000V 的工频试验电压，持续时间为 1min。

（5）模拟各种运行模式和故障情况，验证阀外风冷设备控制与保护的功能是否满足要求。

Jb2003131054　启动验收时，主循环泵的验收标准是什么？（5分）

考核知识点：阀内水冷系统验收细则

难易度：易

标准答案：

（1）检查主泵运行应正常，声响及振动无异常，红外测温无异常。

（2）主循环泵切换过程中的流量变化应不导致低流量保护动作；主循环泵本体或软启动器故障切换、电源切换、上级电源切换、单泵运行时上级电源切换、切至故障泵后回切试验、漏水检测试验等试验结果正常。

Jb2003133055　阀内水冷系统精益化评价细则中对阀内冷系统跳闸及 IO 回路有何要求？（5分）

考核知识点：阀内水冷系统精益化评价细则

难易度：难

标准答案：

（1）跳闸输入回路及其电源按双重化或三重化布置且各自独立。

（2）跳闸输出回路及其电源按双重化或三重化布置且各自独立。

（3）同一测点冗余的传感器（流量、温度等）不应接入控制系统输入或输出模块的同一个 IO 板，应根据冗余数量分别接入各自独立的输入输出模块，避免单一模块故障导致所有传感器采样异常。

（4）对于通过硬接点方式送往极控的水冷跳闸指令，其跳闸出口回路应采用双继电器双节点串联出口方式，以防止误动及拒动。

（5）采用双继电器双接点串联出口方式的跳闸回路，每个跳闸接点都应具有动作监视回路并上送后台，避免一个接点闭合后，运维人员无法及时发现。

Jb2003131056　阀内水冷系统精益化评价细则中对阀内冷系统保护配置原则的要求是什么？（5分）

考核知识点：阀内水冷系统精益化评价细则

难易度：易

标准答案：

（1）阀内水冷保护应按双重化配置，每套保护装置有一个处理器，每套保护装置应能完成整套阀内水冷系统的所有保护功能。

（2）保护出口信号采用每套保护两个出口均有动作信号才出口，防止误动；同时在另一套保护装置检修或故障时，单套系统能保证保护正确出口，防止拒动。

（3）内水冷不应设置流量高跳闸保护。

Jb2003131057　主循环泵的专业巡视主要包括哪些（至少写出 5 条）？（5 分）

考核知识点：阀内水冷系统检修细则

难易度：易

标准答案：

（1）轴套油位应在油位线附近或符合厂家技术文件要求。

（2）应无明显渗漏油、漏水现象。

（3）应无异常噪声、振动，必要时采用噪声振动测试仪进行测量。

（4）轴承应无异响、卡涩。

（5）进、出口压力差应在正常范围之内。

（6）主循环泵漏水检测装置应无异常报警。

（7）本体及轴承红外测温时，无异常温升。

Jb2003131058　管道、法兰及阀门巡视的专业巡视主要包括哪些（至少写出 5 条）？（5 分）

考核知识点：阀内水冷系统检修细则

难易度：易

标准答案：

（1）管道无异常振动。

（2）管道及法兰连接处、排泄阀无破损、无渗漏水现象。

（3）管道及法兰应无变形、扭曲。

（4）连接螺栓应无松动、垫片无变形。

（5）阀门位置应与运行方式相符，开度未发生位移。

（6）阀门位置指示装置和闭锁装置功能正常。

Jb2003133059　竣工验收时阀内冷液位保护配置要求有哪些？（5 分）

考核知识点：阀内水冷系统验收细则

难易度：难

标准答案：

（1）膨胀罐或高位水箱液位保护应投报警和跳闸。

（2）应在膨胀罐或高位水箱装设三个电容式液位传感器和一个直读液位计，用于液位保护和泄漏保护。

（3）三台膨胀罐或高位水箱液位传感器按“三取二”原则；膨胀罐液位测量值低于膨胀罐液位低报警定值时液位保护应延时报警，低于膨胀罐液位超低报警定值时液位保护应延时跳闸。

（4）低液位接点开关动作后应仅报警。

（5）膨胀罐液位变化定值和延时设置应有足够裕度，能躲过最大温度及传输功率变化引起的液位波动，防止液位正常变化导致保护误动。

Jb2003131060 简述冷却塔的验收标准（至少5条）。（5分）

考核知识点：阀外水冷系统验收细则

难易度：易

标准答案：

（1）冷却塔风扇叶片清洁无变形。

（2）喷淋管及喷嘴无堵塞，水流均匀。

（3）冷却塔蛇形管无杂物。

（4）栅栏和积水箱清理无杂物。

（5）检查电机绝缘电阻不低于 1MΩ（使用 1000V 绝缘电阻表），各绕组直流电阻值相互差别不应超过最小值的 2%。

（6）风机无锈蚀部位。

（7）轴承转动均匀，无卡涩，无磨损，必要时补充润滑油脂。

（8）冷却塔外观无锈蚀，螺栓紧固，无渗漏水现象。

（9）风机变频器的保护定值正确；变频器的电压、电流测量精度满足要求。

（10）应进行动力柜接线检查；动力回路运行 24h 后进行红外测温。

Jb2003131061 简述冷却塔专业巡视要点（至少5条）。（5分）

考核知识点：阀外水冷系统检修细则

难易度：易

标准答案：

（1）冷却塔本体无漏水、变形、破损及锈蚀等现象。

（2）冷却塔风扇电机的转速、转向正常，轴承转动均匀，无异常声响。

（3）冷却塔风机叶片无变形、无裂纹、无破损，运行噪声正常。

（4）喷淋管及喷嘴无堵塞、无破损，水流均匀，进、回水无溢流和吸空现象。

（5）蛇形管无结垢、裂纹等现象。

（6）冷却水的进出口、补水、排污等阀门位置指示正确，阀门闭锁装置正常。

（7）风机接线盒、安全开关密封及防雨情况良好，内部接线无过热、老化、松动现象。

（8）冷却塔皮带无松动、脱落现象。

（9）冷却塔回水池排水通畅，无异物堵塞。

（10）冷却塔格栅无变形、漏水、溢水。

Jb2003132062 简述冷却塔风机更换的安全注意事项（至少5条）。（5分）

考核知识点：阀外水冷系统检修细则

难易度：中

标准答案：

（1）断开冷却塔风机电源和安全开关。

（2）工作前，需用万用表对冷却塔风机及其接线盒进行验电，确保无电后方可开始工作。

（3）现场使用的工具，应是带有绝缘手柄的工具，防止造成短路和接地。

（4）按厂家规定正确吊装设备，起吊作业时应设置揽风绳控制方向，并设专人指挥。

（5）禁止上下抛掷工器具等物品。

（6）高空作业人员必须系安全带或安全绳，禁止无绳、无带作业。

（7）工作中注意物件和工具掉落，避免砸坏冷却塔内蛇形管。

Jb2003131063　就地动力电源柜例行检查时有哪些安全注意事项？（5分）

考核知识点：阀外水冷系统检修细则

难易度：易

标准答案：

（1）检修前应确认就地电源控制盘柜进线电源开关已断开。

（2）进行绝缘测量时，采取有效的防范措施和组织措施，防止人员触电。

（3）拆接线时应做好记录，工作结束时及时恢复，严禁改动回路接线。

（4）现场使用的工具，应是带有绝缘把柄的工具，防止造成短路和接地。

（5）检修过程中，严禁擅自拆除或变动二次设备盘、装置的接地线。

Jb2003132064　喷淋泵更换工作的安全注意事项主要有哪些？（5分）

考核知识点：阀外水冷系统检修细则

难易度：中

标准答案：

（1）更换喷淋泵前，应确保系统的冷却容量满足使用需求，防止冷却容量不足引起直流系统功率回降。

（2）工作前，需用万用表对喷淋泵及其接线盒进行验电，确保无电后方可开始工作。

（3）安装电机与泵体间连接部件时要保证轴心在一条直线上，紧固时应均匀对角固定。

（4）启动前一定要确认缓冲罐中已补满水，防止空气进入喷淋泵中造成干烧损坏。

（5）启动后再次对喷淋泵进行排气。

Jb2003132065　阀冷系统交接验收时针对喷淋泵有什么要求？（5分）

考核知识点：阀外水冷系统检修细则

难易度：中

标准答案：

（1）检查电机绝缘电阻不低于1MΩ（使用1000V绝缘电阻表），相间绝缘电阻基本相同。

（2）喷淋泵电机绕组的直阻测量，各绕组直流电阻值相互差别不应超过最小值的2%。

（3）对于采用柔性联轴器的水泵，同心度小于0.2mm。

（4）喷淋泵至少运行24h后对喷淋泵的机封、电机的轴承、电机的外壳、电机的接线柱进行测温。

（5）喷淋泵连接部位及轴封处无渗漏。

（6）喷淋泵振动声音正常平稳。

（7）泵坑墙壁无渗漏水现象，泵坑无积水，排污泵功能正常。

第十章 换流站直流设备检修工（二次）高级技师技能操作

Jc2001163001 许继 HCM200 平台控制保护屏 VBE 故障处理。（100 分）

考核知识点： 许继 HCM200 平台控制保护屏 VBE 故障处理。

难易度： 难

技能等级评价专业技能考核操作工作任务书

一、任务名称

许继 HCM200 平台控制保护屏 VBE 故障处理。

二、适用工种

换流站直流设备检修工（二次）高级技师。

三、具体任务

（1）工作状态为直流系统检修状态。工作内容为许继 HCM200 平台控制保护屏 VBE 故障处理。

（2）工作任务：对许继 HCM200 平台控制保护屏 VBE 进行故障处理（现场屏柜 Col 模块上 VBEOK 灯灭），查找故障点，并对故障进行清除，确保设备正常稳定运行。

四、工作规范及要求

（1）工器具使用及安全措施。

（2）熟悉许继 HCM200 平台控制保护屏 VBE 故障处理的方法，熟练使用仪器仪表及工器具。

（3）熟悉各种影响试验数据、结论的因素及消除方法并填写试验报告。

五、考核及时间要求

（1）本考核操作时间为 60 分钟，时间到停止考评。同一类现象故障不限一处故障点。

（2）按照技能操作记录单的操作要求进行操作，正确记录操作结果，试验记录项目包括各接头直流电阻值及是否符合规范要求。

技能等级评价专业技能考核操作评分标准

工种	换流站直流设备检修工（二次）					评价等级	高级技师
项目模块	缺陷处理与事故分析—缺陷处理				编号	Jc2001163001	
单位			准考证号			姓名	
考试时限	60 分钟		题型	单项操作		题分	100 分
成绩		考评员		考评组长		日期	
试题正文	许继 HCM200 平台控制保护屏 VBE 故障处理						
需要说明的问题和要求	（1）要求调试人员单人操作，故障查找及分析在调试过程中完成。 （2）操作应注意安全，按照标准化作业书的技术安全说明做好安全措施。 （3）在许继 HCM200 平台设备上完成操作。 （4）将检修结果填入修试记录						

续表

序号	项目名称	质量要求	满分	扣分标准	扣分原因	得分
1	工具使用及安全措施					
1.1	各种工器具正确使用	熟练正确使用各种工器具	5	未正确使用一次扣1分，扣完为止		
1.2	相关安全措施的准备	（1）检查该系统为备用系统。 （2）佩戴防静电手环。 （3）按下“手动模式”按钮，闭锁系统切换功能。 （4）进入作业现场正确佩戴安全帽，现场作业人员应穿全棉长袖工作服、绝缘鞋	10	未检查该系统为备用系统扣2分； 未佩戴防静电手环扣2分； 未按下“手动模式”按钮扣2分（可口述）； 安全帽佩戴不规范扣2分； 未穿绝缘鞋扣2分		
2	极1外部跳闸闭锁直流系统处理					
2.1	对故障进行处理	本题设置故障点为：将K291K292的A1端解开，现象为保护屏Col模块上VBEOK灯不亮	65	应对图纸该回路检查，通过测量电位可确定至两继电器处。并对开接线进行恢复。故障未消除扣65分		
3	填写试验报告					
3.1	修试记录	正确填写故障位置及故障查找方法	10	每少填写一项扣5分，扣完为止		
4	现场恢复	恢复现场	10	未进行现场恢复扣10分		
合计			100			

Jc2001141002　控制保护屏VBE转换盒板卡更换。（100分）

考核知识点：控制保护屏VBE转换盒板卡更换

难易度：易

技能等级评价专业技能考核操作工作任务书

一、任务名称

控制保护屏VBE转换盒板卡更换。

二、适用工种

换流站直流设备检修工（二次）高级技师。

三、具体任务

（1）工作状态为直流系统检修状态。工作内容为控制保护屏VBE转换盒板卡更换。

（2）工作任务：对控制保护屏VBE转换盒板卡进行更换，更换步骤应符合要求，确保设备正常稳定运行。

四、工作规范及要求

（1）工器具使用及安全措施。

（2）熟悉控制保护屏VBE转换盒板卡更换的方法，熟练使用仪器仪表及工器具。

（3）熟悉各种影响试验数据、结论的因素及消除方法并填写试验报告。

五、考核及时间要求

（1）本考核操作时间为60分钟，时间到停止考评。同一类现象故障不限一处故障点。

（2）按照技能操作记录单的操作要求进行操作，正确记录操作结果，试验记录项目包括各接头直流电阻值及是否符合规范要求。

技能等级评价专业技能考核操作评分标准

工种	换流站直流设备检修工（二次）					评价等级	高级技师
项目模块	缺陷处理与事故分析—缺陷处理				编号	Jc2001141002	
单位			准考证号			姓名	
考试时限	60 分钟		题型		单项操作	题分	100 分
成绩		考评员		考评组长		日期	
试题正文	控制保护屏 VBE 转换盒板卡更换						
需要说明的问题和要求	（1）要求调试人员单人操作，故障查找及分析在调试过程中完成。 （2）操作应注意安全，按照标准化作业书的技术安全说明做好安全措施。 （3）在许继 HCM200 平台设备上完成操作。 （4）将检修结果填入修试记录						

序号	项目名称	质量要求	满分	扣分标准	扣分原因	得分
1	工具使用及安全措施					
1.1	各种工器具正确使用	熟练正确使用各种工器具	5	未正确使用一次扣 1 分，扣完为止		
1.2	相关安全措施的准备	（1）检查该系统为备用系统。 （2）确认屏柜已全部断电。 （3）佩戴防静电手环。 （4）按下“手动模式”按钮，闭锁系统切换功能。 （5）进入作业现场正确佩戴安全帽，现场作业人员应穿全棉长袖工作服、绝缘鞋	10	未检查该系统为备用系统扣 2 分； HCM200 机箱电源未断电扣 2 分； 未佩戴防静电手环扣 2 分； 未按下“手动模式”按钮扣 2 分（可口述）； 安全帽佩戴不规范扣 1 分； 未穿绝缘鞋扣 1 分		
2	菲尼克斯系列 24V 电源模块更换					
2.1	进行模块更换	（1）拆下 VBE 转换盒板卡上光纤、总线等连接线，并将光纤用防尘帽等封存。 （2）将 VBE 转换盒板卡上螺钉拆掉。 （3）将 VBE 转换盒板卡拆掉。 （4）将新 VBE 转换盒板卡插入原有位置，确保板卡插紧。 （5）恢复 VBE 转换盒板卡光纤等所有接线。 （6）将板卡周边所有螺丝进行禁锢。 （7）依次合上屏柜空气开关 –F11、–F12、–F31、–F32、–F41、–F42，检查系统指示灯正常。 （8）恢复“手动模式”按钮。 （9）查看 VBE 转换盒板卡灯显示是否正常，屏柜有无其他异常告警	65	按照步骤开展，每少一步扣 8 分，更换不成功扣 11 分		
3	填写试验报告					
3.1	修试记录	正确填写更换后检查结果，并记录更换模块型号、厂家等信息	10	每少一项扣 5 分，扣完为止		
4	现场恢复	恢复现场	10	未进行现场恢复扣 10 分		
合计			100			

Jc2001162003　南瑞 PCS–221 合并单元 CPU 板卡通道系数修改。（100 分）

考核知识点： 南瑞 PCS–221 合并单元 CPU 板卡通道系数修改

难易度： 中

技能等级评价专业技能考核操作工作任务书

一、任务名称

南瑞 PCS－221 合并单元 CPU 板卡通道系数修改。

二、适用工种

换流站直流设备检修工（二次）高级技师。

三、具体任务

（1）工作状态为直流系统检修状态。工作内容为南瑞 PCS－221 合并单元 CPU 板卡通道系数修改。

（2）工作任务：

1）对南瑞 PCS－221 合并单元 CPU 板卡通道系数进行修改。

2）模拟极 1 换流变进线电压，并在程序中进行监视。

3）在上述工作中对故障现象进行排除。

四、工作规范及要求

（1）工器具使用及安全措施。

（2）熟悉南瑞 PCS－221 合并单元 CPU 板卡通道系数修改方法，熟练使用仪器仪表及工器具。

（3）熟悉各种影响试验数据、结论的因素及消除方法并填写试验报告。

五、考核及时间要求

（1）本考核操作时间为 60 分钟，时间到停止考评。同一类现象故障不限一处故障点。

（2）按照技能操作记录单的操作要求进行操作，正确记录操作结果，试验记录项目包括各接头直流电阻值及是否符合规范要求。

技能等级评价专业技能考核操作评分标准

工种	换流站直流设备检修工（二次）					评价等级	高级技师
项目模块	二次设备日常维护检修—直流控制保护设备的专业巡视、日常维护及检修				编号	Jc2001162003	
单位			准考证号			姓名	
考试时限	60 分钟		题型	单项操作		题分	100 分
成绩		考评员		考评组长		日期	
试题正文	南瑞 PCS－221 合并单元 CPU 板卡通道系数修改						
需要说明的问题和要求	（1）要求调试人员单人操作，故障查找及分析在调试过程中完成。 （2）操作应注意安全，按照标准化作业书的技术安全说明做好安全措施。 （3）在南瑞合并单元设备上完成操作。 （4）将检修结果填入修试记录						

序号	项目名称	质量要求	满分	扣分标准	扣分原因	得分
1	工具使用及安全措施					
1.1	各种工器具正确使用	熟练正确使用各种工器具	5	未正确使用一次扣 1 分，扣完为止		
1.2	相关安全措施的准备	（1）工作前应核对设备双重名称。 （2）进入作业现场正确佩戴安全帽，现场作业人员应穿全棉长袖工作服、绝缘鞋	10	未核对设备双重名称扣 5 分（可口述）； 安全帽佩戴不规范扣 2.5 分； 未穿绝缘鞋扣 2.5 分		

续表

序号	项目名称	质量要求	满分	扣分标准	扣分原因	得分
2	南瑞 PCS－221 合并单元CPU板卡通道系数修改	（1）更换板卡后用 1 根网线连接计算机和 CPU 板卡网口 1。 （2）查看装置 IP 地址，在笔记本上将 IP 地址与装置 IP 在同一网段配置。 （3）打开 pcs-pc5 软件，右键单击 NewDevice 连接装置，在弹出窗口输入装置 IP 地址连接。 （4）在弹出界面单击 IEC103 工具，进入定值修改界面。 （5）单击公共定值组中的应用定值，即可看到各种通道系数，根据装置所需通道系数进行修改，修改后右键单击进行下载，下载成功后保存退出软件	65	按照步骤开展，每少一步扣 12 分，配置不成功扣 5 分		
3	填写试验报告					
3.1	修试记录	正确填写参数修改过程	10	每少填写一项扣 5 分，扣完为止		
4	现场恢复	恢复现场	10	未进行现场恢复扣 10 分		
合计			100			

Jc2001162004　许继 HCM200 平台控制保护屏 HCM200 风扇告警故障处理。（100 分）

考核知识点：许继 HCM200 平台控制保护屏 HCM200 风扇告警故障处理

难易度：中

技能等级评价专业技能考核操作工作任务书

一、任务名称

许继 HCM200 平台控制保护屏 HCM200 风扇告警故障处理。

二、适用工种

换流站直流设备检修工（二次）高级技师。

三、具体任务

（1）工作状态为直流系统检修状态。工作内容为许继 HCM200 平台控制保护屏 HCM200 风扇告警故障处理。

（2）工作任务：对许继 HCM200 平台控制保护屏 HCM200 风扇告警故障进行处理（现场屏柜告警红灯亮），查找故障点，并对故障进行清除，确保设备正常稳定运行。

四、工作规范及要求

（1）工器具使用及安全措施。

（2）熟悉许继 HCM200 平台控制保护屏 HCM200 风扇告警故障处理，熟练使用仪器仪表及工器具。

（3）熟悉各种影响试验数据、结论的因素及消除方法并填写试验报告。

五、考核及时间要求

（1）本考核操作时间为 60 分钟，时间到停止考评。同一类现象故障不限一处故障点。

（2）按照技能操作记录单的操作要求进行操作，正确记录操作结果，试验记录项目包括各接头直流电阻值及是否符合规范要求。

技能等级评价专业技能考核操作评分标准

<table>
<tr><td>工种</td><td colspan="5">换流站直流设备检修工（二次）</td><td>评价等级</td><td>高级技师</td></tr>
<tr><td>项目模块</td><td colspan="4">缺陷处理与事故分析—缺陷处理</td><td>编号</td><td colspan="2">Jc2001162004</td></tr>
<tr><td>单位</td><td colspan="2"></td><td>准考证号</td><td colspan="2"></td><td>姓名</td><td></td></tr>
<tr><td>考试时限</td><td>60 分钟</td><td>题型</td><td colspan="3">单项操作</td><td>题分</td><td>100 分</td></tr>
<tr><td>成绩</td><td></td><td>考评员</td><td></td><td>考评组长</td><td></td><td>日期</td><td></td></tr>
<tr><td>试题正文</td><td colspan="7">许继 HCM200 平台控制保护屏 HCM200 风扇告警故障处理</td></tr>
<tr><td>需要说明的问题和要求</td><td colspan="7">（1）要求调试人员单人操作，故障查找及分析在调试过程中完成。
（2）操作应注意安全，按照标准化作业书的技术安全说明做好安全措施。
（3）在许继 HCM200 平台设备上完成操作。
（4）将检修结果填入修试记录</td></tr>
</table>

序号	项目名称	质量要求	满分	扣分标准	扣分原因	得分
1	工具使用及安全措施					
1.1	各种工器具正确使用	熟练正确使用各种工器具	5	未正确使用一次扣 1 分，扣完为止		
1.2	相关安全措施的准备	（1）检查该系统为备用系统。 （2）佩戴防静电手环。 （3）按下“手动模式”按钮，闭锁系统切换功能。 （4）进入作业现场正确佩戴安全帽，现场作业人员应穿全棉长袖工作服、绝缘鞋	10	未检查该系统为备用系统扣 2 分； 未佩戴防静电手环扣 2 分； 未按下“手动模式”按钮扣 2 分（可口述）； 安全帽佩戴不规范扣 2 分； 未穿绝缘鞋扣 2 分		
2	HCM200 风扇告警故障处理					
2.1	对故障进行处理	本题设置故障点为：将 K4B 的 A1 端解开，现象为保护屏红灯亮，后台报出 HCM200 风扇告警	65	应对图纸该回路检查，通过测量电位可确定至故障电断开，恢复后可得满分		
3	填写试验报告					
3.1	修试记录	正确填写故障处置过程	10	每少填写一项扣 5 分，扣完为止		
4	现场恢复	恢复现场	10	未进行现场恢复扣 10 分		
合计			100			

Jc2001143005　主机装置管理板卡程序下载。（100 分）

考核知识点：主机装置管理板卡程序下载

难易度：难

技能等级评价专业技能考核操作工作任务书

一、任务名称

主机装置管理板卡程序下载。

二、适用工种

换流站直流设备检修工（二次）高级技师。

三、具体任务

（1）工作状态为直流控制保护系统检修状态。工作内容为主机装置管理板程序下载。

（2）工作任务：对主机装置管理板程序进行下载。

四、工作规范及要求

（1）工器具使用及安全措施。

（2）按要求进行板卡更换。

五、考核及时间要求

（1）本考核操作时间为60分钟，时间到停止考评。

（2）按照技能操作记录单的操作要求进行操作，正确记录操作结果。

技能等级评价专业技能考核操作评分标准

工种	换流站直流设备检修工（二次）					评价等级	高级技师
项目模块	二次设备日常维护、检修—直流控制保护设备的专业巡视、日常维护及检修					编号	Jc2001143005
单位			准考证号			姓名	
考试时限	60分钟		题型	单项操作		题分	100分
成绩		考评员		考评组长		日期	
试题正文	主机装置管理板卡程序下载						
需要说明的问题和要求	（1）要求调试人员单人操作，故障查找及分析在调试过程中完成。 （2）操作应注意安全，做好安全措施。 （3）控制保护主机上完成操作。 （4）操作记录填入操作记录。试验或检修结果填入修试记录						

序号	项目名称	质量要求	满分	扣分标准	扣分原因	得分
1	工具使用及安全措施					
1.1	各种工器具正确使用	熟练正确使用各种工器具	5	未正确使用一次扣1分，扣完为止		
1.2	相关安全措施的准备	（1）更换本套主机程序前应确认另外一套主机在可用状态。 （2）进入作业现场正确佩戴安全帽，现场作业人员应穿全棉长袖工作服、绝缘鞋	10	未确认另外一套主机状态扣5分； 安全帽佩戴不规范扣3分； 未穿全棉长袖工作服扣1分； 未穿绝缘鞋扣1分		
2	板卡更换	（1）将装置打到试验状态。 （2）使用串口调试线连接计算机和管理板，通过SecureCRT软件查看卡IP地址。 （3）使用PCS－PC下载系统软件目录下的NR1107.bin或者使用预先写好的下载文件列表，根据需求下载文件。 （4）使用Accel工具下载对应板卡的相关应用程序，管理板涉及的是程序的配置文件（config.txt、device.cid等）和所有map文件。 （5）使用PCS－PC下载该主机对应的ipconfig和CANConfig.txt文件。 （6）检查故障板卡所在主机无报警及对应的控制保护主机无跳闸信号	60	按照步骤开展，每少一步扣10分，试验不成功扣15分		
3	现场恢复	恢复现场	10	未进行现场恢复扣10分		
4	填写报告					
4.1	操作记录	填写操作步骤，记录每一步操作现象	15	每少填写一项扣1分，扣完为止		
合计			100			

Jc2001142006　管理板日志上召。（100分）

考核知识点：管理板日志上召

难易度：中

技能等级评价专业技能考核操作工作任务书

一、任务名称

管理板日志上召。

二、适用工种

换流站直流设备检修工（二次）高级技师。

三、具体任务

（1）工作状态为直流控制保护系统检修状态。工作内容为管理板日志上召。

（2）工作任务：对管理板日志进行上召。

四、工作规范及要求

（1）工器具使用及安全措施。

（2）按要求开展管理板日志上召。

五、考核及时间要求

（1）本考核操作时间为60分钟，时间到停止考评。

（2）按照技能操作记录单的操作要求进行操作，正确记录操作结果。

技能等级评价专业技能考核操作评分标准

工种	换流站直流设备检修工（二次）				评价等级	高级技师
项目模块	二次设备日常维护、检修—直流控制保护设备的专业巡视、日常维护及检修			编号	Jc2001142006	
单位		准考证号			姓名	
考试时限	60分钟	题型	单项操作		题分	100分
成绩		考评员		考评组长	日期	
试题正文	管理板日志上召					
需要说明的问题和要求	（1）要求调试人员单人操作，故障查找及分析在调试过程中完成。 （2）操作应注意安全，做好安全措施。 （3）在保护屏上完成操作。 （4）操作记录填入操作记录。试验或检修结果填入修试记录					

序号	项目名称	质量要求	满分	扣分标准	扣分原因	得分
1	工具使用及安全措施					
1.1	各种工器具正确使用	熟练正确使用各种工器具	5	未正确使用一次扣1分，扣完为止		
1.2	相关安全措施的准备	（1）确认主机运行正常。 （2）进入作业现场正确佩戴安全帽，现场作业人员应穿全棉长袖工作服、绝缘鞋	10	未确认主机运行正常扣5分； 安全帽佩戴不规范扣3分； 未穿全棉长袖工作服扣1分； 未穿绝缘鞋扣1分		
2	管理板日志上召	（1）打开PCS－PC调试工具。 （2）根据D盘工程文档找到要上召日志的主机IP。 （3）使用PCS－PC主机连接现场装置选择调试工具。 （4）填写管理板槽号和文件名；单击上装按钮。 （5）查看桌面文件名TXT文档，写明故障信息。 （6）退出PCS－PC工具	60	按照步骤开展，每少一步扣10分，扣完为止		
3	现场恢复	恢复现场	10	未进行现场恢复扣10分		

续表

序号	项目名称	质量要求	满分	扣分标准	扣分原因	得分
4	填写报告					
4.1	操作记录	填写操作步骤，记录每一步操作现象	15	每少填写一项扣 1 分，扣完为止		
	合计		100			

Jc2001143007　软件修改联系单执行。(100 分)

考核知识点：软件修改联系单执行

难易度：难

技能等级评价专业技能考核操作工作任务书

一、任务名称

软件修改联系单执行。

二、适用工种

换流站直流设备检修工（二次）高级技师。

三、具体任务

（1）工作状态为直流控制保护系统检修状态。工作内容为软件修改单执行。

（2）工作任务：软件修改联系单执行。

四、工作规范及要求

（1）工器具使用及安全措施。

（2）按要求进行软件修改联系单执行。

五、考核及时间要求

（1）本考核操作时间为 60 分钟，时间到停止考评。

（2）按照技能操作记录单的操作要求进行操作，正确记录。

技能等级评价专业技能考核操作评分标准

工种	换流站直流设备检修工（二次）					评价等级	高级技师
项目模块	二次设备日常维护、检修—直流控制保护设备的专业巡视、日常维护及检修				编号	Jc2001143007	
单位			准考证号			姓名	
考试时限	60 分钟	题型		单项操作		题分	100 分
成绩		考评员		考评组长		日期	
试题正文	软件修改联系单执行						
需要说明的问题和要求	（1）要求调试人员单人操作，故障查找及分析在调试过程中完成。 （2）操作应注意安全，做好安全措施。 （3）操作记录填入操作记录。试验或检修结果填入修试记录						

序号	项目名称	质量要求	满分	扣分标准	扣分原因	得分
1	工具使用及安全措施					
1.1	各种工器具正确使用	熟练正确使用各种工器具	5	未正确使用一次扣 1 分，扣完为止		
1.2	相关安全措施的准备	（1）使用经过审批过得软件修改单。 （2）进入作业现场正确佩戴安全帽，现场作业人员应穿全棉长袖工作服、绝缘鞋	10	未检查软件修改单经过审批扣 10 分； 安全帽佩戴不规范扣 3 分； 未穿全棉长袖工作服扣 1 分； 未穿绝缘鞋扣 1 分		

续表

序号	项目名称	质量要求	满分	扣分标准	扣分原因	得分
2	软件修改单执行	（1）从文件服务器下载最新的控制保护程序，并进行软件备份。 （2）根据审批的软件修改联系单在工程师工作站上重新绘制对应软件页，逐一确认并做好录音，确保重新绘制的软件页与审批的软件修改联系单一致。 （3）对软件修改新增的带参数的功能模块应检查其参数及输入输出变量属性，并检查底层代码与可视化逻辑界面对应变量一致。 （4）软件下载后，确认目标控制保护装置重启正常、软件版本正确（校验码一致）、参数设置正确、模块功能正常、无告警信号、无跳闸信号、无异常负载率变化等。 （5）下载完毕后的软件进行备份并上传至文件服务器	60	按照步骤开展，每少一步扣12分，扣完为止		
3	现场恢复	恢复现场	10	未进行现场恢复扣10分		
4	填写报告					
4.1	操作记录	填写操作步骤，记录每一步操作现象	15	每少填写一项扣1分，扣完为止		
合计			100			

Jc2001141008　线性度测试。（100 分）

考核知识点： 线性度测试

难易度： 易

技能等级评价专业技能考核操作工作任务书

一、任务名称

线性度测试。

二、适用工种

换流站直流设备检修工（二次）高级技师。

三、具体任务

（1）工作状态为直流控制保护系统检修状态。工作内容为线性度测试。

（2）工作任务：对线性度进行测试。

四、工作规范及要求

（1）工器具使用及安全措施。

（2）按要求开展线性度测试。

五、考核及时间要求

（1）本考核操作时间为60分钟，时间到停止考评。

（2）按照技能操作记录单的操作要求进行操作，正确记录操作结果。

技能等级评价专业技能考核操作评分标准

工种	换流站直流设备检修工（二次）				评价等级	高级技师
项目模块	二次设备日常维护、检修—直流控制保护设备的专业巡视、日常维护及检修			编号	Jc2001141008	
单位		准考证号			姓名	
考试时限	60分钟	题型		单项操作	题分	100分
成绩	考评员		考评组长		日期	

续表

试题正文	线性度测试					
需要说明的问题和要求	（1）要求调试单人操作，故障查找及分析在调试过程中完成。 （2）操作应注意安全，做好安全措施。 （3）操作记录填入操作记录。试验或检修结果填入修试记录					
序号	项目名称	质量要求	满分	扣分标准	扣分原因	得分
1	工具使用及安全措施					
1.1	各种工器具正确使用	熟练正确使用各种工器具	5	未正确使用一次扣 1 分，扣完为止		
1.2	相关安全措施的准备	（1）确认主机上无任何工作。 （2）确认被检测主机运行状态正常。 （3）确认继电保护测试仪接地正常。 （4）进入作业现场正确佩戴安全帽，现场作业人员应穿全棉长袖工作服、绝缘鞋	10	安全措施每漏一项扣 4 分； 安全帽佩戴不规范扣 3 分； 未穿全棉长袖工作服扣 2 分； 未穿绝缘鞋扣 1 分		
2	线性度测试	（1）从电流端子输入电流，设置大小和相位，在液晶显示中单击查看 CPU 和 DSP 采样值与所加量是否一致，检查电流极性是否正确，相位是否正确。 （2）将电流端子、电压端子与试验仪器接好，加入电流和电压，设置大小和相位，检查电流和电压采样是否正确，回路的极性是否正确，相位是否正确	60	按照步骤开展，每少一步扣 30 分，扣完为止		
3	现场恢复	恢复现场	10	未进行现场恢复扣 10 分		
4	填写报告					
4.1	操作记录	填写操作步骤，记录每一步操作现象	15	每少填写一项扣 1 分，扣完为止		
合计			100			

Jc2001141009　许继 HCM200 平台 EP31 板卡更换。（100 分）

考核知识点：许继 HCM200 平台 EP31 板卡更换

难易度：易

技能等级评价专业技能考核操作工作任务书

一、任务名称

许继 HCM200 平台 EP31 板卡更换。

二、适用工种

换流站直流设备检修工（二次）高级技师。

三、具体任务

（1）工作状态为直流系统检修状态。工作内容为许继 HCM200 平台 EP31 板卡更换。

（2）工作任务：对许继 HCM200 平台 EP31 板卡进行更换，更换步骤应符合要求，确保设备正常稳定运行。

四、工作规范及要求

（1）工器具使用及安全措施。

（2）熟悉许继 HCM200 平台 EP31 板卡更换的方法，熟练使用仪器仪表及工器具。

（3）熟悉各种影响试验数据、结论的因素及消除方法并填写试验报告。

五、考核及时间要求

（1）本考核操作时间为 60 分钟，时间到停止考评。同一类现象故障不限一处故障点。

（2）按照技能操作记录单的操作要求进行操作，正确记录操作结果，试验记录项目包括各接头直流电阻值及是否符合规范要求。

技能等级评价专业技能考核操作评分标准

工种	换流站直流设备检修工（二次）					评价等级	高级技师
项目模块	缺陷处理与事故分析—缺陷处理				编号	Jc2001141009	
单位			准考证号			姓名	
考试时限	60 分钟	题型	单项操作			题分	100 分
成绩		考评员		考评组长		日期	
试题正文	许继 HCM200 平台 EP31 板卡更换						
需要说明的问题和要求	（1）要求调试人员单人操作，故障查找及分析在调试过程中完成。 （2）操作应注意安全，按照标准化作业书的技术安全说明做好安全措施。 （3）在许继 HCM200 平台设备上完成操作。 （4）将检修结果填入修试记录						

序号	项目名称	质量要求	满分	扣分标准	扣分原因	得分
1	工具使用及安全措施					
1.1	各种工器具正确使用	熟练正确使用各种工器具	5	未正确使用一次扣 1 分，扣完为止		
1.2	相关安全措施的准备	（1）检查该系统为备用系统。 （2）确认 HCM200 机箱电源已断电。 （3）佩戴防静电手环。 （4）按下“手动模式”按钮，闭锁系统切换功能。 （5）进入作业现场正确佩戴安全帽，现场作业人员应穿全棉长袖工作服、绝缘鞋	10	未检查该系统为备用系统扣 2 分； HCM200 机箱电源未断电扣 2 分； 未佩戴防静电手环扣 2 分； 未按下“手动模式”按钮扣 2 分（可口述）； 安全帽佩戴不规范扣 1 分； 未穿绝缘鞋扣 1 分		
2	处理器板卡更换步骤					
2.1	进行板卡更换	（1）取出程序卡，拔出 X6、X7 接口处的电缆带，并做好记录；拔出 D10 板卡 X1、X3、X4 接口处的电缆带，并做好记录；拔出 D11 板卡 X1、X3、X4 接口处的电缆带，并做好记录。 （2）用螺丝刀松开 D09、D10、D11 板卡两端螺钉，握住板卡两端把手，同时向上向下掰，板卡会自动弹出。 （3）同时取出三块板卡，松开三块板卡之间的金属连接，取下 D09 板卡。将 D09 板卡放入防静电袋子。 （4）紧固新 EP31 板卡与 D10、D11 板卡的金属连接，然后将两块板卡沿机箱插槽插入，确认板卡与机箱平齐。 （5）紧固板卡两端螺钉。 （6）将程序卡插入 X50 接口，恢复 EP31 板卡 X6、X7 接口处的电缆带；依次恢复 D10、D11 板卡 X1、X3、X4 接口处的电缆带。 （7）依次合上屏柜空气开关 −F11、−F12、−F31、−F32、−F41、−F42，检查系统指示灯正常。 （8）恢复“手动模式”按钮	65	拆卸板卡前未拆除板卡接线并做好记录扣 10 分； 拆卸板卡步骤错误扣 15 分（应同时取出三块板卡）； 拆下板卡未放入防静电袋中扣 5 分； 板卡安装不牢固扣 5 分； 板卡上接线恢复错误扣 10 分； 更换后未恢复屏柜所有空气开关扣 5 分； 整个更换过程中由于操作失误造成系统切换扣 5 分； 完成后若造成系统因更换板卡问题告警扣 5 分； 更换完成后未恢复“手动模式”按钮扣 5 分		
3	填写试验报告					
3.1	修试记录	正确填写更换后检查结果，并记录更换板卡型号、厂家等信息	10	每少填写一项扣 5 分，扣完为止		
4	现场恢复	恢复现场	10	未进行现场恢复扣 10 分		
合计			100			

Jc2001162010 许继 HCM200 平台“功率下降”信号核对及故障排除。(100 分)

考核知识点： 许继 HCM200 平台“功率下降”信号核对及故障排除

难易度： 中

技能等级评价专业技能考核操作工作任务书

一、任务名称

许继 HCM200 平台“功率下降”信号核对及故障排除。

二、适用工种

换流站直流设备检修工（二次）高级技师。

三、具体任务

（1）工作状态为直流系统检修状态。工作内容为许继 HCM200 平台“功率下降”信号核对及故障排除。

（2）工作任务：

1）模拟保护 A 屏开出至极控的“功率下降”信号，极控未收到该信号。

2）模拟保护 A、B 屏同时发出“功率下降”信号，极控到该信号。

3）模拟极 1YD 换流变阀侧电流，并在程序中进行监视。

4）在上述工作中对故障现象进行排除。

四、工作规范及要求

（1）工器具使用及安全措施。

（2）熟悉许继 HCM200 平台“功率下降”信号核对及故障排除的方法，熟练使用仪器仪表及工器具。

（3）熟悉各种影响试验数据、结论的因素及消除方法并填写试验报告。

五、考核及时间要求

（1）本考核操作时间为 60 分钟，时间到停止考评。同一类现象故障不限一处故障点。

（2）按照技能操作记录单的操作要求进行操作，正确记录操作结果，试验记录项目包括各接头直流电阻值及是否符合规范要求。

技能等级评价专业技能考核操作评分标准

工种	换流站直流设备检修工（二次）				评价等级	高级技师
项目模块	缺陷处理与事故分析—事故分析			编号	Jc2001162010	
单位		准考证号			姓名	
考试时限	60 分钟	题型	单项操作		题分	100 分
成绩		考评员		考评组长		日期	
试题正文	许继 HCM200 平台“功率下降”信号核对及故障排除					
需要说明的问题和要求	（1）要求调试人员单人操作，故障查找及分析在调试过程中完成。 （2）操作应注意安全，按照标准化作业书的技术安全说明做好安全措施。 （3）在许继 HCM200 平台设备上完成操作。 （4）将检修结果填入修试记录					

序号	项目名称	质量要求	满分	扣分标准	扣分原因	得分
1	工具使用及安全措施					
1.1	各种工器具正确使用	熟练正确使用各种工器具	5	未正确使用一次扣 1 分，扣完为止		

续表

序号	项目名称	质量要求	满分	扣分标准	扣分原因	得分
1.2	相关安全措施的准备	（1）检查该系统为备用系统。 （2）佩戴防静电手环。 （3）按下“手动模式”按钮，闭锁系统切换功能。 （4）进入作业现场正确佩戴安全帽，现场作业人员应穿全棉长袖工作服、绝缘鞋	10	未检查该系统为备用系统扣2分； 未佩戴防静电手环扣2分； 未按下“手动模式”按钮扣2分（可口述）； 安全帽佩戴不规范扣2分； 未穿绝缘鞋扣2分		
2	许继HCM200平台开关量信号核对及三取二逻辑验证	（1）模拟保护A屏开出至极控的“功率下降”信号，极控未收到该信号（将–X341：3进行虚接）。 （2）模拟保护A、B屏同时发出“功率下降”信号，极控收到该信号。 （3）模拟极1YD侧电流，并在程序中进行监视（对X612：1和X612：2进行反接）	65	软件置数及监视正确，并正确排除故障得满分。左侧前2个任务各20分，第3个任务25分		
3	填写试验报告					
3.1	修试记录	正确填写故障排除过程	10	每少填写一项扣5分，扣完为止		
4	现场恢复	恢复现场	10	未进行现场恢复扣10分		
合计			100			

Jc2001162011　许继HCM200平台“禁止阀解锁”信号核对及故障排除。（100分）

考核知识点：许继HCM200平台“禁止阀解锁”信号核对及故障排除

难易度：中

技能等级评价专业技能考核操作工作任务书

一、任务名称

许继HCM200平台“禁止阀解锁”信号核对及故障排除。

二、适用工种

换流站直流设备检修工（二次）高级技师。

三、具体任务

（1）工作状态为直流系统检修状态。工作内容为许继HCM200平台“禁止阀解锁”信号核对及故障排除。

（2）工作任务：

1）模拟保护A屏开出至极控的“禁止阀解锁”信号，极控未收到该信号。

2）模拟保护A、B屏同时发出“禁止阀解锁 ”信号，极控到该信号。

3）模拟极1YD换流变阀侧电流，并在程序中进行监视。

4）在上述工作中对故障现象进行排除。

四、工作规范及要求

（1）工器具使用及安全措施。

（2）熟悉许继HCM200平台“禁止阀解锁”信号核对及故障排除的方法，熟练使用仪器仪表及工器具。

（3）熟悉各种影响试验数据、结论的因素及消除方法并填写试验报告。

五、考核及时间要求

（1）本考核操作时间为60分钟，时间到停止考评。同一类现象故障不限一处故障点。

（2）按照技能操作记录单的操作要求进行操作，正确记录操作结果，试验记录项目包括各接头直流电阻值及是否符合规范要求。

技能等级评价专业技能考核操作评分标准

<table>
<tr><td>工种</td><td colspan="5">换流站直流设备检修工（二次）</td><td>评价等级</td><td colspan="2">高级技师</td></tr>
<tr><td>项目模块</td><td colspan="4">缺陷处理与事故分析—事故分析</td><td>编号</td><td colspan="3">Jc2001162011</td></tr>
<tr><td>单位</td><td colspan="3"></td><td>准考证号</td><td></td><td>姓名</td><td colspan="2"></td></tr>
<tr><td>考试时限</td><td>60 分钟</td><td>题型</td><td colspan="3">单项操作</td><td>题分</td><td colspan="2">100 分</td></tr>
<tr><td>成绩</td><td>考评员</td><td></td><td>考评组长</td><td colspan="2"></td><td>日期</td><td colspan="2"></td></tr>
<tr><td>试题正文</td><td colspan="8">许继 HCM200 平台“禁止阀解锁”信号核对及故障排除</td></tr>
<tr><td>需要说明的问题和要求</td><td colspan="8">（1）要求调试人员单人操作，故障查找及分析在调试过程中完成。
（2）操作应注意安全，按照标准化作业书的技术安全说明做好安全措施。
（3）在许继 HCM200 平台设备上完成操作。
（4）将检修结果填入修试记录</td></tr>
</table>

序号	项目名称	质量要求	满分	扣分标准	扣分原因	得分
1	工具使用及安全措施					
1.1	各种工器具正确使用	熟练正确使用各种工器具	5	未正确使用一次扣 1 分，扣完为止		
1.2	相关安全措施的准备	（1）检查该系统为备用系统。 （2）佩戴防静电手环。 （3）按下“手动模式”按钮，闭锁系统切换功能。 （4）进入作业现场正确佩戴安全帽，现场作业人员应穿全棉长袖工作服、绝缘鞋	10	未检查该系统为备用系统扣 2 分； 未佩戴防静电手环扣 2 分； 未按下“手动模式”按钮扣 2 分（可口述）； 安全帽佩戴不规范扣 2 分； 未穿绝缘鞋扣 2 分		
2	许继 HCM200 平台开关量信号核对及三取二逻辑验证	（1）模拟保护 A 屏开出至极控的“禁止阀解锁”信号，极控未收到该信号（将－X341：10 进行虚接）。 （2）模拟保护 A、B 屏同时发出“禁止阀解锁”信号，极控收到该信号。 （3）模拟极 1YD 侧电流，并在程序中进行监视（对 X612：1 和 X612：2 进行反接）	65	软件置数及监视正确，并正确排除故障得满分。左侧前 2 个任务各 20 分，第 3 个任务 25 分		
3	填写试验报告					
3.1	修试记录	正确填写故障排除过程	10	每少填写一项扣 5 分，扣完为止		
4	现场恢复	恢复现场	10	未进行现场恢复扣 10 分		
合计			100			

Jc2001162012　许继 HCM200 平台控制保护屏告警处理。（100 分）

考核知识点： 许继 HCM200 平台控制保护屏告警处理

难易度： 中

技能等级评价专业技能考核操作工作任务书

一、任务名称

许继 HCM200 平台控制保护屏告警处理。

二、适用工种

换流站直流设备检修工（二次）高级技师。

三、具体任务

（1）工作状态为直流系统检修状态。工作内容为许继 HCM200 平台控制保护屏告警处理。

（2）工作任务：

1）对许继 HCM200 平台控制保护屏告警进行处理（结合报文），查找故障点，并对故障进行清除，确保设备正常稳定运行。

2）模拟极 1 换流变进线电压，并在程序中进行监视。

3）在上述工作中对故障现象进行排除。

四、工作规范及要求

（1）工器具使用及安全措施。

（2）熟悉许继 HCM200 平台控制保护屏告警处理的方法，熟练使用仪器仪表及工器具。

（3）熟悉各种影响试验数据、结论的因素及消除方法并填写试验报告。

五、考核及时间要求

（1）本考核操作时间为 60 分钟，时间到停止考评。同一类现象故障不限一处故障点。

（2）按照技能操作记录单的操作要求进行操作，正确记录操作结果，试验记录项目包括各接头直流电阻值及是否符合规范要求。

技能等级评价专业技能考核操作评分标准

<table>
<tr><td>工种</td><td colspan="5">换流站直流设备检修工（二次）</td><td>评价等级</td><td>高级技师</td></tr>
<tr><td>项目模块</td><td colspan="4">缺陷处理与事故分析—缺陷处理</td><td>编号</td><td colspan="2">Jc2001162012</td></tr>
<tr><td>单位</td><td colspan="3"></td><td>准考证号</td><td></td><td>姓名</td><td></td></tr>
<tr><td>考试时限</td><td colspan="2">60 分钟</td><td>题型</td><td colspan="2">单项操作</td><td>题分</td><td>100 分</td></tr>
<tr><td>成绩</td><td></td><td>考评员</td><td></td><td>考评组长</td><td></td><td>日期</td><td></td></tr>
<tr><td>试题正文</td><td colspan="7">许继 HCM200 平台控制保护屏告警处理</td></tr>
<tr><td>需要说明的问题和要求</td><td colspan="7">（1）要求调试人员单人操作，故障查找及分析在调试过程中完成。
（2）操作应注意安全，按照标准化作业书的技术安全说明做好安全措施。
（3）在许继 HCM200 平台设备上完成操作。
（4）将检修结果填入修试记录</td></tr>
</table>

序号	项目名称	质量要求	满分	扣分标准	扣分原因	得分
1	工具使用及安全措施					
1.1	各种工器具正确使用	熟练正确使用各种工器具	5	未正确使用一次扣 1 分，扣完为止		
1.2	相关安全措施的准备	（1）检查该系统为备用系统。 （2）佩戴防静电手环。 （3）按下“手动模式”按钮，闭锁系统切换功能。 （4）进入作业现场正确佩戴安全帽，现场作业人员应穿全棉长袖工作服、绝缘鞋	10	未检查该系统为备用系统扣 2 分； 未佩戴防静电手环扣 2 分； 未按下“手动模式”按钮扣 2 分（可口述）； 安全帽佩戴不规范扣 2 分； 未穿绝缘鞋扣 2 分		
2	控制保护屏告警处理					
2.1	对故障进行处理	本题设置故障点为：将极控屏电池抠掉。 应能正确根据报文、现场现象（报文为软件故障等，现象为 PM6 板卡显示“B”）	30	现象分析不正确，电池未更换，扣 30 分		
2.2	对模拟进行加量	对极 1 进线电压进行加量	35	模拟量施加不正确扣 35 分		
3	填写试验报告					
3.1	修试记录	正确填写故障处置及模拟量施加过程	10	每少填写一项扣 5 分，扣完为止		
4	现场恢复	恢复现场	10	未进行现场恢复扣 10 分		
	合计		100			

Jc2001163013 许继 HCM200 平台控制保护屏极 1 外部跳闸闭锁直流系统处理。（100 分）

考核知识点： 许继 HCM200 平台控制保护屏极 1 外部跳闸闭锁直流系统处理

难易度： 难

技能等级评价专业技能考核操作工作任务书

一、任务名称

许继 HCM200 平台控制保护屏极 1 外部跳闸闭锁直流系统处理。

二、适用工种

换流站直流设备检修工（二次）高级技师。

三、具体任务

（1）工作状态为直流系统检修状态。工作内容为许继 HCM200 平台控制保护屏极 1 外部跳闸闭锁直流系统处理。

（2）工作任务：对许继 HCM200 平台控制保护屏极 1 外部跳闸闭锁直流系统进行处理，查找故障点，并对故障进行清除，确保设备正常稳定运行。

四、工作规范及要求

（1）工器具使用及安全措施。

（2）熟悉许继 HCM200 平台控制保护屏极 1 外部跳闸闭锁直流系统处理的方法，熟练使用仪器仪表及工器具。

（3）熟悉各种影响试验数据、结论的因素及消除方法并填写试验报告。

五、考核及时间要求

（1）本考核操作时间为 60 分钟，时间到停止考评。同一类现象故障不限一处故障点。

（2）按照技能操作记录单的操作要求进行操作，正确记录操作结果，试验记录项目包括各接头直流电阻值及是否符合规范要求。

技能等级评价专业技能考核操作评分标准

工种	换流站直流设备检修工（二次）					评价等级	高级技师
项目模块	缺陷处理与事故分析—事故分析				编号	Jc2001163013	
单位			准考证号			姓名	
考试时限	60 分钟		题型	单项操作		题分	100 分
成绩		考评员		考评组长		日期	
试题正文	许继 HCM200 平台控制保护屏极 1 外部跳闸闭锁直流系统处理						
需要说明的问题和要求	（1）要求调试人员单人操作，故障查找及分析在调试过程中完成。 （2）操作应注意安全，按照标准化作业书的技术安全说明做好安全措施。 （3）在许继 HCM200 平台设备上完成操作。 （4）将检修结果填入修试记录						

序号	项目名称	质量要求	满分	扣分标准	扣分原因	得分
1	工具使用及安全措施					
1.1	各种工器具正确使用	熟练正确使用各种工器具	5	未正确使用一次扣 1 分，扣完为止		
1.2	相关安全措施的准备	（1）检查该系统为备用系统。 （2）佩戴防静电手环。 （3）按下“手动模式”按钮，闭锁系统切换功能。 （4）进入作业现场正确佩戴安全帽，现场作业人员应穿全棉长袖工作服、绝缘鞋	10	未检查该系统为备用系统扣 2 分； 未佩戴防静电手环扣 2 分； 未按下“手动模式”按钮扣 2 分（可口述）； 安全帽佩戴不规范扣 2 分； 未穿绝缘鞋扣 2 分		
2	极 1 外部跳闸闭锁直流系统处理					

续表

序号	项目名称	质量要求	满分	扣分标准	扣分原因	得分
2.1	对故障进行处理	本题设置故障点为：将 K243 开出接点 K13、K14 用短接线进行短接。 应对程序进行监视，确认极 1 外部跳闸闭锁直流系统信号来源，确认至 K243、K252 后进行进一步检查	65	按照步骤开展，定位置故障点即可得满分。若未定位置故障点，应根据检查流程酌情给分		
3	填写试验报告					
3.1	修试记录	正确填写故障定位、处置过程	10	每少填写一项扣 5 分，扣完为止		
4	现场恢复	恢复现场	10	未进行现场恢复扣 10 分		
合计			100			

Jc2001161014　许继 HCM200 平台控制保护屏电压变换模块更换。（100 分）

考核知识点：许继 HCM200 平台控制保护屏电压变换模块更换

难易度：易

技能等级评价专业技能考核操作工作任务书

一、任务名称

许继 HCM200 平台控制保护屏电压变换模块更换。

二、适用工种

换流站直流设备检修工（二次）高级技师。

三、具体任务

（1）工作状态为直流系统检修状态。工作内容为许继 HCM200 平台控制保护屏电压变换模块更换。

（2）工作任务：

1）对许继 HCM200 平台控制保护屏电压变换模块进行更换，更换步骤应符合要求，确保设备正常稳定运行。

2）对电压变换模块施加电压，在程序内进行监视。

四、工作规范及要求

（1）工器具使用及安全措施。

（2）熟悉许继 HCM200 平台控制保护屏电压变换模块更换的方法，熟练使用仪器仪表及工器具。

（3）熟悉各种影响试验数据、结论的因素及消除方法并填写试验报告。

五、考核及时间要求

（1）本考核操作时间为 60 分钟，时间到停止考评。同一类现象故障不限一处故障点。

（2）按照技能操作记录单的操作要求进行操作，正确记录操作结果，试验记录项目包括各接头直流电阻值及是否符合规范要求。

技能等级评价专业技能考核操作评分标准

工种	换流站直流设备检修工（二次）					评价等级	高级技师
项目模块	二次设备日常维护、检修—直流控制保护设备的专业巡视、日常维护与检修				编号	Jc2001161014	
单位			准考证号			姓名	
考试时限	60 分钟		题型	单项操作		题分	100 分
成绩		考评员		考评组长		日期	

续表

试题正文	许继 HCM200 平台控制保护屏电压变换模块更换
需要说明的问题和要求	（1）要求调试人员单人操作，故障查找及分析在调试过程中完成。 （2）操作应注意安全，按照标准化作业书的技术安全说明做好安全措施。 （3）在许继 HCM200 平台设备上完成操作。 （4）将检修结果填入修试记录

序号	项目名称	质量要求	满分	扣分标准	扣分原因	得分
1	工具使用及安全措施					
1.1	各种工器具正确使用	熟练正确使用各种工器具	5	未正确使用一次扣 1 分，扣完为止		
1.2	相关安全措施的准备	（1）检查该系统为备用系统。 （2）确认屏柜已全部断电。 （3）佩戴防静电手环。 （4）按下“手动模式”按钮，闭锁系统切换功能。 （5）在对应屏内端子处将电压端子压板断开，确保电压回路开路。 （6）进入作业现场正确佩戴安全帽，现场作业人员应穿全棉长袖工作服、绝缘鞋	15	未检查该系统为备用系统扣 2 分； 未断电扣 2 分； 未按下“手动模式”按钮扣 2 分（可口述）； 安全帽佩戴不规范扣 2 分； 未穿绝缘鞋扣 2 分； 未断开端子压板扣 5 分（可口述）		
2	许继 HCM200 平台控制保护屏电压变换模块更换					
2.1	进行模块更换	（1）拆下许继 HCM200 平台控制保护屏电压变换模块电源线、告警线等所有连接线。 （2）将许继 HCM200 平台控制保护屏电压变换模块拆下。 （3）将新许继 HCM200 平台控制保护屏电压变换模块固定至原来位置。 （4）恢复许继 HCM200 平台控制保护屏电压变换模块电源、告警等所有接线。 （5）依次合上屏柜空气开关 –F11、–F12、–F31、–F32、–F41、–F42，检查系统指示灯正常。 （6）恢复“手动模式”按钮。 （7）查看许继 HCM200 平台控制保护屏电压变换模块灯显示是否正常，屏柜有无其他异常告警	40	拆卸模块前未拆除板卡模块并做好记录扣 5 分； 拆卸模块步骤错误扣 5 分； 模块安装不牢固扣 5 分； 模块上总线、接地线恢复错误扣 5 分； 更换后未恢复屏柜所有空气开关扣 5 分； 整个更换过程中由于操作失误造成系统切换扣 5 分； 完成后若造成系统因更换模块问题告警扣 5 分； 更换完成后未恢复“手动模式”按钮扣 5 分		
3	在电压模块上施加电压，并在程序内监视					
3.1	在电压模块上施加电压	使用继电保护测试仪将三相电压施加至电压变换模块上	15	继电保护测试仪未接地扣 5 分； 接线错误扣 5 分； 使用继电保护测试仪步骤错误扣 5 分		
3.2	监视施加电压	进入程序页面监视施加电压	5	监视错误扣 5 分		
4	填写试验报告					
4.1	修试记录	（1）正确填写更换后检查结果，并记录更换模块型号、厂家等信息。 （2）正确填写加量过程、数据信息	10	每少填写一项扣 5 分，扣完为止		
5	现场恢复	恢复现场	10	未进行现场恢复扣 10 分		
合计			100			

Jc2001161015 许继 HCM200 平台控制保护屏电流变换模块更换。（100 分）

考核知识点：许继 HCM200 平台控制保护屏电流变换模块更换

难易度：易

技能等级评价专业技能考核操作工作任务书

一、任务名称

许继 HCM200 平台控制保护屏电流变换模块更换。

二、适用工种

换流站直流设备检修工（二次）高级技师。

三、具体任务

（1）工作状态为直流系统检修状态。工作内容为许继 HCM200 平台控制保护屏电流变换模块更换。

（2）工作任务：

1）对许继 HCM200 平台控制保护屏电流变换模块进行更换，更换步骤应符合要求，确保设备正常稳定运行。

2）对电流变换模块施加电流，在程序内进行监视。

四、工作规范及要求

（1）工器具使用及安全措施。

（2）熟悉许继 HCM200 平台控制保护屏电流变换模块更换的方法，熟练使用仪器仪表及工器具。

（3）熟悉各种影响试验数据、结论的因素及消除方法并填写试验报告。

五、考核及时间要求

（1）本考核操作时间为 60 分钟，时间到停止考评。同一类现象故障不限一处故障点。

（2）按照技能操作记录单的操作要求进行操作，正确记录操作结果，试验记录项目包括各接头直流电阻值及是否符合规范要求。

技能等级评价专业技能考核操作评分标准

工种	换流站直流设备检修工（二次）					评价等级	高级技师
项目模块	二次设备日常维护、检修—直流控制保护设备的专业巡视、日常维护及检修				编号	Jc2001161015	
单位			准考证号			姓名	
考试时限	60 分钟		题型	单项操作		题分	100 分
成绩		考评员		考评组长		日期	
试题正文	许继 HCM200 平台控制保护屏电流变换模块更换						
需要说明的问题和要求	（1）要求调试人员单人操作，故障查找及分析在调试过程中完成。 （2）操作应注意安全，按照标准化作业书的技术安全说明做好安全措施。 （3）在许继 HCM200 平台 HCM200 平台设备上完成操作。 （4）将检修结果填入修试记录						

序号	项目名称	质量要求	满分	扣分标准	扣分原因	得分
1	工具使用及安全措施					
1.1	各种工器具正确使用	熟练正确使用各种工器具	5	未正确使用一次扣 1 分，扣完为止		
1.2	相关安全措施的准备	（1）检查该系统为备用系统。 （2）确认屏柜已全部断电。 （3）佩戴防静电手环。 （4）按下“手动模式”按钮，闭锁系统切换功能。 （5）在对应屏内端子处将电流端子短接，并在中间将压板划开。 （6）进入作业现场正确佩戴安全帽，现场作业人员应穿全棉长袖工作服、绝缘鞋	15	未检查该系统为备用系统扣 2 分； 未断电扣 2 分； 未佩戴防静电手环扣 2 分； 未按下“手动模式”按钮扣 2 分（可口述）； 安全帽佩戴不规范扣 2 分； 未穿绝缘鞋扣 2 分； 未短接端子压板扣 3 分（可口述）		

续表

序号	项目名称	质量要求	满分	扣分标准	扣分原因	得分
2	许继 HCM200 平台控制保护屏电流变换模块更换					
2.1	进行模块更换	（1）拆下许继 HCM200 平台控制保护屏电流变换模块电源线、告警线等所有连接线。 （2）将许继 HCM200 平台控制保护屏电流变换模块拆下。 （3）将新许继 HCM200 平台控制保护屏电流变换模块固定至原来位置。 （4）恢复许继 HCM200 平台控制保护屏电流变换模块电源、告警等所有接线。 （5）依次合上屏柜空气开关 −F11、−F12、−F31、−F32、−F41、−F42，检查系统指示灯正常。 （6）恢复“手动模式”按钮。 （7）查看许继 HCM200 平台控制保护屏电流变换模块灯显示是否正常，屏柜有无其他异常告警	40	拆卸模块前未拆除板卡模块并做好记录扣 5 分； 拆卸模块步骤错误扣 5 分； 模块安装不牢固扣 5 分； 模块上总线、接地线恢复错误扣 5 分； 更换后未恢复屏柜所有空气开关扣 5 分； 整个更换过程中由于操作失误造成系统切换扣 5 分； 完成后若造成系统因更换模块问题告警扣 5 分； 更换完成后未恢复“手动模式”按钮扣 5 分		
3	在电流模块上施加电流，并在程序内监视					
3.1	在电压模块上施加电流	使用继电保护测试仪将三相电流施加至电流变换模块上	15	继电保护测试仪未接地扣 5 分； 接线错误扣 5 分； 使用继电保护测试仪步骤错误扣 5 分		
3.2	在后台查看采样值	进入程序页面监视施加电流是否正确	5	监视错误扣 5 分		
4	填写试验报告					
4.1	修试记录	（1）正确填写更换后检查结果，并记录更换模块型号、厂家等信息。 （2）正确填写加量过程、数据信息	10	每少填写一项扣 5 分，扣完为止		
5	现场恢复	恢复现场	10	未进行现场恢复扣 10 分		
合计			100			

Jc2001162016　许继交流滤波器保护 SDR－101 主程序下载。（100 分）

考核知识点： 许继交流滤波器保护 SDR－101 主程序下载

难易度： 中

技能等级评价专业技能考核操作工作任务书

一、任务名称

许继交流滤波器保护 SDR－101 主程序下载。

二、适用工种

换流站直流设备检修工（二次）高级技师。

三、具体任务

（1）工作状态为直流系统检修状态。工作内容为许继交流滤波器保护 SDR－101 主程序下载。

（2）工作任务：

1）对许继交流滤波器保护 SDR－101 主程序进行下载。

2）模拟极 1 换流变进线电压，并在程序中进行监视。

3）在上述工作中对故障现象进行排除。

四、工作规范及要求

（1）工器具使用及安全措施。

（2）熟悉许继交流滤波器保护 SDR－101 主程序下载方法，熟练使用仪器仪表及工器具。

（3）熟悉各种影响试验数据、结论的因素及消除方法并填写试验报告。

五、考核及时间要求

（1）本考核操作时间为 60 分钟，时间到停止考评。同一类现象故障不限一处故障点。

（2）按照技能操作记录单的操作要求进行操作，正确记录操作结果，试验记录项目包括各接头直流电阻值及是否符合规范要求。

技能等级评价专业技能考核操作评分标准

工种	换流站直流设备检修工（二次）				评价等级	高级技师
项目模块	二次设备日常维护、检修—直流控制保护设备的专业巡视、日常维护及检修			编号		Jc2001162016
单位		准考证号			姓名	
考试时限	60 分钟	题型	单项操作		题分	100 分
成绩		考评员		考评组长		日期	
试题正文	许继交流滤波器保护 SDR－101 主程序下载					
需要说明的问题和要求	（1）要求调试人员单人操作，故障查找及分析在调试过程中完成。 （2）操作应注意安全，按照标准化作业书的技术安全说明做好安全措施。 （3）在许继交流滤波器保护设备上完成操作。 （4）将检修结果填入修试记录					

序号	项目名称	质量要求	满分	扣分标准	扣分原因	得分
1	工具使用及安全措施					
1.1	各种工器具正确使用	熟练正确使用各种工器具	5	未正确使用一次扣 1 分，扣完为止		
1.2	相关安全措施的准备	（1）工作前应核对设备双重名称。 （2）进入作业现场正确佩戴安全帽，现场作业人员应穿全棉长袖工作服、绝缘鞋	10	未核对设备双重名称扣 5 分（可口述）； 安全帽佩戴不规范扣 2.5 分； 未穿绝缘鞋扣 2.5 分		
2	SDR－101 主程序下载					
2.1	准备工作	（1）在“通信端口配置”界面，将使用 COM3 端口的监控改为“未用”，将 PC 改为“COM3”。 （2）在“串口参数配置”界面，将 COM3 端口波特率改为“38400”，“偶校验”。 （3）将 2 芯 3 芯对倒串口线的“公头”连接装置前面板串口，“母头”连接 USB 串口线的“公头”，USB 串口线的“USB”口连接笔记本安装此线驱动程序时使用的“USB”接口。 （4）保护装置的 CPU 插件与通信插件的 JP1 跳针达到 DBG 状态。打开 pcs－pc5 软件，右键单击 NewDevice 连接装置，在弹出窗口输入装置 IP 地址连接。 （5）在弹出界面单击 IEC103 工具，进入定值修改界面。 （6）单击公共定值组中的应用定值，即可看到各种通道系数，根据装置所需通道系数进行修改，修改后右键单击进行下载，下载成功后保存退出软件	30	按照步骤开展，每少一步扣 5 分，扣完为止		

续表

序号	项目名称	质量要求	满分	扣分标准	扣分原因	得分
2.2	SDR－101 主程序下载	（1）打开 Prate800A 软件，单击“登录注销”图标登录，用户名“张三”，密码“3”。 （2）单击“通信设置”图标，设置通信参数。装置地址：“通信参数设置”菜单中看到的地址。通信口：计算机设备管理器中“端口”下显示的 COM 口。 （3）与装置通信连接正常后，在“当前装置”空白处单击“右键”，查看 CPU 个数，显示此装置的 CPU 信息。 （4）选中“1 CPU”、单击 ，找到需要下载的程序 VldCode 1. hex 文件，双击左键，出现目标程序下载窗口，存储宽度为32位，不用选择，目标程序类型选择“保护程序”，确认下载，在计算机的左下角会有显示程序下载的过程，正在下载后面的进度条是显示程序下载的进度	35	按照步骤开展，每少一步扣 8 分，配置不成功扣 3 分		
3	填写试验报告					
3.1	修试记录	正确填写程序下载过程	10	每少填写一项扣 5 分，扣完为止		
4	现场恢复	恢复现场	10	未进行现场恢复扣 10 分		
合计			100			

Jc2001163017 许继 HCM200 平台控制保护系统联锁条件查看。(100 分)

考核知识点：许继 HCM200 平台控制保护系统联锁条件查看

难易度：难

技能等级评价专业技能考核操作工作任务书

一、任务名称

许继 HCM200 平台控制保护系统联锁条件查看。

二、适用工种

换流站直流设备检修工（二次）高级技师。

三、具体任务

（1）工作状态为直流系统检修状态。工作内容为许继 HCM200 平台控制保护系统联锁条件查看。

（2）工作任务：

1）对许继 HCM200 平台控制保护系统 060127 联锁条件进行在线查看，并将目前联锁条件写至报告中。

2）模拟极 1 换流变压器进线电压，并在程序中进行监视。

3）在上述工作中对故障现象进行排除。

四、工作规范及要求

（1）工器具使用及安全措施。

（2）熟悉许继 HCM200 平台控制保护系统 060127 联锁条件的方法，熟练使用仪器仪表及工器具。

（3）熟悉各种影响试验数据、结论的因素及消除方法并填写试验报告。

五、考核及时间要求

（1）本考核操作时间为 60 分钟，时间到停止考评。同一类现象故障不限一处故障点。

（2）按照技能操作记录单的操作要求进行操作，正确记录操作结果，试验记录项目包括各接头直流电阻值及是否符合规范要求。

技能等级评价专业技能考核操作评分标准

<table>
<tr><td>工种</td><td colspan="5">换流站直流设备检修工（二次）</td><td>评价等级</td><td colspan="2">高级技师</td></tr>
<tr><td>项目模块</td><td colspan="4">二次设备日常维护、检修—直流控制保护设备的专业巡视、日常维护及检修</td><td>编号</td><td colspan="3">Jc2001163017</td></tr>
<tr><td>单位</td><td colspan="3"></td><td>准考证号</td><td></td><td>姓名</td><td colspan="2"></td></tr>
<tr><td>考试时限</td><td colspan="2">60 分钟</td><td>题型</td><td colspan="2">单项操作</td><td>题分</td><td colspan="2">100 分</td></tr>
<tr><td>成绩</td><td></td><td>考评员</td><td></td><td>考评组长</td><td></td><td>日期</td><td colspan="2"></td></tr>
<tr><td>试题正文</td><td colspan="8">许继 HCM200 平台控制保护系统联锁条件查看</td></tr>
<tr><td>需要说明的问题和要求</td><td colspan="8">（1）要求调试人员单人操作，故障查找及分析在调试过程中完成。
（2）操作应注意安全，按照标准化作业书的技术安全说明做好安全措施。
（3）在许继 HCM200 平台设备上完成操作。
（4）将检修结果填入修试记录</td></tr>
</table>

序号	项目名称	质量要求	满分	扣分标准	扣分原因	得分
1	工具使用及安全措施					
1.1	各种工器具正确使用	熟练正确使用各种工器具	5	未正确使用一次扣 1 分，扣完为止		
1.2	相关安全措施的准备	（1）检查该系统为备用系统。 （2）佩戴防静电手环。 （3）按下“手动模式”按钮，闭锁系统切换功能。 （4）进入作业现场正确佩戴安全帽，现场作业人员应穿全棉长袖工作服、绝缘鞋	10	未检查该系统为备用系统扣 2 分； 未佩戴防静电手环扣 2 分； 未按下“手动模式”按钮扣 2 分（可口述）； 安全帽佩戴不规范扣 2 分； 未穿绝缘鞋扣 2 分		
2	控制保护系统 060127 联锁条件					
2.1	系统 060127 联锁条件查看	正确使用调试软件，并连接调试线，查看联锁状态（060127 状态明确，且阀厅大门处于关闭状态）	55	调试软件使用不正确，并未正确连接调试线，扣 30 分； 未正确填写地刀联锁状态，扣 25 分		
2.2	对模拟量进行施加	模拟极 1 换流变压器进线电压，并在程序中进行监视	10	未正确完成扣 10 分		
3	填写试验报告					
3.1	修试记录	正确填写刀闸联锁逻辑及查看过程	10	每少填写一项扣 5 分，扣完为止		
4	现场恢复	恢复现场	10	未进行现场恢复扣 10 分		
合计			100			

Jc2001141018　许继 SDR/SDZ 系列滤波器保护装置板卡更换。（100 分）

考核知识点： 许继 SDR/SDZ 系列滤波器保护装置板卡更换

难易度： 易

技能等级评价专业技能考核操作工作任务书

一、任务名称

许继 SDR/SDZ 系列滤波器保护装置板卡更换。

二、适用工种

换流站直流设备检修工（二次）高级技师。

三、具体任务

（1）工作状态为直流系统检修状态。工作内容为许继 SDR/SDZ 系列滤波器保护装置板卡更换。

（2）工作任务：对许继 SDR/SDZ 系列滤波器保护装置 CPU 板卡进行更换，更换步骤应符合要求，确保设备正常稳定运行。

四、工作规范及要求

（1）工器具使用及安全措施。

（2）熟悉许继 SDR/SDZ 系列滤波器保护装置板卡更换的方法，熟练使用仪器仪表及工器具。

（3）熟悉各种影响试验数据、结论的因素及消除方法并填写试验报告。

五、考核及时间要求

（1）本考核操作时间为 60 分钟，时间到停止考评。同一类现象故障不限一处故障点。

（2）按照技能操作记录单的操作要求进行操作，正确记录操作结果，试验记录项目包括各接头直流电阻值及是否符合规范要求。

技能等级评价专业技能考核操作评分标准

工种	换流站直流设备检修工（二次）					评价等级	高级技师
项目模块	缺陷处理与事故分析—缺陷处理				编号	Jc2001141018	
单位		准考证号				姓名	
考试时限	60 分钟		题型	单项操作		题分	100 分
成绩		考评员		考评组长		日期	
试题正文	许继 SDR/SDZ 系列滤波器保护装置板卡更换						
需要说明的问题和要求	（1）要求调试人员单人操作，故障查找及分析在调试过程中完成。 （2）操作应注意安全，按照标准化作业书的技术安全说明做好安全措施。 （3）在许继滤波器保护设备上完成操作。 （4）将检修结果填入修试记录						

序号	项目名称	质量要求	满分	扣分标准	扣分原因	得分
1	工具使用及安全措施					
1.1	各种工器具正确使用	熟练正确使用各种工器具	5	未正确使用一次扣 1 分，扣完为止		
1.2	相关安全措施的准备	（1）确认许继保护装置电源已断电。 （2）佩戴防静电手环。 （3）进入作业现场正确佩戴安全帽，现场作业人员应穿全棉长袖工作服、绝缘鞋	10	保护装置电源未断电扣 2.5 分； 未佩戴防静电手环扣 2.5 分（可口述）； 安全帽佩戴不规范扣 2.5 分； 未穿绝缘鞋扣 2.5 分		
2	处理器板卡更换步骤					
2.1	进行板卡更换	（1）用螺丝刀松开板卡两端螺钉，握住板卡两端把手，同时向上向下掰，板卡会自动弹出。 （2）将拆下 CPU 板卡放入防静电袋子。 （3）新板卡沿机箱插槽插入，确认板卡与机箱平齐。 （4）紧固板卡两端螺钉。 （5）依次合上屏柜空气开关检查系统指示灯正常	65	按照步骤开展，每少一步扣 12 分，更换不成功扣 5 分		
3	填写试验报告					
3.1	修试记录	正确填写更换后检查结果，并记录更换板卡型号、厂家等信息	10	每少填写一项扣 5 分，扣完为止		
4	现场恢复	恢复现场	10	未进行现场恢复扣 10 分		
合计			100			

Jc2001143019　极Ⅱ低阀组保护 CPR22 B 套星接小差差流异常告警处理。（100 分）

考核知识点：模拟量信号回路检查

难易度：难

技能等级评价专业技能考核操作工作任务书

一、任务名称

极Ⅱ低阀组保护 CPR22 B 套星接小差差流异常告警处理。

二、适用工种

换流站直流设备检修工（二次）高级技师。

三、具体任务

对极Ⅱ低阀组保护 CPR22 B 套星接小差差流异常告警进行处理。

四、工作规范及要求

（1）按照规定流程进行极Ⅱ低阀组保护 B 套星接小差差流异常告警处理。

（2）模拟差流计算模块程序模块异常导致差流输出异常。

（3）模拟主机断电后重启后恢复正常。

五、考核及时间要求

（1）本考核时间为 60 分钟，时间到停止考评。

（2）按照技能操作记录单的操作要求书写操作步骤，正确书写操作结果。

技能等级评价专业技能考核操作评分标准

工种	换流站直流设备检修工（二次）			评价等级	高级技师
项目模块	缺陷处理与事故分析—缺陷处理		编号	Jc2001143019	
单位		准考证号		姓名	
考试时限	60 分钟	题型	单项操作	题分	100 分
成绩	考评员		考评组长		日期
试题正文	极Ⅱ低阀组保护 CPR22 B 套星接小差差流异常告警处理				
需要说明的问题和要求	（1）要求调试人员单人操作，故障查找及分析在调试过程中完成。 （2）操作应注意安全，做好安全措施。 （3）在主机上完成操作。 （4）操作记录填入操作记录。试验或检修结果填入修试记录				

序号	项目名称	质量要求	满分	扣分标准	扣分原因	得分
1	工具使用及安全措施					
1.1	各种工器具正确使用	熟练正确使用各种工器具	5	未正确使用一次扣 1 分，扣完为止		
1.2	相关安全措施的准备	（1）确认主机运行正常。 （2）进入作业现场正确佩戴安全帽，现场作业人员应穿全棉长袖工作服、绝缘鞋	10	未确认主机运行正常扣 5 分； 安全帽佩戴不规范扣 3 分； 未穿全棉长袖工作服扣 1 分； 未穿绝缘鞋扣 1 分		
2	接口装置模拟量检查					
2.1	模拟量检查	使用钳形电流表对极Ⅱ低端模拟量接口柜 CMI2B 电流进行测量，检查结果正常	10	未对装置模拟量进行检查扣 10 分		
3	CPR22B 程序检查	P2CPR2B 主机接收到换流变压器阀侧、网侧电流有效值三相有效值与实际测量值一致，经过差流计算模块后数据异常	10	未核对主机程序接收到有效值和实测值一致扣 5 分； 未写明差流计算模块后数据异常扣 5 分		

续表

序号	项目名称	质量要求	满分	扣分标准	扣分原因	得分
4	断电重启及重启后检查					
4.1	断电重启	（1）检查 CPR21A、CPR21C 主机运行正常，退出 CPR22B 主机相关保护。 （2）将 CPR22B 主机打至试验状态并进行断电重启	20	未明确退出保护，打至试验状态每个扣 10 分，扣完为止		
4.2	重启后检查	（1）主机正常启动后，指示灯应正常，风扇正常，无异响。 （2）主机正常启动后，无三级故障、无跳闸出口，运行人员工作站无相关异常告警。 （3）主机各应用程序运行正常，主机时钟与同步时钟一致，与运行人员工作站、保护屏通信正常	10	未写出检查项每个扣 5 分，扣完为止		
5	主机状态变更	（1）通过调试模式对主机进行状态检查后应及时退出。 （2）送电检查无误后，将主机由试验状态转换至运行状态	10	未退出 ACCEL 软件调试模式、未进行状态变更每个扣 5 分		
6	现场恢复	恢复现场	10	未进行现场恢复扣 10 分		
7	填写报告					
7.1	修试记录	正确填写异常处置流程及步骤，并写明注意事项	15	每少填写一项扣 5 分，扣完为止		
合计			100			

Jc2001143020　线路及过电压远跳保护开关量输入回路及继电器检验。（100 分）

考核知识点：线路及过电压远跳保护开关量输入回路及继电器检验

难易度：中

技能等级评价专业技能考核操作工作任务书

一、任务名称

线路及过电压远跳保护开关量输入回路及继电器检验。

二、适用工种

换流站直流设备检修工（二次）高级技师。

三、具体任务

（1）工作状态为直流控制保护系统检修状态。工作内容为线路及过压远跳保护开关量输入回路及继电器检验。

（2）工作任务：对线路及过电压远跳保护开关量输入回路及继电器进行检验。

四、工作规范及要求

（1）工器具使用及安全措施。

（2）按要求开展线路及过电压远跳保护开关量输入回路及继电器检验。

五、考核及时间要求

（1）本考核操作时间为 60 分钟，时间到停止考评。

（2）按照技能操作记录单的操作要求进行操作，正确记录操作结果。

技能等级评价专业技能考核操作评分标准

<table>
<tr><td>工种</td><td colspan="5">换流站直流设备检修工（二次）</td><td>评价等级</td><td colspan="2">高级技师</td></tr>
<tr><td>项目模块</td><td colspan="4">二次设备日常维护、检修—直流控制保护设备的专业巡视、日常维护及检修</td><td>编号</td><td colspan="3">Jc2001143020</td></tr>
<tr><td>单位</td><td colspan="2"></td><td>准考证号</td><td colspan="2"></td><td>姓名</td><td colspan="2"></td></tr>
<tr><td>考试时限</td><td colspan="2">60 分钟</td><td>题型</td><td colspan="2">单项操作</td><td>题分</td><td colspan="2">100 分</td></tr>
<tr><td>成绩</td><td></td><td>考评员</td><td></td><td>考评组长</td><td></td><td>日期</td><td colspan="2"></td></tr>
<tr><td>试题正文</td><td colspan="8">线路及过电压远跳保护开关量输入回路及继电器检验</td></tr>
<tr><td>需要说明的问题和要求</td><td colspan="8">（1）要求调试人员单人操作，故障查找及分析在调试过程中完成。
（2）操作应注意安全，做好安全措施。
（3）在保护屏上完成操作。
（4）操作记录填入操作记录。试验或检修结果填入修试记录</td></tr>
</table>

序号	项目名称	质量要求	满分	扣分标准	扣分原因	得分
1	工具使用及安全措施					
1.1	各种工器具正确使用	熟练正确使用各种工器具	5	未正确使用一次扣 1 分，扣完为止		
1.2	相关安全措施的准备	（1）保护压板退出。 （2）继电保护测试仪正确接地。 （3）进入作业现场正确佩戴安全帽，现场作业人员应穿全棉长袖工作服、绝缘鞋	10	安全措施每漏一项扣 5 分； 安全帽佩戴不规范扣 3 分； 未穿全棉长袖工作服扣 1 分； 未穿绝缘鞋扣 1 分		
2	线路及过电压远跳保护开关量输入回路及继电器检验	（1）投入功能压板，应有开关量输入的显示。 （2）按下打印按钮，应打印。 （3）短接 GPS 对时接点，检查对时功能正常。 短接对应接点应出现相应跳位开入。 （4）短接对应接点应出现相应跳位开入。 （5）远传开入：短接对应接点，在菜单中查看，应有开入的显示。 （6）继电器加 80%直流电压应能可靠动作	60	按照步骤开展，每少一步扣 10 分，扣完为止		
3	现场恢复	恢复现场	10	未进行现场恢复扣 10 分		
4	填写报告					
4.1	操作记录	填写操作步骤，记录每一步操作现象	15	每少填写一项扣 1 分，扣完为止		
合计			100			

Jc2001143021　RCS931 线路保护差动保护校验。（100 分）

考核知识点： 线路保护差动保护校验

难易度： 难

技能等级评价专业技能考核操作工作任务书

一、任务名称

RCS931 线路保护差动保护校验。

二、适用工种

换流站直流设备检修工（二次）高级技师。

三、具体任务

（1）工作状态为直流控制保护系统检修状态。工作内容为线路保护差动保护校验。

（2）工作任务：对线路保护差动保护进行校验。

四、工作规范及要求

（1）工器具使用及安全措施。

（2）按要求开展线路保护差动保护校验。

五、考核及时间要求

（1）本考核操作时间为60分钟，时间到停止考评。

（2）按照技能操作记录单的操作要求进行操作，正确记录操作结果。

技能等级评价专业技能考核操作评分标准

<table>
<tr><td>工种</td><td colspan="5">换流站直流设备检修工（二次）</td><td>评价等级</td><td>高级技师</td></tr>
<tr><td>项目模块</td><td colspan="4">二次设备日常维护、检修—直流控制保护设备的专业巡视、日常维护及检修</td><td colspan="2">编号</td><td>Jc2001143021</td></tr>
<tr><td>单位</td><td colspan="2"></td><td>准考证号</td><td colspan="3"></td><td>姓名</td></tr>
<tr><td>考试时限</td><td>60分钟</td><td>题型</td><td colspan="3">单项操作</td><td>题分</td><td>100分</td></tr>
<tr><td>成绩</td><td></td><td>考评员</td><td></td><td>考评组长</td><td></td><td>日期</td><td></td></tr>
<tr><td>试题正文</td><td colspan="7">RCS931线路保护差动保护校验</td></tr>
<tr><td>需要说明的问题和要求</td><td colspan="7">（1）要求调试人员单人操作，故障查找及分析在调试过程中完成。
（2）操作应注意安全，做好安全措施。
（3）在保护屏上完成操作。
（4）操作记录填入操作记录。试验或检修结果填入修试记录</td></tr>
</table>

序号	项目名称	质量要求	满分	扣分标准	扣分原因	得分
1	工具使用及安全措施					
1.1	各种工器具正确使用	熟练正确使用各种工器具	5	未正确使用一次扣1分，扣完为止		
1.2	相关安全措施的准备	（1）仅投入主保护压板（功能压板），退出其他保护。 （2）在“整定定值”—“保护定值”里将定值控制字“投纵联差动保护”“专用光纤”“通道自环”置1。 （3）继电保护测试仪可靠接地。 （4）进入作业现场正确佩戴安全帽，现场作业人员应穿全棉长袖工作服、绝缘鞋	10	安全措施每漏一项扣5分； 安全帽佩戴不规范扣3分； 未穿全棉长袖工作服扣1分； 未穿绝缘鞋扣1分		
2	线路保护差动保护校验	（1）将光端机上的“RX”和“TX”用尾纤短接，构成自发自收方式接好试验接线，在A相加入电流，大小为差动保护电流高定值的1.05倍，模拟A相接地故障。 （2）单击试验仪器上的开始按钮后，A相跳闸灯亮，液晶应显示“电流差动保护动作”，动作时间应为10～25ms。 （3）接好试验接线，在A相加入电流，大小为差动保护电流低定值的1.05倍，模拟A相接地故障。 （4）单击试验仪器上的开始按钮后，A相跳闸灯亮，液晶应显示“电流差动保护动作”，动作时间应为40～60ms。 （5）接好试验接线，在A相加入电流，大小为差动保护电流低定值的0.95倍，模拟A相接地故障，应不动作	60	按照步骤开展，每少一步扣12分，扣完为止		
3	现场恢复	恢复现场	10	未进行现场恢复扣10分		
4	填写报告					
4.1	操作记录	填写操作步骤，记录每一步操作现象	15	每少填写一项扣1分，扣完为止		
合计			100			

Jc2001143022　线路保护零序过电流保护检验。（100分）

考核知识点：线路保护零序过电流保护检验

难易度：难

技能等级评价专业技能考核操作工作任务书

一、任务名称

线路保护零序过电流保护检验。

二、适用工种

换流站直流设备检修工（二次）高级技师。

三、具体任务

（1）工作状态为直流控制保护系统检修状态。工作内容为线路保护零序过电流保护检验。

（2）工作任务：对线路保护零序过电流保护进行检验。

四、工作规范及要求

（1）工器具使用及安全措施。

（2）按要求开展线路保护零序过电流保护检验。

五、考核及时间要求

（1）本考核操作时间为60分钟，时间到停止考评。

（2）按照技能操作记录单的操作要求进行操作，正确记录操作结果。

技能等级评价专业技能考核操作评分标准

工种	换流站直流设备检修工（二次）					评价等级	高级技师
项目模块	二次设备日常维护、检修—直流控制保护设备的专业巡视、日常维护及检修				编号	Jc2001143022	
单位			准考证号			姓名	
考试时限	60分钟	题型		单项操作		题分	100分
成绩		考评员		考评组长		日期	
试题正文	线路保护零序过电流保护检验						
需要说明的问题和要求	（1）要求调试人员单人操作，故障查找及分析在调试过程中完成。 （2）操作应注意安全，做好安全措施。 （3）在保护屏上完成操作。 （4）操作记录填入操作记录。试验或检修结果填入修试记录						

序号	项目名称	质量要求	满分	扣分标准	扣分原因	得分
1	工具使用及安全措施					
1.1	各种工器具正确使用	熟练正确使用各种工器具	5	未正确使用一次扣1分，扣完为止		
1.2	相关安全措施的准备	（1）仅投入零序保护压板（功能压板），退出其他保护。 （2）继电保护测试仪可靠接地。 （3）进入作业现场正确佩戴安全帽，现场作业人员应穿全棉长袖工作服、绝缘鞋	10	安措每漏一项扣5分； 安全帽佩戴不规范扣3分； 未穿全棉长袖工作服扣1分； 未穿绝缘鞋扣1分		
2	线路保护零序过电流保护检验	（1）将试验仪器与保护装置接好线，在A相加入电流，故障电流为1.05倍零序过电流Ⅱ段定值，同时给A相加故障电压为30V，模拟A相正方向瞬时接地故障。 （2）单击开始按钮后，装置面板上跳闸三相的跳闸灯应亮，液晶上显示“零序过流Ⅱ段动作”。 （3）同a−c，加0.95倍电流时应可靠不动。 （4）复归告警。 （5）同a−c，在试验仪器上选择反方向故障，应不动作	60	按照步骤开展，每少一步扣12分，扣完为止		
3	现场恢复	恢复现场	10	未进行现场恢复扣10分		

续表

序号	项目名称	质量要求	满分	扣分标准	扣分原因	得分
4	填写报告					
4.1	操作记录	填写操作步骤，记录每一步操作现象	15	每少填写一项扣1分，扣完为止		
	合计		100			

Jc2001143023　零序反时限过电流保护校验。（100分）

考核知识点：零序反时限过电流保护校验

难易度：难

技能等级评价专业技能考核操作工作任务书

一、任务名称

零序反时限过电流保护校验。

二、适用工种

换流站直流设备检修工（二次）高级技师。

三、具体任务

（1）工作状态为直流控制保护系统检修状态。工作内容为零序反时限过电流保护校验。

（2）工作任务：对零序反时限过电流保护进行校验。

四、工作规范及要求

（1）工器具使用及安全措施。

（2）按要求开展零序反时限过电流保护校验。

五、考核及时间要求

（1）本考核操作时间为60分钟，时间到停止考评。

（2）按照技能操作记录单的操作要求进行操作，正确记录操作结果。

技能等级评价专业技能考核操作评分标准

工种	换流站直流设备检修工（二次）					评价等级	高级技师
项目模块	二次设备日常维护、检修—直流控制保护设备的专业巡视、日常维护及检修					编号	Jc2001143023
单位			准考证号			姓名	
考试时限	60分钟		题型	单项操作		题分	100分
成绩		考评员		考评组长		日期	
试题正文	零序反时限过电流保护校验						
需要说明的问题和要求	（1）要求调试人员单人操作，故障查找及分析在调试过程中完成。 （2）操作应注意安全，做好安全措施。 （3）在保护屏上完成操作。 （4）操作记录填入操作记录。试验或检修结果填入修试记录						

序号	项目名称	质量要求	满分	扣分标准	扣分原因	得分
1	工具使用及安全措施					
1.1	各种工器具正确使用	熟练正确使用各种工器具	5	未正确使用一次扣1分，扣完为止		

续表

序号	项目名称	质量要求	满分	扣分标准	扣分原因	得分
1.2	相关安全措施的准备	（1）继电保护测试仪可靠接地。 （2）进入作业现场正确佩戴安全帽，现场作业人员应穿全棉长袖工作服、绝缘鞋	10	安全措施每漏一项扣 5 分； 安全帽佩戴不规范扣 3 分； 未穿全棉长袖工作服扣 1 分； 未穿绝缘鞋扣 1 分		
2	零序反时限过电流保护校验	（1）仅投入零序保护压板（功能压板），退出其他保护。 （2）从 A 相加入电流，数值大于零序反时限定值 0.08A；但小于零序过电流保护定值，经过整定的时间动作。 （3）同（2），选择反方向故障，应不动作	60	按照步骤开展，每少一步扣 20 分，扣完为止		
3	现场恢复	恢复现场	10	未进行现场恢复扣 10 分		
4	填写报告					
4.1	操作记录	填写操作步骤，记录每一步操作现象	15	每少填写一项扣 1 分，扣完为止		
合计			100			

Jc2001143024　距离保护功能校验。（100 分）

考核知识点：距离保护功能校验

难易度：难

技能等级评价专业技能考核操作工作任务书

一、任务名称

距离保护功能校验。

二、适用工种

换流站直流设备检修工（二次）高级技师。

三、具体任务

（1）工作状态为直流控制保护系统检修状态。工作内容为距离保护功能校验。

（2）工作任务：对距离保护功能进行校验。

四、工作规范及要求

（1）工器具使用及安全措施。

（2）按要求开展距离保护功能校验。

五、考核及时间要求

（1）本考核操作时间为 60 分钟，时间到停止考评。

（2）按照技能操作记录单的操作要求进行操作，正确记录操作结果。

技能等级评价专业技能考核操作评分标准

<table>
<tr><td>工种</td><td colspan="5">换流站直流设备检修工（二次）</td><td>评价等级</td><td>高级技师</td></tr>
<tr><td>项目模块</td><td colspan="4">二次设备日常维护、检修—直流控制保护设备的专业巡视、日常维护及检修</td><td>编号</td><td colspan="2">Jc2001143024</td></tr>
<tr><td>单位</td><td colspan="3"></td><td>准考证号</td><td></td><td>姓名</td><td></td></tr>
<tr><td>考试时限</td><td colspan="2">60 分钟</td><td>题型</td><td colspan="2">单项操作</td><td>题分</td><td>100 分</td></tr>
<tr><td>成绩</td><td></td><td>考评员</td><td></td><td>考评组长</td><td></td><td>日期</td><td></td></tr>
</table>

续表

试题正文	距离保护功能校验
需要说明的问题和要求	（1）要求调试人员单人操作，故障查找及分析在调试过程中完成。 （2）操作应注意安全，做好安全措施。 （3）在保护屏上完成操作。 （4）操作记录填入操作记录。试验或检修结果填入修试记录

序号	项目名称	质量要求	满分	扣分标准	扣分原因	得分
1	工具使用及安全措施					
1.1	各种工器具正确使用	熟练正确使用各种工器具	5	未正确使用一次扣1分，扣完为止		
1.2	相关安全措施的准备	（1）仅投入距离保护压板（功能压板），退出其他保护。 （2）在“整定定值”—“保护定值”里面将相应定值控仅投入距离保护压板（功能压板），退出其他保护制字置1。 （3）进入作业现场正确佩戴安全帽，现场作业人员应穿全棉长袖工作服、绝缘鞋	10	安措每漏一项扣5分； 安全帽佩戴不规范扣3分； 未穿全棉长袖工作服扣1分； 未穿绝缘鞋扣1分		
2	距离保护功能校验	（1）接好试验接线，在A相加入电流故障电流1A，电压U=0.95（1+K）IZ（Z为距离保护的Ⅰ、Ⅱ、Ⅲ段的整定值，分别为6.35、14、14Ω，K为零序补偿系数0.72），模拟A相正方向瞬时接地故障。 （2）在试验仪器上单击开始按钮后，A相跳闸灯亮，液晶上显示“距离Ⅰ段动作”或“距离Ⅱ段动作”“距离Ⅲ段动作”。 （3）分别校验其他相。 （4）分别校验两相故障。 （5）接好试验接线，在A、B、C三相加入电流故障电流1A，电压U=0.95IZ（Z为距离保护的Ⅰ、Ⅱ、Ⅲ段的整定值，分别为6.35、14、14Ω，K为零序补偿系数0.72），模拟三相正方向瞬时接地故障。 （6）在试验仪器上单击开始按钮后，经过整定的延时，面板上A相、B相、C相跳闸灯亮，液晶上显示“距离Ⅰ段动作”或“距离Ⅱ段动作”“距离Ⅲ段动作”。 （7）在试验仪器上选择反方向故障，应可靠不动。 （8）接地距离选相元件检验	60	按照步骤开展，每少一步扣8分，扣完为止		
3	现场恢复	恢复现场	10	未进行现场恢复扣10分		
4	填写报告					
4.1	操作记录	填写操作步骤，记录每一步操作现象	15	每少填写一项扣1分，扣完为止		
合计			100			

Jc2001143025　WMH－800A母线差动保护定值校验。（100分）

考核知识点：WMH－800A　母线差动保护定值校验

难易度：难

技能等级评价专业技能考核操作工作任务书

一、任务名称

WMH－800A 母线差动保护定值校验。

二、适用工种

换流站直流设备检修工（二次）高级技师。

三、具体任务

（1）工作状态为直流控制保护系统检修状态。工作内容为 WMH－800A 母线差动保护定值校验。

（2）工作任务：对 WMH－800A 母线差动保护定值进行校验。

四、工作规范及要求

（1）工器具使用及安全措施。

（2）按要求开展 WMH－800A 母线差动保护定值校验。

五、考核及时间要求

（1）本考核操作时间为 60 分钟，时间到停止考评。

（2）按照技能操作记录单的操作要求进行操作，正确记录操作结果。

技能等级评价专业技能考核操作评分标准

工种	换流站直流设备检修工（二次）					评价等级	高级技师
项目模块	二次设备日常维护、检修—直流控制保护设备的专业巡视、日常维护及检修				编号	Jc2001143025	
单位			准考证号			姓名	
考试时限	60 分钟		题型	单项操作		题分	100 分
成绩		考评员		考评组长		日期	
试题正文	WMH－800A 母线差动保护定值校验						
需要说明的问题和要求	（1）要求调试人员单人操作，故障查找及分析在调试过程中完成。 （2）操作应注意安全，做好安全措施。 （3）在保护屏上完成操作。 （4）操作记录填入操作记录。试验或检修结果填入修试记录						

序号	项目名称	质量要求	满分	扣分标准	扣分原因	得分
1	工具使用及安全措施					
1.1	各种工器具正确使用	熟练正确使用各种工器具	5	未正确使用一次扣 1 分，扣完为止		
1.2	相关安全措施的准备	（1）仅投入母线差动保护压板和母线差动保护控制字，退出其他保护。 （2）仪器可靠接地。 （3）进入作业现场正确佩戴安全帽，现场作业人员应穿全棉长袖工作服、绝缘鞋	10	安全措施每漏一项扣 5 分； 安全帽佩戴不规范扣 3 分； 未穿全棉长袖工作服扣 1 分； 未穿绝缘鞋扣 1 分		
2	WMH－800A 母线差动保护定值校验	（1）比率制动特性。选连接在母线上的两个保护间隔（如：L1 和 L2），在 A 相电流回路上，同时加入方向相反、数值相同两路电流，一组电流固定为 I_1=2、4、6、8A 电流，另一组电流慢慢减少到差动出口动作时，分别读取各点的动作电流值 I_2。分别记录差动电流启动定值和验证比率制动特性。 （2）模拟区外故障。选连接在母线上的两个保护间隔，对其保护元件上反相串一 5A 电流，监视装置应该不动作。 （3）模拟区内故障。选连接在母线上的两个保护间隔，对其保护元件上同相串一 5A 电流，监视装置保护应动作，液晶上有动作报告，面板指示灯亮。检查出口端子：接在相应母线上的所有元件的出口接点均应动合	60	按照步骤开展，每少一步扣 20 分，扣完为止		
3	现场恢复	恢复现场	10	未进行现场恢复扣 10 分		
4	填写报告					
4.1	操作记录	填写操作步骤，记录每一步操作现象	15	每少填写一项扣 1 分，扣完为止		
合计			100			

Jc2001143026　WMH－800A 断路器失灵跳分段/母线延时校验。（100 分）

考核知识点： WMH－800A 断路器失灵跳分段/母线延时校验

难易度： 难

技能等级评价专业技能考核操作工作任务书

一、任务名称

WMH－800A 断路器失灵跳分段/母线延时校验。

二、适用工种

换流站直流设备检修工（二次）高级技师。

三、具体任务

（1）工作状态为直流控制保护系统检修状态。工作内容为 WMH－800A 断路器失灵跳分段/母线延时校验。

（2）工作任务：对 WMH－800A 断路器失灵跳分段/母线延时进行校验。

四、工作规范及要求

（1）工器具使用及安全措施。

（2）按要求开展 WMH－800A 断路器失灵跳分段/母线延时校验。

五、考核及时间要求

（1）本考核操作时间为 60 分钟，时间到停止考评。

（2）按照技能操作记录单的操作要求进行操作，正确记录操作结果。

技能等级评价专业技能考核操作评分标准

工种	换流站直流设备检修工（二次）					评价等级	高级技师
项目模块	二次设备日常维护、检修—直流控制保护设备的专业巡视、日常维护及检修				编号	Jc2001143026	
单位			准考证号			姓名	
考试时限	60 分钟		题型	单项操作		题分	100 分
成绩		考评员		考评组长		日期	
试题正文	WMH－800A 断路器失灵跳分段/母线延时校验						
需要说明的问题和要求	（1）要求调试人员单人操作，故障查找及分析在调试过程中完成。 （2）操作应注意安全，做好安全措施。 （3）在保护屏上完成操作。 （4）操作记录填入操作记录。试验或检修结果填入修试记录						

序号	项目名称	质量要求	满分	扣分标准	扣分原因	得分
1	工具使用及安全措施					
1.1	各种工器具正确使用	熟练正确使用各种工器具	5	未正确使用一次扣 1 分，扣完为止		
1.2	相关安全措施的准备	（1）仅投入断路器失灵保护硬压板（功能压板），退出其他保护。 （2）在“整定定值”—“保护定值”里面将定值控制字“断路器失灵保护”置 1。 （3）仪器可靠接地。 （4）进入作业现场正确佩戴安全帽，现场作业人员应穿全棉长袖工作服、绝缘鞋	10	安全措施每漏一项扣 5 分； 安全帽佩戴不规范扣 3 分； 未穿全棉长袖工作服扣 1 分； 未穿绝缘鞋扣 1 分		

续表

序号	项目名称	质量要求	满分	扣分标准	扣分原因	得分
2	WMH－800A 断路器失灵跳分段/母线延时校验	（1）接好试验接线，在 A、B、C 相加入差动电流，使差动保护动作。 （2）在试验仪器上单击开始按钮后，A、B、C 相跳闸灯不亮，经过延时液晶上显示“断路器失灵跳分段延时动作”，记录延时时间。 （3）分别校验断路器失灵跳母线延时	60	按照步骤开展，每少一步扣 20 分，扣完为止		
3	现场恢复	恢复现场	10	未进行现场恢复扣 10 分		
4	填写报告					
4.1	操作记录	填写操作步骤，记录每一步操作现象	15	每少填写一项扣 1 分，扣完为止		
合计			100			

Jc2001143027　RCS－976A 差动保护定值校验。（100 分）

考核知识点：RCS－976A 差动保护定值校验

难易度：难

技能等级评价专业技能考核操作工作任务书

一、任务名称

RCS－976A 差动保护定值校验。

二、适用工种

换流站直流设备检修工（二次）高级技师。

三、具体任务

（1）工作状态为直流控制保护系统检修状态。工作内容为 RCS－976A 差动保护定值校验。

（2）工作任务：对 RCS－976A 差动保护定值进行校验。

四、工作规范及要求

（1）工器具使用及安全措施。

（2）按要求开展 RCS－976A 差动保护定值校验。

五、考核及时间要求

（1）本考核操作时间为 60 分钟，时间到停止考评。

（2）按照技能操作记录单的操作要求进行操作，正确记录操作结果。

技能等级评价专业技能考核操作评分标准

<table>
<tr><td>工种</td><td colspan="5">换流站直流设备检修工（二次）</td><td>评价等级</td><td>高级技师</td></tr>
<tr><td>项目模块</td><td colspan="4">二次设备日常维护、检修—直流控制保护设备的专业巡视、日常维护及检修</td><td colspan="2">编号</td><td>Jc2001143027</td></tr>
<tr><td>单位</td><td colspan="3"></td><td>准考证号</td><td></td><td>姓名</td><td></td></tr>
<tr><td>考试时限</td><td colspan="2">60 分钟</td><td>题型</td><td colspan="2">单项操作</td><td>题分</td><td>100 分</td></tr>
<tr><td>成绩</td><td></td><td>考评员</td><td></td><td>考评组长</td><td></td><td>日期</td><td></td></tr>
<tr><td>试题正文</td><td colspan="7">RCS－976A 差动保护定值校验</td></tr>
<tr><td>需要说明的问题和要求</td><td colspan="7">（1）要求调试单人操作，故障查找及分析在调试过程中完成。
（2）操作应注意安全，做好安全措施。
（3）在保护屏上完成操作。
（4）操作记录填入操作记录。试验或检修结果填入修试记录</td></tr>
</table>

续表

序号	项目名称	质量要求	满分	扣分标准	扣分原因	得分
1	工具使用及安全措施					
1.1	各种工器具正确使用	熟练正确使用各种工器具	5	未正确使用一次扣1分，扣完为止		
1.2	相关安全措施的准备	（1）在保护屏上将“差动保护”压板（功能压板）投入。 （2）做好其他电流安全措施。 （3）仪器可靠接地。 （4）进入作业现场正确佩戴安全帽，现场作业人员应穿全棉长袖工作服、绝缘鞋	10	安全措施每漏一项扣5分； 安全帽佩戴不规范扣3分； 未穿全棉长袖工作服扣1分； 未穿绝缘鞋扣1分		
2	RCS－976A差动保护定值校验	（1）在试验仪上设定 $0.95\times I_{dset}$（I_{dset}=1.13A）的输出电流，启动输出电流后，差动保护不动作。 （2）在试验仪上设定 $1.05\times I_{dset}$（I_{dset}=1.13A）的输出电流，启动输出电流后，差动保护应可靠动作。 （3）复归动作信号。 （4）依次以上步骤完成差动保护定值（最小动作电流）校验	60	按照步骤开展，每少一步扣15分，扣完为止		
3	现场恢复	恢复现场	10	未进行现场恢复扣10分		
4	填写报告					
4.1	操作记录	填写操作步骤，记录每一步操作现象	15	每少填写一项扣1分，扣完为止		
合计			100			

Jc2001143028　假报文删除。(100分)

考核知识点：假报文删除

难易度：难

技能等级评价专业技能考核操作工作任务书

一、任务名称

假报文删除。

二、适用工种

换流站直流设备检修工（二次）高级技师。

三、具体任务

（1）工作状态为直流控制保护系统运行状态。工作内容为假报文删除。

（2）工作任务：对假报文进行删除。

四、工作规范及要求

（1）工器具使用及安全措施。

（2）按要求开展假报文删除。

五、考核及时间要求

（1）本考核操作时间为60分钟，时间到停止考评。

（2）按照技能操作记录单的操作要求进行操作，正确记录操作结果。

技能等级评价专业技能考核操作评分标准

工种	换流站直流设备检修工（二次）				评价等级	高级技师
项目模块	二次设备日常维护、检修—直流控制保护设备的专业巡视、日常维护及检修			编号	Jc2001143028	
单位		准考证号			姓名	
考试时限	60 分钟	题型	单项操作		题分	100 分
成绩		考评员		考评组长	日期	
试题正文	假报文删除					
需要说明的问题和要求	（1）要求调试人员单人操作，故障查找及分析在调试过程中完成。 （2）操作应注意安全，做好安全措施。 （3）操作记录填入操作记录。试验或检修结果填入修试记录					

序号	项目名称	质量要求	满分	扣分标准	扣分原因	得分
1	工具使用及安全措施					
1.1	各种工器具正确使用	熟练正确使用各种工器具	5	未正确使用一次扣 1 分，扣完为止		
1.2	相关安全措施的准备	（1）确认主机上无任何工作。 （2）确认被检测主机运行状态正常。 （3）进入作业现场正确佩戴安全帽，现场作业人员应穿全棉长袖工作服、绝缘鞋	10	安全措施每漏一项扣 5 分； 安全帽佩戴不规范扣 3 分； 未穿全棉长袖工作服扣 1 分； 未穿绝缘鞋扣 1 分		
2	假报文删除	（1）在工程师工作站上进入命令窗口，输入 dbiop alarm 进入告警物理库。 （2）选择 eventinfo 平铺包，M2Alarmlist、M2Eventlist、M2Faultlist 分别对应监控界面的告警列表、事件列表及故障列表，如果需要删除故障列表中的事件，选择 M2Faultlist。 （3）默认表格展示方式是不分页的，一页只显示 5000 条事件，页数在左下角显示，要选择其他页面，可以在表格上方标题右键，跳转到其他页面。在表格上方标题右键可选择过滤和筛选功能，该功能只针对当前页面，如果采用不分页形式无法对所有的，为方便过滤和排序，选择不分页，将事件合并到 1 页。 （4）可以通过时间排序（在表格上方标题右键选择升序或者降序），或者 PointID 关键词过滤筛选，PointID 可通过在事件列表中，将鼠标移到对应事件上悬停得到。 （5）过滤时筛选策略选择包含，输入关键词过滤事件，找到需要删除的事件，并核对时间、主机名等信息。 （6）单击菜单栏浏览态，在弹出窗口输入密码 NRhvdc1！登录账号默认为 rcs_super，进入编辑态。 （7）选中需要删除的事件，单击上方的删除按键，之后单击保存，以上操作完成，故障列表对应事件就会消失	60	按照步骤开展，每少一步扣 9 分，扣完为止		
3	现场恢复	恢复现场	10	未进行现场恢复扣 10 分		
4	填写报告					
4.1	操作记录	填写操作步骤，记录每一步操作现象	15	每少填写一项扣 1 分，扣完为止		
合计			100			

Jc2002153029　H400 换流阀晶闸管更换。（100 分）

考核知识点： H400 换流阀晶闸管更换

难易度： 难

技能等级评价专业技能考核操作工作任务书

一、任务名称

H400 换流阀晶闸管更换。

二、适用工种

换流站直流设备检修工（二次）高级技师。

三、具体任务

（1）工作状态为换流阀检修状态、阀冷却系统停运。工作内容为 H400 换流阀晶闸管更换。

（2）工作任务：对 H400 换流阀晶闸管进行更换。

四、工作规范及要求

（1）工器具使用及安全措施。

（2）按要求进行晶闸管更换。

五、考核及时间要求

（1）本考核操作时间为 60 分钟，时间到停止考评。

（2）按照要求进行操作，并填写更换记录。

技能等级评价专业技能考核操作评分标准

工种	换流站直流设备检修工（二次）				评价等级	高级技师
项目模块	二次设备日常维护、检修—换流阀及阀控设备日常维护、检修			编号	Jc2002153029	
单位		准考证号			姓名	
考试时限	60 分钟	题型	多项操作		题分	100 分
成绩		考评员		考评组长		日期
试题正文	H400 换流阀晶闸管更换					
需要说明的问题和要求	（1）操作应注意安全，做好安全措施。 （2）在换流阀一次设备上完成操作。 （3）试验或检修结果填入修试记录					

序号	项目名称	质量要求	满分	扣分标准	扣分原因	得分
1	工具使用及安全措施					
1.1	各种工器具正确使用	熟练正确使用各种工器具	5	未正确使用一次扣 1 分，扣完为止		
1.2	相关安全措施的准备	（1）进入作业现场正确佩戴安全帽，现场作业人员应穿全棉长袖工作服、绝缘鞋。 （2）高空作业车接地。 （3）正确使用安全带	10	安全帽佩戴不规范扣 1 分； 未穿全棉长袖工作服扣 1 分； 未穿绝缘鞋扣 1 分； 高空作业车未正确接地扣 3 分； 未正确使用安全带扣 4 分		
2	晶闸管更换	（1）移除门极单元盖板。 （2）在 TCA 绷带和 TCA 的 GRP 支撑梁之间插入 TCA 垫条。 （3）TCA 一端接有压装头，将活塞（带定位销）插入压装头。 （4）将套好套筒的活塞底座接入压装头，两者的螺纹能配上，小心地握住活塞底座，旋松套筒使其离开活塞底座约 15mm，将套筒套进压装头。 （5）安装固定晶闸管的弹力绳。	60	未使用垫条、晶闸管未固定弹力绳、未安装卡钳扣 5 分； 触碰、损伤水管扣 5 分； 套筒旋入压装头时未扶住活塞底座使其掉落扣 5 分； 未正确使用加压泵扣 10 分； 未解开电气连接线即加压扣 5 分； 晶闸管及散热器散落扣 10 分； 新的晶闸管未涂抹导电膏扣 5 分； 晶闸管未与定位销正确接触或损坏定位销扣 5 分； 未插入垫片并释放压力、拆除活塞组件扣 5 分； 未恢复接线扣 5 分		

续表

序号	项目名称	质量要求	满分	扣分标准	扣分原因	得分
2	晶闸管更换	（6）解开连接晶闸管的电气接线，在需要更换晶闸管的两侧散热器间安装TCT卡钳，用内六角扳手打开撑开器使其紧紧顶住散热器的顶压位置。 （7）给活塞组件加压，直至TCA中垫片松动，此时压力约为118kN，抽出垫片，小心地、慢慢地释放手动泵的压力；当垫圈压力等于活塞组件的余压时，晶闸管两侧的散热器开始分开。注意：此时压力计实际读数为0。 （8）一旦晶闸管一侧散热器移动约5mm，晶闸管就可以脱离散热器中定位销，从两个散热器之间垂直抽出故障晶闸管。 （9）移去晶闸管后，检查散热器表面是否受污，如果有必要用无绒布擦拭散热器表面。 （10）小心地从包装盒中取出替换晶闸管，不要触摸其表面。如有必要，清洁晶闸管表面并用无绒布擦拭。 （11）在晶闸管两面轻轻地抹上导电膏，不要弄脏其他部件，擦拭晶闸管表面只留一薄层导电膏。 （12）将晶闸管放入原来位置，找好与散热器定位。 （13）逐渐增加活塞组件的压力，查看散热器慢慢地向晶闸管移动。当散热器突出的定位销刚碰到晶闸管中的孔时停下。将晶闸管从一个散热器滑动到另一个散热器，晶闸管不应脱落，确保晶闸管能转动。 （14）旋转晶闸管使门极和阴极引线处在正确的位置，然后逐渐增加活塞组件的压力，使散热器恢复原位。 （15）拆除晶闸管更换工具和弹力绳，检查TCA是否排列成一行。 （16）确认压装结构一切正常后，给泵加压，直至压力表读数约为130kN，然后插入先前的垫片。逐渐减小压力，当压力表读数为115～118kN时检查垫片是否贴紧。如果垫片松动重新加压进行调整垫片。 （17）释放压力并拆除活塞组件。 （18）拆下加压活塞。 （19）恢复接线	60	未使用垫条、晶闸管未固定弹力绳、未安装卡钳扣5分； 触碰、损伤水管扣5分； 套筒旋入压装头时未扶住活塞底座使其掉落扣5分； 未正确使用加压泵扣10分； 未解开电气连接线即加压扣5分； 晶闸管及散热器散落扣10分； 新的晶闸管未涂抹导电膏扣5分； 晶闸管未与定位销正确接触或损坏定位销扣5分； 未插入垫片并释放压力、拆除活塞组件扣5分； 未恢复接线扣5分		
3	现场恢复	恢复现场	10	未进行现场恢复扣10分		
4	填写报告					
4.1	修试记录	填写更换记录，包括晶闸管级编号、新旧晶闸管编号	15	每少填写一项扣5分，扣完为止		
合计			100			

Jc2002153030　H400 换流阀阻尼电阻接头渗漏水处理。（100 分）

考核知识点：H400 换流阀阻尼电阻接头渗漏水处理

难易度：难

技能等级评价专业技能考核操作工作任务书

一、任务名称

H400 换流阀阻尼电阻接头渗漏水处理。

二、适用工种

换流站直流设备检修工（二次）高级技师。

三、具体任务

（1）工作状态为换流阀检修状态、阀冷却系统停运。工作内容为 H400 换流阀阻尼电阻接头渗漏水处理。

（2）工作任务：对 H400 换流阀阻尼电阻接头渗漏水进行处理。

四、工作规范及要求

（1）工器具使用及安全措施。

（2）按要求进行阻尼电阻接头渗漏水处理。

五、考核及时间要求

（1）本考核操作时间为 60 分钟，时间到停止考评。

（2）按照要求进行操作，并填写更换记录。

技能等级评价专业技能考核操作评分标准

工种	换流站直流设备检修工（二次）			评价等级	高级技师
项目模块	缺陷处理与事故分析—缺陷处理		编号	Jc2002153030	
单位		准考证号		姓名	
考试时限	60 分钟	题型	多项操作	题分	100 分
成绩		考评员		考评组长		日期	
试题正文	H400 换流阀阻尼电阻接头渗漏水处理				
需要说明的问题和要求	（1）操作应注意安全，做好安全措施。 （2）在换流阀一次设备上完成操作。 （3）试验或检修结果填入修试记录				

序号	项目名称	质量要求	满分	扣分标准	扣分原因	得分
1	工具使用及安全措施					
1.1	各种工器具正确使用	熟练正确使用各种工器具	5	未正确使用一次扣 1 分，扣完为止		
1.2	相关安全措施的准备	（1）进入作业现场正确佩戴安全帽，现场作业人员应穿全棉长袖工作服、绝缘鞋。 （2）高空作业车接地。 （3）正确使用安全带。 （4）确认阻尼回路电容已放电	10	安全帽佩戴不规范扣 1 分； 未穿全棉长袖工作服扣 1 分； 未穿绝缘鞋扣 1 分； 未确认阻尼回路电容已放电扣 2 分； 高空作业车未正确接地扣 2 分； 未正确使用安全带扣 3 分		
2	阻尼电阻接头渗漏水处理	（1）查看渗水点，确认渗水原因（此题选取水管破损或密封老化损坏两种原因）。 （2）阀塔放水。 （3）水管破损，用水管专用扳手拆卸损坏水管并更换水管，同时更换水管接头密封圈，用水管专用扳手进行力矩紧固。 （4）密封圈老化损坏，用水管专用扳手拆卸水管更换密封圈，用水管专用扳手进行力矩紧固。 （5）安装防松卡扣	60	未检查渗水原因扣 20 分； 未放水即处理水管破损或密封老化损坏扣 10 分； 未进行力矩紧固扣 10 分； 未更换密封圈扣 10 分； 未安装防松卡扣扣 10 分		
3	现场恢复	恢复现场	10	未进行现场恢复扣 10 分		
4	填写报告					
4.1	修试记录	填写更换记录，包括晶闸管级编号、故障元件更换记录	15	每少填写一项扣 5 分，扣完为止		
合计			100			

Jc2002143031　H400 换流阀主水管更换。（100 分）

考核知识点：H400 换流阀主水管更换

难易度：难

技能等级评价专业技能考核操作工作任务书

一、任务名称

H400 换流阀主水管更换。

二、适用工种

换流站直流设备检修工（二次）高级技师。

三、具体任务

（1）工作状态为换流阀检修状态、阀冷系统停运。工作内容为 H400 换流阀主水管更换。

（2）工作任务：对 H400 换流阀主水管进行更换。

四、工作规范及要求

（1）工器具使用及安全措施。

（2）按要求进行主水管更换。

五、考核及时间要求

（1）本考核操作时间为 60 分钟，时间到停止考评。

（2）按照要求进行操作，并填写更换记录。

技能等级评价专业技能考核操作评分标准

<table>
<tr><td>工种</td><td colspan="5">换流站直流设备检修工（二次）</td><td>评价等级</td><td>高级技师</td></tr>
<tr><td>项目模块</td><td colspan="4">缺陷处理与事故分析—缺陷处理</td><td>编号</td><td colspan="2">Jc2002143031</td></tr>
<tr><td>单位</td><td colspan="2"></td><td>准考证号</td><td colspan="2"></td><td>姓名</td><td></td></tr>
<tr><td>考试时限</td><td colspan="2">60 分钟</td><td>题型</td><td colspan="2">单项操作</td><td>题分</td><td>100 分</td></tr>
<tr><td>成绩</td><td></td><td>考评员</td><td></td><td>考评组长</td><td></td><td>日期</td><td></td></tr>
<tr><td>试题正文</td><td colspan="7">H400 换流阀主水管更换</td></tr>
<tr><td>需要说明的问题和要求</td><td colspan="7">（1）操作应注意安全，做好安全措施。
（2）在换流阀一次设备上完成操作。
（3）试验或检修结果填入修试记录</td></tr>
</table>

序号	项目名称	质量要求	满分	扣分标准	扣分原因	得分
1	工具使用及安全措施					
1.1	各种工器具正确使用	熟练正确使用各种工器具	5	未正确使用一次扣 1 分，扣完为止		
1.2	相关安全措施的准备	（1）高空作业车接地。 （2）正确使用安全带。 （3）进入作业现场正确佩戴安全帽，现场作业人员应穿全棉长袖工作服、绝缘鞋	10	高空作业车未正确接地扣 3 分； 未正确使用安全带扣 4 分； 安全帽佩戴不规范扣 1 分； 未穿全棉长袖工作服扣 1 分； 未穿绝缘鞋扣 1 分		
2	主水管更换	（1）确认换流阀冷却系统停运。 （2）换流阀阀塔放水。 （3）用十字螺丝刀拆除水管卡箍上的等电位线。 （4）用扳手拆除水管卡箍紧固螺钉。 （5）用热风枪加热水管，热风枪出风口与水管接头保持 20mm 左右距离，均匀加热水管接头 3～5min，在水管从不透明变为透明之前，将水管拔出，按此方法拆掉水管另一接头。	60	未确认冷却系统停运扣 5 分； 未进行阀塔放水扣 10 分； 未拆除等电位线扣 5 分； 水管加热过度扣 20 分； 新水管未安装到位扣 10 分； 卡箍、等电位线未恢复到位扣 10 分		

续表

序号	项目名称	质量要求	满分	扣分标准	扣分原因	得分
2	主水管更换	（6）将新的水管接头 O 形圈用冷却液打湿并安装到接头两端 O 形圈槽内，用热风枪加热新水管，热风枪出风口与水管接头保持 20mm 左右距离，均匀加热水管接头 3～5min，使水管软化，在水管接头开始从乳白色转变为透明之前停止加热，将水管安装到位，按此方法安装水管另一接头。 （7）将水管卡箍安装到位并紧固卡箍螺丝，连接等电位线	60	未确认冷却系统停运扣 5 分； 未进行阀塔放水扣 10 分； 未拆除等电位线扣 5 分； 水管加热过度扣 20 分； 新水管未安装到位扣 10 分； 卡箍、等电位线未恢复到位扣 10 分		
3	现场恢复	恢复现场	10	未进行现场恢复扣 10 分		
4	填写报告					
4.1	修试记录	填写更换记录，包括阀组件编号、故障元件更换记录	15	每少填写一项扣 5 分，扣完为止		
合计			100			

Jc2002153032 H400 换流阀电抗器分支水管接头渗漏水处理。（100 分）

考核知识点：H400 换流阀电抗器分支水管接头渗漏水处理

难易度：难

技能等级评价专业技能考核操作工作任务书

一、任务名称

H400 换流阀电抗器分支水管接头渗漏水处理。

二、适用工种

换流站直流设备检修工（二次）高级技师。

三、具体任务

（1）工作状态为换流阀检修状态、阀冷却系统停运。工作内容为 H400 换流阀电抗器分支水管接头渗漏水处理。

（2）工作任务：对 H400 换流阀电抗器分支水管接头渗漏水进行处理。

四、工作规范及要求

（1）工器具使用及安全措施。

（2）按要求进行电抗器分支水管接头渗漏水处理。

五、考核及时间要求

（1）本考核操作时间为 60 分钟，时间到停止考评。

（2）按照要求进行操作，并填写更换记录。

技能等级评价专业技能考核操作评分标准

<table>
<tr><td>工种</td><td colspan="5">换流站直流设备检修工（二次）</td><td>评价等级</td><td>高级技师</td></tr>
<tr><td>项目模块</td><td colspan="4">缺陷处理与事故分析—缺陷处理</td><td>编号</td><td colspan="2">Jc2002153032</td></tr>
<tr><td>单位</td><td colspan="2"></td><td>准考证号</td><td colspan="2"></td><td>姓名</td><td></td></tr>
<tr><td>考试时限</td><td colspan="2">60 分钟</td><td>题型</td><td colspan="2">多项操作</td><td>题分</td><td>100 分</td></tr>
<tr><td>成绩</td><td></td><td>考评员</td><td></td><td>考评组长</td><td></td><td>日期</td><td></td></tr>
<tr><td>试题正文</td><td colspan="7">H400 换流阀电抗器分支水管接头渗漏水处理</td></tr>
<tr><td>需要说明的问题和要求</td><td colspan="7">（1）操作应注意安全，做好安全措施。
（2）在换流阀一次设备上完成操作。
（3）试验或检修结果填入修试记录</td></tr>
</table>

续表

序号	项目名称	质量要求	满分	扣分标准	扣分原因	得分
1	工具使用及安全措施					
1.1	各种工器具正确使用	熟练正确使用各种工器具	5	未正确使用一次扣1分		
1.2	相关安全措施的准备	（1）高空作业车接地。 （2）正确使用安全带。 （3）进入作业现场正确佩戴安全帽，现场作业人员应穿全棉长袖工作服、绝缘鞋	10	高空作业车未正确接地扣3分； 未正确使用安全带扣4分； 安全帽佩戴不规范扣1分； 未穿全棉长袖工作服扣1分； 未穿绝缘鞋扣1分		
2	电抗器分支水管接头渗漏水处理	（1）查看渗水点，确认渗水原因（此题选取水管破损或密封老化损坏两种原因）。 （2）阀塔放水。 （3）水管破损，用水管专用扳手拆卸损坏水管并更换水管，同时更换水管接头密封圈，用水管专用扳手进行力矩紧固。 （4）密封圈老化，用水管专用扳手拆卸水管更换密封圈，用水管专用扳手进行力矩紧固。 （5）标记力矩线并涂抹防松胶	60	未检查渗水原因扣20分； 未放水即处理水管破损或密封老化损坏扣10分； 未进行力矩紧固扣10分； 未更换密封圈扣10分； 未标记力矩线、涂抹防松胶扣10分		
3	现场恢复	恢复现场	10	未进行现场恢复扣10分		
4	填写报告					
4.1	修试记录	填写更换记录	15	每少填写一项扣5分，扣完为止		
合计			100			

Jc2002163033　H400 换流阀故障处理及 VTE 测试。（100 分）

考核知识点：H400 换流阀故障处理及 VTE 测试

难易度：难

技能等级评价专业技能考核操作工作任务书

一、任务名称

H400 换流阀故障处理及 VTE 测试。

二、适用工种

换流站直流设备检修工（二次）高级技师。

三、具体任务

（1）工作状态为换流阀检修状态、阀冷却系统停运。工作内容为 H400 换流阀故障处理及 VTE 测试。

（2）工作任务：

1）查找并处理单个晶闸管级故障。

2）完成 VTE 测试，包括远程单级触发试验、直流阻抗测试、交流阻抗测试。

四、工作规范及要求

（1）工器具使用及安全措施。

（2）按要求进行换流阀故障处理及 VTE 测试。

五、考核及时间要求

（1）本考核操作时间为 60 分钟，时间到停止考评。

（2）故障查找和排除过程中，如确实不能查找出故障，可向考评员申请排除故障，该项故障项目不得分，但不影响其他项目。

（3）按照要求进行操作，并填写记录。

技能等级评价专业技能考核操作评分标准

工种	换流站直流设备检修工（二次）				评价等级	高级技师
项目模块	二次设备检测—换流阀参数检测			编号	Jc2002163033	
单位		准考证号			姓名	
考试时限	60 分钟	题型	综合操作		题分	100 分
成绩		考评员		考评组长	日期	
试题正文	H400 换流阀故障处理及 VTE 测试					
需要说明的问题和要求	（1）操作应注意安全，做好安全措施。 （2）在换流阀一次设备上完成操作。 （3）试验或检修结果填入修试记录					

序号	项目名称	质量要求	满分	扣分标准	扣分原因	得分
1	工具使用及安全措施					
1.1	各种工器具正确使用	熟练正确使用各种工器具	5	未正确使用一次扣 1 分，扣完为止		
1.2	相关安全措施的准备	（1）试验仪器正确接地。 （2）高空作业车接地。 （3）正确使用安全带。 （4）如需取用电源应正确操作。 （5）进入作业现场正确佩戴安全帽，现场作业人员应穿全棉长袖工作服、绝缘鞋	10	试验仪器未正确接地扣 2 分； 高空作业车未正确接地扣 2 分； 未正确使用安全带扣 2 分； 未正确取用电源扣 1 分； 安全帽佩戴不规范扣 1 分； 未穿全棉长袖工作服扣 1 分； 未穿绝缘鞋扣 1 分		
2	单个晶闸管及故障排查					
2.1	故障查找	（1）能正确进行故障查找。 （2）故障点：晶闸管上的触发线脱落。 （3）故障检查方法：远程、就地单级触发试验无法通过，晶闸管级交、直流阻抗试验正常，检查元器件接线异常（触发线脱落）	15	未查找出故障扣 15 分，扣完为止		
2.2	故障现象及处理步骤	（1）口述故障现象：远程、就地单级触发试验无法通过，晶闸管级交、直流阻抗试验正常，检查元器件接线异常（触发线脱落）。 （2）能正确完成故障处理：使用尖嘴钳将脱落的触发线重新安装在晶闸管上，并轻拔触发线确认触发线安装紧固	15	未正确口述故障现象扣 2 分； 未正确排除故障扣 13 分		
3	VTE 测试					
3.1	开展 VTE 测试	测试项目包括： （1）远程单级触发试验。 （2）直流阻抗测试。 （3）交流阻抗测试。 使用 VTE 测试仪进行试验：首先插好 VBE 侧测试光纤及 VTE 侧测试光纤，打开测试仪，然后选择阀段，自动测试中选择直流阻抗测试、交流阻抗测试、远程触发模式，之后将测试线接在晶闸管级，最后打开自动测试界面，双手按住 VTE 测试开关、踩住脚踏开关，等待测试完成。 注意试验时人体远离阀塔及屏蔽罩	30	未正确测试一项扣 7 分； 试验时人体倚靠阀塔及屏蔽罩扣 9 分（严禁倚靠）		
4	现场恢复	恢复现场	10	未进行现场恢复扣 10 分		
5	填写报告					
5.1	修试记录	填写记录，包括故障定位过程、故障元件更换记录、三项测试记录	15	每少填写一项扣 3 分，扣完为止		
合计			100			

Jc2002163034　H400 换流阀阻尼电阻更换及测试。（100 分）

考核知识点：H400 换流阀阻尼电阻更换及测试

难易度：难

技能等级评价专业技能考核操作工作任务书

一、任务名称

H400 换流阀阻尼电阻更换及测试。

二、适用工种

换流站直流设备检修工（二次）高级技师。

三、具体任务

（1）工作状态为换流阀检修状态、阀冷却系统停运。工作内容为 H400 换流阀阻尼电阻更换及测试。

（2）工作任务：对 H400 换流阀阻尼电阻进行更换及测试。

四、工作规范及要求

（1）工器具使用及安全措施。

（2）按要求进行阻尼电阻更换及测试。

五、考核及时间要求

（1）本考核操作时间为 60 分钟，时间到停止考评。

（2）按照要求进行操作，并填写记录。

技能等级评价专业技能考核操作评分标准

工种	换流站直流设备检修工（二次）					评价等级	高级技师
项目模块	二次设备日常维护、检修—换流阀及阀控设备日常维护、检修				编号	Jc2002163034	
单位			准考证号			姓名	
考试时限	60 分钟		题型	综合操作		题分	100 分
成绩		考评员		考评组长		日期	
试题正文	H400 换流阀阻尼电阻更换及测试						
需要说明的问题和要求	（1）操作应注意安全，做好安全措施。 （2）在换流阀一次设备上完成操作。 （3）试验或检修结果填入修试记录						

序号	项目名称	质量要求	满分	扣分标准	扣分原因	得分
1	工具使用及安全措施					
1.1	各种工器具正确使用	熟练正确使用各种工器具	5	未正确使用一次扣 1 分，扣完为止		
1.2	相关安全措施的准备	（1）试验仪器正确接地。 （2）高空作业车接地。 （3）正确使用安全带。 （4）确认阻尼回路电容已放电。 （5）如需取用电源应正确操作。 （6）进入作业现场正确佩戴安全帽，现场作业人员应穿全棉长袖工作服、绝缘鞋	10	未确认阻尼回路电容已放电扣 2 分； 试验仪器未正确接地扣 1 分； 高空作业车未正确接地扣 1 分； 未正确使用安全带扣 2 分； 未正确取用电源扣 1 分； 安全帽佩戴不规范扣 1 分； 未穿全棉长袖工作服扣 1 分； 未穿绝缘鞋扣 1 分		
2	阻尼电阻更换及测试	（1）确认冷却系统已停运。 （2）阀塔放水。 （3）用扳手拆卸掉水管螺母，避免大量泄水至下层阀模块。 （4）拆卸掉导线端子固定螺栓。 （5）拆卸固定阻尼电阻板的紧固螺栓。 （6）将检测合格新的阻尼电阻（使用万用表电阻挡测量阻值在合格范围内）固定在支撑框架上，并安装紧固螺栓。 （7）更换水管密封圈，用水管专用力矩扳手安装水管，安装导线端子，安装防松卡扣。	60	未确认冷却系统停运扣 5 分； 未进行阀塔放水扣 5 分； 拆卸时泄水至下层发模块扣 10 分； 未测量备件阻值扣 5 分； 未将备件固定牢固扣 5 分； 未更换水管密封圈扣 5 分； 未安装防松卡扣扣 5 分； 未调节分压补偿仪扣 5 分； 未开展交流阻抗测试扣 10 分； 阻抗测试时人体倚靠阀塔及屏蔽罩扣 5 分（严禁倚靠）		

续表

序号	项目名称	质量要求	满分	扣分标准	扣分原因	得分
2	阻尼电阻更换及测试	（8）使用分压补偿仪调节分压参数：完成试验接线后打开仪器电源，依次选择 10kHz（通过“Reference divider”旋钮调节）及 100Hz（通过 MP4 端子右侧可调电阻调节）进行调节，重复调节一次后再次旋转旋钮确认 10kHz 及 100Hz 时均调节到位，调节至 -4～4 范围内即可。 （9）开展交流阻抗测试：打开 VTE 测试仪，选择交流阻抗测试，将测试线接在晶闸管级，双手按住 VTE 测试开关、踩住脚踏开关，等待测试结果。注意试验时人体远离阀塔及屏蔽罩	60	未确认冷却系统停运扣 5 分； 未进行阀塔放水扣 5 分； 拆卸时泄水至下层发模块扣 10 分； 未测量备件阻值扣 5 分； 未将备件固定牢固扣 5 分； 未更换水管密封圈扣 5 分； 未安装防松卡扣扣 5 分； 未调节分压补偿仪扣 5 分； 未开展交流阻抗测试扣 10 分； 阻抗测试时人体倚靠阀塔及屏蔽罩扣 5 分（严禁倚靠）		
3	现场恢复	恢复现场	10	未进行现场恢复扣 10 分		
4	填写报告					
4.1	修试记录	填写更换记录，包括晶闸管级编号、故障元件编号、新元件编号、分压补偿及阻抗测试记录	15	每少填写一项扣 3 分，扣完为止		
合计			100			

Jc2002163035　H400 换流阀均压电阻更换及测试。（100 分）

考核知识点：H400 换流阀均压电阻更换及测试

难易度：难

技能等级评价专业技能考核操作工作任务书

一、任务名称

H400 换流阀均压电阻更换及测试。

二、适用工种

换流站直流设备检修工（二次）高级技师。

三、具体任务

（1）工作状态为换流阀检修状态、阀冷却系统停运。工作内容为 H400 换流阀均压电阻更换及测试。

（2）工作任务：对 H400 换流阀均压电阻进行更换及测试。

四、工作规范及要求

（1）工器具使用及安全措施。

（2）按要求进行均压电阻更换及测试。

五、考核及时间要求

（1）本考核操作时间为 60 分钟，时间到停止考评。

（2）按照要求进行操作，并填写记录。

技能等级评价专业技能考核操作评分标准

<table>
<tr><td>工种</td><td colspan="5">换流站直流设备检修工（二次）</td><td>评价等级</td><td>高级技师</td></tr>
<tr><td>项目模块</td><td colspan="4">二次设备日常维护、检修—换流阀及阀控设备日常维护、检修</td><td>编号</td><td colspan="2">Jc2002163035</td></tr>
<tr><td>单位</td><td colspan="3"></td><td>准考证号</td><td></td><td>姓名</td><td></td></tr>
<tr><td>考试时限</td><td colspan="2">60 分钟</td><td>题型</td><td colspan="2">综合操作</td><td>题分</td><td>100 分</td></tr>
<tr><td>成绩</td><td></td><td>考评员</td><td></td><td>考评组长</td><td></td><td>日期</td><td></td></tr>
</table>

续表

试题正文	H400 换流阀均压电阻更换及测试
需要说明的问题和要求	（1）操作应注意安全，做好安全措施。 （2）在换流阀一次设备上完成操作。 （3）试验或检修结果填入修试记录

序号	项目名称	质量要求	满分	扣分标准	扣分原因	得分
1	工具使用及安全措施					
1.1	各种工器具正确使用	熟练正确使用各种工器具	5	未正确使用一次扣 1 分，扣完为止		
1.2	相关安全措施的准备	（1）试验仪器正确接地。 （2）高空作业车接地。 （3）正确使用安全带。 （4）确认阻尼回路电容已放电。 （5）如需取用电源应正确操作。 （6）进入作业现场正确佩戴安全帽，现场作业人员应穿全棉长袖工作服、绝缘鞋	10	未确认阻尼回路电容已放电扣 2 分； 试验仪器未正确接地扣 1 分； 高空作业车未正确接地扣 1 分； 未正确使用安全带扣 2 分； 未正确取用电源扣 1 分； 安全帽佩戴不规范扣 1 分； 未穿全棉长袖工作服扣 1 分； 未穿绝缘鞋扣 1 分		
2	均压电阻更换及测试	（1）用螺丝刀拆开直流均压电阻连接线并记录位置，收好螺钉。 （2）将直流均压电阻固定螺钉拆除并收好，用手抓住均压电阻轻轻转动拆下。 （3）用无绒布和无水乙醇清洁散热器与直流均压电阻的接触面，擦净残留导热膏。 （4）用干净的无绒布擦拭散热器表面，在新的直流均压电阻表面均匀涂抹一层导热膏，确保导热膏涂抹均匀，无结块或颗粒。 （5）将合格的直流均压电阻（使用万用表电阻挡测量电阻值在合格范围内）放在散热器上，来回旋转并向接触面施压，使电阻紧贴散热器。 （6）固定直流均压电阻，恢复均压电阻接线，均压电阻更换完毕。 （7）使用分压补偿仪调节分压参数：完成试验接线后打开仪器电源，依次选择 10kHz（通过“Reference divider”旋钮调节）及 100Hz（通过 MP4 端子右侧可调电阻调节）进行调节，重复调节一次后再次旋转旋钮确认 10kHz 及 100Hz 时均调节到位，调节至 −4～4 范围内即可。 （8）开展直流阻抗测试：打开 VTE 测试仪，选择直流阻抗测试，将测试线接在晶闸管级，双手按住 VTE 测试开关、踩住脚踏开关，等待测试结果。注意试验时人体远离阀塔及屏蔽罩	60	未清洁均压电阻及散热器表面扣 5 分； 未均匀涂抹导热膏扣 10 分； 未使用万用表测量备件阻值扣 5 分； 未正确旋转施压使电阻与散热器接触良好扣 10 分； 未恢复接线扣 10 分； 未调节分压补偿仪扣 5 分； 未开展交流阻抗测试扣 10 分； 阻抗测试时人体倚靠阀塔及屏蔽罩扣 5 分（严禁倚靠）		
3	现场恢复	恢复现场	10	未进行现场恢复扣 10 分		
4	填写报告					
4.1	修试记录	填写更换记录，包括晶闸管级编号、故障元件编号、新元件编号、分压补偿及阻抗测试记录	15	每少填写一项扣 3 分，扣完为止		
合计			100			

Jc2002163036　H400 换流阀阻尼电容更换及测试。（100 分）

考核知识点： H400 换流阀阻尼电容更换及测试

难易度： 难

技能等级评价专业技能考核操作工作任务书

一、任务名称

H400 换流阀阻尼电容更换及测试。

二、适用工种

换流站直流设备检修工（二次）高级技师。

三、具体任务

（1）工作状态为换流阀检修状态、阀冷却系统停运。工作内容为 H400 换流阀阻尼电容更换及测试。

（2）工作任务：对 H400 换流阀阻尼电容进行更换及测试。

四、工作规范及要求

（1）工器具使用及安全措施。

（2）按要求进行阻尼电容更换及测试。

五、考核及时间要求

（1）本考核操作时间为 60 分钟，时间到停止考评。

（2）按照要求进行操作，并填写记录。

技能等级评价专业技能考核操作评分标准

工种	换流站直流设备检修工（二次）					评价等级	高级技师
项目模块	二次设备日常维护、检修—换流阀及阀控设备日常维护、检修				编号	Jc2002163036	
单位			准考证号			姓名	
考试时限	60 分钟		题型	综合操作		题分	100 分
成绩		考评员		考评组长		日期	
试题正文	H400 换流阀阻尼电容更换及测试						
需要说明的问题和要求	（1）操作应注意安全，做好安全措施。 （2）在换流阀一次设备上完成操作。 （3）试验或检修结果填入修试记录						

序号	项目名称	质量要求	满分	扣分标准	扣分原因	得分
1	工具使用及安全措施					
1.1	各种工器具正确使用	熟练正确使用各种工器具	5	未正确使用一次扣 1 分，扣完为止		
1.2	相关安全措施的准备	（1）试验仪器正确接地。 （2）高空作业车接地。 （3）正确使用安全带。 （4）确认阻尼回路电容已放电。 （5）如需取用电源应正确操作。 （6）进入作业现场正确佩戴安全帽，现场作业人员应穿全棉长袖工作服、绝缘鞋	10	未确认阻尼回路电容已放电扣 2 分； 试验仪器未正确接地扣 1 分； 高空作业车未正确接地扣 1 分； 未正确使用安全带扣 2 分； 未正确取用电源扣 1 分； 安全帽佩戴不规范扣 1 分； 未穿全棉长袖工作服扣 1 分； 未穿绝缘鞋扣 1 分		
2	阻尼电容更换及测试	（1）用斜口钳剪掉绑扎在电容器筒体上的导线绑扎带。 （2）拆掉电容器端子导线。 （3）扶好电容器筒体，拆掉电容器底部固定螺栓，拆卸电容器。 （4）取检测合格的新电容器（使用万用表电容挡测量容值在合格范围内），放置在绝缘支撑横板上。 （5）固定好电容器筒体，电容器末端固定螺栓穿过 GRP 槽梁后，用螺母固定。 （6）固定好电容器，安装导线端子，电容器更换完毕。 （7）使用分压补偿仪调节分压参数：完成试验接线后打开仪器电源，依次选择 10kHz（通过“Reference divider”旋钮调节）及 100Hz（通过 MP4 端子右侧可调电阻调节）进行调节，重复调节一次后再次旋转旋钮确认 10kHz 及 100Hz 时均调节到位，调节至 -4～4 范围内即可。	60	未正确拆除接线扣 10 分； 拆卸电容器时电容器倾倒扣 10 分； 未使用万用表测量备件容值扣 10 分； 未正确安装固定电容器扣 5 分； 未恢复接线扣 5 分； 接线错误扣 5 分； 未调节分压补偿仪扣 5 分； 未开展交流阻抗测试扣 5 分； 阻抗测试时人体倚靠阀塔及屏蔽罩扣 5 分（严禁倚靠）		

续表

序号	项目名称	质量要求	满分	扣分标准	扣分原因	得分
2	阻尼电容更换及测试	（8）开展交流阻抗测试：打开 VTE 测试仪，选择交流阻抗测试，将测试线接在晶闸管级，双手按住 VTE 测试开关、踩住脚踏开关，等待测试结果。注意试验时人体远离阀塔及屏蔽罩	60	未正确拆除接线扣 10 分； 拆卸电容器时电容器倾倒扣 10 分； 未使用万用表测量备件容值扣 10 分； 未正确安装固定电容器扣 5 分； 未恢复接线扣 5 分； 接线错误扣 5 分； 未调节分压补偿仪扣 5 分； 未开展交流阻抗测试扣 5 分； 阻抗测试时人体倚靠阀塔及屏蔽罩扣 5 分（严禁倚靠）		
3	现场恢复	恢复现场	10	未进行现场恢复扣 10 分		
4	填写报告					
4.1	修试记录	填写更换记录，包括晶闸管级编号、故障元件编号、新元件编号、分压补偿及阻抗测试记录	15	每少填写一项扣 3 分，扣完为止		
合计			100			

Jc2002153037　H400 换流阀电抗器更换。（100 分）

考核知识点：H400 换流阀电抗器更换

难易度：难

技能等级评价专业技能考核操作工作任务书

一、任务名称

H400 换流阀电抗器更换。

二、适用工种

换流站直流设备检修工（二次）高级技师。

三、具体任务

（1）工作状态为换流阀检修状态、阀冷却系统停运。工作内容为 H400 换流阀电抗器更换。

（2）工作任务：对 H400 换流阀电抗器进行更换。

四、工作规范及要求

（1）工器具使用及安全措施。

（2）按要求进行电抗器更换。

五、考核及时间要求

（1）本考核操作时间为 60 分钟，时间到停止考评。

（2）按照要求进行操作，并填写更换记录。

技能等级评价专业技能考核操作评分标准

<table>
<tr><td>工种</td><td colspan="5">换流站直流设备检修工（二次）</td><td>评价等级</td><td>高级技师</td></tr>
<tr><td>项目模块</td><td colspan="4">二次设备日常维护、检修—换流阀及阀控设备日常维护、检修</td><td>编号</td><td colspan="2">Jc2002153037</td></tr>
<tr><td>单位</td><td colspan="2"></td><td>准考证号</td><td colspan="2"></td><td>姓名</td><td></td></tr>
<tr><td>考试时限</td><td>60 分钟</td><td>题型</td><td colspan="3">多项操作</td><td>题分</td><td>100 分</td></tr>
<tr><td>成绩</td><td>考评员</td><td></td><td>考评组长</td><td colspan="2"></td><td>日期</td><td></td></tr>
<tr><td>试题正文</td><td colspan="7">H400 换流阀电抗器更换</td></tr>
<tr><td>需要说明的问题和要求</td><td colspan="7">（1）操作应注意安全，做好安全措施。
（2）在换流阀一次设备上完成操作。
（3）试验或检修结果填入修试记录</td></tr>
</table>

续表

序号	项目名称	质量要求	满分	扣分标准	扣分原因	得分
1	工具使用及安全措施					
1.1	各种工器具正确使用	熟练正确使用各种工器具	5	未正确使用一次扣 1 分，扣完为止		
1.2	相关安全措施的准备	（1）高空作业车接地。 （2）正确使用安全带。 （3）进入作业现场正确佩戴安全帽，现场作业人员应穿全棉长袖工作服、绝缘鞋	10	高空作业车未正确接地扣 3 分； 未正确使用安全带扣 4 分； 安全帽佩戴不规范扣 1 分； 未穿全棉长袖工作服扣 1 分； 未穿绝缘鞋扣 1 分		
2	电抗器更换	（1）阀塔放水。 （2）用水管专用扳手拆除电抗器进出水水管，并取下水管接头内密封圈。 （3）用扳手拆除电抗器两侧电气母线接头。 （4）拆除电抗器上部夹杆及 8 个 GRP 双头螺栓。 （5）将电抗器固定好，从电抗器底部支架上移出，将新电抗器放在电抗器底部支架上。 （6）安装电抗器上部夹杆及 8 个 GRP 双头螺栓。 （7）将电抗器、连接母排接触面按“十步法”进行表面处理并涂抹导电膏，螺栓连接加规定力矩，用酒精擦除原标记线并画双标记线。 （8）复测接触面接触电阻不超过 10μΩ。 （9）连接水管，水管接头密封圈全部更换，用水管专用扳手进行力矩紧固。 （10）标记力矩线并涂抹防松胶	60	未进行阀塔放水扣 5 分； 拆卸过程中出现泄水至下层阀塔的情况扣 5 分； 移除、安装电抗器时碰撞损坏其他元件扣 10 分； 新电抗器未固定牢固扣 10 分； 未进行母排接触面处理扣 10 分； 未复测接触面电阻扣 5 分； 未更换密封圈扣 10 分； 未标记力矩线、涂抹防松胶扣 5 分		
3	现场恢复	恢复现场	10	未进行现场恢复扣 10 分		
4	填写报告					
4.1	修试记录	填写更换记录，包括阀组件编号、故障元件更换记录	15	每少填写一项扣 5 分，扣完为止		
合计			100			

Jc2002152038　H400 换流阀主通流回路接头解体处理。（100 分）

考核知识点：H400 换流阀主通流回路接头解体处理

难易度：中

技能等级评价专业技能考核操作工作任务书

一、任务名称

H400 换流阀主通流回路接头解体处理。

二、适用工种

换流站直流设备检修工（二次）高级技师。

三、具体任务

（1）工作状态为换流阀检修状态、阀冷却系统停运。工作内容为 H400 换流阀主通流回路接头解体处理。

（2）工作任务：对 H400 换流阀主通流回路接头进行解体处理。

四、工作规范及要求

（1）工器具使用及安全措施。

（2）按要求进行主通流回路接头解体处理。

五、考核及时间要求

（1）本考核操作时间为 60 分钟，时间到停止考评。

（2）按照要求进行操作，并填写安装记录。

技能等级评价专业技能考核操作评分标准

工种	换流站直流设备检修工（二次）					评价等级	高级技师
项目模块	缺陷处理与事故分析—缺陷处理				编号	Jc2002152038	
单位			准考证号			姓名	
考试时限	60分钟		题型	多项操作		题分	100分
成绩		考评员		考评组长		日期	
试题正文	H400换流阀主通流回路接头解体处理						
需要说明的问题和要求	（1）操作应注意安全，做好安全措施。 （2）在换流阀一次设备上完成操作。 （3）试验或检修结果填入修试记录						

序号	项目名称	质量要求	满分	扣分标准	扣分原因	得分
1	工具使用及安全措施					
1.1	各种工器具正确使用	熟练正确使用各种工器具	5	未正确使用一次扣1分，扣完为止		
1.2	相关安全措施的准备	（1）试验仪器正确接地。 （2）高空作业车接地。 （3）正确使用安全带。 （4）如需取用电源应正确操作。 （5）进入作业现场正确佩戴安全帽，现场作业人员应穿全棉长袖工作服、绝缘鞋	10	试验仪器未正确接地扣2分； 高空作业车未正确接地扣2分； 未正确使用安全带扣2分； 未正确取用电源扣1分； 安全帽佩戴不规范扣1分； 未穿全棉长袖工作服扣1分； 未穿绝缘鞋扣1分		
2	主通流回路接头解体处理	（1）拆卸接头，精细处理接触面。用150目细砂纸去除导电膏残留，无水酒精清洁接触面。 （2）均匀薄涂导电膏。控制涂抹剂量，用不锈钢尺刮平，再用百洁布擦拭干净，使接线板表面形成薄薄一层导电膏。 （3）均衡牢固复装。复装时应先对角预紧、再用规定力矩拧紧，保证接线板受力均衡，并用记号笔做标记。 （4）测量直流电阻，不满足要求的应返工。 （5）80%力矩复验。检验合格后，用不同颜色的记号笔标记，两种标记线不可重合	60	未清理接头接触面扣10分； 未正确涂抹导电膏扣10分； 复装时未进行对角预紧扣10分； 未进行力矩紧固扣10分； 未测量直流电阻扣10分； 未复测力矩扣10分		
3	现场恢复	恢复现场	10	未进行现场恢复扣10分		
4	填写报告					
4.1	修试记录	填写处理记录	15	每少填写一项扣3分，扣完为止		
合计			100			

Jc2002143039　A5000 换流阀 VBE 通信与控制机箱 Profibus 板卡更换。（100 分）

考核知识点： 换流阀 VBE 故障处理

难易度： 难

技能等级评价专业技能考核操作工作任务书

一、任务名称

A5000 换流阀 VBE 通信与控制机箱 Profibus 板卡更换。

二、适用工种

换流站直流设备检修工（二次）高级技师。

三、具体任务

（1）工作状态为换流阀检修状态。工作内容为 A5000 换流阀 VBE 通信与控制机箱 Profibus 板卡更换。

（2）工作任务：对 A5000 换流阀 VBE 通信与控制机箱 Profibus 板卡进行更换。

四、工作规范及要求

（1）工器具使用及安全措施。

（2）按要求进行 VBE 通信与控制机箱 Profibus 板卡更换。

五、考核及时间要求

（1）本考核操作时间为 60 分钟，时间到停止考评。

（2）按照技能操作记录单的操作要求进行操作，并填写更换记录。

技能等级评价专业技能考核操作评分标准

工种	换流站直流设备检修工（二次）					评价等级	高级技师
项目模块	缺陷处理与事故分析—缺陷处理				编号	Jc2002143039	
单位			准考证号			姓名	
考试时限	60 分钟		题型	单项操作		题分	100 分
成绩		考评员		考评组长		日期	
试题正文	A5000 换流阀 VBE 通信与控制机箱 Profibus 板卡更换						
需要说明的问题和要求	（1）要求单人操作。 （2）操作应注意安全，按照标准化作业书的技术安全说明做好安全措施。 （3）操作记录填入操作记录。试验或检修结果填入修试记录						

序号	项目名称	质量要求	满分	扣分标准	扣分原因	得分
1	工具使用及安全措施					
1.1	各种工器具正确使用	熟练正确使用各种工器具	5	未正确使用一次扣 1 分，扣完为止		
1.2	相关安全措施的准备	（1）工作前必须认真检查更换板卡状态，应注意对阀控装置的影响。 （2）在现场屏柜进行工作，防止走错间隔，同时做好检修现场各项安全措施。 （3）更换应按照厂家规定程序进行，佩戴防静电手环。 （4）更换过程中禁止直视光源，必要时戴护目镜。 （5）进入作业现场正确佩戴安全帽，现场作业人员应穿全棉长袖工作服、绝缘鞋	10	未检查板卡状态扣 2 分； 未确认检修间隔扣 2 分； 未佩戴防静电手环扣 2 分； 未佩戴护目镜扣 1 分； 安全帽佩戴不规范扣 1 分； 未穿全棉长袖工作服扣 1 分； 未穿绝缘鞋扣 1 分		
2	板卡更换	（1）确认安全措施，防止空气开关断开错误，导致正常运行的系统电源丢失。 （2）拆除板卡时，记录光纤位置，记录新旧板卡型号、序列号等信息。 （3）拔下故障板卡，并与备品板卡进行比较，确认二者一致，并将新旧板卡设置一致。 （4）拔出及插入板卡过程中发生卡涩现象应立刻停止并进行检查，避免用力强行插拔对板卡及卡槽造成损伤。 （5）板卡更换结束后，检查更换板卡上下螺丝是否上紧，板卡背后的光纤是否插紧。 （6）板卡更换结束后，插拔光纤注意光纤过度弯曲。 （7）上电后检查装置机箱指示灯显示正常后台无异常告警信号	60	未断开或错误断开空气开关扣 10 分； 未记录光纤编号、位置扣 10 分； 未记录新、旧板卡编号、序列号扣 10 分； 未完成把卡插拔扣 20 分； 未完成光纤恢复扣 10 分		

续表

序号	项目名称	质量要求	满分	扣分标准	扣分原因	得分
3	现场恢复	恢复现场	10	未进行现场恢复扣 10 分		
4	填写报告					
4.1	修试记录	填写更换记录，包括 VBE 屏柜编号、VBE 机箱编号、故障板卡编号、新装板卡编号	15	每少填写一项扣 4 分，扣完为止		
合计			100			

Jc2002153040　A5000－VTE 进行远程单级触发试验。（100 分）

考核知识点：单级触发试验

难易度：难

技能等级评价专业技能考核操作工作任务书

一、任务名称

A5000－VTE 进行远程单级触发试验。

二、适用工种

换流站直流设备检修工（二次）高级技师。

三、具体任务

（1）工作状态为换流阀检修状态。工作内容为使用 A5000－VTE 进行远程单级触发试验。

（2）工作任务：使用 A5000－VTE 对单级晶闸管进行远程单级触发试验。

四、工作规范及要求

（1）工器具使用及安全措施。

（2）按要求进行远程单级触发试验。

五、考核及时间要求

（1）本考核操作时间为 60 分钟，时间到停止考评。

（2）按照技能操作记录单的操作要求进行操作，正确记录操作结果，试验记录项目包括触发结果、报文记录。

技能等级评价专业技能考核操作评分标准

<table>
<tr><td>工种</td><td colspan="5">换流站直流设备检修工（二次）</td><td>评价等级</td><td>高级技师</td></tr>
<tr><td>项目模块</td><td colspan="4">二次设备检测—换流阀参数检测</td><td>编号</td><td colspan="2">Jc2002153040</td></tr>
<tr><td>单位</td><td colspan="2"></td><td>准考证号</td><td colspan="2"></td><td>姓名</td><td></td></tr>
<tr><td>考试时限</td><td colspan="2">60 分钟</td><td>题型</td><td colspan="2">多项操作</td><td>题分</td><td>100 分</td></tr>
<tr><td>成绩</td><td></td><td>考评员</td><td></td><td>考评组长</td><td></td><td>日期</td><td></td></tr>
<tr><td>试题正文</td><td colspan="7">A5000－VTE 进行远程单级触发试验</td></tr>
<tr><td>需要说明的问题和要求</td><td colspan="7">（1）要求调试单人操作，故障查找及分析在调试过程中完成。
（2）操作应注意安全，做好安全措施。
（3）在换流阀一次设备上完成操作。
（4）测试仪的选择可选考场提供的测试仪或自带测试仪。
（5）操作记录填入操作记录。试验或检修结果填入修试记录</td></tr>
</table>

序号	项目名称	质量要求	满分	扣分标准	扣分原因	得分
1	工具使用及安全措施					
1.1	各种工器具正确使用	熟练正确使用各种工器具	5	未正确使用一次扣 1 分，扣完为止		

续表

序号	项目名称	质量要求	满分	扣分标准	扣分原因	得分
1.2	相关安全措施的准备	（1）试验仪器正确接地。 （2）高空作业车接地。 （3）正确使用安全带。 （4）如需取用电源应正确操作。 （5）进入作业现场正确佩戴安全帽，现场作业人员应穿全棉长袖工作服、绝缘鞋	10	试验仪器未正确接地扣 2 分； 高空作业车未正确接地扣 2 分； 未正确使用安全带扣 2 分； 未正确取用电源扣 1 分； 安全帽佩戴不规范扣 1 分； 未穿全棉长袖工作服扣 1 分； 未穿绝缘鞋扣 1 分		
2	单级晶闸管远程触发试验	（1）将高压电缆接到晶闸管两侧，将阀塔上的 VTE 到 VBE 的测试光纤接到 VTE 后面板上。 （2）VTE 开机进行自检。 （3）滚动人机界面操作滚球，将鼠标移动到"VTE－A5000 测试系统模式 1"快捷方式文件上，并双击人机界面选项确定按钮，进入模式 1 测试操作界面。 （4）旋出急停开关。 （5）用脚踩住脚踏开关。 （6）用鼠标选择起始的测试项目，再按自动测试按钮，VTE 会按照试验步骤逐个完成所有测试项目，若某个项目不合格，则自动停止测试。 （7）运行指示灯停止闪烁，测试结束，松开脚踏开关。 （8）测试完成后按下急停按钮。 （9）检测结束后，恢复 TTM 上的触发光纤和回报光纤	60	未正确接线扣 15 分； 未正确使用 VTE 扣 15 分； 测试结果不合格扣 15 分； 未回复测试光纤及接线扣 15 分		
3	现场恢复	恢复现场	10	未进行现场恢复扣 10 分		
4	填写报告					
4.1	修试记录	正确填写触发结果，记录后台报文	15	填写错误扣 15 分		
合计			100			

Jc2002143041　A5000 换流阀 VBE 通信与控制机箱 DEBUG 板卡更换。（100 分）

考核知识点：换流阀 VBE 故障处理

难易度：难

技能等级评价专业技能考核操作工作任务书

一、任务名称

A5000 换流阀 VBE 通信与控制机箱 DEBUG 板卡更换。

二、适用工种

换流站直流设备检修工（二次）高级技师。

三、具体任务

（1）工作状态为换流阀检修状态。工作内容为 A5000 换流阀 VBE 通信与控制机箱 DEBUG 板卡更换。

（2）工作任务：对 A5000 换流阀 VBE 通信与控制机箱 DEBUG 板卡进行更换。

四、工作规范及要求

（1）工器具使用及安全措施。

（2）按要求进行 VBE 通信与控制机箱 DEBUG 板卡更换。

五、考核及时间要求

（1）本考核操作时间为 60 分钟，时间到停止考评。

（2）按照技能操作记录单的操作要求进行操作，并填写更换记录。

技能等级评价专业技能考核操作评分标准

工种	换流站直流设备检修工（二次）				评价等级	高级技师
项目模块	缺陷处理与事故分析—缺陷处理			编号	Jc2002143041	
单位		准考证号			姓名	
考试时限	60 分钟	题型	单项操作		题分	100 分
成绩	考评员		考评组长		日期	
试题正文	A5000 换流阀 VBE 通信与控制机箱 DEBUG 板卡更换					
需要说明的问题和要求	（1）要求单人操作。 （2）操作应注意安全，按照标准化作业书的技术安全说明做好安全措施。 （3）操作记录填入操作记录。试验或检修结果填入修试记录					

序号	项目名称	质量要求	满分	扣分标准	扣分原因	得分
1	工具使用及安全措施					
1.1	各种工器具正确使用	熟练正确使用各种工器具	5	未正确使用一次扣 1 分，扣完为止		
1.2	相关安全措施的准备	（1）工作前必须认真检查更换板卡状态，应注意对阀控装置的影响。 （2）在现场屏柜进行工作，防止走错间隔，同时做好检修现场各项安全措施。 （3）更换应按照厂家规定程序进行，佩戴防静电手环。 （4）更换过程中禁止直视光源，必要时戴护目镜。 （5）进入作业现场正确佩戴安全帽，现场作业人员应穿全棉长袖工作服、绝缘鞋	10	未检查板卡状态扣 2 分； 未确认检修间隔扣 2 分； 未佩戴防静电手环扣 2 分； 未佩戴护目镜扣 1 分； 安全帽佩戴不规范扣 1 分； 未穿全棉长袖工作服扣 1 分； 未穿绝缘鞋扣 1 分		
2	板卡更换	（1）确认安全措施，防止空气开关断开错误，导致正常运行的系统电源丢失。 （2）拆除板卡时，记录光纤位置，记录新旧板卡型号、序列号等信息。 （3）拔下故障板卡，并与备品板卡进行比较，确认二者一致，并将新旧板卡设置一致。 （4）拔出及插入板卡过程中发生卡涩现象应立刻停止并进行检查，避免用力强行插拔对板卡及卡槽造成损伤。 （5）板卡更换结束后，检查更换板卡上下螺丝是否上紧，板卡背后的光纤是否插紧。 （6）板卡更换结束后，插拔光纤注意光纤过度弯曲。 （7）上电后检查装置机箱指示灯显示正常后台无异常告警信号	60	未断开或错误断开空气开关扣 10 分； 未记录光纤编号、位置扣 10 分； 未记录新、旧板卡编号、序列号扣 10 分； 未完成板卡插拔扣 20 分； 未完成光纤恢复扣 10 分		
3	现场恢复	恢复现场	10	未进行现场恢复扣 10 分		
4	填写报告					
4.1	修试记录	填写更换记录，包括 VBE 屏柜编号、VBE 机箱编号、故障板卡编号、新装板卡编号	15	每少填写一项扣 4 分，扣完为止		
合计			100			

Jc2002141042　A5000 换流阀主通流回路直阻测试。（100 分）

考核知识点： A5000 换流阀主通流回路直阻测试

难易度： 易

技能等级评价专业技能考核操作工作任务书

一、任务名称

A5000 换流阀主通流回路直阻测试。

二、适用工种

换流站直流设备检修工（二次）高级技师。

三、具体任务

（1）工作状态为换流阀停电检修。工作内容为通流回路直阻测试。

（2）工作任务：对 A5000 换流阀单个阀模块主通流回路直阻进行测试，并找出不符合规定要求的接头。

四、工作规范及要求

（1）工器具使用及安全措施。

（2）按要求进行直阻测试。

（3）进行直阻数值分析并填写试验报告。

五、考核及时间要求

（1）本考核操作时间为 60 分钟，时间到停止考评。同一类现象故障不限一处故障点。

（2）按照技能操作记录单的操作要求进行操作，正确记录操作结果，试验记录项目包括各接头直流电阻值及是否符合规范要求。

技能等级评价专业技能考核操作评分标准

<table>
<tr><td>工种</td><td colspan="5">换流站直流设备检修工（二次）</td><td>评价等级</td><td>高级技师</td></tr>
<tr><td>项目模块</td><td colspan="5">二次设备检测—换流阀参数检测</td><td>编号</td><td>Jc2002141042</td></tr>
<tr><td>单位</td><td colspan="2"></td><td>准考证号</td><td colspan="2"></td><td>姓名</td><td></td></tr>
<tr><td>考试时限</td><td colspan="2">60 分钟</td><td>题型</td><td colspan="2">单项操作</td><td>题分</td><td>100 分</td></tr>
<tr><td>成绩</td><td></td><td>考评员</td><td></td><td>考评组长</td><td></td><td>日期</td><td></td></tr>
<tr><td>试题正文</td><td colspan="7">A5000 换流阀主通流回路直阻测试</td></tr>
<tr><td>需要说明的问题和要求</td><td colspan="7">（1）要求调试人员单人操作，故障查找及分析在调试过程中完成。
（2）操作应注意安全，按照标准化作业书的技术安全说明做好安全措施。
（3）在换流阀一次设备上完成操作。
（4）测试仪的选择可选考场提供的测试仪或自带测试仪。
（5）操作记录填入操作记录。试验或检修结果填入修试记录</td></tr>
<tr><td>序号</td><td>项目名称</td><td>质量要求</td><td>满分</td><td colspan="2">扣分标准</td><td>扣分原因</td><td>得分</td></tr>
<tr><td>1</td><td>工具使用及安全措施</td><td></td><td></td><td colspan="2"></td><td></td><td></td></tr>
<tr><td>1.1</td><td>各种工器具正确使用</td><td>熟练正确使用各种工器具</td><td>5</td><td colspan="2">未正确使用一次扣 1 分，扣完为止</td><td></td><td></td></tr>
<tr><td>1.2</td><td>相关安全措施的准备</td><td>（1）试验仪器正确接地。
（2）高空作业车接地。
（3）正确使用安全带。
（4）如需取用电源应正确操作。
（5）进入作业现场正确佩戴安全帽，现场作业人员应穿全棉长袖工作服、绝缘鞋</td><td>10</td><td colspan="2">试验仪器未正确接地扣 2 分；
高空作业车未正确接地扣 2 分；
未正确使用安全带扣 2 分；
未正确取用电源扣 1 分；
安全帽佩戴不规范扣 1 分；
未穿全棉长袖工作服扣 1 分；
未穿绝缘鞋扣 1 分</td><td></td><td></td></tr>
<tr><td>2</td><td>主通流回路直流电阻测试</td><td></td><td></td><td colspan="2"></td><td></td><td></td></tr>
<tr><td>2.1</td><td>直流电阻测试</td><td>能按要求正确对一个阀模块主通流回路接头的直流电阻进行测试，测试正确并说明结果</td><td>50</td><td colspan="2">试验接线错误扣 8 分；
每少测试一个接头扣 5 分，扣完为止</td><td></td><td></td></tr>
</table>

续表

序号	项目名称	质量要求	满分	扣分标准	扣分原因	得分
3	直阻值识别	能正确识别主通流回路接头直流电阻是否符合要求（直流电阻小于 10μΩ 为正常值）	10	未查找出不符合直流电阻要求的接头每个扣 5 分，扣完为止		
4	现场恢复	恢复现场	10	未进行现场恢复扣 10 分		
5	填写报告					
5.1	修试记录	正确填写试验结果，包括测量直流电阻值及阻值是否符合要求	15	每少填写一项扣 3 分，扣完为止		
合计			100			

Jc2002143043　A5000 换流阀 VBE 通信与控制机箱 TRF 板卡更换。（100 分）

考核知识点： 换流阀 VBE 故障处理

难易度： 难

技能等级评价专业技能考核操作工作任务书

一、任务名称

A5000 换流阀 VBE 通信与控制机箱 TRF 板卡更换。

二、适用工种

换流站直流设备检修工（二次）高级技师。

三、具体任务

（1）工作状态为换流阀检修状态。工作内容为 A5000 换流阀 VBE 通信与控制机箱 TRF 板卡更换。

（2）工作任务：对 A5000 换流阀 VBE 通信与控制机箱 TRF 板卡进行更换。

四、工作规范及要求

（1）工器具使用及安全措施。

（2）按要求进行 VBE 通信与控制机箱 TRF 板卡更换。

五、考核及时间要求

（1）本考核 1～4 项操作时间为 60 分钟，时间到停止考评。

（2）按照技能操作记录单的操作要求进行操作，并填写更换记录。

技能等级评价专业技能考核操作评分标准

工种	换流站直流设备检修工（二次）				评价等级	高级技师
项目模块	缺陷处理与事故分析—缺陷处理			编号	Jc2002143043	
单位		准考证号			姓名	
考试时限	60 分钟	题型	单项操作		题分	100 分
成绩		考评员		考评组长	日期	
试题正文	A5000 换流阀 VBE 通信与控制机箱 TRF 板卡更换					
需要说明的问题和要求	（1）要求单人操作。 （2）操作应注意安全，按照标准化作业书的技术安全说明做好安全措施。 （3）操作记录填入操作记录。试验或检修结果填入修试记录					

序号	项目名称	质量要求	满分	扣分标准	扣分原因	得分
1	工具使用及安全措施					

续表

序号	项目名称	质量要求	满分	扣分标准	扣分原因	得分
1.1	各种工器具正确使用	熟练正确使用各种工器具	5	未正确使用一次扣 1 分，扣完为止		
1.2	相关安全措施的准备	（1）工作前必须认真检查更换板卡状态，应注意对阀控装置的影响。 （2）在现场屏柜进行工作，防止走错间隔，同时做好检修现场各项安全措施。 （3）更换应按照厂家规定程序进行，佩戴防静电手环。 （4）更换过程中禁止直视光源，必要时戴护目镜。 （5）进入作业现场正确佩戴安全帽，现场作业人员应穿全棉长袖工作服、绝缘鞋	10	未检查板卡状态扣 2 分； 未确认检修间隔扣 2 分； 未佩戴防静电手环扣 2 分； 未佩戴护目镜扣 1 分； 安全帽佩戴不规范扣 1 分； 未穿全棉长袖工作服扣 1 分； 未穿绝缘鞋扣 1 分		
2	板卡更换	（1）确认安全措施，防止空气开关断开错误，导致正常运行的系统电源丢失。 （2）拆除板卡时，记录光纤位置，记录新旧板卡型号、序列号等信息。 （3）拔下故障板卡，并与备品板卡进行比较，确认二者一致，并将新旧板卡设置一致。 （4）拔出及插入板卡过程中发生卡涩现象应立刻停止并进行检查，避免用力强行插拔对板卡及卡槽造成损伤。 （5）板卡更换结束后，检查更换板卡上下螺钉是否上紧，板卡背后的光纤是否插紧。 （6）板卡更换结束后，插拔光纤注意光纤过度弯曲。 （7）上电后检查装置机箱指示灯显示正常后台无异常告警信号	60	未断开或错误断开空气开关扣 10 分； 未记录光纤编号、位置扣 10 分； 未记录新、旧板卡编号、序列号扣 10 分； 未完成把卡插拔扣 20 分； 未完成光纤恢复扣 10 分		
3	现场恢复	恢复现场	10	未进行现场恢复扣 10 分		
4	填写报告					
4.1	修试记录	填写更换记录，包括 VBE 屏柜编号、VBE 机箱编号、故障板卡编号、新装板卡编号	15	每少填写一项扣 4 分，扣完为止		
合计			100			

Jc2002152044 A5000 换流阀均压电阻更换及阻抗试验。（100 分）

考核知识点： A5000 换流阀均压电阻更换及阻抗试验

难易度： 中

技能等级评价专业技能考核操作工作任务书

一、任务名称

A5000 换流阀均压电阻更换及阻抗试验。

二、适用工种

换流站直流设备检修工（二次）高级技师。

三、具体任务

（1）工作状态为换流阀检修状态、阀冷却系统停运。工作内容为 A5000 换流阀均压电阻更换及阻抗试验。

（2）工作任务：对 A5000 换流阀均压电阻进行更换及阻抗试验。

四、工作规范及要求

（1）工器具使用及安全措施。

（2）按要求进行均压电阻更换及阻抗试验。

五、考核及时间要求

（1）本考核操作时间为60分钟，时间到停止考评。

（2）按照技能操作记录单的操作要求进行操作，并填写更换记录。

技能等级评价专业技能考核操作评分标准

<table>
<tr><td>工种</td><td colspan="5">换流站直流设备检修工（二次）</td><td>评价等级</td><td>高级技师</td></tr>
<tr><td>项目模块</td><td colspan="4">二次设备日常维护、检修—换流阀及阀控设备日常维护、检修</td><td>编号</td><td colspan="2">Jc2002152044</td></tr>
<tr><td>单位</td><td colspan="2"></td><td>准考证号</td><td colspan="2"></td><td>姓名</td><td></td></tr>
<tr><td>考试时限</td><td>60分钟</td><td>题型</td><td colspan="3">多项操作</td><td>题分</td><td>100分</td></tr>
<tr><td>成绩</td><td></td><td>考评员</td><td></td><td>考评组长</td><td></td><td>日期</td><td></td></tr>
<tr><td>试题正文</td><td colspan="7">A5000换流阀均压电阻更换及阻抗试验</td></tr>
<tr><td>需要说明的问题和要求</td><td colspan="7">（1）要求调试人员单人操作，故障查找及分析在调试过程中完成。
（2）操作应注意安全，做好安全措施。
（3）在换流阀一次设备上完成操作。
（4）操作记录填入操作记录。试验或检修结果填入修试记录</td></tr>
</table>

序号	项目名称	质量要求	满分	扣分标准	扣分原因	得分
1	工具使用及安全措施					
1.1	各种工器具正确使用	熟练正确使用各种工器具	5	未正确使用一次扣1分，扣完为止		
1.2	相关安全措施的准备	（1）高空作业车接地。 （2）正确使用安全带。 （3）进入作业现场正确佩戴安全帽，现场作业人员应穿全棉长袖工作服、绝缘鞋	10	高空作业车未正确接地扣2分； 未正确使用安全带扣2分； 安全帽佩戴不规范扣2分； 未穿全棉长袖工作服扣2分； 未穿绝缘鞋扣2分		
2	均压电阻更换及阻抗试验	（1）检查新电阻的阻值，与额定值误差不大于3%。 （2）用脱脂棉蘸酒精清洁新电阻与冷却器的接触面。 （3）在电阻表面均匀涂抹导热硅脂。 （4）检查电阻接线正确无误，螺钉紧固。 （5）将VTE试验线接于晶闸管阴、阳极两端，选择直流阻抗测试并单击测试，测试结果正常。 （6）工作结束后，检查阀塔无遗留物	60	未测量电阻值扣10分； 未清洁接触面扣10分； 未涂抹导热硅脂扣10分； 晶闸管试验不合格扣15分； 工作完成后未检查阀塔有无遗留物扣15分		
3	现场恢复	恢复现场	10	未进行现场恢复扣10分		
4	填写报告					
4.1	修试记录	填写更换记录，包括晶闸管级编号、故障元件编号、新元件编号以及试验结果	15	每少填写一项扣5分，扣完为止		
合计			100			

Jc2002152045　A5000换流阀电抗器更换。（100分）

考核知识点：A5000换流阀电抗器更换

难易度：中

技能等级评价专业技能考核操作工作任务书

一、任务名称

A5000换流阀电抗器更换。

二、适用工种

换流站直流设备检修工（二次）高级技师。

三、具体任务

（1）工作状态为换流阀检修状态、阀冷却系统停运。工作内容为A5000换流阀电抗器更换。

（2）工作任务：对A5000换流阀电抗器进行更换。

四、工作规范及要求

（1）工器具使用及安全措施。

（2）按要求进行分压板更换。

五、考核及时间要求

（1）本考核操作时间为60分钟，时间到停止考评。

（2）按照技能操作记录单的操作要求进行操作，并填写更换记录。

技能等级评价专业技能考核操作评分标准

<table>
<tr><td>工种</td><td colspan="5">换流站直流设备检修工（二次）</td><td>评价等级</td><td>高级技师</td></tr>
<tr><td>项目模块</td><td colspan="4">二次设备日常维护、检修—换流阀及阀控设备日常维护、检修</td><td>编号</td><td colspan="2">Jc2002152045</td></tr>
<tr><td>单位</td><td colspan="2"></td><td>准考证号</td><td colspan="2"></td><td>姓名</td><td></td></tr>
<tr><td>考试时限</td><td>60分钟</td><td>题型</td><td colspan="3">多项操作</td><td>题分</td><td>100分</td></tr>
<tr><td>成绩</td><td></td><td>考评员</td><td></td><td>考评组长</td><td></td><td>日期</td><td></td></tr>
<tr><td>试题正文</td><td colspan="7">A5000换流阀电抗器更换</td></tr>
<tr><td>需要说明的问题和要求</td><td colspan="7">（1）要求调试人员单人操作，故障查找及分析在调试过程中完成。
（2）操作应注意安全，做好安全措施。
（3）在换流阀一次设备上完成操作。
（4）操作记录填入操作记录。试验或检修结果填入修试记录</td></tr>
</table>

<table>
<tr><td>序号</td><td>项目名称</td><td>质量要求</td><td>满分</td><td>扣分标准</td><td>扣分原因</td><td>得分</td></tr>
<tr><td>1</td><td>工具使用及安全措施</td><td></td><td></td><td></td><td></td><td></td></tr>
<tr><td>1.1</td><td>各种工器具正确使用</td><td>熟练正确使用各种工器具</td><td>5</td><td>未正确使用一次扣1分，扣完为止</td><td></td><td></td></tr>
<tr><td>1.2</td><td>相关安全措施的准备</td><td>（1）高空作业车接地。
（2）正确使用安全带。
（3）进入作业现场正确佩戴安全帽，现场作业人员应穿全棉长袖工作服、绝缘鞋</td><td>10</td><td>高空作业车未正确接地扣2分；
未正确使用安全带扣2分；
安全帽佩戴不规范扣2分；
未穿全棉长袖工作服扣2分；
未穿绝缘鞋扣2分</td><td></td><td></td></tr>
<tr><td>2</td><td>分压板更换</td><td>（1）拆除电抗器连接水管时应防止水洒到下层阀组件上，在下层阀组件上覆盖塑料薄膜。
（2）若移出阀电抗器的过程中会磕碰屏蔽罩，应将附近的屏蔽罩拆掉。
（3）测量新的电抗器的感抗，确定感抗在额定范围内。
（4）恢复阀电抗器水管连接时应使用新的O形密封圈，同时根据厂家力矩要求紧固阀电抗器至阀组件的水管接头，并按厂家要求对阀电抗器内部水管接头力矩进行检查。
（5）恢复电抗器的母线连接母排时应将接头表面使用无水乙醇清洁并均匀涂抹导电膏。
（6）安装完成后按照厂家要求力矩对螺栓进行力矩检查，然后测量接触电阻小于10μΩ，接触电阻不满足要求时按照“十步法”进行处理。
（7）对阀塔注水时应注意进行排气，且检查电抗器水管接头是否有水渗出。
（8）对阀冷系统补水后进行静态打压试验。
（9）全部工作结束后检查阀塔无遗留物</td><td>60</td><td>未开展防水措施扣5分；
未拆除屏蔽罩扣5分；
未测量新电抗器电感值扣10分；
未更换O形密封圈扣10分；
未按照“十步法”开展接头恢复扣15分；
未检查阀塔是否有遗留物扣15分</td><td></td><td></td></tr>
</table>

续表

序号	项目名称	质量要求	满分	扣分标准	扣分原因	得分
3	现场恢复	恢复现场	10	未进行现场恢复扣 10 分		
4	填写报告					
4.1	修试记录	填写更换记录，包括阀模块编号、故障电抗器编号、新电抗器编号	15	每少填写一项扣 5 分，扣完为止		
合计			100			

Jc2002153046　A5000–VTE 进行本地单级触发试验。（100 分）

考核知识点：单级触发试验

难易度：难

技能等级评价专业技能考核操作工作任务书

一、任务名称

A5000–VTE 进行本地单级触发试验。

二、适用工种

换流站直流设备检修工（二次）高级技师。

三、具体任务

（1）工作状态为换流阀检修状态。工作内容为使用 A5000–VTE 进行本地单级触发试验。

（2）工作任务：使用 A5000–VTE 对三级晶闸管进行本地单级触发试验。

四、工作规范及要求

（1）工器具使用及安全措施。

（2）按要求进行本地单级触发试验。

五、考核及时间要求

（1）本考核操作时间为 60 分钟，时间到停止考评。

（2）按照技能操作记录单的操作要求进行操作，正确记录操作结果，试验记录项目包括触发结果。

技能等级评价专业技能考核操作评分标准

工种	换流站直流设备检修工（二次）					评价等级	高级技师
项目模块	二次设备检测—换流阀参数检测				编号	Jc2002153046	
单位			准考证号			姓名	
考试时限	60 分钟	题型	多项操作			题分	100 分
成绩		考评员		考评组长		日期	
试题正文	A5000–VTE 进行本地单级触发试验						
需要说明的问题和要求	（1）要求调试人员单人操作，故障查找及分析在调试过程中完成。 （2）操作应注意安全，做好安全措施。 （3）在换流阀一次设备上完成操作。 （4）测试仪的选择可选考场提供的测试仪或自带测试仪。 （5）操作记录填入操作记录。试验或检修结果填入修试记录						

序号	项目名称	质量要求	满分	扣分标准	扣分原因	得分
1	工具使用及安全措施					
1.1	各种工器具正确使用	熟练正确使用各种工器具	5	未正确使用一次扣 1 分，扣完为止		

续表

序号	项目名称	质量要求	满分	扣分标准	扣分原因	得分
1.2	相关安全措施的准备	（1）试验仪器正确接地。 （2）高空作业车接地。 （3）正确使用安全带。 （4）如需取用电源应正确操作。 （5）进入作业现场正确佩戴安全帽，现场作业人员应穿全棉长袖工作服、绝缘鞋	10	试验仪器未正确接地扣 2 分； 高空作业车未正确接地扣 2 分； 未正确使用安全带扣 2 分； 未正确取用电源扣 1 分； 安全帽佩戴不规范扣 1 分； 未穿全棉长袖工作服扣 1 分； 未穿绝缘鞋扣 1 分		
2	三级晶闸管本地触发试验	（1）将高压电缆接到晶闸管两侧，将 VTE 的触发与回报光纤连接到 TTM 上。 （2）VTE 开机进行自检。 （3）滚动人机界面操作滚球，将鼠标移动到“VTE－A5000 测试系统模式 1”快捷方式文件上，并双击人机界面选项确定按钮，进入模式 1 测试操作界面。 （4）旋出急停开关。 （5）用脚踩住脚踏开关。 （6）用鼠标选择起始的测试项目，再按自动测试按钮，VTE 会按照试验步骤逐个完成所有测试项目，若某个项目不合格，则自动停止测试。 （7）运行指示灯停止闪烁，测试结束，松开脚踏开关。 （8）测试完成后按下急停按钮。 （9）检测结束后，恢复 TTM 上的触发光纤和回报光纤	60	未正确接线扣 15 分； 未正确使用 VTE 扣 15 分； 测试结果不合格扣 15 分； 未回复测试光纤及接线扣 15 分		
3	现场恢复	恢复现场	10	未进行现场恢复扣 10 分		
4	填写更换记录					
4.1	更换记录	填写记录，包括故障水管位置以及水管编号	15	每少填写一项扣 5 分，扣完为止		
合计			100			

Jc2002152047　A5000 换流阀阻尼电容更换及阻抗测试。（100 分）

考核知识点：A5000 换流阀阻尼电容更换及阻抗测试

难易度：中

技能等级评价专业技能考核操作工作任务书

一、任务名称

A5000 换流阀阻尼电容更换及阻抗测试。

二、适用工种

换流站直流设备检修工（二次）高级技师。

三、具体任务

（1）工作状态为换流阀检修状态、阀冷却系统停运。工作内容为 A5000 换流阀阻尼电容更换及阻抗测试。

（2）工作任务：对 A5000 换流阀阻尼电容进行更换及阻抗测试。

四、工作规范及要求

（1）工器具使用及安全措施。

（2）按要求进行阻尼电容更换及阻抗测试。

五、考核及时间要求

（1）本考核操作时间为60分钟，时间到停止考评。

（2）按照技能操作记录单的操作要求进行操作，并填写更换记录。

技能等级评价专业技能考核操作评分标准

<table>
<tr><td>工种</td><td colspan="5">换流站直流设备检修工（二次）</td><td>评价等级</td><td>高级技师</td></tr>
<tr><td>项目模块</td><td colspan="4">二次设备日常维护、检修—换流阀及阀控设备日常维护、检修</td><td>编号</td><td colspan="2">Jc2002152047</td></tr>
<tr><td>单位</td><td colspan="2"></td><td>准考证号</td><td colspan="2"></td><td>姓名</td><td></td></tr>
<tr><td>考试时限</td><td colspan="2">60分钟</td><td>题型</td><td colspan="2">多项操作</td><td>题分</td><td>100分</td></tr>
<tr><td>成绩</td><td></td><td>考评员</td><td></td><td>考评组长</td><td></td><td>日期</td><td></td></tr>
<tr><td>试题正文</td><td colspan="7">A5000换流阀阻尼电容更换及阻抗测试</td></tr>
<tr><td>需要说明的问题和要求</td><td colspan="7">（1）要求调试人员单人操作，故障查找及分析在调试过程中完成。
（2）操作应注意安全，做好安全措施。
（3）在换流阀一次设备上完成操作。
（4）操作记录填入操作记录。试验或检修结果填入修试记录</td></tr>
</table>

序号	项目名称	质量要求	满分	扣分标准	扣分原因	得分
1	工具使用及安全措施					
1.1	各种工器具正确使用	熟练正确使用各种工器具	5	未正确使用一次扣1分，扣完为止		
1.2	相关安全措施的准备	（1）试验仪器正确接地。 （2）高空作业车接地。 （3）正确使用安全带。 （4）确认阻尼回路电容已放电。 （5）如需取用电源应正确操作。 （6）进入作业现场正确佩戴安全帽，现场作业人员应穿全棉长袖工作服、绝缘鞋	10	未确认阻尼回路电容已放电扣2分； 试验仪器未正确接地扣2分； 高空作业车未正确接地扣1分； 未正确使用安全带扣1分； 未正确取用电源扣1分； 安全帽佩戴不规范扣1分； 未穿全棉长袖工作服扣1分； 未穿绝缘鞋扣1分		
2	阻尼电容更换及阻抗测试	（1）检查新电容的电容值，与额定值误差不大于3%。 （2）电容安装完成后应按照厂家力矩要求进行接线柱力矩检查。 （3）检查电容器固定紧固，接线正确、无松动。 （4）阻尼电容更换完毕后，晶闸管级试验合格。 （5）将VTE试验线接于晶闸管阴、阳极两端，选择交流阻抗测试并单击测试，测试结果正常。 （6）工作结束后，检查阀塔无遗留物	60	未开展电容值测量扣15分； 未开展力矩检查扣15分； 晶闸管试验不合格扣15分； 未检查阀塔有无遗留物扣15分		
3	现场恢复	恢复现场	10	未进行现场恢复扣10分		
4	填写报告					
4.1	修试记录	填写更换记录，包括晶闸管级编号、故障元件编号、新元件编号及试验结果	15	每少填写一项扣5分，扣完为止		
合计			100			

Jc2002152048　A5000换流阀主通流回路接头解体处理。（100分）

考核知识点：A5000换流阀主通流回路接头解体处理

难易度：中

技能等级评价专业技能考核操作工作任务书

一、任务名称

A5000 换流阀主通流回路接头解体处理。

二、适用工种

换流站直流设备检修工（二次）高级技师。

三、具体任务

（1）工作状态为换流阀检修状态、阀冷却系统停运。工作内容为 A5000 换流阀主通流回路接头解体处理。

（2）工作任务：对 A5000 换流阀主通流回路接头进行解体处理。

四、工作规范及要求

（1）工器具使用及安全措施。

（2）按要求进行主通流回路接头解体处理。

五、考核及时间要求

（1）本考核操作时间为 60 分钟，时间到停止考评。

（2）按照技能操作记录单的操作要求进行操作，并填写安装记录。

技能等级评价专业技能考核操作评分标准

工种	换流站直流设备检修工（二次）				评价等级	高级技师
项目模块	缺陷处理与事故分析—缺陷处理			编号	Jc2002152048	
单位		准考证号			姓名	
考试时限	60 分钟	题型	多项操作		题分	100 分
成绩		考评员		考评组长	日期	
试题正文	A5000 换流阀主通流回路接头解体处理					
需要说明的问题和要求	（1）要求调试人员单人操作，故障查找及分析在调试过程中完成。 （2）操作应注意安全，做好安全措施。 （3）在换流阀一次设备上完成操作。 （4）操作记录填入操作记录。试验或检修结果填入修试记录					

序号	项目名称	质量要求	满分	扣分标准	扣分原因	得分
1	工具使用及安全措施					
1.1	各种工器具正确使用	熟练正确使用各种工器具	5	未正确使用一次扣 1 分，扣完为止		
1.2	相关安全措施的准备	（1）试验仪器正确接地。 （2）高空作业车接地。 （3）正确使用安全带。 （4）如需取用电源应正确操作。 （5）进入作业现场正确佩戴安全帽，现场作业人员应穿全棉长袖工作服、绝缘鞋	10	试验仪器未正确接地扣 2 分； 高空作业车未正确接地扣 2 分； 未正确使用安全带扣 2 分； 未正确取用电源扣 1 分； 安全帽佩戴不规范扣 1 分； 未穿全棉长袖工作服扣 1 分； 未穿绝缘鞋扣 1 分		
2	主通流回路接头解体处理	（1）拆卸接头，精细处理接触面。用 150 目细砂纸去除导电膏残留，无水酒精清洁接触面。 （2）均匀薄涂导电膏。控制涂抹剂量，用不锈钢尺刮平，再用百洁布擦拭干净，使接线板表面形成薄薄一层导电膏。 （3）均衡牢固复装。复装时应先对角预紧、再用规定力矩拧紧，保证接线板受力均衡，并用记号笔做标记。 （4）测量直流电阻，不满足要求的应返工。 （5）80%力矩复验。检验合格后，用不同颜色的记号笔标记，两种标记线不可重合	60	未打磨处理接触面扣 10 分； 未涂抹酒精扣 10 分； 未涂抹导电膏扣 10 分； 未测量直流接触电阻扣 15 分； 未标记力矩线扣 15 分		

续表

序号	项目名称	质量要求	满分	扣分标准	扣分原因	得分
3	现场恢复	恢复现场	10	未进行现场恢复扣 10 分		
4	填写报告					
4.1	修试记录	记录处理前后接头接触电阻阻值	15	每少填写一项扣 3 分，扣完为止		
合计			100			

Jc2002143049　A5000 换流阀 VBE 触发与监测板卡更换。（100 分）

考核知识点： A5000 换流阀 VBE 故障处理

难易度： 难

技能等级评价专业技能考核操作工作任务书

一、任务名称

A5000 换流阀 VBE 触发与监测板卡更换。

二、适用工种

换流站直流设备检修工（二次）高级技师。

三、具体任务

（1）工作状态为换流阀检修状态。工作内容为 A5000 换流阀 VBE 触发与监测板卡更换。

（2）工作任务：对 A5000 换流阀 VBE 触发与监测板卡进行更换。

四、工作规范及要求

（1）工器具使用及安全措施。

（2）按要求进行 VBE 触发与监测板卡更换。

五、考核及时间要求

（1）本考核操作时间为 60 分钟，时间到停止考评。

（2）按照技能操作记录单的操作要求进行操作，并填写更换记录。

技能等级评价专业技能考核操作评分标准

工种	换流站直流设备检修工（二次）				评价等级	高级技师
项目模块	缺陷处理与事故分析—缺陷处理			编号	Jc2002143049	
单位		准考证号			姓名	
考试时限	60 分钟	题型	单项操作		题分	100 分
成绩		考评员		考评组长	日期	
试题正文	A5000 换流阀 VBE 触发与监测板卡更换					
需要说明的问题和要求	（1）要求单人操作。 （2）操作应注意安全，按照标准化作业书的技术安全说明做好安全措施。 （3）操作记录填入操作记录。试验或检修结果填入修试记录					

序号	项目名称	质量要求	满分	扣分标准	扣分原因	得分
1	工具使用及安全措施					
1.1	各种工器具正确使用	熟练正确使用各种工器具	5	未正确使用一次扣 1 分，扣完为止		
1.2	相关安全措施的准备	（1）工作前必须认真检查更换板卡状态，应注意对阀控装置的影响。 （2）在现场屏柜进行工作，防止走错间隔，同时做好检修现场各项安全措施。	10	未检查板卡状态扣 2 分； 未确认检修间隔扣 2 分； 未佩戴防静电手环扣 2 分； 未佩戴护目镜扣 1 分；		

续表

序号	项目名称	质量要求	满分	扣分标准	扣分原因	得分
1.2	相关安全措施的准备	（3）更换应按照厂家规定程序进行，佩戴防静电手环。 （4）更换过程中禁止直视光源，必要时戴护目镜。 （5）进入作业现场正确佩戴安全帽，现场作业人员应穿全棉长袖工作服、绝缘鞋	10	安全帽佩戴不规范扣1分； 未穿全棉长袖工作服扣1分； 未穿绝缘鞋扣1分		
2	板卡更换	（1）确认安全措施，防止空气开关断开错误，导致正常运行的系统电源丢失。 （2）拆除板卡时，记录光纤位置，记录新旧板卡型号、序列号等信息。 （3）拔下故障板卡，并与备品板卡进行比较，确认二者一致，并将新旧板卡设置一致。 （4）拔出及插入板卡过程中发生卡涩现象应立刻停止并进行检查，避免用力强行插拔对板卡及卡槽造成损伤。 （5）板卡更换结束后，检查更换板卡上下螺钉是否上紧，板卡背后的光纤是否插紧。 （6）板卡更换结束后，插拔光纤注意光纤过度弯曲。 （7）上电后检查装置机箱指示灯显示正常后台无异常告警信号	60	未断开或错误断开空气开关扣10分； 未记录光纤编号、位置扣10分； 未记录新、旧板卡编号、序列号扣10分； 未完成把卡插拔扣20分； 未完成光纤恢复扣10分		
3	现场恢复	恢复现场	10	未进行现场恢复扣10分		
4	填写报告					
4.1	修试记录	填写更换记录，包括VBE屏柜编号、VBE机箱编号、故障板卡编号、新装板卡编号	15	每少填写一项扣4分，扣完为止		
合计			100			

Jc2002153050　A5000 换流阀电抗器水管接头渗漏水处理。(100 分)

考核知识点：A5000 换流阀电抗器水管接头渗漏水处理

难易度：难

技能等级评价专业技能考核操作工作任务书

一、任务名称

A5000 换流阀电抗器水管接头渗漏水处理。

二、适用工种

换流站直流设备检修工（二次）高级技师。

三、具体任务

（1）工作状态为换流阀检修状态、阀冷却系统停运。工作内容为 A5000 换流阀电抗器水管接头渗漏水处理。

（2）工作任务：对 A5000 换流阀电抗器水管接头渗漏水进行处理。

四、工作规范及要求

（1）工器具使用及安全措施。

（2）按要求进行电抗器水管接头渗漏水处理。

五、考核及时间要求

（1）本考核操作时间为 60 分钟，时间到停止考评。

（2）按照技能操作记录单的操作要求进行操作，并填写更换记录。

技能等级评价专业技能考核操作评分标准

工种	换流站直流设备检修工（二次）			评价等级	高级技师
项目模块	缺陷处理与事故分析—缺陷处理		编号	Jc2002153050	
单位		准考证号		姓名	
考试时限	60 分钟	题型	多项操作	题分	100 分
成绩		考评员	考评组长	日期	
试题正文	A5000 换流阀电抗器水管接头渗漏水处理				
需要说明的问题和要求	（1）要求调试人员单人操作，故障查找及分析在调试过程中完成。 （2）操作应注意安全，做好安全措施。 （3）在换流阀一次设备上完成操作。 （4）操作记录填入操作记录。试验或检修结果填入修试记录				

序号	项目名称	质量要求	满分	扣分标准	扣分原因	得分
1	工具使用及安全措施					
1.1	各种工器具正确使用	熟练正确使用各种工器具	5	未正确使用一次扣 1 分，扣完为止		
1.2	相关安全措施的准备	（1）高空作业车接地。 （2）正确使用安全带。 （3）进入作业现场正确佩戴安全帽，现场作业人员应穿全棉长袖工作服、绝缘鞋	10	高空作业车未正确接地扣 2 分； 未正确使用安全带扣 2 分； 安全帽佩戴不规范扣 2 分； 未穿全棉长袖工作服扣 2 分； 未穿绝缘鞋扣 2 分		
2	阻尼电阻接头渗漏水处理	（1）查看渗水点，确认渗水原因（水管破损或密封老化）。 （2）阀塔放水。 （3）水管破损，用水管专用扳手拆卸损坏水管并更换水管，同时更换水管接头密封圈，用水管专用扳手加 6N·m 力矩。 （4）密封圈老化，用水管专用扳手拆卸水管更换密封圈，用水管专用扳手加 6N·m 力矩	60	未正确判断渗漏水原因扣 10 分； 未更换密封圈扣 20 分； 未完成漏水处理扣 30 分		
3	现场恢复	恢复现场	10	未进行现场恢复扣 10 分		
4	填写报告					
4.1	修试记录	填写记录，包括故障水管位置及水管编号	15	每少填写一项扣 5 分，扣完为止		
合计			100			

Jc2002153051　A5000 换流阀阻尼电阻更换。（100 分）

考核知识点： A5000 换流阀阻尼电阻更换

难易度： 难

技能等级评价专业技能考核操作工作任务书

一、任务名称

A5000 换流阀阻尼电阻更换。

二、适用工种

换流站直流设备检修工（二次）高级技师。

三、具体任务

（1）工作状态为换流阀检修状态、阀冷却系统停运。工作内容为 A5000 换流阀阻尼电阻更换。

（2）工作任务：对 A5000 换流阀阻尼电阻进行更换。

四、工作规范及要求

（1）工器具使用及安全措施。

（2）按要求进行阻尼电阻更换。

五、考核及时间要求

（1）本考核操作时间为60分钟，时间到停止考评。

（2）按照技能操作记录单的操作要求进行操作，并填写更换记录。

技能等级评价专业技能考核操作评分标准

<table>
<tr><td>工种</td><td colspan="4">换流站直流设备检修工（二次）</td><td>评价等级</td><td colspan="2">高级技师</td></tr>
<tr><td>项目模块</td><td colspan="4">二次设备日常维护、检修—换流阀及阀控设备日常维护、检修</td><td>编号</td><td colspan="2">Jc2002153051</td></tr>
<tr><td>单位</td><td colspan="2"></td><td>准考证号</td><td></td><td>姓名</td><td colspan="2"></td></tr>
<tr><td>考试时限</td><td>60分钟</td><td>题型</td><td colspan="2">多项操作</td><td>题分</td><td colspan="2">100分</td></tr>
<tr><td>成绩</td><td></td><td>考评员</td><td></td><td>考评组长</td><td></td><td>日期</td><td></td></tr>
<tr><td>试题正文</td><td colspan="7">A5000换流阀阻尼电阻更换</td></tr>
<tr><td>需要说明的问题和要求</td><td colspan="7">（1）要求调试人员单人操作，故障查找及分析在调试过程中完成。
（2）操作应注意安全，做好安全措施。
（3）在换流阀一次设备上完成操作。
（4）操作记录填入操作记录。试验或检修结果填入修试记录</td></tr>
<tr><td>序号</td><td>项目名称</td><td colspan="2">质量要求</td><td>满分</td><td>扣分标准</td><td>扣分原因</td><td>得分</td></tr>
<tr><td>1</td><td>工具使用及安全措施</td><td colspan="2"></td><td></td><td></td><td></td><td></td></tr>
<tr><td>1.1</td><td>各种工器具正确使用</td><td colspan="2">熟练正确使用各种工器具</td><td>5</td><td>未正确使用一次扣1分，扣完为止</td><td></td><td></td></tr>
<tr><td>1.2</td><td>相关安全措施的准备</td><td colspan="2">（1）试验仪器正确接地。
（2）高空作业车接地。
（3）正确使用安全带。
（4）确认阻尼电容已放电。
（5）如需取用电源应正确操作。
（6）进入作业现场正确佩戴安全帽，现场作业人员应穿全棉长袖工作服、绝缘鞋</td><td>10</td><td>未确认阻尼电容已放电扣2分；
试验仪器未正确接地扣2分；
高空作业车未正确接地扣1分；
未正确使用安全带扣1分；
未正确取用电源扣1分；
安全帽佩戴不规范扣1分；
未穿全棉长袖工作服扣1分；
未穿绝缘鞋扣1分</td><td></td><td></td></tr>
<tr><td>2</td><td>阻尼电阻更换</td><td colspan="2">（1）为防止更换电阻时水溅到下层阀塔，应在故障阻尼电阻所在阀组件下方的组件上覆盖保护塑料膜。
（2）应检查新电阻的阻值，与额定值误差不大于3%。
（3）新的电阻恢复水管连接时，应使用新的O形密封圈。
（4）对阀塔进行重新注水时应注意排气，保证所有的水管都能充满水。
（5）根据厂家力矩要求对水管接头进行力矩检查。
（6）检查组件外观正常，所有电气、水管连接正常，清洁阀体且保证阀体干燥。
（7）阻尼电阻更换完毕后，晶闸管级试验合格。
（8）对阀塔进行打压试验，检查无渗漏水</td><td>60</td><td>未开展防水措施扣10分；
未更换密封圈扣10分；
未开展力矩检查扣10分；
晶闸管试验不合格扣15分；
打压试验时发生漏水扣15分</td><td></td><td></td></tr>
<tr><td>3</td><td>现场恢复</td><td colspan="2">恢复现场</td><td>10</td><td>未进行现场恢复扣10分</td><td></td><td></td></tr>
<tr><td>4</td><td>填写报告</td><td colspan="2"></td><td></td><td></td><td></td><td></td></tr>
<tr><td>4.1</td><td>修试记录</td><td colspan="2">填写更换记录，包括晶闸管级编号、故障元件编号、新元件编号</td><td>15</td><td>每少填写一项扣5分，扣完为止</td><td></td><td></td></tr>
<tr><td colspan="2">合计</td><td colspan="2"></td><td>100</td><td></td><td></td><td></td></tr>
</table>

Jc2002152052　A5000 换流阀触发光纤更换。（100 分）

考核知识点： A5000 换流阀备用光纤更换

难易度： 中

技能等级评价专业技能考核操作工作任务书

一、任务名称

A5000 换流阀触发光纤更换。

二、适用工种

换流站直流设备检修工（二次）高级技师。

三、具体任务

（1）工作状态为换流阀检修状态、阀冷却系统停运。工作内容为 A5000 换流阀触发光纤更换。

（2）工作任务：对 A5000 换流阀触发光纤进行更换。

四、工作规范及要求

（1）工器具使用及安全措施。

（2）按要求进行触发光纤更换。

五、考核及时间要求

（1）本考核操作时间为 60 分钟，时间到停止考评。

（2）按照技能操作记录单的操作要求进行操作，并填写更换记录。

技能等级评价专业技能考核操作评分标准

工种	换流站直流设备检修工（二次）					评价等级	高级技师
项目模块	二次设备日常维护、检修—换流阀及阀控设备日常维护、检修				编号	Jc2002152052	
单位			准考证号			姓名	
考试时限	60 分钟	题型	多项操作			题分	100 分
成绩		考评员		考评组长		日期	
试题正文	A5000 换流阀触发光纤更换						
需要说明的问题和要求	（1）要求调试人员单人操作，故障查找及分析在调试过程中完成。 （2）操作应注意安全，做好安全措施。 （3）在换流阀一次设备上完成操作。 （4）操作记录填入操作记录。试验或检修结果填入修试记录						

序号	项目名称	质量要求	满分	扣分标准	扣分原因	得分
1	工具使用及安全措施					
1.1	各种工器具正确使用	熟练正确使用各种工器具	5	未正确使用一次扣 1 分，扣完为止		
1.2	相关安全措施的准备	（1）VBE 屏柜工作带静电手环。 （2）高空作业车接地。 （3）正确使用安全带。 （4）进入作业现场正确佩戴安全帽，现场作业人员应穿全棉长袖工作服、绝缘鞋	10	未戴静电手环扣 2 分； 高空作业车未正确接地扣 2 分； 未正确使用安全带扣 2 分； 安全帽佩戴不规范扣 2 分； 未穿全棉长袖工作服扣 1 分； 未穿绝缘鞋扣 1 分		
2	触发光纤更换	（1）将晶闸管级控制单元上的光纤拔出后应做好标记。 （2）新的光纤插入晶闸管级控制单元前，应先用光纤清洁工具将光纤头清洁干净，同时检查新光纤的光功率损耗在正常范围内。 （3）光纤安装完毕后，检查光纤弯曲度在正常范围内。 （4）光纤更换完毕后，晶闸管级试验合格。 （5）全部工作完毕后检查阀塔无遗留物	60	未做好光纤标记扣 20 分； 未清洁光纤头扣 20 分； 未检查阀塔有无遗留物扣 20 分		

续表

序号	项目名称	质量要求	满分	扣分标准	扣分原因	得分
3	现场恢复	恢复现场	10	未进行现场恢复扣 10 分		
4	填写报告					
4.1	修试记录	填写更换记录，包括晶闸管级编号、故障元件编号、新元件编号	15	每少填写一项扣 5 分，扣完为止		
合计			100			

Jc2002151053　A5000 换流阀门极板更换。（100 分）

考核知识点：A5000 换流阀门极板更换

难易度：易

技能等级评价专业技能考核操作工作任务书

一、任务名称

A5000 换流阀门极板更换。

二、适用工种

换流站直流设备检修工（二次）高级技师。

三、具体任务

（1）工作状态为换流阀检修状态、阀冷却系统停运。工作内容为 A5000 换流阀门极板更换。

（2）工作任务：对 A5000 换流阀门极板进行更换。

四、工作规范及要求

（1）工器具使用及安全措施。

（2）按要求进行换流阀门极板更换。

五、考核及时间要求

（1）本考核操作时间为 60 分钟，时间到停止考评。

（2）按照技能操作记录单的操作要求进行操作，并填写更换记录。

技能等级评价专业技能考核操作评分标准

工种	换流站直流设备检修工（二次）					评价等级	高级技师
项目模块	二次设备日常维护、检修—换流阀及阀控设备日常维护、检修				编号	Jc2002151053	
单位			准考证号			姓名	
考试时限	60 分钟		题型	多项操作		题分	100 分
成绩		考评员		考评组长		日期	
试题正文	A5000 换流阀门极板更换						
需要说明的问题和要求	（1）要求调试人员单人操作，故障查找及分析在调试过程中完成。 （2）操作应注意安全，做好安全措施。 （3）在换流阀一次设备上完成操作。 （4）操作记录填入操作记录。试验或检修结果填入修试记录						

序号	项目名称	质量要求	满分	扣分标准	扣分原因	得分
1	工具使用及安全措施					
1.1	各种工器具正确使用	熟练正确使用各种工器具	5	未正确使用一次扣 1 分，扣完为止		

续表

序号	项目名称	质量要求	满分	扣分标准	扣分原因	得分
1.2	相关安全措施的准备	（1）高空作业车接地。 （2）正确使用安全带。 （3）进入作业现场正确佩戴安全帽，现场作业人员应穿全棉长袖工作服、绝缘鞋	10	高空作业车未正确接地扣2分； 未正确使用安全带扣2分； 安全帽佩戴不规范扣2分； 未穿全棉长袖工作服扣2分； 未穿绝缘鞋扣2分		
2	换流阀门极板更换	（1）板卡更换时应使用防静电手环，且防静电手环应可靠接地。 （2）拔出触发与回报光纤时，应注意避免光纤弯曲过度，且使用光纤帽保护光纤头防止脏污，必要时使用光纤清洁工具将光纤头清洁干净。 （3）板卡安装完毕后按照电气原理图检查板卡接线应正确、紧固。 （4）板卡更换完毕后，晶闸管级试验合格。 （5）全部工作完毕后检查阀塔无遗留物	60	未佩戴防静电手环扣10分； 未清理光纤头扣15分； 晶闸管试验不合格扣15分； 工作完成未检查阀塔有无遗留物扣20分		
3	现场恢复	恢复现场	10	未进行现场恢复扣10分		
4	填写报告					
4.1	修试记录	填写更换记录，包括晶闸管级编号、故障元件编号、新元件编号	15	每少填写一项扣5分，扣完为止		
合计			100			

Jc2002152054　A5000换流阀均压电极更换。（100分）

考核知识点：A5000换流阀均压电极更换

难易度：中

技能等级评价专业技能考核操作工作任务书

一、任务名称

A5000换流阀均压电极更换。

二、适用工种

换流站直流设备检修工（二次）高级技师。

三、具体任务

（1）工作状态为换流阀检修状态、阀冷却系统停运。工作内容为A5000换流阀均压电极更换。

（2）工作任务：对A5000换流阀均压电极进行更换。

四、工作规范及要求

（1）工器具使用及安全措施。

（2）按要求进行均压电极更换。

五、考核及时间要求

（1）本考核操作时间为60分钟，时间到停止考评。

（2）按照技能操作记录单的操作要求进行操作，并填写更换记录。

技能等级评价专业技能考核操作评分标准

工种	换流站直流设备检修工（二次）					评价等级	高级技师
项目模块	二次设备日常维护、检修—换流阀及阀控设备日常维护、检修				编号	Jc2002152054	
单位			准考证号			姓名	
考试时限	60分钟	题型	多项操作			题分	100分

续表

成绩		考评员		考评组长		日期	
试题正文	A5000 换流阀均压电极更换						
需要说明的问题和要求	（1）要求调试人员单人操作，故障查找及分析在调试过程中完成。 （2）操作应注意安全，做好安全措施。 （3）在换流阀一次设备上完成操作。 （4）操作记录填入操作记录。试验或检修结果填入修试记录						

序号	项目名称	质量要求	满分	扣分标准	扣分原因	得分
1	工具使用及安全措施					
1.1	各种工器具正确使用	熟练正确使用各种工器具	5	未正确使用一次扣 1 分，扣完为止		
1.2	相关安全措施的准备	（1）高空作业车接地。 （2）正确使用安全带。 （3）如需取用电源应正确操作。 （4）进入作业现场正确佩戴安全帽，现场作业人员应穿全棉长袖工作服、绝缘鞋	10	高空作业车未正确接地扣 2 分； 未正确使用安全带扣 2 分； 未正确取用电源扣 2 分； 安全帽佩戴不规范扣 2 分； 未穿全棉长袖工作服扣 1 分； 未穿绝缘鞋扣 1 分		
2	均压电极更换	（1）在电极的拆出过程中应对下方的组件上覆盖保护塑料膜。 （2）拆出电极后应密封电极安装孔，防止灰尘进入。 （3）对存在水垢的电极进行清理。 （4）当电极有效部分体积减小超过 20%时，对电极进行更换。 （5）安装电极时应使用新的 O 形密封圈，且 O 形密封圈使用前要先用纯水浸湿。 （6）新电极插入安装孔并按规定力矩进行紧固，检查电极电气连接可靠，紧固时应仔细确认密封圈与安装孔吻合到位，未在紧固过程中被挤出密封位置。检查电极电气连接可靠。 （7）对阀塔注水，注水过程中应注意水管排气，保证管路中无气泡。 （8）电极更换完毕后进行加压试验。 （9）全部工作完毕后检查阀塔无遗留物	60	未开展防水措施扣 10 分； 开展电极接口密封扣 10 分； 未开展电极清理扣 10 分； 未更换 O 形密封圈扣 10 分； 未检查阀塔是否有遗留物扣 20 分		
3	现场恢复	恢复现场	10	未进行现场恢复扣 10 分		
4	填写报告					
4.1	修试记录	填写更换记录，包括阀模块编号、故障元件编号、新元件编号	15	每少填写一项扣 5 分，扣完为止		
合计			100			

Jc2002153055　A5000 换流阀晶闸管间水管更换。（100 分）

考核知识点：A5000 换流阀晶闸管间水管更换

难易度：难

技能等级评价专业技能考核操作工作任务书

一、任务名称

A5000 换流阀晶闸管间水管更换。

二、适用工种

换流站直流设备检修工（二次）高级技师。

三、具体任务

（1）工作状态为换流阀检修状态、阀冷却系统停运。工作内容为 A5000 换流阀晶闸管间水管更换。

（2）工作任务：对A5000换流阀晶闸管间水管进行更换。

四、工作规范及要求

（1）工器具使用及安全措施。

（2）按要求进行晶闸管间水管更换。

五、考核及时间要求

（1）本考核操作时间为60分钟，时间到停止考评。

（2）按照技能操作记录单的操作要求进行操作，并填写更换记录。

技能等级评价专业技能考核操作评分标准

工种	换流站直流设备检修工（二次）				评价等级	高级技师
项目模块	缺陷处理与事故分析—缺陷处理			编号	Jc2002153055	
单位		准考证号			姓名	
考试时限	60分钟	题型	多项操作		题分	100分
成绩		考评员		考评组长	日期	
试题正文	A5000换流阀晶闸管间水管更换					
需要说明的问题和要求	（1）要求调试人员单人操作，故障查找及分析在调试过程中完成。 （2）操作应注意安全，做好安全措施。 （3）在换流阀一次设备上完成操作。 （4）操作记录填入操作记录。试验或检修结果填入修试记录					

序号	项目名称	质量要求	满分	扣分标准	扣分原因	得分
1	工具使用及安全措施					
1.1	各种工器具正确使用	熟练正确使用各种工器具	5	未正确使用一次扣1分，扣完为止		
1.2	相关安全措施的准备	（1）高空作业车接地。 （2）正确使用安全带。 （3）进入作业现场正确佩戴安全帽，现场作业人员应穿全棉长袖工作服、绝缘鞋	10	高空作业车未正确接地扣2分； 未正确使用安全带扣2分； 安全帽佩戴不规范扣2分； 未穿全棉长袖工作服扣2分； 未穿绝缘鞋扣2分		
2	晶闸管间水管更换	（1）为防止水洒到下层阀模块上，应在下层阀组件上覆盖塑料薄膜。 （2）更换水管的同时应使用新的O形密封圈。 （3）水管更换完成后应根据厂家要求的力矩对接头进行力矩检查。 （4）力矩检查完毕后应画线标记，但不能与原标记线重合。 （5）阀塔补水时应注意排气，确保水管内无气泡。 （6）对阀冷系统进行静态加压试验，检查水管无渗漏。 （7）全部工作结束后检查阀塔无遗留物	60	未正确判断渗漏水原因扣10分； 未更换密封圈扣20分； 未完成漏水处理扣30分		
3	现场恢复	恢复现场	10	未进行现场恢复扣10分		
4	填写报告					
4.1	修试记录	填写更换记录，包括晶闸管级编号、新、旧水管编号	15	每少填写一项扣5分，扣完为止		
合计			100			

Jc2002153056　A5000换流阀阻尼电阻水管接头渗漏水处理。（100分）

考核知识点：A5000换流阀阻尼电阻水管接头渗漏水处理

难易度：难

技能等级评价专业技能考核操作工作任务书

一、任务名称

A5000 换流阀阻尼电阻水管接头渗漏水处理。

二、适用工种

换流站直流设备检修工（二次）高级技师。

三、具体任务

（1）工作状态为换流阀检修状态、阀冷却系统停运。工作内容为 A5000 换流阀阻尼电阻水管接头渗漏水处理。

（2）工作任务：对 A5000 换流阀阻尼电阻水管接头渗漏水进行处理。

四、工作规范及要求

（1）工器具使用及安全措施。

（2）按要求进行阻尼电阻水管接头渗漏水处理。

五、考核及时间要求

（1）本考核操作时间为 60 分钟，时间到停止考评。

（2）按照技能操作记录单的操作要求进行操作，并填写更换记录。

技能等级评价专业技能考核操作评分标准

工种	换流站直流设备检修工（二次）				评价等级	高级技师
项目模块	缺陷处理与事故分析—缺陷处理			编号	Jc2002153056	
单位		准考证号			姓名	
考试时限	60 分钟	题型	多项操作		题分	100 分
成绩		考评员	考评组长		日期	
试题正文	A5000 换流阀阻尼电阻水管接头渗漏水处理					
需要说明的问题和要求	（1）要求调试人员单人操作，故障查找及分析在调试过程中完成。 （2）操作应注意安全，做好安全措施。 （3）在换流阀一次设备上完成操作。 （4）操作记录填入操作记录。试验或检修结果填入修试记录					

序号	项目名称	质量要求	满分	扣分标准	扣分原因	得分
1	工具使用及安全措施					
1.1	各种工器具正确使用	熟练正确使用各种工器具	5	未正确使用一次扣 1 分，扣完为止		
1.2	相关安全措施的准备	（1）高空作业车接地。 （2）正确使用安全带。 （3）确认阻尼回路电容已放电。 （4）进入作业现场正确佩戴安全帽，现场作业人员应穿全棉长袖工作服、绝缘鞋	10	未确认阻尼回路电容已放电扣 2 分； 高空作业车未正确接地扣 2 分； 未正确使用安全带扣 2 分； 安全帽佩戴不规范扣 2 分； 未穿全棉长袖工作服扣 2 分； 未穿绝缘鞋扣 2 分		
2	阻尼电阻接头渗漏水处理	（1）查看渗水点，确认渗水原因（水管破损或密封老化）。 （2）阀塔放水。 （3）水管破损，用水管专用扳手拆卸损坏水管并更换水管，同时更换水管接头密封圈，用水管专用扳手加 6N·m 力矩。 （4）密封圈老化，用水管专用扳手拆卸水管更换密封圈，用水管专用扳手加 6N·m 力矩	60	未正确判断渗漏水原因扣 10 分； 未更换密封圈扣 20 分； 未完成漏水处理扣 30 分		
3	现场恢复	恢复现场	10	未进行现场恢复扣 10 分		

续表

序号	项目名称	质量要求	满分	扣分标准	扣分原因	得分
4	填写报告					
4.1	修试记录	填写记录，包括故障水管位置以及水管编号	15	每少填写一项扣5分，扣完为止		
合计			100			

Jc2003143057　阀内冷系统蝶阀更换。(100分)

考核知识点：阀冷系统基本操作

难易度：难

技能等级评价专业技能考核操作工作任务书

一、任务名称

阀内冷系统蝶阀更换。

二、适用工种

换流站直流设备检修工（二次）高级技师。

三、具体任务

（1）工作状态为阀内冷系统处于停运模式。工作内容为阀内冷系统蝶阀更换。

（2）工作任务：对阀内冷系统蝶阀进行更换。

四、工作规范及要求

按要求进行阀内冷系统停运模式下对阀冷系统阀内冷系统蝶阀更换。

五、考核及时间要求

本考核操作时间为60分钟，时间到停止考评，包括阀冷系统状态确认和报告整理时间。

技能等级评价专业技能考核操作评分标准

工种	换流站直流设备检修工（二次）			评价等级	高级技师
项目模块	二次设备日常维护、检修—阀冷却系统的日常维护、检修		编号	Jc2003143057	
单位		准考证号		姓名	
考试时限	60分钟	题型	单项操作	题分	100分
成绩	考评员		考评组长		日期
试题正文	阀内冷系统蝶阀更换				
需要说明的问题和要求	（1）要求单人操作。 （2）操作应注意安全，按照标准化作业书的技术安全说明做好安全措施。 （3）填写修试记录				

序号	项目名称	质量要求	满分	扣分标准	扣分原因	得分
1	安全措施					
1.1	相关安全措施的准备	（1）核对设备双重名称。 （2）进入作业现场正确佩戴安全帽，现场作业人员应穿全棉长袖工作服、绝缘鞋	20	未核对设备双重名称操作扣10分； 安全帽佩戴不规范扣4分； 未穿全棉长袖工作服扣3分； 未穿绝缘鞋扣3分		
2	阀内冷系统检查					
2.1	阀内冷系统关键点检查	能对阀内冷系统进行关键点检查，确认无异常后方可进行更换操作。	20	未检查关键点每项扣5分（可口述），扣完为止		

续表

序号	项目名称	质量要求	满分	扣分标准	扣分原因	得分
2.1	阀内冷系统关键点检查	关键点：阀冷系统在停运状态、膨胀罐液位、膨胀罐压力、阀冷系统告警界面告警信息	20	未检查关键点每项扣5分（可口述），扣完为止		
3	阀内冷系统法兰密封圈更换	能正确进行阀内冷系统蝶阀更换： （1）蝶阀的更换应在系统停运时进行。 （2）关闭蝶阀两端最近的阀门，并排空该管段介质，注意回收。 （3）置蝶阀为全关闭状态。 （4）对角线松开蝶阀法兰螺栓。 （5）松开该蝶阀管道管段的管码。 （6）向外移动管道，松开蝶阀法兰密封环，水平或垂直取出蝶阀。 （7）更换并安装新蝶阀，调节蝶阀中心轴线与管中心轴线一致，最大偏差不得大于3mm。 （8）对角线紧固好蝶阀法兰螺栓，保证法兰密封处无渗漏。 （9）恢复蝶阀正常运行时初始阀位	40	未确认阀冷系统停运。扣5分； 未关闭蝶阀两端最近的阀门，并回收排空该管段介质，扣5分； 未置蝶阀为全关闭状态，扣5分； 未对角线松开蝶阀法兰螺栓，扣5分； 松开该蝶阀管道管段的管码，扣5分； 未取出蝶阀，扣5分； 未更换并安装新蝶阀，调节蝶阀中心轴线与管中心轴线一致，或最大偏差不符合要求，扣5分； 未恢复阀门阀位，补充冷却介质，排除气体，并检查是否漏水，扣5分		
4	填写报告					
4.1	填写修试记录	正确填写更换报告： 报告应包括更换蝶阀位置、更换原因、是否漏水、膨胀罐液位及压力等信息	20	根据核对信息酌情扣分		
合计			100			

Jc2003143058 阀外冷系统空冷散热器风机更换。（100分）

考核知识点：阀冷系统基本操作

难易度：难

技能等级评价专业技能考核操作工作任务书

一、任务名称

阀外冷系统空冷散热器风机更换。

二、适用工种

换流站直流设备检修工（二次）高级技师。

三、具体任务

（1）工作状态为阀冷系统处于自动运行模式。工作内容为阀外冷系统空冷散热器风机更换

（2）工作任务：对阀外冷系统空冷散热器风机进行更换。

四、工作规范及要求

按要求进行阀冷系统自动运行模式下对阀外冷系统空冷散热器风机更换。

五、考核及时间要求

本考核操作时间为60分钟，时间到停止考评，包括阀冷系统状态确认和报告整理时间。

技能等级评价专业技能考核操作评分标准

<table>
<tr><td>工种</td><td colspan="4">换流站直流设备检修工（二次）</td><td>评价等级</td><td>高级技师</td></tr>
<tr><td>项目模块</td><td colspan="3">二次设备日常维护、检修—阀冷却系统的日常维护、检修</td><td>编号</td><td colspan="2">Jc2003143058</td></tr>
<tr><td>单位</td><td colspan="2"></td><td>准考证号</td><td></td><td>姓名</td><td></td></tr>
<tr><td>考试时限</td><td>60分钟</td><td>题型</td><td colspan="2">单项操作</td><td>题分</td><td>100分</td></tr>
</table>

续表

成绩		考评员		考评组长		日期	
试题正文	阀外冷系统空冷散热器风机更换						
需要说明的问题和要求	（1）要求两人配合进行操作。 （2）操作应注意安全，按照标准化作业书的技术安全说明做好安全措施。 （3）填写修试记录						

序号	项目名称	质量要求	满分	扣分标准	扣分原因	得分
1	安全措施					
1.1	相关安全措施的准备	（1）核对设备双重名称。 （2）进入作业现场正确佩戴安全帽，现场作业人员应穿全棉长袖工作服、绝缘鞋	20	未核对设备双重名称操作扣 10 分； 安全帽佩戴不规范扣 4 分； 未穿全棉长袖工作服扣 3 分； 未穿绝缘鞋扣 3 分		
2	阀外冷系统检查					
2.1	阀外冷系统关键点检查	能对阀外冷系统进行关键点检查，确认无异常后方可进行更换操作。 关键点：阀冷系统在自动运行状态、冷却器状态、进阀温度、阀冷系统告警界面告警信息	20	未检查关键点每项扣 5 分（可口述），扣完为止		
3	阀外冷系统空冷散热器风机更换	能正确进行阀外冷系统空冷散热器风机更换： （1）停运需要更换的风机，断开该风机电源。 （2）风机就地安全开关置于关位，并保证电源供应不会被意外接通。 （3）拧松电机座紧固螺栓及位置调节螺栓。 （4）拆除风机。 （5）安装新风机。 （6）恢复风机电源及安全开关。 （7）手动试运行，风机启前，风机周围不要放任何物品，检查风机转向是否正确	40	未停运需要更换的风机，断开该风机电源，扣 10 分； 未断开风机就地安全开关，扣 10 分； 未成功拆出风机，扣 5 分； 未成功安装风机，扣 5 分； 未恢复风机电源及安全开关，扣 5 分； 未进行手动试运行，或未检查风机转向，扣 5 分		
4	填写修试记录					
4.1	填写修试记录	正确填写更换报告： 报告应包括更换的风机编号、更换结果、更换后电源及安全开关状态、风机运行电流等信息	20	根据核对信息酌情扣分		
合计			100			

Jc2003143059　阀冷系统压力流量配合保护逻辑校验。（100 分）

考核知识点：阀冷系统基本操作

难易度：难

技能等级评价专业技能考核操作工作任务书

一、任务名称

阀冷系统压力流量配合保护逻辑校验。

二、适用工种

换流站直流设备检修工（二次）高级技师。

三、具体任务

（1）工作状态为阀冷系统处于自动停运模式。工作内容为阀冷系统压力流量配合保护逻辑校验。

（2）工作任务：对阀冷系统压力流量配合保护逻辑进行校验。

四、工作规范及要求

按要求在阀冷系统自动停运模式下对阀冷系统压力流量配合保护逻辑进行校验。

五、考核及时间要求

本考核操作时间为60分钟，时间到停止考评，包括阀冷系统状态确认和报告整理时间。

技能等级评价专业技能考核操作评分标准

工种	换流站直流设备检修工（二次）					评价等级	高级技师
项目模块	二次设备日常维护、检修—阀冷却系统的日常维护、检修				编号	Jc2003143059	
单位			准考证号			姓名	
考试时限	60分钟		题型	单项操作		题分	100分
成绩		考评员		考评组长		日期	
试题正文	阀冷系统压力流量配合保护逻辑校验						
需要说明的问题和要求	（1）要求两人配合进行操作。 （2）操作应注意安全，按照标准化作业书的技术安全说明做好安全措施。 （3）填写修试记录						

序号	项目名称	质量要求	满分	扣分标准	扣分原因	得分
1	安全措施					
1.1	相关安全措施的准备	（1）核对设备双重名称。 （2）进入作业现场正确佩戴安全帽，现场作业人员应穿全棉长袖工作服、绝缘鞋	20	未核对设备双重名称操作扣10分； 安全帽佩戴不规范扣4分； 未穿全棉长袖工作服扣3分； 未穿绝缘鞋扣3分		
2	阀冷系统检查					
2.1	阀冷系统关键点检查	能对阀冷系统进行关键点检查，确认无异常后方可进行校验。 关键点：阀冷系统在自动停止状态、进阀压力、冷却水流量、保护定值、阀冷系统告警界面告警信息	20	未检查关键点每项扣5分（可口述），扣完为止		
3	阀冷系统压力流量配合保护逻辑校验	能正确进行阀冷系统压力流量配合保护逻辑校验： （1）将阀冷系统保护校验装置的DP通信总线接至阀冷系统CPU耦合模块上。 （2）找到屏柜内进阀压力、冷却水流量变送器输入端子并挑开，然后将校验装置进阀压力、冷却水流量的输入试验接线接至端子输入侧。 （3）在校验装置上单击预置的压力流量配合保护跳闸测试按钮，验证保护动作后果。 （4）恢复接线及系统状态	40	未将阀冷系统保护校验装置的DP通信总线接至阀冷系统CPU耦合模块上，扣10分； 未找到屏柜内进阀压力、冷却水流量变送器输入端子并挑开，然后将校验装置进阀压力、冷却水流量的输入试验接线接至端子输入侧，扣10分； 未在校验装置上单击预置的压力流量配合保护跳闸测试按钮，验证保护动作后果，扣10分； 未恢复接线及系统状态，扣10分		
4	填写修试记录	正确填写更换报告： 报告应包括测试前系统状态、测试接线方式、测试结果、测试后系统恢复状态等信息	20	根据核对信息酌情扣分		
合计			100			

Jc2003143060　阀外冷系统软化罐C47树脂更换。（100分）

考核知识点：阀外冷系统软化罐C47树脂更换

难易度：难

技能等级评价专业技能考核操作工作任务书

一、任务名称

阀外冷系统软化罐 C47 树脂更换。

二、适用工种

换流站直流设备检修工（二次）高级技师。

三、具体任务

（1）工作状态为阀外冷系统停止状态，阀外冷系统软化罐 C47 检修，工作内容为阀外冷系统软化罐 C47 树脂更换，见图 Jc2003143060。

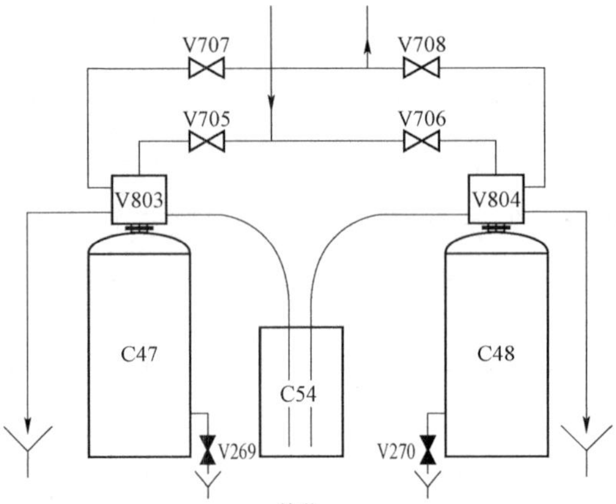

图 Jc2003143060

（2）工作任务：进行阀外冷系统软化罐树脂更换，更换步骤应符合要求，确保设备正常稳定运行。

四、工作规范及要求

熟悉阀冷系统阀外冷系统软化罐树脂更换的方法，熟练使用仪器仪表及工器具。

五、考核及时间要求

本考核操作时间为 60 分钟，时间到停止考评。

技能等级评价专业技能考核操作评分标准

<table>
<tr><td>工种</td><td colspan="5">换流站直流设备检修工（二次）</td><td>评价等级</td><td>高级技师</td></tr>
<tr><td>项目模块</td><td colspan="4">二次设备日常维护、检修—阀冷却系统的日常维护、检修</td><td>编号</td><td colspan="2">Jc2003143060</td></tr>
<tr><td>单位</td><td colspan="2"></td><td>准考证号</td><td colspan="2"></td><td>姓名</td><td></td></tr>
<tr><td>考试时限</td><td colspan="2">60 分钟</td><td>题型</td><td colspan="2">单项操作</td><td>题分</td><td>100 分</td></tr>
<tr><td>成绩</td><td></td><td>考评员</td><td></td><td>考评组长</td><td></td><td>日期</td><td></td></tr>
<tr><td>试题正文</td><td colspan="7">阀外冷系统软化罐 C47 树脂更换</td></tr>
<tr><td>需要说明的问题和要求</td><td colspan="7">（1）要求单人操作，树脂注入等单人难以完成的体力工作，可申请外协人员协助进行。
（2）操作应注意安全，按照标准化作业书的技术安全说明做好安全措施。
（3）填写修试记录</td></tr>
</table>

序号	项目名称	质量要求	满分	扣分标准	扣分原因	得分
1	工具使用及安全措施					
1.1	相关安全措施的准备	（1）核对设备双重名称、核对阀外冷系统软化罐 C47 检修状态。 （2）进入作业现场正确佩戴安全帽，现场作业人员应穿全棉长袖工作服、绝缘鞋，树脂更换要戴橡胶手套及护目镜	20	未核对设备扣 10 分； 安全帽佩戴不规范扣 4 分； 未穿全棉长袖工作服扣 3 分； 未穿绝缘鞋扣 3 分		

续表

序号	项目名称	质量要求	满分	扣分标准	扣分原因	得分
2	树脂更换					
2.1	树脂泄空	（1）关闭 V705、V707 球阀，断开 V803 多路阀电源。 （2）缓慢打开 C47 底部泄空阀，排出一部分树脂，注意使用水桶接盛。 （3）打开 C47 上部侧口通气，保证底部泄空阀排放更顺畅。 （4）待泄空阀已无树脂排出后，使用水管深入侧口对罐内进行冲洗，观察泄空阀排出的水中几乎无树脂排出后，取出水管，关闭泄空阀	40	按照步骤开展，每少一步扣 10 分，扣完为止		
2.2	充入新的树脂	（1）通过 C47 上部侧口将新树脂填充进入。 （2）计算所需树脂量，约为罐体容积的 3/4。 （3）完成填充后关闭侧口，注意保护密封圈。 （4）恢复阀门状态，向罐内注水观察有无渗漏	20	按照步骤开展，每少一步扣 5 分，扣完为止		
3	填写修试记录	正确填写更换报告： 报告应包括更换前阀外冷系统状态、填充树脂用量、阀门位置检查、相关位置漏水检查确认等信息	20	根据核对信息酌情扣分		
合计			100			

Jc2003143061 阀外冷系统喷淋泵同心度校验。（100 分）

考核知识点：阀冷系统基本操作

难易度：难

技能等级评价专业技能考核操作工作任务书

一、任务名称

阀外冷系统喷淋泵同心度校验。

二、适用工种

换流站直流设备检修工（二次）高级技师。

三、具体任务

（1）工作状态为阀外冷系统处于自动停运模式。工作内容为阀外冷系统喷淋泵同心度校验。

（2）工作任务：对阀外冷系统喷淋泵同心度进行校验。

四、工作规范及要求

按要求进行阀冷系统自动停运模式下对阀外冷系统喷淋泵同心度校验。

五、考核及时间要求

本考核操作时间为 60 分钟，时间到停止考评，包括阀冷系统状态确认和报告整理时间。

技能等级评价专业技能考核操作评分标准

工种	换流站直流设备检修工（二次）			评价等级	高级技师
项目模块	二次设备检测—阀冷却系统检测		编号	Jc2003143061	
单位		准考证号		姓名	

续表

考试时限	60分钟		题型	单项操作		题分	100分
成绩		考评员		考评组长		日期	
试题正文	阀外冷系统喷淋泵同心度校验						
需要说明的问题和要求	（1）要求单人进行操作。 （2）操作应注意安全，按照标准化作业书的技术安全说明做好安全措施。 （3）填写修试记录						

序号	项目名称	质量要求	满分	扣分标准	扣分原因	得分
1	安全措施					
1.1	相关安全措施的准备	（1）核对设备双重名称。 （2）进入作业现场正确佩戴安全帽，现场作业人员应穿全棉长袖工作服、绝缘鞋	20	未核对设备双重名称操作扣10分； 安全帽佩戴不规范扣4分； 未穿全棉长袖工作服扣3分； 未穿绝缘鞋扣3分		
2	阀冷系统检查					
2.1	阀冷系统关键点检查	能对阀冷系统进行关键点检查，确认无异常后方可进行校验。 关键点：阀冷系统在自动停止状态、喷淋泵状态、进阀温度、阀冷系统告警界面告警信息	20	未检查关键点每项扣5分（可口述），扣完为止		
3	阀外冷系统喷淋泵同心度校验	能正确进行阀外冷系统喷淋泵同心度校验： （1）断开喷淋泵进线电源及安全开关。 （2）拆除喷淋泵联轴器护罩，松开电动机固定螺栓。 （3）安装百分表，对电动机水泵转轴0°/90°/180°/270°的百分表读数进行读取并调整差值在±0.2mm内。 （4）恢复喷淋泵护罩及固定螺栓，恢复进线电源及安全开关	40	未断开喷淋泵进线电源及安全开关，扣10分； 未拆除喷淋泵联轴器护罩，松开电动机固定螺栓，扣10分； 未安装百分表，对电动机水泵转轴0°/90°/180°/270°的百分表读数进行读取并调整差值在±0.2mm内，扣10分； 未恢复喷淋泵护罩及固定螺栓，恢复进线电源及安全开关，扣10分		
4	填写修试记录	正确填写更换报告： 报告应包括校验前系统状态、校验的百分表数据、调整后的百分表数据、恢复系统状态等信息	20	根据核对信息酌情扣分		
合计			100			

Jc2003143062　阀外冷系统喷淋泵电动机直阻测量。（100分）

考核知识点：阀冷系统基本操作

难易度：难

技能等级评价专业技能考核操作工作任务书

一、任务名称

阀外冷系统喷淋泵电动机直阻测量。

二、适用工种

换流站直流设备检修工（二次）高级技师。

三、具体任务

（1）工作状态为阀外冷系统处于自动停运模式。工作内容为阀外冷系统喷淋泵电动机直阻测量。

（2）工作任务：对阀外冷系统喷淋泵电动机直阻进行测量。

四、工作规范及要求

按要求进行阀冷系统自动停运模式下对阀外冷系统喷淋泵电动机直阻测量。

五、考核及时间要求

本考核操作时间为60分钟，时间到停止考评，包括阀冷系统状态确认和报告整理时间。

技能等级评价专业技能考核操作评分标准

工种	换流站直流设备检修工（二次）				评价等级	高级技师
项目模块	二次设备日常维护、检修—阀冷却系统的日常维护、检修			编号	Jc2003143062	
单位			准考证号		姓名	
考试时限	60分钟	题型	单项操作		题分	100分
成绩		考评员	考评组长		日期	
试题正文	阀外冷系统喷淋泵电动机直阻测量					
需要说明的问题和要求	（1）要求单人进行操作。 （2）操作应注意安全，按照标准化作业书的技术安全说明做好安全措施。 （3）填写修试记录					

序号	项目名称	质量要求	满分	扣分标准	扣分原因	得分
1	安全措施					
1.1	相关安全措施的准备	（1）核对设备双重名称。 （2）进入作业现场正确佩戴安全帽，现场作业人员应穿全棉长袖工作服、绝缘鞋	20	未核对设备双重名称操作扣10分； 安全帽佩戴不规范扣4分； 未穿全棉长袖工作服扣3分； 未穿绝缘鞋扣3分		
2	阀冷系统检查					
2.1	阀冷系统关键点检查	能对阀冷系统进行关键点检查，确认无异常后方可进行测量。 关键点：阀冷系统在自动停止状态、喷淋泵状态、进阀温度、阀冷系统告警界面告警信息	20	未检查关键点每项扣5分（可口述），扣完为止		
3	阀外冷系统喷淋泵电动机直阻测量	能正确进行阀外冷系统喷淋泵电动机直阻测量： （1）断开喷淋泵进线电源及安全开关。 （2）拆除喷淋泵电动机接线盒盖。 （3）对电动机X–U、Y–V、Z–W三相绕组进行直阻测量，阻值间偏差不应大于最小值的2%。 （4）恢复喷淋泵电动机接线盒盖，恢复进线电源及安全开关	40	未断开喷淋泵进线电源及安全开关，扣10分； 未拆除喷淋泵电动机接线盒盖，扣10分； 未对电动机X–U、Y–V、Z–W三相绕组进行直阻测量，扣10分； 未恢复喷淋泵电动机接线盒盖，未恢复进线电源及安全开关，扣10分		
4	填写修试记录	正确填写更换报告：报告应包括测量前系统状态、直阻数据、数据是否正常、恢复系统状态等信息	20	根据核对信息酌情扣分		
合计			100			

Jc2003143063　阀外冷系统冷却器风机电机直流电阻测量。（100分）

考核知识点：阀冷系统基本操作

难易度：难

技能等级评价专业技能考核操作工作任务书

一、任务名称

阀外冷系统冷却器风机电机直流电阻测量。

二、适用工种

换流站直流设备检修工（二次）高级技师。

三、具体任务

（1）工作状态为阀外冷系统处于自动停运模式。工作内容为阀外冷系统冷却器风机电机直流电阻测量。

（2）工作任务：对阀外冷系统冷却器风机电机直流电阻进行测量。

四、工作规范及要求

按要求进行阀冷系统自动停运模式下对阀外冷系统冷却器风机电机直流电阻测量。

五、考核及时间要求

本考核操作时间为60分钟，时间到停止考评，包括阀冷系统状态确认和报告整理时间。

技能等级评价专业技能考核操作评分标准

工种	换流站直流设备检修工（二次）				评价等级	高级技师
项目模块	二次设备日常维护、检修—阀冷却系统的日常维护、检修			编号	Jc2003143063	
单位		准考证号			姓名	
考试时限	60分钟	题型	单项操作		题分	100分
成绩		考评员		考评组长	日期	
试题正文	阀外冷系统冷却器风机电机直流电阻测量					
需要说明的问题和要求	（1）要求单人进行操作。 （2）操作应注意安全，按照标准化作业书的技术安全说明做好安全措施。 （3）填写修试记录					

序号	项目名称	质量要求	满分	扣分标准	扣分原因	得分
1	安全措施					
1.1	相关安全措施的准备	（1）核对设备双重名称。 （2）进入作业现场正确佩戴安全帽，现场作业人员应穿全棉长袖工作服、绝缘鞋	20	未核对设备双重名称操作扣10分； 安全帽佩戴不规范扣4分； 未穿全棉长袖工作服扣3分； 未穿绝缘鞋扣3分		
2	阀冷系统检查					
2.1	阀冷系统关键点检查	能对阀冷系统进行关键点检查，确认无异常后方可进行测量。 关键点：阀冷系统在自动停止状态、冷却器状态、进阀温度、阀冷系统告警界面告警信息	20	未检查关键点每项扣5分（可口述），扣完为止		
3	阀外冷系统冷却器风机电动机直流电阻测量	能正确进行阀外冷系统冷却器风机电动机直流电阻测量： （1）断开冷却器风机电动机进线电源及安全开关。 （2）拆除冷却器风机电动机接线盒盖。 （3）对电动机X–U、Y–V、Z–W三相绕组进行直流电阻测量，阻值间偏差不应大于最小值的2%。 （4）恢复冷却器风机电动机接线盒盖，恢复进线电源及安全开关	40	未断开冷却器风机电动机进线电源及安全开关，扣10分； 未拆除冷却器风机电动机接线盒盖，扣10分； 未对电动机X–U、Y–V、Z–W三相绕组进行直流电阻测量，扣10分； 未恢复冷却器风机电动机接线盒盖，恢复进线电源及安全开关，扣10分		
4	填写修试记录	正确填写更换报告： 报告应包括测量前系统状态、直流电阻数据、数据是否正常、恢复系统状态等信息	20	根据核对信息酌情扣分		
合计			100			

Jc2003142064　阀内冷系统主泵接触器解体检查。（100分）

考核知识点：阀内冷系统主泵接触器解体检查

难易度：中

技能等级评价专业技能考核操作工作任务书

一、任务名称

阀内冷系统主泵接触器解体检查。

二、适用工种

换流站直流设备检修工（二次）高级技师。

三、具体任务

（1）工作状态为阀冷系统停运。工作内容为阀内冷系统主泵接触器解体检查。

（2）工作任务：对阀内冷系统主泵接触器进行解体检查，更换步骤应符合要求，确保设备正常稳定运行。

四、工作规范及要求

熟悉阀内冷系统主泵接触器解体检查的方法，熟练使用仪器仪表及工器具。

五、考核及时间要求

本考核操作时间为60分钟，时间到停止考评。

技能等级评价专业技能考核操作评分标准

工种	换流站直流设备检修工（二次）					评价等级	高级技师
项目模块	二次设备日常维护、检修—阀冷却系统的日常维护、检修				编号	Jc2003142064	
单位			准考证号			姓名	
考试时限	60分钟		题型	单项操作		题分	100分
成绩		考评员		考评组长		日期	
试题正文	阀内冷系统主泵接触器解体检查						
需要说明的问题和要求	（1）要求单人操作。 （2）操作应注意安全，按照标准化作业书的技术安全说明做好安全措施。 （3）填写修试记录						

序号	项目名称	质量要求	满分	扣分标准	扣分原因	得分
1	工具使用及安全措施					
1.1	相关安全措施的准备	（1）核对设备双重名称。 （2）进入作业现场正确佩戴安全帽，现场作业人员应穿全棉长袖工作服、绝缘鞋	10	未核对设备扣5分； 安全帽佩戴不规范扣2分； 未穿全棉长袖工作服扣1分； 未穿绝缘鞋扣2分		
2	主泵接触器解体检查	（1）检查外壳无破损。 （2）拆除相关接线，并逐条做好记录。 （3）拆下外壳固定螺钉，小心取下接触器外壳。 （4）检查消弧栅无脱落、丢失。 （5）检查触头无弯曲、无变形、无电蚀、无灼伤、无氧化、无异物等情况。 （6）检查辅助触点吸合状态上传正常。 （7）检查完毕后，恢复外壳安装，并确认机械部分无卡顿	63	按照步骤开展，每少一步扣9分，扣完为止		
3	恢复现场并填写报告					
3.1	观察设备运行无异常后，恢复现场，填写修试记录	（1）按记录恢复接线，检查接线正确。 （2）接线压接完好无老化，接触面良好，无松动；上电检查接触器动作正常。 （3）填写修试记录	27	记录填写不全按比例扣分，总计15分； 无恢复扣6分，无检查扣6分		
合计			100			

Jc2003143065　主循环泵水泵出口止回阀更换（V001 运行、V002 检修）。（100 分）

考核知识点： 阀冷系统基本操作

难易度： 难

技能等级评价专业技能考核操作工作任务书

一、任务名称

主循环泵水泵出口止回阀更换（V001 运行、V002 检修）。

二、适用工种

换流站直流设备检修工（二次）高级技师。

三、具体任务

（1）工作状态为阀内冷系统处于自动运行模式，V001 运行，V002 检修。工作内容为主循环泵水泵出口止回阀更换。

（2）工作任务：对主循环泵水泵出口止回阀进行更换。

四、工作规范及要求

按要求在阀内冷系统自动运行模式下对阀内冷系统主循环泵水泵出口止回阀进行更换。

五、考核及时间要求

本考核操作时间为 60 分钟，时间到停止考评，包括阀冷系统状态确认和报告整理时间。

技能等级评价专业技能考核操作评分标准

<table>
<tr><td>工种</td><td colspan="5">换流站直流设备检修工（二次）</td><td>评价等级</td><td>高级技师</td></tr>
<tr><td>项目模块</td><td colspan="4">二次设备日常维护、检修—阀冷却系统的日常维护、检修</td><td>编号</td><td colspan="2">Jc2003143065</td></tr>
<tr><td>单位</td><td colspan="2"></td><td>准考证号</td><td colspan="2"></td><td>姓名</td><td></td></tr>
<tr><td>考试时限</td><td>60 分钟</td><td>题型</td><td colspan="3">单项操作</td><td>题分</td><td>100 分</td></tr>
<tr><td>成绩</td><td>考评员</td><td></td><td>考评组长</td><td colspan="2"></td><td>日期</td><td></td></tr>
<tr><td>试题正文</td><td colspan="7">主循环泵水泵出口止回阀更换（V001 运行、V002 检修）</td></tr>
<tr><td>需要说明的问题和要求</td><td colspan="7">（1）要求两人配合操作。
（2）操作应注意安全，按照标准化作业书的技术安全说明做好安全措施。
（3）填写修试记录
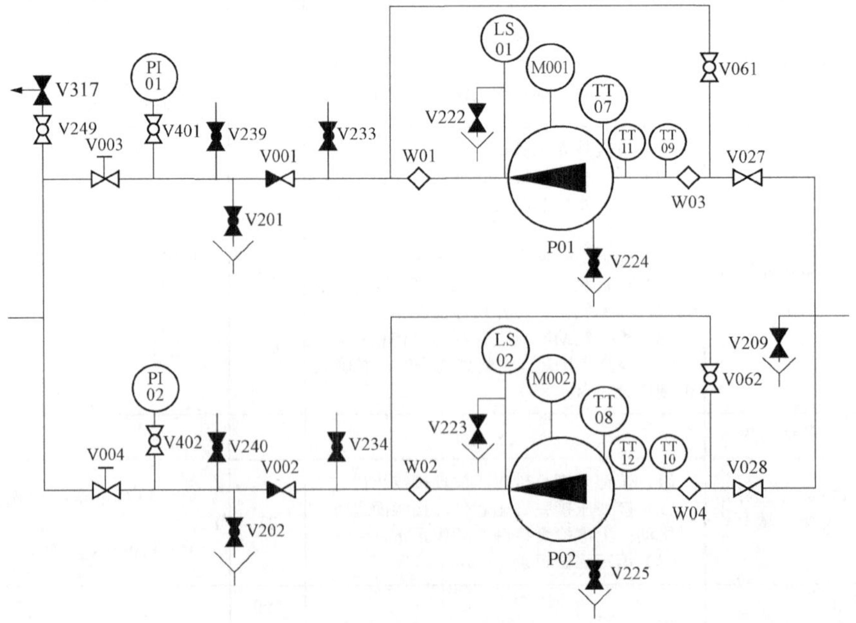</td></tr>
</table>

续表

序号	项目名称	质量要求	满分	扣分标准	扣分原因	得分
1	安全措施					
1.1	相关安全措施的准备	（1）核对设备双重名称。 （2）进入作业现场正确佩戴安全帽，现场作业人员应穿全棉长袖工作服、绝缘鞋. （3）正确使用安全带	30	未核对设备双重名称扣 10 分； 安全帽佩戴不规范扣 4 分； 未穿全棉长袖工作服扣 3 分； 未穿绝缘鞋扣 3 分； 未正确使用安全带扣 10 分		
2	阀内冷系统检查					
2.1	阀内冷系统关键点检查	能对阀内冷系统进行关键点检查，确认无异常后方可进行更换操作。 关键点：主循环泵运行状态、进阀压力、冷却水流量、阀冷系统告警、界面告警信息	20	未检查关键点每项扣 5 分（可口述），扣完为止		
3	止回阀更换	能正确配合进行止回阀更换： （1）通过操作面板中的控制键屏蔽阀冷系统泄漏保护。 （2）断开故障止回阀对应的主循环水泵电源，如该主循环泵正在运行，则切换至备用泵。 （3）关闭 V003、V027 蝶阀，关闭前对阀位做好标记。 （4）连接好 V201 至回收桶间的软管，打开 V201、V239 球阀排水。 （5）待排水管无水出时拆出止回阀两端法兰螺栓，取出故障止回阀，关闭 V201、V239。 （6）清理并检查止回阀内部，看弹簧是否完好，双瓣轴磨损是否严重，如出现异常现象，需更新为新的备件。 （7）按相反顺序安装新的止回阀，注意止回阀的安装方向，止回阀两端均需加装密封圈。 （8）缓慢打开 V003 至设定阀位，再打开 V239 进行排气，有水溢出时关闭。 （9）更换完成后，止回阀两端法兰应无水渗漏，工作泵的压力和流量应正常，合上对应的主循环水泵电源，可手动切换至该止回阀对应的水泵，检查阀门开闭是否正常。 （10）通过操作面板中的控制键解除阀冷系统泄漏屏蔽	40	未投退阀冷系统泄漏保护，扣 5 分； 未关闭 V003、V027 蝶阀，或关闭前未对阀位做好标记，扣 5 分； 取出故障止回阀，未关闭 V201、V239，扣 5 分； 未清理并检查止回阀内部，扣 5 分； 注意止回阀的安装方向，或方向安装错误，扣 5 分； 未缓慢打开 V003 至设定阀位，打开 V239 手动排气阀，扣 10 分； 更换完成后未进行相关检查，扣 5 分		
4	填写报告					
4.1	修试记录	正确填写更换报告： 报告应包括更换止回阀编号、更换原因、更换止回阀前后主循环泵出水压力、冷却水流量、膨胀罐液位等信息	10	根据核对信息酌情扣分		
合计			100			

Jc2003143066　阀内冷系统电加热器的更换。（100 分）

考核知识点： 阀冷系统基本操作

难易度： 难

技能等级评价专业技能考核操作工作任务书

一、任务名称

阀内冷系统电加热器的更换。

二、适用工种

换流站直流设备检修工（二次）高级技师。

三、具体任务

（1）工作状态为阀内冷系统处于停运模式。工作内容为阀内冷系统电加热器的更换。

（2）工作任务：对阀内冷系统电加热器进行更换。

四、工作规范及要求

按要求进行阀内冷系统停运模式下对阀内冷系统电加热器更换。

五、考核及时间要求

本考核操作时间为60分钟，时间到停止考评，包括阀冷系统状态确认和报告整理时间。

技能等级评价专业技能考核操作评分标准

<table>
<tr><td>工种</td><td colspan="5">换流站直流设备检修工（二次）</td><td>评价等级</td><td>高级技师</td></tr>
<tr><td>项目模块</td><td colspan="4">二次设备日常维护、检修—阀冷却系统的日常维护、检修</td><td>编号</td><td colspan="2">Jc2003143066</td></tr>
<tr><td>单位</td><td colspan="3"></td><td>准考证号</td><td></td><td>姓名</td><td></td></tr>
<tr><td>考试时限</td><td>60 分钟</td><td>题型</td><td colspan="3">单项操作</td><td>题分</td><td>100 分</td></tr>
<tr><td>成绩</td><td>考评员</td><td></td><td>考评组长</td><td colspan="2"></td><td>日期</td><td></td></tr>
<tr><td>试题正文</td><td colspan="7">阀内冷系统电加热器的更换</td></tr>
<tr><td rowspan="2">需要说明的问题和要求</td><td colspan="7">（1）要求两人配合操作。
（2）操作应注意安全，按照标准化作业书的技术安全说明做好安全措施。
（3）填写修试记录</td></tr>
<tr><td colspan="7">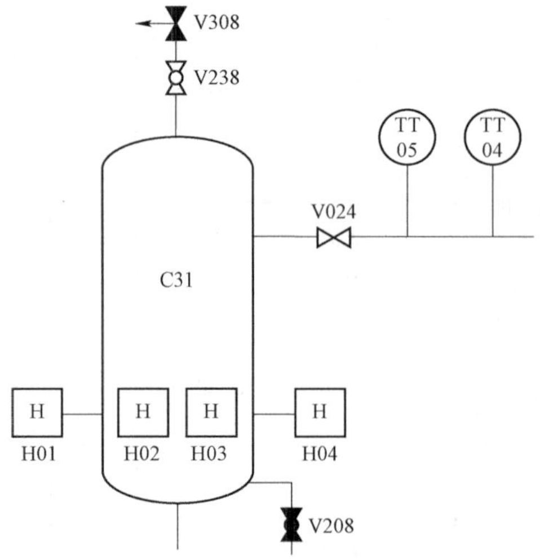
</td></tr>
</table>

序号	项目名称	质量要求	满分	扣分标准	扣分原因	得分
1	安全措施					
1.1	相关安全措施的准备	（1）核对设备双重名称。 （2）进入作业现场正确佩戴安全帽，现场作业人员应穿全棉长袖工作服、绝缘鞋	20	未核对设备双重名称操作扣 10 分； 安全帽佩戴不规范扣 4 分； 未穿全棉长袖工作服扣 3 分； 未穿绝缘鞋扣 3 分		
2	阀冷系统检查					
2.1	阀冷系统关键点检查	能对阀内冷系统进行关键点检查，确认无异常后方可进行更换操作。 关键点：阀冷系统在停运状态、膨胀罐液位、膨胀罐压力、阀冷系统告警界面告警信息	20	未检查关键点每项扣 5 分（可口述），扣完为止		

续表

序号	项目名称	质量要求	满分	扣分标准	扣分原因	得分
3.1	阀内冷系统电加热器更换	能正确配合进行阀内冷系统电加热器的更换： （1）通过操作面板中的控制键屏蔽阀冷系统泄漏保护。 （2）打开 V026 阀门，关闭 V024、V025，缓慢开启泄空阀 V308 排空脱气罐内介质，注意回收。 （3）用扳手对角线拆下故障电加热器接线盒盖，拆出连接电缆，将线头包好。 （4）用扳手对角线拆下连接电加热器的法兰螺栓。 （5）取出电加热器，并检查电加热器是否烧毁。如已烧毁，则更换电加热器。 （6）安装加热器前先把密封圈套在加热器上。 （7）连接电加热器法兰与罐体上的法兰螺栓，并对角线紧固，接好连接电缆。 （8）原水罐 C21 介质应在高液位。 （9）缓慢打开 V024 阀门至 15°～20°，使介质慢慢流入脱气罐，如系统压力、液位下降过快，则关闭一段时间后再打开。 （10）待顶部 V308 无气体排出时，脱气罐内介质已充满。 （11）恢复阀门阀位，合上电加热器电源。 （12）通过操作面板中的控制键解除阀冷系统泄漏保护	40	未确认阀冷系统停运，扣 5 分； 未屏蔽阀冷系统泄漏保护，扣 5 分； 未打开 V026 阀门，未关闭 V024、V025，缓慢开启泄空阀 V308 排空脱气罐内介质，扣 5 分； 未完成电加热器的取出，扣 5 分； 未正确安装电加热器，扣 5 分； 恢复注水前未检查原水罐 C21 液位，扣 5 分； 未恢复阀门阀位，扣 5 分； 未投入阀冷系统泄漏保护，扣 5 分		
4	填写报告					
4.1	填写修试记录	正确填写更换报告： 报告应包括更换电加热器编号、更换原因、是否漏水、膨胀罐液位及压力、恢复后原水罐液位等信息	20	根据核对信息酌情扣分		
合计			100			

Jo2003113067 阀外冷系统电加热器的更换。（100 分）

考核知识点： 阀冷系统基本操作

难易度： 难

技能等级评价专业技能考核操作工作任务书

一、任务名称

阀外冷系统电加热器的更换。

二、适用工种

换流站直流设备检修工（二次）高级技师。

三、具体任务

（1）工作状态为阀冷系统处于停运模式。工作内容为阀外冷系统电加热器的更换。

（2）工作任务：对阀外冷系统电加热器进行更换。

四、工作规范及要求

按要求进行阀冷系统停运模式下对阀外冷系统电加热器更换。

五、考核及时间要求

本考核操作时间为60分钟，时间到停止考评，包括阀冷系统状态确认和报告整理时间。

技能等级评价专业技能考核操作评分标准

工种	换流站直流设备检修工（二次）				评价等级	高级技师
项目模块	二次设备日常维护、检修—阀冷却系统的日常维护、检修			编号	Jc2003143067	
单位		准考证号			姓名	
考试时限	60分钟	题型	单项操作		题分	100分
成绩		考评员		考评组长	日期	
试题正文	阀外冷系统电加热器的更换					
需要说明的问题和要求	（1）要求两人配合操作。 （2）操作应注意安全，按照标准化作业书的技术安全说明做好安全措施。 （3）填写修试记录					

序号	项目名称	质量要求	满分	扣分标准	扣分原因	得分
1	安全措施					
1.1	相关安全措施的准备	（1）核对设备双重名称。 （2）进入作业现场正确佩戴安全帽，现场作业人员应穿全棉长袖工作服、绝缘鞋	20	未核对设备双重名称操作扣10分； 安全帽佩戴不规范扣4分； 未穿全棉长袖工作服扣3分； 未穿绝缘鞋扣3分		
2	阀外冷系统检查					
2.1	阀外冷系统关键点检查	能对阀外冷系统进行关键点检查，确认无异常后方可进行更换操作。 关键点：阀冷系统在停运状态、膨胀罐液位、膨胀罐压力、阀冷系统告警界面告警信息	20	未检查关键点每项扣5分（可口述），扣完为止		
3	阀外冷系统电加热器更换	能正确配合进行阀外冷系统电加热器的更换： （1）在拆开接电加热器工作前，先确保电源供应已切断，并保证电源供应不会被意外接通。 （2）断开阀外冷系统4组电加热器电源，最好拆出接线端子上该电加热器的接线。 （3）松开安装支架下部底板螺纹，拆出内部接线盒内接线，将故障电加热器安装罩全部拆出。 （4）拆检电加热器安装用卡箍，取出保温棉及电加热器，如已损坏，需更换。 （5）按相反顺序安装新的电加热器，注意安装完成后，需在安装支架与管道密封处涂密封胶。 （6）恢复电加热器电源。 （7）手动启动电加热器，检测电加热器运行电流是否正常	40	未在拆开接电加热器工作前，先确保电源供应已切断，并保证电源供应不会被意外接通，扣5分； 未断开阀外冷系统4组电加热器电源，最好拆出接线端子上该电加热器的接线，扣5分； 未松开安装支架下部底板螺纹，拆出内部接线盒内接线，将故障电加热器安装罩全部拆出，扣5分； 未拆检电加热器安装用卡箍，取出保温棉及电加热器，扣5分； 未正确安装电加热器，扣5分； 未在安装支架与管道密封处涂密封胶，扣5分； 未恢复电加热器电源，扣5分； 未手动启动电加热器，检测电加热器运行电流是否正常，扣5分		
4	填写修试记录	正确填写更换报告： 报告应包括更换电加热器编号、更换原因、是否漏水、膨胀罐液位及压力、恢复后电加热器电流等信息	20	根据核对信息酌情扣分		
合计			100			

Jc2003143068　阀外冷系统空冷散热器风机更换。（100分）

考核知识点： 阀冷系统基本操作

难易度： 难

技能等级评价专业技能考核操作工作任务书

一、任务名称

阀外冷系统空冷散热器风机更换。

二、适用工种

换流站直流设备检修工（二次）高级技师。

三、具体任务

（1）工作状态为阀冷系统处于自动运行模式。工作内容为阀外冷系统空冷散热器风机更换。

（2）工作任务：对阀外冷系统空冷散热器风机进行更换。

四、工作规范及要求

按要求进行阀冷系统自动运行模式下对阀外冷系统空冷散热器风机更换。

五、考核及时间要求

本考核操作时间为60分钟，时间到停止考评，包括阀冷系统状态确认和报告整理时间。

技能等级评价专业技能考核操作评分标准

工种	换流站直流设备检修工（二次）					评价等级	高级技师
项目模块	二次设备日常维护、检修—阀冷却系统的日常维护、检修				编号	Jc2003143068	
单位			准考证号			姓名	
考试时限	60分钟		题型	单项操作		题分	100分
成绩		考评员		考评组长		日期	
试题正文	阀外冷系统空冷散热器风机更换						
需要说明的问题和要求	（1）要求两人配合进行操作。 （2）操作应注意安全，按照标准化作业书的技术安全说明做好安全措施。 （3）填写修试记录						

序号	项目名称	质量要求	满分	扣分标准	扣分原因	得分
1	安全措施					
1.1	相关安全措施的准备	（1）核对设备双重名称。 （2）进入作业现场正确佩戴安全帽，现场作业人员应穿全棉长袖工作服、绝缘鞋	20	未核对设备双重名称操作扣10分； 安全帽佩戴不规范扣4分； 未穿全棉长袖工作服扣3分； 未穿绝缘鞋扣3分		
2	阀外冷系统检查					
2.1	阀外冷系统关键点检查	能对阀外冷系统进行关键点检查，确认无异常后方可进行更换操作。 关键点：阀冷系统在自动运行状态、冷却器状态、进阀温度、阀冷系统告警界面告警信息	20	未检查关键点每项扣5分（可口述），扣完为止		
3	阀外冷系统空冷散热器风机更换	能正确进行阀外冷系统空冷散热器风机更换： （1）停运需要更换的风机，断开该风机电源。 （2）风机就地安全开关置于关位，并保证电源供应不会被意外接通。 （3）拧松电机座紧固螺栓及位置调节螺栓。 （4）拆除风机。 （5）安装新风机。 （6）恢复风机电源及安全开关。 （7）手动试运行，风机启前，风机周围不要放任何物品，检查风机转向是否正确	40	未停运需要更换的风机，断开该风机电源，扣10分； 未断开风机就地安全开关，扣10分； 未成功拆出风机，扣5分； 未成功安装风机，扣5分； 未恢复风机电源及安全开关，扣5分； 未进行手动试运行，或未检查风机转向，扣5分		

续表

序号	项目名称	质量要求	满分	扣分标准	扣分原因	得分
4	填写修试记录	正确填写更换报告： 报告应包括更换的风机编号、更换结果、更换后电源及安全开关状态、风机运行电流等信息	20	根据核对信息酌情扣分		
合计			100			

Jc2003143069　阀外冷系统闭式冷却塔风机电动机直流电阻测量。（100 分）

考核知识点： 阀冷系统基本操作

难易度： 难

技能等级评价专业技能考核操作工作任务书

一、任务名称

阀外冷系统闭式冷却塔风机电动机直流电阻测量。

二、适用工种

换流站直流设备检修工（二次）高级技师。

三、具体任务

（1）工作状态为阀外冷系统处于自动停运模式。工作内容为阀外冷系统闭式冷却塔风机电动机直流电阻测量。

（2）工作任务：对阀外冷系统闭式冷却塔风机电动机直流电阻进行测量。

四、工作规范及要求

按要求进行阀冷系统自动停运模式下对阀外冷系统闭式冷却塔风机电动机直流电阻测量。

五、考核及时间要求

本考核操作时间为 60 分钟，时间到停止考评，包括阀冷系统状态确认和报告整理时间。

技能等级评价专业技能考核操作评分标准

工种	换流站直流设备检修工（二次）			评价等级	高级技师
项目模块	二次设备日常维护、检修—阀冷却系统的日常维护、检修		编号	Jc2003143069	
单位		准考证号		姓名	
考试时限	60 分钟	题型	单项操作	题分	100 分
成绩		考评员		考评组长		日期	
试题正文	阀外冷系统闭式冷却塔风机电动机直流电阻测量				
需要说明的问题和要求	（1）要求单人进行操作。 （2）操作应注意安全，按照标准化作业书的技术安全说明做好安全措施。 （3）填写修试记录				

序号	项目名称	质量要求	满分	扣分标准	扣分原因	得分
1	安全措施					
1.1	相关安全措施的准备	（1）核对设备双重名称。 （2）进入作业现场正确佩戴安全帽，现场作业人员应穿全棉长袖工作服、绝缘鞋	20	未核对设备双重名称操作扣 10 分； 安全帽佩戴不规范扣 4 分； 未穿全棉长袖工作服扣 3 分； 未穿绝缘鞋扣 3 分		
2	阀冷系统检查					

续表

序号	项目名称	质量要求	满分	扣分标准	扣分原因	得分
2.1	阀冷系统关键点检查	能对阀冷系统进行关键点检查，确认无异常后方可进行测量。 关键点：阀冷系统在自动停止状态、闭式冷却塔状态、进阀温度、阀冷系统告警界面告警信息	20	未检查关键点每项扣5分（可口述），扣完为止		
3	阀外冷系统闭式冷却塔风机电动机直流电阻测量	能正确进行阀外冷系统闭式冷却塔风机电动机直流电阻测量： （1）断开冷却塔风机电动机进线电源及安全开关。 （2）拆除冷却塔风机电动机接线盒盖。 （3）对电动机X–U、Y–V、Z–W三相绕组进行直流电阻测量，阻值间偏差不应大于最小值的2%。 （4）恢复冷却塔风机电动机接线盒盖，恢复进线电源及安全开关	40	未断开冷却塔风机电动机进线电源及安全开关，扣10分； 未拆除冷却塔风机电动机接线盒盖，扣10分； 未对电动机X–U、Y–V、Z–W三相绕组进行直流电阻测量，扣10分； 未恢复冷却塔风机电动机接线盒盖，恢复进线电源及安全开关，扣10分		
4.1	填写修试记录	正确填写更换报告： 报告应包括测量前系统状态、直阻数据、数据是否正常、恢复系统状态等信息	20	根据核对信息酌情扣分		
合计			100			

Jc2003143070　阀外冷系统喷淋泵电动机绝缘测量。（100分）

考核知识点：阀冷系统基本操作

难易度：难

技能等级评价专业技能考核操作工作任务书

一、任务名称

阀外冷系统喷淋泵电动机绝缘测量。

二、适用工种

换流站直流设备检修工（二次）高级技师。

三、具体任务

（1）工作状态为阀外冷系统处于自动停运模式。工作内容为阀外冷系统喷淋泵电动机绝缘测量。

（2）工作任务：对阀外冷系统喷淋泵电机绝缘进行测量。

四、工作规范及要求

按要求进行阀冷系统自动停运模式下对阀外冷系统喷淋泵电动机绝缘测量。

五、考核及时间要求

本考核操作时间为60分钟，时间到停止考评，包括阀冷系统状态确认和报告整理时间。

技能等级评价专业技能考核操作评分标准

工种	换流站直流设备检修工（二次）					评价等级	高级技师
项目模块	二次设备日常维护、检修—阀冷却系统的日常维护、检修				编号	Jc2003143070	
单位				准考证号		姓名	
考试时限	60分钟		题型	单项操作		题分	100分
成绩		考评员		考评组长		日期	
试题正文	阀外冷系统喷淋泵电动机绝缘测量						

续表

需要说明的问题和要求	（1）要求单人进行操作。 （2）操作应注意安全，按照标准化作业书的技术安全说明做好安全措施。 （3）填写修试记录					
序号	项目名称	质量要求	满分	扣分标准	扣分原因	得分
1	安全措施					
1.1	相关安全措施的准备	（1）核对设备双重名称。 （2）进入作业现场正确佩戴安全帽，现场作业人员应穿全棉长袖工作服、绝缘鞋	20	未核对设备双重名称操作扣 10 分； 安全帽佩戴不规范扣 4 分； 未穿全棉长袖工作服扣 3 分； 未穿绝缘鞋扣 3 分		
2	阀冷系统检查					
2.1	阀冷系统关键点检查	能对阀冷系统进行关键点检查，确认无异常后方可进行测量。 关键点：阀冷系统在自动停止状态、喷淋泵状态、进阀温度、阀冷系统告警界面告警信息	20	未检查关键点每项扣 5 分（可口述），扣完为止		
3	阀外冷系统喷淋泵电动机绝缘测量	能正确进行阀外冷系统喷淋泵电动机绝缘测量： （1）断开喷淋泵进线电源及安全开关。 （2）拆除喷淋泵电机接线盒盖。 （3）对电动机 X、Y、Z 三相绕组进行对地绝缘测量，1000V 绝缘电阻表测量对地绝缘应大于 1MΩ。 （4）恢复喷淋泵电动机接线盒盖，恢复进线电源及安全开关	40	未断开喷淋泵进线电源及安全开关，扣 10 分； 未拆除喷淋泵电动机接线盒盖，扣 10 分； 未对电动机 X、Y、Z 三相绕组进行对地绝缘测量，1000V 绝缘电阻表测量对地绝缘应大于 1MΩ，扣 10 分； 未恢复喷淋泵电动机接线盒盖，恢复进线电源及安全开关，扣 10 分		
4	填写修试记录	正确填写更换报告： 报告应包括测量前系统状态、绝缘数据、数据是否正常、恢复系统状态等信息	20	根据核对信息酌情扣分		
合计			100			

Jc2003143071　阀外冷系统冷却器风机电机绝缘测量。（100 分）

考核知识点：阀冷系统基本操作

难易度：难

技能等级评价专业技能考核操作工作任务书

一、任务名称

阀外冷系统冷却器风机电机绝缘测量。

二、适用工种

换流站直流设备检修工（二次）高级技师。

三、具体任务

（1）工作状态为阀外冷系统处于自动停运模式。工作内容为阀外冷系统冷却器风机电动机绝缘测量。

（2）工作任务：对阀外冷系统冷却器风机电动机绝缘进行测量。

四、工作规范及要求

按要求进行阀冷系统自动停运模式下对阀外冷系统冷却器风动机电机绝缘测量。

五、考核及时间要求

本考核操作时间为 60 分钟，时间到停止考评，包括阀冷系统状态确认和报告整理时间。

技能等级评价专业技能考核操作评分标准

工种	换流站直流设备检修工（二次）					评价等级	高级技师
项目模块	二次设备日常维护、检修—阀冷却系统的日常维护、检修				编号	Jc2003143071	
单位			准考证号			姓名	
考试时限	60 分钟		题型		单项操作	题分	100 分
成绩		考评员		考评组长		日期	
试题正文	阀外冷系统冷却器风机电机绝缘测量						
需要说明的问题和要求	（1）要求单人进行操作。 （2）操作应注意安全，按照标准化作业书的技术安全说明做好安全措施。 （3）填写修试记录						

序号	项目名称	质量要求	满分	扣分标准	扣分原因	得分
1	安全措施					
1.1	相关安全措施的准备	（1）核对设备双重名称。 （2）进入作业现场正确佩戴安全帽，现场作业人员应穿全棉长袖工作服、绝缘鞋	20	未核对设备双重名称操作扣 10 分； 安全帽佩戴不规范扣 4 分； 未穿全棉长袖工作服扣 3 分； 未穿绝缘鞋扣 3 分		
2	阀冷系统检查					
2.1	阀冷系统关键点检查	能对阀冷系统进行关键点检查，确认无异常后方可进行测量。 关键点：阀冷系统在自动停止状态、冷却器风机状态、进阀温度、阀冷系统告警界面告警信息	20	未检查关键点每项扣 5 分（可口述），扣完为止		
3	阀外冷系统冷却器风机电动机绝缘测量	能正确进行阀外冷系统冷却器风机电动机绝缘测量： （1）断开冷却器风机进线电源及安全开关。 （2）拆除冷却器风机电动机接线盒盖。 （3）对电动机 X、Y、Z 三相绕组进行对地绝缘测量，1000V 绝缘电阻表测量对地绝缘应大于 1MΩ。 （4）恢复冷却器风机电动机接线盒盖，恢复进线电源及安全开关	40	未断开冷却器风机进线电源及安全开关，扣 10 分； 未拆除冷却器风机电动机接线盒盖，扣 10 分； 未对电动机 X、Y、Z 三相绕组进行对地绝缘测量，1000V 绝缘电阻表测量对地绝缘应大于 1MΩ，扣 10 分； 未恢复冷却器风机电动机接线盒盖，未恢复进线电源及安全开关，扣 10 分		
4	填写修试记录	正确填写更换报告： 报告应包括测量前系统状态、绝缘数据、数据是否正常、恢复系统状态等信息	20	根据核对信息酌情扣分		
合计			100			

Jc2003143072　阀外冷系统闭式冷却塔风机电机绝缘测量。（100 分）

考核知识点：阀冷系统基本操作

难易度：难

技能等级评价专业技能考核操作工作任务书

一、任务名称

阀外冷系统闭式冷却塔风机电机绝缘测量。

二、适用工种

换流站直流设备检修工（二次）高级技师。

三、具体任务

（1）工作状态为阀外冷系统处于自动停运模式。工作内容为阀外冷系统闭式冷却塔风机电动机绝缘测量。

（2）工作任务：对阀外冷系统闭式冷却塔风机电动机绝缘进行测量。

四、工作规范及要求

按要求进行阀冷系统自动停运模式下对阀外冷系统闭式冷却塔风机电机绝缘测量。

五、考核及时间要求

本考核操作时间为 60 分钟，时间到停止考评，包括阀冷系统状态确认和报告整理时间。

技能等级评价专业技能考核操作评分标准

工种	换流站直流设备检修工（二次）					评价等级	高级技师
项目模块	二次设备日常维护、检修—阀冷却系统的日常维护、检修				编号	Jc2003143072	
单位			准考证号			姓名	
考试时限	60 分钟		题型	单项操作		题分	100 分
成绩		考评员		考评组长		日期	
试题正文	阀外冷系统闭式冷却塔风机电机绝缘测量						
需要说明的问题和要求	（1）要求单人进行操作。 （2）操作应注意安全，按照标准化作业书的技术安全说明做好安全措施。 （3）填写修试记录						

序号	项目名称	质量要求	满分	扣分标准	扣分原因	得分
1	安全措施					
1.1	相关安全措施的准备	（1）核对设备双重名称。 （2）进入作业现场正确佩戴安全帽，现场作业人员应穿全棉长袖工作服、绝缘鞋	20	未核对设备双重名称操作扣 10 分； 安全帽佩戴不规范扣 4 分； 未穿全棉长袖工作服扣 3 分； 未穿绝缘鞋扣 3 分		
2	阀冷系统检查					
2.1	阀冷系统关键点检查	能对阀冷系统进行关键点检查，确认无异常后方可进行测量。 关键点：阀冷系统在自动停止状态、闭式冷却塔状态、进阀温度、阀冷系统告警界面告警信息	20	未检查关键点每项扣 5 分（可口述），扣完为止		
3	阀外冷系统闭式冷却塔风机电动机绝缘测量	能正确进行阀外冷系统闭式冷却塔风机电动机绝缘测量： （1）断开冷却塔风机电动机进线电源及安全开关。 （2）拆除冷却塔风机电动机接线盒盖。 （3）对电动机 X、Y、Z 三相绕组进行对地绝缘测量，1000V 绝缘电阻表测量对地绝缘应大于 1MΩ。 （4）恢复冷却塔风机电动机接线盒盖，恢复进线电源及安全开关	40	未断开冷却塔风机进线电源及安全开关，扣 10 分； 未拆除冷却塔风机电动机接线盒盖，扣 10 分； 未对电动机 X、Y、Z 三相绕组进行对地绝缘测量，1000V 绝缘电阻表测量对地绝缘应大于 1MΩ，扣 10 分； 未恢复冷却塔风机电动机接线盒盖，恢复进线电源及安全开关，扣 10 分		
4	填写修试记录	正确填写更换报告： 报告应包括测量前系统状态、绝缘数据、数据是否正常、恢复系统状态等信息	20	根据核对信息酌情扣分		
合计			100			

Jc2003142073　阀内冷系统电动三通阀执行器更换。（100 分）

考核知识点：阀内冷系统电动三通阀执行器更换

难易度：中

技能等级评价专业技能考核操作工作任务书

一、任务名称

阀内冷系统电动三通阀执行器更换。

二、适用工种

换流站直流设备检修工（二次）高级技师。

三、具体任务

（1）工作状态为阀冷系统停运。工作内容为电动三通阀 K001 执行器更换。

（2）工作任务：对电动三通阀 K001 执行器进行更换，更换步骤应符合要求，确保设备正常稳定运行。

四、工作规范及要求

熟悉阀冷系统电动三通阀执行器更换的方法，熟练使用仪器仪表及工器具。

五、考核及时间要求

本考核操作时间为 60 分钟，时间到停止考评。

技能等级评价专业技能考核操作评分标准

工种	换流站直流设备检修工（二次）					评价等级	高级技师
项目模块	二次设备日常维护、检修—阀冷却系统的日常维护、检修				编号	Jc2003142073	
单位			准考证号			姓名	
考试时限	60 分钟		题型	单项操作		题分	100 分
成绩		考评员		考评组长		日期	
试题正文	阀内冷系统电动三通阀执行器更换						
需要说明的问题和要求	（1）要求单人操作。 （2）操作应注意安全，按照标准化作业书的技术安全说明做好安全措施。 （3）填写修试记录						

序号	项目名称	质量要求	满分	扣分标准	扣分原因	得分
1	工具使用及安全措施					
1.1	相关安全措施的准备	（1）核对设备双重名称。 （2）进入作业现场正确佩戴安全帽，现场作业人员应穿全棉长袖工作服、绝缘鞋	20	未核对设备扣 10 分； 安全帽佩戴不规范扣 4 分； 未穿全棉长袖工作服扣 3 分； 未穿绝缘鞋扣 3 分		
2	电动三通阀执行器更换	（1）断开电动三通阀执行器电源断路器。 （2）在电柜侧拆出该故障电动执行器接线并记录（不可拆错）。 （3）打开电动执行器接线盒盖，拆除电缆接线，拆线前注意做好标记，以便恢复。 （4）用电动执行器专用板手将原电动三通阀阀位调至全开或全关位置，拆除电动执行器底部固定螺栓，向上取出电动执行器。 （5）将新的电动执行器阀位调至全开或全关，与故障拆下的执行器阀位一致。 （6）按相反顺序安装电动执行器接线	60	按照步骤开展，每少一步扣 10 分		
3	恢复现场并填写报告					
3.1	观察设备运行无异常后，恢复现场，填写修试记录	（1）合上电动三通阀执行器电源断路器，通过改变电动三通阀工作温度使电动执行器动作，检查动作是否正确。 （2）填写修试记录	20	记录填写不全按比例扣分，总计 15 分； 无检查扣 5 分		
合计			100			

Jc2003142074　阀内冷系统电动蝶阀执行器更换。（100分）

考核知识点：阀内冷系统电动蝶阀执行器更换

难易度：中

技能等级评价专业技能考核操作工作任务书

一、任务名称

阀内冷系统电动蝶阀执行器更换。

二、适用工种

换流站直流设备检修工（二次）高级技师。

三、具体任务

（1）工作状态为阀冷系统停运。工作内容为电动蝶阀V006执行器更换。

（2）工作任务：对电动蝶阀V006执行器进行更换，更换步骤应符合要求，确保设备正常稳定运行。

四、工作规范及要求

熟悉阀冷系统电动蝶阀执行器更换的方法，熟练使用仪器仪表及工器具。

五、考核及时间要求

本考核操作时间为60分钟，时间到停止考评。

技能等级评价专业技能考核操作评分标准

工种	换流站直流设备检修工（二次）			评价等级	高级技师
项目模块	二次设备日常维护、检修—阀冷却系统的日常维护、检修		编号	Jc2003142074	
单位		准考证号		姓名	
考试时限	60分钟	题型	单项操作	题分	100分
成绩		考评员		考评组长	日期
试题正文	阀内冷系统电动蝶阀执行器更换				
需要说明的问题和要求	（1）要求单人操作。 （2）操作应注意安全，按照标准化作业书的技术安全说明做好安全措施。 （3）填写修试记录				

序号	项目名称	质量要求	满分	扣分标准	扣分原因	得分
1	工具使用及安全措施					
1.1	相关安全措施的准备	（1）核对设备双重名称。 （2）进入作业现场正确佩戴安全帽，现场作业人员应穿全棉长袖工作服、绝缘鞋	20	未核对设备扣10分； 安全帽佩戴不规范扣4分； 未穿全棉长袖工作服扣3分； 未穿绝缘鞋扣3分		
2	电动蝶阀执行器更换	（1）断开电动蝶阀执行器电源断路器。 （2）在电柜侧拆出该故障电动执行器接线并记录（不可拆错）。 （3）打开电动执行器接线盒盖，拆除电缆接线，拆线前注意做好标记，以便恢复。 （4）拆除电动执行器底部固定螺栓，向上取出电动执行器。 （5）将新的电动执行器阀位调至全关。 （6）按相反顺序安装电动执行器	60	按照步骤开展，每少一步扣10分		
3	恢复现场并填写报告					
3.1	观察设备运行无异常后，恢复现场，填写修试记录	（1）合上电动蝶阀执行器电源断路器，在控制柜面板上手动切换电动蝶阀，检查电动蝶阀动作是否正常。 （2）填写修试记录	20	记录填写不全按比例扣分，总计15分；无检查扣5分		
合计			100			

Jc2003142075　阀内冷系统 S–10 压力变送器更换。（100 分）

考核知识点： 阀内冷系统 S–10 压力变送器更换

难易度： 中

技能等级评价专业技能考核操作工作任务书

一、任务名称

阀内冷系统 S–10 压力变送器更换。

二、适用工种

换流站直流设备检修工（二次）高级技师。

三、具体任务

（1）工作状态为阀冷系统停运。工作内容为阀内冷系统 S–10 压力变送器更换。

（2）工作任务：对 S–10 压力变送器进行更换，更换步骤应符合要求，确保设备正常稳定运行。

四、工作规范及要求

熟悉阀内冷系统 S–10 压力变送器更换的方法，熟练使用仪器仪表及工器具。

五、考核及时间要求

本考核操作时间为 60 分钟，时间到停止考评。

技能等级评价专业技能考核操作评分标准

工种	换流站直流设备检修工（二次）					评价等级	高级技师
项目模块	二次设备日常维护、检修—阀冷却系统的日常维护、检修				编号	Jc2003142075	
单位			准考证号			姓名	
考试时限	60 分钟		题型	单项操作		题分	100 分
成绩		考评员		考评组长		日期	
试题正文	阀内冷系统 S–10 压力变送器更换						
需要说明的问题和要求	（1）要求单人操作。 （2）操作应注意安全，按照标准化作业书的技术安全说明做好安全措施。 （3）填写修试记录						

序号	项目名称	质量要求	满分	扣分标准	扣分原因	得分
1	工具使用及安全措施					
1.1	相关安全措施的准备	（1）核对设备双重名称。 （2）进入作业现场正确佩戴安全帽，现场作业人员应穿全棉长袖工作服、绝缘鞋	20	未核对设备扣 10 分； 安全帽佩戴不规范扣 4 分； 未穿全棉长袖工作服扣 3 分； 未穿绝缘鞋扣 3 分		
2	S–10 压力变送器更换	（1）断开控制柜内该仪表接线端子（过程中会有故障预警信息）并做好记录。 （2）关闭压力变送器节流阀。 （3）用螺丝刀将直角电缆连接器螺钉拧松，并拆下连接器。 （4）用一把扳手卡住节流阀卡位，另一把扳手卡住 S–10 压力变送器的卡位。 （5）逆时针缓慢地将压力变送器拆下；注意缓慢泄压。 （6）清理节流阀内螺纹生料带。 （7）将新的压力变送器螺纹顺时针缠绕生料带。 （8）按与拆卸相反的程序，将新压力变送器安装上	60	按照步骤开展，每少一步扣 8 分，扣完为止		
3	恢复现场并填写报告					

续表

序号	项目名称	质量要求	满分	扣分标准	扣分原因	得分
3.1	观察设备运行无异常后，恢复现场，填写修试记录	（1）开启节流阀；按记录恢复控制柜内该仪表接线端子，并检查故障预警以消除，压力采样正常。 （2）填写修试记录	20	每少填写一项扣20分，扣完为止		
合计			100			

Jc2003142076　阀内冷系统主泵软启动器更换。(100分)

考核知识点：阀内冷系统主泵软启动器更换

难易度：中

技能等级评价专业技能考核操作工作任务书

一、任务名称

阀内冷系统主泵软启动器更换。

二、适用工种

换流站直流设备检修工（二次）高级技师。

三、具体任务

（1）工作状态为阀冷系统停运。工作内容为阀内冷系统主泵软启动器更换。

（2）工作任务：对阀内冷系统主泵软启动器进行更换，更换步骤应符合要求，确保设备正常稳定运行。

四、工作规范及要求

熟悉阀内冷系统主泵软启动器更换的方法，熟练使用仪器仪表及工器具。

五、考核及时间要求

本考核操作时间为60分钟，时间到停止考评。

技能等级评价专业技能考核操作评分标准

工种	换流站直流设备检修工（二次）			评价等级	高级技师	
项目模块	二次设备日常维护、检修—阀冷却系统的日常维护、检修		编号	Jc2003142076		
单位		准考证号		姓名		
考试时限	60分钟	题型	单项操作	题分	100分	
成绩		考评员		考评组长		日期
试题正文	阀内冷系统主泵软启动器更换					
需要说明的问题和要求	（1）要求单人操作，如涉及体力工作单人无法进行的，可申请外协协助进行。 （2）操作应注意安全，按照标准化作业书的技术安全说明做好安全措施。 （3）填写修试记录					
序号	项目名称	质量要求	满分	扣分标准	扣分原因	得分
1	工具使用及安全措施					
1.1	相关安全措施的准备	（1）核对设备双重名称，核对被检修软启动器对应的主泵在检修状态。 （2）进入作业现场正确佩戴安全帽，现场作业人员应穿全棉长袖工作服、绝缘鞋	10	未核对设备扣5分； 安全帽佩戴不规范扣2分； 未穿全棉长袖工作服扣1分； 未穿绝缘鞋扣2分		
2	主泵软启动器更换					

续表

序号	项目名称	质量要求	满分	扣分标准	扣分原因	得分
2.1	电源检查	（1）记录软启动器参数设定值，可与定值表进行比对。 （2）断开柜内所需更换软启动器上级断路器（先断开软启动器动力电源断路器，再断开软启动器控制电源断路器）。 （3）用万用表测量对应元器件端子是否已掉电。 （4）在断开断路器和开关处悬挂“禁止合闸，有人工作”标识牌	30	按照步骤开展，每少一步扣 8 分，扣完为止		
2.2	软启动器更换	（1）记录所需拆卸或更换导线、铜牌及其端子位置。 （2）将软启动器上所接导线、铜牌依次拆下，并用绝缘胶带缠住线头。 （3）小心更换软启动器，保证元器件安装稳固。 （4）将拆下的导线、铜牌按之前所记录的位置依次接上。 （5）依次试验每根导线、铜牌是否连接稳固并用万用表测量	40	按照步骤开展，每少一步扣 8 分，扣完为止		
3	恢复现场并填写报告					
3.1	观察设备运行无异常后，恢复现场，填写修试记录	（1）恢复相关断路器（先恢复控制断路器，再恢复交流断路器）。将记录参数在更换后软启动器重新设置，并核验。 （2）进行正常切泵实验，观察更换后的软启动器启动主泵过程中的电流大小，检验软启动器性能。 （3）填写修试记录	20	记录填写不全按比例扣分，总计 10 分； 无恢复扣 5 分，无检查扣 5 分		
合计			100			

Jc2003163077　阀内冷系统主泵同心度检测。（100 分）

考核知识点：阀内冷系统主泵同心度检测

难易度：难

技能等级评价专业技能考核操作工作任务书

一、任务名称

阀内冷系统主泵同心度检测。

二、适用工种

换流站直流设备检修工（二次）高级技师。

三、具体任务

（1）工作状态为阀内冷系统停运，主泵已完成检修、联轴器保护罩已打开。工作内容为主泵同心度检测。

（2）工作任务：对阀内冷系统主泵同心度进行检测，检测步骤应符合要求，确保设备正常稳定运行。

四、工作规范及要求

熟悉阀内冷系统主泵同心度检测的方法，熟练使用仪器仪表及工器具。

五、考核及时间要求

本考核操作时间为 60 分钟，时间到停止考评。

技能等级评价专业技能考核操作评分标准

工种	换流站直流设备检修工（二次）					评价等级	高级技师
项目模块	二次设备检测—阀冷却系统检测				编号	Jc2003163077	
单位				准考证号		姓名	
考试时限	60 分钟		题型	单项操作		题分	100 分
成绩		考评员		考评组长		日期	
试题正文	阀内冷系统主泵同心度检测						
需要说明的问题和要求	（1）要求单人操作。 （2）操作应注意安全，按照标准化作业书的技术安全说明做好安全措施。 （3）填写修试记录						

序号	项目名称	质量要求	满分	扣分标准	扣分原因	得分
1	工具使用及安全措施					
1.1	相关安全措施的准备	（1）核对设备双重名称。 （2）进入作业现场正确佩戴安全帽，现场作业人员应穿全棉长袖工作服、绝缘鞋	10	未核对设备扣 5 分； 安全帽佩戴不规范扣 2 分； 未穿全棉长袖工作服扣 1 分； 未穿绝缘鞋扣 2 分		
2	主泵同心度检测					
2.1	初步检查	（1）使用钢尺平放在联轴器与电动机轴的连接处，盘泵一圈，初步检查联轴器中心的偏差情况。 （2）使用塞尺插入联轴器与电动机轴连接处 0°、90°、180°、270°位置的缝隙，初步检查联轴器轴向张口的偏差情况	10	按照步骤开展，每少一步扣 5 分，扣完为止		
2.2	百分表架设	（1）用无毛纸将联轴器和磁性表座擦拭干净，避免灰尘杂质引起测量偏差。 （2）用记号笔在电动机端盖上顺时针方向均匀标出 0°、90°、180°、270°四个对称的测量点，并在联轴器上在 0 °位置标记一个标准点。测量时以联轴器上的标准点对应电动机端盖上的四个测量点进行测量。 （3）检查百分表，保证百分表动作灵活，无卡滞现象，表针不松动。 （4）把一个百分表架的磁性底座固定在联轴器上水泵侧的 0 °位置，记为 A 表，将 A 表的百分表头与电动机联轴器外圆垂直接触，用于测量径向偏差；另一个百分表架的磁性底座固定在联轴器上水泵侧的 180°位置，记为B表，将B表的百分表头与电动机联轴器后端面垂直接触，用于测量轴向偏差。 （5）转动联轴器一圈，检查百分表架是否与其他物件发生碰擦，以免影响测量数值。当转动一周回到起始位置（0°）后百分表读数应与转动前一致。 （6）调整百分表测量杆的下压量约为 5mm，然后紧固百分表架的各个紧固螺栓。 （7）轻拉百分表的测量杆并让它自然回弹以确定其动作灵活，旋转百分表的表圈，使表圈刻度的零位对准指针。盘泵一圈，观察百分表是否归零；若不归零，应重新调整表架和表，使百分表归零	36	按照步骤开展，每少一步扣 6 分，扣完为止		
2.3	测量水泵联轴器的径向偏差和轴向偏差	（1）用专用扳手顺着泵的旋转方向转动联轴器，分别记录A表和B表在 0°、90°、180°、270°四个点的读数。0°位置两表读数记为 A_1、B_1，90°位置记为 A_2、B_2，180°位置记为 A_3、B_3，270° 位置记为 A_4、B_4。并填入表中。 （2）对测量结果的正确性应做检查，正确的测量数值应符合以下两个条件： $A_1+A_3 \approx A_2+A_4$ $B_1+B_3 \approx B_2+B_4$	12	按照步骤开展，每少一步扣 6 分，扣完为止		

续表

序号	项目名称	质量要求	满分	扣分标准	扣分原因	得分
2.4	中心偏差的计算	（1）圆周： 高低位移：$a=\|A_1-A_3\|$ 左右位移：$a'=\|A_2-A_4\|$ （2）平面： 上下张口：$b=\|B_1-B_3\|$ 左右张口：$b'=\|B_2-B_4\|$	12	按照步骤开展，每少一步扣 6 分，扣完为止		
3	恢复现场并填写报告					
3.1	观察设备运行无异常后，恢复现场，填写修试记录	（1）根据五通检测管理规定中关于联轴器允许偏差值规定，检查 a、a'、b、b'均不超过 0.2mm。 （2）填写修试记录	20	记录填写不全按比例扣分，总计 15 分； 无检查扣 5 分		
合计			100			

Jc2003153078　阀内冷系统主泵在线更换。（100 分）

考核知识点：阀内冷系统主泵在线更换

难易度：难

技能等级评价专业技能考核操作工作任务书

一、任务名称

阀内冷系统主泵在线更换。

二、适用工种

换流站直流设备检修工（二次）高级技师。

三、具体任务

（1）工作状态为阀内冷系统运行，P01 运行。工作内容为 P02 主泵在线更换。

（2）工作任务：对阀内冷系统主泵进行在线更换，更换步骤应符合要求，确保设备正常稳定运行。

四、工作规范及要求

熟悉阀内冷系统主泵在线更换的方法，熟练使用仪器仪表及工器具。

五、考核及时间要求

本考核操作时间为 60 分钟，时间到停止考评。

技能等级评价专业技能考核操作评分标准

工种	换流站直流设备检修工（二次）				评价等级	高级技师
项目模块	二次设备日常维护、检修—阀冷却系统的日常维护、检修			编号	Jc2003153078	
单位		准考证号			姓名	
考试时限	60 分钟	题型	单项操作		题分	100 分
成绩		考评员		考评组长	日期	
试题正文	阀内冷系统主泵在线更换					
需要说明的问题和要求	（1）要求单人主导操作，可申请外协协助开展。 （2）操作应注意安全，按照标准化作业书的技术安全说明做好安全措施。 （3）填写修试记录					

续表

需要说明的问题和要求

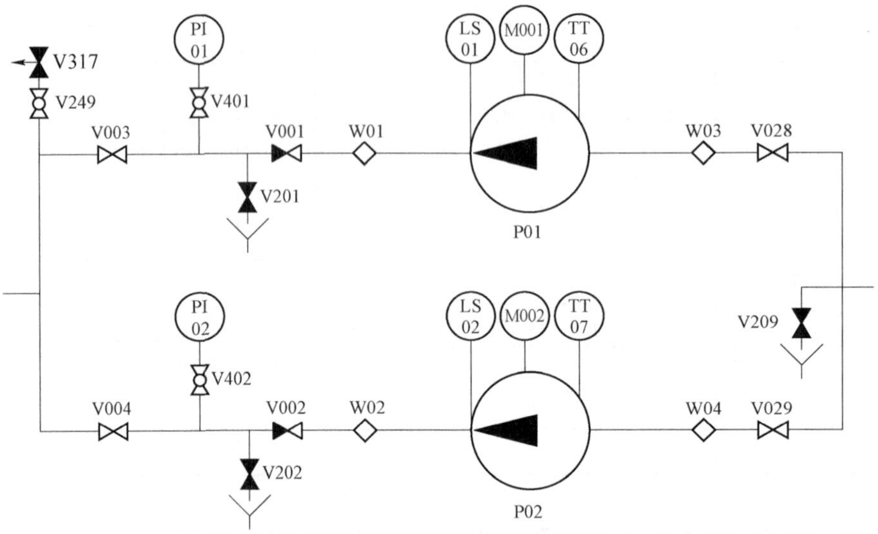

序号	项目名称	质量要求	满分	扣分标准	扣分原因	得分
1	工具使用及安全措施					
1.1	相关安全措施的准备	（1）核对设备双重名称。 （2）进入作业现场正确佩戴安全帽，现场作业人员应穿全棉长袖工作服、绝缘鞋。 （3）确认P02主泵在备用，电动机电源及安全开关已断开，安全开关处悬挂“禁止合闸，有人工作！”标示牌	15	未核对设备扣5分； 安全帽佩戴不规范扣2分； 未穿全棉长袖工作服扣1分； 未穿绝缘鞋扣2分； 未断开安全开关扣5分		
2	主泵在线更换					
2.1	退保护、退压板、断开关	（1）核对目前运行的主泵，确认P01主泵运行，P01主泵电动机运行。 （2）先对AP5柜或者AP6柜OP面板进行拍照留底，记录各个参数，以备泵头更换完成后复位。 （3）按下OP面板上的K6键（预警屏蔽），再按下OP面板上的K4键（泄漏屏蔽），屏蔽泄漏保护。 （4）在AP5柜将XT1A、XT2A、XT3A、XT4A跳闸压板退出，在AP6柜将XT1B、XT2B、XT3B、XT4B跳闸压板退出。 （5）确认断开2号主泵的安全开关；断开AP2柜内QFP02G、QFP02R断路器	30	按照步骤开展，每少一步扣6分，扣完为止		
2.2	百分表架设	（1）对2号主泵进出口的V029、V004蝶阀阀位进行标记，标记完成后关闭V029、V004蝶阀，打开P02主泵泄空阀开始排水，将泵体内的冷却介质排空。 （2）拆掉联轴器的保护外罩和联轴器。 （3）拆除泵体支撑的两个地脚螺栓和泵体端盖螺栓（在泵观察孔位置绑定吊带，利用撬杠穿过吊带准备将泵体抬出）；再紧固泵盖上的4个单头螺丝慢慢将泵盖顶出，必要时可用扳手，螺丝刀等将泵盖慢慢撬出，搬运至指定物料存放区域。 （4）将备用泵抬至主泵位置放倒慢慢装到泵腔内，对角拧紧泵盖紧固螺栓以及泵底支撑螺栓，安装联轴器。 （5）用百分表检测主泵和电动机的同心度，要求同心度误差控制在±0.10mm范围以内。将百分表的磁铁底座固定在水泵轴上，百分表表头紧挨到电机轴上，确定好电	45	按照步骤开展，每少一步扣8分，扣完为止		

续表

序号	项目名称	质量要求	满分	扣分标准	扣分原因	得分
2.2	百分表架设	动机轴上、下、左、右的 4 个点，转动电动机轴，记录 4 点的数据，左右误差大于±0.10mm，用撬棍将电动机左右摆动至误差允许范围内，上下大于±0.10mm，给电动机底座增加或者减小铜片来调整至误差允许范围内。同心度检测完成后安装联轴器保护罩。 （6）在确认主泵机封更换完成后，且所有部件安装完毕后开始往主泵内注水（注水前检查水泵泄空阀要在关闭状态），此时运行人员观察 OP 面板上的参数，确保 OP 面板上的参数变动范围在报警范围以内；一人缓慢打开主泵进水蝶阀 V029 开始注水，直到注满水后再完全打开 V029	45	按照步骤开展，每少一步扣 8 分，扣完为止		
3	恢复现场并填写报告					
3.1	观察设备运行无异常后，恢复现场，填写修试记录	（1）慢慢开启主泵出口阀门 V004 至标记位置。观察 10min，各运行参数正常后，合上 P02 主泵的安全开关及 AP2 柜内 QFP02G、QFP02R 断路器，按 K9 键切换至 2 号泵运行，观察 2 号主泵运行正常，恢复跳闸压板、解除泄漏屏蔽及预警屏蔽； （2）填写修试记录	10	记录未填写扣 5 分； 无检查扣 5 分		
合计			100			

Jc2003153079　阀内冷系统主泵机械密封在线更换。（100 分）

考核知识点： 阀内冷系统主泵机械密封在线更换

难易度： 难

技能等级评价专业技能考核操作工作任务书

一、任务名称

阀内冷系统主泵机械密封在线更换。

二、适用工种

换流站直流设备检修工（二次）高级技师。

三、具体任务

（1）工作状态为阀内冷系统运行，P01 运行。工作内容为 P02 主泵机械密封在线更换。

（2）工作任务：对阀内冷系统主泵机械密封在线更换，更换步骤应符合要求，确保设备正常稳定运行。

四、工作规范及要求

熟悉阀内冷系统主泵机械密封在线更换的方法，熟练使用仪器仪表及工器具。

五、考核及时间要求

本考核 1～3 项操作时间为 60 分钟，时间到停止考评。

技能等级评价专业技能考核操作评分标准

工种	换流站直流设备检修工（二次）			评价等级	高级技师
项目模块	二次设备日常维护、检修—阀冷却系统的日常维护、检修		编号	Jc2003153079	
单位		准考证号		姓名	

续表

<table>
<tr><td>考试时限</td><td colspan="2">60 分钟</td><td>题型</td><td colspan="2">单项操作</td><td>题分</td><td>100 分</td></tr>
<tr><td>成绩</td><td></td><td>考评员</td><td></td><td>考评组长</td><td></td><td>日期</td><td></td></tr>
<tr><td>试题正文</td><td colspan="7">阀内冷系统主泵机械密封在线更换</td></tr>
<tr><td rowspan="2">需要说明的问题和要求</td><td colspan="7">（1）要求单人主导操作，可申请外协协助开展。
（2）操作应注意安全，按照标准化作业书的技术安全说明做好安全措施。
（3）填写修试记录</td></tr>
<tr><td colspan="7">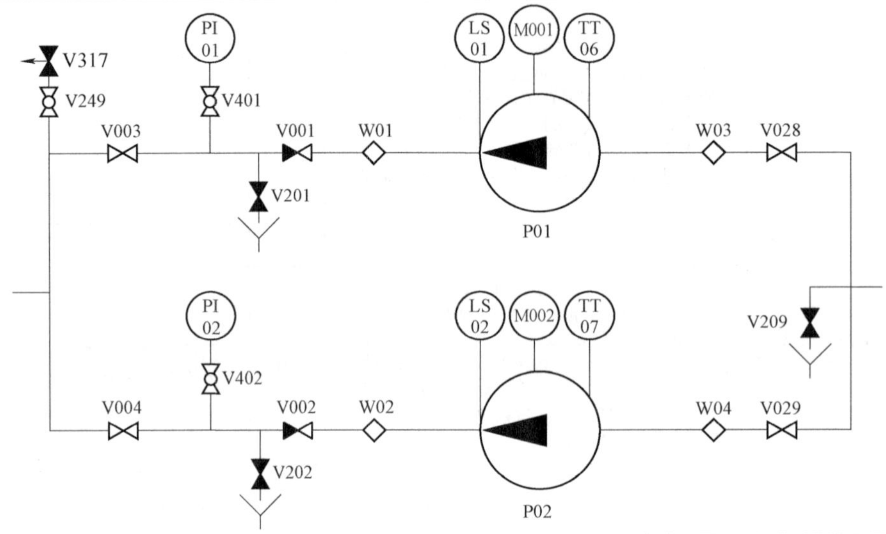
</td></tr>
</table>

序号	项目名称	质量要求	满分	扣分标准	扣分原因	得分
1	工具使用及安全措施					
1.1	相关安全措施的准备	（1）核对设备双重名称。 （2）进入作业现场正确佩戴安全帽，现场作业人员应穿全棉长袖工作服、绝缘鞋。 （3）确认 P02 主泵在备用，电动机电源及安全开关已断开，安全开关处悬挂“禁止合闸，有人工作！”标示牌	15	未核对设备扣 5 分； 安全帽佩戴不规范扣 2 分； 未穿全棉长袖工作服扣 1 分； 未穿绝缘鞋扣 2 分； 未断开安全开关扣 5 分		
2	主泵机械密封在线更换					
2.1	退保护、退压板、断开关	（1）核对目前运行的主泵，确认 P01 主泵运行，P01 主泵电动机运行。 （2）先对 AP5 柜或者 AP6 柜 OP 面板进行拍照留底，记录各个参数，以备泵头更换完成后复位。 （3）按下 OP 面板上的 K6 键（预警屏蔽），再按下 OP 面板上的 K4 键（泄漏屏蔽），屏蔽泄漏保护。 （4）在 AP5 柜将 XT1A、XT2A、XT3A、XT4A 跳闸压板退出，在 AP6 柜将 XT1B、XT2B、XT3B，XT4B 跳闸压板退出。 （5）确认断开 2 号主泵的安全开关；断开 AP2 柜内 QFP02G、QFP02R 断路器	30	按照步骤开展，每少一步扣 6 分，扣完为止		
2.2	百分表架设	（1）对 2 号主泵进出口的 V029、V004 蝶阀阀位进行标记，标记完成后关闭 V029、V004 蝶阀，打开 P02 主泵泄空阀开始排水，将泵体内的冷却介质排空。 （2）拆掉联轴器的保护外罩和联轴器。 （3）拆除泵体支撑的两个地脚螺栓和泵体端盖螺栓（在泵观察孔位置绑定吊带，利用撬杠穿过吊带准备将泵体抬出）；再紧固	45	按照步骤开展，每少一步扣 5 分，扣完为止		

续表

序号	项目名称	质量要求	满分	扣分标准	扣分原因	得分
2.2	百分表架设	泵盖上的4个单头螺钉慢慢将泵盖顶出，必要时可用扳手，螺丝刀等将泵盖慢慢撬出。 （4）拆除叶轮顶端的紧固螺栓（用41号扳手或者套筒），拆除泵体检查孔处的4个连接螺栓，慢慢将叶轮抬出。 （5）对机封的动环机封压盖进行位置标记，标记后用内六角拆除压盖上的2个内六角螺钉，并将机封动环缓慢拔出，然后再将机封静环缓慢拔出，拔出时最好在轴上涂抹凡士林润滑，方便拔出。 （6）安装机封与拆除机封的逆顺序进行，在轴上和静环槽内涂上润滑脂，用干净棉布将新的机封静环擦干净，在内机封静环外圈及断面上也涂上润滑脂，然后将机封静环断面朝外慢慢嵌入机封静环槽内，注意一定要平整，将机封静环槽及机封静环缓慢装到轴上，确保内机封静环不要脱出，然后再将机封动环擦干净后在其内圈及端面涂上润滑脂，端面朝内轻轻旋转慢慢将内机封动环与内机封静环端面贴紧，将内机封动环弹簧压紧至标记处上紧内六角螺钉。 （7）机封安装完成后将叶轮抬起装到轴上，紧固4脚螺栓和叶轮顶端固定螺栓，在将泵体放倒慢慢装到泵腔内，对角拧紧泵盖紧固螺栓以及泵底支撑螺栓，安装联轴器。 （8）用百分表检测主泵和电机的同心度，要求同心度误差控制在±0.10mm 范围以内。将百分表的磁铁底座固定在水泵轴上，百分表表头紧挨到电动机轴上，确定好电动机轴上、下、左、右的4个点，转动电动机轴，记录4点的数据，左右误差大于±0.10mm，用撬棍将电动机左右摆动至误差允许范围内，上下大于±0.10mm，给电动机底座增加或者减小铜片来调整至误差允许范围内。同心度检测完成后安装联轴器保护罩。 （9）在确认主泵机封更换完成后，且所有部件安装完毕后开始往主泵内注水（注水前检查水泵泄空阀要在关闭状态），此时运行人员观察OP面板上的参数，确保OP面板上的参数变动范围在报警范围以内；一人缓慢打开主泵进水蝶阀V029开始注水，直到注满水后再完全打开V029	45	按照步骤开展，每少一步扣5分，扣完为止		
3	恢复现场并填写报告					
3.1	观察设备运行无异常后，恢复现场，填写修试记录	（1）慢慢开启主泵出口阀门V004至标记位置。观察10min，各运行参数正常后，合上P02主泵的安全开关及AP2柜内QFP02G、QFP02R断路器，按K9键切换至2号泵运行，观察2号主泵运行正常，恢复跳闸压板、解除泄漏屏蔽及预警屏蔽。 （2）填写修试记录	10	记录未填写扣5分； 无检查扣5分		
合计			100			

Jc2003153080 阀外风冷系统风机异响在线检查处理。（100分）

考核知识点： 阀外风冷系统风机异响在线检查处理

难易度： 难

技能等级评价专业技能考核操作工作任务书

一、任务名称

阀外风冷系统风机异响在线检查处理。

二、适用工种

换流站直流设备检修工（二次）高级技师。

三、具体任务

（1）工作状态为阀外风冷系统运行，备用空冷器冗余。工作内容为阀外风冷系统风机异响在线检查处理。

（2）工作任务：对阀外风冷系统风机异响进行在线检查处理，处理步骤应符合要求，确保设备正常稳定运行。

四、工作规范及要求

熟悉阀外风冷系统风机异响在线检查处理的方法，熟练使用仪器仪表及工器具。

五、考核及时间要求

本考核操作时间为60分钟，时间到停止考评。

技能等级评价专业技能考核操作评分标准

<table>
<tr><td>工种</td><td colspan="5">换流站直流设备检修工（二次）</td><td>评价等级</td><td>高级技师</td></tr>
<tr><td>项目模块</td><td colspan="4">缺陷处理与事故分析—缺陷处理</td><td>编号</td><td colspan="2">Jc2003153080</td></tr>
<tr><td>单位</td><td colspan="2"></td><td>准考证号</td><td colspan="2"></td><td>姓名</td><td></td></tr>
<tr><td>考试时限</td><td colspan="2">60分钟</td><td>题型</td><td colspan="2">单项操作</td><td>题分</td><td>100分</td></tr>
<tr><td>成绩</td><td></td><td>考评员</td><td></td><td>考评组长</td><td></td><td>日期</td><td></td></tr>
<tr><td>试题正文</td><td colspan="7">阀外风冷系统风机异响在线检查处理</td></tr>
<tr><td>需要说明的问题和要求</td><td colspan="7">（1）要求单人主导操作，可申请外协协助开展。
（2）操作应注意安全，按照标准化作业书的技术安全说明做好安全措施。
（3）填写修试记录</td></tr>
</table>

序号	项目名称	质量要求	满分	扣分标准	扣分原因	得分
1	工具使用及安全措施					
1.1	相关安全措施的准备	（1）核对设备双重名称。 （2）进入作业现场正确佩戴安全帽，现场作业人员应穿全棉长袖工作服、绝缘鞋。 （3）在外冷控制面板上将该风机置为“维护”状态。 （4）断开该风机的安全开关，并悬挂“禁止合闸，有人工作！”标识牌	20	未核对设备扣5分； 安全帽佩戴不规范扣2分； 未穿全棉长袖工作服扣1分； 未穿绝缘鞋扣2分； 安全措施少执行一项扣5分		
2	风机异响在线检查处理					
2.1	风机皮带异响在线检查处理	若异响来自皮带，则对皮带松紧度进行检查和调节。 皮带松紧度检查： （1）沿着风机主动轮和从动轮间的皮带放一直尺，或用一卷尺来测量皮带的偏差。 （2）在两皮带轮跨度之间的中心位置上，沿着皮带的宽度方向用手施加一平均适中的力（大约18kg）。 （3）如果皮带的偏差在6mm和9mm之间，皮带的松紧度就足够了，反之则需进行调整。 皮带松紧度调节：	30	按照步骤开展，每少一步扣4分，扣完为止		

续表

序号	项目名称	质量要求	满分	扣分标准	扣分原因	得分
2.1	风机皮带异响在线检查处理	（1）拧松电动机座固定螺栓。 （2）拧松拉杆上的紧固螺母。 （3）拧松紧固螺母后，调整调节螺母。 （4）当皮带较松时，顺时针调整调节螺母。 （5）当皮带较紧时，逆时针调整调节螺母。 （6）皮带松紧度调整完毕后，拧紧紧固螺母和电动机座固定螺栓	30	按照步骤开展，每少一步扣 2 分，扣完为止		
2.2	风机、电动机轴承的润滑	若异响来自风机轴承或电机处，则进行如下操作： （1）用油枪将润滑油脂注入风机轴承室油嘴。 （2）用油枪将润滑油脂注入电动机上端轴承油嘴。 （3）用油枪将润滑油脂注入电动机下端轴承油嘴。 （4）完成注油后对风机进行盘车测试	10	按照步骤开展，每少一步扣 3 分，扣完为止		
2.3	电动机更换	若对风机和电动机润滑后异响仍未消除，且异响来自电动机，则对电动机进行更换操作： （1）拧松电动机座紧固螺栓及位置调节螺母，拆下皮带。 （2）打开电动机上的两个接线盒，拆出接线。 （3）用扳手松开电动机固定螺栓，拆除电机。 （4）检查损坏的部件予以更换，必要时进行电动机的整体更换。 （5）按照相同相序安装电动机，并重新调节皮带松紧。 （6）试运行	25	按照步骤开展，每少一步扣 4 分，扣完为止		
3	恢复现场并填写报告					
3.1	观察设备运行无异常后，恢复现场，填写修试记录	（1）检查处理完毕后，启动该风机观察运行情况，应无异响及异常发热；再次确认安全开关已合，并在控制面板上将该风机从“维护”状态退出。 （2）填写修试记录	15	记录填写不全按比例扣分，总计 10 分； 无检查扣 5 分		
合计			100			

Jc2003143081　阀内冷系统主泵止回阀检查更换。（100 分）

考核知识点：阀内冷系统主泵止回阀检查更换

难易度：难

技能等级评价专业技能考核操作工作任务书

一、任务名称

阀内冷系统主泵止回阀检查更换。

二、适用工种

换流站直流设备检修工（二次）高级技师。

三、具体任务

（1）工作状态为阀内冷系统停运检修。工作内容为 P01 主泵止回阀检查更换。

（2）工作任务：对阀内冷系统主泵止回阀进行检查更换，更换步骤应符合要求，确保设备正常稳定运行。

四、工作规范及要求

熟悉阀内冷系统主泵止回阀检查更换的方法，熟练使用仪器仪表及工器具。

五、考核及时间要求

本考核操作时间为60分钟，时间到停止考评。

技能等级评价专业技能考核操作评分标准

<table>
<tr><td>工种</td><td colspan="5">换流站直流设备检修工（二次）</td><td>评价等级</td><td>高级技师</td></tr>
<tr><td>项目模块</td><td colspan="4">二次设备日常维护、检修—阀冷却系统的日常维护、检修</td><td>编号</td><td colspan="2">Jc2003143081</td></tr>
<tr><td>单位</td><td colspan="2"></td><td>准考证号</td><td colspan="2"></td><td>姓名</td><td></td></tr>
<tr><td>考试时限</td><td colspan="2">60分钟</td><td>题型</td><td colspan="2">单项操作</td><td>题分</td><td>100分</td></tr>
<tr><td>成绩</td><td></td><td>考评员</td><td></td><td>考评组长</td><td></td><td>日期</td><td></td></tr>
<tr><td>试题正文</td><td colspan="7">阀内冷系统主泵止回阀检查更换</td></tr>
<tr><td rowspan="2">需要说明的问题和要求</td><td colspan="7">（1）要求单人主导操作，可申请外协协助开展。
（2）操作应注意安全，按照标准化作业书的技术安全说明做好安全措施。
（3）填写修试记录</td></tr>
<tr><td colspan="7">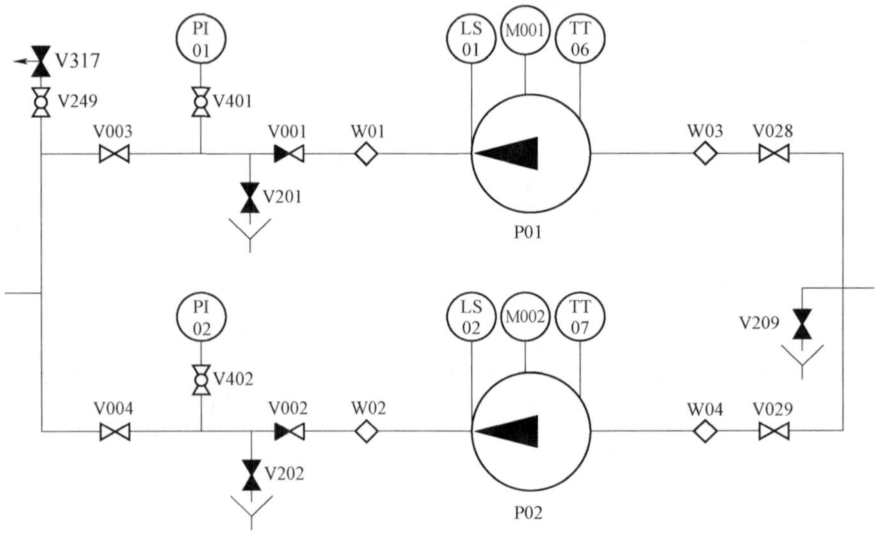</td></tr>
</table>

序号	项目名称	质量要求	满分	扣分标准	扣分原因	得分
1	工具使用及安全措施					
1.1	相关安全措施的准备	（1）核对设备双重名称。 （2）进入作业现场正确佩戴安全帽，现场作业人员应穿全棉长袖工作服、绝缘鞋。 （3）断开P01主泵安全开关，并悬挂“禁止合闸，有人工作！”标示牌	15	未核对设备扣5分； 安全帽佩戴不规范扣2分； 未穿全棉长袖工作服扣1分； 未穿绝缘鞋扣2分； 未断开安全开关扣5分		
2	主泵止回阀检查更换	（1）关闭P01主泵进出口V003、V028蝶阀。 （2）打开泵腔体底部泄空堵头/阀门，使用水管引流水至准备的水桶内，泄压后，再打开V201手动排气阀进气，泵腔体底部继续排水，直至管道内水位排至止回阀法兰下方，停止排水。 （3）拆松止回阀法兰螺栓，拆除法兰半圈螺栓，水平拿出止回阀进行检查，弹簧和阀板销磨损严重或断裂时，需进行更换新的止回阀。	75	按照步骤开展，每少一步扣11分，扣完为止		

续表

序号	项目名称	质量要求	满分	扣分标准	扣分原因	得分
2	主泵止回阀检查更换	（4）回装止回阀时更换上下2个密封圈，穿好螺栓后，用扳手对角紧固，后使用力矩扳手进行紧固；根据螺栓的大小、等级选择不同量程的扭力扳手对螺栓施加扭力。该螺栓施加的扭力值的70%～80%，当听到“喀哒”声时，应停止施力，螺栓上以施加了预设扭力。逐个对螺栓施加扭力直到每个螺栓所加扭力一致。 （5）如果动了主泵出口波纹补偿器拉杆固定螺母，需调整定位尺寸，每条拉杆上两个外螺母是处于松弛状态，再进行止回阀法兰紧固和力矩校验。组装完成后必须把波纹补偿器每条拉杆上2个内螺母退回中间位置相互锁紧，外螺母紧至弹簧垫受力即可，锁紧背螺母。 （6）管道内补水，关闭泵腔体底部堵头/阀门，缓慢打开主泵进水口V028蝶阀，开度15%即可，待手动排气阀V201有水出时关闭V201。 （7）完全打开主泵进出口V028、V003蝶阀，手动盘动主泵使泵腔内充分排气	75	按照步骤开展，每少一步扣10分，扣完为止		
3	恢复现场并填写报告					
3.1	观察设备运行无异常后，恢复现场，填写修试记录	（1）恢复阀门及主泵安全开关，试运行主泵，确认止回阀运行正常、无渗漏水现象。 （2）填写修试记录	10	记录未填写扣5分； 无检查扣5分		
合计			100			

Jc2003163082　阀内冷系统CPU冗余链接同步故障在线检修。（100分）

考核知识点：阀内冷系统CPU冗余链接同步故障在线检修

难易度：难

技能等级评价专业技能考核操作工作任务书

一、任务名称

阀内冷系统CPU冗余链接同步故障在线检修。

二、适用工种

换流站直流设备检修工（二次）高级技师。

三、具体任务

（1）工作状态为阀内冷系统运行，主用CPU（A）单机运行，其中一个IFM（1）F常亮，另外一个IFM（2）F熄灭；备用CPU（B）停机，其中一个IFM（1）F常亮，另外一个IFM（2）F熄灭。工作内容为阀内冷系统CPU冗余链接同步故障在线检修。

（2）工作任务：对阀内冷系统CPU冗余链接同步故障在线检修，处理步骤应符合要求，确保设备正常稳定运行。

四、工作规范及要求

熟悉阀内冷系统CPU冗余链接同步故障在线检修的方法，熟练使用仪器仪表及工器具。

五、考核及时间要求

本考核操作时间为60分钟，时间到停止考评。

技能等级评价专业技能考核操作评分标准

<table>
<tr><td>工种</td><td colspan="5">换流站直流设备检修工（二次）</td><td>评价等级</td><td>高级技师</td></tr>
<tr><td>项目模块</td><td colspan="4">缺陷处理与事故分析—缺陷处理</td><td>编号</td><td colspan="2">Jc2003163082</td></tr>
<tr><td>单位</td><td colspan="2"></td><td>准考证号</td><td colspan="2"></td><td>姓名</td><td></td></tr>
<tr><td>考试时限</td><td>60 分钟</td><td>题型</td><td colspan="3">单项操作</td><td>题分</td><td>100 分</td></tr>
<tr><td>成绩</td><td></td><td>考评员</td><td></td><td>考评组长</td><td></td><td>日期</td><td></td></tr>
<tr><td>试题正文</td><td colspan="7">阀内冷系统 CPU 冗余链接同步故障在线检修</td></tr>
<tr><td>需要说明的问题和要求</td><td colspan="7">（1）要求单人操作。
（2）操作应注意安全，按照标准化作业书的技术安全说明做好安全措施。
（3）填写修试记录</td></tr>
</table>

序号	项目名称	质量要求	满分	扣分标准	扣分原因	得分
1	工具使用及安全措施					
1.1	相关安全措施的准备	（1）核对设备双重名称。 （2）进入作业现场正确佩戴安全帽，现场作业人员应穿全棉长袖工作服、绝缘鞋。 （3）拍照记录阀冷系统状态和数据。 （4）退出阀冷系统所有保护压板，防止保护误动	6	未核对设备扣 1.5 分； 安全帽佩戴不规范扣 1 分； 未穿全棉长袖工作服扣 1 分； 未穿绝缘鞋扣 1 分； 安全措施少执行一项扣 1.5 分		
2	CPU 冗余链接同步故障在线检修					
2.1	断电重启备用 CPU（B）（故障依旧，执行下一步，故障复归，完成检修）	（1）把 CPUB 打到 STOP 位，关掉 PS（B）电源，令 CPU（B）停电。 （2）拔掉 PS（B）备用电池，等待 1min。 （3）重新装上备用电池，重合 PS（B）电源，令 CPU（B）自检。 （4）等待 CPU（B）自检完成（自检过程约 10 分钟）。 （5）把 CPUB 打到 RUN 位	9	按照步骤开展，每少一步扣 2 分，扣完为止		
2.2	故障排查（执行完每一步后，若故障依旧，执行下一步，若故障复归，完成检修）	（1）重新插拔冗余 CPU 之间的故障 IF（1）同步光纤，不行则更换光纤。 （2）拔插备用 CPU（B）的故障 IF（1）同步模块。 （3）拔插主用 CPU（A）的故障 IF（1）同步模块。 （4）更换备用 CPU（B）的故障 IF（1）同步模块。 （5）更换主用 CPU（A）的故障 IF（1）同步模块。 （6）读取收集 CPU 诊断信息	10	按照步骤开展，每少一步扣 2 分，扣完为止		
2.3	更换备用 CPU（B）（故障依旧，执行下一步，故障复归，完成检修）	（1）读取主用 CPU（A）固件版本，确保运行中的 CPU(A)固件版本与备件 CPU(B)固件版本一致。 （2）备用 CPU（B）拨至 STOP 状态。 （3）备用 CPU（B）电源模板 PS 控制开关拨至关断电源状态（CPU 断电）。 （4）拆掉备用 CPU（B）的光纤和近距离同步模块，记录光纤的安装位置（上下位置）。 （5）用螺丝刀拆卸备用 CPU（B）的 DP 总线插头，记录总线插头的安装位置。 （6）用螺丝刀拆卸备用 CPU（B）的底部固定螺钉，拆下 CPU。 （7）拔下备用 CPU（B）的存储卡，并按标识把它插至新 CPU 处，检查新 CPU 整定背板拨码（CPUA 为 RACK 0，CPUB 为 RACK 1）并安装新 CPU，把新的 CPU（B）处于 STOP 位。	22	按照步骤开展，每少一步扣 2 分，扣完为止		

续表

序号	项目名称	质量要求	满分	扣分标准	扣分原因	得分
2.3	更换备用 CPU（B）（故障依旧，执行下一步，故障复归，完成检修）	（8）PS（B）控制开关拨至 I（供电）状态（为 CPU 供电）。 （9）等待新 CPU（B）自检完成，自检过程中新 CPU（B）处于 STOP 位，且 STOP 黄灯闪烁。自检完成后，确认新 CPU（B）的 STOP 常亮。 （10）连接电脑确认新 CPU（B）的固件版本与运行 CPU（A）相同。 （11）插上近距离同步模块并按记录插上同步光纤。 （12）确认新的 CPU（B）的 MSTR 灯不亮，LINK1OK、LINK2OK 常亮，IMF1F、IMF2F 熄灭（无故障时），把 CPU（B）拨至 RUN 位	22	按照步骤开展，每少一步扣 2 分，扣完为止		
2.4	单光纤同步强制切换 CPU（故障依旧，执行下一步，故障复归，完成检修）	（1）检查确认现场故障工况为主用 CPU（A）单机运行［REDF、IFM（1）F 常亮，MSTR、RUN 常亮，IFM（2）F、STOP 熄灭］、备用 CPU（B）模式开关在 RUN 位置但为 STOP 状态［REDF、IFM（1）F 常亮，STOP 常亮，MSTR、RUN、IFM（2）F 熄灭］。 （2）在工作计算机打开 SIMATIC Manager，用编程电缆连接主用 CPU（A）；单击选项/设置 PC/PG 接口；编程电缆连接选择编程电缆对应驱动并设置对应的波特率。 （3）新建空项目，上载主用 CPU（A）运行程序。 （4）SIMATIC Manager 窗口，CPUA 为第一个/型号不带后缀，CPUB 为第二个/型号带后缀（1），右键单击主用 CPU（A）——选择“PLC”——选择“工作模式…”，弹出“工作模式”对话框。 （5）“工作模式”对话框，检查确认：H 系统工作模式为“Solo 模式”，主用 CPU（A）工作模式为“RUN”、主站/从站为“主站”、模式开关为“RUN”，备用 CPU（B）工作模式为“STOP”、主站/从站为“待机”、模式开关“——”（CPU 本体实际须为 RUN）。 （6）“工作模式”对话框，选择“H 系统”单击“切换到（I）…”，若弹出“工作模式（11：304）”对话框单击“确认”。 （7）“切换”对话框，选择“仅通过一个未修改的冗余链接（R）”单击“切换”。 （8）等待切换完成。 （9）“工作模式”对话框，检查确认：H 系统工作模式为“Solo 模式”，切换后备用 CPU（A）工作模式为“STOP”、主站/从站为“待机”、模式开关“——”，切换后主用 CPU（B）工作模式为“RUN”、主站/从站为“主站”、模式开关为“RUN”。 （10）CPU 本体，检查确认：切换后主用 CPU（B）单机运行［REDF、IFM（1）F 常亮，MSTR、RUN 常亮，IFM（2）F、STOP 熄灭］、切换后备用 CPU（A）模式开关在 RUN 位置但为 STOP 状态［REDF、IFM（1）F 常亮，STOP 常亮，MSTR、RUN、IFM（2）F 熄灭］；H 系统通过一个冗余链接切换完成	18	按照步骤开展，每少一步扣 2 分，扣完为止		

续表

序号	项目名称	质量要求	满分	扣分标准	扣分原因	得分
2.5	断电重启原主用 CPU（A）（故障依旧，执行下一步，故障复归，完成检修）	（1）把 CPUA 打到 STOP 位，关掉 PS（A）电源，令 CPU（A）停电。 （2）拔掉 PS（A）备用电池，等待 1min。 （3）重新装上备用电池，重合 PS（A）电源，令 CPU（A）自检。 （4）等待 CPU（A）自检完成（自检过程约 10 分钟）。 （5）把 CPUA 打到 RUN 位	9	按照步骤开展，每少一步扣 2 分，扣完为止		
2.6	更换原主用 CPU（A）	（1）读取主用 CPU（B）固件版本，确保运行中的 CPU(B)固件版本与备件 CPU(A)固件版本一致。 （2）备用 CPU（A）拨至 STOP 状态。 （3）备用 CPU（A）电源模板 PS 控制开关拨至关断电源状态（CPU 断电）。 （4）拆掉备用 CPU（A）的光纤和近距离同步模块，记录光纤的安装位置（上下位置）。 （5）用螺丝刀拆卸备用 CPU（A）的 DP 总线插头，记录总线插头的安装位置。 （6）用螺丝刀拆卸备用 CPU（A）的底部固定螺钉，拆下 CPU。 （7）拔下备用 CPU（A）的存储卡，并按标识把它插至新 CPU 处，检查新 CPU 整定背板拨码（CPUA 为 RACK 0，CPUB 为 RACK 1）并安装新 CPU，把新的 CPU（A）处于 STOP 位。 （8）PS（A）控制开关拨至 I（供电）状态（为 CPU 供电）。 （9）等待新 CPU（A）自检完成，自检过程中新 CPU（A）处于 STOP 位，且 STOP 黄灯闪烁。自检完成后，确认新 CPU（A）的 STOP 常亮。 （10）连接计算机确认新 CPU（A）的固件版本与运行 CPU（B）相同。 （11）插上近距离同步模块并按记录插上同步光纤。 （12）确认新的 CPU（A）的 MSTR 灯不亮，LINK1OK、LINK2OK 常亮，IMF1F、IMF2F 熄灭，把 CPU（A）拨至 RUN 位。 （13）按记录插上新 CPU（A）的 DP 总线插头，并拧紧	16	按照步骤开展，每少一步扣 1.5 分，扣完为止		
3	恢复现场并填写报告					
3.1	观察设备运行无异常后，恢复现场，填写修试记录	（1）检查阀冷系统运行正常、保护定制正确；投入所有保护压板。 （2）填写修试记录	10	每少填写一项扣 2 分，扣完为止		
合计			100			

Jc2003163083　阀内冷系统主过滤器压差检测技术改造。（100 分）

考核知识点：阀内冷系统主过滤器压差检测技术改造

难易度：难

技能等级评价专业技能考核操作工作任务书

一、任务名称

阀内冷系统主过滤器压差检测技术改造。

二、适用工种

换流站直流设备检修工（二次）高级技师。

三、具体任务

（1）工作状态为阀内冷系统停运检修。工作内容为将主过滤器 Z01 目前采用的就地显示压差表更换为具备就地显示和开关量信号远传功能的压差表。

（2）工作任务：对阀内冷系统主过滤器压差检测技术进行改造，处理步骤应符合要求，确保设备正常稳定运行。

四、工作规范及要求

熟悉阀内冷系统主过滤器压差检测技术改造的方法，熟练使用仪器仪表及工器具。

五、考核及时间要求

本考核操作时间为 60 分钟，时间到停止考评。

技能等级评价专业技能考核操作评分标准

工种	换流站直流设备检修工（二次）					评价等级	高级技师
项目模块	缺陷处理与事故分析—缺陷处理				编号	Jc2003163083	
单位			准考证号			姓名	
考试时限	60 分钟		题型	单项操作		题分	100 分
成绩		考评员		考评组长		日期	
试题正文	阀内冷系统主过滤器压差检测技术改造						
需要说明的问题和要求	（1）要求单人操作。 （2）操作应注意安全，按照标准化作业书的技术安全说明做好安全措施。 （3）填写修试记录 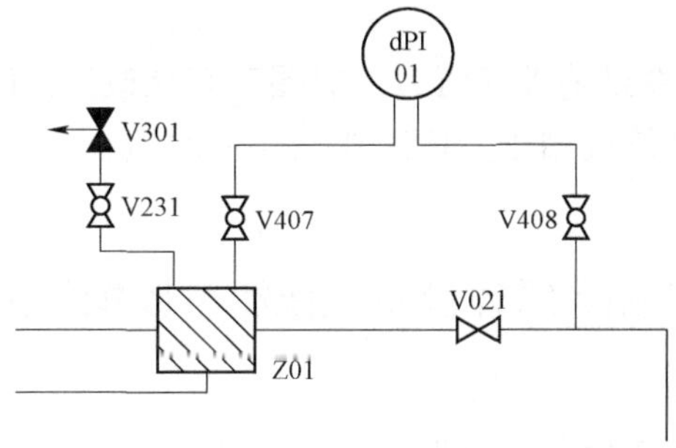						

序号	项目名称	质量要求	满分	扣分标准	扣分原因	得分
1	工具使用及安全措施					
1.1	相关安全措施的准备	（1）核对设备双重名称。 （2）进入作业现场正确佩戴安全帽，现场作业人员应穿全棉长袖工作服、绝缘鞋	10	未核对设备双重名称扣 5 分； 安全帽佩戴不规范扣 2 分； 未穿全棉长袖工作服扣 1 分； 未穿绝缘鞋扣 2 分		
2	主过滤器压差检测技术改造					
2.1	硬件技改	（1）关闭压差表两端阀门 V407、V408，拆除原压差表 dPI01。 （2）安装新的电接点压差表。 （3）将电接点告警信号电缆接入阀冷控制屏 AP5 中备用端子排中。 （4）在 AP5 控制柜内增加一个中间继电器，用于接收主过滤器压差开关量输入信号，并连接至现有 CPUA 和 CPUB 的 DI 模块备用通道或新增 DI 模块的信号通道	25	按照步骤开展，每少一步扣 7 分，扣完为止		

续表

序号	项目名称	质量要求	满分	扣分标准	扣分原因	得分
2.2	软件技改	（1）在 PLC 的 DI 开关量输入的 DB 数据块中增加 DIPS01 主过滤器压差高报警信息 1 条。 （2）在 PLC 的 FC 程序块中增加 DIPS01 的主过滤器压差高报警控制逻辑。 （3）在 PLC 的报警信息 DB 数据块中增加 DIPS01 报警信号，并将其添加到上送至控制保护系统的数据中。 （4）重新编译更新 PLC 程序。 （5）在 HMI 程序的报警信息显示中，增加 DIPS01 主过滤器压差高报警信息 1 条，并为其分配变量，然后重新编译更新程序。 （6）更新换流站的保护定值表，增加主过滤器压差报警本体的设定值。 （7）更新与控制保护系统的通信协议内容，并在控制保护系统中增加相对应的主过滤器压差高报警信息	50	按照步骤开展，每少一步扣 8 分，扣完为止		
3	试验并恢复现场					
3.1	进行现场试验，验证设备运行无异常后，恢复现场，填写修试记录	（1）试验模拟电接点压差表达到动作定值后，屏柜即就地面板上可正常告警、恢复正常压力后告警复归；核对现场告警与后台一致。 （2）填写修试记录	15	记录填写不全按比例扣分，总计 10 分； 无检查扣 5 分		
合计			100			

Jc2003163084　阀内冷系统进阀压力传感器三冗余改造。（100 分）

考核知识点：阀内冷系统进阀压力传感器三冗余改造

难易度：难

技能等级评价专业技能考核操作工作任务书

一、任务名称

阀内冷系统进阀压力传感器三冗余改造。

二、适用工种

换流站直流设备检修工（二次）高级技师。

三、具体任务

（1）工作状态为阀内冷系统停运检修，该阀冷系统配置两套进阀压力传感器。工作内容为阀压力传感器三冗余改造。

（2）工作任务：对阀内冷系统进阀压力传感器三冗余进行改造，处理步骤应符合要求，确保设备正常稳定运行。

四、工作规范及要求

熟悉阀内冷系统进阀压力传感器三冗余改造的方法，熟练使用仪器仪表及工器具。

五、考核及时间要求

本考核操作时间为 60 分钟，时间到停止考评。

技能等级评价专业技能考核操作评分标准

工种	换流站直流设备检修工（二次）					评价等级	高级技师
项目模块	缺陷处理与事故分析—缺陷处理				编号	Jc2003163084	
单位			准考证号			姓名	
考试时限	60 分钟		题型	单项操作		题分	100 分
成绩		考评员		考评组长		日期	
试题正文	阀内冷系统进阀压力传感器三冗余改造						
需要说明的问题和要求	（1）要求单人操作。 （2）操作应注意安全，按照标准化作业书的技术安全说明做好安全措施。 （3）填写修试记录						

序号	项目名称	质量要求	满分	扣分标准	扣分原因	得分
1	工具使用及安全措施					
1.1	相关安全措施的准备	（1）核对设备双重名称。 （2）进入作业现场正确佩戴安全帽，现场作业人员应穿全棉长袖工作服、绝缘鞋	10	未核对设备扣 5 分； 安全帽佩戴不规范扣 2 分； 未穿全棉长袖工作服扣 1 分； 未穿绝缘鞋扣 2 分		
2	进阀压力传感器三冗余改造					
2.1	硬件技改	（1）在主管道中，将原压力变送器检修球阀使用三通扩展两个出口。 （2）各出口设计检修球阀，使用引流管至最终安装位置，安装压力变送器。 （3）电气二次回路新增一条仪表连接线，将新增的压力变送器信号连接至阀冷控制系统 A 柜的备用端子排。 （4）新增隔离放大模块，将新增压力变送器的模拟量信号经隔离放大模块后分别送给阀冷控制系统 A 和 B 的模拟量输入模块	24	按照步骤开展，每少一步扣 6 分的，扣完为止		
2.2	软件技改	（1）在 PLC 的 FC 程序块中，优化更新 PT03 进阀压力、PT04 进阀压力、PT05 进阀压力采样值工程转换模块。 （2）在 PLC 的 FC 程序块中，优化更新 PT03 进阀压力、PT04 进阀压力、PT05 进阀压力送器故障处理块。 （3）在 PLC 的 FC 程序块中，按照国网反措要求，进阀压力保护调用封装的“三取二仪表处理模块”子程序，对进阀压力低、进阀压力高、进阀压力超低报警进行更新。 （4）在 HMI 程序中，优化更新变送器报警信息，以及更新变送器显示值。 （5）重新编译更新 PLC 及 HMI 程序	30	按照步骤开展，每少一步扣 6 分，扣完为止		
3	试验并恢复现场					
3.1	进行现场试验，验证设备运行无异常后，恢复现场，填写修试记录	（1）完成仪表“三冗余配置”硬件改造及控制程序更新后，在 HMI 面板进行数据检查并完成多次数据记录，确认新增模拟量无异常。 （2）三台变送器均正常情况下，验证“三取二”控制逻辑正常。 （3）一台变送器故障情况下，验证“二取一”控制逻辑正常。 （4）两台变送器故障情况下，验证“一取一”控制逻辑正常。 （5）核对现场告警与后台一致；清理工作现场	36	修试记录中体现出试验结果，每少填写一项扣 8 分； 未恢复清理现场扣 4 分； 以上扣分，扣完为止		
合计			100			

Jc2003163085　阀内冷系统膨胀罐电容式液位传感器三冗余改造。（100 分）

考核知识点： 阀内冷系统膨胀罐电容式液位传感器三冗余改造

难易度： 难

技能等级评价专业技能考核操作工作任务书

一、任务名称

阀内冷系统膨胀罐电容式液位传感器三冗余改造。

二、适用工种

换流站直流设备检修工（二次）高级技师。

三、具体任务

（1）工作状态为阀内冷系统停运检修，该阀冷系统配置两套膨胀罐电容式液位传感器、一套磁翻板液位计。工作内容为膨胀罐电容式液位传感器三冗余改造。

（2）工作任务：对阀内冷系统膨胀罐电容式液位传感器三冗余进行改造，处理步骤应符合要求，确保设备正常稳定运行。

四、工作规范及要求

熟悉阀内冷系统膨胀罐电容式液位传感器三冗余改造的方法，熟练使用仪器仪表及工器具。

五、考核及时间要求

本考核操作时间为 60 分钟，时间到停止考评。

技能等级评价专业技能考核操作评分标准

工种	换流站直流设备检修工（二次）					评价等级	高级技师
项目模块	缺陷处理与事故分析—缺陷处理				编号	Jc2003163085	
单位			准考证号			姓名	
考试时限	60 分钟		题型	单项操作		题分	100 分
成绩		考评员		考评组长		日期	
试题正文	阀内冷系统膨胀罐电容式液位传感器三冗余改造						
需要说明的问题和要求	（1）要求单人操作。 （2）操作应注意安全，按照标准化作业书的技术安全说明做好安全措施。 （3）填写修试记录						

序号	项目名称	质量要求	满分	扣分标准	扣分原因	得分
1	工具使用及安全措施					
1.1	相关安全措施的准备	（1）核对设备双重名称。 （2）进入作业现场正确佩戴安全帽，现场作业人员应穿全棉长袖工作服、绝缘鞋	10	未核对设备扣 5 分； 安全帽佩戴不规范扣 2 分； 未穿全棉长袖工作服扣 1 分； 未穿绝缘鞋扣 2 分		
2	膨胀罐电容式液位传感器三冗余改造					
2.1	硬件技改	（1）在稳压回路中，改造膨胀罐液位管路构造，增加一台电容式液位计。 （2）取消原磁翻板液位计的远传信号。 （3）电气二次回路新增一条仪表连接线，将新增的液位变送器信号连接至阀冷控制系统 A 柜的备用端子排。 （4）新增隔离放大模块，将新增液位变送器的模拟量信号经隔离放大模块后分别送给阀冷控制系统 A 和 B 的模拟量输入模块	24	按照步骤开展，每少一步扣 6 分，扣完为止		

续表

序号	项目名称	质量要求	满分	扣分标准	扣分原因	得分
2.2	软件技改	（1）在 PLC 的 FC 程序块中，优化更新 LT11 膨胀罐液位、LT12 膨胀罐液位、LT13 膨胀罐液位采样值工程转换模块。 （2）在 PLC 的 FC 程序块中，优化更新 LT11 膨胀罐液位、LT12 膨胀罐液位、LT13 膨胀罐液位送器故障处理块。 （3）在 PLC 的 FC 程序块中，按照上述国网反措要求，膨胀罐液位保护调用封装的"三取二仪表处理模块"子程序，对膨胀罐液位超低、泄漏报警进行更新。 （4）在 HMI 程序中，优化更新变送器报警信息，以及更新变送器显示值。 （5）重新编译更新 PLC 及 HMI 程序	30	按照步骤开展，每少一步扣 6 分，扣完为止		
3	试验，恢复现场并填写报告					
3.1	进行现场试验，验证设备运行无异常后，恢复现场，填写修试记录	（1）完成仪表"三冗余配置"硬件改造及控制程序更新后，在 HMI 面板进行数据检查并完成多次数据记录，确认新增模拟量无异常。 （2）三台变送器均正常情况下，验证"三取二"控制逻辑正常。 （3）一台变送器故障情况下，验证"二取一"控制逻辑正常。 （4）两台变送器故障情况下，验证"一取一"控制逻辑正常。 （5）核对现场告警与后台一致；清理工作现场	36	修试记录中体现出试验结果，每少填写一项扣 8 分； 未恢复清理现场扣 4 分； 以上扣分，扣完为止		
合计			100			

Jc2003163086　阀内冷系统冷却水流量传感器三冗余改造。（100 分）

考核知识点：阀内冷系统冷却水流量传感器三冗余改造

难易度：难

技能等级评价专业技能考核操作工作任务书

一、任务名称

阀内冷系统冷却水流量传感器三冗余改造。

二、适用工种

换流站直流设备检修工（二次）高级技师。

三、具体任务

（1）工作状态为阀内冷系统停运检修，该阀冷系统配置两套冷却水流量传感器。工作内容为冷却水流量传感器三冗余改造。

（2）工作任务：对阀内冷系统冷却水流量传感器三冗余进行改造，处理步骤应符合要求，确保设备正常稳定运行。

四、工作规范及要求

熟悉阀内冷系统冷却水流量传感器三冗余改造的方法，熟练使用仪器仪表及工器具。

五、考核及时间要求

本考核操作时间为60分钟，时间到停止考评。

技能等级评价专业技能考核操作评分标准

工种	换流站直流设备检修工（二次）					评价等级	高级技师
项目模块	缺陷处理与事故分析—缺陷处理				编号	Jc2003163086	
单位			准考证号			姓名	
考试时限	60分钟		题型	单项操作		题分	100分
成绩		考评员		考评组长		日期	
试题正文	阀内冷系统冷却水流量传感器三冗余改造						
需要说明的问题和要求	（1）要求单人主导操作，可申请外协协助开展。 （2）操作应注意安全，按照标准化作业书的技术安全说明做好安全措施。 （3）填写修试记录						

序号	项目名称	质量要求	满分	扣分标准	扣分原因	得分
1	工具使用及安全措施					
1.1	相关安全措施的准备	（1）核对设备双重名称。 （2）进入作业现场正确佩戴安全帽，现场作业人员应穿全棉长袖工作服、绝缘鞋	10	未核对设备双重名称扣5分； 安全帽佩戴不规范扣2分； 未穿全棉长袖工作服扣1分； 未穿绝缘鞋扣2分		
2	冷却水流量传感器三冗余改造					
2.1	硬件技改	（1）在主回路中，隔离一台冷却水流量传感器，排出管道中冷却介质。 （2）将原单头涡街流量变送器替换为通径双头涡街流量变送器。 （3）电气二次回路新增一条仪表连接线，将新增的冷却水流量变送器信号连接至阀冷控制系统A柜的备用端子排。 （4）新增隔离放大模块，将新增冷却水流量变送器的模拟量信号经隔离放大模块后分别送给阀冷控制系统A和B的模拟量输入模块	24	按照步骤开展，每少一步扣6分，扣完为止		
2.2	软件技改	（1）在PLC的FC程序块中，优化更新FT01冷却水流量、FT02冷却水流量、FT03冷却水流量采样值工程转换模块。 （2）在PLC的FC程序块中，优化更新FT01冷却水流量、FT02冷却水流量、FT03冷却水流量变送器故障处理块。 （3）在PLC的FC程序块中，按照上述国网反措要求，冷却水流量保护调用封装的“三取二仪表处理模块”子程序，对冷却水流量低、冷却水流量超低报警进行更新。 （4）在HMI程序中，优化更新变送器报警信息，以及更新变送器显示值。 （5）重新编译更新PLC及HMI程序	30	按照步骤开展，每少一步扣6分，扣完为止		
3	试验、恢复现场并填写报告					

续表

序号	项目名称	质量要求	满分	扣分标准	扣分原因	得分
3.1	进行现场试验，验证设备运行无异常后，恢复现场，填写修试记录	（1）完成仪表“三冗余配置”硬件改造及控制程序更新后，在 HMI 面板进行数据检查并完成多次数据记录，确认新增模拟量无异常。 （2）三台变送器均正常情况下，验证“三取二”控制逻辑正常。 （3）一台变送器故障情况下，验证“二取一”控制逻辑正常。 （4）两台变送器故障情况下，验证“一取一”控制逻辑正常。 （5）核对现场告警与后台一致；清理工作现场	36	修试记录中体现出试验结果，每少填写一项扣 8 分； 未恢复清理现场扣 4 分； 以上扣分，扣完为止		
合计			100			